U0496358

"十三五"
国家重点出版物出版规划项目
重大出版工程

——— 原子能科学与技术出版工程 ———

名誉主编 王乃彦 王方定

回旋加速器原理及新进展

张天爵 王川 李明 殷治国 樊明武 ◎ 编著

THE PRINCIPLES AND
NEW PROGRESSES OF CYCLOTRONS

北京理工大学出版社
BEIJING INSTITUTE OF TECHNOLOGY PRESS

中国原子能科学研究院
CHINA INSTITUTE OF ATOMIC ENERGY

内 容 简 介

回旋加速器在原子核物理、材料科学与生命科学等多学科的基础研究中，能源、工农业、医疗卫生等多个国民经济领域的应用研究中，国防核技术的关键技术创新中都有着广泛的应用。回旋加速器自 20 世纪 30 年代开始得到了迅速的发展，至今仍然有旺盛的生命力。受到众多需求的驱动，越来越多的回旋加速器正朝着单一独特性能的方向发展，每年新增近百台回旋加速器，它们在各个领域中发挥着日益重要的作用。

本书对回旋加速器的束流动力学，主磁铁、高频腔等主要部件的物理设计与计算机模拟方法，关键部件的计算机辅助加工与质量控制，主要系统的试验测量与诊断调试，以及真空、控制、电源等辅助工程技术的特点等回旋加速器物理与工程技术的各个方面进行了描述，对回旋加速器行业的新进展进行了介绍与展望，并结合作者自 20 世纪 80 年代以来参加 10 MeV、30 MeV、100 MeV、230 MeV 等多台、系列化的回旋加速器的物理设计、试验验证和工程建设的经历，介绍实际工程过程中的一些典型案例。

本书是在作者在指导中国原子能科学研究院的约 30 名核技术及应用（回旋加速器物理与技术）专业硕士、博士研究生的过程中逐渐积累的材料的基础上修改、整理而成的，并应研究生培养的要求，每章增加了习题，可作为相关专业研究生教材，适合高等学校高年级本科生、硕士研究生、博士研究生阅读，也可供回旋加速器及其应用领域的年轻科技工作者和从事回旋加速器教学工作的年轻教师参考，对核医学与放射医学领域回旋加速器应用的专业技术人员也有参考价值。

版权专有　侵权必究

图书在版编目（CIP）数据

回旋加速器原理及新进展／张天爵等编著． －－北京：北京理工大学出版社，2022.1
ISBN 978 － 7 － 5763 － 0923 － 2

Ⅰ．①回… Ⅱ．①张… Ⅲ．①回旋加速器 Ⅳ．①TL54

中国版本图书馆 CIP 数据核字（2022）第 027578 号

出版发行 /	北京理工大学出版社有限责任公司
社　　址 /	北京市海淀区中关村南大街 5 号
邮　　编 /	100081
电　　话 /	（010）68914775（总编室）
	（010）82562903（教材售后服务热线）
	（010）68944723（其他图书服务热线）
网　　址 /	http：//www.bitpress.com.cn
经　　销 /	全国各地新华书店
印　　刷 /	三河市华骏印务包装有限公司
开　　本 /	710 毫米 × 1000 毫米　1/16
印　　张 /	32.25
彩　　插 /	3
字　　数 /	561 千字
版　　次 /	2022 年 1 月第 1 版　2022 年 1 月第 1 次印刷
定　　价 /	148.00 元

责任编辑 /	钟　博
文案编辑 /	钟　博
责任校对 /	刘亚男
责任印制 /	王美丽

图书出现印装质量问题，请拨打售后服务热线，本社负责调换

前　言

回旋加速器自 20 世纪 30 年代问世以来，在核物理研究、能源、医疗卫生等领域的应用越来越广泛，尤其是近年来随着高功率回旋加速器需求的发展，回旋加速器在国际上越来越受到重视。瑞士联邦保罗谢尔研究所（PSI）的 590 MeV 回旋加速器长时间保持着世界上质子平均束流功率最高的记录；国内中国原子能科学研究院也于 2014 年建成了国际上紧凑型回旋加速器中平均束流功率最高的 100 MeV 回旋加速器 CYCIAE - 100，带动了前沿科学、航天航空、医疗装备领域的创新应用。

鉴于国内回旋加速器发展和学生培养的需要，作者从 1992 年开始产生想法，希望能整合国内、国际上的文献资源，并结合作者参与的回旋加速器工程经验，编著一本回旋加速器原理与新进展方面的书。基于此想法，作者注重日常积累，在参与我国第一台医用强流回旋加速器 CYCIAE - 30（30 MeV）工程的过程中，积累了大量技术资料与实际工程经验；后来在 CYCIAE - CRM（10 MeV）、CYCIAE - 14（14 MeV）、CYCIAE - 100（100 MeV）等工程的设计与建造过程中，深入研究、大胆实践了一批新技术，并调研、查阅了 TRIUMF、PSI 等国际上著名回旋加速器实验室的设计报告，加速器学校 CAS、PAS 的教材以及公开发表的文献，于 2010 年形成了《回旋加速器物理与工程技术》一书。该书出版业已十余年，其内容侧重低能、常温回旋加速器技术，而近年来新原理、新技术、新材料的进步，给回旋加速器相关领域，特别是超导回旋加速器、高能高功率等时性回旋加速器等方面带来了新的发展，回旋加速器的应用，如质子治疗、医用核素生产、硼中子俘获治疗等也日益得到重视。因此，作者及其研究团队在修订原来低能、常温回旋加速器内容的基础上，重点增加了中能超导回旋加速器、高能强流等时性 FFAG 加速器两个发展方向的回旋加速器原理、技术和新进展。本书主要展示了作者在"十三五"期间积累的资料和研究成果，至 2021 年完成初稿，在 CYCIAE – 2000 设计、CYCIAE – 100 调试和流强提升、CYCIAE – 230 工程实践中逐步更新内容，在近 10 年的硕士、博士研究生培养过程中逐步修订。本书的出版是中国原子能科学研究院回旋加速器团队集体努力的成果。

本书分为 11 章，由张天爵、王川、李明、殷治国、樊明武编著。樊明武院士、张天爵研究员对全书的编写进行指导和把关，其中第 1 章 ~ 第 8 章采用了张天爵、樊明武编著的《回旋加速器物理与工程技术》一书的内容，由张天爵、王川、付伟等人进行了修订，并重点补充了实现高能强流等时性加速的原理及其试验验证；第 9 章由王川、李明编写，殷治国、纪彬、冀鲁豫、付伟等提供资料，由张天爵进行了全面修订和补充；第 10 章由张天爵提出写作思路，由李明编写，边天剑、殷治国、裴士伦等进行了修订。王川、李明、殷治国、纪彬、贾先禄、魏素敏、张素平等人还为各章增加了习题。第 11 章由樊明武、张天爵编写，王川在高温超导等新技术方面进行了补充。在此对大家的团结协作表示感谢。

在本书的形成过程中，作者指导的研究生自 2001 年以来，提出了大量的修改意见，推导核实了部分公式，提供了调研材料，并参加了本书的编写，他们的需求和支持是本书成稿的直接动因，在此一并表示感谢，他们是：安世忠、钟俊晴、殷治国、贾先禄、姚红娟、杨建俊、魏素敏、王川、毕远杰、温立鹏、夏乐、张素平、周科、胡昆、侯世刚、李明、周志伟、李鹏展、费凯、雷钰、冀鲁豫、付伟、张祎王、尹蒙、关镭镭、刘景源、朱晓峰、张东昇。

本书虽然凝集了大家的努力，但我们也意识到书中必然有疏漏之处，我们谨以本书抛砖引玉，希望给广大回旋加速器工作者提供一个交流平台，也真诚地希望各位专家、读者能对书中的不足之处批评指正。

目 录

第 1 章 引言 ……………………………………………………………… 001
 1.1 回旋加速器的简要描述 …………………………………………… 002
 1.2 回旋加速器发展的简短历史 ……………………………………… 005
  1.2.1 经典回旋加速器 ……………………………………………… 005
  1.2.2 同步回旋加速器 ……………………………………………… 006
  1.2.3 扇形聚焦回旋加速器 ………………………………………… 006
  1.2.4 分离扇回旋加速器 …………………………………………… 007
  1.2.5 超导回旋加速器 ……………………………………………… 008
  1.2.6 商用回旋加速器 ……………………………………………… 009
 1.3 基本方程和公式 …………………………………………………… 010
  1.3.1 回旋加速器的基本原理 ……………………………………… 010
  1.3.2 相对论情况 …………………………………………………… 012
  1.3.3 引出束流的动量和能量 ……………………………………… 013
 1.4 回旋加速器的聚焦和轨道稳定性 ………………………………… 014
 1.5 回旋加速器的主要部件和子系统 ………………………………… 017
 参考文献 …………………………………………………………………… 020

第 2 章 回旋加速器束流动力学 ………………………………………… 023
 2.1 运动方程 …………………………………………………………… 024

2.1.1 中心区 ·· 024
2.1.2 加速区 ·· 026
2.2 共振的一般描述 ·· 028
2.2.1 经典回旋加速器 ·· 028
2.2.2 等时性回旋加速器 ·· 031
2.3 低能强流回旋加速器中的共振分析 ·· 033
2.3.1 $v_r = 1$ 共振 ·· 035
2.3.2 $2v_r = 2$ 共振 ·· 037
2.3.3 $v_r = 2v_z$ 共振 ·· 038
2.3.4 $2v_z = 1$ 共振 ·· 040
2.3.5 空间电荷效应对 v_z 贡献的估计 ·································· 041
2.3.6 轴向空间电荷效应的束流强度限制 ································ 042
2.4 实现高能强流等时性加速的原理及其试验验证 ···················· 043
2.4.1 一阶共振的处理及整体布局设计 ···································· 043
2.4.2 径向调变磁场梯度强聚焦原理 ·· 044
2.4.3 径向调变磁场梯度强聚焦原理的试验验证 ···················· 045
2.4.4 小结 ·· 047
2.5 束流动力学分析软件及应用实例 ·· 048
2.5.1 运动方程数值求解 ·· 048
2.5.2 中心区轨道跟踪软件 CYCLONE ·································· 049
2.5.3 加速轨道跟踪软件 GOBLIN ·· 054
2.5.4 应用实例 ·· 057

参考文献 ·· 060

第3章 回旋加速器主磁铁 ·· 063

3.1 引言 ·· 064
3.2 回旋加速器主磁铁的作用及其质量控制 ································ 066
3.2.1 等时性要求和磁场形状 ·· 066
3.2.2 公差控制原则 ·· 070
3.2.3 轴向和径向聚焦 ·· 070
3.2.4 共振与磁场 ·· 071
3.3 主磁铁设计 ·· 072

3.3.1 初步给定磁铁尺寸的方法 …… 072
  3.3.2 磁极间气隙 …… 073
  3.3.3 磁极间磁感应强度 …… 073
  3.3.4 扇形叶片数 …… 074
  3.3.5 磁铁的初步计算 …… 075
  3.3.6 线圈水冷计算 …… 076
  3.3.7 磁铁的详细设计 …… 077
 3.4 主磁铁施工 …… 082
  3.4.1 材料特性与选择 …… 082
  3.4.2 加工与装配 …… 087
  3.4.3 结构变形分析与控制 …… 090
 3.5 磁场测量 …… 093
  3.5.1 电磁感应法 …… 094
  3.5.2 霍尔效应法 …… 094
  3.5.3 探测线圈法的具体实现过程 …… 096
  3.5.4 基于霍尔探头的测磁仪随机误差计算 …… 099
 3.6 智能化回旋加速器主磁铁计算机辅助工程系统 …… 100
  3.6.1 CYCCAE 的整体结构 …… 100
  3.6.2 磁场测量数据分析与磁场垫补 …… 109
参考文献 …… 117

第4章 回旋加速器谐振腔 …… 121

 4.1 引言 …… 122
 4.2 谐振腔设计的基本理论 …… 123
  4.2.1 串联和并联谐振电路 …… 123
  4.2.2 同轴线空腔谐振腔 …… 126
  4.2.3 波导空腔谐振器 …… 130
 4.3 回旋加速器谐振腔的特点 …… 132
  4.3.1 同轴线谐振腔 …… 133
  4.3.2 波导结构谐振腔 …… 138
 4.4 回旋加速器谐振腔的设计和模型测量 …… 139
  4.4.1 传输线近似法 …… 139

  4.4.2 传输线有效长度和特性阻抗 ·············· 142
  4.4.3 功率损耗和 Q 值 ······························· 144
  4.4.4 波导结构谐振腔的基本设计 ·············· 145
  4.4.5 调谐和耦合 ······································· 146
  4.4.6 模型测试 ··· 150
 4.5 谐振腔设计的数值分析和计算机软件 ·············· 152
  4.5.1 二维计算软件与实例分析 ·················· 152
  4.5.2 三维计算软件与实例分析 ·················· 157
 4.6 腔体设计应考虑的一些工程技术问题 ·············· 161
 4.7 紧凑型回旋加速器谐振腔的设计及木模试验 ·············· 163
  4.7.1 双内杆高频谐振腔的三维数值模拟与优化设计 ·············· 164
  4.7.2 腔体的功率损耗及水冷等工程技术问题 ·············· 167
  4.7.3 腔体的木模试验 ······························· 172
 4.8 小结 ·· 174
 参考文献 ··· 175

第 5 章 回旋加速器的离子源 ······························· 177
 5.1 离子束参数 ··· 178
  5.1.1 束流强度、能量和能散度 ·················· 178
  5.1.2 束流的横向分布、束流半径和发散度 ·············· 179
  5.1.3 束流发射度和束流亮度 ······················ 181
  5.1.4 束流在相空间中的演变 ······················ 183
 5.2 内部离子源 ··· 184
  5.2.1 热阴极潘宁离子源 ···························· 185
  5.2.2 冷阴极潘宁负氢离子源 ······················ 187
 5.3 外部离子源 ··· 189
  5.3.1 电子回旋共振（ECR）离子源 ·············· 189
  5.3.2 会切场强流负氢离子源 ······················ 196
 参考文献 ··· 203

第 6 章 回旋加速器的注入系统 ······························· 205
 6.1 引言 ·· 206

6.2 水平注入 …… 208
    6.2.1 重离子剥离注入 …… 208
    6.2.2 中性束流注入 …… 210

6.3 轴向注入 …… 211
    6.3.1 轴向注入线 …… 213
    6.3.2 轴向注入的相空间匹配 …… 215
    6.3.3 注入偏转板 …… 217

6.4 中心区 …… 223
    6.4.1 紧凑型回旋加速器 …… 225
    6.4.2 分离扇回旋加速器 …… 230

6.5 轴向注入系统与中心区的设计实例 …… 233
    6.5.1 轴向注入系统通用试验台架的设计 …… 234
    6.5.2 CYCIAE-100 的轴向注入线设计 …… 238
    6.5.3 CYCIAE-30 螺旋形偏转板的设计与加工 …… 238
    6.5.4 CYCIAE-100 中心区的设计 …… 246

参考文献 …… 249

第7章 回旋加速器引出系统 …… 253

7.1 引言 …… 255

7.2 引出区的轨道分离 …… 256
    7.2.1 圈间距的一般性描述 …… 257
    7.2.2 加速过程的圈距 …… 257
    7.2.3 进动和共振引起的圈间距 …… 259
    7.2.4 磁场一次谐波的作用 …… 261

7.3 早期同步回旋加速器的引出方法 …… 262

7.4 进动引出 …… 264
    7.4.1 高频相位混合 …… 264
    7.4.2 进动引出方法 …… 264

7.5 多圈和单圈引出 …… 266

7.6 正离子回旋加速器的其他引出方法 …… 268

7.7 束流引出的偏转与导向装置 …… 271

7.8 回旋加速器共振进动引出实例 …… 273

7.9 剥离引出 …………………………………………………………… 275
　　7.9.1 剥离引出方法介绍 ……………………………………… 275
　　7.9.2 剥离引出方法的原理 ……………………………………… 278
　　7.9.3 剥离引出的轨道跟踪 ……………………………………… 279
　　7.9.4 剥离引出方法的一些重要特性 …………………………… 282
　　7.9.5 剥离引出的能散 …………………………………………… 283
　　7.9.6 剥离膜厚度的估算 ………………………………………… 284
　　7.9.7 剥离膜引起的角度散射和能量散射 ……………………… 285
7.10 紧凑型回旋加速器负离子剥离引出实例 ……………………… 286
　　7.10.1 剥离点的计算 …………………………………………… 287
　　7.10.2 引出开关磁铁的作用 …………………………………… 288
　　7.10.3 束流光学特性分析 ……………………………………… 289
　　7.10.4 剥离靶装置 ……………………………………………… 290
参考文献 ………………………………………………………………… 292

第8章　回旋加速器相关工程技术 ……………………………… 295

8.1 回旋加速器真空系统 …………………………………………… 296
　　8.1.1 真空技术基础 …………………………………………… 296
　　8.1.2 回旋加速器真空系统的特点和要求 …………………… 305
　　8.1.3 回旋加速器真空技术的发展 …………………………… 308
　　8.1.4 回旋加速器真空系统设计示例 ………………………… 311
8.2 回旋加速器的电气、电源系统 ………………………………… 318
　　8.2.1 电气系统 ………………………………………………… 318
　　8.2.2 电源系统 ………………………………………………… 322
8.3 回旋加速器的控制系统 ………………………………………… 327
　　8.3.1 控制器 …………………………………………………… 330
　　8.3.2 PLC 控制流程设计 ……………………………………… 331
　　8.3.3 前端计算机 ……………………………………………… 336
8.4 回旋加速器的束流诊断技术 …………………………………… 342
　　8.4.1 束流强度测量装置 ……………………………………… 343
　　8.4.2 束流位置与截面测量设备 ……………………………… 347
　　8.4.3 束流发射度测量仪 ……………………………………… 351

	8.4.4	径向插入探测靶 ………………………………………………………………	353
	8.4.5	束流相位靶 …………………………………………………………………	354
	8.4.6	双限缝装置 …………………………………………………………………	355
	8.4.7	用于回旋加速器内部的其他诊断装置 ……………………………………………	355
	8.4.8	束流信号处理系统及计算机接口 ………………………………………………	356
参考文献 ……………………………………………………………………………………………			357

第9章 超导回旋加速器 ……………………………………………………… 361

9.1 超导回旋加速器的发展简介 ……………………………………………………… 362
9.2 超导回旋加速器的设计原理和关键设备研发 …………………………………… 363
    9.2.1 超导回旋加速器的主磁铁设计及静态轨道计算 ………………………… 363
    9.2.2 束流动力学规划及共振分析 ………………………………………………… 368
    9.2.3 230 MeV 超导回旋加速器从离子源到束流
          引出的轨道全程跟踪 ………………………………………………………… 372
    9.2.4 超导线圈与低温系统 ………………………………………………………… 382
    9.2.5 磁场测量与垫补 ……………………………………………………………… 385
    9.2.6 高频系统 ………………………………………………………………………… 393
    9.2.7 离子源与中心区 ……………………………………………………………… 397
    9.2.8 引出系统 ………………………………………………………………………… 400
    9.2.9 快速调强系统 ………………………………………………………………… 403
9.3 未来质子治疗系统中应用超导技术的新进展 …………………………………… 405
参考文献 …………………………………………………………………………………… 408

第10章 FFA加速器 ……………………………………………………… 411

10.1 FFA加速器的简要历史 ………………………………………………………… 412
10.2 FFA加速器的分类 ……………………………………………………………… 415
    10.2.1 等比FFA加速器 …………………………………………………………… 415
    10.2.2 线性非等比FFA加速器 …………………………………………………… 417
    10.2.3 非线性非等比FFA加速器 ………………………………………………… 418
10.3 FFA加速器设计原理 …………………………………………………………… 419
    10.3.1 FFA加速器Latice的设计 ………………………………………………… 420
    10.3.2 束流动力学模拟 …………………………………………………………… 426

10.4 2 GeV FFA 加速器设计和关键设备预先研究 …………… 429
   10.4.1 设计思路 ………………………………………… 430
   10.4.2 磁聚焦结构设计 ………………………………… 434
   10.4.3 束流动力学模拟 ………………………………… 436
   10.4.4 高温超导磁铁设计 ……………………………… 445
   10.4.5 高 Q 值高频腔体的设计 ………………………… 452
参考文献 ………………………………………………………… 464

第 11 章 结篇——回旋加速器的发展趋势和应用方向 …………… 467

11.1 国际上回旋加速器领域近年来的新进展 ……………… 468
11.2 国内发展现状 …………………………………………… 470
11.3 未来发展趋势及应用方向 ……………………………… 470
参考文献 ………………………………………………………… 472

习　　题 ………………………………………………………………… 476

索　　引 ………………………………………………………………… 495

第 1 章

引 言

1.1 回旋加速器的简要描述

在早期的加速器中,带电粒子仅受加速电场一次加速,因此粒子的最终能量主要受高压技术的限制。20世纪30年代人们在 Lawrence Berkeley 实验室建成了回旋加速器,回旋加速器是第一种圆形加速器,带电粒子在它之中沿闭合轨道作回旋运动,回旋频率与粒子特性和磁场强度有关,与动量无关(忽略相对论效应)。所以,可调节加速粒子的周期性振荡的电场,作用于磁场中的加速间隙,使粒子得到循环重复的加速。在等时性回旋加速器中,粒子与电场维持相位不变,粒子在电场接近峰值时靠近加速间隙而被加速,这个过程通常也称为共振加速。因为电场频率与回旋加速频率必须相互匹配,典型的质子加速器加速系统的频率在高频范围内,所以质子加速器加速系统称为高频(RF)系统。对于早期的回旋加速器,在磁铁中的加速电极常为半圆或D形结构,所以称为D形盒。圆形轨道的半径主要与粒子动量有关,因此,加速粒子沿螺旋形轨道向外旋转,直到最终能量、束流从磁场中被引出为止,其基本原理图如图1-1所示。所有被加速的粒子构成束流,在一个相同电场周期中被加速的粒子称为

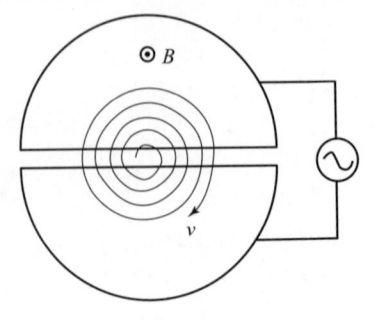

图1-1 回旋加速器的基本原理

束团。

回旋加速器可用于许多不同领域——从面向同位素生产、癌症治疗、汽车发动机磨损研究等应用的小型回旋加速器，到面向核物理、粒子物理等基础研究的大型回旋加速器。下面举几个回旋加速器的应用实例。图 1-2 所示是比利时 IBA 公司研制的用于正电子发射断层扫描（PET）的 18 MeV 回旋加速器，它的峰区场强为 1.90 T，谷区场强为 0.35 T，高频频率为 42 MHz，整机运行时的功耗小于 55 kW，可加速质子和氘核两种带电粒子。另一个用于核医学的回旋加速器的例子是中国原子能科学研究院研制的 30 MeV 强流负氢回旋加速器 CYCIAE-30（图 1-3），它主要用于短寿命医用放射性同位素的生产，能量为 15~30 MeV（连续可调），引出流强为 375 μA，束流可双向引出，同时生产不同品种的放射性同位素。该回旋加速器在核医学中发挥了重要作用，它所生产的放射性同位素产品主要有 ^{11}C、^{13}N、^{15}O、^{18}F、^{43}K、^{52}Fe、^{57}Co、^{67}Ga、^{75}Se、^{81}Rb、^{111}In、^{103}Pd、^{123}I、^{127}Xe、^{129}Cs 和 ^{201}Tl 等数十种，用于肺功能、脑代谢、血液检查、心肌显像、胰显像、肿瘤诊断、脂肪代谢等方面。主要用于基础研究的大型回旋加速器有法国 GANIL 的分离扇回旋加速器、瑞士 PSI 的 590 MeV 质子回旋加速器、加拿大 TRIUMF 国家实验室的 500 MeV 负氢回旋加速器、美国超导回旋加速器国家实验室的 K1200 超导回旋加速器等，图 1-4 所示为瑞士 PSI 的 590 MeV 质子回旋加速器，它是截止到 2008 年世界上质子平均束流功率最高的回旋加速器，它用于固体物理、核物理的基础研究和材料科学、生命科学等学科的应用基础研究领域。

图 1-2　用于 PET 的 18 MeV 回旋加速器（IBA 公司研制）

图 1-3 CYCIAE-30 回旋加速器

图 1-4 瑞士 PSI 的 590 MeV 质子回旋加速器

等时性回旋加速器自 20 世纪 60 年代以来得到了迅速的发展。图 1-5 所示为世界上等时性回旋加速器的逐年增长情况。1998 年,在运行使用的等时性回旋加速器共 228 台,其中用于放射性药物生产的有 50 多台,用于正电子发射断层扫描工作的有 125 台,用于研究工作兼顾同位素生产的有 13 台,由此可以看到等时性回旋加速器在国际上的发展趋势。

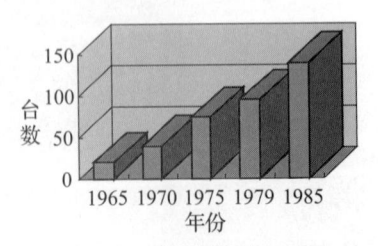

图 1-5 等时性回旋加速器的逐年增长情况

1.2 回旋加速器发展的简短历史

不同类型回旋加速器的发展历史相互交错，随着用户的需要，新的思想被引入而发展了回旋加速器的原理，同时，一些类型回旋加速器消失了，不同类型回旋加速器的发展在数量上如图1-6所示，这是根据早期的总结和国际回旋加速器及其应用会议论文集的数据制成的。R. R. Wilson、J. A. Martin、F. Resmini 和 J. R. Richardson 等人在不同时期对回旋加速器的发展作了很有意义的总结，W. Joho 在 20 世纪 80 年代就开始处理回旋加速器中的强流问题，预测了回旋加速器的发展趋势。

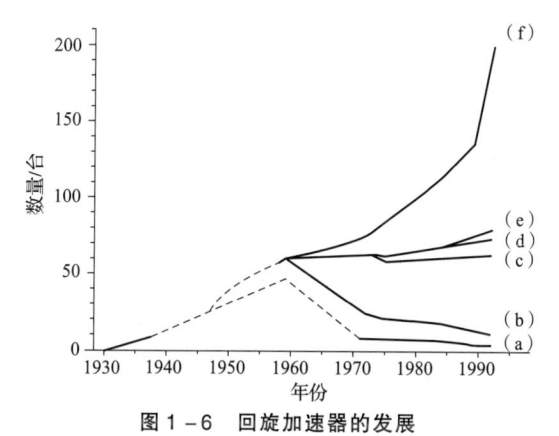

图 1-6 回旋加速器的发展

(a) 经典回旋加速器；(b) 同步回旋加速器；(c) 扇形聚焦回旋加速器；
(d) 分离扇回旋加速器；(e) 超导回旋加速器；(f) 商用回旋加速器

1.2.1 经典回旋加速器

为了满足核物理新研究领域的需求，回旋加速器的研究工作于 1930 年前后开始。E. O. Lawrence 在 1929 年构想了多次加速带电粒子的装置，第二年和他的学生 M. S. Livingston 开始研制工作，首台"将轻离子多次加速到高速度的装置"，当时就被称为回旋加速器，于 1931 年在伯克利的加利福尼亚研究室建造成功。这个实验室现在称为 Lawrence Berkeley Laboratory，以纪念 Lawrence 对回旋加速器发展的贡献。他的"11 吋"① 回旋加速器具有直径为 28 cm 的磁

---

① 吋即英寸，1 英寸 = 0.025 4 米。

极面,能产生 0.001 μA、1.22 MeV 的质子束。1932 年,这台回旋加速器已用于物理实验工作。在随后的几年中,人们建成了许多台回旋加速器,在 1959 年的总结中统计出了 48 台。所有早期回旋加速器都有平的磁极,所以,沿磁极半径增大的方向要求磁场缓慢下降以获得足够的聚焦和加速到相对论能量要求磁场沿径向增长之间出现了矛盾。H. E. Bethe 等于 1937 年发表论文,预言这些经典回旋加速器的最高能量限制:对于质子为 12 MeV,对于 α 粒子为 34 MeV。

1.2.2 同步回旋加速器

同步回旋加速器也称为调频回旋加速器(FM 回旋加速器)。在中子和 μ 子影响的发现以及存在 π 介子的预言的推动下,1932—1937 年,人们强烈要求将带电粒子加速到更高能量。L. H. Thomas 于 1938 年发表文章,提议应用"具有沿方位角变化的磁场",但在那时没被采纳,因为提议中假定的正弦变化的磁场被认为是难以产生的。代替它的是第二次世界大战后于 1945 年建成的同步回旋加速器。基于单独由 V. Veksler 和 E. M. McMillan 发表的文章,这些回旋加速器确实有沿径向方向下降的磁场以增加轴向聚焦,但为了达到相对论能量,在粒子加速过程中需要降低高频加速电场的频率,这就是同步回旋加速器。就像它的名字那样,它加速的粒子与加速电场之间具有稳定的相位关系,在加速过程中的任何时刻,粒子的相位围绕着由高频系统频率准确给出的相位作振荡。频率的变化是比较慢的,为 50 ~ 4 000 周期/秒,因此,加速过程也是慢的,且 D 电压不需要非常高,通常为 10 ~ 40 kV,所有这些特点使同步回旋加速器易于建造和运行,同步回旋加速器的缺点是束团在整个频率变化周期中被加速,而在束团被引出前,它不能加速其他束团,所以同步回旋加速器所提供的束流是脉冲的,占空比低,平均流强低。

伯克利的 184 吋同步回旋加速器是世界上的第一台同步回旋加速器,它也是由 Lawrence 建造的,它的质子束流的能量达到 200 MeV,α 粒子束的能量达到 400 MeV。达到最高能量的是俄罗斯圣彼得堡的同步回旋加速器,高达 1 000 MeV。目前,人们已经失去了对同步回旋加速器的研究兴趣,但世界上仍然有几台在运行。

1.2.3 扇形聚焦回旋加速器

在 1950 年,为了满足提高中子通量的基本要求,以及高能物理方面的研究需要,1949 年人们首先人工产生了 π 介子,在 1953 年生产了 K 和 Σ 介子。扇形聚焦回旋加速器[即方位角调变场(AVF)回旋加速器]就是在这些应用的推动下得到发展的。

为了使回旋加速器达到更高能量和平均流强，人们建议采用交变梯度和螺旋形叶片。由于同步回旋加速器平均流强的限制，人们再次考虑 L. H. Thomas 的想法，使用沿方位角方向的交变场来增强聚焦。20 世纪 50 年代末期取得了突破性进展。1957 年第一台扇形聚焦回旋加速器在荷兰的代夫特建成，在 1959 年的第一届扇形聚焦回旋加速器会议上与会者主要关心的是扇形聚焦回旋加速器，到 1962 年已经有 6 台，1970 年 40 台扇形聚焦回旋加速器建成运行，其使用的方便性、束流质量和束流强度很快得到改善，满足了用户的特别需要和日益增长的要求，可产生不同品种、可变能量的束流（重粒子束、极化束等）。1969 年，W. Marshall 称扇形聚焦回旋加速器是非常"多用途的回旋加速器，在完全有别于核物理的许多领域都有应用前景"，像"放射化学、生物学、医学、冶金"等，很可能正是由于其多用性的原因，扇形聚焦回旋加速器得到持续不断的发展。

对于高能的回旋加速器，需用螺旋形磁极以产生足够的聚焦。在加拿大 TRIUMF 的 520 MeV 回旋加速器中，螺旋角大至 70°，几乎达到实际可能达到的极限。束流强度一般受到离子源引出流强和引出区束流损失的限制，这是因为大多数扇形聚焦回旋加速器为整体型磁铁结构，在引出区出现圈间重叠。

灵活性和多用性的一个典型例子是瑞士 PSI 的 72 MeV 回旋加速器 Injector – I，它是一台典型的扇形聚焦回旋加速器，粒子在回旋加速器中被加速 500 圈，在引出区的圈间距为 0.3 ~ 3 mm，水平归一化发射度为 2.4 π mm·mrad，垂直归一化发射度为 1.2 π mm·mrad；它的磁极直径为 2.5 m，有 4 个 55°的螺旋叶片，气隙为 240 mm，磁铁总质量为 470 t；高频加速系统用 180°D 形盒，频率在 4.6 ~ 17 MHz 范围内可调，也可用 50 MHz，这主要取决于被加速的粒子类型；它可提供能散度约为 0.3% 的质子束、氚核束、α 粒子束和重离子束。它的 20% 的束流时间用于注入 590 MeV 回旋加速器，40% 用于核物理，核化学与原子物理、放射性同位素生产、癌症治疗和多种辐照应用各占 10%。

1.2.4　分离扇回旋加速器

"介子工厂"的竞争使回旋加速器于 1970 年左右又遇到了一次挑战，目标是产生通量为当时水平的 10 ~ 100 倍的 π 介子和 μ 介子，主要用于核物理和粒子物理实验，但在产生这些介子之后不久，回旋加速器在其他领域也得到了广泛的应用，如固体物理、医学等。重要的是"介子工厂"的竞争是几个不同实验室、不同类型加速器之间的竞争。在世界范围内，人们建立了 3 个介子工厂——Los Alamos（美国）的 800 MeV 直线加速器、TRIUMF（加拿大）的可变能量（183～520 MeV）负氢离子回旋加速器和 PSI（瑞士）590 MeV 分离扇回旋加速器。

回旋加速器的设计，从扇形磁极加垫补片到 1963 年 H. A. Willax 提出的分离扇回旋加速器，在设计步骤上可以理解为仅是扇形聚焦回旋加速器的合理扩展，然而在回旋加速器的机械性能和束流动力学特性上却有明显的不同，分离的磁极间的自由空间可用于安装高功率、高 Q 值的 RF 腔，以代替挤压在磁极间的 D 盒。这提供了非常高的加速电压，因此有大的圈间距，所以束流能较容易引出且束损小，这是强流回旋加速器的必要条件。

磁极间的空间也提供了安装平顶腔的可能性，平顶波高频系统的思想是通过将常规 RF 加速电压的余弦峰值压平，使加速相位与束团中单个粒子的相位几乎无关，在常规余弦电压上加上幅值约为加速电压幅值 11.5% 的三次谐波，可完成平顶工作，但这带来了减速的过程。1981 年，S. Adam 等首先报告了他们在瑞士 PSI 的 590 MeV 回旋加速器上平顶波系统的运行结果。

分离扇回旋加速器这些优点的代价是需要单独的预加速器，即注入器，以将束流注入轨道的最内圈。由于几何结构的原因，分离的扇形磁极不能扩展到回旋加速器的中心区。

目前，运行中的大型分离扇回旋加速器有十多台，有强流的回旋加速器，也有高能重离子的回旋加速器。在后一种情况中，在注入器和主加速器之间，粒子被剥离以增加预加速粒子的电荷态，使之最终达到更高能量，例如 GANIL 的回旋加速器设施。

1.2.5　超导回旋加速器

随着超导技术的发展，人们不禁要问超导是否可对回旋加速器有所贡献。起初，这似乎是不可能的，就像超导回旋加速器领域的先锋 H. G. Blosser 在 1972 年所说的那样，"没有用超导才能克服的问题"。确实，设计这种回旋加速器需要客观的努力，但在常温磁铁与超导磁铁的比较中，超导磁铁的明显优势在于等同磁偏转性能下，超导磁铁的质量约降至常温磁铁的 1/15，这是非常重要的。

一方面，大学实验室对重粒子物理有兴趣，但没有建立大型设施的条件，因此选择建造超导回旋加速器。H. G. Blosser 在密西根州立大学建造了第一台超导回旋加速器，于 1982 年出束，这是一台 $k=500$ 的超导回旋加速器，能量范围可与 GANIL 的大型回旋加速器相比较，但引出区半径仅为 67 cm，而不是 GANIL 的大型回旋加速器的 300 cm；质量为 100 t，远小于 GANIL 的大型回旋加速器 1 700 t。关注磁铁质量的另一领域是医院里的医用加速器。最典型的情况是一台 50 MeV 氘核回旋加速器，该加速器用于中子治疗，安装于底特律（美国）的 Harper 医院，它的体积小，可直接安装在癌症治疗设施的旋转照射架中。非常特殊的一台回旋加速器是慕尼黑（德国）的 TRITRON，这是一台分离轨道的回旋加速器，其基本原理与典型的回旋加速器有些不同，读者可参考近年 ICC 上发表的文章。进入 21 世纪以来，在癌症的质子治疗需求的驱动下，德国的 ACCEL 公司基于密西根州立大学 H. G. Blosser 团队的 250 MeV 超导回旋加速器设计，联合瑞士 PSI 研究所研制成功首个专门用于质子治疗的 250 MeV 超导回旋加速器。该回旋加速器采用 NbTi 超导线圈与常温轭铁，中心磁场强度约为 2.4 T，总质量只有 90 t，远小于竞争对手 IBA 常温 C235 MeV 回旋加速器的 220 t，而且其运行功耗也低于 C235；此后，麻省理工学院的 T. Antaya 团队以及后继的 Mevion 公司成功研制了 250 MeV 超导同步回旋加速器，其采用 Nb3Sn 超导线圈，平均磁场强度为 9 T，总质量只有 20 余 t；此后，IBA 公司也开展了平均磁场强度为 5.5 T 的超导同步回旋加速器 S2C2 的研制。根据国际粒子治疗合作组织统计，2010 年后，国际上新建质子治疗设备的约 2/3 都是超导回旋加速器/超导同步回旋加速器。

超导回旋加速器磁场强度较高，除了结构紧凑、运行功耗低，其设计也与常温回旋加速器有一些不同特点，这将在后续章节详细介绍。

1.2.6　商用回旋加速器

扇形聚焦回旋加速器被公认为是多用途的回旋加速器，随后不久，出现了商用和工业用的回旋加速器，以及具有专门用途的回旋加速器，例如主要用于癌症治疗和同位素生产的医用回旋加速器。在 1960 年之后的 10 年中，有几家公司进入回旋加速器这一市场，如 AEG、Philips、Scanditronix、Thomson - CSF/CGR 等。10～15 年之后，这些公司中的大多数缩小或停止了在回旋加速器市场上的发展与努力。在应用方面，最初的几个方面的发展是很重要的，如放射化学的研究、正电子发射断层扫描的发展、用中子或带电粒子治疗癌症的研究等。目前，医用和商用小型回旋加速器的数量快速增长，出现了许多新的回旋加速器制造商，如 CTI PET System/Siemens、D. V. Efremov Institute、EBCO、IBA、Oxford Instrument、Scanditronix、Sumitomo Heavy Industries、The Japan Steel Works 等，它们主要提供与 PET 配套使用的小型回旋加速器，许多医院和其他用户似乎正打算安装自己的回旋加速器。

典型的专用于同位素生产的回旋加速器如图 1-2 和图 1-3 所示。所有这些回旋加速器都经过优化设计，以满足专门的用途，它们的制造尽量简单、易于使用，这可以表达为"通过按最多两个按钮，人们就能生产 4 种常用医用放射性同位素中的任何一种"，IBA 公司正是用这样的话来描述它的一种回旋加速器产品的。

1.3 基本方程和公式

1.3.1 回旋加速器的基本原理

在回旋加速器中，质量为 m、带电荷 q、以速度 $\boldsymbol{v} = (v_x, v_y, v_z)$，在磁场 $\boldsymbol{B} = (B_x, B_y, B_z)$ 中运动的粒子，其运动方程由洛伦兹力和牛顿方程给出：

$$\boldsymbol{F}_L = q \cdot (\boldsymbol{v} \times \boldsymbol{B})$$
$$\frac{\mathrm{d}(m\boldsymbol{v})}{\mathrm{d}t} = \boldsymbol{F}_L \tag{1-1}$$

由此得到：

$$\frac{\mathrm{d}(mv_x)}{\mathrm{d}t} = \frac{\mathrm{d}(m\dot{x})}{\mathrm{d}t} = q(\dot{y}B_z - \dot{z}B_y)$$
$$\frac{\mathrm{d}(mv_y)}{\mathrm{d}t} = \frac{\mathrm{d}(m\dot{y})}{\mathrm{d}t} = q(\dot{z}B_x - \dot{x}B_z) \tag{1-2}$$
$$\frac{\mathrm{d}(mv_z)}{\mathrm{d}z} = \frac{\mathrm{d}(m\dot{z})}{\mathrm{d}t} = q(\dot{x}B_y - \dot{y}B_x)$$

式中，点号"·"表示对时间的导数，在柱坐标系中，有：

$$\frac{\mathrm{d}(m\dot{r})}{\mathrm{d}t} - mr\dot{\theta}^2 = q(r\dot{\theta}B_z - \dot{z}B_\theta)$$
$$\frac{\mathrm{d}(mr\dot{\theta})}{\mathrm{d}t} + m\dot{r}\dot{\theta} = q(\dot{z}B_r - \dot{r}B_z) \tag{1-3}$$
$$\frac{\mathrm{d}(m\dot{z})}{\mathrm{d}t} = q(\dot{r}B_\theta - r\dot{\theta}B_r)$$

首先考虑在均匀磁场（沿轴向）中质量 $m = m_0$ 的非相对论粒子，为方便起见，$\boldsymbol{B}_0$ 取为沿 z 轴的负方向，即 $B_z = -B_0$，那么运动方程简化为：

$$m_0\ddot{x} = -q\dot{y}B_0$$
$$m_0\ddot{y} = q\dot{x}B_0 \tag{1-4}$$
$$m_0\ddot{z} = 0$$

或

$$m_0(\ddot{r} - r\dot{\theta}^2) = -qr\dot{\theta}B_0$$
$$m_0(r\ddot{\theta} + 2\dot{r}\dot{\theta}) = q\dot{r}B_0 \tag{1-5}$$
$$m_0\ddot{z} = 0$$

结果是在垂直于轴向磁场方向的 $x-y$ 平面中的一个闭合圆轨道，轨道半径为 R，粒子角速度为 ω，它们由下式给出：

$$R = \frac{p}{qB_0}$$
$$\omega = \frac{q}{m_0}B_0 \tag{1-6}$$

对于质量为 m_0、电荷为 q 的给定粒子，ω 仅与 B_0 有关。对于给定的场，轨道半径 R 正比于动量 p。

为了便于数值计算，用质量数 A 表达 m，用电荷态 Z 表达 q，即

$$m_0c^2 = AE_{\text{amu}}$$
$$q = Ze \tag{1-7}$$

式中，e 是电子的电荷，E_{amu} 为一个原子质量单位（amu）的等价能量，原子质量单位被定义为 ^{12}C 的质量的 1/12，根据 1992 年调整后的基础物理学常数，$E_{\text{amu}} = 931.494$ MeV，质子的质量有 $A = 1.007\,276$ 个原子质量单位，据此得到准确的频率：

$$f = \frac{\omega}{2\pi} = \frac{ec^2}{2\pi E_{\text{amu}}}\left(\frac{Z}{A}\right)B_0 \tag{1-8}$$

如果 B_0 的单位为 T，则频率为：

$$f = 15.356\,122\left(\frac{Z}{A}\right)B_0\,(\text{MHz}) \tag{1-9}$$

为了重复加速，必须使粒子轨道回旋频率和加速的 RF 电压共振，共振条件是，高频系统的频率 f_{RF} 等于轨道回旋频率或其高次（h）谐波模式：

$$f_{\text{RF}} = h\frac{\omega}{2\pi} \tag{1-10}$$

如果粒子回旋运动于高次谐波模式，即 $h > 1$，中心区和加速结构的几何形状必须适应所选的谐波模式 h。

因为粒子仅是在 RF 周期的一部分中能被接收和加速，所以回旋加速器的束流是一些束团，时间结构与 RF 频率相关，如果不考虑微观结构，回旋加速器的束流被认为是连续波（cw）束流，这是相对于同步加速器而言的，同步

加速器中的束流是脉冲的微观结构,脉冲微观结构由其 RF 加速系统确定。

我们注意到,共振条件必须在整个加速过程中的所有半径上得到满足,在等时性回旋加速器中所有粒子在所有轨道半径上有相同的回旋加速频率,这就意味着等时性回旋加速器没有相聚焦特性,因此,磁场与 RF 频率的准确调谐十分重要,一般需要一组校正线圈以调节不同半径的磁场,磁场的调谐精度与加速圈数 n、谐波模式 h 有关,如果实际磁场 B 与等时场 B_0 之间的误差为 $\Delta B = (B - B_0)$,则由此而引起的相位漂移(滑相)ϕ 为:

$$\Delta(\sin\phi) = 2\pi h n \frac{\Delta B}{B_0} \qquad (1-11)$$

ϕ 是束流与加速粒子的 RF 场之间的相位差,如果滑相 ϕ 超出 $+90° \sim -90°$ 的范围,粒子将被减速而丢失。

1.3.2 相对论情况

粒子运动(动量为 p,轨道半径为 R)与磁感应强度 B 的关系为:$p = qRB$。它在粒子具有相对论速度的情况下(计入相对论质量增加)也是正确的,用相对论参数 β 和 γ 重写运动方程:

$$\begin{aligned} m &= m_0 \gamma \\ p &= m_0 \gamma c = qRB \\ \omega &= \frac{v}{R} = \frac{qB}{m_0 \gamma} \end{aligned} \qquad (1-12)$$

β 和 γ 可用粒子的速度 v、光速 c 和总能量 E_{total}(静止能量和动能之和)表示:

$$\beta = \frac{v}{c}, \gamma = \frac{E_{\text{total}}}{m_0 c^2} \qquad (1-13)$$

由此可见,在加速过程中,磁场强度必须随相对论质量而增长,以保持角速度为常数,所以磁感应强度 B 为轨道半径 R 的函数:

$$B(r) = B_0 \gamma(R) \qquad (1-14)$$

假定中心化的圆轨道半径为 R,用 $\gamma^2 = 1 + \beta(R)^2 / [1 - \beta(R)^2]$,则 $B(R)$ 可表示为:

$$B(R) = B_0 \sqrt{\left(1 + \frac{\beta^2}{(1-\beta^2)}\right)} \qquad (1-15)$$

式中,$\beta(R) = \frac{\omega}{c} R$,$\frac{\omega}{c} = \frac{ec}{E_{\text{amu}}} \left(\frac{Z}{A}\right) \cdot B_0$。

因为相对论校正取决于(Z/A),所以给出的场形 $B(R)$ 仅适合单一类型的粒子,这就需要使用强的校正线圈以调整 $B(R)$ 才能满足加速各种不同粒子和可变能量的需要。

在这里需要指出,随半径增加的磁感应强度使束流在垂直方向(轴向)散焦,聚焦力可由下列途径之一获得:①维持磁感应强度随半径下降,②引入沿方位角方向的交变场。第一台经典等时性回旋加速器的磁感应强度随半径下降,它虽然具有轴向聚焦力,但能量被限制为非相对论的。

在大多数情况下,现代回旋加速器的磁感应强度不像上述假定的那样,它是轨道半径 R 和方位角 θ 的函数,磁感应强度的一般形式 $B(r, \theta)$ 是 θ 的多重对称函数(由于稳定性的要求,应高于三重对称),粒子轨道是闭合轨道,如果用 B_{av} 和 R_{av} 表示磁感应强度和轨道半径的平均值,上述各个方程仍然有效,这里 B_{av} 是闭合轨道上的平均磁感应强度,R_{av} 定义为:

$$R_{av} = \frac{L}{2\pi} \tag{1-16}$$

式中,L 是一个完整回旋周期的长度。

1.3.3 引出束流的动量和能量

从动量 p 或已知的回旋加速器参数计算被加速粒子的动能时,需计入相对论校正,动量 p 和动能 W 的一般相对论形式为:

$$p = m_0 c \beta \gamma$$

$$W = m_0 c^2 (\gamma - 1) = \frac{p^2}{m_0(\gamma + 1)} \tag{1-17}$$

这里使用了关系式 $\beta^2 + (1/\gamma^2) = 1$ 和 $(\gamma - 1) = \beta^2 \gamma^2/(\gamma + 1)$。为了用回旋加速器有关参数 f_{RF} 和 B_0 表示公式,用每原子质量单位的动能 W/A 更加方便。代入 $p = m_0 \omega R \gamma$,并假定 ω 与高频频率 f_{RF} 的 h 次谐波共振,可得:

$$\frac{W}{A} = \frac{1}{2} E_{amu} \left(\frac{2\pi}{c}\right)^2 \frac{2\gamma^2}{(\gamma+1)} R^2 \left(\frac{f_{RF}}{h}\right)^2 \tag{1-18}$$

代入 $p = qRB_0 \gamma$ 得到每原子质量单位的能量与 B_0 的关系:

$$\frac{W}{A} = 48.24 \frac{2\gamma^2}{(\gamma+1)} (Z/A)^2 R^2 B_0^2 \quad (\text{MeV}/A) \tag{1-19}$$

式中,R、B_0 的单位分别为 m 和 T。

用这些公式计算引出束流的能量时,须考虑能量由引出半径决定,需要特别强调的是:要区分回旋加速器磁铁中回旋加速粒子的轨道半径 R 与径向坐标 r,仅当轨道为圆,中心位于磁铁中心时,磁铁中的轨道半径 R 才等于径向坐标 r,而轨道半径为 R 的粒子,当运动非对中时,到达束流被引出回旋加速器轨道的位置时,动量还没有达到相应于引出系统所在半径位置的动量值,因此，有效引出半径 $R_{extreff}$ 即决定引出能量的半径，由与束流品质相关的轨道对中确定，也受引出过程的调节影响，在一般情况下，有轴向交变梯度磁场的回旋加速器，取 $R = R_{av}$。

对于给定的磁场，每原子质量单位的能量 W/A 正比于 $(Z/A)^2$：

$$\frac{W}{A} = K(Z/A)^2 \qquad (1-20)$$

式中，因子 K 称为回旋加速器磁铁的 K 值，相对于直线加速器而言，如果加速高电荷态的粒子，回旋加速器能达到相当高的能量，这已应用于重离子回旋加速器设施中，例如 GANIL 的机器。束流一般在低电荷态情况下产生，经第一台回旋加速器加速，然后到达剥离膜，离子中的大多数剩下的电子被剥离，新的束流有更高的电荷态，被第二、第三台回旋加速器加速到更高能量。对于大多数回旋加速器来说，能量的相对论校正并不大，质子能量为 50 MeV 时，γ 等于 1.05，因子 $2\gamma^2/(\gamma+1) = 1.08$，几乎不变。

相对论速度的束流经常用 pc 项来描述：

$$pc = m_0 c^2 \beta\gamma \qquad (1-21)$$

为了描述磁聚焦设备的性能与尺寸的关系，常用磁刚度 $B\rho$ 表示，其定义如下：

$$G = B\rho = \frac{p}{q} = \frac{2\pi E_{amu}}{ec^2} \gamma R \frac{(f_{RF}/h)}{(Z/A)} \qquad (1-22)$$

在非相对论情况下，磁刚度与粒子动能的关系为：

$$G = B\rho = 0.144\,4\,\frac{\sqrt{AW}}{Z} \qquad (1-23)$$

式中，G、W 的单位分别为 T、m、MeV。

1.4　回旋加速器的聚焦和轨道稳定性

回旋加速器设计与运行需要考虑的一个重要方面是束流轨道稳定性。回旋加速器中构成束流的粒子在其路径中必须维持聚焦，在回旋加速器中，磁场一般用于对束流的聚焦，在能量高于几个 MeV 以后，电场不能提供足够强的聚焦作用。

在处理聚焦特性时，引入平衡轨道的概念，通常，具有固定能量的粒子在对称磁场中沿一闭合轨道运动，该轨道称为静态平衡轨道。它与磁场的方位角方向的结构 $B(r,\theta)$ 相关，轨道有时大于、有时小于圆轨道，在加速过程中，粒子沿类似于螺旋形的路径运动，由一个向下一个平衡轨道的过渡过程由能量增益决定。用偏离静态平衡轨道的粒子运动方程计算聚焦，这些粒子绕平衡轨道振荡，这种振荡称为自由振荡。自由振荡分为相干和非相干两种，相干振荡用于描述束团作为一个整体偏离且绕平衡轨道振荡的情况，非相干振荡描述束团中单独的粒子相对束团中心的运动情况。

为便于公式表达，引入磁场指数 k，定义为磁场轴向分量 $B_z(r)$ 对位置 r 的导数（其他文献中常定义 $n = -k$），在相对论回旋加速器中，有 $B_z(r) = \gamma B_0$，则 k 与 γ 相关，得到：

$$k = k(r) = \frac{r}{B_z} \cdot \frac{\mathrm{d}B_z}{\mathrm{d}r} = \frac{r}{\gamma} \cdot \frac{\mathrm{d}\gamma}{\mathrm{d}r} = \gamma^2 - 1 \qquad (1-24)$$

在与方位角方向无关的磁场中，已经可以看到非相对论粒子的水平聚焦的基本特性，这种情况下平衡轨道是一个圆，假定它与磁场中心对中，所以轨道半径与径向坐标相符，即 $r = r_{eo} = R$。由式（1-5），平衡运动的径向部分简化为：

$$m_0 \ddot{r} = m_0 r \dot{\theta}^2 - qv(r)B_z(r) \qquad (1-25)$$

用 $x = (r - r_{eo})$ 重写方程，x 给出粒子对平衡轨道的偏离情况，绕平衡轨道对磁场 $B_z(r)$ 展开，并考虑到偏离粒子具有相应平衡轨道的速度这个因素，进行下列替代：

$$\begin{aligned} &x = (r - r_{eo}) \\ &\ddot{x} = \ddot{r} \\ &\dot{\theta} = \omega, \quad \text{当 } r = r_{eo} \text{ 时} \\ &\dot{\theta} = \omega \frac{r_{eo}}{r}, \quad \text{当粒子偏离但具有相同速度时} \end{aligned} \qquad (1-26)$$

则有：

$$\begin{aligned} &r\dot{\theta}^2 = \omega^2 \left(\frac{r_{eo}^2}{r}\right) \cong \omega^2 (r_{eo} - x) \\ &\omega = \frac{q}{m} B_z(r_{eo}) = \frac{v(r_{eo})}{r_{eo}} \\ &B_z(r) = B_z(r_{eo}) + \left(\frac{\mathrm{d}B_z}{\mathrm{d}r}\right)x + \text{高阶项} \\ &\quad\quad\quad = B_z(r_{eo}) \left(1 + \frac{kx}{r_{eo}} + \cdots\right) \end{aligned} \qquad (1-27)$$

忽略高阶项，x 的微分方程为：

$$\ddot{x} = \omega^2 (r_{eo} - x) - v\omega \left(1 + \frac{kx}{r_{eo}}\right) = -\omega^2 (1 + k)x \qquad (1-28)$$

这是一个谐振方程，它的一个特解为：
$$x = x_0 \cos(v_r \omega t) \quad (1-29)$$
其中 $v_r^2 = 1 + k = \gamma^2$，是径向自由振荡频率，x_0 是振幅。

径向有强的聚焦，几乎在所有的回旋加速器中，粒子每绕回旋加速器回旋一周，它绕平衡轨道的振荡多于一次，沿方位角变化的场对径向聚焦的贡献并不重要。

共振会扰乱轨道，如果 $v_r = 1$，即 $k = 0$，较小的磁场扰动会立即使束流不稳定，这种情况发生在磁铁的中心和相对论性回旋加速器的磁极边缘，因为在那里随着粒子接近边缘场，上升的磁感应强度变为下降，出现 $v_r = 1$。

在均匀分布的磁场中，当磁感应强度沿径向下降时，在垂直或称为轴向的方向上有聚焦作用，但聚焦力是比较弱的，且与磁场的等时性要求，即磁感应强度沿半径随质量的相对论效应而增加相矛盾。在方位角方向调变的磁场中才有比较强的轴向聚焦，当调变的磁场的峰、谷区随半径呈螺旋形时，其螺旋形分布的磁场会提供进一步的轴向聚焦力，这样的轴向聚焦基本原理如图 1-7 所示，图中内半径轨迹的轴向聚焦力主要来源于磁场的调变度，外半径轨道的聚焦力除来源于调变度以外，还有来自螺旋形磁场分布提供的轴向聚焦力。

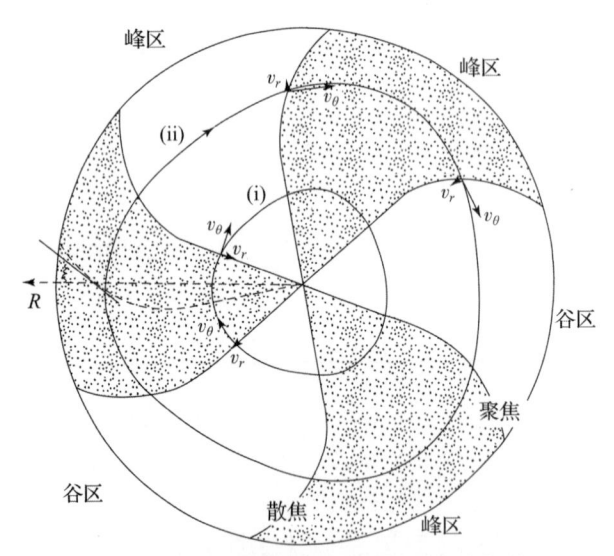

图 1-7 扇形聚焦回旋加速器中的平衡轨道

轴向聚焦力来源于 B_r 和 B_θ 分量，轴向运动方程为：
$$m_0 \ddot{z} = q(\dot{r} B_\theta - r \dot{\theta} B_r) \quad (1-30)$$
对于 B_r 和 B_q，它们在磁场对称面上为 0，关于 z 轴绕平衡轨道展开，并用 B_z 项来表示其他磁场分量，有：

$$B_r(z) = \frac{\mathrm{d}B_r}{\mathrm{d}z}z = -\frac{\mathrm{d}B_z}{\mathrm{d}r}z + 高阶项$$

$$B_\theta(z) = \frac{\mathrm{d}B_\theta}{\mathrm{d}z}z = -\frac{\mathrm{d}B_z}{r\mathrm{d}\theta}z + 高阶项 \qquad (1-31)$$

$$\frac{q}{m}r\dot{\theta} = \frac{\omega^2 r}{B_z}$$

忽略高阶项，相对于平衡轨道的轴向运动方程为：

$$\ddot{z} = \omega^2\left(k - \dot{r}\,\frac{1}{\omega B_z}\cdot\frac{\mathrm{d}B_z}{r\mathrm{d}\theta}\right)z \qquad (1-32)$$

它的一个特解为：

$$z = z_0\cos(v_z\omega t) \qquad (1-33)$$

式中，z_0 是轴向自由振荡的振幅，v_z 为轴向自由振荡频率，由下式决定：

$$v_z^2 = -k + 调变度项 \qquad (1-34)$$

式中，调变度项包含了磁场沿方位角方向变化的贡献。

v_z 的公式表示在相对论性回旋加速器中，要求下降磁感应强度以达到轴向聚焦与要求上升磁感应强度以补偿质量的相对论增长之间的矛盾，对于后者，磁感应强度上升，第一项为负，如果没有调变度项补偿的话，结果将导致轨道不稳定，正的调变度项本身由 dr/dt 决定，该导数仅当轨道形状比较大地偏离圆形轨道时，值才会比较大，所以，轴向聚焦一般较弱，对于高的相对论能量，磁场的方位角方向变化仍然不够，需要用螺旋形叶片或螺旋形的磁极和镶条，以增强轴向聚焦作用，调变度项对 v_z 贡献量的大约值 Δv_z^2 在这种情况下为：

$$\Delta v_z^2 = F[1 + 2\tan^2(\xi)] \qquad (1-35)$$

因子 F 包含磁场聚焦的方位角变化的部分，ξ 是螺旋角，F 称为调变度，能用 $B_z(\theta)$ 的傅里叶级数的系数 C_k 计算得到，近似为：

$$F \cong \frac{1}{2}\sum_k(C_k^2) \qquad (1-36)$$

详细的束流动力学理论见本书后续章节和所列的有关参考文献。

1.5 回旋加速器的主要部件和子系统

这一节简要描述回旋加速器的主要部件和子系统，图 1-4 和图 1-8 给出了两个例子，它们显示了两台完全不同的回旋加速器设施及其部件的结构示意。回旋加速器的主磁铁、RF 系统、束流的注入和引出等详细的描述，将在本书后面章节单独给出。

回旋加速器的磁场通常由电磁铁产生，在中国原子能科学研究院1958年建成的我国首台回旋加速器（图1-8）中，主磁铁是H形的，磁极用单块磁铁，极头为圆形，这是一个典型的经典回旋加速器主磁铁结构。另一种情况是分离扇回旋加速器（图1-4），其磁铁系统由8个分离扇磁铁构成。Y-120回旋加速器在20世纪70年代经过改造，在上、下圆形磁极上增加了3对螺旋形叶片，形成了与分离扇回旋加速器类似的方位角方向调变场，9对谷线圈用来调节谐波场并增加调变度，6对同轴线圈垫补等时场，这样，回旋加速器既保证了磁场的等时性，又提供了垂直即轴向聚焦作用。

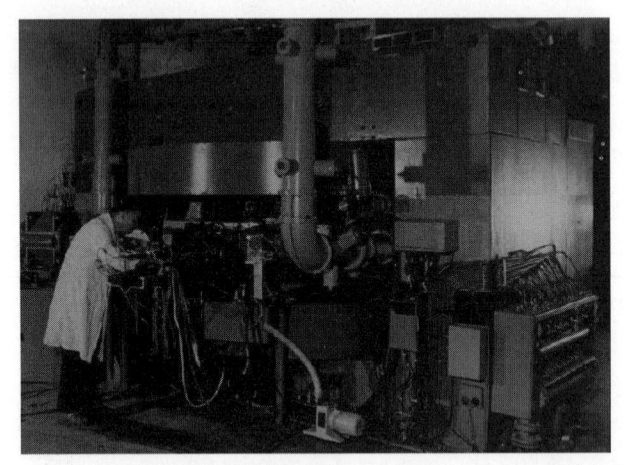

图1-8　1958年建成的我国首台回旋加速器——Y-120回旋加速器

20世纪90年代发展起来的小型回旋加速器（有的能量高达200 MeV以上），为了克服Y-120回旋加速器的磁场调变度小和分离扇回旋加速器的磁铁安装存在误差，进而导致一次谐波大的不足，引入了"深谷区"的概念，从而大大地增加了产生方位角方向调变场的叶片的高度。加拿大TRIUMF国家实验室和比利时IBA公司在这方面做了许多创新工作，图1-9所示为比利时IBA公司的回旋加速器结构，它全面地描述了现代小型回旋加速器的各个组成部分。

回旋加速器的磁铁的体积和质量与磁感应强度高低和最高能量有关，对于常温磁铁，质子30 MeV回旋加速器的典型磁极直径约为1.5 m，而100 MeV回旋加速器的磁极直径约为2.5 m，分离扇回旋加速器中平均磁感应强度低，72 MeV回旋加速器的典型轨道半径是2 m，而600 MeV回旋加速器的典型轨道半径为4.5 m，国际上现有大型回旋加速器主磁铁的典型质量如图1-10所示，用超导线圈的磁铁结构有相当高的磁感应强度，磁铁质量得到明显减小，大约只有常温磁铁质量的1/15。

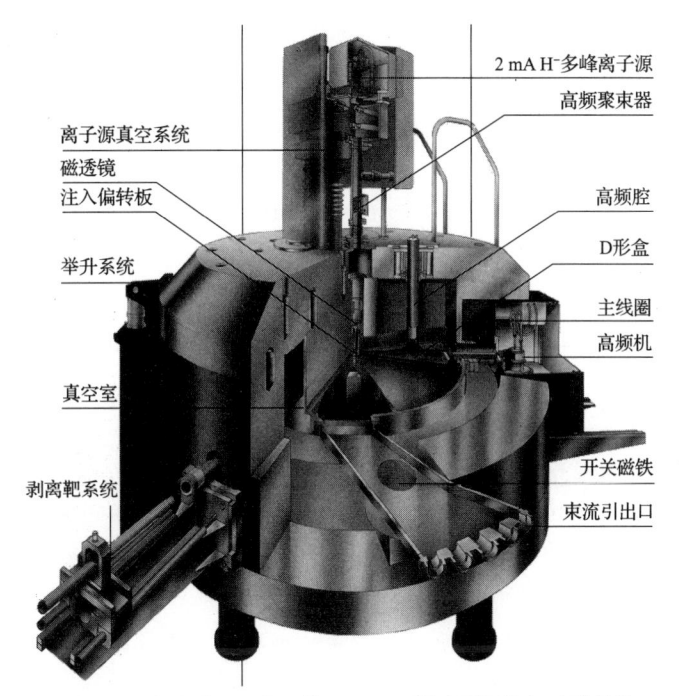

图 1-9 比利时 IBA 公司的 30 MeV 紧凑型回旋加速器结构

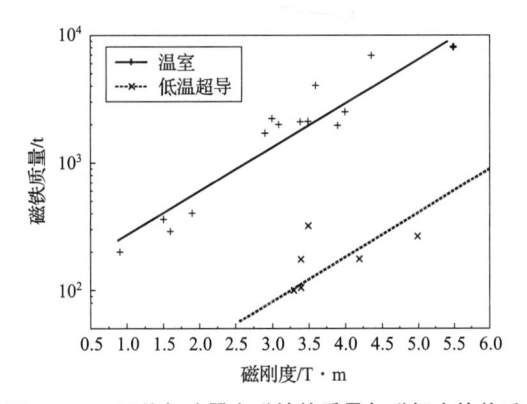

图 1-10 回旋加速器主磁铁的质量与磁钢度的关系

早期的回旋加速器没有离子源，在磁铁的中心安装灯丝，电离剩余气体，产生质量不很好的弥散束流。这种情况由于引入内部离子源而得到改善，现代的回旋加速器通常采用外部离子源，通过轴向注入系统将低能束流注入回旋加速器的中心区。这些离子源一般针对各种特殊应用领域的需要而专门设计，如极化源、重离子源、产生高电荷态离子的 ECR（电子回旋共振）离子源、H^- 离子源等。内部离子源通常有直径 4~10 mm 的放电腔，腔内通道平行于中心区的磁场，用灯丝维持弧放电，用 1~3 kV 的弧压点弧；高频系统的电场用于加速从放电腔的出口狭缝引出的离子。

　　高频系统和加速电极的几何结构主要由回旋加速器的基本设计决定，在经典回旋加速器和方位角调变场回旋加速器中，工作在高频基础模式常用180°D形盒，如中国原子能科学研究院的 Y-120 回旋加速器和 PSI 的 72 MeV 回旋加速器 Injector-I；在小型回旋加速器中可用两个 90°D 形盒；运行在高次谐波模式 h 中的回旋加速器，可用 3 个 60°D 形盒。对于分离扇回旋加速器，在磁铁之间用大的、高 Q 值的 RF 谐振腔来提供加速电压，可以看到其优点是具有低的 RF 损耗和高的能量增益。经典回旋加速器和方位角调变场回旋加速器的峰值电压的典型值为 50~100 kV（D电极上），而分离扇回旋加速器的谐振腔能提供高达 500 kV 的加速电压，PSI 的分离扇回旋加速器的峰值电压甚至达到了 750 kV 以上。

　　在引出系统中常用静电元件，电磁元件和无源的磁通道偏转束流离开圆轨道，并且在通过边缘场的路径上对束流进行聚焦，第一静电偏转板的内电极是非常重要的部件，称为切割板，因为它将回旋加速器的束流分离开。

　　为了测量束流强度并查看束流行为，束流探针和诊断设备也是很重要的，应当提到的配套设备还有真空室与真空泵、电源与配电系统、控制系统、安全联锁和放射性防护设备等。

参 考 文 献

[1] LAWRENCE E O, LIVINGSTON M S. Production of high speed light ions without the use of high voltages with hydrogen isotope of mass 2 and its concentration [J]. Phys. Rev., 1932, 40 (1)：19.

[2] LAWRENCE E O, COOKSEY D. On the apparatus for the multiple acceleration of light ions to high speed [J]. Phys. Rev., 1936, 50 (12)：1131.

[3] BETHE H E, ROSE M E. Maximum energy obtainable from cyclotron [J]. Phys. Rev., 1937, 52 (12)：1254.

[4] THOMAS L H. The paths of ions in the cyclotrons I：orbits in the magnetic field [J]. Phys. Rev., 1938, 54 (8)：580.

[5] MCMILLAN E M, The synchrotron - a proposed high energy particle accelerator [J]. Phys. Rev., 1945, 68 (5-6)：143.

[6] BOHM D, FOLDY L L. Theory of the synchro - cyclotron [J]. Phys. Rev., 1947, 72 (8)：649.

[7] STAMMBACH T. Introduction to cyclotrons：CERN 96-02 [R]. Geneva：CERN, 1996：113-138.

[8] BROBECK W M, LAWRENCE E O, MACKENZIE K R, et al. Initial performance of the 184 - inch cyclotron of the university of California [J]. Phys. Rev., 1947, 71 (7): 449.

[9] LIVINGOOD J J, NOSTRAND D V. Principles of cyclic particle accelerators [J]. Physics Today, 1961, 15 (5): 57.

[10] WILSON R R. Theory of the cyclotron [J]. Journal of Applied Physics, 1940, 11 (12): 781.

[11] Particle Data Group, Review of Particle Properties [J]. Phys. Rev. D, 1992, 45 (11): 1

[12] GARREN A A, SMITH L. Diagnosis and correction of beam behaviour in an isochronous cyclotron: 3rd International Conference on Sector - focused Cyclotrons and Meson Factories, Apr 23 - 26, 1963: 18 [C]. CERN, Geneva, Switzerland, 1963.

[13] GORDON M M. Fixed - point orbits in the vicinity of the vr = N/3, N/4, and N/2 resonances [J]. Nuclear Instruments and Methods, 1962, 18 - 19: 281.

[14] WILLAX H A. Proposal for a 500 MeV isochronous cyclotron with ring magnet: 3rd International Conference on Sector - focused Cyclotrons and Meson Factories, Apr 23 - 26, 1963: 386 [C]. CERN, Geneva, Switzerland, 1963.

[15] MARSHALL W. Opening remark: Proceedings of the Sixth International Conference on Cyclotrons, 18 - 21 July 1972 [C]. Vancouver, Canada, 1972.

[16] JOHO W. Extraction from medium and high energy cyclotrons: Proceedings of the Fifth International Conference on Cyclotrons, September 17 - 20, 1969: 159 [C]. St. Catherine's College, Oxford, UK, 1969.

[17] MARTIN J A. Innovations in isochronous cyclotrons: Proceedings of the Fifth International Conference on Cyclotrons, September 17 - 20, 1969: 3 [C]. St. Catherine's College, Oxford, UK, 1969.

[18] HAGEDOORN H L, VERSTER N F. Orbits in an AVF cyclotron [J]. Nuclear Instruments and Methods, 1962, 18 - 19: 201.

[19] BLOSSER H G. Future Cyclotrons: Proceedings of the Sixth International Conference on Cyclotrons, 18 - 21 July 1972: 16 [C]. Vancouver, Canada, 1972.

[20] RESMINI F G. Summary talk on Cyclotrons: Proceedings of the Seventh International Conference on Cyclotrons and Their Applications, August 19 - 22 1975: 19 [C]. Zurich, Switzerland, 1975.

[21] FERMÉ J, Status report on GANIL: Proceedings of the Eighth International Con-

ference on Cyclotrons and Their Applications, September 18 – 21 1978: 1889 [C]. Bloomington, Indiana, USA, 1979.

[22] BLOSSER H G. The Michigan state university superconducting cyclotron program: Proceedings of the Eighth International Conference on Cyclotrons and Their Applications, September 18 – 21 1978: 2040 [C]. Bloomington, Indiana, USA, 1979.

[23] JOHO W. High intensity problems in cyclotrons: Proceedings of the Ninth International Conference on Cyclotrons and Their Applications, September 7 – 10, 1981: 337 [C]. Caen, France, 1981.

[24] RICHARDSON J R. Short history of cyclotrons: Proceedings of the Tenth International Conference on Cyclotrons and Their Applications, 30 April – 3 May, 1984: 617 [C]. Michigan State University, East Lansing, Michigan, USA, 1984.

[25] SCHULTE W M, HAGEDOORN H L. Special applications of a general orbit theory for accelerated particles in cyclotrons [J]. Nuclear Instruments and Methods, 1980, 171 (3): 439.

[26] GORDON M M. Calculation of isochronous fields for sector – focused cyclotrons [J]. Particle. Accelerators, 1983, 13: 67.

[27] JOHO W. Modem trends in cyclotrons: CERN 87 – 10 (1987) 260 [R/OL]. Geneva: Cern, 1987. http://cds.cern.ch/record/371259/files/260.pdf.

[28] HOWARD F T. The Conference and its Background: Proceedings of the International Conference on Isochronous Cyclotrons, May 2 – 5, 1966: Ⅸ [C]. Gatlinburg, Tennessee, USA, 1966.

[29] ADAM S, JOHO W, LANZ P, et al. First operation of a flattop accelerating system in an isochronous cyclotron [J]. IEEE Transactions on Nuclear Science, 1981, 28 (3): 2721.

[30] JONGEN Y, RYCKEWAERT G. Preliminary design for 30 MeV 500μA H⁻ cyclotron [J] IEEE Transactions on Nuclear Science, 1985, 32 (5): 2703.

[31] JONGEN Y, LANNOYE G, LAYCOCK S, et al. Extremely high intensity cyclotrons for radioisotope production: Proceedings of the Fourth European Particle Accelerator Conference, June 27 – July 1 1994: 2627 [C]. London, UK, 1994.

[32] 王传英, 等. 1.2米回旋加速器的运行经验和若干改进, 中华人民共和国科学技术委员会原子能科学技术文献 [R], 原10019 – 加技 – 001, 1961.

[33] 樊明武, 张兴治, 李振国. 强流质子回旋加速器 CYCIAE – 30 建成 [J]. 科学通报, 1995, 40 (20): 1825.

第 2 章
回旋加速器束流动力学

本章首先给出带电粒子在回旋加速器主磁场和加速电场作用下的运动方程的普遍形式;然后分析回旋加速器中存在的主要共振,并具体针对低能强流回旋加速器介绍共振的处理方法;最后介绍基于带电粒子运动方程数值跟踪的一些回旋加速器束流动力学计算软件。

2.1　运动方程

在回旋加速器中，为了准确计算带电粒子在电磁场中的轨道，通常将运动方程的积分区域分为两个区域，分别采用不同的独立变量，并对高频加速过程采用不同的处理方式。第一个区域为中心区，在这个区域中，加速的高频电场不能作 δ 函数近似处理，需要根据给定的电磁场分布对运动方程积分，运动方程常以时间 t 或高频时间 τ 为独立变量，经过第 2 圈之后，可以角度 θ 为独立变量。大约在第 5 圈之后，加速场可以以 δ 函数近似处理，一直到达引出点，这一部分为轨道跟踪的第二个区域，在这个区域的轨道跟踪过程中，常以 θ 为独立变量。

2.1.1　中心区

在这个区域中，通常通过精细控制高频电场、恒定磁场的分布，达到调控多种束流动力学特性的目的，如束流对中、横向聚焦、纵向相位接收度的选择、横向相图匹配等。

可通过粒子回旋频率 f 定义高频频率：

$$f_{RF} = h(1+\varepsilon)f = h(1+\varepsilon)\omega_0/(2\pi) \tag{2-1}$$

式中，ω_0 为粒子回旋角频率，h 为谐波次数，ε 为频率误差。

根据洛伦兹力方程，有：

$$F = q(E + v \times B) \quad (2-3)$$

用通常的替代:

$$\frac{dp}{dt} = F, \quad v = \frac{p}{\gamma m_0} \quad (2-3)$$

得到:

$$\frac{d}{dt}p_x = qE_x + \frac{q}{\gamma m_0}(p_y B_z - p_z B_y)$$

$$\frac{d}{dt}p_y = qE_y + \frac{q}{\gamma m_0}(p_z B_x - p_x B_z)$$

$$\frac{d}{dt}p_z = qE_z + \frac{q}{\gamma m_0}(p_x B_y - p_y B_x) \quad (2-4)$$

用下式将时间 t 变换为高频时间 τ, 将动量单位变换为长度单位:

$$\frac{d}{d\tau} = \frac{1}{\omega_0 h(1+\varepsilon)} \cdot \frac{d}{dt}, \quad p \to \frac{a}{m_0 c}p, \quad B \to \frac{B}{B_0}$$

从而给出最后的方程:

$$p'_x = \frac{qa^2}{E_0 \times h(1+\varepsilon)}E_x + \frac{1}{\gamma h(1+\varepsilon)}(p_y B_z - p_z B_y)$$

$$p'_y = \frac{qa^2}{E_0 \times h(1+\varepsilon)}E_y + \frac{1}{\gamma h(1+\varepsilon)}(p_z B_x - p_x B_z)$$

$$p'_z = \frac{qa^2}{E_0 \times h(1+\varepsilon)}E_z + \frac{1}{\gamma h(1+\varepsilon)}(p_x B_y - p_y B_x)$$

$$x' = \frac{1}{\gamma h(1+\varepsilon)}p_x$$

$$y' = \frac{1}{\gamma h(1+\varepsilon)}p_y$$

$$z' = \frac{1}{\gamma h(1+\varepsilon)}p_z$$

$$(2-5)$$

式中, 常数定义为: $a = c/\omega_0$, $B_0 = m_0\omega_0/q$, $E_0 = m_0 c^2$。

被加速粒子的能量可用两种不同的方法计算。

一种方法是采用粒子的动量。动能与动量的关系为:

$$W = m_0 c^2 \frac{p^2/a^2}{\sqrt{1 + p^2/a^2} + 1} \quad (2-6)$$

由于 $p^2 = p_x^2 + p_y^2 + p_z^2$, p_x, p_y, p_z 通过解运动方程就能获得, 这就意味着可以使用电场的计算值来计算能量。由于在数值计算电场时运用了电势的导数, 那么电势数据一个小的误差都可能影响到由上面的方程计算出的动能。

因此, 用另一种方法, 即只使用电势而不直接使用电场的方法来计算动能。粒子的动能可以由下式给出：

$$W = (\gamma - 1)m_0 c^2 \quad (2-7)$$

所以有：

$$\frac{dW}{dt} = \frac{d}{dt}(\gamma m_0 c^2) = \gamma^3 m_0 v \frac{dv}{dt} \quad (2-8)$$

根据 $\frac{d\gamma}{dt} = \gamma^3 \frac{v}{c^2} \cdot \frac{dv}{dt}$，则可以得到运动方程：

$$\frac{d(\gamma m_0 \boldsymbol{v})}{dt} = q(\boldsymbol{E} + \boldsymbol{v} \times \boldsymbol{B}) \quad (2-9)$$

用 $\boldsymbol{v}$ 和上式点乘，则得到：

$$\boldsymbol{v} \cdot \frac{d(\gamma m_0 \boldsymbol{v})}{dt} = q\boldsymbol{v} \cdot \boldsymbol{E} \quad (2-10)$$

左手项为 $\boldsymbol{v} \cdot \frac{d(\gamma m_0 \boldsymbol{v})}{dt} = \gamma^3 m_0 v \frac{dv}{dt}$。结合以上几个方程，有：

$$\frac{dW}{dt} = q\boldsymbol{v} \cdot \boldsymbol{E} \quad (2-11)$$

如果电势 $V = V(x, y, t)$，那么 $\frac{dV}{dt} = \frac{\partial V}{\partial t} + \frac{\partial V}{\partial x} \cdot \frac{\partial x}{\partial t} + \frac{\partial V}{\partial y} \cdot \frac{\partial y}{\partial t} = \frac{\partial V}{\partial t} - \boldsymbol{E} \cdot \boldsymbol{v}$，由此得到：

$$\frac{dW}{dt} = q\left(\frac{\partial V}{\partial t} - \frac{dV}{dt}\right) \quad (2-12)$$

如果把全导数放在左边，并用 ω_{RF} 除上面的方程，得到结论：

$$\frac{dJ}{d\tau} = q\frac{\partial V(x, y, \tau)}{\partial \tau} \quad (2-13)$$

式中，$J = W + qV(x, y, \tau)$。由此，用 J 方程可直接计算出动能。

2.1.2 加速区

粒子进入这个区域，轨道的跟踪以角度 θ 或高频相位作为独立变量，用 Runge-Kutta 算法计算用户提供的磁场分布中的粒子轨道。虽然可以用一定的算法计算有限尺寸间隙的电聚焦和渡越时间效应，但在加速间隙中获得的能量增益按 δ 函数处理。

运动方程可由以 θ 为自变量的哈密顿函数获得。在相对论条件下，带电粒子在磁场中的哈密顿函数为：

$$H = -r(p^2 - p_r^2 - p_z^2)^{1/2} - q'rA_\theta \quad (2-14)$$

式中，A_θ 是磁矢量 A 在方位角的分量的大小；$q' = qa'/m_0 c$；a' 为常数，如果 $a' = 1\,000$，则 q' 的单位为 mrad，如果 $a' = a$，则 q' 具有长度单位。用下列方程

将共轭动量变换为更适用的变量:

$$p_r = P_r - q'A_r$$
$$p_z = P_z - q'A_z$$
$$p^2 = (\gamma^2 - 1)m_0^2 c^2 = 2m_0 E\left(1 + \frac{E}{2m_0 c^2}\right) \quad (2-15)$$

式中, E 为动能, 则可推导出哈密顿函数的正则方程:

$$r' = \frac{\mathrm{d}r}{\mathrm{d}\theta} = \frac{rp_r}{\sqrt{p^2 - p_r^2 - p_z^2}}$$

$$p_r' = \frac{\mathrm{d}p_r}{\mathrm{d}\theta} = \sqrt{p^2 - p_r^2 - p_z^2} + q'(rB_z - z'B_\theta) + qt'E_r$$

$$z' = \frac{\mathrm{d}z}{\mathrm{d}\theta} = \frac{rp_z}{\sqrt{p^2 - p_r^2 - p_z^2}} \quad (2-16)$$

$$p_z' = \frac{\mathrm{d}p_z}{\mathrm{d}\theta} = q'(r'B_\theta - rB_r) + qt'E_z$$

$$t' = \frac{\mathrm{d}t}{\mathrm{d}\theta} = \frac{\gamma m_0 r}{\sqrt{p^2 - p_r^2 - p_z^2}}$$

$$\frac{\mathrm{d}E}{\mathrm{d}\theta} = q(r'E_r + rE_\theta + z'E_z)$$

式中, B 是磁感应强度, E 是电场强度。式 (2-16) 是以高频相位 ϕ, 而不是以时间 t 为自变量的积分方程。高频相位为: $\phi = \tau - \theta = \omega_0 t - \theta$, 所以有:

$$\phi' = \frac{\gamma\left(\dfrac{a'}{a}\right)r}{\sqrt{p^2 - p_r^2 - p_z^2}} - 1.0 \quad (2-17)$$

因为磁感应强度只是在中心平面内给出, 因此必须在 z 方向展开给出不在中心平面的磁感应强度值, 近似到二阶的展开如下:

$$B_z(r,\theta,z) = B_z(r,\theta) + z\frac{\partial B_z}{\partial z} - \frac{z^2}{2}B'$$

$$B_r(r,\theta,z) = z\frac{\partial B_z}{\partial r} + B_r(r,\theta) + \frac{z^2}{2} \cdot \frac{\partial^2 B_z}{\partial r \partial z}$$

$$B_\theta(r,\theta,z) = \frac{z}{r} \cdot \frac{\partial B_z}{\partial \theta} + B_\theta(r,\theta) + \frac{z^2}{2r} \cdot \frac{\partial^2 B_z}{\partial \theta \partial z}$$

$$B' = \frac{1}{r} \cdot \frac{\partial B_z}{\partial \theta} + \frac{\partial^2 B_z}{\partial r^2} + \frac{1}{r^2} \cdot \frac{\partial^2 B_z}{\partial \theta^2} \quad (2-18)$$

在这些展开中 $B_r(r, \theta)$、$B_\theta(r, \theta)$ 和 $\dfrac{\partial B_z}{\partial z}$ 是不对称场分量。必须注意的

是,所有的运动方程都必须有相同阶的 z,这就意味着在 p_r' 表达式中的 B_θ 要比 p_z' 中的 B_θ 低一阶。

下面考虑加速的情况:为了能实现平顶波加速,考虑加速电压包含高次谐波(这里取基波加三次谐波),则高频电压表示为:

$$V = V_0 [\cos(\psi) - \varepsilon \cos(3\psi + \delta)] \qquad (2-19)$$

式中,ε 为三次谐波与一次谐波的幅值比率;δ 为三次谐波的相移;V_0 为基波电压幅值;$\psi = h(\theta + \varphi - \theta_g) = h(\tau - \theta_g)$,其中 h 为谐波次数 $\omega_{RF} = h\omega_0$,θ_g 为间隙角度。

考虑到粒子渡越加速间隙期间高频相位的变化,粒子感受到的电压是变化的。粒子渡越加速间隙得到的能量增量由下面的方程给出:

$$\Delta E = -qV_0 \frac{\sin U}{U} [\cos(\psi) - \varepsilon \cos(3\psi + \delta)] \qquad (2-20)$$

式中,$U = \omega_{RF} \Delta t/2$,$\Delta t$ 为粒子渡越加速间隙所用时间。

2.2 共振的一般描述

共振现象的一般规律在许多经典回旋加速器著作中已经有详细的描述,例如陈佳洱先生的《加速器物理基础》、John J. Livingood 的 *Principles of Cyclic Particle Accelerators* 等,这里仅介绍他们的主要结论,以作为下面详细讨论若干重要共振规律的基础。

2.2.1 经典回旋加速器

在经典回旋加速器等弱聚焦的回旋加速器中,仅当磁感应强度降落指数 $n = -k = -\frac{r}{B_z} \cdot \frac{dB_z}{dr}$ 取值为 $0 \sim 1$ 时存在稳定性。在固定频率或频率调制的、粒子轨道螺旋向外的回旋加速器中,从中心区到最大动量的半径处,n 在上述整个取值范围内变化,所以,在加速过程中,v_z 增大,而 v_r 减小。由第 1 章可知:

$$v_z^2 + v_r^2 = [\sqrt{n}]^2 + [\sqrt{1-n}]^2 = 1 \qquad (2-21)$$

可见这是一个半径为 1 的圆,即工作点在这个圆的第一象限内移动,始于 $n = 0$,$v_z = 0$ 和 $v_r = 1$,在理想情况下,移动到 $n = 1$,$v_z = 1$ 和 $v_r = 0$。对于所有到达的位置,都存在两个方向的稳定性。

上述分析基于 z 和 r 两个方向相互独立的假定，例如，在分析径向运动时，假定轨道完全在磁场中心平面内，磁感应强度的轴向分量 B_z 等于总的磁感应强度 B，但实际上轴向运动是同时发生的，B_z 随 z 而变化，径向的力也与 z 的位移相关，在严格的非线性分析中，每个方向的自由振荡方程均与 z 和 x 有关。尽管这里并不详细讨论这样的解析表达过程，但不难想象两个方向的运动将相互影响，如果轴向和径向频率（或它们的小整数倍）相差一个小的整数，则可能出现不同自由振荡间的能量转换，并可能会转换回来，这样的共振称为"差共振"，主要发生在 $v_r - 2v_z = 0$，$2v_r - v_z = 1$，$v_r - v_z = 0$，$v_r - 2v_z = -1$ 时。如果回旋加速器的真空室足够大，这样的共振本身是无害的。

当磁场为非理想磁场时，粒子的运动将受到一个附加的外力，这种由外力引起的粒子横向振荡的振幅将增加，当符合一定的条件时，还将引起共振，导致粒子丢失。如果考虑没有 r 和 z 方向的磁场畸变，即磁场只在 θ 方向有畸变，则磁感应强度的径向和轴向分量可写为：

$$B_r \approx 0 + \left(\frac{\partial B_z}{\partial r}\right)_C z + b_r(\theta)$$
$$B_z \approx B_C + \left(\frac{\partial B_z}{\partial r}\right)_C x + b_z(\theta) \qquad (2-22)$$

式中，B_C 为平衡轨道 r_C 处的磁感应强度轴向分量，项 $\left(\frac{\partial B_z}{\partial r}\right)_C z$ 和 $\left(\frac{\partial B_z}{\partial r}\right)_C x$ 中的下标为粒子平衡轨道 r_C 处的值，将驱动项按傅里叶级数展开，可得：

$$B_r \approx 0 + \left(\frac{\partial B_z}{\partial r}\right)_C z + \sum_{k=0}^{\infty} b_{rk}\cos(k\theta + \phi_{rk})$$
$$B_z \approx B_C + \left(\frac{\partial B_z}{\partial r}\right)_C x + \sum_{k=0}^{\infty} b_{zk}\cos(k\theta + \phi_{zk}) \qquad (2-23)$$

式中，$k = 1, 2, 3\cdots$，为整数，是谐波次数，b_{rk} 和 b_{zk} 分别为径向和轴向磁场畸变量 k 次谐波的幅度，ϕ_{rk} 和 ϕ_{zk} 为相应的谐波相位，则有运动方程：

$$\frac{\mathrm{d}}{\mathrm{d}t}\left(m\frac{\mathrm{d}z}{\mathrm{d}t}\right) + m\omega^2 nz = \frac{mv^2}{r_C B_C}\sum_{k=0}^{\infty} b_{rk}\cos(k\theta + \phi_{rk})$$
$$\frac{\mathrm{d}}{\mathrm{d}t}\left(m\frac{\mathrm{d}x}{\mathrm{d}t}\right) + m\omega^2(1-n)x = -\frac{mv^2}{r_C B_C}\sum_{k=0}^{\infty} b_{zk}\cos(k\theta + \phi_{zk}) \qquad (2-24)$$

上式中的右端项是畸变的磁场对带电粒子运动产生的影响，为强迫振荡部分。如果改以 θ 为自变量，且忽略 m、n、ω 随时间的缓慢变化，可得上述方程的解为：

$$z(\theta) = 2|A_z|\cos(\sqrt{n}\theta + \phi_z) + \sum_{k=0}^{\infty} A_{zk}\cos(k\theta + \phi_{rk})$$
$$x(\theta) = 2|A_x|\cos(\sqrt{1-n}\theta + \phi_x) + \sum_{k=0}^{\infty} A_{rk}\cos(k\theta + \phi_{zk})$$
(2 - 25)

式中，第一项是粒子在理想磁场中围绕平衡轨道的自由振荡解，第二项是粒子在非理想磁场中由外力引起的强迫振荡解。将式（2 - 25）对 θ 进行两次微分后，代入以 θ 为自变量的微分方程，并考虑初始条件，即可求得 k 次谐波的幅值：

$$A_{zk} = r_C \frac{b_{rk}}{B_C}\left(\frac{1}{n-k^2}\right)$$
$$A_{rk} = r_C \frac{b_{zk}}{B_C}\left(\frac{1}{k^2-(1-n)}\right)$$
(2 - 26)

可以看出：

（1）强迫振荡的振幅 A_{zk} 和 A_{rk} 分别与磁场的相对畸变量 $\frac{b_{rk}}{B_C}$ 和 $\frac{b_{zk}}{B_C}$ 成正比，与平衡轨道半径 r_C 成正比，所以必须尽量减小磁场的相对畸变量。

（2）因为 $0 < n < 1$，所以谐波次数 k 越小，强迫振荡的振幅就越大，可见，非理想磁场的低次谐波引起的强迫振荡危害最大，因此，在安装、调试与垫补磁铁时，要重点补偿一、二次谐波，以减小强迫振荡的振幅。

（3）强迫振荡的频率由非理想磁场引起的外力决定，而与自由振荡的频率无关。

（4）谐波次数 $k = \sqrt{n}$ 时，强迫振荡的轴向振幅迅速增大，而当 $k = \sqrt{1-n}$ 时，强迫振荡的径向振幅迅速增大，出现共振。

由非理想磁场引起的"误差共振"发生在自由振荡频率 v_r 或 v_z 等于整数或两个整数之比，如 v_r 或 $v_z = 1/4$，$1/3$，$1/2$，$2/3$，$3/4$，1 等时。这是因为在自由振荡的一定相位范围内，粒子将重复碰到磁场微扰的作用，使得在初始状态所具有的任何振荡幅度将被一次又一次地放大。这样的共振如果延续时间较长，将导致严重的不稳定性问题，最严重时 v_r 或 $v_z = 1/2$ 或 1，v_r 或 $v_z = 1/4$ 和 $1/3$ 通常很难测到，而 $v_z = 1/2$ 很难与"差共振" $v_r - 2v_z = 0$ 区分开。

考虑耦合情况，由非理想磁场引起的"和共振"主要有：$v_r + 2v_z = 2$，$2v_r + v_z = 2$，$v_r + 2v_z = 1$，$2v_r + v_z = 1$，$v_r + v_z = 1$ 等。在回旋加速器中，只有前面两个共振线与工作路径相交。

2.2.2 等时性回旋加速器

在等时性回旋加速器中,根据等时性条件,当 $N^2 \gg 1$ 时,有 $v_r^2 \approx \gamma^2$,因此需要有足够大的调变度(和叶片的螺旋角度)以克服等时性磁场的负梯度产生的轴向散焦。

在扇形聚焦磁场中,存在若干重要非线性共振,其中有些甚至可以在完全理想的磁场中发生,它们是由扇形叶片的固有谐波驱动激发的,这些共振称为"固有共振",其他一些由磁场的不均匀性或梯度误差等激发的共振则称为"误差共振"。为了对各种共振进行定性的讨论和分析,近似地将运动方程中的各次非线性项按微扰驱动项处理,这样,径向和轴向的振动方程就可以写成下述形式:

$$\frac{\mathrm{d}^2 y}{\mathrm{d}\theta^2} + v^2 y = h \sum \mathrm{e}^{in\theta} y^{m-1} \quad (2-27)$$

式中,y 代表 x 或 z,v 代表 v_r 或 v_z。$h = 0$ 时,方程的解显然是 $\mathrm{e}^{iv\theta}$ 和 $\mathrm{e}^{-iv\theta}$ 的线性组合。如果 $h \neq 0$,且可按微扰处理右端项时,式(2-27)的等号右侧将出现下述形式的项:

$$h\cos(n\theta)\cos(m-1)v\theta = \frac{h}{2}[\cos(n-(m-1)v)\theta + \cos(n+(m-1)v)\theta] \quad (2-28)$$

当其中某一驱动项的频率,如 $n-(m-1)v$,与自由振荡频率 v 相等时,显然将发生共振,这就是说当条件

$$n = mv \quad (2-29)$$

得到满足时,振动的振幅将随 θ 连续增长,其中 n 是驱动的谐波数。当 $n = kN$ ($k = 1, 2, 3, \cdots$),即 $v = \dfrac{kN}{m}$ 时,发生的共振为固有共振,$(m-1)$ 是驱动项 y 的幂次,称为非线性共振的级别。如 $m = 1$ 时,有零级共振或线性共振 $v = n$;与 $m = 2$ 相应的是一阶非线性共振 $v = \dfrac{N}{2}$,其运动方程为:

$$x'' + v^2 x = A x \cos N\theta$$
$$x'' + v^2 x \approx B \cos v\theta \cos N\theta \quad (2-30)$$
$$\approx B[\cos(N+v)\theta + \cos(N-v)\theta]$$

此为 Mathieu 方程,$v = \dfrac{N}{2}$ 为方程的半整数共振截止禁带,无法穿越。图 2-1 所示为这样的半整数共振对回旋加速器加速质子的最高能量限制。一般驱动项中 y 的幂次越高,其量越小。因此非线性共振的级别越高,其危害程度越低。

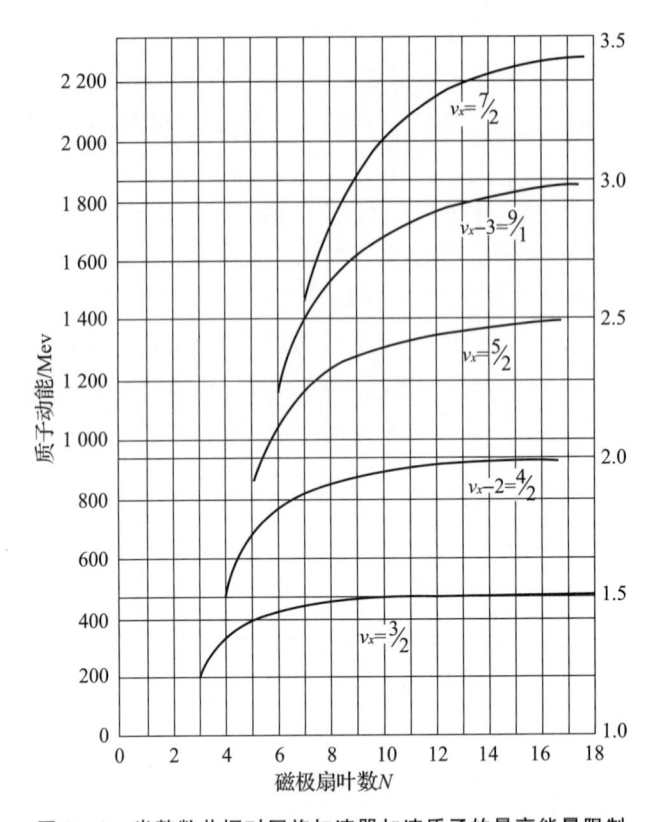

图 2-1 半整数共振对回旋加速器加速质子的最高能量限制

下面考虑耦合情况，共振分别是由径向和轴向运动方程中的洛伦兹力 $v \times B$ 所含的 $x^{m-1}z^j$ 项和 $x^m z^{j-1}$ 项的驱动产生的，与此相应的运动方程为：

$$\frac{d^2 x}{d\theta^2} + v_r^2 x = h \sum e^{in\theta} x^{m-1} z^j$$
$$\frac{d^2 z}{d\theta^2} + v_z^2 z = h \sum e^{in\theta} x^m z^{j-1}$$
(2-31)

同理可得耦合共振的条件为：

$$mv_r \pm jv_z = n \tag{2-32}$$

在回旋加速器中可能碰到的第一个非线性耦合共振是 $v_r - 2v_z = 0$，有时人们也以它的发现人的名字来称呼它，即 Walkinshow 共振。

表 2-1 所示为一些重要共振的频率、级别以及它们的有害程度。

表 2-1 回旋加速器中的重要共振

固有共振				
级别	频率	三叶片磁极 ($N=3$)	四叶片磁极 ($N=4$)	危害程度
一	$v = \dfrac{N}{2}$	$v_r = \dfrac{3}{2}$	$v_r = \dfrac{4}{2}$	Mathieu 的截止禁带,无法穿越,但可用于引出过程
二	$v = \dfrac{N}{3}$	$v_r = \dfrac{3}{3}$	$v_r = \dfrac{4}{3}$	小振幅下可能通过,可用于引出过程
三	$v = \dfrac{N}{4}$	$v_r = \dfrac{3}{4}$	$v_r = \dfrac{4}{4}$	可以通过
二	$v_r - 2v_z = 0$	$v_r = 2v_z$	$v_r = 2v_z$	较难通过,要求振荡有较小振幅,且有高的加速电压
三	$2v_r + 2v_z = 0$	$v_r + v_z = 3/2$	$v_r + v_z = 2$	可以通过

误差共振			
级别	频率	驱动谐波	危害程度
线性	$v_r = \dfrac{3}{2}$	$n=1$	一般要求一次谐波振幅 $< 5 \times 10^{-4}$ T
线性	$v_z = 1/2$	$n=1$	在加速的边缘场发生,但不如 $v_r = 2v_z$ 重要
一	$v_r - v_z = 1$	$n=1$	观察到束流损失,但易于校正
一	$v_r + v_z = 2$	$n=2$	可能引起小量的束流损失

2.3 低能强流回旋加速器中的共振分析

本节的分析主要针对产生几百 μA、质子束能量在 100 MeV 以下的回旋加速器由非理想磁场分布引起的共振。

要利用回旋加速器产生强流束(高达 500 μA),决定了它需要有一个宽的高频接收相位,如 $-20^0 \sim +20^0$。在这种情况下,难以避免径向振荡振幅的增加,这在强流回旋加速器中是普遍存在的问题。当束流品质差时,在引出区穿越 Walkinshaw 耦合共振 ($2v_z = v_r$) 时是很危险的,因为在那里会存在大的主磁场二阶导数。在最坏的情况下,束流的轴向行为可能完全被扰乱,至少也会有部分束流损失在 D 形盒上。因此,这里详细分析回旋加速器中特定情况下非理想磁场对径向和轴向束流行为的影响。

哈密顿方法是一种分析共振的有效方法,可以方便地了解共振现象的本质。在本节的分析中,采用哈密顿方法分析主要的共振及其影响。我们知道,描述荷电粒子在电磁场中运动的经典哈密顿量可定义为:

$$H = \sqrt{(P+qA)^2 c^2 + E_0^2} + q\phi \quad (2-33)$$

式中, $P = p + qA$ 为正则动量, ϕ 为电势, A 为磁矢势。

在回旋加速器中,在高频谐波加速下, ϕ 可表达为

$$\phi(r,\theta) = qV(r,\theta)\sin(\omega_{RF} t) \quad (2-34)$$

在不同磁场结构的回旋加速器中, A 的表达式各不相同,由实际的磁场得到。在等时性回旋加速器中,中心平面磁感应强度沿方位角调变,可用下式表示:

$$B(r,\theta) = \bar{B}(r)[1 + f(r,\theta)] \quad (2-35)$$

式中,

$$\bar{B}(r) = B_0 \cdot \gamma(r) = B_0 \cdot [1 + \mu(r)] \quad (2-36)$$

$$f(r,\theta) = \sum_n [a_n(r)\cos n\theta + b_n(r)\sin n\theta] \quad (2-37)$$

据此,可以推导得到中心平面上磁矢势的表达式:

$$A_r(r,\theta) = B_0 \cdot r \cdot [1 + \mu(r)] \cdot F(r,\theta) \quad (2-38)$$

$$A_\theta(r,\theta) = -\frac{1}{2} B_0 \cdot r \cdot [1 + U(r)] \quad (2-39)$$

式中,

$$U(r) = \frac{2}{r^2}\int_0^r r'\mu(r')\,\mathrm{d}r' \quad (2-40)$$

$$F(r,\theta) = \sum_n \left[\frac{a_n(r)}{n}\sin n\theta - \frac{b_n(r)}{n}\cos n\theta\right] \quad (2-41)$$

将 A 和 ϕ 的具体表达式代入式 (2-33) 即可得到等时性回旋加速器中哈密顿量的一般形式。

在实际的回旋加速器中,磁场总是与设计的理想磁场之间存在一定的差别,磁场的微小误差是难以避免的。可以将半径为 r_0 区域的磁场误差 $B_s(x,\theta)$ 描述为:

$$\Delta B(x,\theta) = \bar{B}(r_0)\mu_s(x,\theta) = \bar{B}(r_0)\{A_0 + A'_0 x + A''_0 x^2 + \cdots +$$
$$\sum_{k=1}^{\infty}(A_k + A'_k x + A''_k x^2 + \cdots)\cos k\theta +$$
$$\sum_{k=1}^{\infty}(B_k + B'_k x + B''_k x^2 + \cdots)\sin k\theta\} \quad (2-42)$$

式中，$x = (r - r_0)/r_0$，通常情况下 $\Delta B(x,\theta) \ll \bar{B}(r_0)$，$A_0 = 0$。

为了分析离子围绕平衡轨道的共振特性，要对基本哈密顿量进行一系列正则变换，从径向运动中消去平衡轨道项（x_e，p_e），得到新的正则变量：

$$\xi = x - x_e, \quad \zeta = p - p_e \quad (2-43)$$

新的哈密顿量 $K(\xi,\zeta,\theta)$ 是关于 ξ 和 ζ 的多项式序列：

$$K(\xi,\zeta,\theta) = K_2 + K_3 + K_4 + \cdots \quad (2-44)$$

以此为基础，可以得到描述不同磁场误差引起的不同共振的哈密顿量。

2.3.1 $v_r = 1$ 共振

进动引起环流束的循环发射度增长，$v_r = 1$ 共振由磁场误差的一次谐波分量驱动，引起循环发射度迅速增长。描述这个共振的哈密顿函数可表示为：

$$H(v_r = 1) = (v_r - 1)I + \frac{1}{2}(2I)^{1/2}(A_1\cos\phi + B_1\sin\phi) \quad (2-45)$$

式中，A_1 和 B_1 是一次谐波场误差的傅里叶分量，变量 I、ϕ 代表自由振荡的振幅和角度。对于多数阶，自由振荡的变量 $x(m)$ 和 $P_x(\text{rad})$ 由下式给出：

$$x = r_0(2I)^{1/2}\cos(\phi - \theta) \quad (2-46)$$
$$p_x = (2I)^{1/2}\sin(\phi - \theta) \quad (2-47)$$

式中，r_0 是回旋加速器的相对半径，轨道中心的坐标 x_c、$y_c(m)$ 为：

$$x_c = r_0(2I)^{1/2}\cos\phi \quad (2-48)$$
$$y_c = r_0(2I)^{1/2}\sin\phi \quad (2-49)$$

由式（2-45）、式（2-48）和式（2-49）可得到轨道中心的哈密顿函数：

$$K = r_0^2 \cdot H = \frac{1}{2}(v_r - 1)(x_c^2 + y_c^2) + \frac{1}{2}r(A_1 x_c + B_1 y_c) \quad (2-50)$$

从该表达式可得到由一次谐波带来的轨道中心的偏移为：

$$\Delta x_e = \frac{r_0 C_1}{2(v_r - 1)} \quad (2-51)$$

式中，C_1 的定义为：

$$A_1 = C_1 \cdot \cos\phi \quad (2-52)$$
$$B_1 = C_1 \cdot \sin\phi \quad (2-53)$$

轨道（或平衡轨道）中心的移动引起相干振荡，振幅为 Δx_e。对于强流回旋加速器，这是很重要的因素，它给出由进动引起的发射度增长。由于高频接收相位范围很大（±20°），由此可得到在 30 MeV 引出束流中的圈数的范围大概是 $\Delta n = 10$。相干振荡的每一圈相前进为 $2\pi(v_r - 1)$，则在束流引出处的相位展宽为 $\Delta \phi = 2\pi(v_r - 1)\Delta n$。假设 $(v_r - 1)$ 的平均值为 0.06（见典型的 30 MeV 回旋加速器 TR - 30），那么得到 $\Delta \phi \approx 200°$，为方便起见，可假设完全进动混合时 $\Delta \phi = 2\pi$。

假设初始的发射度为 $\varepsilon = \pi x_0 \cdot \dfrac{v_r x_0}{r}$，束流初始的尺寸为 $x_0 = \sqrt{\dfrac{\varepsilon r}{\pi v_r}} = \sqrt{\dfrac{\varepsilon_n r}{\beta\gamma \cdot \pi v_r}} = \sqrt{\dfrac{\varepsilon_n R_\infty}{\pi v_r}}$，则可得到完全进动混合后的束流的循环发射度（见图 2-2）：

$$\varepsilon_c = \varepsilon (1 + \Delta x_e / x_0)^2 \qquad (2-54)$$

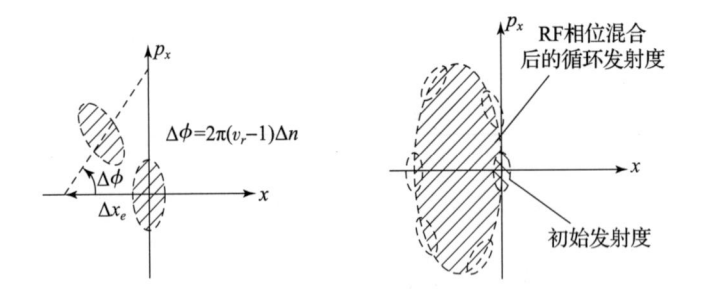

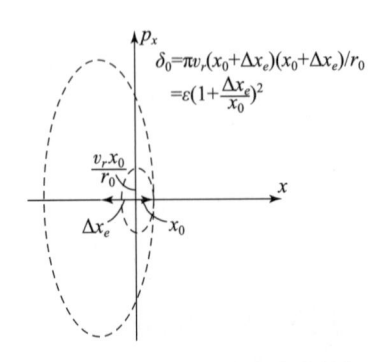

图 2-2 完全进动混合后的循环发射度

式中，x_0 是束流包络的大小。如果允许发射度的增长为 $f_m = (\varepsilon_c / \varepsilon)_{\max}$，则可得到所允许的最大轨道中心偏移为：

$$\Delta x_e < (f_m^{1/2} - 1)\left(\dfrac{\lambda \varepsilon_n}{\pi v_r}\right)^{1/2} \qquad (2-55)$$

2.3.2　$2v_r = 2$ 共振

这个共振由磁场误差的二次谐波和平均磁场误差引起,二次谐波场会导致相空间变形,当径向自由振荡频率接近1时运动可能变得不稳定。描述这个共振的哈密顿函数为:

$$H(2v_r = 2) = I\left[(v_r - 1) + \frac{1}{2}A_0 + \left(\frac{1}{2}A_2 + \frac{1}{4}A_2'\right)\cos 2\phi \right.$$
$$\left. + \left(\frac{1}{2}B_2 + \frac{1}{4}B_2'\right)\sin 2\phi\right] \tag{2-56}$$

假设 $A_0' = 0$,为方便起见,可取 $B_2' \equiv 0$。还由于定义 $A_2' = r\dfrac{\mathrm{d}A_2}{\mathrm{d}r}$,则在笛卡儿坐标系中的轨道中心的运动方程变为:

$$\frac{\mathrm{d}x_c}{\mathrm{d}\theta} = (C_0 - C_2)y_c \tag{2-57}$$

$$\frac{\mathrm{d}y_c}{\mathrm{d}\theta} = (C_0 - C_2)x_c \tag{2-58}$$

式中,$C_0 = v_r - 1$,$C_2 = \dfrac{1}{2}A_2 + \dfrac{1}{4}A_2'$。

二次谐波导致径向相空间变形,自由振动频率的微扰由下式给出:

$$v_r = (C_0^2 - C_2^2)^{1/2} \tag{2-59}$$

当

$$C_2^2 > C_0^2 \Rightarrow \left|\frac{1}{2}A_2 + \frac{1}{4}A_2'\right| > |v_r - 1| \tag{2-60}$$

时,运动变得不稳定。如果要求

$$|A_2| < |v_r - 1|,\ |A_2'| < 2|v_r - 1| \tag{2-61}$$

则运动的稳定性能得到保证。因此,回旋加速器的设计要使 v_r 不接近1或快速通过 $v_r = 1$,以保证运动的稳定性。

假设 $v_r - 1$ 的最小值为 0.01(在中心区),由 $|A_2| < 0.01$,则可知要求二次谐波 $b_2 < 120$ Gs;对二次谐波场导数的要求,根据 $\left|\dfrac{\mathrm{d}A_2}{\mathrm{d}r}\right| < 2(v_r - 1)/r$,对于几十 MeV 的回旋加速器,上式右手项一般是在引出的时候有最小值,大约是 10^{-3} cm^{-1} 的量级,假定为 $\left|\dfrac{\mathrm{d}A_2}{\mathrm{d}r}\right| < 2 \times 10^{-3}$ cm^{-1},则 $\left|\dfrac{\mathrm{d}b_2}{\mathrm{d}r}\right| < 24$ Gs/cm。

二次谐波的一个更大的作用是使径向相空间变形。对于一个理想磁场,在 x_c,y_c 空间中轨道是圆形的。由于二次谐波的作用使圆变成椭圆。假定初始时没有扰动,束流是匹配的,则在轨道中心相空间中用圆代表束流[见图 2-3

(a)], 然后引入一个有限的二次谐波扰动, 束流不再匹配, 进动使循环发射度增长。再次假设是完全进动混合, 则有 [见图 2-3(b)]:

$$f = \varepsilon_c/\varepsilon = \pi x_0 y_0 / \pi x_0^2 = \left(\frac{C_0 + C_2}{C_0 - C_2}\right)^{1/2} \quad (2-62)$$

(a)

(b)

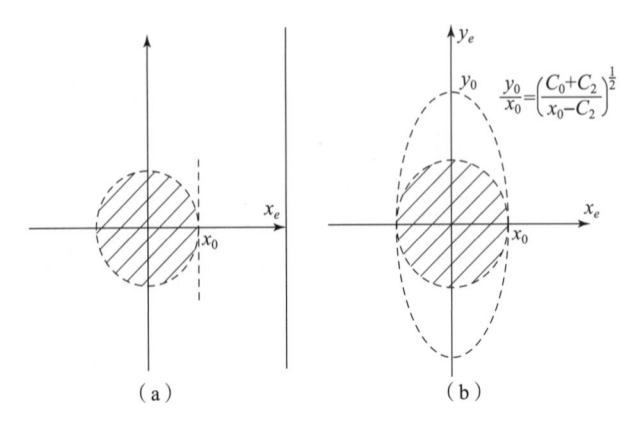

图 2-3 高频相位混合后的轨道中心相空间变化
(a) 匹配束; (b) 非匹配束 (发射度增长)

允许最大的发射度增长用 f_m 表示, 则

$$|C_2| < |C_0| \left(\frac{f_m^2 - 1}{f_m^2 + 1}\right) \quad (2-63)$$

2.3.3 $v_r = 2v_z$ 共振

这是回旋加速器中的一个重要共振, 称为 Walkinshow 共振, 它由磁场的径向导数引起。这个共振不引起束流的运动不稳定性, 但它会引起自由振荡的横向和纵向之间能量的交换。因此, 如果水平方向的束流品质不好, 这个共振会变得危险。在这种情况下, 垂直振荡的振幅变大, 束流会丢失在 D 形盒或磁铁上。描述这个共振的哈密顿函数可定义为:

$$H(v_r = 2v_z) = (v_r - 1)I + (v_z - 1/2)G - \frac{g''}{v_z}G\sqrt{2I}\cos(2\psi - \phi) \quad (2-64)$$

式中, $g'' = \frac{1}{4}(\bar{\mu}' + \bar{\mu}'' + v_z^2)$, $\mu' = \frac{R}{\bar{B}} \cdot \frac{\partial \bar{B}}{\partial R}$ 为主磁场的一阶导数, $\mu'' = \frac{R^2}{\bar{B}} \cdot \frac{\partial^2 \bar{B}}{\partial R^2}$ 为主磁场的二阶导数。

量 $2I + G$ 是运动不变量。这里通过下式由 (ϕ, I, ψ, G) 引入新的正则

变量（$\tilde{\phi}$，$\tilde{I}$，$\tilde{\psi}$，$\tilde{G}$）给出证明：

$$\tilde{\phi} = \phi - 2\psi, \tilde{I} = I \quad (2-65)$$

$$\tilde{\psi} = \psi, \tilde{G} = 2I + G \quad (2-66)$$

这个变换的母函数是：

$$G = g(\phi,\psi,\tilde{I},\tilde{G}) = \tilde{G}\psi + \tilde{I}(\phi - 2\psi) \quad (2-67)$$

则哈密顿函数成为：

$$H = \Delta v \tilde{I} + (v_z - 1/2)\tilde{G} - g''\frac{(\tilde{G}-2\tilde{I})\sqrt{2\tilde{I}}}{v_z}\cos\tilde{\varphi} \quad (2-68)$$

式中，$\Delta v = v_r - 2v_z$。哈密顿函数与 $\tilde{\psi}$ 无关，因此 $\tilde{G}$ 是一个运动不变量。

$$2I + G = \frac{1}{r_0^2}\left(x_0^2 + \frac{v_z}{2}z_0^2\right) = J_0 = 常量 > 0 \quad (2-69)$$

式中，x_0、z_0 是自由振荡的振幅，对于给定值 $J_0 = \tilde{G}$，关于 $\tilde{\phi}$，$\tilde{I}$ 的哈密顿函数变为：

$$H = \Delta v \tilde{I} - g''\frac{(J_0 - 2\tilde{I})\sqrt{2\tilde{I}}}{v_z}\cos\tilde{\phi} \quad (2-70)$$

用常量 J_0 刻度酌变量 $\tilde{I}$ 如下：

$$\rho = \frac{2\tilde{I}}{J_0} = \frac{(x_0/r_0)^2}{J_0} \rightarrow 0 < \rho < 1 \quad (2-71)$$

则新的哈密顿函数为：

$$K = 2H/J_0 = \Delta v \rho - \kappa \cdot \rho^{1/2}(1-\rho)\cos\tilde{\phi} \quad (2-72)$$

式中，参数 κ 是共振的激发宽度，由下式定义：

$$\kappa = \frac{2g''\sqrt{J_0}}{v_z} = \frac{\sqrt{J_0}}{2v_z}(\bar{\mu}' + \bar{\mu}'' + v_z^2) \quad (2-73)$$

κ 是衡量共振截止带宽的量$\left(\kappa = \frac{1}{2}共振截止带宽\right)$。

下面计算截止禁带里每圈最大的振幅增长。由关于 ρ 的哈密顿方程，可得到：

$$\frac{dx_0}{dn} = -\pi g''\frac{z_0^2}{r_0}\sin\tilde{\phi} \quad (2-74)$$

$$\frac{dz_0}{dn} = \frac{2\pi g''}{v_z} \cdot \frac{x_0 z_0}{r_0}\sin\tilde{\phi} \quad (2-75)$$

当右端项有最大值时，振幅增长最大，为：

$$\left(\frac{dx_0}{dn}\right)_{max} = 2\pi g'' \frac{r_0}{v_z} J_0 = 4\pi g'' r_0 J_0 \quad (2-76)$$

$$\left(\frac{dz_0}{dn}\right)_{max} = \frac{2\pi g''}{\sqrt{2}v_z} \cdot \frac{r_0}{v_z} J_0 = 4\pi g'' r_0 J_0 \quad (2-77)$$

在几十 MeV 的紧凑型回旋加速器中，$v_r = 2v_z$ 共振有可能发生两次，分别在靠近中心区和引出区处。第一次穿越比第二次快得多，因此只考虑在靠近引出区处的共振。

假设归一化的发射度为 2πmm·mrad，并假设束流中心偏离 1 mm，一次谐波场带来附加的相干振荡振幅为 2 mm，则得到初始的水平振荡振幅为 x_0 = 5 mm；在垂直方向，假定 $\varepsilon_n = 2\pi$ mm·rad，z_0 = 3 mm，由 x_0 和 z_0 的值得常量 $J_0 = 0.8 \times 10^{-4}$，则最大的轴向束流大小为：z_{max} = 10 mm。由这些假定，得到最差情况下振幅增长了 3 倍。

由主磁场测磁结果可得到磁场对半径的一阶导数、二阶导数随半径的关系曲线，因此可得到共振处的 g''，假定 $g'' \approx 0.4$，那么，激发宽度为 $\kappa = 1.5 \times 10^{-2}$，即共振截止带宽大约为 3 cm，这就给出了共振带中的圈数为 13 圈。每圈的振幅增长约为：$\left(\frac{dx_0}{dn}\right)_{max} = \left(\frac{dz_0}{dn}\right)_{max} = 0.25$ mm/圈。

从这些数值可得到结论：$v_r = 2v_z$ 共振在上述示例的回旋加速器中将不会带来很多问题，然而，共振结果在很大程度上取决于横向的束流品质。如果束流品质比前面假设的差，那么这种共振作用就会变得更严重。因此，应降低垂直自由振荡频率，以维持 $v_z < \frac{1}{2}v_r$，或提高垂直自由振荡频率，使得在中心区附近迅速穿过 $v_r = 2v_z$ 共振，然后维持 $v_z > \frac{1}{2}v_r$，以避开 $v_r = 2v_z$ 共振。

2.3.4　$2v_z = 1$ 共振

这是由一次谐波场的一阶导数 $\left(\frac{dB_1}{dr}\right)$ 引起的线性共振，由于该梯度会产生一个接近中心平面的径向场分量，对粒子产生一个轴向的驱动力，因此，该共振将引起轴向振幅的增加，进而使环流束的轴向发射度增长。描述这个共振的哈密顿函数可定义为：

$$H(2v_z = 1) = G\left[\left(v_z - \frac{1}{2}\right) - \frac{A_1'}{4v_z}\cos2\psi - \frac{B_1'}{4v_z}\sin2\psi\right] \quad (2-78)$$

式中，G 和 ψ 由轴向相空间坐标 z、p_z 给出：

$$z = r_0 \sqrt{2G/v_z} \cos\left(\psi - \frac{1}{2}\theta\right)$$
$$p_z = \sqrt{2Gv_z} \sin\left(\psi - \frac{1}{2}\theta\right) \tag{2-79}$$

引起轴向运动不稳定的该共振截止禁带 K^P 由下面的公式估计：

$$K^P = \frac{1}{2v_z}(A_1'^2 + B_1'^2)^2 \tag{2-80}$$

截止禁带内不稳定运动的径向宽度 ΔR 由下式决定：

$$\Delta R = \frac{K^P}{\mathrm{d}v_z/\mathrm{d}r} \tag{2-81}$$

截止禁带内每圈轴向振幅的增长与初始稳定区域轴向振幅 z_0 成比例：

$$\frac{\Delta z}{\Delta N} = z_0 \cdot \pi \cdot C_1' \tag{2-82}$$

从回旋加速器自由振荡频率的工作路径图中可以得到 $\dfrac{\mathrm{d}v_z}{\mathrm{d}r}$，由磁场测量得到一次谐波的径向梯度值 $\dfrac{\mathrm{d}B_1}{\mathrm{d}r}$，则可得到 K^P 和截止禁带的径向宽度 ΔR，每圈轴向振幅的增长 $\dfrac{\Delta z}{\Delta N}$。

对于紧凑型回旋加速器，通常在 $E = 5$ MeV 附近可能遇到 $2v_z = 1$ 共振。由于在中心区附近，当束流遇到该共振时可快速通过，这时，对一次谐波的径向梯度的比较理想的要求是 $\dfrac{\mathrm{d}B_1}{\mathrm{d}r} < 2$ G/cm，在这种情况下，束流可以穿过任何轴向振幅小于 5 mm 的共振。

2.3.5 空间电荷效应对 v_z 贡献的估计

空间电荷的存在会导致轴向自由振荡频率的降低，加拿大 TRIUMF 国家实验室加速器物理方面的专家 R. Baartman 曾经针对 TR-30 回旋加速器的中心区进行过这方面的估算研究，有如下近似表达：

$$\Delta v_z = -\frac{1}{\beta} \cdot \frac{\hat{I}}{1.6 \times 10^7} \cdot \frac{R_\infty}{\varepsilon_n} \cdot \frac{1}{1 + \sqrt{v_z}} \tag{2-83}$$

式中，$\beta = v/c$；ε_n 为归一化发射度；$R_\infty = c/\omega_0$；$\hat{I} = e\beta c\rho$ 是峰值流强，$\rho = N/2\pi R$，为一圈内单位长度上的粒子数。

在一台紧凑型、深谷区的 100 MeV 的回旋加速器中，可能出现 Walkinshow

共振的位置大约在 5 MeV 和 70 MeV 处。如果峰值流强 $\hat{I}$ = 5 mA，初始归一化发射度 $\varepsilon_n^x = \varepsilon_n^z = 0.15$ πmm·mrad，4 次谐波加速，高频频率为 50 MHz，则在能量为 5 MeV 位置，$v_z = 0.55$，$\Delta v_z = -0.025$。在能量为 70 MeV 位置，$v_z = 0.65$，$\Delta v_z = -0.007$，因此，只要提高轴向聚焦以维持自由振荡频率之差为 $|v_r - 2v_z| > 0.014$，则在引出区空间电荷效应将不会导致出现 Walkinshow 共振而明显影响束流的稳定性，这为 100 MeV 的紧凑型回旋加速器逐步将束流强度提高到 mA 量级提供了必要条件。

2.3.6 轴向空间电荷效应的束流强度限制

对于紧凑型、小气隙的回旋加速器，最重要的限制是轴向空间电荷力，这样的限制决定了被加速束流的强度。基于完全圈重叠的假定，可以得到：

$$I_{\text{limit}} = \Delta z v_z^2 \omega_0 \varepsilon_0 \frac{\Delta \Phi}{2\pi} \cdot \frac{\Delta W}{Q_e} \qquad (2-84)$$

式中，ε_0 为介电常数，ω_0 为轨道角频率，Δz 为束流高度，ΔW 为每圈能量增益，$\Delta \Phi$ 为相宽，Q_e 为单位电荷量，计算结果列于表 2-2。可以看出，轴向空间电荷效应限制比所设计的回旋加速器的束流强度，即 200 μA 高得多。即使在轴向聚焦较弱的中心区，虽然在计算中没有计入中心区的电聚焦效应，这样的束流峰值强度的限制也高达 5 mA。这就提供了一个在这台回旋加速器建成之后升级束流强度的极大可能性。对于这样一台宽相位接收度、剥离引出的回旋加速器，主要考虑轴向空间电荷力对束流强度的限制。

表 2-2 轴向空间电荷效应引起的束流强度限制

R	W	v_z	Dz	DW	DF	I_{limit}/mA
0.04	0.035	0.25	5	250	40	5.309 618 7
0.189 431	1	0.448 834	5	250	40	17.114 13
0.910 386	25	0.602 415	5	250	40	30.830 096
1.256 558	50	0.631 8	5	250	40	33.911 154
1.503 654	75	0.651 051	5	250	40	36.009 189
1.697 27	100	0.668 689	5	250	40	37.986 71

2.4 实现高能强流等时性加速的原理及其试验验证

同步加速器通过快速同步调节加速带电粒子的射频场频率和各类磁铁的场强随时间的变化，以匹配带电粒子旋转频率的相对论变化，因此，能量易于达到比回旋加速器更高的水平。由于同步加速器加速过程中轨道固定不变，轨道长、结构分散，磁体、腔体等大型设备分布式地沿着轨道布置，因此，易于在偏转磁铁的基础上安排布置四极、六极、八极磁铁，获得强聚焦，可灵活调控共振图中的工作路径，穿越各类共振，建成高能加速器[18]。

然而，同步加速器也正是由于其同步调变射频场频率、磁铁场强的基本原理，决定了其加速的束流是脉冲的，无法实现连续波加速，且大型磁铁时间常数大，调变磁场强度的重复频率低。因此，同步加速器一般平均束流强度都比较低。为了实现高能等时性加速从而获得高平均束流强度、高平均束流功率，一阶共振的处理及整体布局设计、加速过程强聚焦的磁场分布，是束流动力学研究和加速器物理设计的重点。本节以质子束为例阐述加速过程的束流动力学理论和设计原理，展示大径向范围调变磁场一阶梯度对提升10~20 MeV紧凑型回旋加速器束流强度，调变磁场二阶梯度对突破紧凑型回旋加速器70 MeV能量限制，成功研制100 MeV强流回旋加速器，以及调变磁场三阶梯度对创新设计2 GeV高能强流等时性FFAG加速器所发挥的重要作用。

2.4.1 一阶共振的处理及整体布局设计

从2.2节可知，对于加速质子束的等时性回旋加速器，一阶共振$\nu_r = 2$的能量限制大约为938 MeV[19]。为了实现更高能量，如2 GeV的等时性加速，获得高平均束流强度的连续波束流，首先从回旋加速器的整体布局设计考虑，提出800 MeV注入器加2 GeV主加速器的方案。能量800 MeV严格等时性加速的质子束接近一阶共振$\nu_r = 2$，但留有一定的安全范围，不会导致束流明显损失。注入2 GeV主加速器的800 MeV质子束可以通过牺牲一定的滑相，避免束流在加速过程的共振图中穿越有害共振$\nu_r = 2$，在主加速器中等时性加速到更高能量，从而突破1 GeV的能量限制[20]。选择在2 GeV主加速器的注入过程中牺牲滑相，而不是在注入器的高能区牺牲滑相，主要是因为主加速器的圈能量增益远高于注入器，另外也有控制造价方面的考虑。2 GeV高能强流等时性加速器的总体布局如图2-4所示，图中预注入器能量为100 MeV，注入器能量为

800 MeV，主加速器能量为 2 GeV。从 1 GeV 到 2 GeV 等时性 CW 加速所需的轴向聚焦力及可行的工程实施途径，是轨道大径向范围变化连续波（CW）FFAG 加速器设计的重点之一，下面予以详细阐述。

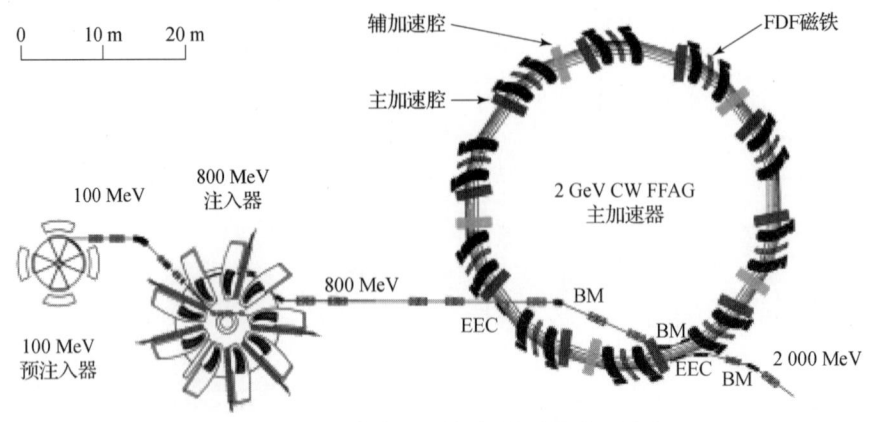

图 2-4　2 GeV 高能强流等时性加速器的总体布局

2.4.2　径向调变磁场梯度强聚焦原理

图 2-5 给出了同步加速器典型的总体布局和 θ 方向周期性交变梯度磁场聚焦结构某一个单元的磁元件配置，其中四极透镜、六极透镜、八极透镜等起聚焦和色品补偿等作用，使同步加速器便于获得高能量。由于各类多极磁铁的结构特征和磁场分布特点，显而易见同步加速器的总体布局仅适用于固定轨道，而无法用于大径向范围变化的轨道，如固定场等时性加速器的轨道。为了在等时性加速器中，在周向交变磁场梯度聚焦的基础上获得更强的轴向聚焦力，同时也有一定的横向（x 向）调节作用，从而获得更高束流强度、更高束流功率的连续束，我们创新性地提出对回旋加速器磁极峰区磁场在大径向范围内调变梯度的方法，从而产生局部半径位置特定的谐波场（图 2-6），在磁极上大径向范围内实现类似四极、六极、八极透镜等多极磁铁增强聚焦，补偿色品，处理共振等作用，满足等时性加速的束流动力学要求。可见，通过径向大范围调变磁场梯度获得强聚焦，是等时性加速器获得更高能量、更高束流强度的关键技术措施。数值模拟结果表明，采用大径向范围调变磁场三阶梯度可获得从 1 GeV 到 2 GeV 等时性 CW 加速所需的轴向聚焦力。本书第 9 章将详述数值设计的结果。

实现径向调变磁场梯度强聚焦的突出技术难点在于：等时性加速的轨道径向跨度大，回旋加速的圈数很多，甚至出现多圈重叠，而每圈轨道越过每一个局部半径位置的多极谐波场均应满足对应能量的聚焦、色品等匹配要求，此

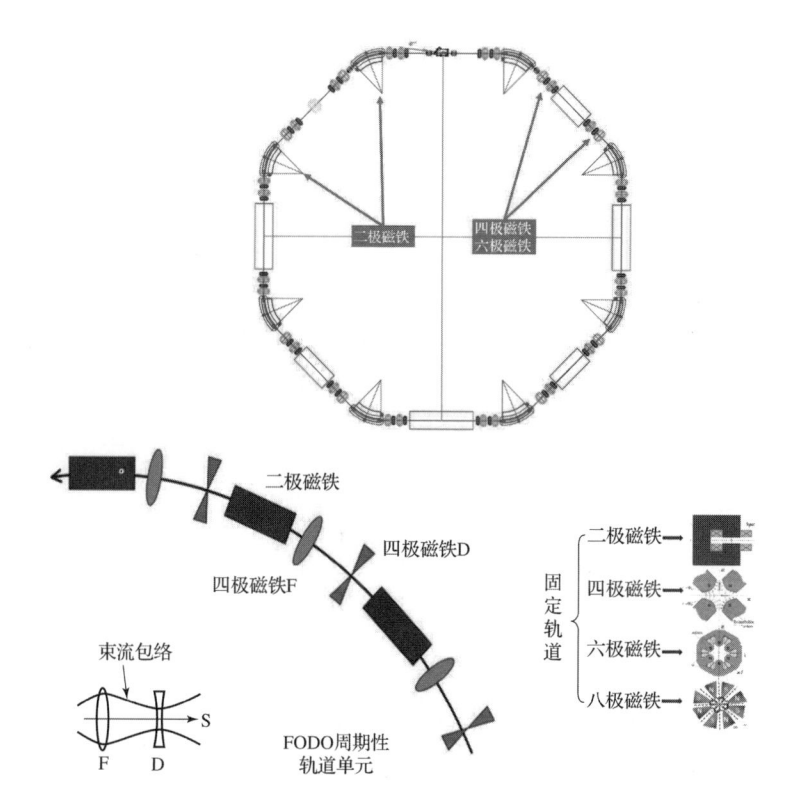

图 2-5 同步加速器的总体布局，周期性轨道单元和各类偏转、聚焦磁铁

外，主偏转磁场还应有效控制等时性加速的滑相。可见，实现大径向范围磁场设计、测量与垫补，回旋加速器物理要求十分复杂，磁工程技术难度极大。当然，通过在设计阶段磁极的螺旋角（图 2-6）和制造阶段边缘场非对称垫补[21]等技术途径，都可对上述径向调变磁场梯度强聚焦进行有效的调节，也可理解为在径向调变磁场梯度强聚焦基础上的精细调节。

2.4.3 径向调变磁场梯度强聚焦原理的试验验证

加拿大 TRIUMF 国家实验室的研究表明[22]，回旋加速器束流强度与轴向聚焦力密切相关 [见式（2-84）]，与 ν_z^2 成正比。突破低能区空间电荷制约的加速器束流强度，提高轴向聚焦力是最为重要的措施。为了验证大径向范围调变磁场梯度强聚焦原理，实现等时性加速器的高束流强度，乃至高功率，我们设计、建造了一台 10 MeV 强流回旋加速器中心区试验装置，开展试验验证工作（图 2-7）。该装置主磁铁为 4 叶片磁铁，磁极半径为 45 cm，总质量为 13 t，加工精度高于 0.1 mm。从半径 22 cm 开始到半径 44.5 cm，调变磁场一

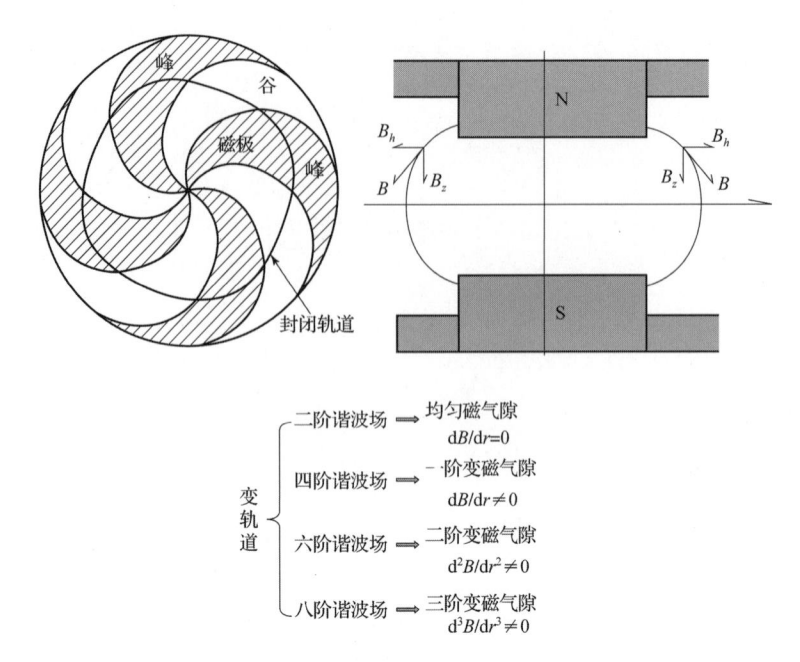

图 2-6 等时性加速器的整体结构、
每个磁铁扇极的聚焦特性和径向调变磁场梯度获得聚焦力的原理

阶梯度，经磁场测量显示获得了预期的强聚焦力，ν_z 接近 0.6[23]。该回旋加速器内靶束流最高达到 432.6 μA，因高频机功率限制，外靶引出束流强度为 230.85 μA。10 MeV 强流回旋加速器中心区试验装置验证了即便是小型紧凑结构的等时性回旋加速器，也可通过大径向范围调变磁场梯度获得更强的轴向聚焦，获得高于 400 μA 的质子束流，从回旋加速器物理角度证实了具备 mA 量级的技术能力。该试验装置同时也是我国第一台调试出束的 PET 小型回旋加速器原理样机，验证了我国自主开发 PET 回旋加速器的整体技术能力。随后，在该试验装置的基础上进行优化设计，按照优化 PET 核素生产产额的目标和技术性能优化的综合考虑，将磁极半径增加到 50 cm，将引出质子束能量增加到 14 MeV，总质量近 15 t[24]。从半径 22 cm 开始到半径 49 cm，调变磁场一阶梯度，ν_z 同样保持在 0.6 的水平，引出束流强度最高达 467 μA。该型号回旋加速器获得了成功，建造了多台回旋加速器和主体部件，用于北京大学放药研发平台等设施，该技术还出口加拿大，用于 PET 回旋加速器的建造。

在调变磁场一阶梯度获得成功之后，我们设计、研发了一台 100 MeV 强流质子回旋加速器。其主磁铁同样为 4 叶片直边扇形，磁极半径为 200 cm，总质量为 435 t，关键部件加工精度高于 0.05 mm。对于这样的紧凑型回旋加速器，

图 2-7　基于一阶径向调变磁场梯度的 10 MeV 和 14 MeV、
二阶径向调变磁场梯度的 50 MeV 和 100 MeV 强流回旋加速器

国内回旋加速器专家、国家最高科学技术奖获得者谢家麟先生在其著作中指出能量极限为 70 MeV[19]，国际回旋加速器权威专家 M. Craddock 教授在 Reviews of Accelerator Science and Technology 中认为"……能量超过 50 MeV 时轴向聚焦将消失。然而，这一限制目前正受到来自北京的中国原子能科学研究院一个团队的挑战，该团队正在研制一台 100 MeV 的径向扇形回旋加速器"。该回旋加速器设计的关键是提出并成功实施了调变磁场二阶梯度，从半径 30~198 cm 之间设计为椭圆旋转曲面，椭圆长半轴长度为 336 cm，椭圆短半轴长度为 3.012 cm，从而获得了 ν_z 大于 0.7 的强聚焦[25]，突破了国内外专家公认的 70 MeV 能量限制，获得了能量 100 MeV、束流强度高达 520 μA 的质子束流，这是当时国际上紧凑型回旋加速器的最高束流功率[26]。此外，这样的大径向范围调变磁场二阶梯度技术还用于国家空间科学研究中心的 50 MeV 回旋加速器建设，构成了空间科学卫星及有效载荷研制测试的保障平台，助力怀柔科学城大科学工程建设[27]。

2.4.4　小结

本书提出大径向范围调变磁场梯度的强聚焦原理，以及具体的一阶共振的处理及整体布局设计，为建造高能强流等时性加速器开展了必要的设计研究和试验验证。通过调变磁场一阶梯度建成了 10 余台 10 多 t 的 10~20 MeV 紧凑型回旋加速器及主体部件，大幅提升低能区空间电荷制约的回旋加速器束流强度；调变磁场二阶梯度突破了紧凑型回旋加速器国内外公认的 70 MeV 极限能量，成功研制 400 多 t 的 100 MeV 强流回旋加速器。大量工程实践验证了大径向范围调变磁场梯度强聚焦原理的可行性，调变磁场三阶梯度并配合非对称边缘聚焦，对创新设计 2 GeV 高能强流等时性 FFAG 加速器有望发挥十分的重要作用，可能是实现 5~10 MW 高功率、高能量效率、高投资效益比质子加速器的一个可行技术路线。

2.5 束流动力学分析软件及应用实例

在回旋加速器的设计过程中，各国的回旋加速器实验室针对具体的设计需要研制了许多束流动力学计算设计软件，读者不难从每三年一届的国际回旋加速器及其应用会议（ICCA）文集中找到相关信息。本节介绍经过了长期发展与实际设计考验、具有一定通用性的两个软件：CYCLONE 和 GOBLIN。

2.5.1 运动方程数值求解

在涉及具体的软件之前，先简要介绍运动方程的一般数值求解方法。在运动方程中，粒子受力是已知的，但它们直接与位置的二阶导数相联系，为了利用成熟的一阶微分方程组初值问题的数值解法，引入关于速度的方程，为叙述方便起见，这里用仅有电场 $E(t,x)$ 作用，以时间 t 为自变量的一维带电粒子运动方程为例加以说明：

$$\frac{\mathrm{d}^2 x}{\mathrm{d}t^2} = \frac{q}{m} E(t,x) \qquad (2-85)$$

为了作数值积分，该运动方程由下列两式代替：

$$\frac{\mathrm{d}x}{\mathrm{d}t} = v_x$$
$$\frac{\mathrm{d}v_x}{\mathrm{d}t} = \frac{q}{m} E(t,x) \qquad (2-86)$$

这两个方程可以同时积分得到式（2-85）的数值解。下面介绍两种常用的一阶微分方程组初值问题的数值解法，这里为书写简便，只讨论含两个未知函数的微分方程组，含多个未知函数的微分方程组的计算公式类同，对于微分方程组

$$\begin{cases} \dfrac{\mathrm{d}y}{\mathrm{d}x} = f(x,y,z) \\ \dfrac{\mathrm{d}z}{\mathrm{d}x} = g(x,y,z) \end{cases} \qquad (2-87)$$

及其初始条件 $y(x_0) = y_0$，$z(x_0) = z_0$，四阶的 Runge–Kutta 方法计算公式为：

$$y_{n+1} = y_n + \frac{1}{6}(k_1 + 2k_2 + 2k_3 + k_4)$$
$$z_{n+1} = z_n + \frac{1}{6}(l_1 + 2l_2 + 2l_3 + l_4) \qquad (2-88)$$

式中,

$$k_1 = hf(x_n, y_n, z_n), \qquad l_1 = hg(x_n, y_n, z_n)$$

$$k_2 = hf\left(x_n + \frac{h}{2}, y_n + \frac{k_1}{2}, z_n + \frac{l_1}{2}\right), \qquad l_2 = hg\left(x_n + \frac{h}{2}, y_n + \frac{k_1}{2}, z_n + \frac{l_1}{2}\right)$$

$$k_3 = hf\left(x_n + \frac{h}{2}, y_n + \frac{k_2}{2}, z_n + \frac{l_2}{2}\right), \qquad l_3 = hg\left(x_n + \frac{h}{2}, y_n + \frac{k_2}{2}, z_n + \frac{l_2}{2}\right)$$

$$k_4 = hf(x_n + h, y_n + k_3, z_n + l_3), \qquad l_4 = hg(x_n + h, y_n + k_3, z_n + l_3)$$

h 为积分步长。

第二种常用方法是阿达姆斯方法的预报校正法,预报值为:

$$\begin{aligned}
y_{n+1}^{(0)} &= y_n + \frac{h}{24}[55f(x_n, y_n, z_n) - 59f(x_{n-1}, y_{n-1}, z_{n-1}) \\
&\quad + 37f(x_{n-2}, y_{n-2}, z_{n-2}) - 9f(x_{n-3}, y_{n-3}, z_{n-3})] \\
z_{n+1}^{(0)} &= z_n + \frac{h}{24}[55g(x_n, y_n, z_n) - 59g(x_{n-1}, y_{n-1}, z_{n-1}) \\
&\quad + 37g(x_{n-2}, y_{n-2}, z_{n-2}) - 9g(x_{n-3}, y_{n-3}, z_{n-3})]
\end{aligned} \qquad (2-89)$$

校正值为:

$$\begin{aligned}
y_{n+1} &= y_n + \frac{h}{24}[9f(x_{n+1}, y_{n+1}^{(0)}, z_{n+1}^{(0)}) + 19f(x_n, y_n, z_n) \\
&\quad - 5f(x_{n-1}, y_{n-1}, z_{n-1}) + f(x_{n-2}, y_{n-2}, z_{n-2})] \\
z_{n+1} &= z_n + \frac{h}{24}[9g(x_{n+1}, y_{n+1}^{(0)}, z_{n+1}^{(0)}) + 19g(x_n, y_n, z_n) \\
&\quad - 5g(x_{n-1}, y_{n-1}, z_{n-1}) + g(x_{n-2}, y_{n-2}, z_{n-2})]
\end{aligned} \qquad (2-90)$$

大多数束流轨道跟踪软件就是采用上面的数值积分方法积分运动方程的。还有其他的一些数值积分方法,比如 Leap – Frog 方法和李代数方法等,不同的数值积分方法各有优点和缺点,在此不再赘述。

2.5.2 中心区轨道跟踪软件 CYCLONE

2.5.2.1 软件简介

CYCLONE 已经有了相当长的历史。早在 20 世纪 60 年代,它在 MSU 超导回旋加速器国家实验室就已经开始得到发展。后来它与程序 SPRGAP 相结合,允许计算包括螺旋形加速间隙形状在内的情况。几乎同时,多相位的计算也渗入这个程序,这些工作满足了 K500 回旋加速器工程的需要。这个程序还被用来设计 MSU 的 K1200 回旋加速器和米兰 K800 回旋加速器的中心区。1987 年,这个程序从 MSU 被带到了 TRIUMF，用于 TR – 30 回旋加速器中心区的设计。人们在 TRIUMF 改进了这个程序，在第一部分中加入了垂直运动的计算，与电场松弛计算程序 RELAX3D 之间的联系也得到了简化。

CYCLONE 是一个用 FORTRAN 语言编写的轨道跟踪软件，它用于研究回旋加速器的所有区域，尤其适合中心区的设计工作。它使用 Runga – Katta 方法通过对不同的电磁场分布进行积分而计算带电粒子运动轨道。该软件分为三部分，每部分采用不同的积分方法。第一部分以高频时间 τ 为独立变量，从外部读入电场和磁场数据，对给定的电磁场分布积分运动方程；第二部分以方位角 θ 为独立变量，从外部读入电场和磁场数据；第三部分也使用独立变量 θ，从外部只读入磁场数据，而加速间隙的电场用 δ 函数近似表述，因此这部分的计算速度最快。

2.5.2.2 输入/输出数据文件

CYCLONE 运行所需的数据包含在很多不同的文件里，这些文件大多是可选的，简要介绍如下。

1. 基本输入数据文件

基本的运行参数从单元 5 读取。这个单元要求的信息资料将在后面描述。

2. 电场输入数据

CYCLONE 可读取由程序 RELAX3D 产生的电位分布数据。在第二部分中，电场可以包含在多个文件里，这就允许单独储存每个 D 形盒的数据而且有独立的相位。产生电场输入数据的程序 RELAX3D 伴随松弛计算产生一个标头文件，这个文件包含 CYCLONE 需要的网格步长和位置的数据。相对于磁场的电场的位置由标头文件的数据、若干平移和旋转命令决定。如第二部分使用多个文件，所有文件一定有相同的标头。对每一个电场，CYCLONE 寻找两个文件，它们的文件名形式是"file. EFLD"和"file. HEAD"，file 是一个在单元 5 上跟随 EFIELD 命令输入的文件名。有扩展名". EFLD"的文件是 RELAX3D 的输出文件。文件的数目是由输入值 NTIME 决定的。

在 CYCLONE 的三个部分的计算中，常使用不同网格尺寸的电场数据文件，以提高不同部分轨道跟踪的计算精度。

3. 螺旋角输入数据

如果命令 DEE 指定了一个输入文件名，那么运行时就需要这个文件。这个文件的第一行给定"npoint，r0，gap，drgap，nsets"，它们是紧跟该行后面的螺旋间隙数据点的数目、最初间隙点的半径和点之间的径向距离。接着的 npoint 行每行都由 2 × nsets 个角组成。第一个角度是该半径上第一个 D 形盒入口的角度，第二个角度是第一个 D 形盒出口的角度。npoint 必须不小于 2。

4. 磁场输入数据

CYCLONE 的三个部分均使用一个相同的磁场文件，这个文件包含一个 $r-\theta$ 网格上的磁场。逻辑参量 HEADER 将文件类型告诉 CYCLONE，一个逻辑值"假"指出文件是一个没有标头的 ACSII 文件，"真"说明文件是一个有一个标头的文件。数据文件的格式可在文件名后面一行输入，θ 是磁场数据文件中首先变化的变量。

5. 基本输出数据文件

这是一个包含基本的运行输入数据和文件名，以及主要计算结果的输出文件。这个文件被多种 PHYSICA 宏调用，用于 CYCLONE 输出的后处理。

6. 平衡轨道

这是保存一个包含平衡轨道数据的文件。

7. 轨道数据

这是一个除了通过单元 6 在屏幕上输出之外的基本输出文件（单元 35），它是每步保存一个轨道坐标记录的二进制文件，可被 PHYSICA 调用以绘制轨道。

8. 曲率中心

如果设置逻辑变量 ILOG36 为"真"，那么会保存有关数据到单元 36 上。

9. 间隙数据

这是一个包含越隙处轨道坐标的 ASCII 文件（仅在第三部分中使用）。这个文件使用单元 47，并由逻辑变量 ILOG47 控制。

10. 第一部分的电场输出

如果逻辑变量 ILOG51 非零，那么在第一部分的计算中，沿着轨道使用的电场值通过单元 51 输出。这个文件对每步积分都有一个记录，输出变量是：

Nturn, θ, E, R, τ, V, $V\sin(t)$, dV, dT, E_x, E_y。

11. 第二部分的电场输出

如果逻辑变量 ILOG50 非零，那么在第二部分的计算中，沿着轨道使用的电场值通过单元 50 输出。这个文件对每步积分都有一个记录，输出变量是：Nturn, θ, E, τ, E_r, E_θ, E_z。

12. 粒子的最终状态

这个 ASCII 文件输出每个能成功到达所要求圈数的粒子的一行参数。这行参数包含与单元 6 输出一样的信息资料。这个文件使用单元 17。

2.5.2.3　CYCLONE 版本 8 的输入命令

CYCLONE 版本 8 用输入命令来引导、控制程序的执行。主要的命令和它们的参数在表 2-3 中给出。输入命令和参数被空格、逗号、等号或者括号分开。复合命令可使用相同的输入行，但是一个命令的参数不能写于不同行。命令名应该用大写字母给出。命令通常会被简写，然而至少要有 4 个字符来保证命令的唯一性（除非完整的命令自己少于 4 个字符）。一个感叹号可用来表示注释行。

表 2-3　CYCLONE 的输入命令

命令	参数	描述
ACCEL	Ispr, on	加速间隙数
BFIELD**	Nsc, ntheta, nr, r0 Δr, bcon, bump	读入磁场数据
BOUNDS	1/2 bnd	粒子是否跟踪到电场区域外
BUMP**	Bump_amp, bump_ang, harm	输入谐波场
CONE**	con_amp	输入锥形场
CONTINUE	—	从前面轨道的最后数据继续跟踪
DEBUG	Idebug	1~6 单元调试数值
DEE	ndee, file, dee_width first_gap, spiral angle	指定 D 形盒参数
ELLIPSE	X/Z, ε normalized	产生本征相椭圆
EFIELD*	1/2, scale, nz, ntime	读入 ntime 个电场数据
ERROR	Idée, verr (idee), perr (idee)	为特定 D 形盒指定误差参数
END		结束作业运行

续表

命令	参数	描述
EODATA*	NEO, EOI, DEO THEO, IEO, NTHEO	读入平衡轨道数据
EPS	Eps	频率误差
FREQUENCY	rf_frequency	高频频率
GAPFACTOR*	iharm	输入随半径变化的电压
HARMONIG	harmonic	谐波数
LOG	ilog, on/off, binary(true/false)	日志文件的管理控制 ilog = 35/36/47/50
NOTIME	no_time, time_notime	电压是否随时间变化
OFFSET	1/2, delta_v, vscale	电压的偏移量和比例因子
PARTICLE	E_0, CHG	跟踪粒子的质量和电荷
POSTS	1/2, max_hits, no_posts_allowed, post_log	粒子与中心区柱子碰撞计算
PRINT	1/2/3, np, th0, dth	输出打印控制
PULLER	η_{puller}, epull, (true/false)	吸极参数
ROI*	Nroi	由一个数据文件给定感兴趣的区域
ROTATE	1/2, theta, xc, yc	旋转小(1)或者大(2)场区
RUN	Nturn, kcy	开始轨道计算
SHIFT	1/2, x, y	移动小(1)或者大(2)场区
START	kcy (1/2/3)	说明从哪个部分开始计算
THIRD	Idée, verr3(idee), pherr3(idee)	使计算中能够考虑三次谐波
TIME	Wgap, awgap	越隙校正参数
TRANSFER	0/1/2/3, $n\theta$	各部分间的旋转圈数和转移角度转换
TURNS	Nturn	最大旋转圈数
VOLTAGE	Voltage	D形盒的电压(kV)
UNITS	length_unit, field_unit	cm, mm, m, in, kg, T, mT

注：参数栏中的"/"代表"或者"的意思，例如：1/2 表示 1 或者 2。命令后面的"*"表示从命令行后面将读入一行或者更多行。

用 RUN 命令使计算开始，所以在 RUN 命令之前必须给出一个 BFIELD 命令和一个 PARTICLE 命令。一个 RUN 命令执行之前，命令出现次序并不重要。然而，ELLIPSE 命令是个特例，如果 ELLIPSE 命令后面跟随着 R 或者 PR 的值，那么新值将用来使平衡轨道偏移，ELLIPSE 命令使用前，输入的 R 或者 PR 值则作为寻求平衡轨道的最初猜测值。每当给出一个命令，新的参数值都会替换先前的参数值，正常情况下括号行被忽略。CONTINUE 命令用先前粒子运行的结果重置开始粒子的参数。

BFIELD、EODATA、BUMP、CONE、ROI 和 EFIELD 命令都从命令的下一行读取文件名，DEE 命令也可能读取文件名。当需要读取文件名时，不能有括号行或者注释行跟在命令后。

参数的数据类型在每个参数名后的注解中给出，详见软件的使用说明书。有效的类型是：实型 real (R)、整型 integer (I)、字符型 character (C) 和逻辑型 logical (L)。逻辑值被指定使用 TRUE/FALSE、YES/NO 或者 ON/OFF，字符型参数由大写字符赋值，参数次序很重要，在多数情况下，没有指定的参数将使用默认的值。

2.5.3 加速轨道跟踪软件 GOBLIN

2.5.3.1 软件简介

GOBLIN（General OrBit LINear）是一个通过数值积分运动方程跟踪回旋加速器中的粒子的软件。该软件最早由美国 MSU 创建，经马里兰到加拿大 TRIUMF 实验室，该软件可用于任何加速间隙位于不变方位角的回旋加速器（即不是螺旋加速间隙），在加速间隙中获得的能量增益近似为一个 δ 函数。磁场可以有两种输入，一是谐波场，二是离散网格点上的场，磁场在 z 方向可以展开到二阶（从中心平面算起的垂直位置）。TRIUMF 版本的 GOBLIN 还提供了跟踪极化质子和最佳剥离位置的功能，这些子程序专门用于加速 H⁻ 离子的加速器。

2.5.3.2 GOBLIN 的运行

GOBLIN 的结构决定了它通常在批处理模式下运行。虽然短时间工作可以在交互模式下运行，但是软件要从文件中获得输入的信息，输出会显示在独立的 I/O 单元（文件）中，因此，批处理运行模式更加方便。

软件的执行过程根据从单元 5 输入的参数而定，软件一直读入参数，直到有标识符指出让它开始计算粒子的轨道。轨道计算完之后（到达最大圈计数，粒子超出场区或者 $p = p_f$），软件又转到单元 5 等待输入参数，一直这样持续运行，直到输入结束标识符。

有 99 个输入参数（不是所有的参数都需要），它们在单元 5 里由用户输入而设置。这些参数都是实数型参数，它们最初都被设置为零。在大多数情况下，软件执行过程中不会更改这些参数的值，所有参数可以以任何顺序出现，它们被用于设置粒子的初始位置、动量，高频参数，控制软件读入不同的场分布，软件的运行与输入、输出等。输入参数的意义详见软件的使用说明书。

2.5.3.3 输入/输出数据文件

1. 单元 2 – 输入

这个文件包含中心平面测量的磁场不对称分量的谐波，它们是 $B_r(z=0)$、$B_\theta(z=0)$ 和 $dB_z/dz(z=0)$。

2. 单元 4 – 输入

这个文件包含中心平面的磁感应强度 B_z 分量。有两种输入类型，一是谐波形式，二是网格上的磁场。输入类型的选择放在单元 5 上，如果参数 IMPHAR 是负的，那么要求输入网格上的磁场，一个非负的 IMPHAR 说明场作为一组傅里叶展开的谐波给出。

3. 单元 5 – 输入

如前所述，单元 5 包含允许用户选择粒子轨道坐标、设置多种控制参数的输入量。文件里的输入数据按组出现，每组具体说明了一个给定粒子的运行环境。读取一组数据后，就可计算粒子轨道。轨道跟踪结束时，程序返回并继续读取下一组数据，如此反复直到处理完所有组数据。

4. 单元 6 – 输出

这是一个基本的输出单元。所有信息，还有输入参数的回应都在这个文件里给出。在每一个指定的打印输出位置上，软件会打印出包含所有有效粒子坐标的行，其格式依赖已选的开关量。

5. 单元 7 – 输出

这个单元输出的信息原先是用于调试的。当设置第 83 号参数时，打印出每个 Runge – Kutta 步使用的磁场。

6. 单元 8 – 输出

这个文件中给出每个越隙处的电聚焦信息资料。第一行写的是加入聚焦之前的轴向坐标，第二行包含的是计算的间隙因数修正值。

7. 单元 12 – 输出

这个文件包含二进制输出数据，用第 94 号参数起用该输出文件。这个文件适合将多粒子的运行结果转换到绘图程序。

8. 单元 13 – 输出

这个单元包含单元 6 的反馈信息，但不包括标题。这个文件适合输入其他程序中使用，它由第 91 号参数起用。需要注意的是，这个文件的输出用与单元 6 完全相同的方法控制、改变输出内容。

9. 单元 14 – 输入

当第 87 号参数被设置为 1.0 时，这个文件应该包含一个 ε 随 R 变化关系的表。

10. 单元 17 – 输入

从软件 CYCLOPS 得到的平衡轨道数据 x，p_x 与能量相关，可以有多达 500 个能量点（由第 43 号参数设置）。软件 CYCLOPS 中的单元 3 输出的数据适合作为此输入。

11. 单元 18 – 输入

间隙因子的数据从这个单元输入。如果第 22 号参数设置为 2，或者设置为 1，并且能量低于第 67 号参数的值，那么要求输入这些数据，然后，软件在径向用线性插值法计算实际间隙因子。

12. 单元 45 – 输出

如果第 68 号参数等于 1，则在这个单元中输出转换矩阵的数据。这个文件包含 θ, r, z_1, p_{z1}, z_2, p_{z2}, x_1, p_{x1}, x_2, p_{x2}。

13. 单元 56 – 输出

这个文件包含引出剥离点和不同能量引出轨道交叉点的位置。它用于后处理程序的输入。如果要求，这个文件里可包括转换矩阵的数据。

14. 单元 84 – 输出

当第 84 号参数被设置时,这个单元包含运行结束时的粒子状态。这个文件适用于用单元 85 重新计算粒子轨道。

15. 单元 85 – 输入

当第 85 号参数设置为 1.0 时,从这个文件读入粒子的初始状态。

2.5.4 应用实例

2.5.4.1 100 MeV 回旋加速器轨道中心的偏移和循环发射度

由一次谐波驱动 $v_r = 1$ 共振,引起回旋加速器平衡轨道中心的偏移。由 2.3.1 节可知,平衡轨道中心的运动轨迹是一个圆,轨道中心的偏移由式(2-51)给出。本节利用软件 CYCLONE 数值计算 CYCIAE-100 平衡轨道中心的偏移,并计算由此带来的发射度增长。

CYCIAE-100 在 1 MeV 处的静态平衡轨道平均半径为 19.832 cm,平均磁感应强度 7 216.8 Gs,径向自由振荡频率 $v_r = 1.034\,2$;假定存在一次谐波幅值为 4 Gs,相位分别为 0°、90°、180°、270°、45°、135°、225°、315°,计算得到轨道中心的偏移量为 0.16 cm。轨道中心的偏移方向与一次谐波相位相差 180°。

下面计算静态时 CYCIAE-100 中一次谐波引起的发射度增长。假定一次谐波幅值分别为 2 Gs 和 4 Gs,初始归一化发射度为 2 πmm·mrad,从初始相椭圆上选择 8 个粒子跟踪。从数值计算结果中选取记录 8 个粒子在同一角度处 ($\theta=0°$) 每一圈的相空间坐标。由于回旋足够多的圈数,相空间被填充,有效发射度增大,结果如图 2-8 所示,图中最大的相椭圆面积即循环发射度,从图中也可清晰地看出轨道中心的偏移。能量分别为 1 MeV、5 MeV、10 MeV、20 MeV、50 MeV 和 100 MeV 的静态发射度增长,数值分析结果与 2.3.1 节的解析公式得到的结果进行比较,见表 2-4。幅值为 2 Gs 的一次谐波引起的循环发射度约为初始发射度的 2 倍,4 Gs 的一次谐波引起的循环发射度约为初始发射度的 3.6 倍。

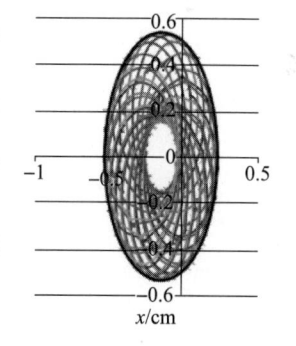

图 2-8 数值跟踪计算出的循环发射度图像

表 2-4 静态发射度增长数值计算和解析公式的结果比较

静态发射度增长 幅值 E_k/MeV	2 Gs		4 Gs	
	解析	数值	解析	数值
1	1.634 85	1.636 01	2.424 96	2.413 13
5	2.231 26	2.180 33	3.950 07	3.870 97
10	2.448 92	2.412 46	4.536 08	4.433 41
20	2.547 12	2.504 87	4.804 60	4.684 94
50	2.358 85	2.324 56	4.291 97	4.191 67
100	2.091 47	2.092 74	3.581 12	3.574 15

2.5.4.2　10 MeV 回旋加速器的加速轨道特性研究

用静态平衡轨道的结果，可以判断加速过程的等时性和束流横向运动的稳定性等。为详细探讨束流在加速过程中的运动特性，需要计算加速轨道，即考虑高频加速电压的运动过程。通过加速轨道的计算，能够检查回旋加速器渡越有害的，但在静态平衡轨道设计中难以避免的共振的能力等。下面利用软件 GOBLIN 计算一台 10 MeV 回旋加速器的加速轨道特性。

图 2-9 所示是在静态平衡轨道设计结果的基础上，采用软件 GOBLIN 计算得到的加速轨道，计算的初始能量为 1 MeV，起始轴向位置为 3 mm，高频加速电压为 50 kV。图 2-9 中包括了对中束流和 ±5 mm 非对中束流的加速轨道，可以看到已经有明显的圈重叠，但从图 2-10 中可以看到相应的轴向运动并没有由于 Walkinshow 共振而对非对中束流造成的方位角方向的能量与轴向能量之间的耦合，即轴向运动振幅没有明显增加，不会引起束流在轴向的发散而导致束流损失。

假定束流不对中大至 10 mm，高频加速电压低至 20kV，对于这种假定的极端情况，束流的运动轨道如图 2-11 所示，可以看到轨道由于束流不对中而出现明显的进动，圈之间重叠非常严重，图 2-12 所示为相应的轴向运动情况与对中束流的比较，图中对中束流的计算条件是：偏移量 dx = 0 mm，高频电压 V_D = 50 kV；计算的主要结果是：加速 53 圈，轴向运动振幅为 3.0 mm。非对中束流的计算条件是：偏移量 dx = 10 mm，高频电压 V_D = 20 kV；计算的主要结果是：加速 140 圈，轴向运动振幅为 7.5 mm。

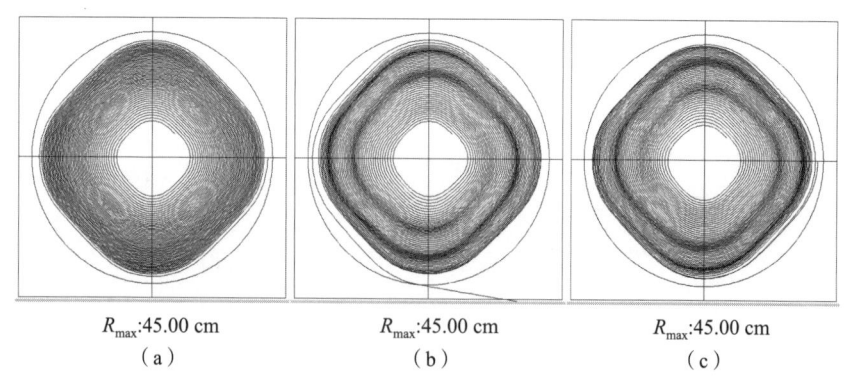

R_{max}:45.00 cm　　　　　R_{max}:45.00 cm　　　　　R_{max}:45.00 cm
　　　（a）　　　　　　　　　　（b）　　　　　　　　　　（c）

图 2-9　对中束流和非对中束流的加速轨道比较

（a）对中束流；（b）+5 mm 非对中束流；（c）-5 mm 非对中束流

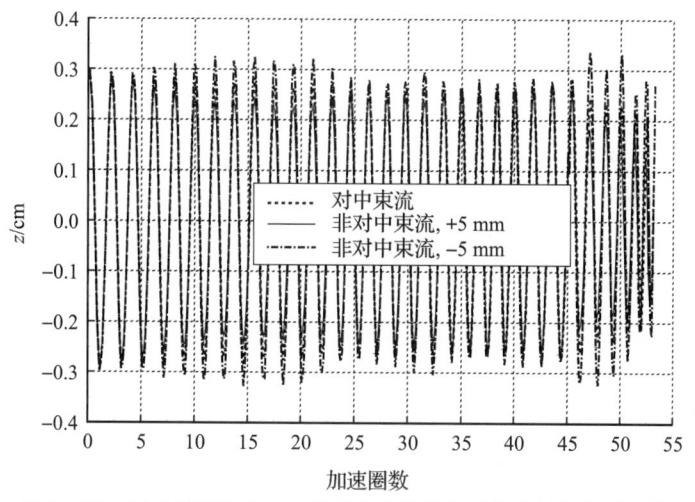

图 2-10　对中束流和 5 mm 非对中束流的加速轨道轴向运动比较

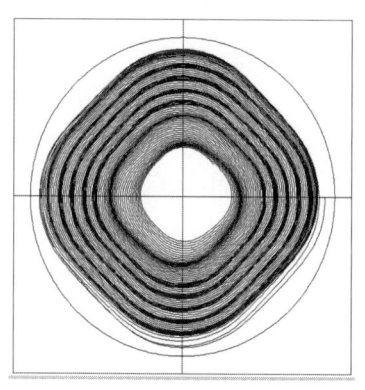

R_{max}:45.00 cm

图 2-11　+10 mm 非对中束流的加速轨道

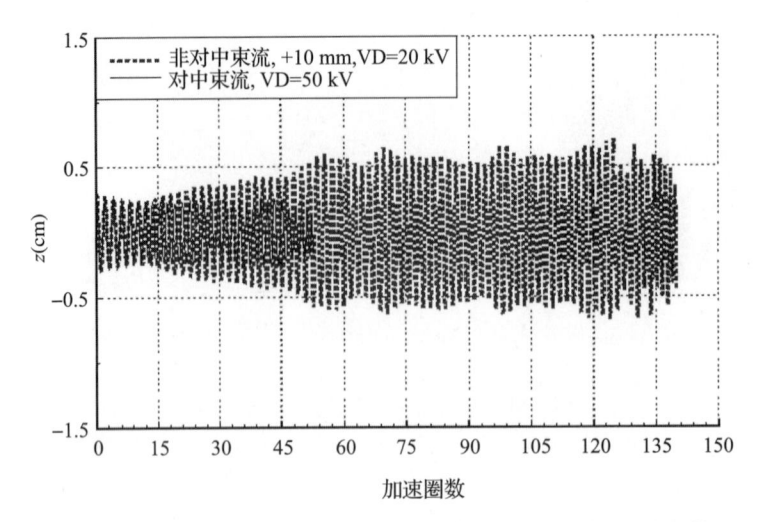

图 2-12　对中束流和 10 mm 非对中束流的加速轨道轴向运动比较

由于加速电压低、注入不对中，轨道在 Walkinshow 共振附近旋转圈数过多导致方位角方向的能量与轴向能量之间有明显的耦合，轴向运动振幅由初始的 3.0 mm 增加到 7.5 mm，可以发现在这种情况下束流在轴向的发散将导致束流比较严重的损失。

参 考 文 献

[1] LOUIS R. The properties of ion orbits in the central region of a cyclotron：TRI-71-1 [R]. Vancouver：TRIUMF, 1971.

[2] JOHO W. Extraction of 590MeV proton beam from the SIN ring cyclotron [D/R]. Villigen Brugg, Switzerland：SIN Report TM-11-8, 1970.

[3] JOHO W. Extraction from medium and high energy cyclotrons：Proceedings of the Fifth International Conference on Cyclotrons, September 17-20, 1969：159 [C]. St. Catherine's College, Oxford, UK, 1969.

[4] GORDON M. The Nonlinear Coupling Resonance Exhibited by an Elastic Pendulum：MSUCP-25 [R]. East Lansing, Michigan, US, 1962.

[5] 陈佳洱. 加速器物理基础 [M]. 北京：原子能出版社，1993.

[6] LIVINGOOD J J, NOSTRAND D V. Principles of cyclic particle accelerators [J]. Physics Today, 1961, 15 (5)：57.

[7] KOLOMENSKY A A, LEBEDEV A N. Theory of cyclic accelerators [J]. Physics Today, 1967, 20 (1)：117. Translated from the Russian by M. Barbier.

[8] BRUCK H. Circular particle accelerators: LA-TR-72-10 Rev [R]. Los Alamos: Los Alamos National Laboratory, 1972.

[9] MILTON B F. GOBLIN user guide and reference V3.3: TRI-CD-90-01 [R]. Vancouver: TRIUMF, 1990.

[10] MILTON B F. CYCLONE version 8.4: TRI-DN-99-4 [R]. Vancouver: TRIUMF, 1999.

[11] PAPASH A. Radial and vertical orbit behaviour in TR-13 H⁻ cyclotron due to magnetic field imperfections: TRI-DN-93-6 [R]. Vancouver: TRIUMF, 1993.

[12] KLEEVEN W, HAGEDOORN H L, MILTON B F, et al. The influence of magnetic field imperfection on the beam quality in an H⁻ cyclotron: Proceedings of the Thirteenth International Conference on Cyclotrons and Their Applications, July 6-10 1992: 380 [C]. Vancouver, BC, Canada, 1992.

[13] BLOSSER H. Modern Cyclotron-Principles, Trouble-Shooting, Repair: US-PAS Course Material [R] Chicago: University of Chicago, Jun 2000.

[14] 数学手册编写组. 数学手册 [M]. 北京: 高等教育出版社, 1979.

[15] BAARTMAN R. Space charge contribution to v_z: TR30-DN-17 [R]. Vancouver: TRIUMF, December 1988.

[16] HAGEDOORN H L, Analytical models for cyclotron orbits: : Proceedings of the Tenth International Conference on Cyclotrons and Their Applications, April 30-May 3 1984: 271 [C]. Michigan State University, East Lansing, Michigan, USA, 1984.

[17] HAGEDOORN H L, KRAMER P. Extraction studies in an AVF cyclotron: Proceedings of the International Conference on Isochronous Cyclotrons, May 2-5, 1966: 64 [C]. Gatlinburg, Tennessee, USA, 1966.

[18] COURANT E D, LIVINGSTON M S, SNYDER H S. The Strong-focusing synchrotron—a new high energy accelerator [J]. Phys. Rev. 88 (5): 1190-1196 (1952).

[19] 谢家麟. 加速器与科技创新 [M]. 北京: 清华大学出版社, 2000.

[20] CALABRETTA L, MÉOT, FRANCOIS. Cyclotrons and FFAG accelerators as drivers for ADS [J]. Reviews of Accelerator Science & Technology, 2015, 08: 77-97.

[21] 张天爵, 王川, 钟俊晴, 等. 等时性回旋加速器提高轴向聚焦力的磁极非对称镶条方法 [P]. 发明专利授权号: ZL200910211156.3.

[22] BAARTMAN R. Intensity limitations in compact H⁻ cyclotrons [C]. Proc. of

the 14th International Conference on Cyclotrons and Their Applications, Cape Town, South Africa.

[23] 张天爵,李振国,储诚节,等. 强流回旋加速器综合试验装置的研制[J]. 科学通报,2010,55(35):3351-3357.

[24] ZHANG T J, LU Y L, YIN Z G, et al. Overall design of CYCIAE – 14, a 14 MeV PET cyclotron [J]. Nuclear Instruments and Methods in Physics Research B, 269 (2011): 2950 – 2954.

[25] ZHANG T J, LU Y L, ZHONG J Q, et al. Design, construction, installation, mapping and shimming for a 416 ton compact cyclotron magnet [J]. IEEE Transactions on Applied Superconductivity, 2016, 26 (4): 1 – 5.

[26] ZHANG T J, LI M, LV Y L, et al. 52 kW CW proton beam production by CYCIAE – 100 and general design of high average power circular accelerator [J]. Nuclear Inst. and Methods in Physics Research B 468 (2020): 60 – 64.

[27] 王胜龙,王川,张天爵,等. 50 MeV 强流负氢回旋加速器主磁铁设计研究[J]. 原子能科学技术,2019,9:1681-1686.

第 3 章
回旋加速器主磁铁

回旋加速器主磁铁设计是一个反复修改迭代的过程,它从一个简单的模型开始,而这样的模型需要对回旋加速器及所有子系统有整体的考虑。本章介绍主磁铁设计过程中所需要考虑的一些问题,描述回旋加速器主磁铁计算的详细情况,以及我们开发的回旋加速器主磁铁的计算机辅助工程系统。

3.1 引言

许多回旋加速器物理学家倾向于认为回旋加速器磁铁的设计仅是磁场计算，这一十分常见的误解应当避免。本章讨论回旋加速器磁铁设计的有关问题，而不仅是磁场计算，在这里所讨论的回旋加速器是固定场、固定频率的回旋加速器，在方位角方向有扇形叶片（磁极）形成调变磁场（峰区和谷区），就像许多教科书里描述的那样，图 3-1 所示为这样的结构的示意。回旋加速器磁铁的设计需要对回旋加速器有全局的观点，回旋加速器的各个子系统，包括高频系统、真空系统、注入系统、引出系统、束流诊断系统等，是相互关联的，并且总是与磁铁相关，回旋加速器磁铁的设计所带来的限制，会给其他部件的设计带来极大的困难，因此，在介绍其他子系统的设计之前，首先介绍主磁铁的设计。

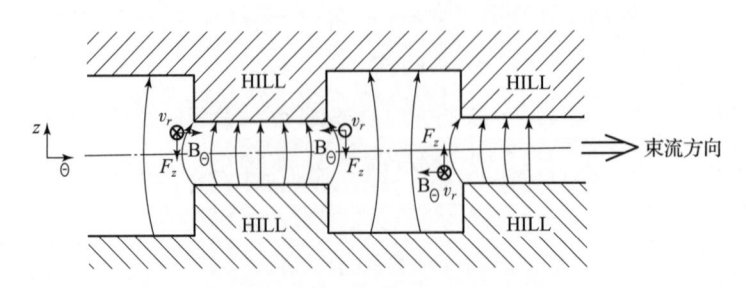

图 3-1 磁铁沿方位角方向的剖面图

就像任何其他的设计一样，回旋加速器主磁铁的设计也是从一个粗糙、简单的模型开始，然后在设计过程中调整迭代，直到基本上满足要求，最后进行非常详细而费时的数值计算和优化设计。

主磁铁简单模型的选取是回旋加速器设计的基本出发点，需要考虑的问题有：

(1) 选取多少扇形叶片？
(2) 选紧凑型还是分离扇磁铁结构？
(3) 选直边扇形叶片还是螺旋形叶片？
(4) 选超导磁铁还是常温磁铁？
(5) D形盒安放在气隙间还是谷区中？

关于这些问题，在这里仅作简要分析。第一个问题主要与回旋加速器的最终能量有关，将在后面的章节中描述。如果选紧凑型磁铁结构，谷区中的磁感应强度大于0，而对于分离扇磁铁结构，由于每一扇形叶片都采用单独的线圈产生磁场，因此在谷区中的磁场小于或等于0，即后者有更大的调变度，但安装精度比较难达到很高要求，一次谐波较大，磁铁的体积也相对较大。图3-2所示是日本理化学研究所2000年正在加工中的IRC分离扇回旋加速器的磁铁和线圈，该回旋加速器是一台四分离扇的回旋加速器，气隙高度为8 cm，每扇磁铁质量为640 t，线圈最大通电电流为450 A，产生的峰值磁感应强度为1.9 T。

图3-2 IRC分离扇回旋加速器的磁铁和线圈

直边扇形叶片在大半径处的轴向聚焦力下降，螺旋形叶片能提供更强的轴向聚焦力，而场的非线性更严重，且加工难度比直边扇形叶片大，等时场垫补相对而言更加困难，特别是对于没有采用调谐线圈的主磁铁系统。

超导磁铁的磁感应强度通常可以设计到高达6 T，而常温磁铁的磁场强度一般难以超过2 T，因此，采用超导磁铁的优点是磁铁质量小，常温磁铁的质量一般是超导磁铁的15~20倍，但超导磁铁形成的磁场的调变度低，因此，为了获得足够强的轴向聚焦力，磁铁叶片的螺旋角很大。

如果D形盒安放在气隙间，则要求有较大的磁铁气隙，这将影响磁铁叶片的边缘场分布，并且磁铁的主线圈运行功耗会明显增加。如果D形盒安放在谷区中，磁铁气隙可以选取较小的值，但由于空间的限制，D形盒的张角也就受到限制，所以加速电压并不是高频电压的幅值，例如4叶片的紧凑型回旋加速器，D形盒的角度一般只能取到30°，采用4次谐波加速模式时，这相当于高频的120°相位，即加速电压约为高频电压幅值的 cos 60°倍。

因此，回旋加速器主磁铁的选型，是回旋加速器设计的最基本问题，要根据回旋加速器的最终能量、束流强度、运行功耗、机器尺寸等要求，进行综合衡量，才能作出合理的选择。

3.2　回旋加速器主磁铁的作用及其质量控制

核物理试验作为回旋加速器设计、建造的主要目的的时代似乎已经过去，最近20年的发展情况表明，在这一时期内建造的多数回旋加速器、很有可能将来的所有回旋加速器，将针对特殊的应用而设计，一般是为某单一的、独特的任务而设计，这样的发展趋势导致的最主要的结果是：

（1）回旋加速器的多用途不再是重要的问题；

（2）对于回旋加速器的用户和设计者来说，建造费用低、使用简单、运行可靠和放射性剂量低是非常重要的；

（3）对于回旋加速器用户来说，机器的质量、空间的占用和运行功耗一般并不是很关键的因素，尽管机器的设计者一直致力于优化这些参数。

当前建造的回旋加速器，最常见的是用于放射性同位素生产，这通常采用低能质子或氘核束（几十 MeV），还有一些情况下需要更高能量，例如癌症治疗以及用于基础研究的设施（高达几百 MeV）。

一个好的磁铁设计，需要保证：

（1）整个加速过程的等时性条件；

（2）束流的轴向和径向聚焦；

（3）工作点远离有害共振或快速通过共振带。

3.2.1　等时性要求和磁场形状

粒子所能达到的最终能量由磁刚度决定，磁刚度标明了弯转半径的值和在该半径上的磁感应强度，合理选择磁感应强度和转弯半径后可对回旋加速器的磁极半径有一个初步的估算，磁刚度是动能的函数，由1.3节可以进一步表达为：

$$B \cdot \rho = \frac{1}{300z}[W^2 + 2W \cdot E_0]^{1/2} \tag{3-1}$$

式中，z 为粒子的电荷态，W 为动能（MeV），E_0 为静止能量（MeV）。

在加速过程中，粒子应当与给定的高频系统的相位维持同步，所以，磁场必须保证在回旋加速器中粒子的回转周期为常数，磁场的这一特性称为等时性，等时性平均磁感应强度随半径 r 增加，根据第 1 章的公式，有：

$$B(r) = B_0 \cdot \gamma(r) = B_0 \cdot \sqrt{1 + \frac{\beta^2(r)}{1 - \beta^2(r)}} \tag{3-2}$$

式中，$\beta(r) = v(r)/c$，c 为光速；$\gamma(r) = 1 + \frac{W(r)}{E_0}$；$B_0$ 为回旋加速器中心区的磁感应强度。所要求的等时性平均磁场可通过下列多种不同途径获得。

3.2.1.1 扇形叶片的形状

扇形叶片的角宽度随半径 r 增加，这将使峰区与谷区的角宽度之比随半径 r 增加，这是获得等时场最容易的途径，称为边缘垫补。另一种可能的办法是随半径 r 逐渐减小磁极间的气隙，但对于高流强的回旋加速器，不推荐使用此方法。

在边缘垫补的过程中，为了避免过于复杂的工艺过程，把扇形叶片分解为三部分，第一部分是主体部分，即扇形叶片的主要部分，另外两部分是镶嵌在主体部分的两侧（或单侧）的磁场垫补条，称为镶条，镶条安装在扇形叶片的边缘，易于卸下进行机械加工以校正磁场分布，也易于重新安装，这就提供了一种非常有效的产生等时场的途径。图 3-3 所示为扇形叶片的这种结构。这种方法经过下列 3 个步骤的反复迭代，能收敛而得到滑相满足特定要求的等时场：

（1）测量磁场；
（2）进行束流动力学计算并转化为磁铁的垫补量；
（3）对镶条边缘进行机械加工以使磁场部分得到校正。

镶条边缘在给定半径 r 处的校正量计算基于粒子的相对频率误差与相对磁场误差的关系：

$$\frac{\Delta B(r)}{B(r)} = \gamma^2(r) \cdot \frac{\Delta f(r)}{f(r)} \tag{3-3}$$

式中，$\Delta B(r)$ 为磁感应误差，$B(r)$ 为磁感应强度，$\Delta f(r)$ 为频率误差，$f(r)$ 为回旋加速器中粒子的回转频率。

显而易见，这种方法只能用于加速单一种类粒子的、固定最终能量的回旋加速器。在不同半径 r 处可引出不同能量的束流，在这种情况下，粒子的引出用剥离的方法比用静电偏转的方法更加方便。

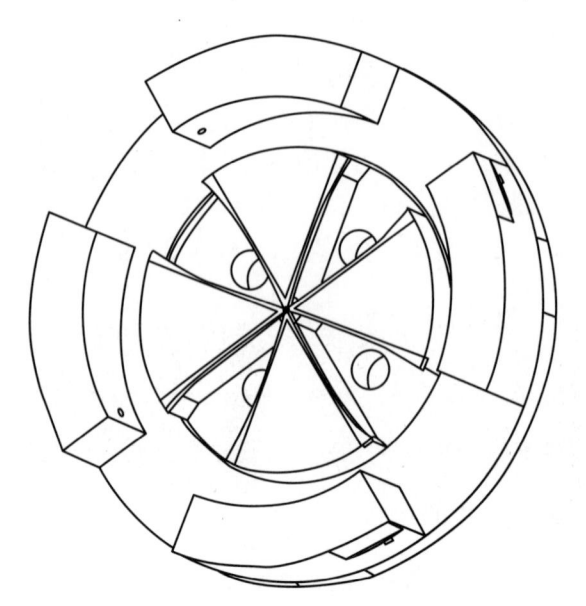

图 3-3　扇形叶片及镶嵌在两侧的镶条

3.2.1.2　可移动的铁垫片

为了弥补上述方法的不足，可在谷区中磁极的侧面增加可移动的铁垫片，它能产生两种固定的磁场分布以满足加速两种不同类型的粒子对等时场的要求。当可移动的铁垫片远离气隙中心面时，形成一种磁场分布，靠近气隙中心面时，形成另一种磁场分布。具体的磁场垫补方法是用上节的方法先垫补可移动的铁垫片远离气隙中心面时的等时场，再将可移动的铁垫片移动到靠近气隙中心面的设计位置，用与修改镶条相同的方法修改可移动的铁垫片的形状，以构成另一种等时场，如此反复校正而得到两种等时场。图 3-4 所示为这种磁铁结构的示意。

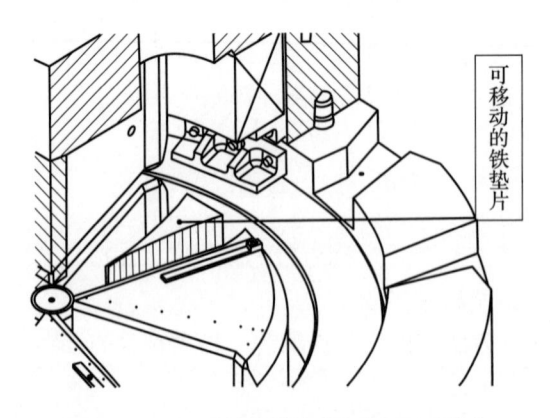

图 3-4　用可移动的铁垫片构成两种等时场

3.2.1.3 调整线圈

通过调整线圈调整磁场分布，具有更高的灵活性，它使回旋加速器可加速多种类型的粒子，达到不同的最终能量而束流的引出维持在相同的半径上，在这种情况下，用静电偏转的方法引出束流一般说来是更合适的。图 3-5 所示为日本理化学研究所 IRC 分离扇回旋加速器的调整线圈。

图 3-5　IRC 分离扇回旋加速器的调整线圈

调整线圈不仅用于调整磁场以满足加速多种类型粒子的等时性要求，也用于加速单一粒子的大型回旋加速器。一般说来，当能量高于 70 MeV 时，绝大多数回旋加速器采用了调整线圈。这是因为大型回旋加速器的磁场垫补极其严格又十分困难，且回旋加速器运行过程中磁极间电磁力、真空压力、自身重力等共数百至数千吨的受力引起的气隙变形，以及对于强流高功率回旋加速器而言各部件自身的热变形和束流引起的不稳定性，均可能需要在回旋加速器运行过程中采用调整线圈进行磁场补偿。加拿大 TRIUMF 的回旋加速器将负氢离子加速到 500 MeV，该回旋加速器采用了 42 对同轴线圈作为等时性调整线圈；瑞士 PSI 的回旋加速器 Injector - II 加速质子到 72 MeV，采用了 8 对沿半径布置的侧向跑道形线圈作为等时性调整线圈，如图 3-6 所示。

图 3-6　瑞士 PSI 回旋加速器 Injector - II 的侧向跑道形调整线圈

调整线圈需要用足够数量的稳流电源仔细调节，才能得到等时场分布，所以这样的回旋加速器的运行更加复杂，结构也复杂，可靠性差，造价也更高，运行功耗大，效率低。因此，现代回旋加速器设计者一直致力于避免或少用调整线圈，在能量低于50 MeV、束流强度低于mA量级的回旋加速器中已经完全可以不必采用调整线圈。

3.2.2 公差控制原则

回旋加速器的实际磁场分布与等时场之间的任何差异都将导致加速粒子的相位相对高频系统的相位出现漂移。束流动力学所能够接受的相移大小，决定了等时场的误差限。式（1-11）给出了相移和相对磁场误差的关系，总相移由式（1-11）积分得到。所以，在通常情况下磁场误差的正负符号交替出现，或仅有局部的磁场误差，这些情况都不会引起大的相移，这样的磁场不完美性是可以接受的。相移可接受的最大值由引出粒子的种类、加速电极几何结构（D电极方位角宽度）和回旋加速器工作的谐波模式所决定。多圈引出允许较大的相移，在当前建造的回旋加速器中，假设粒子在所有加速间隙中仍然能得到足够的加速，这时相移可接受的最大值为 20°~40°，将相移的最大值代入式（1-11），可得到磁场误差 $\frac{dB}{B_{ISO}} \approx 10^{-4}$，对于回旋加速器的磁铁和电源，这样的要求是可以达到的。对于单圈引出，并且没有平顶波加速系统的回旋加速器，可接受的相移较小，通常在几度的范围内，将这样的相移代入式（1-11），给出的磁场误差为 $\frac{dB}{B_{ISO}} \approx 10^{-7}$，很显然，产生这样的磁场的磁铁和电源，在工程实施中是有困难的。这就是在单圈引出的回旋加速器中必须引入平顶波加速系统的原因。

回旋加速器在运行过程中，磁场的变化是随主线圈励磁电流 I 的变化而变化的。一般地，测量的 $\frac{dB}{B}$ 比 $\frac{dI}{I}$ 小，这是因为磁铁的饱和效应的原因，如果在测量监控过程中发现相反的情况，说明很有可能测量系统有问题。

3.2.3 轴向和径向聚焦

根据第1、2章的讨论，可以知道下列因素可提供轴向聚焦：
（1）负的磁场指数，即磁场随半径的增长而下降；
（2）方位角调变的磁场，即扇形叶片产生磁场的峰和谷；
（3）叶片的螺旋角。
这些定性的结果可以用下面的自由振荡频率的近似表达式来表示：

$$v_z^2 = -k + \frac{N^2}{N^2 - 1} \cdot F \cdot (1 + 2 \cdot \tan^2 \xi)$$

$$v_r^2 = 1 + k + \frac{3 \cdot N^2}{(N^2 - 1) \cdot (N^2 - 4)} \cdot F \cdot (1 + \tan^2 \xi) \quad (3-4)$$

式中，v_z 为轴向自由振荡频率；v_r 为径向自由振荡频率；k 为磁场指数，$k = \frac{r}{\langle B \rangle} \cdot \frac{\mathrm{d}\langle B \rangle}{\mathrm{d}r}$；$N$ 为回旋加速器的对称周期数；ξ 为叶片的螺旋角；F 为磁场在半径 r 处的调变度，能用磁感应强度的平均值 $\langle B \rangle$ 和磁感应强度平方的平均值 $\langle B^2 \rangle$ 来定义。

如果回旋加速器的磁场有 N 重对称性，可以用傅里叶级数来表示半径 r 处的磁场，则磁场的调变度能用傅里叶级数的系数 A_i，B_i（$i = 1, 2, 3, \cdots$）来表示：

$$F = \frac{\langle B^2 \rangle - \langle B \rangle^2}{\langle B \rangle^2} = \frac{1}{2} \cdot \sum_{i=1}^{\infty} (A_i^2 + B_i^2) \quad (3-5)$$

解析式（3-4）和式（3-5）是近似的，自由振荡频率的精确值需要对粒子在回旋加速器中的平衡轨道作数值跟踪才能得到，从而能够精确地描述回旋加速器中的轴向和径向的聚焦情况。

3.2.4 共振与磁场

当 $K \cdot v_r + L \cdot v_z = P$ 时，共振出现，式中 K、L、P 为任意整数，和 $|K| + |L|$ 称为共振的阶，第 1、2、3 阶共振分别由磁场的二、四、六极分量驱动。

自由振荡的振幅在共振时不断增长，当出现大的径向振荡时，耦合共振（$K, L \neq 0$）是重要的共振。因为回旋加速器的轴向接收度一般都比径向接收度小，因此当出现耦合共振时，束流容易丢失。例如 3 阶耦合共振 $v_r - 2v_z = 0$ 常在回旋加速器中出现，它被认为是最有害的共振之一。对于弱聚焦回旋加速器，这时描述磁场梯度的磁场降落指数 $n = -k = -\frac{r}{B_z} \cdot \frac{\mathrm{d}B_z}{\mathrm{d}r} = 0.2$。除了 $v_r - 2v_z = 0$ 之外，主要发生的"差共振" $2v_r - v_z = 1$，$v_r - v_z$，$v_r - 2v_z = -1$ 相应的磁场降落指数分别为 $n = 0.36, 0.5, 0.64$。对于由非理想磁场引起的"误差共振"，当 v_r 或 $v_z = 1/4, 1/3, 1/2, 2/3, 3/4, 1$ 时，相应的磁场降落指数分别为 $n = 0.06, 0.11, 0.25, 0.44, 0.45, 0.55, 0.56, 0.75, 0.89, 0.94$。最严重的是 v_r 或 $v_z = 1/2$ 或 1，由于 $v_z = 1/2$ 时 $n = 0.25$，很难与 $n = 0.2$ 的 $v_r - 2v_z = 0$ 共振区分开。"和共振"发生时，磁场降落指数分别为 $n = 0.36$ 和 0.64。

随着粒子动能的增加，工作点（v_r, v_z）的移动会与共振线交叉，当跨越共振线慢（即每圈动能增益低）或共振驱动项大时，共振是有害的，但快速通过共振线常不会引起束流的明显丢失，不会使束流品质过多地变坏。

在等时性回旋加速器中，当磁场满足等时性时，磁场指数 $k = \gamma^2 - 1$，所以根据式（3-4），径向自由振荡频率能表达为 $v_r = \gamma + \cdots$，其中"$\cdots$"项与 N、F 和 ξ 有关。

由方程 $v_r = \dfrac{N}{2}$ 给出的基本共振，决定了回旋加速器的对称周期（扇形叶片）数的最小值，径向自由振荡频率从值 1（$\gamma = 1$）开始逐步增加，在回旋加速器的中心区，$v_r = 1$，所以 $N = 2$ 的回旋加速器在中心区就不稳定，因此不存在 $N = 2$ 的回旋加速器。

由于相同基本共振的原因，理论上对于 3 叶片的回旋加速器，加速质子所能达到的最大动能限制在 469 MeV $\left(\gamma = \dfrac{3}{4}\right)$；对于 4 叶片的回旋加速器，加速质子所能达到的最大动能限制在 938 MeV $\left(\gamma = \dfrac{4}{2}\right)$。实际上粒子的最大动能比这个限制值更小，因为与 N、F 和 ξ 有关的项将使径向自由振荡频率 v_r 增加。

所以，在回旋加速器中，为了获得更高的能量，需要选取更大叶片数的磁铁。在 AGOR 的回旋加速器中，为了避免基本共振 $v_r = \dfrac{3}{2}$，在其 3 个叶片中，每个都铣了一个深槽，这一巧妙的解决方法使叶片数如同加倍，且没有明显降低回旋加速器的平均磁感应强度。

3.3 主磁铁设计

3.3.1 初步给定磁铁尺寸的方法

初步给定磁铁的基本尺寸，需要考虑下列因素：
(1) 磁极间气隙；
(2) 磁极间磁感应强度（磁场峰值）；
(3) 磁极半径；
(4) 谷区间气隙；
(5) 对称周期（扇形叶片）数。

3.3.2 磁极间气隙

磁极间气隙的选择通常需要统筹考虑下面两种情况。

（1）磁极间气隙小。要求回旋加速器主线圈的安匝数也小，且允许加速粒子最后轨道能够更接近磁极边缘，这就减小了磁极半径，进而减小了整个磁铁的质量，而磁铁质量大约正比于磁极半径的 3 次方。对于轴向注入的加速器，在中心区，由于安装中心区部件或轴向注入系统的需要，需在主磁铁垂直轴线上钻孔，孔中的磁场由于小的气隙限制了磁场在洞中的径向扩展，这对提高束流品质有利，因为该区域中磁场径向梯度的散聚会使束流变坏。

（2）磁极间气隙大。增加了轴向（垂直）束流振荡的有效空间，大的气隙也将便于安装回旋加速器的各种元件，例如：

①诊断探针；

②剥离靶；

③中心区部件：离子源或螺旋形静电偏转极、D 形盒头部连接件；

④超导回旋加速器中的静电引出偏转板等。

不可能保持磁场的等时性直到磁极的边缘，最后轨道以外的磁通量是没有用的，但都需要通过磁轭引导。根据静磁场理论，无限大、均匀磁化铁区中的椭圆空间里呈现相等强度的磁场，因此磁极间椭球面的气隙（接近最后轨道的外面）允许最后轨道接近磁极边缘至几毫米，这与椭球面的形状有关。

在这种情况下，磁场等时性维持得很好，不幸的是需要做一个小的通道用于束流引出，该通道中的磁场难以计算，也难以测量，计算表明该磁场的梯度是非常强且非线性的。

3.3.3 磁极间磁感应强度

磁极间磁感应强度大，对于特定能量的机器，引出半径小，则主磁铁质量小，造价低。如果选择常温磁铁，磁极间磁感应强度主要由磁极间的气隙高度、磁性材料的特性和励磁安匝数决定，因此，在初步物理设计阶段，磁极间磁感应强度的估算，主要是要考虑气隙高度，决定气隙高度的因素除了束流运动所需的空间外，还需要考虑另外两个问题，一是真空室是否安放在气隙之间，二是是否需要调整线圈。磁性材料选取含碳量尽可能低的工业纯铁以获得更高的磁感应强度。但是，并不是在所有设计中都要尽量提高磁极间的磁感应强度，例如加速负氢离子的回旋加速器，磁极间磁感应强度太高，负氢离子中的电子会被剥离而导致束流损失，其物理过程与数值计算方法如下。

当被加速的负氢离子达到较高能量时，在负氢离子的静止质量框架中看回旋加速器的磁场将产生一个强电场，这个电场有可能将负氢离子的束缚能仅为 0.755 eV 的第二个电子剥离。将实验室框架的回旋加速器磁场作洛伦兹变换，得到在负氢离子的静止质量框架中的电场强度为：

$$E = \gamma\beta cB \quad (3-6)$$

式中，c 为光速，β 和 γ 为相对论参数，B 为磁感应强度。

研究结果表明负氢离子的寿命 τ 与电场强度 E 之间有如下关系：

$$\tau(E) = \frac{A_1(\varepsilon_0)}{E} e^{\frac{A_2(\varepsilon_0)}{E}} \quad (3-7)$$

式中，常数 A_1、A_2 仅为束缚能的函数，根据 A. J. Jason 的实验测量知 $A_1 = 2.47 \times 10^{-6}$ V/m，$A_2 = 4.49 \times 10^9$ V/m。由此可知，在实验室框架的均匀磁场中匀速运动的负氢离子，经过时间 t 之后被洛伦兹剥离的部分为：

$$f = 1 - e^{(-\frac{t}{\gamma\tau})} \quad (3-8)$$

为了计算回旋加速器非均匀磁场中受高频场加速的负氢离子被剥离的部分，选取离子运动的微小路径长度元 Δl_i 为自变量，则得到洛伦兹剥离的公式为：

$$\Delta f_i = 1 - e^{[-\frac{\Delta l_i}{\beta c\gamma\tau(B)}]} \quad (3-9)$$

式中，Δf_i 是负氢离子运动距离 Δl_i 后束流损失的百分比，它是负氢离子运动速度 v 和磁感应强度 B 的函数。跟踪负氢离子从回旋加速器中心区到剥离引出的整个加速过程，在加速轨道上数值积分 Δf_i，则可求得随着负氢离子能量的增加，洛伦兹剥离引起的束流损失为：

$$f = \sum_i \Delta f_i \quad (3-10)$$

对于不同能量的负氢离子，在各种不同强度的均匀磁场中被剥离的概率由上述公式给出。因此，为了将束流损失控制在一定范围内，根据回旋加速器的最终能量，就可以定出磁极间磁感应强度的最大值。负氢离子在均匀磁场中每米路径长度的电子剥离率如图 3-7 所示。

3.3.4　扇形叶片数

扇形叶片数 N 的选择是存在争议的。如果能够选取小的扇形叶片数是有好处的，首先是因为在中心区有更高的调变度，在中心区的调变度可近似表示为 $(r/g)^N$，其中 g 是磁极间气隙，很明显取小的 N 有利于提高 v_z，进一步讲有利于束流强度的提高，因为轴向空间电荷效应带来的束流强度限制可以近似认为是与 v_z^2 成正比；另外，选取小的扇形叶片数意味着需要加工的部件少，小的扇形叶片数也有助于可变能量回旋加速器的轨迹与引出静电偏转板的相互匹配，请参考加拿大 Chalk River 和美国 NSCL 的 K500 这两台超导回旋加速器的引出系统。

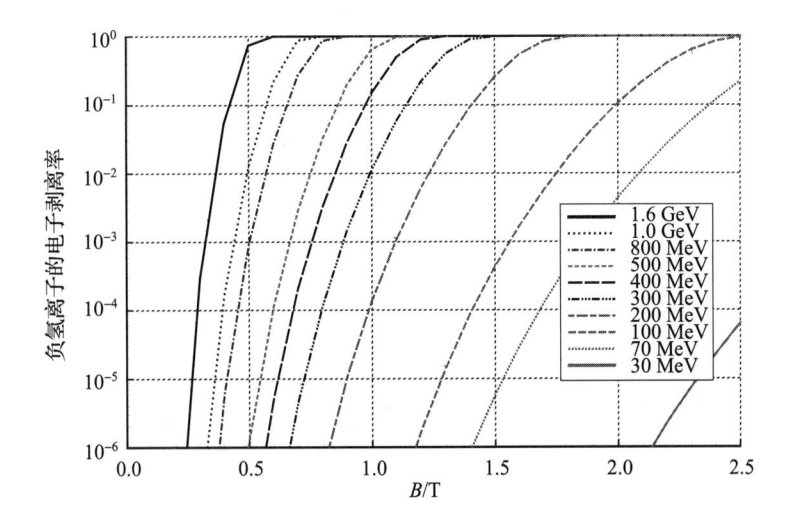

图 3-7 负氢离子在均匀磁场中每米路径长度的电子剥离率

高的能量要求大的扇形叶片数，原因在上面已经提到，是由于半整数共振对回旋加速器最高能量带来的限制（见图 2-1），即要求被加速粒子在 N/2 截止禁带之前被引出。

首先，3 叶片似乎是低能回旋加速器的最佳选择，这样的结构在老的回旋加速器中经常使用。老的回旋加速器磁极间气隙大，具有安装各个子系统的可能，在当前的超导回旋加速器中也用这种结构，超导回旋加速器磁极间气隙小，高频腔安放在谷区，小的引出系统安装在磁极间，这种方案的缺点是存在 3 阶耦合共振，所以谐波模式只能取 $h=3,6,9\cdots$，奇次数谐波对于高频系统来讲，在工程上有一些相对困难的问题。

4 叶片几何结构的回旋加速器似乎更加实际，因为两个相对的谷区可用于安放高频腔，谐振模式可取 $h=2,4,6\cdots$。其他两个谷区用于安装其他设备，如离子源、静电偏转板、内靶或可移动的磁铁镶条等。它在中心区的调变度略比 3 叶片磁铁低，这主要通过电聚焦来补偿。在现代回旋加速器的设计中，能量低至 10 MeV，也多数采用 4 叶片而不是 3 叶片，例如 CTI、IBA 等公司的机器。

3.3.5 磁铁的初步计算

从式（3-1）估算回旋加速器磁极的尺寸，开始磁铁的初步计算。选择引出半径处平均磁感应强度〈B〉是基于峰区磁感应强度 B_h 和谷区磁感应强度 B_v 以及在一个周期中峰区的比例 α：

$$\langle B \rangle = \alpha \cdot B_h + (1 - \alpha) \cdot B_v \qquad (3-11)$$

在选择扇形叶片数 N 之后，能判定回旋加速器的聚焦特性，从解析式 (3-4) 和式 (3-5) 能决定调交度 F 和自由振荡频率 v_r, v_z，需要保持磁极间隙小时，轴向自由振荡频率 v_z 的合理的最小值为 0.10～0.15，如果 v_z 值太小，需改变一个或更多参数，或引入螺旋形叶片，然后进行解析计算的新的迭代。

磁极的简要规划使下一步的计算变得容易。首先，用平均磁感应强度和磁极半径估算回旋加速器的总磁通，磁极尺寸需扩展到最后轨道的外面，在这一区域的部分磁通能通过在磁极边缘上加垫片给予重新引导。需要记住，在中心面上有效场边界大约在离磁极边缘 0.6 cm 气隙高度处，在磁轭中磁感应强度值的决定需考虑所用铁的磁特性，最后基于磁轭横截面和线圈设计磁轭形状。

由回旋加速器的安匝数计算线圈的横截面，简单的公式为 $n \times I \approx 8 \times 10^5 \times B \times l$，式中 $n \times I$ 是安匝数（A），B 是磁感应强度（T），l 是气隙高度（m），需要增加一定的安匝数给铁中的磁压降，假定铁中磁化率为常数，可计算增加的安匝数，因为磁铁中磁场的强非线性，寻找磁化率的校正值是有困难的，但可先估算，方法是增加一定的百分比（例如30%～50%），以避免线圈电源以后出现问题，根据总安匝数，可给出线圈横截面和电流密度，从电流密度可计算线圈冷却要求（见3.3.6节）。

磁铁的这一步计算以后，需要给出一个完整的回旋加速器的初步形状，包括其他的所有子系统。考虑所有部件和孔之后，详细计算设计回旋加速器的磁铁结构。

上面描述的计算是简单的、解析的，给出了回旋加速器磁铁的初步结构，磁铁的进一步优化需要更强有力的工具。

3.3.6 线圈水冷计算

从冷却效果角度考虑，一般磁铁线圈会分多路并联供水冷却。对已知导体内径和长度的线圈，根据实验室所能提供的冷却水压力，先估算每一路线圈内冷却水的流速，计算过程由下式给出：

$$Re = 1 \times 10^6 \frac{v \cdot \phi}{564}$$

$$\begin{cases} f = \dfrac{64}{Re}, Re \leq 2\,000 \\ \dfrac{1}{\sqrt{f}} = -2\lg\left(\dfrac{k_s}{3.7d} + \dfrac{2.51}{Re\sqrt{f}}\right), Re > 4\,000 \end{cases} \qquad (3-12)$$

$$\Delta P = 0.01 \cdot f \frac{L \cdot v^2 \cdot \rho}{2\phi} + \left[0.131 + 0.163 \left(\frac{\phi}{R}\right)^{3.5}\right] \times 4 \times n \times \frac{v^2 \cdot \rho}{2 \times 10^5} \times k$$

式中，v 为冷却水的流速（m/s），设计时一般要求控制在 2.5 m/s 以内；ϕ 为通水导体的内孔径（mm）；L 为每路导体的长度（m）；Re 为 45℃ 时液体的雷诺数（通常认为冷却水出口温度在 45℃ 左右）；f 为摩阻系数，冷却水通常工作在紊流状态，即 $Re > 4\,000$，f 值可用上式计算，其中 k_s 为管道的当量粗糙度，对于铜管为 0.01 mm；ρ 为冷却水的密度（kg/m³）；ΔP 为每路线圈中冷却水的压力损失（kg/cm²），对于回旋加速器，线圈通常为圆形，上式中 ΔP 右端第二项是由此而增加的局部水头损失；R 为线圈的平均半径；n 为每路水冷线圈中包含的导线匝数；系数 k 通常取 1~3。

根据线圈内冷却水的流速，可确定每路水的流量：

$$v = 21.221 \frac{Q}{\phi^2} \tag{3-13}$$

最后根据计算得到的每路冷却水的流量 Q（l/min）以及线圈的电功率损耗等，估算出当磁铁工作在特定电流时冷却水的温升 Δt：

$$P = I^2 R = C_p \cdot \Delta t \cdot Q \cdot m \tag{3-14}$$

式中，I 为导体上通过的电流（A），R 为每路线圈中导体的电阻（Ω），C_p 为冷却水的比热容［通常为 4.2×10^3 J/(kg·℃)］，Δt 为每路线圈中冷却水的温升（℃）。

更详细的线圈导体的温升需要采用 CFX 等大型有限元软件求解偏微分方程得到数值解。在回旋加速器主磁铁的设计中，通常选取远低于常规磁铁线圈的电流密度，特别是在紧凑型的回旋加速器中更是如此，以确保线圈和磁铁结构的热稳定性。

3.3.7 磁铁的详细设计

采用有限元法或有相同精度的类似数值分析方法，对磁铁进行详细计算，是对初始设计有效性的必要确认。这主要用于揭示设计的不足之处，并调整结构，克服这些不足；然后，还用于考虑所有重要的、要求的磁铁特性，完成磁铁优化设计。磁铁详细设计需用二维和三维数值计算程序，二维和三维磁场的计算结果给出回旋加速器气隙中心面及绕这个平面的三维空间的磁场分布，常用的计算机程序在本章有关参考文献中列出。

在二维和三维磁场数值计算中，单元数的最大值是同量级的。二维模型仅需要在平面上进行网格剖分，而三维模型需要在立体上进行网格剖分，为此需考虑回旋加速器的对称性。所以，二维计算能够产生比三维计算尺寸更小的单元，从而保证回旋加速器磁铁详细计算的精度。在 30 MeV 回旋加速器 CYCI-AE-30 的主磁铁的加工过程中，由于芯柱加工超差导致装配时在磁极与芯柱之间出现小的间隙，只有建立合理的物理模型，采用二维计算并通过不同模型的结果进行比对的方法，才有可能比较精确地估算出这样小的气隙对磁场分布的影响。

二维和三维程序的运行时间正比于 n^3，n 是节点数。在三维模型中，运用回旋加速器的对称性能极大地减少节点数，有时三维结构没有严格的对称性以减少节点数和缩短计算时间，作这种计算往往需要很长时间。二维计算中磁铁有限单元容易生成，磁场计算快。三维程序实际上提供无限制的磁铁形状建模的可能性，并具有计算奇异形状线圈磁场（例如特殊调整线圈）的能力，但其计算有时需要长达几十小时的时间。当前，虽然并行计算机的发展十分迅速，但多数成熟的磁场数值计算软件的并行化效果并不好，这主要是软件开发时核心算法的发展是针对单个计算单元考虑的。我们采用 ANSYS 计算了一个回旋加速器三维磁铁的实例，其并行化效果如图 3-8 所示，使用 64 个处理单元仅比使用 8 个处理单元的并行效果提高了 2.4 倍，这与中国原子能科学研究院专门基于并行计算技术开发的强流束流动力学大规模数值计算软件相比，效率相差数倍。因此，在磁场数值计算方面，建立经济有效的计算模型尤为重要。

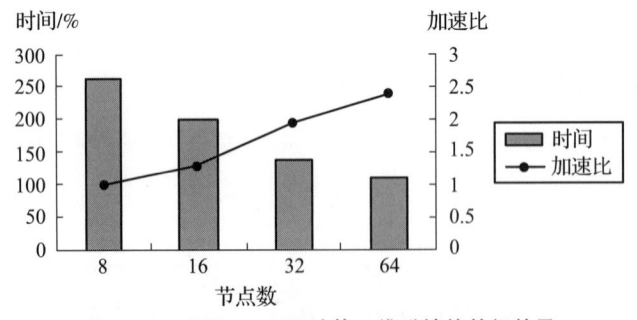

图 3-8 采用 ANSYS 计算三维磁铁的并行效果

二维程序能有效地计算平行平面场问题，在第三方向上为无穷远或至少足够长以至于可认为是无穷远；也可求解三维的轴对称场问题。方位角方面调变的回旋加速器不具有轴对称性，但可以用填充因子的方法，在不同于轴对称的磁铁结构中（叶片和谷区，磁轭中主要的洞）使用。图 3-9 所示这种方法的实际使用情况，填充因子 SF 定义为真实磁铁材料在圆周中占有的比例，具有填充因子的准材料填充区域，其材料特性由下面的 $B-H$ 曲线方程给出：

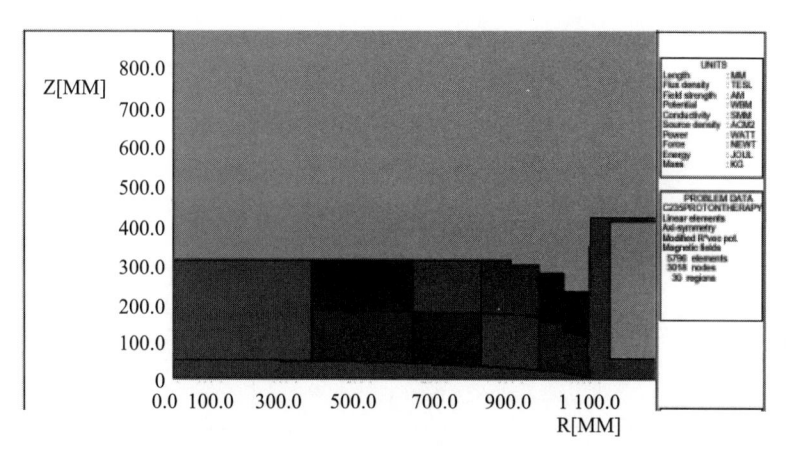

图 3-9 各个区域中不同的填充因子用于研究 IBA C235 MeV 质子治疗回旋加速器磁铁不同的峰谷比，其磁极间气隙具有椭圆形状

$$B_{\text{new}} = \mu_0 \times H + (B - \mu_0 \times H) \times \text{SF} \tag{3-15}$$

式中，B、H 构成真实磁铁材料的 $B-H$ 曲线。

二维、三维程序对详细研究某局部结构的调节效果十分有用。在计算中，首先计算大模型，在大模型中通常产生大网格，计算出感兴趣的子区域边界上各节点的值，然后将子区域再剖分成足够小的网格，将大模型中计算出的有关矢（标）量位的值赋予子区域的边界点，再进行小区域的计算，以这样的方式能够获得足够精确的结果。微扰效果的分析需要计入总磁通的守恒，即磁感应强度在一些地方增大而在其他地方减小，以取得平衡。

设计回旋加速器的主磁铁时，首先采用二维计算程序进行数值计算。上述二维计算的特点使计算大量不同主磁铁几何结构参数的组合成为可能。在进行更接近实际的三维数值分析之前，可以通过调整大量磁铁参数来获得一个相对满意的磁铁模型。当二维近似计算到达一定的程度时，二维计算的结果无法完全满足束流动力学计算的要求，这时可以通过三维计算来精细地调整磁铁的各个参数，紧凑型回旋加速器主磁铁三维设计调整的参数主要包括：

（1）磁极的角宽度；
（2）磁极的中心与回旋加速器几何中心的偏移量；
（3）磁极的高度；
（4）变气隙高度的磁极剖面形状；
（5）磁极半径；
（6）磁回路环的尺寸；
（7）盖板的厚度；

（8）盖板上用于抽真空和高频等各类设备的诊断与耦合所需的大孔的位置与尺寸；

（9）线圈的安匝数、温升、位置与尺寸；

（10）磁轭所占的角宽度、厚度；

（11）镶条的高度、侧面曲线形状、头部异形结构；

（12）芯柱的大小、位置。

可见，回旋加速器主磁铁，特别是紧凑型回旋加速器主磁铁的建模是比较复杂的。在建立三维模型时，为了加快计算机计算的速度和提高结果的精确性，通常将磁铁中某些不明显影响磁场分布（或束流动力学性能）的几何结构作一定的简化。

三维计算比二维计算需要更多的时间和内存，但三维计算更接近实际结构，所以希望计算结果能更接近测量结果，在许多情况下，可以看出计算和测量结果间的误差为2%~3%，误差来自软件的数值计算精度、$B-H$ 曲线的差别和模型与实际磁铁几何结构的差别。网格尺寸、单元布局的原则是：在磁通密度比较均匀的部分可以用少量的大尺寸单元来拟合，而在磁力线急剧弯曲的部分用大量的小尺寸单元来拟合，在磁通密度大的部分和敏感区域用小尺寸单元来拟合，这样能更好地模拟实际的场，提高有限元计算的精度。特别需要注意的是，要使有限元网格的"纹理"能遵循和满足磁力线自然弯曲的路线，这样即使网格尺寸略大也能达到相对较高的计算精度。

三维计算给出的回旋加速器气隙中心面及绕这个平面的三维空间的磁场分布，是计算粒子轨迹等回旋加速器物理特性的束流动力学程序的输入数据的一部分，这些程序的输出数据最重要的部分是回旋频率误差、横向接收度、粒子滑相积分和自由振荡频率等，若有一个或多个参数不可接受，则需要修改磁铁结构，重新计算。经验表明，在三维模型建立过程中，需要预测几何结构可能的变化，设置可调参数，以免再次从头开始构造模型。图3-10所示为100 MeV 回旋加速器主磁铁的磁场分布情况；该主磁铁中心区芯柱结构调整对平均场的影响如图3-11所示。

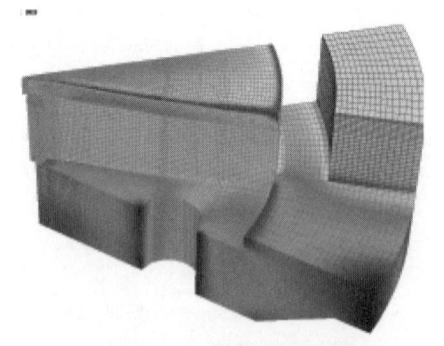

图3-10 100 MeV 回旋加速器主磁铁45°模型的磁场分布

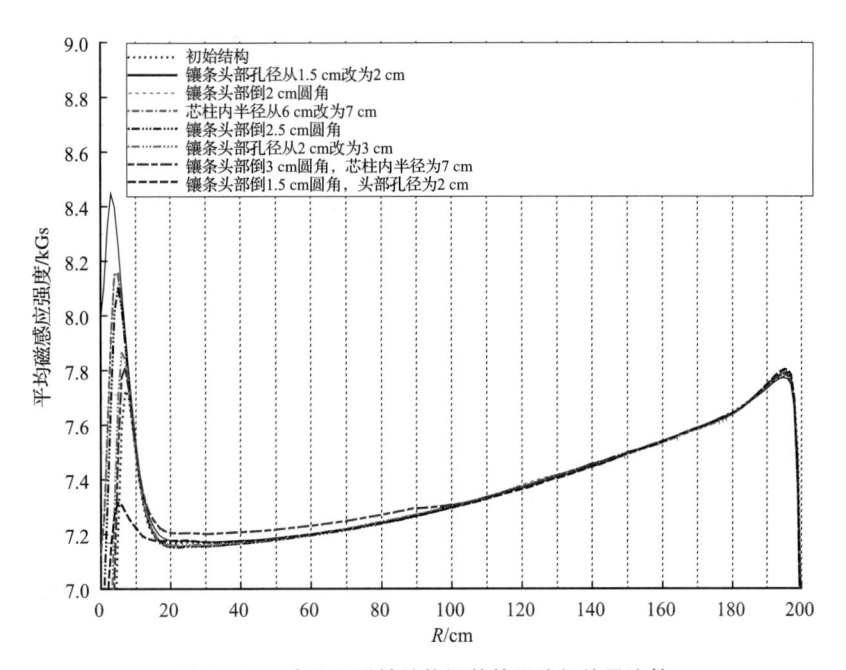

图 3-11 中心区磁铁结构调整的平均场结果比较

在三维计算过程中，特别需要指出的是网格剖分对磁场以及基于磁场的有关回旋加速器物理量计算的精度有很大的影响。轴向自由振荡频率 v_z 体现了回旋加速器的轴向聚焦力，它不仅与磁场的方位角变化有关，还与磁场沿半径方向的梯度有关。磁场梯度的计算精度通常比有限元求解的双标量位的精度低两个量级，因此，网格剖分的分布状况对 v_z 的计算结果有明显的影响。图 3-12 所示为计算过程中在磁铁盖板上抽真空的大孔外侧两种不同的网格剖分情况，图 3-13 所示为根据这两种不同剖分计算的磁场分布，进而计算得到的轴向自由振荡频率 v_z。可以看出，尽管磁铁的几何结构相同，但它们之间在半径150 cm 附近存在明显的差异，因此，在磁场计算中需要特别注意剖分技术。

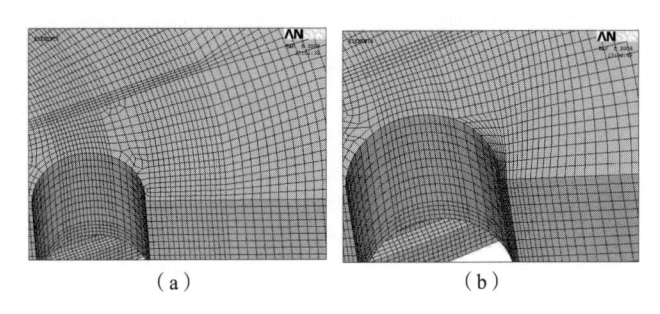

图 3-12 CYCIAE-100 主磁铁半径 $r=141\sim157$ cm 的有限元网格
（a）初始剖分网格；（b）优化剖分网格

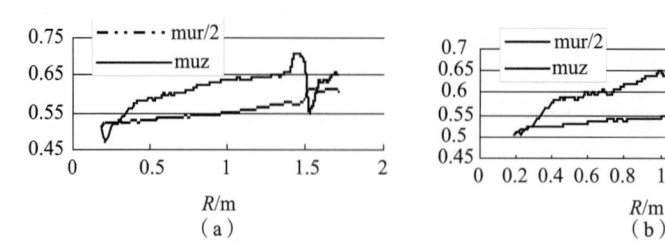

图 3 - 13　两种不同的剖分引起的轴向自由振荡频率的差异比较

（a）初始剖分网格的结果；（b）优化剖分网格的结果

3.4　主磁铁施工

大多数回旋加速器主磁铁的质量大，加工和装配的精度要求高，材料一般采用纯铁和低碳钢，材料的材质很软、硬度低，是精密的重型结构件。

在主磁铁的机械结构设计与施工过程中需要重点注意以下几个方面的问题：

（1）在满足回旋加速器基本物理要求的前提下，进行合理的结构设计，物理设计与结构设计是一个交互的、反复迭代的过程。

（2）结构设计要充分考虑制造的工艺过程，包括原材料、热处理、加工、测量与垫补、装配、运输等。

（3）要慎重考虑包括局部应力、不同工况下的变形、施工安全等在内的力学问题。

（4）要考虑高真空的密封要求、运行及维修的要求。

（5）要考虑经济合理性。

由于回旋加速器对主磁铁的非理想谐波（主要是对一次谐波和二次谐波及其梯度）有严格的要求，在施工过程中要特别注意控制材料化学成分及偏析、夹杂物、气泡、缩孔与疏松等内部缺陷，组织性能的均匀性，加工与装配的公差及相同工件的一致性、对称性。下面就主磁铁的施工过程的几个重点环节进行详细介绍。

3.4.1　材料特性与选择

回旋加速器主磁铁的原材料为纯铁或低碳钢，材料的选择范围广，国内外有数十种型号可供选择。国产的有 DT 系列电工纯铁、08 号、10 号特、10 号、Q235 等低碳钢；国外的有美国的 AISI 1006、AISI 1008、AISI 1010，法国的 Acia ×

C06，韩国内业社的 S10C，日本的 JIS S10C。国内外典型纯铁、低碳钢的磁化曲线如图 3-14 所示，由图可见相同材料退火前后的磁化曲线有较大的差别。

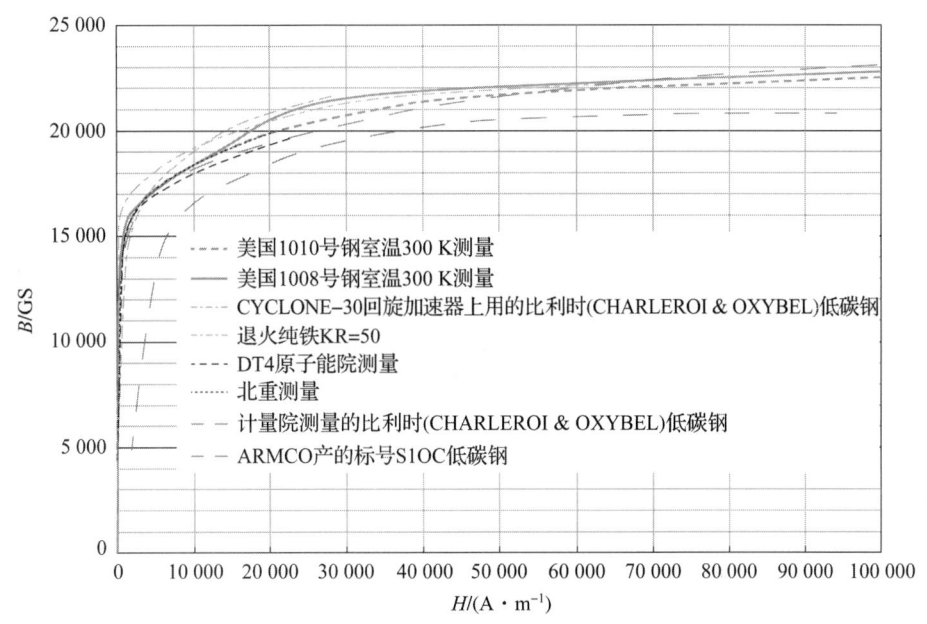

图中曲线标注：
- 美国1010号钢室温300 K测量
- 美国1008号钢室温300 K测量
- CYCLONE-30回旋加速器上用的比利时(CHARLEROI & OXYBEL)低碳钢
- 退火纯铁KR=50
- DT4原子能院测量
- 北重测量
- 计量院测量的比利时(CHARLEROI & OXYBEL)低碳钢
- ARMCO产的标号S1OC低碳钢

图 3-14　国内外典型工业纯铁、低碳钢的磁化曲线

1. 化学成分

为了保证磁场的质量，炼钢过程主要是要控制影响磁场的主要杂质，包括 C、N、P、S、Si 等的含量及均匀性。

磁极等关键部件需用同一炉钢，碳偏析通常要求小于 0.01% ~ 0.02%，或取样作 $B-H$ 测量，要求偏差小于 1.5%。兰州重离子回旋加速器用铁化学成分见表 3-1，CYCIAE-100 磁极的化学成分见表 3-2，8 个磁极的原材料在不同位置共取 64 个样品进行化学成分检测，符合技术要求，例如全部样品的碳含量之间的差异小于 0.01%，随机抽取的 4 个样品的实测数据与技术要求的数据比较列于表 3-2。

表 3-1　兰州重离子回旋加速器用铁化学成分

C	S	P	N	AI	SI
0.06	0.02	0.02	0.008	0.05 - 0.10	0.25
Mn	Cr	Ni	Mo	In + Cr + Mo + NI + Cu	
0.3	0.06	0.08	0.05	1.2	

表3-2 CYCIAE-100 磁极的化学成分

	样品编号	C	Mn	Si	Ni	Cr	Mo	Al	S	P
实测数据	60#	0.01	0.29	0.17	0.06	0.05	0.01	0.04	0.008	0.005
	38#	0.01	0.29	0.18	0.06	0.04	0.01	0.04	0.01	0.005
	30#	0.01	0.3	0.17	0.07	0.06	0.03	0.04	0.005	0.007
	23#	0.01	0.3	0.18	0.07	0.06	0.02	0.04	0.002	0.005
合同要求	—	0.06	0.35	0.2	0.08	0.08	0.4	0.02~0.06	0.02	0.025

盖板和磁轭等部件是主磁铁的外磁回路，要求可比磁极等部件略低，但通常仍采用锻件或热轧厚板，在极少情况下采用铸件。CYCIAE-100 由于盖板单件成品质量达130 t，钢水用量大于280 t，直径为6 160 mm，采用锻件有困难，在发展并经试验验证了谐波场垫补的有效算法之后，决定采用铸件。上、下盖板成品质量各为130 t，分别采用5 炉钢水合浇，4 个立磁轭共重64 t，钢水用量约为165 t，每180°对称的两个由同炉钢水浇铸。

盖板和磁轭的化学成分，从纯铁冶炼的观点看比磁极的技术要求略低，例如碳含量的比例可略高一些，这也有利于控制主磁铁的变形。CYCIAE-100 的上、下盖板和磁轭的含碳量要求小于或等于0.11%，即不超过国产08 号钢含碳量的上限，其他化学成分参照国产08 号钢（GB/T 699—1999）的要求，其中Mn（锰）元素的含量要求低于或接近下限（0.35%）。盖板和磁轭浇铸、粗加工之后，取56 个样品测量化学成分，结果如图3-15 所示，盖板和磁轭的不同样品含碳量之间的差异小于0.03%，同半径位置的不同样品含碳量之间的差异小于0.02%。

2. 内部缺陷控制及超声波探伤要求

为了控制主磁铁原材料的内部缺陷，需要根据磁铁结构特点重点考虑设置特殊冒口，调控腔内杂质漂浮，布置内、外冷铁等，制定严密的浇铸工艺过程以严格限制夹杂物、气泡、缩孔与疏松等内部缺陷，为了保证组织的致密性，主磁铁材料通常采用锻件或热轧厚板，较少采用铸件。

在实际铸造、锻压后的磁铁内部往往不可避免地含有小的气泡、缩孔、夹杂等缺陷，这些缺陷将影响磁场分布，特别是磁极面附近和根部磁饱和处的内部缺陷。因此，需研究不同情形的缺陷对磁场的影响，对工件的内部缺陷给出误差限度。为了便于研究，可将气泡、缩孔等缺陷等效为椭球体气泡，将夹杂

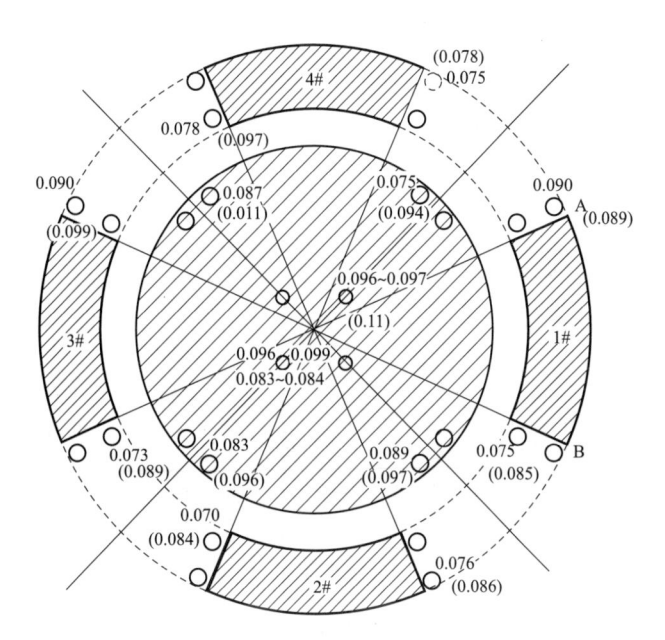

图 3-15　CYCIAE-100 盖板和磁轭含碳量实测值示意

与疏松等内部缺陷等效为磁导率不同的椭球体（和其他简单形状的区域）进行有限元数值分析，椭球体的数值分析模型如图 3-16 所示。根据数值分析的结果，将主磁铁依其对磁场影响的程度不同分成 3 个区域（图 3-17），分别提出超声波检测的技术要求。CYCIAE-100 盖板和磁轭超声波探伤采用 CTS-22 超声波检测仪，检测灵敏度定标为 $\phi 4$ mm，检测到上盖板存在 1 个参考当量为 $\phi 4 \sim \phi 6.3$ mm、深度为 $250 \sim 270$ mm 的缺陷；下盖板存在 2 个缺陷，参考当量分别为 $\phi 4 \sim \phi 6.5$ mm 和 $\phi 4 \sim \phi 6.7$ mm，深度分别为 $90 \sim 170$ mm 和 $140 \sim 200$ mm，符合设计的技术要求。

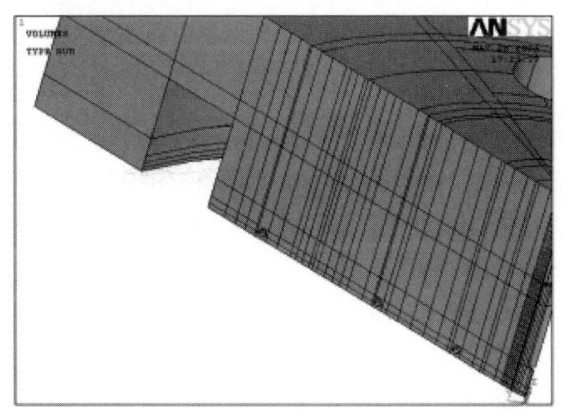

图 3-16　磁导率不同的椭球体内部缺陷数值分析模型

3. 磁性能退火

对于采用纯铁材料的回旋加速器主磁铁而言，其设计水平、装置性能、经济性等都与所用纯铁材料的磁性能密切相关，提高材料的饱和磁感应强度与磁导率是重要的措施之一。对于纯铁粉末、普通纯铁件及大型纯铁件的试验研究都证明：纯铁中杂质含量（主要是C、O、P、S）的降低，以及铁素体晶粒的粗化有利于提高纯铁材料的磁性能。其中，饱和磁感应强度对于纯铁微观结构不敏感，降低杂质含量可获得高的饱和磁感应强度。但是，磁导率、矫顽力、剩磁则与纯铁的金相结构有关系。当纯铁晶粒大，并且没有内应力（纯铁加工过程中产生的应力可通过适当热处理消除）和杂质沉积物时，磁导率、矫顽力、剩磁的性能较好，其中铁素体的晶粒大小对最大磁导率的影响如图3-18所示。

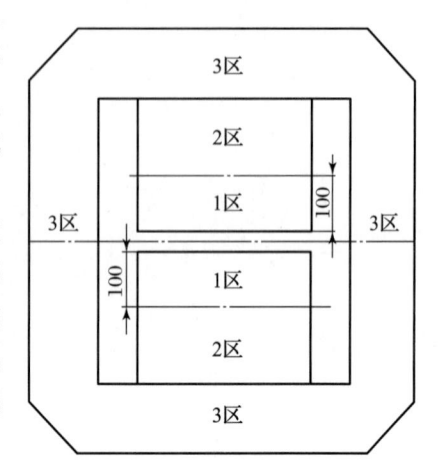

图3-17 主磁铁超声波探伤的分区示意图

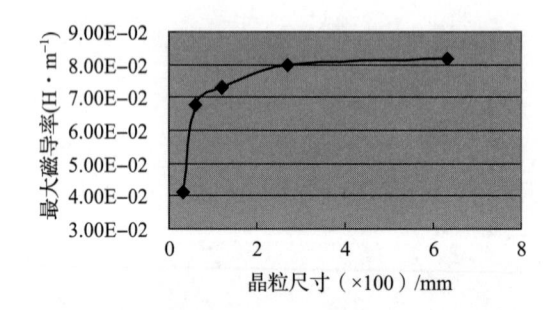

图3-18 铁素体晶粒大小对最大磁导率的影响

为了获得良好的磁性能，应当在纯铁的铸锻造完成后进行热处理。铸锻件经过磁性能退火后，铁素体的晶粒大小将发生改变，进而改善材料的磁性能。为了得到粗化的铁素体晶粒，需在纯铁高温奥氏体化过程中首先得到粗化的奥氏体晶粒，试验表明，高的奥氏体化温度和长的处理时间可以降低矫顽力。得到粗化的奥氏体晶粒后，在奥氏体化后缓慢冷却或空冷再退火并缓慢冷却都可以得到粗化的铁素体晶粒，并且冷却速率慢，有利于磁性能的提高。

对于主磁铁所用的大型纯铁铸锻件，在凝固及热处理过程中工件不同位置的温度差可能加剧元素偏析、产生热应力、影响晶粒粗化、影响磁性能的均匀性。大型锻件表面与芯部存在的最大温差可达数百摄氏度，因此对于大型纯铁工件热处理一般应采用分段升温并保温均温的方法。对于一般形状的大型纯铁工件的退火，加拿大 TRIUMF 国家实验室提出了一个经验准则用于估算厚度均匀的纯铁件表面与芯部温度均匀所需的加热时间，即 1 in 厚度对应于加热 1 h。对于特大型工件，可通过建立热处理炉与工件换热及热传导的数学模型，采用数值模拟的方法辅助确定其磁性能退火的温度曲线。CYCIAE - 100 的主磁铁盖板毛坯直径为 6.22 m，厚度为 0.83 m，数值模拟并结合工厂热处理炉的实际经验而确定的退火过程温度曲线如图 3 - 19 所示，实践表明其降温过程可适当加快。

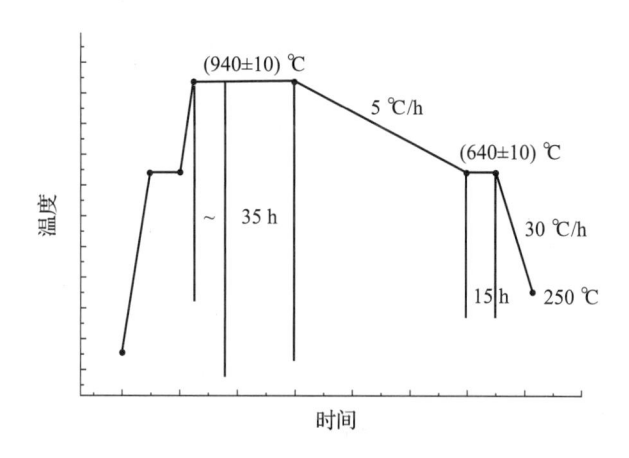

图 3 - 19　大型纯铁铸件退火过程温度曲线

3.4.2　加工与装配

回旋加速器的磁场误差来源有原材料、加工与装配、励磁线圈与电源等因素。根据束流动力学研究对非理想谐波场等提出的要求，应考虑各类内部缺陷、各类公差、电源稳定度等因素对磁场的影响，综合分配误差项、给出磁铁的加工与装配公差的技术要求。

回旋加速器主磁铁是大型的精密部件，部件的单件质量一般为数十吨甚至上百吨，整体质量为几百吨，质量最大的是加拿大 TRIUMF 的回旋加速器主磁铁，达 2 500 t；加工精度有的甚至达到工具平台级的要求，有些精度的检测国内外甚至尚无检验标准与检验规程。回旋加速器的主磁铁加工集中了精密与大型的一系列先进工业领域的技术难点。

1. 公差要求

主磁铁系统加工精度的总体原则是对称性、均匀性和一致性。CYCIAE-100 的气隙高度大约为 50 mm，其具体的机械加工技术要求及可能对磁场的影响分析如下：

（1）8 件扇形磁极分成上、下两组，每组 4 件，分别与上、下盖板组合，每组磁极均匀分布在同一个同心圆上，磁极面左、右两侧边关于磁极面中心线对称（磁极面左、右两侧边与磁极面中心线的夹角相等），磁极面两侧边长度相等。

（2）8 件扇形磁极大小一致，角度一致。8 件扇形磁极同时 ±0.1° 是可以允许的，这将引起平均磁场偏差 $\frac{\Delta B}{B} = 0.22\%$，可以通过调节主磁铁线圈励磁安匝数和镶条垫补加以补偿。但对于不同一性的偏差，要求更加严格，要求在外半径（半径为 2 m）处弧长公差为 0.1 mm，这相当于角度公差为 0.002 86°，相应产生的一次谐波的幅值大约为 1 Gs。

（3）每组对称磁极中心与盖板中心重合，相对两磁极重合中心线与相邻两磁极重合中心线垂直，角度误差不超过 ±0.002 86°。

（4）装配后磁极椭球极面可以在理论设计的曲面上整体平移 ±0.1 mm，这相当于峰值磁场偏差 $\frac{\Delta B}{B} \approx \pm 0.2\%$，同样属于整体磁场偏差，可以在线性近似下，主要通过主磁铁线圈励磁安匝数加以补偿，非线性部分在磁场测量与垫补阶段调整。

（5）磁极极面位于理论设计的椭球曲面上，极面轮廓度要求达到 0.1 mm，这相当于局部磁场偏差 $\frac{\Delta B}{B} \approx 0.2\%$。根据以往的回旋加速器磁场垫补经验，在 $\frac{\Delta B}{B} \approx 0.1\%$ 的条件下，对均匀气隙的主磁铁完全可以通过镶条垫补的方法，达到 $\frac{\Delta B}{B} \approx 0.01\%$。但对于变气隙的主磁铁，磁极极面轮廓度达到技术要求更加重要，这是因为这样的公差引起的磁场偏差只能由镶条垫补调整。

（6）磁极装配后上、下磁极相对的两侧边缘对齐，在 $R < 1\ 000$ mm 内的单边错动量小于 0.1 mm，在外半径（$1\ 000$ mm $\leqslant R \leqslant 2\ 000$ mm）处单边错动量不超过 0.15 mm。

（7）8 件扇形磁极与盖板、芯柱、镶条的配合面的表面粗糙度为 1.6 μm，其余表面的表面粗糙度为 3.2 μm。上、下盖板上的真空密封面的表面粗糙度为 0.8 μm；与磁极底面配合面的表面粗糙度为 1.6 μm，其余表面的表面粗糙度为 3.2 μm。

（8）磁极与盖板组合配合面间隙小于 0.05 mm；磁极内圆弧面与芯柱外圆配合面间隙小于 0.05 mm；磁极两侧边与镶条配合间隙小于 0.03 mm，相邻镶条头部配合间隙小于 0.03 mm，镶条尾部与磁极外圆对齐。

其中，气隙的轮廓度（或均匀间隙的平行度）尤为重要，国际上几台主要的回旋加速器主磁铁加工时允许的气隙公差及其对平均场的影响估算见表 3-3。磁铁加工完毕之后，要通过磁场测量与垫补，将 0.1% 量级的平均场偏差降低到 0.01% 量级。磁场垫补应达到的精度取决于回旋加速器加速过程束流动力学的要求和引出束流品质的要求。由于 CYCIAE-100 磁铁加工的气隙误差引起的平均场偏差可能高达 2%，后续的磁场测量与垫补的难度更大。

表 3-3 主要的回旋加速器加工时允许的主磁铁气隙公差

地点	回旋加速器名称	磁铁基本结构	气隙高度	气隙允许公差	对平均场的影响 $\Delta B/B$
中国北京	CYCIAE-100	紧凑型	50 mm	0.1 mm	0.2%
中国兰州	SSC	分离扇	100 mm	0.1 mm	0.1%
法国	CIME	紧凑型	120 mm	0.1 mm	0.08%
比利时	C-235	紧凑型	48 mm	0.05 mm	0.1%
瑞士	590 MeVSSC	分离扇	50 mm	0.05 mm	0.1%

2. 技术难点

1）扇形磁极精度控制

扇形磁极精度的主要控制项有：磁极间隙轮廓度（或均匀间隙的平行度），磁极角度精度，上、下磁极侧面对准精度，高度公差，4个磁极的方位角分布公差，磁极内、外圆同轴度，侧面与底面垂直度等。扇形磁极控制项多，技术难度大。有些主磁铁加工工艺会安排在总装时一次装卡，整体精车磁极面，以保证在相同半径磁极高度的一致性。

2）起吊、翻转和装配

磁铁加工和装配过程中要频繁进行起吊、移位和翻转，避免局部变形、磕碰伤是工艺过程中需要十分重视的问题。CYCIAE-100 为此设计、制造了 148 套工装，用于盖板、磁轭、磁极、镶条、芯柱的起吊、翻转和装配等过程，磁铁上半部分整体翻转的工装、磁铁总装的装配工装分别如图 3-20 和图 3-21 所示。在起吊、翻转的过程中力求缩短时间，不允许在空中或翻转架上长时间停留，以减小变形。

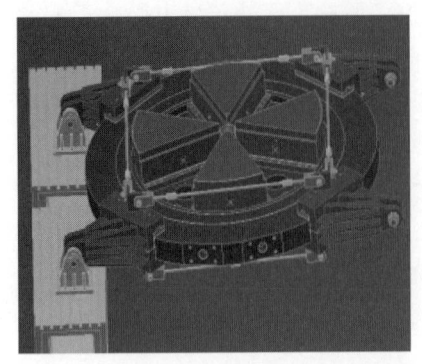

图 3-20　约 170 t 上半磁铁装配体的翻转

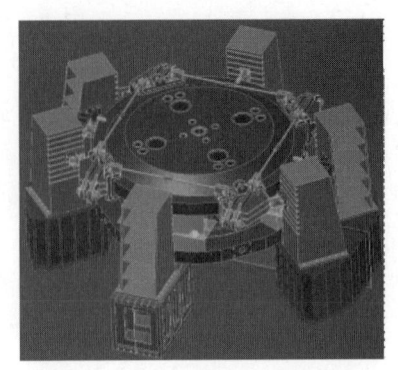

图 3-21　主磁铁总装配的工装

3）整机的安装误差

回旋加速器的主磁铁质量大，安装精度高，气隙小，测量难度大。在 CYCIAE-100 的总装最后阶段，需要精确调节约 170 t 上半磁铁装配体的位置，达到气隙均匀，相同半径处差异不大于 0.1 mm，磁极侧面对正，小半径区域精度要求好于 0.1 mm，大半径区域要求好于 0.15 mm。因此，需要设计大型专用工装，配合厂房吊车等设备以精密调节磁铁安装位置。

4）垂直举升及回位精度

对于整体型，特别是紧凑型的回旋加速器，其内部部件维修时，需要举升上半部分磁铁。举升质量由小型医用加速器的数吨、CYCAIE-100 的约 200 t 到 TRIUMF 的 500 MeV 回旋加速器的超过 1 000 t。举升高度在 500～2 000 mm 的范围内，随回旋加速器主磁铁的结构而定。举升过程中要保持平衡性，小型回旋加速器常用两个液压缸，TRIUMF 的 500 MeV 回旋加速器用 12 个丝杆起升机构，无论采用什么办法，最基本的要求是确保同步性，否则会对磁铁及周围部件造成永久损坏。对于大型磁铁，举升系统需增加导向，以保证系统的稳定性。

举升回位精度根据不同回旋加速器束流动力学的要求各不相同，一般要求达到 0.01～0.02 mm。

3.4.3　结构变形分析与控制

在回旋加速器的设计过程中，实现满足束流动力学要求的磁场分布至关重要。而气隙中的磁场分布主要由磁铁的几何结构决定，与磁铁的结构变形关系密切,尤其是紧凑型回旋加速器的峰区气隙很小,其结构特点决定了中心面磁场对主磁铁的结构变形十分敏感。

结构变形使中心平面及其附近的磁场分布发生畸变,影响了磁场的等时性,并引起中心面磁场的上下不对称等问题,必将影响带电粒子的束流动力学行为。因此在回旋加速器主磁铁的设计阶段,需要对主磁铁的结构形变进行详细的研究,优化磁铁结构,采取相应措施有效控制磁铁变形。下面介绍决定主磁铁形变的3个主要因素,重点介绍电磁力的计算和控制变形的工程实例。

1. 磁铁的材料属性

在选择主磁铁主要部件的材料时,需要综合考虑其磁性能和力学性能对中心面磁场的影响。从磁性能角度考虑,中心面磁场对磁极等部件的磁导率及其偏差、内部缺陷和夹杂物等最为敏感,而对盖板和磁轭的磁性能则不是十分敏感;从力学性能角度考虑,中心面磁场对盖板和磁轭的变形等力学性能的要求相对磁极更高。为了达到中心面更高的峰区磁感应强度、气隙更小的变形,CYCIAE-100 的主磁铁磁极、镶条和芯柱等部件采用工业纯铁,而盖板和磁轭采用10号钢。

2. 外部载荷

主磁铁受到的外部载荷主要有电磁力、磁铁自身的重力和真空状态下的大气压力。其中重力和大气压力容易得到,而电磁力的准确计算需要采取数值计算方法。虚位移法(Virtual Displacement Method)和麦克斯韦应力张量法(Maxwell Stress Tensor Method)是两种常用的数值计算方法。

虚位移法由物体从原位置轻微移动时所做的功来计算电磁力:

$$\boldsymbol{F}_{em} = -\nabla W(\boldsymbol{r}) \quad (3-16)$$

式中,$W(\boldsymbol{r})$ 为储能,是关于矢量位移 $\boldsymbol{r}$ 的一个函数,每单位体积储能的大小可表示为 $BH/2$,B 为磁感应强度,H 为磁场强度。

当系统中的受力物体发生虚位移时,只有发生畸变的单元的磁场能量发生了变化,所以采用虚位移法时,只需考虑形状发生畸变的单元。对于刚体的受力,只需考虑刚体周围的气隙单元,积分只涉及包围物体的外层气隙单元。

麦克斯韦应力张量法利用沿包围磁体的闭合面求局部应力积分得到物体总的受力。当对象磁体被空气包围时,磁体所受的电磁力可以表达为:

$$\boldsymbol{F}_{em} = \frac{1}{\mu_0} \int_S \boldsymbol{T} \boldsymbol{n} \mathrm{d}S \quad (3-17)$$

式中,μ_0 是真空磁导率,S 是包围磁体的任何一个闭合曲面,$\boldsymbol{n}$ 是闭合曲面的外法线方向单位矢量，T 为麦克斯韦应力张量：

$$T = \begin{bmatrix} \left(B_x^2 - \frac{1}{2}|B|^2\right) & B_x B_y & B_x B_z \\ B_y B_x & \left(B_y^2 - \frac{1}{2}|B|^2\right) & B_y B_z \\ B_z B_x & B_z B_y & \left(B_z^2 - \frac{1}{2}|B|^2\right) \end{bmatrix} \quad (3-18)$$

在有些情况下对象磁铁和其他磁铁紧密相连，中间没有空气间隙，积分表面经过铁磁材料。在这种情况下计算电磁力时需要对式（3-17）进行修订，假定两个磁体之间存在一个无限薄的间隙，积分表面从此间隙穿过。相应地，电磁力的公式为：

$$F_{em} = \int_S \left[(Bn)H_a - \frac{\mu_0}{2}(H_a H_a)n \right] dS \quad (3-19)$$

式中，$H_a = H + [(B/\mu_0 - H)n]n$。

由于回旋加速器中复杂的三维磁场分布，B 和 H 的分布需要利用三维数值软件计算得到。在此基础上，我们编写了专门的程序进行数值积分求解式（3-17）和式（3-19），计算主磁铁的受力。目前，有些软件，如 OPERA-3D 的后处理模块也提供了计算磁铁电磁力的功能。

3. 磁铁的机械结构

在相同的磁铁材料和外部载荷下，不同的机械结构的磁铁变形必然不同，因此在设计主磁铁的机械结构时，应该在保证磁场通量的前提下，以减少磁铁变形为目标进行结构设计和优化。比如，在 CYCIAE-100 的主磁铁设计中（图 3-22），采用数值分析手段，深入比较了等高盖板和多种不等高盖板结构的磁铁变形，发现在真空状态下，优化设计后的不等高盖板结构的磁铁变形比等高盖板减小了 30%，有、无真空压力的变形差异减小约 45%，因为这对于在大气下磁场测量与垫补、在高真空状态下运行的回旋加速器，是很有意义的技术指标，因此，该回旋加速器的盖板最终结构选择了不等高方案。除此以外，通过磁场测量与垫补过程的真空变形补偿，也是有效克服结构变形带来的磁场偏差的有效手段。

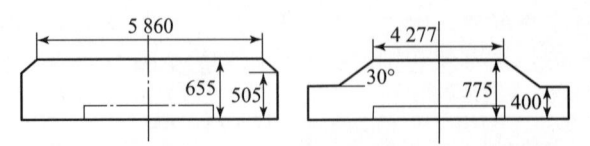

图 3-22 CYCIAE-100 的等高（左）和不等高（右）盖板示意（单位：mm）

3.5 磁场测量

回旋加速器磁场测量的特点是：磁场气隙小、测量范围大、磁场变化范围大、在叶片边缘磁场随位置的变化率比较高。因此，需要选择合适的测量方法与技术，以获得足够高的测量精度。

磁场测量已经有若干成熟的方法，选择磁场测量方法时，需要考虑磁感应强度、均匀性、是否随时间变化、测量精度要求等。图 3-23 给出了多种磁场测量方法的精度，在实验室条件下，用改善的方法，测量精度能比图中给出的精度更高。严格地说，尽管没有一种磁场测量方法对真实磁场的重现与可视化总是比其他方法更好，但在回旋加速器的磁场测量与垫补过程中，最常用的两种磁场测量技术如下。

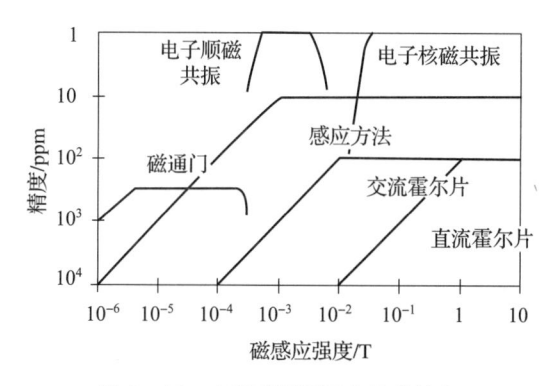

图 3-23 多种磁场测量方法的精度

1. 电磁感应法

电磁感应法包括：
（1）探测线圈法；
（2）翻转线圈法。

2. 霍尔效应法

从图 3-23 可以看到，如果仅考虑测量精度，核磁共振（NMR）法是最好的，然而，它只能应用于非常均匀的磁场区域的测量，这导致它不适用于许多测量工作，它可用于对其他测量方法的标定或给相对磁场测量方法测定标准磁感应强度（例如探测线圈法）。在回旋加速器中，很难有这种磁场均匀度，除了在回旋加速器的中心区或叶片/谷区的中间区域。电磁感应法的测量精度仅次于核磁共振法，适应的磁感应强度范围广。最后是霍尔效应法，但它使用非常简单，不需要复杂的电子学系统。

3.5.1 电磁感应法

电磁感应法基于法拉第电磁感应定律，即闭合回路中的电动势与回路中磁通量的时间变化率成正比：

$$\text{EMF} = \oint_L \boldsymbol{E} \cdot \mathrm{d}\boldsymbol{l} = -\frac{\mathrm{d}}{\mathrm{d}t}\int_S \boldsymbol{B} \cdot \boldsymbol{n} \mathrm{d}S \qquad (3-20)$$

如果闭合回路足够小，如小线圈，可近似认为磁通量与线圈所在点的磁感应强度成正比。如果现在移动线圈，对感应电动势积分，则有：

$$\int_0^t V(t')\mathrm{d}t' = -[\boldsymbol{B}(t) \cdot \boldsymbol{n}(t) - \boldsymbol{B}(0) \cdot \boldsymbol{n}(0)]\Delta S \cdot N \qquad (3-21)$$

式中，ΔS 为线圈的等效面积，N 为匝数。这时，可以求出初始点和结束点的 $\boldsymbol{B} \cdot \boldsymbol{n}$ 改变量。

对于探测线圈，在气隙中心面上的两点之间移动线圈，如果磁场垂直于气隙中心面，在测量电压积分之后，就可以得到两点之间的磁感应强度之差。上面的方程描述了对电压的积分与线圈面积和磁感应强度差值的关系，方程中没有出现运动速度，即测量与运动速度无关。在两个已知磁感应强度的点之间移动线圈，可以标定线圈的面积，为了标定需要测量单点的磁感应强度，最精确的方法是核磁共振法。

对于翻转线圈法，多个线圈被稳固地固定在一根棒上，将棒旋转 180°并分别对每个线圈的电压积分，就测出了棒的两个不同位置状态的磁场通量的改变量，如果磁场垂直于线圈平面，则磁场通量的改变量为 $2BS$，其中 S 为线圈的面积。翻转线圈法可同时测量多点的磁感应强度，每个线圈需要单独的积分线路。

基于电磁感应法的磁场测量，线圈的定标通常是一个烦琐的过程，直接影响测量的精度。

3.5.2 霍尔效应法

当外加电场作用于磁场中的半导体时，电子（孔穴）的运动由于磁场的洛伦兹力的作用，方向并不沿着外加电场的方向。考虑图 3-24 所示的半导体，外加电流 I 沿着 $-x$ 方向，磁场 B 沿着 z 方向，在下面的讨论中，以 N 型半导体为例,即载流子为电子。加载电流 I 时,沿 x 方向运动的电子向 y 方向偏转,并在一侧逐渐积累,所形成的电场逐渐接近偏转电子运动的洛伦兹力,电子的运动方向逐渐趋向 x 方向,最终达到平衡状态,即电场力等于洛伦兹力。这时,在两横端面之间建立的电场成为霍尔电场 E_H,相应的电压就称为霍尔电压 V_H。洛伦兹力 f_L 为:

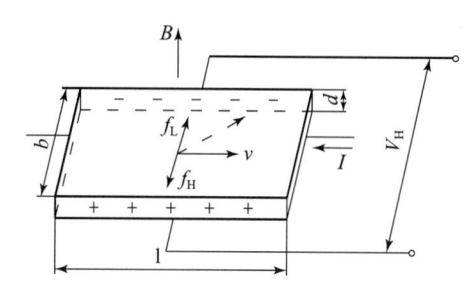

图 3-24 霍尔效应法原理示意

$$f_L = evB\sin\phi \tag{3-22}$$

式中,e 为半导体薄片中的电子电荷,v 为电子的运动速度,B 为磁感应强度,ϕ 为磁场与电子运动方向之间的夹角。

由于电子的偏转,半导体薄片的两侧呈现正、负电荷的积累,并形成电场 E_H,该电场产生的作用力 f_H 为:

$$f_H = eE_H \tag{3-23}$$

电场力 f_H 的方向与洛伦兹力 f_L 的方向相反,因此阻止电子的偏转,当以上两力达到平衡时,就呈现稳定状态,这时有关系:

$$vB\sin\varphi = E_H \tag{3-24}$$

电子在半导体薄片平面内运动,方向近似与磁感应强度 B 的方向垂直,即 $\varphi = 90°$,则有:

$$E_H = vB \tag{3-25}$$

由于流过半导体薄片的电流密度 $j = nev$,电流强度 $I = bdj$,将它们代入式(3-25),则有:

$$E_H = \frac{1}{ne} \cdot \frac{1}{bd} I \cdot B \tag{3-26}$$

式中,n 为电子浓度,b 为半导体薄片的宽度,d 为半导体薄片在 z 方向的厚度。

相应于 y 方向积累起来的电场的电压 V_H 为:

$$V_H = \frac{1}{ne} \cdot \frac{1}{d} I \cdot B \tag{3-27}$$

将 R_H 代入上式，并考虑单位的变换，则有：

$$V_H = \frac{R_H}{d} I \cdot B \cdot 10^{-6} \quad (3-28)$$

式中，V_H 为霍尔电压（V），I 为电流强度（A），B 为磁感应强度（T），d 为半导体薄片的厚度（m），R_H 为霍尔系数。

实际上，霍尔电压与半导体薄片的几何尺寸有关，完整的霍尔效应公式为：

$$V_H = \frac{R_H}{d} I \cdot B \cdot f\left(\frac{1}{b}\right) \quad (3-29)$$

式中，$f\left(\frac{1}{b}\right)$ 为半导体薄片的几何形状系数，当半导体材料选定，几何尺寸也给定时，式（3-29）中的 R_H、d、$f\left(\frac{1}{b}\right)$ 均为定值，若使 I 也为某一定值，则从式（3-29）可以看出，霍尔电压与磁感应强度成正比，霍尔效应的这一特性被用以测量磁场。

3.5.3 探测线圈法的具体实现过程

下面以美国国家超导回旋加速器实验室 K500 回旋加速器的磁场测量为基础，更详细地介绍探测线圈法及其主要仪器设备。

3.5.3.1 概述

在 K1200 回旋加速器的磁场测量中，所用的方法与较早的 K500 回旋加速器的磁场测量方法非常相似：将一个探测线圈安放在回旋加速器的气隙中心面上，使之径向运动，需要对某些点（例如回旋加速器的中心）的磁场作绝对测量，以便将电压积分得到的相对磁感应强度值转换为绝对磁感应强度值，目标是获得精度接近 1 Gs 的磁场测量结果。

K500 和 K1200 回旋加速器的磁场测量用 LBL 研制的电压/频率（V/F）转换器，它能产生频率正比于电压的脉冲。V/F 转换器有两路输出，产生的脉冲一路对应于正电压，另一路对应于负电压，这两路信号被送到积分器对脉冲进行累计，积分器的动作由位置传感线路触发。

另外的方法是用 PC 加上模/数转换器（ADC）对线圈的电压进行数字化，并同时确定测量的时刻以完成对电压的积分，在这种情况下不需要 V/F 转换器。

3.5.3.2 ADC 或 V/F 转换器

不推荐用 ADC 插入 PC 的主板，理由是系统中的噪声信号太强，部分来自 PC 的开关电源，通过更换为线性电源，可减少这部分噪声，然而，来自总线的噪声是很难降低的，ADC 对热非常敏感，需要特别小心地冷却 PC 机箱中的 ADC。

用 ADC 的另一个困难是死时间，每次测量后，有一个大约毫秒量级的时间 ADC 不能积分，这会造成数据误差，因为测量需要不同阶段的精确的时间长度。

磁场由下面的过程确定：

$$V = -\frac{d\Phi}{dt} \tag{3-30}$$

式中，$\Phi = AB$，A 是线圈面积，B 是线圈中的磁感应强度。

磁场由下式给定：

$$B - B_0 = -\frac{1}{A}\int V dt \tag{3-31}$$

V/F 转换器给出的频率正比于电压，$f = CV$，并将脉冲送到积分器（一个记录正的变化量，另一个记录负的变化量）累加，则有：

$$\sum N_i = \int f dt = C\int V dt$$

$$B - B_0 = -\frac{\sum N_i}{AC} \tag{3-32}$$

可以发现，在测量系统定标后，仅需要在位置传感器触发的事件之间累加脉冲，就可测量出 B，而不需要精确地测量时间，并且，V/F 转换器没有死时间，它连续地送脉冲给积分器。从这些考虑出发，认为对于回旋加速器的磁场测量，用 V/F 转换器比用 ADC 更合适。

3.5.3.3 电子学构成

K500 回旋加速器磁场测量的电子学构成如下：
（1）控制电动机的 PC、积分器和径向位置传感器；
（2）LBL 的 V/F 转换器；
（3）读角度位置的感应式传感器。

V/F 转换器对应于满刻度电压，产生 1 MHz 的 TTL 脉冲，满刻度电压可在 0.001~10 V 范围内选择，一般选择较高的满刻度电压，因为这样有较小的误差，对于 10 V 的满刻度电压，精度为满刻度电压的 0.01%，即 0.001 V。

探测线圈的定标过程需要两个不同的探测线圈的位置，在这两个位置上的磁场需要能被足够准确地测量出，以用于定标，一种可能是用别的磁铁离线完成，但用 K500 回旋加速器本身更加方便，通常在回旋加速器的中心区磁场足够均匀，可以用核磁共振法来测量。已经发现两个位置，磁场分别为 4.88 T 和 3.58 T，在这两点，磁场梯度为 17 Gs/cm。对于常用的核磁共振法，例如 Metrolab 的探头，为了能够自动锁定频率，要求磁场梯度小于 180 ppm/cm，对应上述磁感应强度为 9 Gs/cm 和 6 Gs/cm，即在回旋加速器中能够找到的场区，磁场梯度大于探头要求的最大值，但过去的经验表明，在这种条件下可以用手动的方法找到共振。

3.5.3.4 径向机械定位

MSU 用瑞士公司 IMT 的光栅与 HP 公司的编码器 HEDS - 9200 作径向定位，光栅间距为 200 μm，长度规格有 740 mm、980 mm 和 1 140 mm，在大约 1 200 mm 的范围内精度高于 5 μm。

3.5.3.5 偏离中心面的位置误差

下面估算在垂直方向上位置误差（偏离中心面）的敏感性。偏离中心面的垂直磁场由下列展开给出：

$$B_z(r,\theta,z) = B_z(r,\theta,0) - \frac{z^2}{2} \cdot \frac{1}{r} \cdot \frac{\partial}{\partial r}\left(r\frac{\partial}{\partial r}\right)B_z - \frac{z^2}{2} \cdot \frac{1}{r^2} \cdot \frac{\partial^2}{\partial \theta^2}B_z + \cdots$$

(3-33)

可以看到磁场随 z^2 变化，如果考虑右手第 3 项，假定在 $r=12$ cm 处有沿方位角变化的三次谐波，幅度为 8 kGs，则有：$B(\theta) = 8 \cdot \cos(3\theta)$，$\frac{\partial B}{\partial \theta} = -24 \cdot \sin(3\theta)$，$\frac{\partial^2 B}{\partial \theta^2} = -72 \cdot \cos(3\theta)$。当 $\Delta z = 0.1$ cm 时，B 的最大改变量是：$\Delta B = 0.002$ kGs。

在 K500 回旋加速器中，数值计算表明由偏离中心面引起的磁场误差在 3 Gs 内，这与上述的解析近似吻合。所以，认为测量对垂直位置的误差不是十分敏感，为了得到 1 Gs 的精度，偏离中心面只需要控制在 0.4 mm 之内。

选择用于加工测量臂的材料时，需考虑为避免测量探头（线圈）移动到测量臂的末端所引起的下垂，用碳纤维材料制作测量臂可保证在垂直方向的下垂能满足上述要求，即偏离中心面 0.4 mm 之内，但测量臂横截面结构需要精心设计。

3.5.4 基于霍尔探头的测磁仪随机误差计算

根据磁场测量仪的结构,磁场测量系统中可能引起磁场测量误差的因素主要有:磁场测量仪旋转角度的随机误差、磁场测量仪旋转角度的系统误差、径向位置移动的随机误差等。假定允许束流的滑相不超过10°,则式(1-11)的测量磁场与束流运动所需要的等时场的差值可近似由下式计算:

每圈滑相:
$$\Delta\phi = \frac{\Delta B}{B} \times h \times 2\pi$$

总滑相:
$$\Delta\varphi = \frac{\Delta B}{B} \times h \times 2\pi \times E_{end}/\Delta E \quad (3-34)$$

对于一台100 MeV、圈能量增益200 keV、引出区平均磁感应强度约7 400 Gs的四次谐波回旋加速器,每圈的平均磁场测量误差要求为 $\Delta \bar{B} \cong 0.1$ Gs。如果每圈磁场测量360个点,根据随机误差分布理论,每个测量点允许的最大误差计算如下:

$$\Delta \bar{B} = \frac{\Delta B}{\sqrt{360}} \quad (3-35)$$

所以每个测量点的磁场测量误差要求为 $\Delta B = 1.9$ Gs。

3.5.4.1 旋转角度的随机误差

测磁仪的旋转角度的随机误差在磁场测量过程中是不可避免的,它主要影响平均磁场,对平均磁场的影响可以表示为:

$$\Delta \bar{B} = \sqrt{\sum_{k=1}^{\infty} k^2 B_k^2 d_\theta^2} / \sqrt{2N} \quad (3-36)$$

式中,k 为谐波次数,B_k 为磁场的 k 次谐波分量,N 为磁场测量数。

在回旋加速器 CYCIAE-100 中,若主要考虑四次谐波场的影响,忽略其他磁场分量对平均磁场误差的贡献,则当要求 $\Delta \bar{B} = 0.1$ Gs 时,且假定 $B_4 = 7\ 600$ Gs,则要求 $d\theta = 0.003\ 5°$。

3.5.4.2 旋转角度的系统误差

为了研究测磁仪旋转角度的系统误差,可以对旋转角度 ϑ 用傅里叶函数展开为:

$$\vartheta = \vartheta' + \sum_{i=1}^{\infty} a_i \cos(i\vartheta + \varphi_i) \quad (3-37)$$

式中,ϑ 为旋转的理想角度,ϑ' 为实际的测量角度。

测磁仪旋转角度的系统误差主要影响中心平面平均磁场的测量和带来谐波场分量的偏差。其对平均磁场的偏差影响可以表示为：

$$\bar{B}'(r) = \bar{B}(r) - \frac{1}{2}\sum_{k=1}^{\infty} B_k a_k k \qquad (3-38)$$

其对谐波场分量的影响可以表示为：

$$\Delta B_k = \frac{1}{2}\sum_{i=1}^{\infty} a_i [B_{i+k} \times (i+k) + B_{k-i} \times (k-i)] \qquad (3-39)$$

在 CYCIAE-100 中，若半径 r 处的平均磁场误差允许为 1 Gs，$B_4 = 7\,600$ Gs（主要是考虑四次谐波对平均磁场的误差影响），则有 $a_4 = 0.003\,5°$。

若一次谐波要求 $\Delta B_1 \leq 1$ Gs，主要考虑四次谐波对一次谐波的影响，则 $a_3 = 0.003\,5°$。

3.5.4.3 径向位置移动的随机误差

磁场测量时，测量探头径向位置定位的误差直接导致该位置的平均磁场的偏差，这种偏差可以表示为：

$$\Delta \bar{B} = \frac{\mathrm{d}\bar{B}}{\mathrm{d}r} \times \Delta r \qquad (3-40)$$

在 CYCIAE-100 中，取 $\frac{\mathrm{d}B}{\mathrm{d}r} = 10$ Gs/cm，若仍要求 $\Delta \bar{B} = 0.1$ Gs，则得到 $\Delta r = 0.1$ mm，根据误差的积累效应，径向位置移动允许的随机误差可取 $\Delta r \approx 0.15$ mm。

3.6 智能化回旋加速器主磁铁计算机辅助工程系统

紧凑型等时性回旋加速器的主磁铁结合了经典回旋加速器和分离扇回旋加速器二者的优点，加工安装的精度高，磁场一次谐波小、调变度大，因此，它的束流强度很高，并且易于建造，运行方便，运行费用低，但磁铁有关的设计工作和等时性垫补的过程十分复杂，精度要求严格。因此，人们研制了回旋加速器主磁铁的计算机辅助设计、分析与指导加工的一体化软件 CYCCAE，以缩短回旋加速器建造周期，提高其磁铁的可靠性与经济性。

3.6.1 CYCCAE 的整体结构

CYCCAE 的整体结构如图 3-25 所示。主磁铁的设计不仅涉及比较复杂的理论计算,还需要具备丰富的工程经验,因此,通过建立专家经验知识库与 CAD 技术结合起来进行主磁铁设计。主磁铁智能化 CAD 系统的主要特点是:建立一个专家知识学习模块,通过这个模块,不断录入世界上先进的回旋加速器主磁铁结构,形成一个专家经验知识库。基于磁路定理,在专家经验知识库的帮助下,按用户提出的具体要求,如加速离子类型与最终能量等,系统将自动给出主磁铁的基本几何结构,使一般的设计者也能得到结构比较合理的主磁铁。

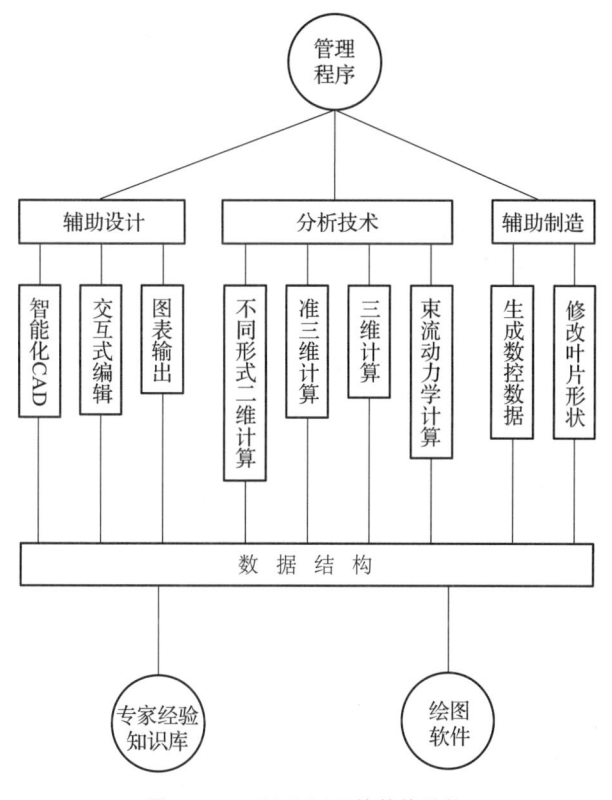

图 3-25 CYCCAE 的整体结构

紧凑型回旋加速器主磁铁的基本几何结构示意如图 3-26 所示,它包括:扇形叶片、镶条(位于每个叶片两侧,高度大约为 100 mm 的垫补条)、盖板、磁轭、磁环和芯柱。系统起动后,首先提供给用户一幅基本参数输入画面,其中包括的内容见表 3-4。设计工作只需移动光标,对表中的参数进行修改和确认,系统将根据下述步骤确定主磁铁的几何尺寸及有关物理参数。

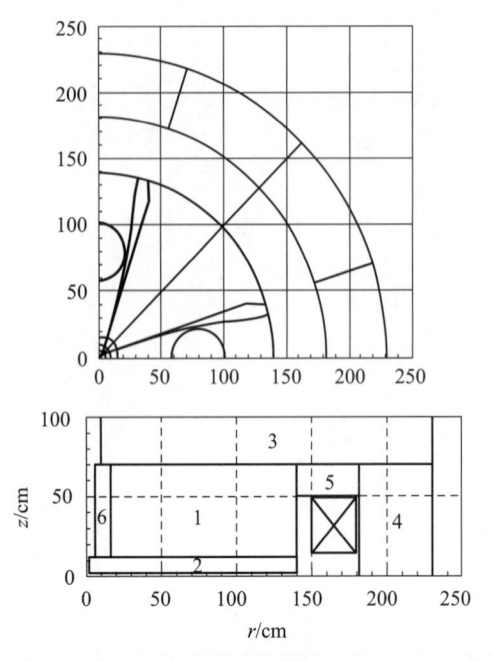

图 3-26 紧凑型回旋加速器主磁铁的基本几何结构示意
1—扇形叶片；2—镶条；3—盖板；4—磁轭；5—磁环；6—芯柱

表 3-4 主磁铁设计参数

粒子参数			
动能 $E = 30$ MeV	静止质量 $m_0 = 938.27$ MeV	加速模式 MD = 4	电荷数 $q = -1$
磁参数			
磁场峰值 $B_h = 1.7$ T	磁场谷值 $B_v = 0.12$ T	环高 $H_{43} = 0.15$ m	叶片角宽度 $\alpha = 54°$
线圈及气隙			
高/宽比 PHW = 1.5	导体/总截面积 ETA = 0.67	电流密度 AJ = 1 A/mm²	气隙高度 $H_1 = 0.03$ m

根据用户输入的参数，可求出加速束流的引出半径：

$$R_{ex} \frac{m_0 \gamma \beta C}{q \langle B \rangle} \tag{3-41}$$

由 R_{ex}、E、H_1 查询专家经验知识库可得叶片半径 R_1，盖板高度 H_5 及线圈距磁极、磁轭和气隙中心面的距离 R_{21}，R_{43}，H_2，根据磁路定理可得：

$$\frac{\frac{1}{2}H_1 B_h}{\mu_0} + \frac{\frac{1}{2}(H_2+H_4-H_1)B_h}{\mu_0 \mu_1} +$$

$$\frac{\frac{1}{2}(R_5+R_4-R_1)B_h S_1}{\mu_0 \mu_2 S_2} + \frac{\frac{1}{2}(H_5+H_4)\times 0.9 B_h}{\mu_0 \mu_3}$$

$$= P_{HW} \cdot \eta \cdot AJ \cdot (R_4 - R_{43} - R_2)^2 \quad (3-42)$$

式中，P_{HW} 为线圈横截面的高宽比，η 为线圈的填充系数，AJ 为电流密度。设 $B_3 = 0.9 B_h$，即磁轭中的磁感应强度为磁极中的 0.9 倍，则 $\sqrt{R_5 = \frac{S_1}{0.9\pi} + R_4^2}$，由式（3-42）可求出 R_4，从而得出整个磁铁的几何尺寸。上述各符号的意义如图 3-27 所示，同时还可以从专家经验知识库中得到叶片的倒角、盖板的倒角等。

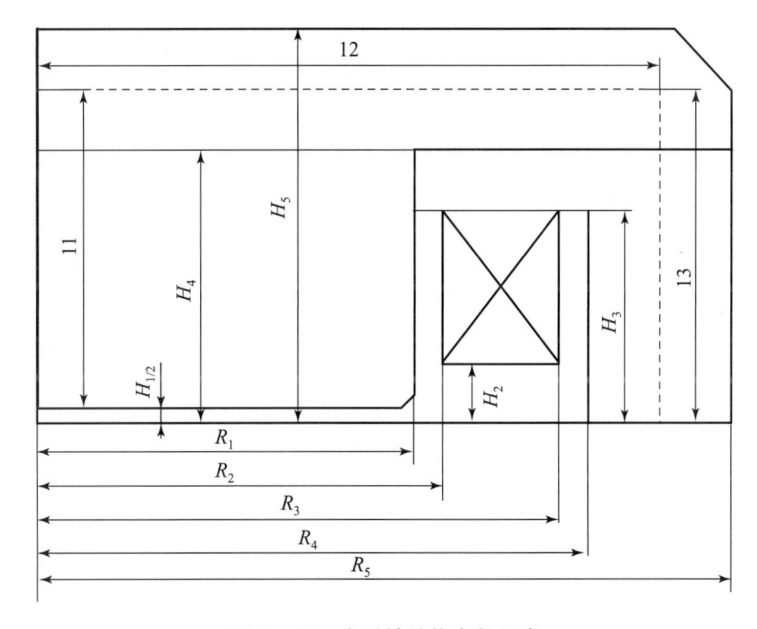

图 3-27 主磁铁结构参数示意

初始几何结构形成后，系统将根据用户的要求，进入交互式编辑状态，此时系统采用下拉式菜单向用户提供下述功能：

F1：Help，在线帮助。

F2：Run，程序继续运行，形成各类磁场分析程序所需要的输入数据，并生成一个有关回旋加速器主要参数的报表（见表3-5、表3-6）。

表 3-5 30 MeV 回旋加速器技术参数

束流	
加速离子/MeV	H⁻ 30
引出束流/μA	质子 300~500
靶数	8
磁铁结构	
扇数	4
叶片角度/(°)	50~54
峰区磁感应强度/T	1.70
谷区磁感应强度/T	0.12
气隙高度/m	0.03
磁极半径/m	0.8
铁质量/t	50
线圈	
平均电流密度/(A·mm^{-2})	0.86
功耗/kW	10
安匝数/kAT	66
铜质量/t	4.02
高频系统	
高频功率/kW	25
D 形盒	双 D，30°
频率/MHz	67.46
D 电压/kV	50
离子源及注入系统	
形式	外部多峰负氢源
注入方式	垂直注入
注入能量/kV	28
束流引出	
引出方式	剥离膜，双向引出

表 3-6　70 MeV 回旋加速器技术参数

束流	
加速离子/MeV	H$^-$ 70
引出束流/μA	质子 300~500
靶数	8
磁铁结构	
扇数	4
叶片角度/(°)	48~52
峰区磁感应强度/T	1.60
谷区磁感应强度/T	0.16
气隙高度/m	0.04
磁极半径/m	1.4
铁质量/t	235
线圈	
平均电流密度/(A·mm^{-2})	0.6
功耗/kW	12
安匝数/kAT	66
铜质量/t	14
高频系统	
高频功率/kW	70
D 形盒	双 D，30°
频率/MHz	58.11
D 电压/kV	50
离子源及注入系统	
形式	外部多峰负氢源
注入方式	垂直注入
注入能量/kV	30
束流引出	
引出方式	剥离膜，双向引出

F3：Give up，放弃本次编辑的结果，而取初始结构作为当前结构。

F4：Exit，程序停止运行，退到一级菜单状态。

F5：Edit，进入交互式图形编辑状态，这时用户可以移动光标，结合系统提供的 Edit Menu 修改当前结构。

F6：Load，读入一个已有的结构。

F7：Save，将结果存盘。

F8：Plot，当前几何结构在绘图仪上输出。可用下述硬件作为输出设备：①DMP 52 绘图仪；②DXY 1100 绘图仪；③各类打印机。

在整个辅助设计阶段，考虑到用户容易出现的逻辑错误和操作错误，建立了一个后援模块，系统运行如果出错，首先保护工作现场，接着给用户写出出错提示，按 Esc 键即可回到原来的现场继续工作。

利用该软件进行的 30 MeV 和 70 MeV 回旋加速器主磁铁设计的主要参数分别见表 3 - 5、表 3 - 6，其中 30 MeV 的结果用于中国原子能科学研究院的强流 H^- 回旋加速器 CYCIAE - 30 的设计与建造工作，70 MeV 的结果已用于该院的"串列加速器实验室升级工程"初始方案。

使用该软件需要注意的是：尽管该软件已经收集、录入了国际上同类型的一些主要的回旋加速器主磁铁结构尺寸，可为新设计的主磁铁提供较为合理的初始结果，但后续的人为调整以适应特别设计的要求是不可避免的。例如软件中假定磁轭中的磁感应强度为磁极中的 0.9 倍，这对于紧凑型回旋加速器来说在大多数情况下是合理的，因为多数紧凑型回旋加速器属低能应用型，直接加速质子，即便加速负氢离子也是由于这时的洛伦兹剥离引起的束流损失很小而峰区场强可以选取得很高，以减小回旋加速器的尺寸，所以磁轭中的磁感应强度可以略低。但对于一台 100 MeV、加速负氢离子的紧凑型回旋加速器，就需要对这样假定的结果进行调整，因为这时为了避免在 100 MeV 能区附近的洛伦兹剥离引起的束流损失，叶片磁感应强度已经降低到 1.35 T 左右，显然磁轭中的磁感应强度不必再降低，而应该人为调高，仅此一个参数的优化考虑，减薄了立磁轭并采用了不等高盖板，100 MeV 负氢离子回旋加速器主磁铁的质量由 475 t 降低到 416 t。这个例子说明了调整外围尺寸的重要性，其他更多主磁铁设计的核心参数，包括磁极的高度和角宽度、其中心与回旋加速器中心的偏移量、芯柱的结构、镶条的高度、立磁轭和盖板上主要开孔的大小和位置等约 20 个关键环节，不仅与所设计的主磁铁的特点、具体的要求有关，也与加工主磁铁的原材料性能，包括化学性能、磁性能和力学性能、内部缺陷、结晶状况等，以及加工设备和工艺条件等直接相关，这些都将影响设计，设计结果可能需要在磁铁工程进展的不同阶段，根据所面临的困难进行必要的调整。所有设计调整可以通过改变表 3-4 中的参数重新计算，或在后续的磁场数值分析过程中直接修改建模和网格剖分进行计算。如在 CYCIAE-30 主磁铁的加工过程中，由于 8 个磁极中的 1 个出现磕碰，所有磁极只能重新加工处理，气隙由原来的 30 mm 增加到 30.8 mm，这种情况属于前者，可直接改变表 3-4 中的参数重新计算电源、线圈等各种参数，再由其产生的数据文件通过数值计算分析边缘场及其对轴向聚焦的影响。另一个例子是 CYCIAE-30 主磁铁的磁极和芯柱由于加工公差的原因导致装配时局部出现较大间隙，这时只有直接通过修改建模和网格剖分进行计算与分析，并且由于这样的间隙与磁铁的尺寸相比非常微小，只能通过一定的近似处理后，采用二维的办法估计其对中心面磁场的影响。

主磁铁的几何尺寸及有关物理参数确定后，CAD 系统将自动生成一系列不同格式的数据文件，调用目前国际上广泛应用的磁场分析软件包（如 POISSON）和我们自己开发的软件包 DE2D 和 DE3D，进行磁场计算，根据磁场与束流动力学分析结果，以等时场为目标，修改磁铁尺寸（主要是修改磁极面形状），如此循环计算，直到满足设计要求。

10 MeV 小型回旋加速器主磁铁用 POISSON 计算的磁场轴对称分布如图 3-28 所示，根据峰区和谷区磁场的轴对称近似计算，能估算出比磁路定理更准确的最终能量对应的引出半径和磁场调变度等，并给出磁铁和线圈的质量，对供电电源的参数提出要求，由此可估算磁铁、线圈和电源等构成的磁系统的造价。计算过程所用的磁化曲线基于国产的磁性材料，如 DT_4，如果对设计的磁场有更高的要求，国内目前已经有一些重型机械工厂可以根据需要，采取特殊的工艺生产更高质量的工业纯铁，表 3-7 和表 3-8 分别给出北京重型机器厂生产的工业纯铁的化学成分及磁化曲线。

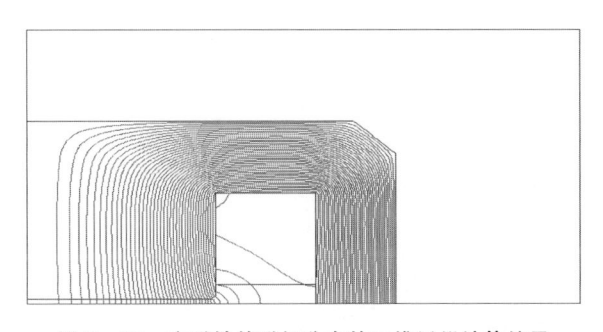

图 3-28 主磁铁的磁场分布的二维近似计算结果

表 3-7　北京重型机器厂工业纯铁成分

C	S	P	Al	Mn	Cr	Ni	N
0.027	0.015 4	0.079	0.111 5	0.204 9	0.057	0.032	0.006 4

表 3-8　北京重型机器厂工业纯铁磁化曲线

$H(\text{AT}\cdot\text{cm}^{-1})$	0.8	1.6	4.0	16.0	40.0	80.0	120.0	160.0
B/T	0.2	0.55	1.15	1.49	1.66	1.78	1.98	2.06

详细的束流动力学计算需要三维磁场计算结果。用三维直角坐标系来描述磁铁结构，根据磁铁结构的对称性和周期性，可仅计算场域的 1/8（第一卦限），有限元类型用四面体和六面体等参元，网格剖分结果如图 3-29 所示，但如果基于双标量位方法计算磁场，相应的两个励磁线圈需要全部作为计算对象。磁场计算结果经过傅里叶分析后可用于束流动力学计算。CYCIAE-30 的磁场计算结果和实测值比较如图 3-30 所示。束流动力学计算的方法、程序与计算结果详见下节。

图 3-29　主磁铁三维磁场计算的网格剖分图

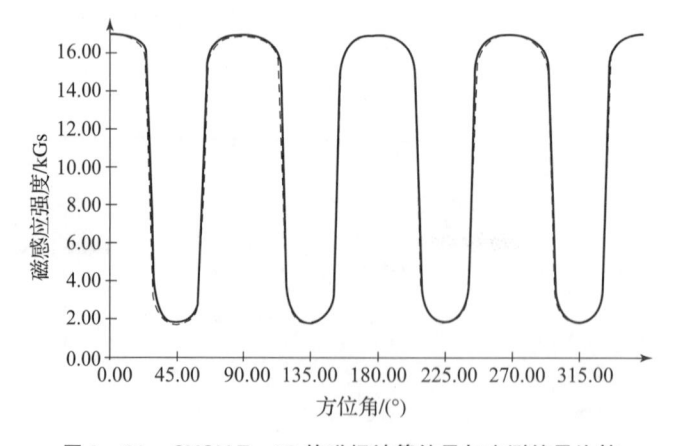

图 3-30　CYCIAE-30 的磁场计算结果与实测结果比较

3.6.2 磁场测量数据分析与磁场垫补

回旋加速器磁场的等时性主要决定其加速效率,因此,磁场测量数据分析与磁场垫补工作是主磁铁建造的一个关键环节,谐波场、等时场垫补的质量直接影响整机的性能指标。

3.6.2.1 磁场测量数据分析的方法及软件

1. 测磁数据检查

磁场测量通常要求在半径方向上以步长 1~2 cm,在方位角方向上以步长 1°~2°来测量,因此,测量数据量很大,对其正确性的检查可以通过计算机图形学手段,将测磁数据在不同半径上沿方位角方向显示和在不同方位角上沿径向显示,在计算机屏幕上对这些图形进行检查,同时检查同一半径 0°与 360°的测量数据是否在误差范围内重复,以判断测磁的旋转过程中是否出现例如电动机掉步等现象引起的角度误差,并且将预先测定好的 0°的磁场随半径的变化曲线与测磁数据中的相应数据比较,以检查径向定位是否正确,所有这些检查工作都必需在测量完毕、没停励磁电源之前进行。

2. 真空校正

由于磁场测量在大气条件下进行,而实际的离子在真空中加速,磁铁的结构尺寸由于大气压而产生改变,因此,在进行束流动力学计算之前,必须先对磁场进行真空校正。真空校正按专家经验公式进行:

$$B_{NEW} = a_1 \cdot B_{OLD} + a_0 \tag{3-43}$$

式中,系数 a_0、a_1 随回旋加速器的不同、半径的不同而变化。

3. 谐波分析

经过真空校正后,在区间 $[0, 2\pi]$ 上进行谐波分析,求出各个半径的傅里叶系数,通常求 1~40 次:

$$a_n = \frac{1}{\pi} \int_0^{2\pi} B_z(\theta) \cdot \cos(n\theta) \cdot d\theta$$

$$b_n = \frac{1}{\pi} \int_0^{2\pi} B_z(\theta) \cdot \sin(n\theta) \cdot d\theta \tag{3-44}$$

还需要求出平均场曲线。平均场曲线如图 3-31 所示,谐波分析结果与测量结果比较如图 3-32 所示,一次谐波振幅与相位分别如图 3-33 和图 3-34 所示。

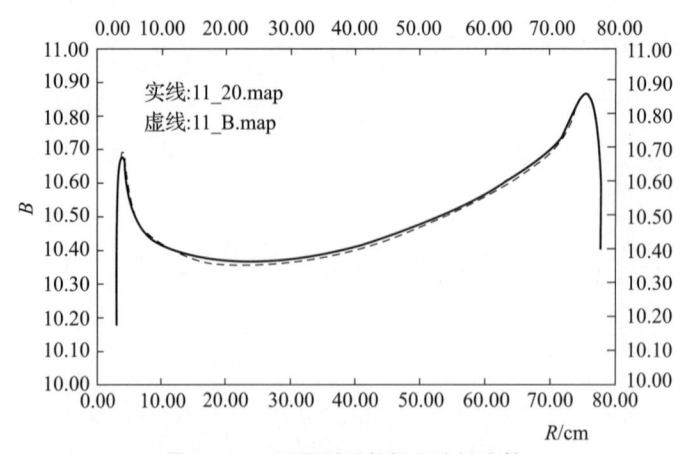

图 3-31　不同测磁数据平均场比较

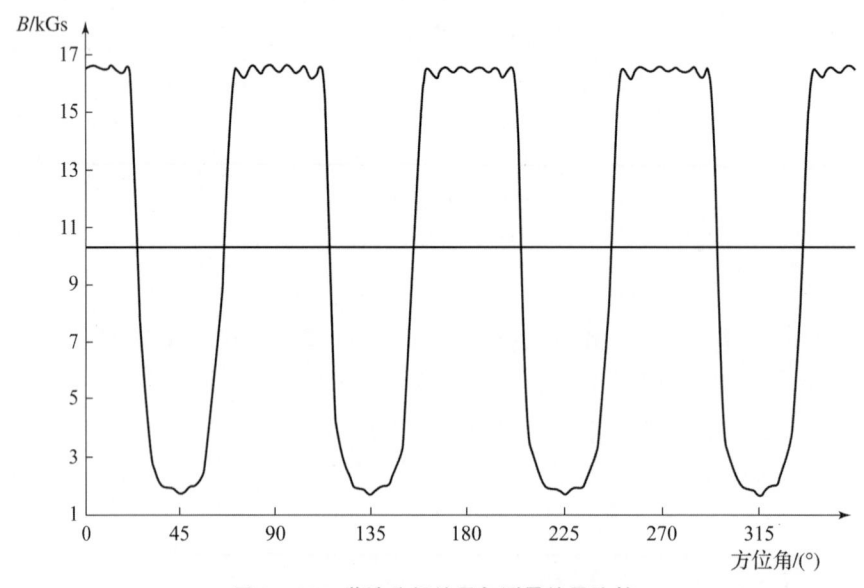

图 3-32　谐波分析结果与测量结果比较

4. 调变度

磁场调变度表征磁场沿方位角的变化幅度，反映磁场轴向聚焦力的大小，其计算公式如下：

$$F^2 = \sum_{n=1}^{40} \varepsilon_n^2 = 2\left[\frac{\langle B^2 \rangle}{\langle B \rangle^2} - 1\right] \quad (3-45)$$

式中，ε_n 为 n 次谐波的幅值，$\langle B^2 \rangle$ 为磁感应强度平方的平均值，$\langle B \rangle^2$ 为磁感应强度平均值的平方。根据 CYCIAE-30 的磁场测量数据计算的调变度 F 随

半径 R 的变化规律如图 3-35 所示，在 $R < 200$ mm 的范围内，F 随 R 迅速上升，在 $R = 400 \sim 740$ mm 时，F 保持大于 0.9，在半径 $R > 740$ mm 时（引出半径为 725 mm），由于边缘场效应，F 稍微下降。

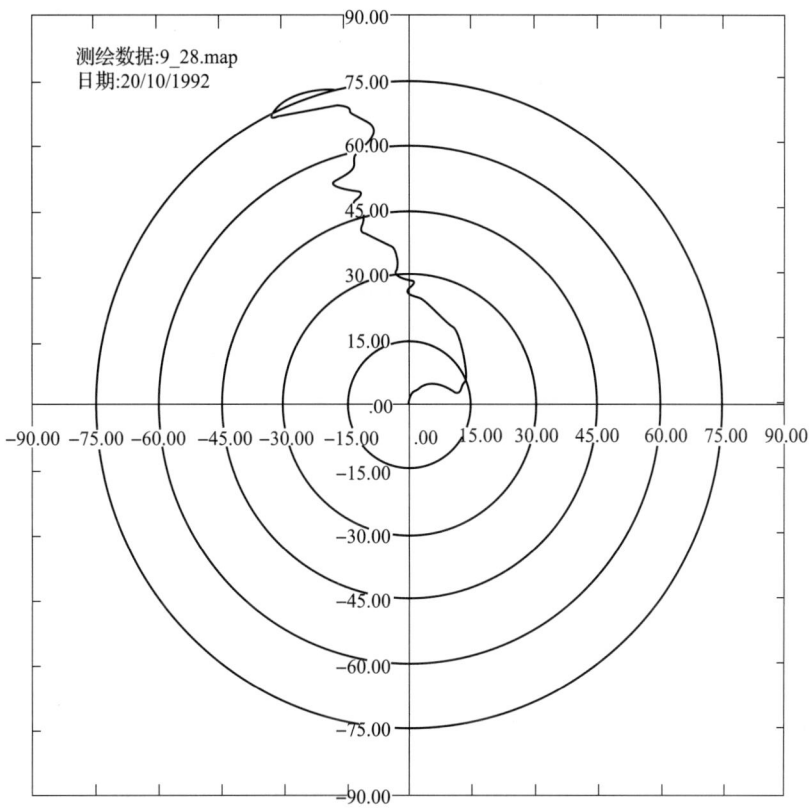

图 3-33 一次谐波相位随半径的变化曲线

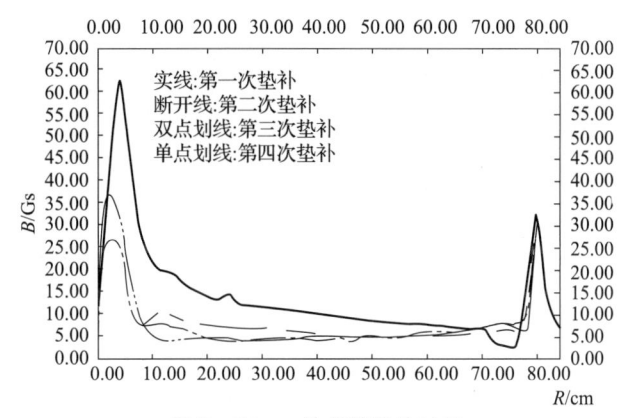

图 3-34 一次谐波垫补过程

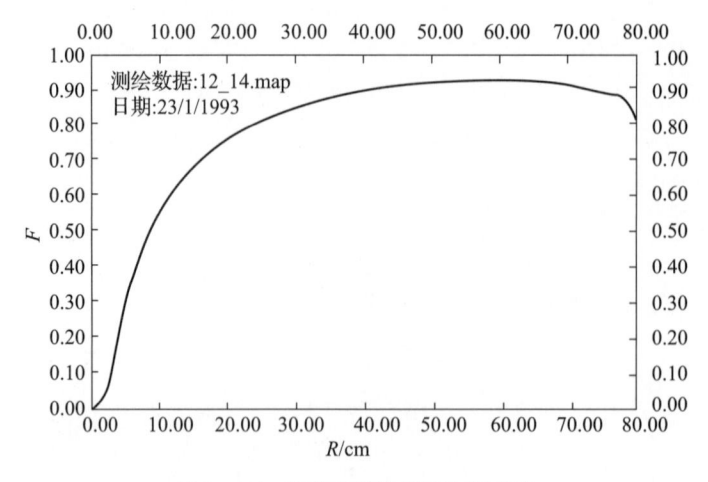

图 3-35 调变度随半径的变化规律

5. 相移、自由振荡频率

因实际磁场偏离理想等时性场，粒子的回旋频率与高频 D 电压频率间存在差异，两者之间形成相移，相移间接描述了磁场的等时性。积分运动方程可得粒子运动一个周期所需的时间 t，与高频周期 T 比较，每一个周期内的相移为：

$$\frac{t - T/2}{T/2} \times \pi$$

相移及其积分的计算实例如图 3-36 和图 3-37 所示。图 3-36 中的相移反映出相应半径处磁场与等时场的差异，图 3-37 所示为由 CYCIAE-30 最终测磁数据计算的相移积分，即总相移。

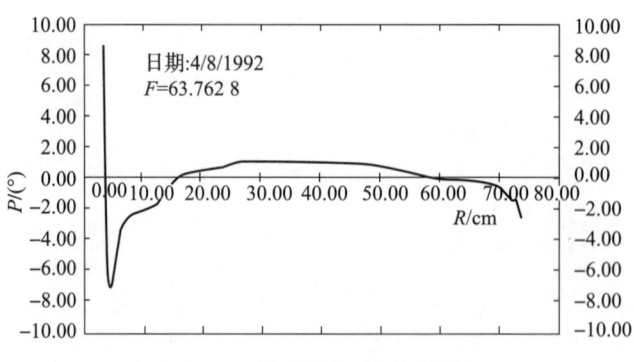

图 3-36 相移随半径的变化规律

图 3-37 总相移结果比较

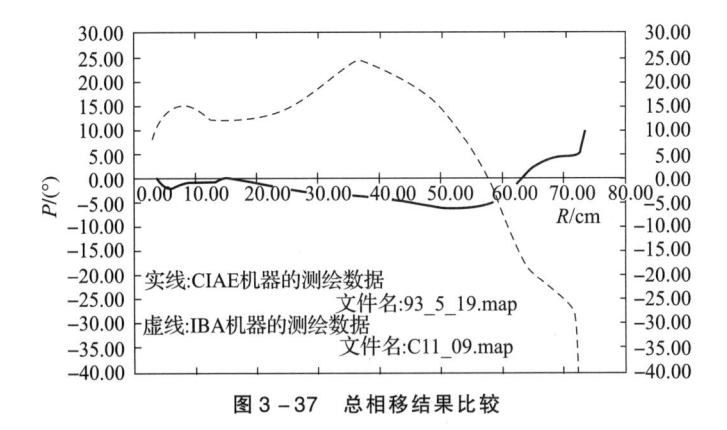

除使相移维持在一定的范围内，以保证大部分粒子能被加速外，粒子的自由振荡情况也非常重要。先积分出粒子的平衡轨道，在此基础上，略微修改初始条件，再对运动方程积分，便可求得粒子的传输矩阵：

$$M = \begin{bmatrix} m_{11} & m_{12} \\ m_{21} & m_{22} \end{bmatrix} \quad (3-46)$$

因 $\cos\sigma = \frac{1}{2}(m_{11} + m_{22})$，则自由振荡频率为：

$$v = \frac{\sigma \times N}{2\pi} \quad (3-47)$$

式中，N 为磁场的周期数，若 $\left|\frac{1}{2}(m_{11} + m_{22})\right| \leq 1$，横向运动则为围绕着平衡轨道的振动，若避开了 $m_z v_z + m_r v_r = M$（m_z，m_r，M 为整数）中主要的共振，则横向运动是稳定的。

6. 最佳高频频率与最低高频频率

根据初步选定的高频频率 f_{old}，可计算相移，结果如图 3-36 所示，为了使相移达到最小值，必须调整高频频率，计算公式如下：

$$f_{\text{new}} = f_{\text{old}}\left(1 - \frac{\sum_{i=1}^{n} P_i}{n}\right) \quad (3-48)$$

将 f_{new} 代替 f_{old} 重新计算相移，然后计算下一个 f_{new}，如此循环反复 2~3 次，即可求得最佳高频频率。

根据最佳高频频率计算出的相移必定有正有负，也就是说平均场有的地方低于等时场，有的地方高于等时场，这就要求等时场垫补时，镶条在有的地方需要加宽，在有的地方需要变窄，如果要利用现有镶条直接采用数控加工垫补,加宽有困难,因此需要将高频频率降低,一方面要保证相移在所有的地方都为负值,另一方面还要使频率尽量靠近最佳频率,即尽量减小相移的绝对值,减小修改镶条的加工量,最低频率的计算公式如下:

$$f_{\min} = f_{old}[1 - \max(P)] \qquad (3-49)$$

7. 计算机软件

上述测磁数据的处理分析过程的计算量非常大,因此将这些分析处理方法,预先基于现有 PC 的特点,编制成一系列计算程序和图形处理程序,包括 FORTRAN 程序和汇编程序,总长度约 17 000 行,可执行文件的大小 12 MB。这些程序保证了数据分析的快速与准确,对于 CYCIAE - 30,每个测磁周期共需处理数据(I/O 数据)953 226 字节,只要大约 2 h 的时间就能得到各种图表、曲线等直观的物理结果和垫补数据、数控加工程序等机械结果。垫补前、后镶条曲线的一个示例分别如图 3 - 38 中的虚线和实线所示(垫补方法与程序见下一节)。为了正确调度种类众多的执行程序与复杂的数据读入和写出,使不熟悉计算机技术的一般工程技术人员也能够使用,我们建立了一个界面程序,将各个程序的交叉运行与数据读入、写出过程管理起来,如图 3 - 39 所示。

图 3 - 38 加工镶条的垫补过程

3.6.2.2 磁场垫补与计算机辅助加工

磁场垫补包括等时场和谐波场垫补。等时场垫补主要靠磁极面形状的改变来完成,而不需要同轴线圈,因此磁极面形状十分复杂,角宽度随半径而变化。在 CYCIAE - 30 的磁极面的加工过程中,将一个磁极面分解为一个扇形磁极面和两根镶条,扇形磁极面就可以不在加工过程中迭代修改,等时场靠装在 8 个磁极面两边的 16 根镶条来垫补。

1. 谐波场垫补

主磁铁各个部件的加工及整体安装都不可避免地会存在一些工差,因此,磁场出现一次谐波,在这里谐波场的垫补不是采用谐波线圈调节的方法,完全通过 16 根镶条的不对称性来调节。谐波场垫补的依据是上一节介绍的谐波分析的结果(一次谐波的幅值与相位见图 3 - 34、图 3 - 33)。

图 3-39 磁场垫补程序框图

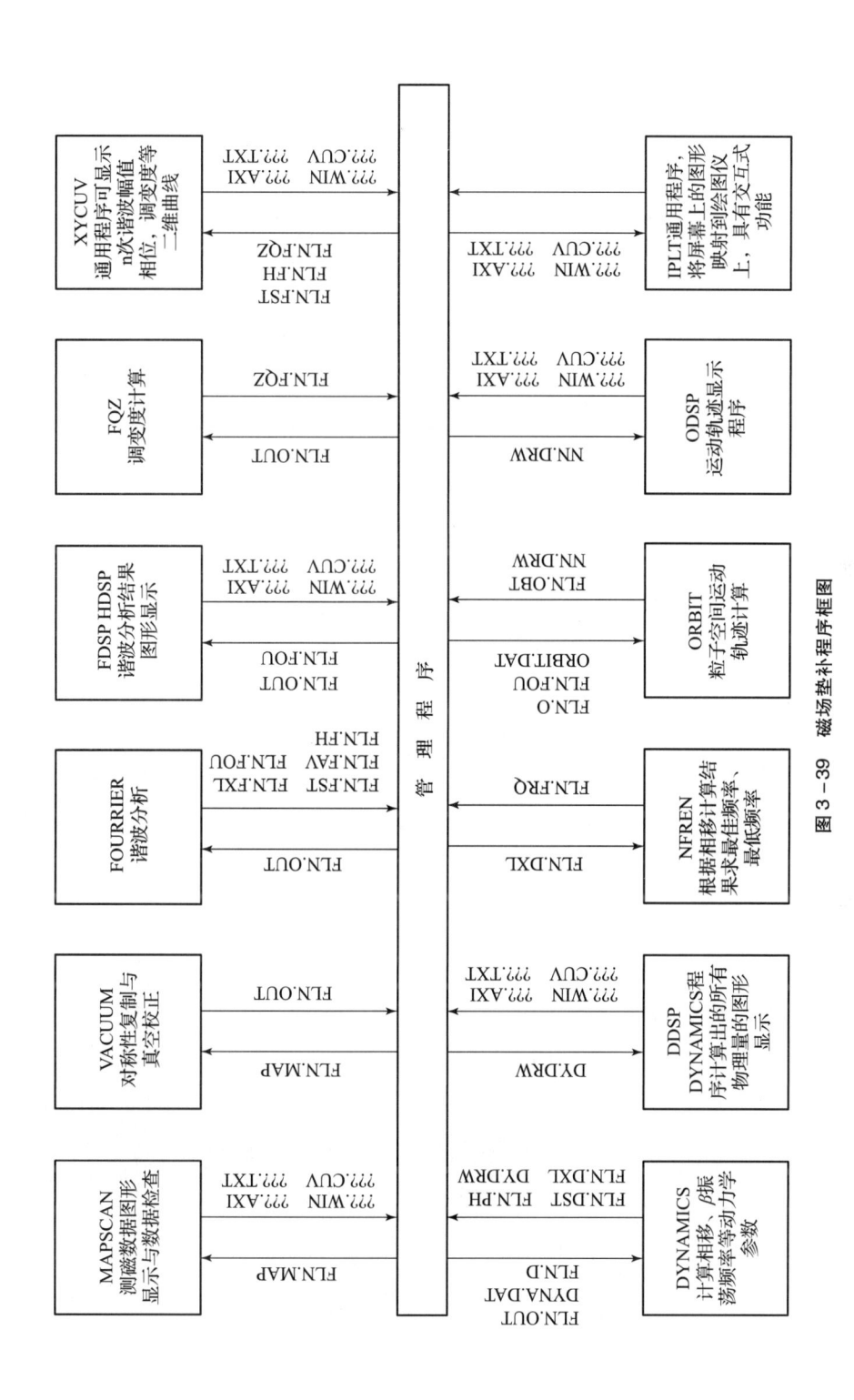

2. 等时场垫补

等时场是靠改变镶条宽度，即改变镶条侧面的形状曲线来实现的。镶条侧面的曲线十分复杂，难以找到近似的数学模型，只能用一组离散点参数（r_i, OT_i）来表示，因此垫补量计算全部通过数值分析来进行。

第一步：根据测磁数据，按上一节所示程序计算不同半径的平均场（r_i, B_i）和相移（r_i, P_i）。

第二步：将平均场作插值，求出各插值点的磁感应强度，这里采用三样条算法。插值程序 SPLINE 需要读入 "＊＊＊.FAV" 和 "＊＊＊.SIN" 两个数据文件，"＊＊＊.FAV" 存储平均场数据，"＊＊＊.SIN" 存储插值点数据。输出数据文件为 "＊＊＊.SPL" 和 "＊＊＊.SXL"。

第三步：程序 POLE 用来计算镶条位于不同半径的垫补量，基本原理基于专家经验公式：

$$b_i = 13 + r_i \times (10 - 13)/(R - 0)$$
$$\alpha_i = x\text{fact}_i \times P_i \times B_i / b_i$$
$$\text{corr}_i = r_i + \alpha_i \quad (3-50)$$
$$NT_i = OT_i + \text{corr}_i$$
$$\text{Biddeal}_i = B_i \times (1 + P_i)$$

式中，$x\text{fact}_i$ 是一个垫补控制因子，corr_i 为修改量，NT_i 为镶条侧面的新曲线，Biddeal_i 为镶条修改后磁场的一个理想近似值，它可以被送回第一步，作为 B_i 进一步计算相移，而迭代出镶条的侧面数据（r_i, NT_i）。

第四步：根据现有数控铣床的特点，将极坐标的镶条尺寸转换为直角坐标系中的数据（图 3 – 40），插值求解镶条新的加工数据并生成数控铣床的加工程序。程序 MACHINE1 计算原来曲线在直角坐标系中的数据 "XY.OLD" 中各点所对应的（r_i, θ_i），MACHINE2 根据 POLE 的结果，用三样条插值求各个 r_i 点的角宽度垫补量 α_i，MACHINE3 计算（r_i, $\theta_i + \alpha_i$）相应的直角坐标系中的数据，即新的曲线数据，调用程序 SPLINE 求出 $x = 0 \sim 800$ mm 范围内，步长为 1 mm 的加工数据 "＊＊＊.MCH"，由 "＊＊＊.MCH" 生成数控铣床加工程序 "＊＊＊.NC"。

等时场垫补过程相移的变化如图 3 – 41 所示，图 3 – 37 所示为最终垫补结果。磁场垫补的难点在于用 16 根镶条同时垫补等时场和谐波场，两种垫补要求的垫补量相互影响，给磁场垫补带来了困难。

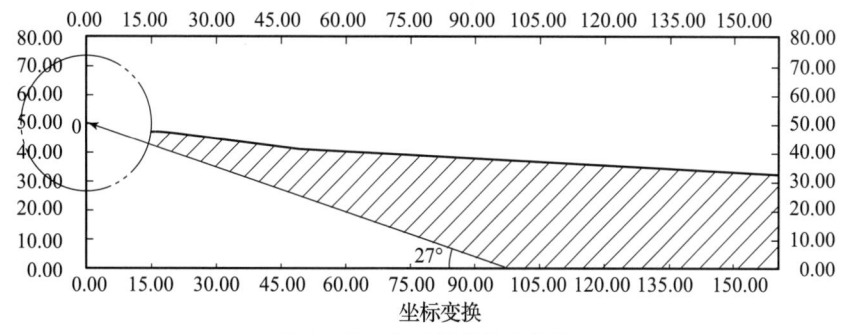

图 3-40 加工镶条的坐标系

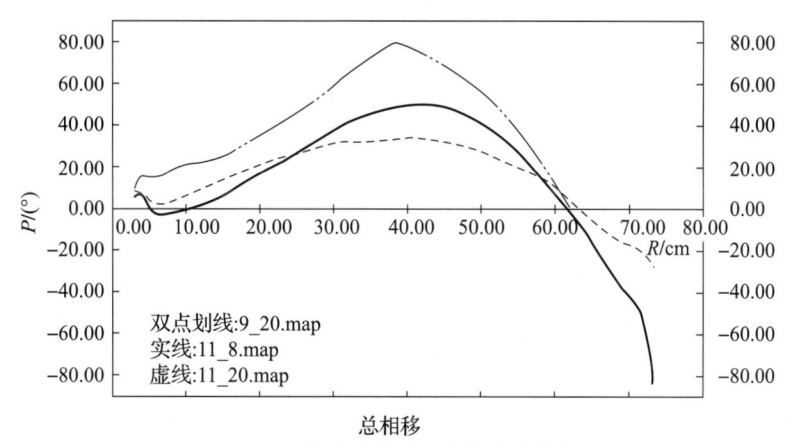

图 3-41 相移随等时场垫补过程的变化

参 考 文 献

[1] LIVINGOOD J J, NOSTRAND D V. Principles of cyclic particle accelerators [J]. Physics Today, 1961, 15（5）: 57.

[2] HAGEDOORN H L, VERSTER N F. Orbits in an AVF cyclotron [J]. Nuclear Instruments and Methods, 1962, 18-19: 201.

[3] JONGEN Y, ZAREMBA S. Cyclotron magnet calculation: Proceedings of CERN Acclerator School on Cyclotron, Linacs and their applications, CERN 96-02 [R]. La Hulpe, Belgium, 1994.

[4] LAISNE A. The realisation of the magnetic circuit of the AGOR cyclotron: Proceedings of the Second European Particle Accelerator Conference, June 12-16, 1990: 1172 [C]. Nice, France, 1990.

[5] BEECKMAN W. PE2D modelling of the Cyclone230 cyclotron; part of cyclotron

design with PE2D and TOSCA softwares at IBA: Proceedings of VECTOR FIELDS European User Meeting [C]. Ion Beam Applications, Belgium, 1992.

[6] ZAREMBA S. TOSCA Modelling of the Cyclone30 Cyclotron; part of Cyclotron Design with PE2D and TOSCA softwares at IBA: Proceedings of VECTOR FIELDS European User Meeting [C]. Ion Beam Applications, Belgium, 1992.

[7] GORDON M M. Computation of closed orbits and basic focusing properties for Sector – Focused Cyclotrons and the design of "CYCLOPS" [J]. Particle Accelerators, 1984, 16: 39.

[8] ABS M, AMELIA J, BOL J L, et al. The IBA PET dedicated cyclotrons main features and improvements: Proceedings of the Fourteenth International Conference on Cyclotrons and Their Applications, 8 – 13 October, 1995: 606 [C]. Cape Town, South Africa, 1995.

[9] MITSUMOTO T, GOTO A, KASE M, et al. Construction of the IRC for RIKEN RI – beam factory: Proceedings of 12th Japan Symp Accel Sci Technol, ISSN: 0914 – 2789, VOL. 12th, Page. 183 – 184 [C]. Japan, 1999.

[10] KIM J W, GOTO A, MITSUMOTO T, et al. Trim coil system for the RIKEN superconducting ring cyclotron: Proceedings of Particle Accelerator Conference, May 12 – 16, 1997: 3422 [C]. Vancouver, B. C., Canada, 1997.

[11] CRADDOCK M K, Richardson J R. Magnetic field tolerances for a six – sector 500 MeV H^- cyclotron [J]. IEEE Transactions on Nuclear Science, 1969, 16 (3): 415 – 420.

[12] LEE R T. Calculation on the electro – magnetic dissociation of H^-: TRI – DN – 89 – 32 [R]. Vancouver: TRIUMF, 1989.

[13] ORMROD J, BIGHAM C B, FRASER J S, et al. The chalk river superconducting heavy – ion cyclotron: Proceedings of Particle Accelerator Conference, March 16 – 18, 1977: 1093 [C] Chicago, IL, USA, 1977.

[14] MALLORY M, Initial operation of the K800 superconducting cyclotron magnet: Proceedings of Tenth International Conference on Cyclotrons, April 30 – May 3, 1984: 615 [C]. Michigan State University, East Lansing, Michigan, USA, 1984.

[15] MARTI F, MILLER P, Magnetic field imperfection in the K500 superconducting cyclotron: Proceedings of Tenth International Conference on Cyclotrons, April 30 – May 3, 1984: 107 [C]. Michigan State University, East Lansing, Michigan, USA, 1984.

[16] VECTOR FIELDS. OPERA – 2D Reference Manual [R]. Oxford: Vector

Field Limited, 2004.

[17] MENZEL M T, STOKES H K, Poisson/Superfish user's guide: LA – UR – 87 – 115 [R]. Los Alamos: Los Alamos National Lab, NM, USA, 1987.

[18] 张天爵, 等. POISSON/SUPERFISH 程序组的理论基础: 中国原子能科学研究院内部报告 [R]. 中国原子能科学研究院, 北京, 中国, 1995.

[19] VECTOR FIELDS. OPERA – 3D user's guide [R]. Oxford: Vector Field Limited, 1998.

[20] FAN M W, ZHANG T J, YAN W L. Three dimensional field computation software package DE3D and its applications [J]. China Nuclear Science & Technology Report, CNIC – 00647, 1992.

[21] ANSYS is a finite element code developed by ANSY Inc. Canonsburg, PA., ANSYS user's guide, 2004.

[22] KLATT R, KRAWCZYK F, NOVENDER W R, et al. MAFIA – a three – dimensional electromagnetic CAD system for magnets. RF structures, and transient wake – field calculations: Proceedings of the 1986 International Linac Conference, June 2 – 6, 1986: 276 [C]. Stanford, California, USA, 1986.

[23] 张天爵, 储诚节, 钟俊晴, 等. 100 MeV 强流质子回旋加速器主磁铁系统初步设计报告（版次: A）: BRIF – C – B01 – 01 – SM [R]. 北京: 中国原子能科学研究院, 2006.

[24] 毛振珑. 磁场测量 [M]. 北京: 原子能出版社, 1985.

[25] HENRICHSEN K. Classification of magnet measurement methods: Proceedings of CERN Acclerator School on Magnetic Measurement and Alignment, CERN 92 – 05: 70 [R]. Montreux, Switzerland, 1992.

[26] GREEN M. Fabrication and calibration of search coils: Proceedings of CERN Acclerator School on Magnetic Measurement and Alignment, CERN 92 – 05: 103 [R]. Montreux, Switzerland, 1992.

[27] DAEL A. Search coil techniques: Proceedings of CERN Acclerator School on Magnetic Measurement and Alignment, CERN 92 – 05: 122 [R]. Montreux, Switzerland, 1992.

[28] KVITKOVIC J. Hall generators: Proceedings of CERN Acclerator School on Measurement and Alignment of Accelerator and Detector Magnets, CERN – 98 – 05: 233 [R]. Anacapri, Italy, 1998.

[29] HENRICHSEN K. Overview of magnet measurement methods: Proceedings of CERN Acclerator School on Measurement and Alignment of Accelerator and

Detector Magnets, CERN-98-05: 127 [R]. Anacapri, Italy, 1998.

[30] MILLER P, BLOSSER H, Gossman D, et al. Magnetic field measurement in the MSU 500MeV superconducting cyclotron [J]. IEEE Transactions on Nuclear Science, 26 (2): 2111-2113, 1979.

[31] GYLE B. Magnet mapping and shimming [R]. Lecture note at China Institute of Atomic Energy, 2005.

[32] ROOT L, et al., TR-13 Magnet Design, TRI-DN-93-14 [R]. Vancouver, Canada, 1993.

[33] TANABE J. Iron dominated electromagnets design, fabrication, assembly and measurements, SLAC-R-754 [R]. Stanford Linear Accelerator Center, Stanford Synchrotron Radiation Laboratory, Stanford, CA 94025, January 6, 2005.

[34] 林建忠, 阮晓东, 陈邦国, 等. 流体力学 [M]. 北京, 清华大学出版社, 2005.

[35] LOWTHER D A, SILVESTER P P. Computer-Aided Design in Magnetics [M]. Springer-Verlag New York Inc., 1985.

[36] 阎秀恪, 谢德馨, 高彰燮, 等. 电磁力有限元分析中麦克斯韦应力张量法的积分路径选取的研究 [J]. 电工技术学报, 2003, 18 (5): 32-36.

[37] KLIOUKHINE V I, Campi D, CURE B, et al. 3D magnetic analysis of the CMS magnet [J]. IEEE Transactions on Applied Superconductivity, 2000, 10 (1): 428-431.

[38] BRZEZINA W, LANGERHOLC J. Lift and side force on rectangular pole pieces in two dimensions [J]. Journal of Applied Physics, 1974, 45 (4): 1869-1872.

[39] YUKIKO O, MASASHI F. Magnetic properties of high permeability iron powder "KIP MG270H" for line filter cores [J]. Kawasaki Steel Giho, 1999, 31 (2): 130-134.

[40] 郁龙贵. 热处理工艺对纯铁磁性能的影响 [J]. 物理测试, 2002, 6: 5-8.

[41] BADEAU J, BOCQUET P, BURLAT J, et al. Control of the magnetic properties in very large steel pieces, Proceedings of the Fourth European Particle Accelerator Conference, June 27-July 1, 1994: 2259-2261 [C]. London, England, 1994.

[42] 卢银德. 大型锻件的热处理工艺 [J]. 金属热处理, 2004, 29 (4): 47-49.

[43] OTTER A. Annealing cycles for magnet steel and variation in B-H characteristics, TRI-DN-69-3 [R]. Vancouver, Canada, Jan 15, 1969.

第 4 章
回旋加速器谐振腔

本章介绍谐振腔设计的基本理论，描述回旋加速器谐振腔的特点。考虑到已经设计并建成了大量完全不同几何结构的回旋加速器谐振腔，本章主要结合意大利米兰超导和中国原子能科学研究院 CYCIAE-100 回旋加速器谐振腔设计，分别介绍传统的传输线近似设计方法和基于大型计算的数值模拟方法，也介绍了其他一些现有的谐振腔。本章注重讨论腔体优化设计的普遍方法，重点是设计过程中所考虑的一些问题，也配合介绍一些腔体的试验与测试技术。

4.1 引言

经典回旋加速器结构的剖面示意如图 4-1 所示。离子束由安装于中心区的离子源产生，被半圆形中空的电极（D形盒）加速，同时在垂直于 D 形盒的磁场的作用下，被加速的离子以接近螺旋形的轨迹运动，最终被偏转板引出。

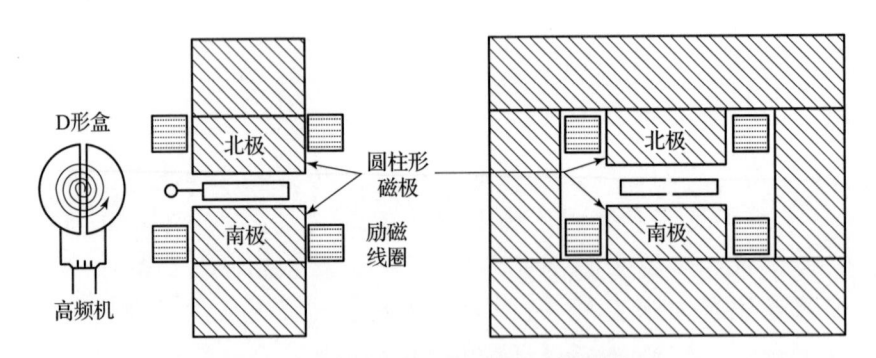

图 4-1 经典回旋加速器结构的剖面示意

正如第 1 章所述，L. H. Thomas 于 1938 年发表文章，提议改变经典回旋加速器的圆柱形磁极结构，应用"具有沿方位角变化的磁场"。这一想法直到 1950 年才引起人们的高度注意，在 20 世纪 50 年代末期带来了方位角调变场回旋加速器的突破进展。自 1956 年起，全世界建造了 100 多台方位角调变场回旋加速器，用于核物理和应用物理研究，加速粒子范围从氢（质子）到铀，能量高达每核子几百 MeV。广泛的应用和不同的要求，带来了各种各样的回旋加速器设计方案，特别是高频腔的设计。腔体设计的重点是 D 形盒，其设计方案与结构形式主要受制于磁铁的设计。

由于为把粒子加速到较高能量（>50 MeV）且维持等时性和聚焦力，往往需要较大的磁场方位角调变度，有时还辅助以较大的磁极螺旋角。通常高频腔体都是插入叶片的谷区，这样加速电极就不再有 D 形；另外，回旋加速器中每核子的最大能量由磁极的磁钢度决定，紧凑型回旋加速器的质量近似正比于半径的立方，因此现代一些高能回旋加速器多采用分离扇形或超导的磁铁结构。

到目前为止，针对这些不同的回旋加速器主磁铁，已经有了大量的完全不同结构的高频谐振腔设计。所以，本章的注意力将主要集中于通用的设计原则、方法和一些作者认为特别有意思的一些设计实例。需要指出的是，由于涉及如此众多的回旋加速器，每个腔体的设计都有不同的初始条件，所以在这里首先介绍谐振腔设计的基本理论，并介绍传输线近似方法——虽然该方法并不能给出场的完整图像，但大部分回旋加速器的谐振腔都是用具备大型数值模拟手段进行设计的，最后介绍近年来发展迅速的谐振腔数值分析手段和有关的计算机软件，并给出一些典型的工程设计实例。

|4.2 谐振腔设计的基本理论|

4.2.1 串联和并联谐振电路

当工作频率接近谐振器的谐振频率时，谐振腔通常可以等效为一个串联或并联 RLC 谐振回路。在实际的谐振腔分析中，往往也将谐振腔等效为串联或并联谐振回路来处理。下面就从串/并联谐振回路出发，讨论腔体的一些基本参数。

4.2.1.1 串联谐振回路

串联 RLC 谐振回路如图 4-2 所示，它的输入阻抗为：

$$Z_{in} = R + j\omega L - j\frac{1}{\omega C} \qquad (4-1)$$

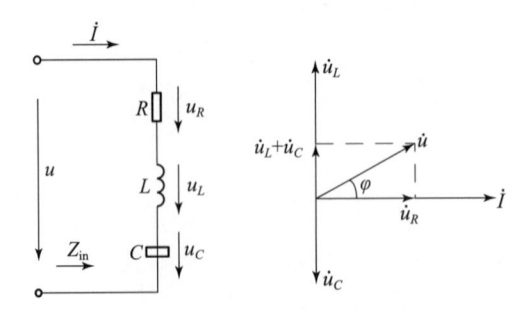

图 4-2 串联 RLC 谐振回路

馈送到谐振器的复数功率为：

$$P_{in} = \frac{1}{2}|I|^2\left(R + j\omega L - j\frac{1}{\omega C}\right) \quad (4-2)$$

电阻 R 上的损耗功率为：

$$P_1 = \frac{1}{2}|I|^2 R \quad (4-3a)$$

储存在电感 L 中的平均磁能为：

$$W_m = \frac{1}{4}|I|^2 L \quad (4-3b)$$

储存在电容 C 中的平均电能为：

$$W_e = \frac{1}{4}|V_C|^2 C = \frac{1}{4}|I|^2 \frac{1}{\omega^2 C} \quad (4-3c)$$

式中，V_C 是电容 C 上的电压。因此，式（4-2）中的复数功率可写为：

$$P_{in} = P_1 + 2j\omega(W_m - W_e) \quad (4-4)$$

式（4-1）的输入阻抗可写为：

$$Z_{in} = \frac{2P_{in}}{|I|^2} = \frac{P_1 + 2j\omega(W_m - W_e)}{|I|^2/2} \quad (4-5)$$

当平均磁能和平均电储能相等时发生谐振，由式（4-5）和式（4-3a）得谐振时的输入阻抗为 $Z_{in} = \frac{P_1}{|I|^2/2} = R$，它是实阻抗。

当 $W_e = W_m$ 时呈现谐振，谐振频率为：

$$\omega_0 = \frac{1}{\sqrt{LC}} \quad (4-6)$$

谐振回路的另一个重要参数是品质因数（Q），它定义为：

$$Q = \omega\frac{(W_m + W_e)}{P_1} = \omega\frac{\text{平均储能}}{\text{损耗功率}} \quad (4-7)$$

因此，Q 值是谐振回路损耗大小的一个量度，Q 值大意味着损耗小。对于图 4-2 所示的串联回路，Q 为：

$$Q = \omega_0 \frac{2W_m}{P_l} = \frac{\omega_0 L}{R} = \frac{1}{\omega_0 RC} \tag{4-8}$$

4.2.1.2 并联谐振回路

并联 RLC 谐振回路如图 4-3 所示，它是串联 RLC 谐振回路的对偶电路。由相同的分析，可以得到：

$$Z_{in} = \frac{2P_{in}}{|I|^2} = \frac{P_l + 2j\omega(W_m - W_e)}{|I|^2/2} \tag{4-9}$$

与串联的情况相同，当 $W_e = W_m$ 时出现谐振。可得其谐振时的输入阻抗为 $Z_{in} = \frac{P_l}{|I|^2/2} = R$，它是实阻抗。谐振频率为：

$$\omega_0 = \frac{1}{\sqrt{LC}} \tag{4-10}$$

Q 为：

$$Q = \omega_0 \frac{2W_m}{P_l} = \frac{R}{\omega_0 L} = \omega_0 RC \tag{4-11}$$

4.2.1.3 无载和有载 Q 值

上面定义的 Q 值只是表征谐振回路本身的特性，没有考虑外电路的影响，因此称为无载 Q 值。但是实际的谐振回路几乎都要耦合到外电路，从而使总品质因数，或有载 Q 值下降。图 4-4 所示为一个耦合到外部负载 R_L 的谐振腔。

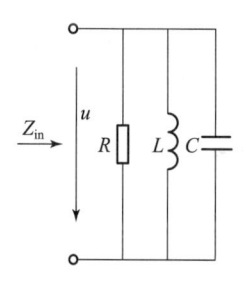

图 4-3 并联谐振回路

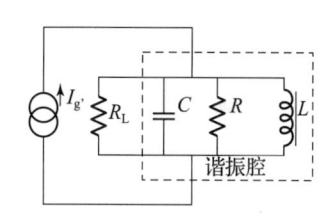

图 4-4 接有负载的谐振回路

如果谐振腔是一个串联 RLC 回路，则负载电阻相当于与 R 串联，式（4-8）中的有效电阻变为 $R + R_L$。如果谐振腔是一个并联谐振回路，则负载电阻相当于

和 R 并联，式 (4-11) 中的有效电阻变为 $RR_L/(R+R_L)$。如定义一个外部 Q 值 (Q_e)：

$$Q_e = \omega_0 L/R_L (\text{对串联电路}) \quad (4-12a)$$

$$Q_e = R_L/\omega_0 L (\text{对并联电路}) \quad (4-12b)$$

则有载 Q 值可表示为：

$$\frac{1}{Q_L} = \frac{1}{Q_e} + \frac{1}{Q} \quad (4-13)$$

4.2.2 同轴线空腔谐振腔

利用同轴线，设法将其中传输的电磁行波转换成电磁驻波，则形成同轴线空腔谐振腔。由于同轴线传输的是无色散的 TEM 波，所以同轴线空腔中的振荡模式简单，具有稳定的场结构，工作可靠，频带宽。因此同轴线空腔得到广泛的应用。

常用的同轴线空腔谐振器[1-3]有如下 3 种形式：

(1) 将一段同轴线一端短路，另一端开路，产生谐振时，腔长为 $\lambda/4$ 的奇数倍，称为 $\lambda/4$ 同轴线空腔谐振器，如图 4-5 (a) 所示。

(2) 将一段同轴线的两端短路，产生谐振时，腔长为 $\lambda/2$ 的整数倍，称为 $\lambda/2$ 同轴线空腔谐振器，如图 4-5 (b) 所示。

(3) 将一段同轴线的一端短路，另一端外导体用导体端盖封闭，但端盖与内导体之间留有一定距离，构成电容器，称为电容负载同轴线空腔谐振器，如图 4-5 (c) 所示。

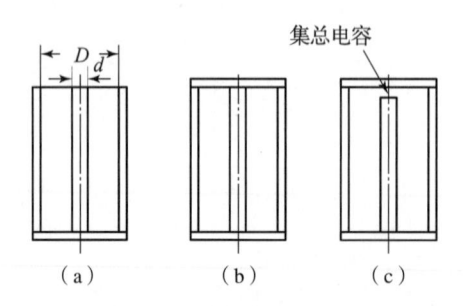

图 4-5 同轴线空腔谐振器

实际应用同轴线时，必须满足不出现高次模式的条件，要求：$\pi(d+D)/2 < \lambda_{min}$，$\lambda_{min}$ 为工作频带内的最短波长，此时同轴线中只存在 TEM 模式。

4.2.2.1 $\lambda/4$ 同轴线空腔谐振器

图 4-5 (a) 所示的 $\lambda/4$ 同轴线空腔谐振器可用图 4-6 所示的一端短路，另一端开路的等效双线来表示。

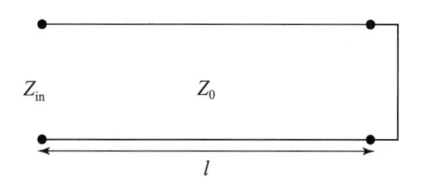

图 4-6 λ/4 同轴线空腔谐振器的等效双线

根据传输线理论，输入阻抗为：

$$Z_{in} = jZ_0 \tan \frac{2\pi l}{\lambda} \quad (4-14)$$

谐振时 $Z_{in} = \infty$ ($Y_{in} = 0$)，由此可得谐振条件：

$$\frac{2\pi l}{\lambda_0} = (2n-1)\frac{\pi}{2} \quad (n = 1, 2, \cdots)$$

即

$$l = (2n-1)\frac{\lambda_0}{4} \quad (4-15)$$

或：

$$\lambda_0 = \frac{4l}{2n-1} \quad (4-16)$$

由式（4-16）可见，当腔长度一定时，每一个 n 值对应一个谐振波长，即对应一个振荡模式。因此 λ/4 同轴线空腔谐振器具有多谐性。图 4-7 所示为 $n=1$ 和 $n=2$ 两种振荡模式的场分布图形。

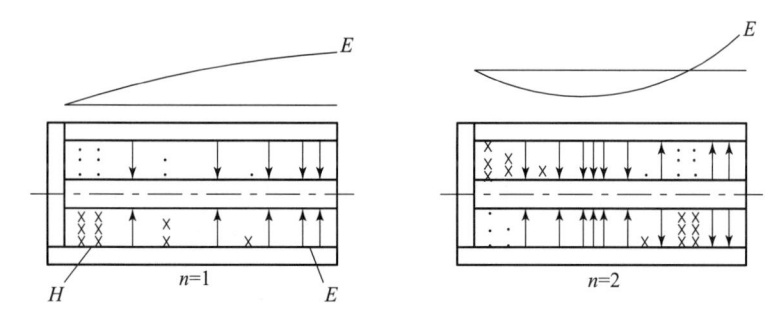

图 4-7 λ/4 同轴线空腔谐振器中的场结构线

实际使用的同轴线总是有损耗的，假设 λ/4 同轴线空腔谐振器短路端面上的电流幅度为 I_0，离短路端面 z 处的电流为 $I_0 \cos\beta z$，由于谐振时腔内储能一定，因此可以选择电流达到最大值时来计算腔内储能，故

$$W = \frac{L_1}{2} \int_0^{\lambda_0/4} I^2(z) \, dz = \frac{1}{16} \lambda_0 L_1 I_0^2 \quad (4-17)$$

式中，$L_1 = (\mu/2\pi)\ln(D/d)$，为同轴线单位长度的电感。

同轴线损耗等于内、外柱面导体所耗功率与短路端壁损耗功率之和。内、外柱面导体损耗的功率为：

$$P_{11} = \frac{1}{2}\int_0^{\lambda_0/4} I^2(z) R_1 \mathrm{d}z = \frac{1}{16}\lambda_0 R_1 I_0^2 \qquad (4-18)$$

式中，R_1 为内、外柱面导体单位长度的表面电阻之和，即

$$R_1 = \frac{1}{\pi\sigma\delta}\left(\frac{1}{d} + \frac{1}{D}\right)$$

同轴线短路端面损耗的功率为：

$$P_{12} = \frac{1}{2}I_0^2 R_2 \qquad (4-19)$$

式中，$R_2 = (1/2\pi\sigma\delta)\ln(D/d)$，为同轴线短路端面总表面电阻。由上式及 Q 值的定义可得 $\lambda/4$ 同轴线空腔谐振器的品质因数 Q_0 为：

$$Q_0 = \frac{D}{\delta} \cdot \frac{\ln\dfrac{D}{d}}{1 + \dfrac{D}{d} + \dfrac{D}{l}\ln\dfrac{D}{d}} \qquad (4-20)$$

4.2.2.2　$\lambda/2$ 同轴线空腔谐振器

图 4-5（b）所示 $\lambda/2$ 同轴线空腔谐振器是由两端短路的同轴线构成的。它可以看成由两个 $\lambda/4$ 同轴线空腔谐振器以开路端相连接而成的。因此，其分析方法与 $\lambda/4$ 同轴线空腔谐振器完全相同，下面给出主要结果。

当工作波长给定时，谐振器长度为：

$$l = n\frac{\lambda_0}{2} \quad (n=1,2,\cdots) \qquad (4-21)$$

当谐振器长度一定时，其谐波长度为：

$$\lambda_0 = \frac{2}{n}l \quad (n=1,2,\cdots) \qquad (4-22)$$

图 4-8 所示为 $n=1$ 时 $\lambda/2$ 同轴线空腔谐振器中的场结构线。品质因数为：

$$Q_0 = \frac{1}{\delta} \cdot \frac{\ln\dfrac{D}{d}}{\left(\dfrac{1}{D} + \dfrac{1}{d}\right) + \dfrac{2}{l}\ln\dfrac{D}{d}} \qquad (4-23)$$

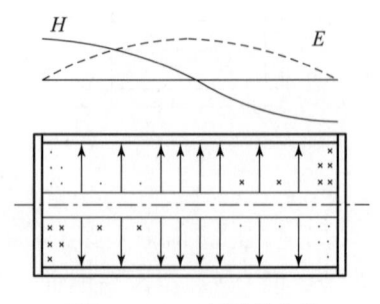

图 4-8　$\lambda/2$ 同轴线空腔谐振器中的场结构线（$n=1$）

4.2.2.3 电容负载同轴线空腔谐振器

电容负载同轴线空腔谐振器的一端短路，另一端是同轴线外导体的闭合壁与内导体末端之间的集总电容，其场分布如图 4-9（a）所示。这种腔体在回旋加速器领域的应用非常广泛。其等效电路如图 4-9（b）所示，即谐振腔可以看成一端短路的传输线与集总电容 C 的并联。这样可以利用长线理论来分析。

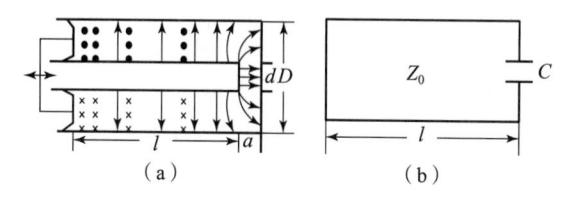

图 4-9 电容负载同轴线空腔场分布及等效电路

设同轴线内导体长度为 l，特性阻抗为 Z_0，这时从电容两端向左看进去的输入阻抗为：

$$Z_{\text{in}} = jZ_0 \tan\beta l \tag{4-24}$$

谐振时，并联导纳虚部为零，由此可得谐振条件为：

$$\omega_0 C = \frac{1}{Z_0}\cot\left(\frac{\omega_0 l}{v}\right) \tag{4-25}$$

由图解法可以求出谐振频率。当谐振频率一定时，腔体长度为：

$$l = \frac{1}{\beta}\left(\cot\frac{1}{\omega_0 C Z_0} + n\pi\right) = \frac{\lambda_0}{2\pi}\cot\frac{1}{\omega_0 C Z_0} + n\frac{\lambda_0}{2} \tag{4-26}$$

4.2.2.4 同轴线空腔谐振器的设计要点

同轴线空腔谐振器的设计，一般是在给定工作频率的前提下，适当选择谐振器的长度及同轴线内、外导体直径。此外，还应当考虑机械结构、调谐和耦合方式等问题。其设计要点如下：

（1）对给定工作频率，电容加载同轴线空腔谐振器的长度可按式（4-26）进行计算，其他类型的腔体由波长及腔体类型简单决定。当波长较短时，可采用较高模式，反之采用较低的模式。

（2）为了避免高次模式，同轴线内、外导体直径应当满足只存在 TEM 波的条件 $\pi(D+d)/2 < \lambda_{\min}$，即内、外导体的平均周长应当小于最小工作波长。

（3）为了得到较大的 Q_0 值，外导体直径与内导体直径之比 D/d 应选为 2~7。D/d 等于 3.6 时，Q_0 值最大；D/d 为 2~7 时，Q_0 值的下降不超过15%。

（4）空腔谐振器一般用铜做成，有时内壁镀银，以减小表面阻抗，提高 Q 值。高质量的空腔谐振器可以用殷钢作成，为了防止氧化再在上面镀银。

（5）耦合方式一般采用探针耦合（即电容耦合）或环耦合（即电感耦合）。

4.2.3 波导空腔谐振器

同轴线空腔谐振腔有着非常广泛的应用，但是随着工作频率的进一步升高（$f \geqslant 100$ MHz），趋肤效应变得越来越严重，同时由于内导体的存在，腔体的损耗变得更严重，为了追求大 Q 值，一般采用波导空腔谐振器[4,9]。波导空腔谐振器由一段闭合的波导段组成。由于波导的开路端有辐射损失，因此通常采用两端短路的波导谐振腔，电能和磁能储存于腔内。腔内金属壁及填充空腔的介质一般有功率损耗。可以通过小孔、小探针或小环实现与谐振腔的耦合。最常用的波导空腔谐振器有矩形谐振腔和圆柱形谐振腔。

4.2.3.1 矩形谐振腔

对于图4-10所示的矩形谐振腔，利用波导理论中关于波导内电磁振荡的性质，采用叠加法就可以求得矩形谐振腔内的场分布[7]。

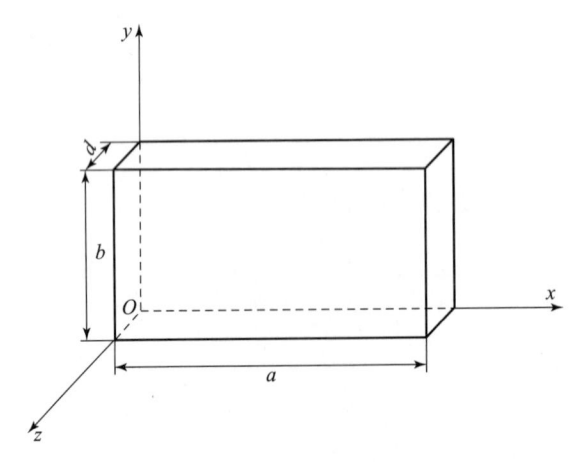

图4-10 矩形谐振腔示意

1. 电磁场的分布

矩形谐振腔可以承载两种模式的电磁振荡——TE模和TM模，对 TE_{mnp} 模，$E_z = 0$，其电磁场分布为：

$$H_x(x,y,z) = -\frac{1}{h^2}\left(\frac{m\pi}{a}\right)\left(\frac{p\pi}{d}\right)H_0 \sin\left(\frac{m\pi}{a}x\right)\cos\left(\frac{n\pi}{b}y\right)\cos\left(\frac{p\pi}{d}z\right)$$

$$H_y(x,y,z) = -\frac{1}{h^2}\left(\frac{n\pi}{b}\right)\left(\frac{p\pi}{d}\right)H_0 \cos\left(\frac{m\pi}{a}x\right)\sin\left(\frac{n\pi}{b}y\right)\cos\left(\frac{p\pi}{d}z\right)$$

$$H_z(x,y,z) = H_0 \cos\left(\frac{m\pi}{a}x\right)\cos\left(\frac{n\pi}{b}y\right)\sin\left(\frac{p\pi}{d}z\right) \quad (4-27)$$

$$E_x(x,y,z) = \frac{\mathrm{j}\omega\mu}{h^2}\left(\frac{n\pi}{b}\right)H_0 \cos\left(\frac{m\pi}{a}x\right)\sin\left(\frac{n\pi}{b}y\right)\sin\left(\frac{p\pi}{d}z\right)$$

$$E_y(x,y,z) = -\frac{\mathrm{j}\omega\mu}{h^2}\left(\frac{m\pi}{a}\right)H_0 \sin\left(\frac{m\pi}{a}x\right)\cos\left(\frac{n\pi}{b}y\right)\sin\left(\frac{p\pi}{d}z\right)$$

并且有：

$$h = \sqrt{\left(\frac{m\pi}{a}\right)^2 + \left(\frac{n\pi}{b}\right)^2} \quad (4-28)$$

其中 m、n 可取非负整数，但不能同时为零。

对 TM_{mnp} 模式，$H_z = 0$，其场分布为：

$$E_z(x,y,z) = E_0 \sin\left(\frac{m\pi}{a}x\right)\sin\left(\frac{n\pi}{b}y\right)\cos\left(\frac{p\pi}{d}z\right)$$

$$E_x(x,y,z) = -\frac{1}{h^2}\left(\frac{m\pi}{a}\right)\left(\frac{p\pi}{d}\right)E_0 \cos\left(\frac{m\pi}{a}x\right)\sin\left(\frac{n\pi}{b}y\right)\sin\left(\frac{p\pi}{d}z\right)$$

$$E_y(x,y,z) = -\frac{1}{h^2}\left(\frac{n\pi}{b}\right)\left(\frac{p\pi}{d}\right)E_0 \sin\left(\frac{m\pi}{a}x\right)\cos\left(\frac{n\pi}{b}y\right)\sin\left(\frac{p\pi}{d}z\right) \quad (4-29)$$

$$H_x(x,y,z) = \frac{\mathrm{j}\omega\varepsilon}{h^2}\left(\frac{n\pi}{b}\right)E_0 \sin\left(\frac{m\pi}{a}x\right)\cos\left(\frac{n\pi}{b}y\right)\cos\left(\frac{p\pi}{d}z\right)$$

$$H_y(x,y,z) = -\frac{\mathrm{j}\omega\varepsilon}{h^2}\left(\frac{m\pi}{a}\right)E_0 \cos\left(\frac{m\pi}{a}x\right)\sin\left(\frac{n\pi}{b}y\right)\cos\left(\frac{p\pi}{d}z\right)$$

其中 h 有与式（4-28）同样的表达形式。

2. 特性参数计算

1）谐振频率

$$f_{mnp} = \frac{1}{2\sqrt{\mu\varepsilon}} \cdot \sqrt{\left(\frac{m}{a}\right)^2 + \left(\frac{n}{b}\right)^2 + \left(\frac{p}{d}\right)^2} \quad (4-30)$$

2）固有品质因数

对 TE_{mnp} 模，在基模 TE_{101} 有：

$$Q_{\mathrm{TE}_{101}} = \frac{\pi f_{101}\mu_0 abd(a^2+d^2)}{R_s[2b(a^3+d^3)+ad(a^2+d^2)]} \quad (4-31)$$

对 TM_{mnp} 模,在基模 TM_{110} 有:

$$Q_{TM_{110}} = \frac{\pi f_{110}\mu_0 abd(a^2+b^2)}{R_s[2d(a^3+d^3)+ab(a^2+b^2)]} \quad (4-32)$$

3) 等效电导

若已知腔体内某工作模式场结构的表达式、腔内表面的材料,那么就可以求出腔体的等效电导,即

$$G_0 = R_s \frac{\oint_S |H_\tau|^2 dS}{\left(\int_A^B \boldsymbol{E} \cdot d\boldsymbol{l}\right)^2} \quad (4-33)$$

4.2.3.2 圆柱形谐振腔

圆柱形谐振腔在回旋加速器中不常用,其电磁场分布和特性参数计算与上述矩形谐振腔类似,由于柱坐标系的引入,结果中出现了贝塞尔函数,读者可尝试推导计算或参阅本章参考文献[2],此处不再详细叙述。

4.3 回旋加速器谐振腔的特点

在回旋加速器 70 年的发展历史中,几乎所有的回旋加速器腔体都是类"同轴线"的,早期只有 PSI 的分离扇回旋加速器腔体和 TRITRON 是两个主要的例外;直到 20 世纪 90 年代前后,在日本的 RCNP 常温磁铁分离扇和 RIKEN 超导磁铁分离扇回旋加速器中,也采用了波导结构的腔体。如前 4.2.2 节所述,同轴线谐振腔的工作模式是 TEM 模,其振荡模式简单,具有稳定的场结构,无色散,无频率下限,频率范围宽,频宽比可达 2∶1 甚至 3∶1。当然,为了防止出现高次模,要求 $\pi(d+D)/2 < \lambda_{min}$,即同轴线谐振腔横截面的尺寸不宜过大,另外,内导体也增加了损耗。这就决定了同轴线谐振腔与圆柱形和矩形谐振腔相比,其缺点是与波导结构腔体相比无载品质因数 Q_0 小。

考虑图 4-1 所示的经典回旋加速器结构,加速电极由中心向外扩展至引出半径,形成两个加速间隙和间隙间的高频屏蔽区。因此,每个 D 形盒至少一阶上呈容性,这就需要一个电感来构成谐振回路。虽然考虑到回旋加速器旋转频率、谐波次数、加速电压等理论设计要求和主磁铁的紧凑型、分离扇、超导等结构设计特点,高频谐振腔已经有了十分多姿多彩的结构设计,出现了形式多样的设计结果,但从高频的角度看,归纳起来主要有两类腔型,即同轴线

谐振腔和波导结构谐振腔，下面通过一些例子加以介绍和说明。

4.3.1 同轴线谐振腔

4.3.1.1 λ/4 同轴线谐振腔

在所有的经典回旋加速器中，D 形盒插入主磁铁的磁极之间，呈容性，而延伸到主磁铁外部的短路传输线呈感性。也就是说 D 形盒是开路的 $\lambda/4$ 同轴线谐振腔的一部分。C. Pagani 画出了几种 $\lambda/4$ 同轴线谐振腔的常用结构（图 4-11），这种类型谐振腔的一个实际例子如图 4-12 所示，它是我国第一台回旋加速器 Y-120 的高频谐振腔。图 4-13 所示为这类 $\lambda/4$ 同轴线谐振腔中的一个设计独特的例子，它是美国 A&M 大学的超导回旋加速器高频谐振腔体，由 D 形盒和 $\lambda/4$ 短路调谐板组成，值得注意的是：其频率调谐系统是通过改变腔体的体积来完成的。米兰（INFN-LNS）K800 超导回旋加速器的平顶腔也是 $\lambda/4$ 同轴线谐振腔，由靠近 D 形盒的电容和同轴结构短路端组成（图 4-14），平顶腔的主要几何参数为：外径为 90 mm，内径为 24 mm；腔体端路段的调节范围为最小 587 mm、最大 720 mm；电容圆盘的直径为 180 mm，距离 D 板 100 mm。

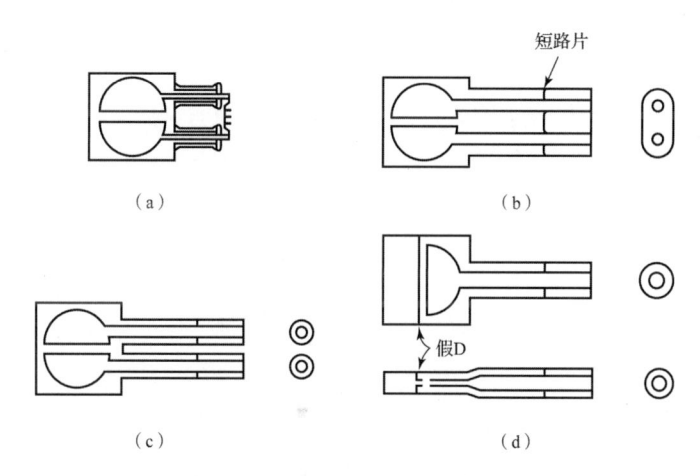

图 4-11 λ/4 同轴线谐振腔的结构示意

（a）采用玻璃馈入组件的 D 电极系统，用外部电感调谐共振频率；
（b）两个 λ/4 同轴线，用相同的一个可移动短路片调谐共振频率；
（c）两个分开的 λ/4 同轴线，用两个可移动短路片调谐共振频率；
（d）采用假 D 的单个 λ/4 同轴线，用单个可移动短路片调谐共振频率

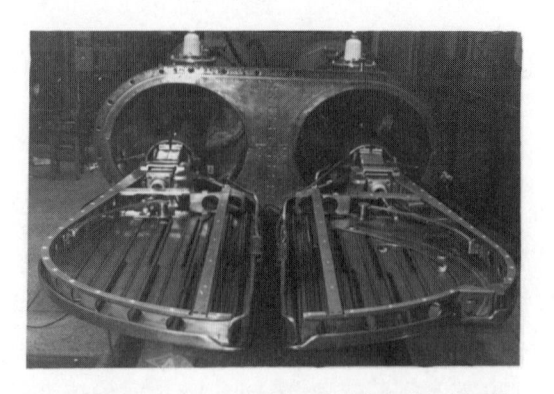

图 4-12　Y-120 回旋加速器的高频谐振腔照片

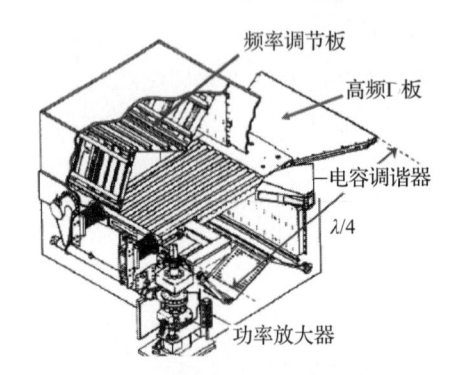

图 4-13　美国 A&M 大学的超导
回旋加速器高频谐振腔

图 4-14　米兰（INFN-LNS）K800 超导
回旋加速器的平顶腔

4.3.1.2　$\lambda/2$ 同轴线谐振腔

根据相同的基本思想，不少回旋加速器中的 D 形盒是 $\lambda/2$ 同轴线谐振腔的高压中心导体。当磁铁设计（如超导或分离扇回旋的情况）允许或要求 RF 腔往垂直方向扩展时，更好的解决方案是采用 $\lambda/2$ 同轴线谐振腔。此时 D 形盒电容产生的电流被两个对称的短路端平分，减小了腔的功率损耗；其另一个优点在于，关于束流平面对称的腔体，本质上加速场没有轴向分量。无论从束流动力学角度看，还是从高频角度看，$\lambda/2$ 同轴线谐振腔有其明显的优点。

图 4-15～图 4-19 给出了几个不同的腔体设计，但它们本质上都是 $\lambda/2$ 同轴线谐振腔。这类谐振腔安装于主磁铁的扇形（螺旋形）叶片之间（谷区），有双加速间隙，所以其加速电极一般是三角形或超导加速器中的螺旋形，双加速间隙之间的角宽度沿半径大体上维持不变。

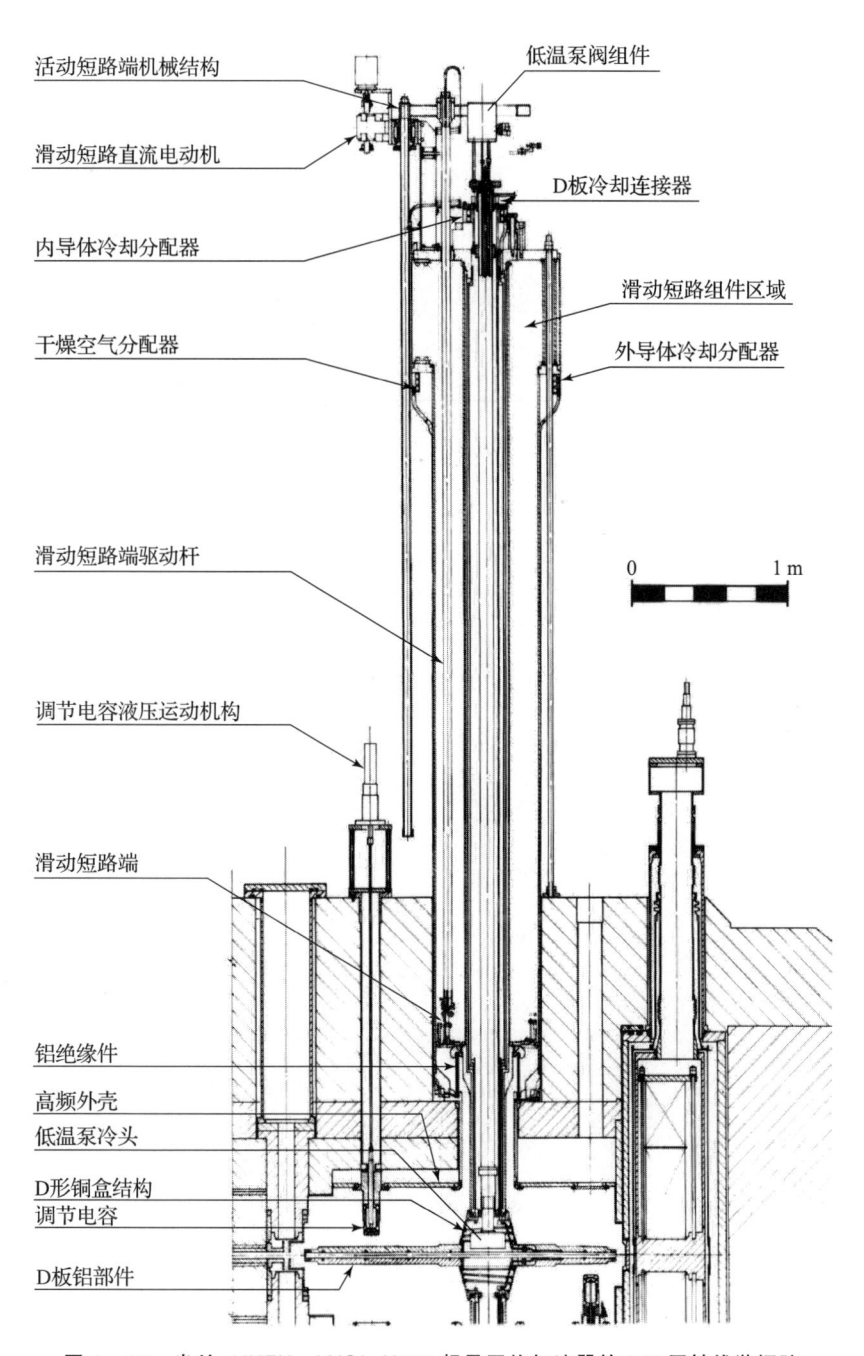

图4-15 米兰（INFN-LNS）K800超导回旋加速器的$\lambda/2$同轴线谐振腔

图 4-15 所示是近 20 多年来发展起来的有代表性的超导回旋加速器的 $\lambda/2$ 谐振腔,它是米兰(INFN-LNS)K800 超导回旋加速器的主加速谐振腔,共有 3 套主加速腔,图中仅显示了其中一套的上半部分,可见其同轴部分是圆柱形的。类似的设计还有美国 NSCL 的 K500 超导回旋加速器的谐振腔和 M. Eiche 于 1992 年完成的用于 30 MeV 紧凑型回旋加速器的双谐振频率的腔体等。这些腔体主要采用传输线近似方法设计,也可使用二维软件进行优化。

有些紧凑型回旋加速器,如中国原子能科学研究院的 CYCIAE-30,为了将整机设计得更紧凑,并改善高频谐振腔的机械稳定性,将高频谐振腔完全安装在磁铁的深谷区之中。由于 4 叶片主磁铁结构的谷区大体上呈三角形状,所以,CYCIAE-30 类"同轴线"的 $\lambda/2$ 谐振腔的外导体主要是三角形结构,D 形盒尽量在方位角方向展宽,形成四次谐波加速,如图 4-16 所示。这样的腔体在具有明显技术优点的同时,也带来一些技术上的难点。首先是高频谐振腔的设计技术,这不仅需要考虑磁铁与腔体在结构形状上的紧密配合,由此而引起谐振频率、Q 值、加速电压分布、高频功率泄漏等设计上的困难。在国际上,20 世纪 80 年代末期的比利时 IBA 公司、20 世纪 90 年代初期的中国原子能科学研究院,设计上主要是将不规则外导体等效为同轴线腔体的外圆,外圆和内杆构成同轴线,再加上 D 板和假 D 之间的等效电容进行近似计算,然后通过冷模试验最后确定腔体结构。其次的困难有水冷方案等一系列的工艺技术,还要考虑由多物理场的耦合引起的问题,例如在某些特殊磁场分布区域的电子倍增效应,及其引起的高频崩溃等。

图 4-16 CYCIAE-30 回旋加速器的 $\lambda/2$ 类"同轴线"三角形谐振腔

图 4-17 所示为中国原子能科学研究院强流回旋加速器综合试验装置高频谐振腔与耦合系统,它结合了上述半波长三角形腔和同轴线谐振腔(典型的设计见 M. Eiche,1992)两者的结构特点,充分利用了紧凑型回旋加速器

有限的谷区空间和盖板上的开孔,使高频系统结构稳定,也使该回旋加速器装置整体结构更加紧凑。

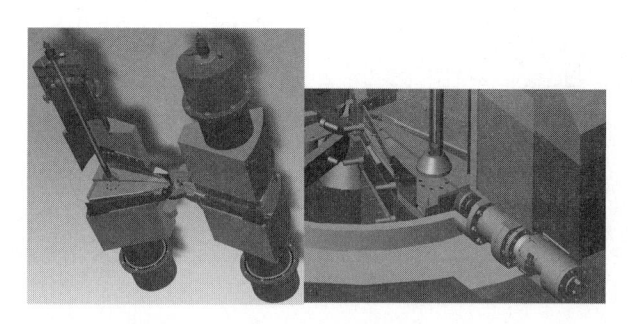

图 4-17 强流回旋加速器综合试验装置的高频谐振腔与耦合系统

许多分离扇回旋加速器的高频腔都是典型的 $\lambda/2$ 类"同轴线"三角形谐振腔,如瑞士 PSI 的 Injector-Ⅱ 回旋加速器和法国 GANIL 的 SSC 回旋加速器的高频腔。图 4-18 所示是结构上较有特点的 GANIL 分离扇回旋加速器 $\lambda/2$ 高频谐振器,倾斜布置的内杆有效降低了腔体的高度,D 板末端的大电容板用于频率调整。图 4-19 所示是又一套用于紧凑型回旋加速器的腔体,它的外导体仍然呈三角形以贴合主磁铁的谷区,但它引入了某些超导回旋加速器谐振腔的设计特点,发展了双内杆的 $\lambda/2$ 类"同轴线"三角形谐振腔,实现了加速电压沿半径的上升以减少负氢束流的洛伦兹剥离损失,其研究、设计与试验的具体技术过程将在 4.7 节重点详述。这些 $\lambda/2$ 类"同轴线"三角形谐振腔的结构往往比较复杂,其设计通常采用现代数值分析技术,较常用的软件见 4.5 节。

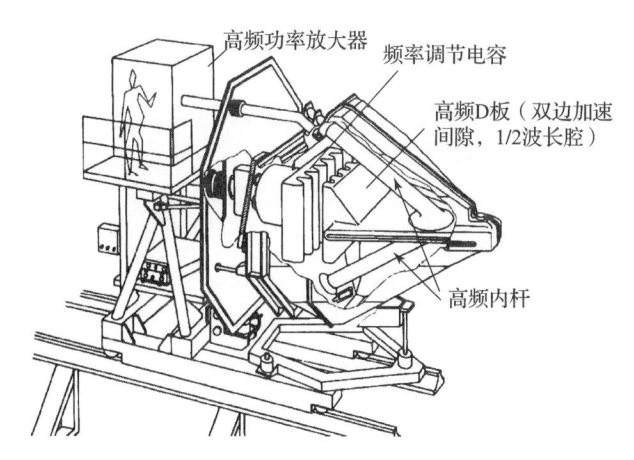

图 4-18 GANIL 分离扇回旋加速器 $\lambda/2$ 高频谐振腔

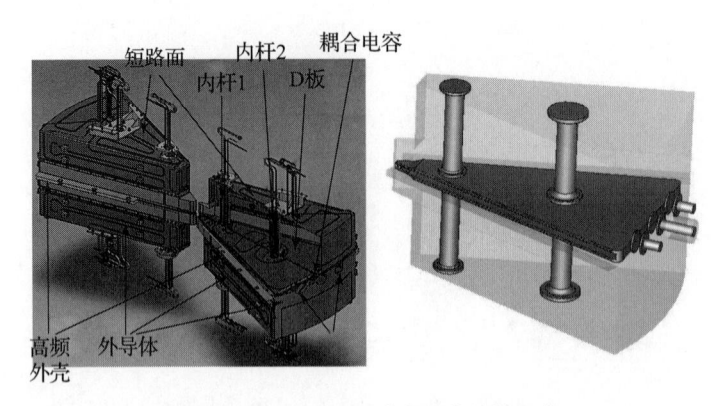

图 4-19　100 MeV 高频腔体结构示意

4.3.2　波导结构谐振腔

采用波导结构谐振腔的回旋加速器，据不完全统计总共只有 4 台。这些回旋加速器是分离扇形的，是回旋加速器组合中的"末级"，在回旋加速器的中心区有足够大的空间以安装这种不同类型的谐振腔。这种腔实质上就是矩形波导空腔谐振器，运行在基模 H_{101}，有单加速间隙，沿加速间隙电压呈正弦分布，所以中心区需要有足够大的空间以便使注入束流在第 1 圈有足够高的加速电压。

P. Sigg 认为波导结构谐振腔的优点在于：可适当选择腔体的高、长比例，使得一些高次模与基模的高次谐波不发生重合；与传统同轴线谐振腔相比，波导结构谐振腔可获得更大的 Q 值和并联阻抗。图 4-20 所示为这类腔体的第一台设计及其后续改进设计的结构示意。通常，同轴线谐振腔的加速电压很少超过 200 kV，而无载品质因数往往小于 20 000。图 4-20 中 PSI 的波导结构谐振腔则能够获得 32 000 的无载品质因数，在 2000 年前后改进设计后达到了 48 000。由于波导结构谐振腔的并联阻抗非常大，例如 H. Fitze 的文章指出 PSI 的腔体并联阻抗高达 1.8 MΩ，因此可利用相对较小的驱动功率获得高达 1 MV 的加速电压。

考虑上述给出的谐振腔设计例子，很容易理解，腔体设计的目标是在机械性能和几何结构的约束下用最小的馈入功率以达到最大的 D 电压。要在 D 形盒的形状、腔体的稳定性，以及磁极和磁轭的结构等约束条件下达到高 Q 值的设计要求，设计腔体的主要工作在于结构优化。回旋加速器腔体设计的结构差异很大，主要原因是这些约束条件不同，还有加速不同粒子达到不同能量所需频率及其变频或微调、加速电压及其分布上的差别。

第 4 章　回旋加速器谐振腔

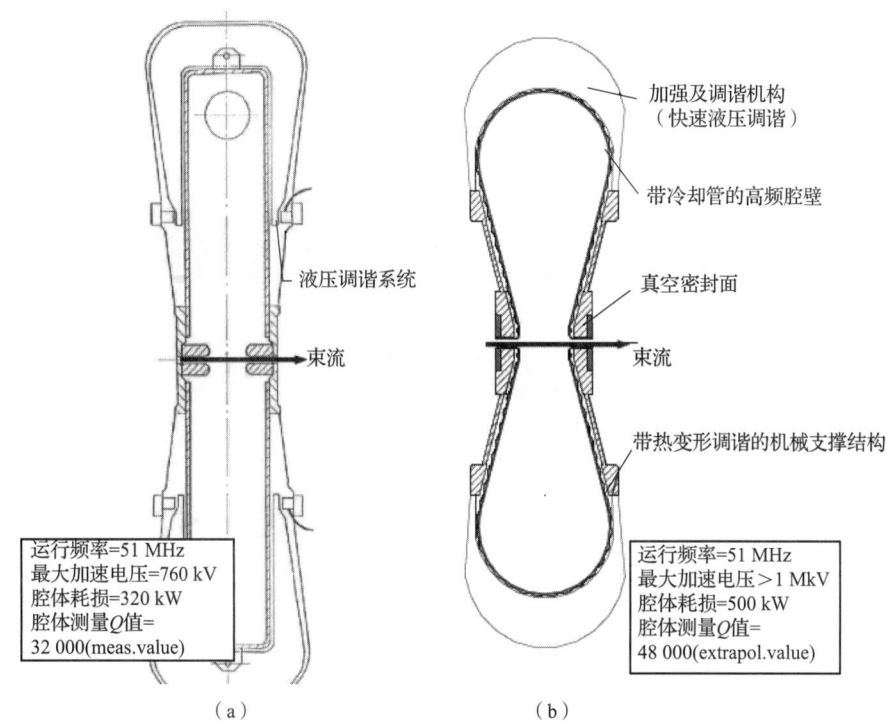

图 4-20　PSI 590 MeV 分离扇形回旋加速器高频腔体的结构示意
（a）旧的铝制腔体设计；（b）具有铜制内表面-不锈钢支撑的新腔体

(a) 运行频率=51 MHz；最大加速电压=760 kV；腔体耗损=320 kW；腔体测量Q值=32 000(meas.value)

(b) 运行频率=51 MHz；最大加速电压>1 MkV；腔体耗损=500 kW；腔体测量Q值=48 000(extrapol.value)

4.4　回旋加速器谐振腔的设计和模型测量

很多回旋加速器在建造时，大的计算机及谐振腔数值计算程序还没有出现。在这种背景下，传输线近似法得到了很大的发展和应用。即便在今天，它依然有其实用性和优越性。因此，本节首先简要描述传输线近似法这一经典的设计方法，并给出一个参考实例。在现代回旋加速器的腔体设计中所使用的数值计算软件将在 4.5 节中讨论。

4.4.1　传输线近似法

传输线近似法的基本思想是把腔体分割为一系列具有相同特性阻抗的并联或串联的传输线单元。C. Pagani 取图 4-15 所示的腔体作为例子，划分的传输线如图 4-21 所示，其等效电路如图 4-22 所示。

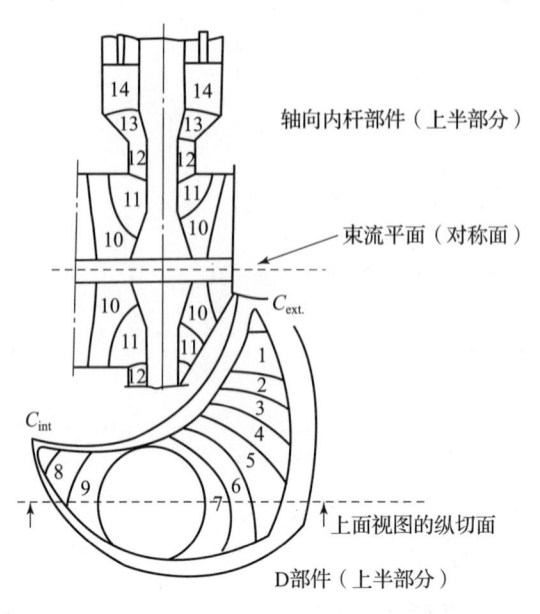

图 4-21　图 4-15 所示的谐振腔分解为等阻抗线段

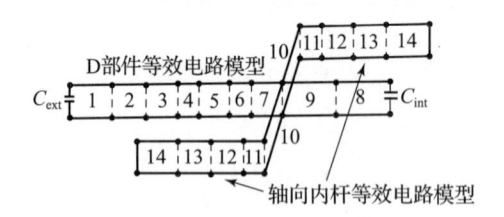

图 4-22　图 4-21 的等效电路

传输线由平行线、平行板或同轴结构的导体构成，更普遍的情况是两个由电介质分开的导体构成，用以导引电磁波。在常规的分析中，认为两导体中的几何横截面上的电流相等且方向相反，同时在两导体间存在电位差，这里的传输线一般是指理想无损的同轴线。

如果传输线的特性阻抗为 Z_0，即 $Z_0 = \sqrt{L/C}$，L 和 C 分别是每单位长度的电感和电容，Z_0 是任何时刻、任何点行波的电压与电流的比值。

z 是沿轴向的一维空间坐标。在均匀的传输线中，同时承载有入射波和反射波——波长为 λ，相速为 v。根据传输线理论，任何两个位置（z_1，z_2）处的电流和电压，从 Herbert J. Reich[3] 或国内闫润卿[2] 等人的教科书中不难查到：

$$V(z_2) = V(z_1)\cos\beta l + jZ_0 I(z_1)\sin\beta l$$
$$I(z_2) = j\frac{V(z_1)}{Z_0}\sin\beta l + I(z_1)\cos\beta l \tag{4-34}$$

式中，β 为传输线的相常数。这里 β 表示点 z 处相对于 $z=0$ 位置的瞬时相位，$\beta = \omega\sqrt{\varepsilon\mu} = \dfrac{\omega}{v} = \dfrac{2\pi}{\lambda}$，$l = z_2 - z_1$。从位置 z_2 看向 z_1 的输入阻抗，根据定义为：

$$Z(z) = \dfrac{V(z)}{I(z)} \tag{4-35}$$

将式（4-34）代入上式，可得：

$$Z(z_2) = Z_0 \left[\dfrac{Z(z_1)\cos\beta l + jZ_0\sin\beta l}{Z_0\cos\beta l + jZ(z_1)\sin\beta l}\right] \tag{4-36}$$

回到图 4-21 和图 4-22 中，C. Pagani 将腔体近似为一系列并联或串联的具有恒定特性阻抗的理想传输线段，然后基于式（4-36）求解腔体的谐振频率等。

计算的策略是从一个已知阻抗的位置开始（开路、直接电容加载或短路），一步一步计算求解。其原理是总的电压和电流是连续的，即连接点处的电压和电流必须满足基尔霍夫定律。在这个计算过程中，可将 ω 作为一个常数处理，而将最后一段传输线的长度作为变量处理，递推方程组最终达到零阻抗（短路端）。这样做就可以得到腔体这时的谐振频率 $\omega/2\pi$。

现在假设式（4-36）给出的输入阻抗始终是一个电抗，即假定无损耗腔体的情况。从 $z(0) = \dfrac{1}{j\omega c}$ 或 $z(0) = \infty$ 出发，过程中任意点阻抗 $Z_{(z)}$ 将始终是一个纯电抗，即 $V_{(z)}$ 和 $I_{(z)}$ 在任何横截面内都是正交的。在将前面传输线段计算的阻抗结果作为下一传输线段的输入阻抗时，应考虑这一特性。由基尔霍夫定律，若已知 i 段上的输出电压和输出电流，利用式（4-36）可以写出 $i+1$ 段的输入电压和输入电流，即：

$$\begin{aligned} V_{i+1} &= V_i\cos\beta l_i - Z_{0,i}I_i\sin\beta l_i \\ jI_{i+1} &= j\left(\dfrac{V_i}{Z_{0,i}}\sin\beta l_i + I_i\cos\beta l_i\right) \end{aligned} \tag{4-37}$$

式中，$Z_{0,i}$、l_i 指传输线段 i 的特性阻抗和长度；I_i、V_i 为实数。

在图 4-21 和图 4-22 所示的例子中，亦可从任意假定的 v_0 开始（例如取回旋的加速电压，因为是线性系统，所以结果可重新归一化），用该过程可得输出段 7 和 9 的电流和电压。为满足基尔霍夫定律，在计算等电位连接点时需进行电压、电流的重新归一化。如令输出段 7 和 9 的电压相等，则应对其中一边（如线段 8 和 9）的电压、电流进行重新归一化。同时，由于腔体的上下对称性（如从线段 10 到 14），仅需连续计算腔体的一半即可。应用式（4-37），可得到 I_{10} 和 V_{10}：

$$I_{10} = \frac{I_{9,\text{out}} + I_{7,\text{out}}}{2}$$

$$V_{10} = V_{9,\text{out}} = V_{7,\text{out}}$$

(4-38)

其中下标"out"用来表征是输出端的值。

当得到 V_{14} 和 I_{14} 时，通过选择传输线 14 的长度使 $V_{14,\text{out}} = Z_{14,\text{out}} = 0$，从而建立谐振，式（4-36）可表示为：

$$Z_{14}\cos\beta l_{14} + \mathrm{j}Z_{0,14}\sin\beta l_{14} =$$
$$\frac{V_{14}}{\mathrm{j}I_{14}}\cos\beta l_{14} + \mathrm{j}Z_{0,14}\sin\beta l_{14} = 0$$

(4-39)

最终有：

$$l_{14} = \frac{1}{\beta}\cot\left(\frac{Z_{0,14}I_{14}}{V_{14}}\right)$$

(4-40)

类似的方法也用于图 4-13 和图 4-18 所示的腔体的设计，特别是在图 4-13 所示的情况下，谐振频率是通过移动后端调谐板，多次改变中间几段传输线段的特性阻抗获得的；对于图 4-18 所示的 GANIL 腔体则是通过反复改变电压端波纹板型调谐电容获得的[12]。

可见，上述传输线近似法结合式（4-37）和式（4-40），或采用反复迭代的方法，针对回旋加速器运行的多种频率，可求得每种频率对应的腔体几何结构和每一等阻抗传输线段的电压、电流值。对于由理想的（无损耗的）同轴线段构成的等效电路，可用许多年前就开发的成熟软件 SPICE 进行辅助计算分析。更精细的计算软件，例如由美国 NSCL 的 J. Vincent 开发的软件 WAC，是专门针对传输线近似法的高频设计的软件，可计算有损耗的传输线。总之，传输线近似法在建立计算模型、分析计算、测量模型等方面，从上述过程看似乎很差，因为它基于很多简化和事先不能检验的假设，腔体被分割为多少段也是完全任意的，然而，正是基于这样的方法，人们设计了大多数回旋加速器腔体。经验表明，设计结果的精确性可满足工程上的要求，关键参数，如谐振频率、无载品质因数、并联阻抗等的设计计算精度在 5% 左右。如果要用三维电磁场数值计算软件，例如剖分图 4-13 所示腔体的复杂几何结构，大约需要 1 000 万个网格节点，远远超出这些腔体建造时的计算机软件能力。

4.4.2 传输线有效长度和特性阻抗

上节介绍的传输线近似法，使用时需要在实际计算过程中逐渐积累经验。例如总的传输线段数目的选取，取决于腔体的复杂性，然而传输线段数目太大时，整体精度有时并不高，其原因是误差积累会导致计算结果的误差增大，

10~20 段通常会给出最好的结果。

使用这个设计方法时,"真正"的问题是如何比较准确地确定某传输线段(第 k 段)的有效长度 l_k 和特性阻抗 Z_k。

每段线的有效长度,可由通过内、外导体之间的平均电流来确定,而其特性阻抗可由两种方法获得。

第一种方法是在准平面波近似下,用任意静电场软件计算这节同轴线段每单位长度的电容 C(参考文献[5]或 P. Sigg 的技术资料),Z_0 与 C 的关系为:

$$Z_0 = \frac{1}{cC} \quad (4-41)$$

式中,c 是真空中的光速。

另一种得到 Z_0 的方法是"方图"法[8]。这种方法基于如下事实:对于在真空(空气)中传播的平面波,$\boldsymbol{E}$ 和 $\boldsymbol{H}$ 总是相互垂直,其相互关系由下式表达:

$$\frac{|\boldsymbol{E}|}{|\boldsymbol{H}|} = \sqrt{\frac{\mu_0}{\varepsilon_0}} = 377 \; \Omega \quad (4-42)$$

在这个方法中,假定每段线传输"纯"TEM 波,因此在每个垂直于传播方向的平面内,电场线和静电场是相同的,它的等位线即磁场 H 的线。因此,通过试探和不断矫正的方法描绘出"方图"。如果画得足够仔细,就可以得到场的"曲方图",每一方块对特性阻抗的贡献为 377 Ω,重点是画图时应始终保持这两组线垂直。两电场线之间的方块是串联的,而两等位线之间的方块则是并联的,因此可得到结论:

$$Z_0 = 377 \frac{n}{m} (\Omega) \quad (4-43)$$

式中,n 是任何两条相邻电场线之间串联的方块数,m 是等位线之间并联的方块数。

图 4-23 和图 4-24 所示为绘画"曲方图"的两个例子,第一个例子相应于两个圆柱的同轴线,第二个例子给出形状更加复杂的传输线。

在这里补充指出:在计算静电场的计算机程序出现之前,有两种实验方法可用于确定静电场图,它们是电解槽和电导纸。我们需要这样的场图,因为由此得到的特性阻抗决定了腔体的有关参数。

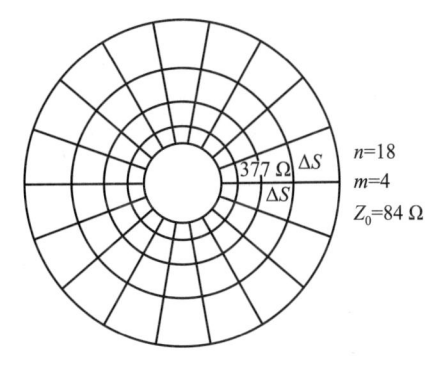

图 4-23 曲方图的例子:同轴圆柱体

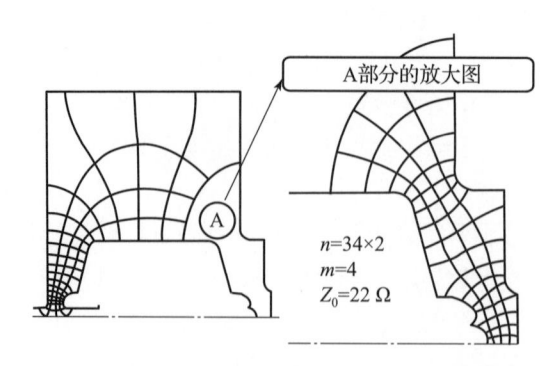

图 4-24 曲线方形图的例子：特殊形状导体

4.4.3 功率损耗和 Q 值

当每段线的特性阻抗和等效长度已知时，利用式（4-37）和式（4-40）就可以确定腔体任何谐振频率所对应的任何传输线段连接处的电流和电压。因此，腔体的功率损耗（P）和储能（W）用下式计算：

$$P = \frac{1}{2} \sum_{i=1}^{n} R_{eq,i} \int_{0}^{l_i} I_i^2(z) \, dz + 特殊损耗$$

$$W = \frac{1}{2} \sum_{i=1}^{n} C_{eq,i} \int_{0}^{l_i} V_i^2(z) \, dz + 电容储能$$

(4-44)

式中，n 是总的分段数，$R_{eq,i}$ 和 $C_{eq,i}$ 分别是线段 i 的等效阻抗和等效电容。除了 $R_{eq,i}$ 以外，式（4-44）中的所有量都是已知的。实际上，V_i 和 I_i 可由上节的方法，根据已知的 $Z_{0,i}$ 计算给出；$C_{eq,i}$ 由式（4-41）得到；式中的"特殊损耗"是指腔体特殊部分的损失，如短路片等，它的功率损耗必须单独计算；"电容储能"指储存在电容中的能量，这些电容用来和等特性阻抗传输线段一起模拟腔体。这样，剩下的问题就是计算 $R_{eq,i}$。在旋转对称的同轴线中（图 4-23），每单位长度的等效电阻 R_{eq} 与表面阻抗 R_s 相关，由电流流过的内、外导体表面的几何因素决定，如果分布是均匀的，则 $R_{eq,i}$ 为：

$$R_{eq} [\Omega m^{-1}] = R_s \left(\frac{1}{P_{ext}} + \frac{1}{P_{int}} \right) \quad (4-45)$$

式中，P_{ext} 和 P_{int} 分别是外导体、内导体的周长，在具体应用中，表面阻抗可简单写为：

$$R_s [\Omega] = \frac{1}{\sigma \delta} = \sqrt{\frac{\pi \mu f}{\sigma}} \quad (4-46)$$

式中，δ 为集肤深度，μ 为磁导率，σ 为电导率，f 为频率。

对于一个任意截面的传输线,式(4-45)依然适用,但 P_{ext} 和 P_{int} 不再有几何意义。由"曲方图"(图 4-24)可知,由于每个方块所承载的电流是相同的,所以电流密度沿导体表面分布与相应点上的方块的线长度成反比。用 d_i 表示任一曲方块的内或外曲面的线长度,等效周长 p_{eq} 可通过简单的推导给出:

$$p_{eq} = m^2 / \sum_{i=1}^{m} \frac{1}{d_i} \qquad (4-47)$$

式中,m 是两个相邻等位线之间的方块数目,运用上述公式,式(4-45)中的 P_{ext} 和 P_{int} 的等效值就很容易得到,即求得等效的 R_{eq}。

计算出功耗与储能之后,Q 值能通过下式得到:

$$Q = \omega \frac{w}{p} \qquad (4-48)$$

在回旋加速器腔体中,Q 值通常在几千的量级,对于典型 D 电压值在 100 kV 时,功率损耗一般为几十 kW,这些值与运行频率相关,因为在每一个运行频率,腔体的几何结构也是不同的。更进一步讲,它们与频率相关,更与腔体的设计有关。

4.4.4 波导结构谐振腔的基本设计

回旋加速器中设计使用的波导结构谐振腔,与同轴线谐振腔相比少得多,有一些特性也不相同。对于最简单的矩形波导腔,像 PSI 的 590 MeV 回旋加速器的铝加速腔,由电磁场分布的解析解可知存在基模 TE_{101} 或 TM_{110} 模。对于 $a > b > d$ 的谐振腔结构尺寸(图 4-25),有最低模 TM_{110} 模,根据图 4-25 和式(4-29)有:

$$E_z(x,y,z) = E_0 \sin\left(\frac{m\pi}{a}x\right)\sin\left(\frac{n\pi}{b}y\right)$$

$$H_x(x,y,z) = \frac{j\omega\varepsilon}{h^2}\left(\frac{n\pi}{b}\right)E_0 \sin\left(\frac{m\pi}{a}x\right)\cos\left(\frac{n\pi}{b}y\right) \qquad (4-49)$$

$$H_y(x,y,z) = -\frac{j\omega\varepsilon}{h^2}\left(\frac{m\pi}{a}\right)E_0 \cos\left(\frac{m\pi}{a}x\right)\sin\left(\frac{n\pi}{b}y\right)$$

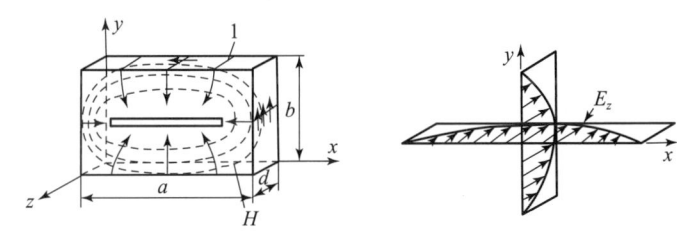

图 4-25 矩形波导腔及其中的加速电压分布(TM_{110} 模)

取加速间隙（即回旋加速器的半径方向）沿着波导腔的 x 轴，因此，加速电压的分布为正弦分布，如图 4-25 所示。由其正弦分布的加速电压不难想象，腔体沿 x 轴两端头加速电压太小，不能利用。所以，波导结构单加速间隙的谐振腔，除了加速束流需要的沿 x 轴间隙长度之外，腔体两端还应再加长以在加速间隙处提供足够大的加速电压，特别是在中心区第一圈这样的小半径处的加速电压，这就限制了这种腔体的使用范围，只有在中心区有足够空间的回旋加速器中才能使用，这也是这种腔体常用于回旋加速器组合的末级加速器的原因。

对于 TM_{110} 模，其波长和频率为：

$$\lambda_{110} = 2 \bigg/ \sqrt{\frac{1}{a^2} + \frac{1}{b^2}}, f_{110} = \frac{c}{2}\sqrt{\frac{1}{a^2} + \frac{1}{b^2}} \qquad (4-50)$$

上式清楚地说明腔体的基模频率与腔体的宽度无关，所以波导结构单加速间隙的谐振腔可以做成窄长形的，束流平面上可以很窄，因为回旋加速器往往在束流平面上受到很多空间的限制，波导结构单加速间隙的谐振腔的这个优点有利于回旋加速器各个主体部件的布置。

由于这种腔体没有内导体，而像同轴线谐振腔那样的内导体和 D 形盒必然导致高频损耗的极大增加，所以，如 4.3.2 节所述，这种腔体的 Q 值很高，加速电压可高达 1 MV。在这里仅讨论了这种腔体的基本设计特点，其更多结构特点、耦合和调谐、三维数值计算与设计要点等请参阅本章其他部分。

4.4.5 调谐和耦合

4.4.5.1 调谐

正如在所有的高 Q 值谐振腔中一样，在回旋加速器谐振腔中谐振频率随温度影响会有微量的变化，这种缓慢频率变化可通过腔内元件的伺服运动进行补偿。这些元件局部地改变某一传输线段的特性阻抗，它的影响也可看作传输线段电容量的调整，这种类型的元件一般称为微调电容。因此，腔体的调谐可以分为两种：

（1）对于固定谐振频率的腔体，需采用微调电容维持腔体在特定频率谐振。

（2）对于可变频率的回旋加速器，需要谐振频率在大范围内可调，具体采用什么手段，与腔体的结构有关；而针对其中某一特定的频率，仍需要采用微调电容维持回旋加速器运行时腔体谐振频率的稳定性。

1. 双加速间隙的同轴线谐振腔调谐（$\lambda/2$ 和 $\lambda/4$）

如前所述，大多数回旋加速器的高频腔属于这一类。频率调谐主要有下面几种办法：

（1）采用腔体感性部件末端的可移动短路片，这种方法的应用十分广泛，如图 4-11、图 4-12 和图 4-15 所示。

（2）固定短路端，改变腔体电感端的特性阻抗，即调变有效长度，如图 4-13 所示的美国 A&M 大学回旋加速器。对同轴线谐振腔而言，实质上是改变腔体大小（视同改变特性阻抗 Z_0）。

（3）在开路端用可变电容也可改变同轴线腔体的特性阻抗，获得相同的频率调谐效果。如图 4-18 所示，GANIL 所采用的策略是改变腔体尾部（容性高压端）外导体距离，实现频率调谐，在这种情况下 D 形盒尾部大范围调整则需要精心设计，以避免打火。

（4）还可在同轴线内采用可移动特性阻抗部件，同样可改变谐振腔的有效长度，见 T. Fujisawa 设计的 RRC 回旋加速器的 $\lambda/2$、双加速间隙的谐振腔（图 4-26），其调整频率方式称为"可移动盒子"调谐，盒子通过滑动簧片仅与外导体相连，主要优点是沿外导体的周边更长，因此，相对于连接至内导体而言，滑动簧片的电流密度（A/m）更低。同时，冷却腔体外壳通常比冷却内导体更容易。

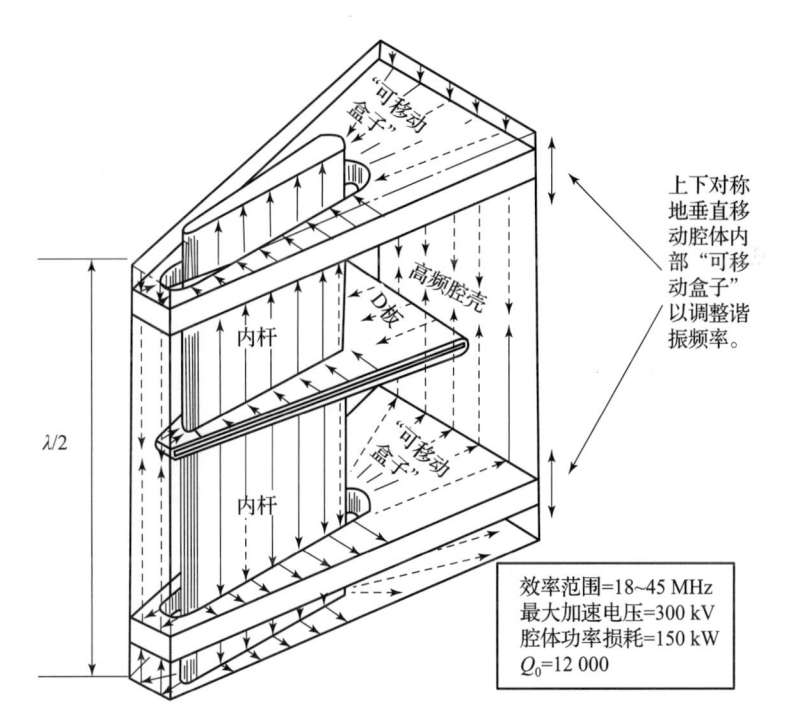

图 4-26　RRC 回旋加速器的 $\lambda/2$、双加速间隙的谐振腔

2. 单加速间隙的波导结构谐振腔调谐

此类腔体通常用来获得更大的 Q 值和相对同轴线谐振腔更大的加速电压，但是由于不存在内导体，在一个较宽范围内实现调谐在技术上受到一定的限制。这种"盒状"的谐振腔频率通常由高度 a 和长度 d 这两个关键尺寸决定，而沿加速间隙方向的尺寸由于加速粒子的要求需维持不变，显然只有通过对称地移动顶部和底部腔体面来改变高度 a 以调变谐振频率。RCNP 分离扇回旋加速器平顶腔即采用此方法。对于具有更大电压的加速腔，应采用其他方法改变腔体的高度。图 4-27 所示是 RCNP 分离扇回旋加速器波导结构单加速间隙谐振腔，在频率为 38 MHz 时加速电压高达 500 kV，该腔体采用可转动翼片调整频率，RIKEN 的 SRC 腔体设计也采用了同样的方法。

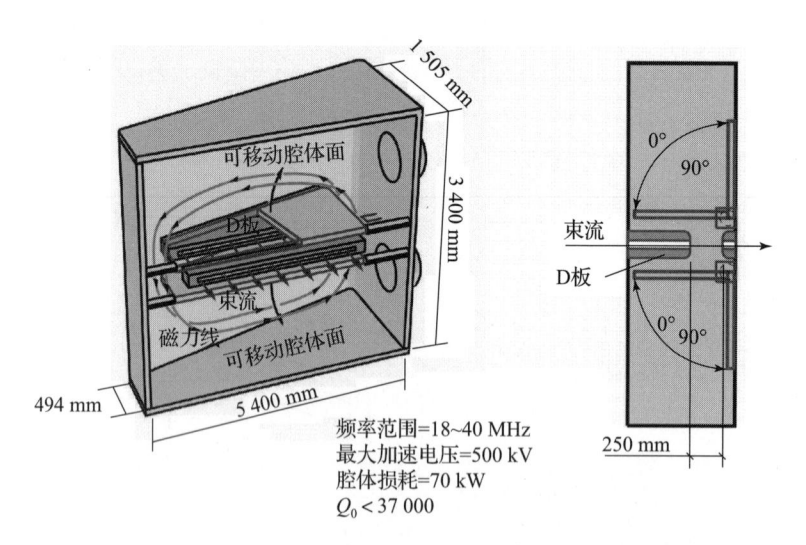

图 4-27 RCNP 分离扇回旋加速器波导结构单加速间隙谐振腔

3. 固定频率腔体的调谐

因为固定频率腔体仅需频率微调，调谐系统设计相对简单，可靠性更高。频率微调电容通常承载的电流远小于那些用于大范围频率调节的可移动短路片或可转动翼片。在固定频率腔体的微调方面，一个需要特别介绍的例子是 PSI 的 590 MeV 分离扇回旋加速器，对于该回旋加速器的波导结构、尺寸很大的"盒状"铝谐振腔，其频率微调系统采用液压方法挤压回旋加速器中心平面上、下的腔体侧壁，这样挤压的最大位移在束流平面上大约是每边 5 mm，即加速间隙宽度的 2%，可改变频率 Δf = 200 kHz，$\Delta f/f_0$ = 0.4%，可满足校正真空压力和热效应对腔体谐振频率的影响。自 2000 年以来新设计的铜腔，逐个建造、逐步替代老的铝腔，其顶部的液压系统虽然对频率的调节范围较小，但响应较快；底部还附加一个采用热效应方法的频率调节系统，可较大范围控制腔体谐振频率的漂移，但响应较慢。新、老腔体的结构及频率微调系统如图 4-20 所示。

4.4.5.2 耦合

在老的回旋加速器中，真空三极管与腔体直接耦合并采用自激模式，这种方案虽然简单，但很难保持等时性谐振频率的稳定。在几乎所有的近代回旋加速器中，腔体通过同轴馈线与高频机连接。耦合元件可以是电容器或取决于腔体结构的耦合环。在这种情况下，高频机与同轴馈线的特性阻抗匹配，而耦合元件起着把腔体阻抗转换到同轴馈线特性阻抗的作用。无论是电容耦合还是电感耦合，耦合元件在下列两种情况下需要调整：

（1）束流负载效应不能忽略，如 PSI 的强流高功率回旋加速器；

（2）当腔体工作频率改变时。

1. 电感耦合

用解析近似的方法计算 50 Ω 输入阻抗的耦合环面积 A，通常不太准确，有时甚至相差两倍以上，但可粗略给出至少需要的面积：

$$A = \frac{d}{\omega \cdot \mu_0} \sqrt{K \cdot Z_l \cdot R_s} \qquad (4-51)$$

上式在理想（耦合环的线径为 0，均匀场分布等）条件下成立。式中，d 为腔体长度，K 是与几何结构相关的因子，Z_l 等于 50 Ω，R_s 为腔体的表面阻抗。

虽然上述解析近似方法难以准确确定耦合环的面积，然而，通过试验相对比较容易得到准确的数据。可用一简易的线做成环，改变环的形状、大小或方向，直到达到所要求的匹配阻抗，通常是大于 50 Ω，这样的试验可以用网络分析仪测量参数 S_{11} 来完成。对于高束流负载的回旋加速器，腔体的输入阻抗可设置高达 75 Ω，以便在强流时优化匹配在 50 Ω。这样就可以避免使用可调节的耦合环，因为可调节的耦合环机械结构复杂，在高功率运行时出错概率高。但在像 RIKEN 的放射性核束回旋加速器中，因为腔体需要改变频率，不可避免地使用可调节的耦合环。

2. 电容耦合

在双加速间隙的同轴线谐振腔中，广泛采用电容耦合。这是因为腔体的内导体提供了利用电容耦合到高压端（常为 D 形盒）的条件，并且，这与腔体的电感端的几何结构变化无关，特别是当用这样的电感端调节频率时显得尤为重要。用适当的电容匹配到 50 Ω 的传输线往往不是特别困难。利用电容耦合还有下面一些优点：

（1）与可变电感耦合环相比，可变电容（即改变耦合电容板到 D 板之间的距离）的设计容易，运行可靠性高。

（2）电容耦合可以加直流偏压，以抑制耦合区和陶瓷窗周围区域中可能存在的多电子倍增效应。

总之，选择电感耦合还是电容耦合，主要取决于腔体中的高磁场区（短路端，电感耦合）还是高电场区（D 形盒，电容耦合）是否可用，一般说来，电感耦合相对于电容耦合常有更高的耦合带宽。对于腔体耦合的相关问题，读者可参考本章给出的参考文献以获得更多技术细节。

4.4.6 模型测试

上述讨论的设计回旋加速器谐振腔的方法基于许多简化和假设，因此有必要在建造真正的腔体之前进行模型验证。要验证谐振频率（误差可能高达 10%），还必须验证腔体的耦合和频率微调，必须测量并最后消除高次谐波寄生谐振（包括腔体本身和耦合两个方面）。因此，冷测模型腔通常是优化腔设计中重要的一步。事实上根据测量值与计算值的比较，有可能纠正数学模型的偏差，达到优化腔体结构的目的。图 4-28 所示是腔体的 1∶3 模型，它是 GANIL 为优化腔体设计（图 4-18）而建的，用模型测试可做出大量的小范围调整，最终应用于实际

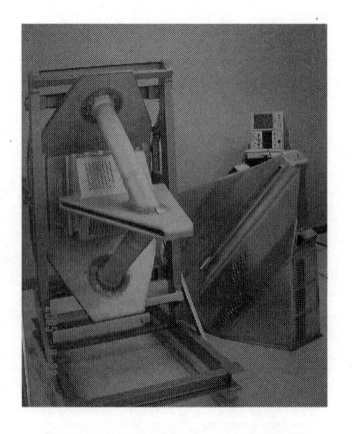

图 4-28　图 4-18 所示的谐振腔的 1∶3 模型腔照片

腔体建造。图 4-18 所示的腔体设计经试验最后定型、实际工程建造的照片如图 4-29 所示，它包含图 4-28 所示的模型腔测量后建议的修改，其中左图为内导体和 D 形盒，右图显示了束流狭缝、腔体外壳和支撑结构等。中国原子能科学研究院自 1997 年以来，也陆续建造冷模腔，测量了 70 MeV、30 MeV、10 MeV 和 100 MeV 紧凑型回旋加速器的三角形 $\lambda/2$ 谐振腔的高频特性，积累了建造这类谐振腔的大量试验数据，为研制系列回旋加速器做了前期的技术准备工作。10 MeV、30 MeV 和 70 MeV 紧凑型回旋加速器冷测模型腔的照片如图 4-30 所示。

图 4-29　经试验最后定型的图 4-18 所示的腔体

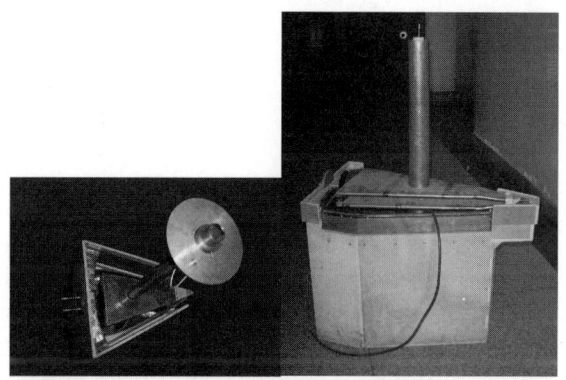

图 4-30　中国原子能科学研究院建造、测量的 10 MeV、30 MeV 和 70 MeV 紧凑型回旋加速器冷测模型腔

4.5 谐振腔设计的数值分析和计算机软件

上节主要介绍用传输线近似法设计同轴线谐振腔，辅助的计算机常用软件有电路分析软件 SPICE 和一些专用软件，如 WAC 等，也简要介绍了用于回旋加速器的波导结构谐振腔的解析计算方法。然而，随着回旋加速器朝紧凑型、高功率的方向发展，腔体结构的复杂性、关键部件的难度日益增加，数值分析手段和相应的大规模计算软件在回旋加速器谐振腔的设计中发挥了更加重要的作用。

在回旋加速器腔体的设计中常用的二维软件有 OSCAR2D、URMEL、TBCI、SUPERFISH 和 PRIAM 等；二维软件有有限差分软件 MAFIA 和 Microwave Studio、有限元软件 ANASYS 和 Omega3P 等。除了上述软件外，还有一些特殊功能的计算机软件，例如 R. Boni 发展的仿真多电子效应的软件 NEWTRAJ[20]。

回旋加速器腔体设计中，计算机辅助设计的作用主要体现在：
(1) 进行复杂的等效电路模拟；
(2) 计算不熟悉传输线段的特性阻抗以及期望的电流分布；
(3) 通过数值分析对可能使用的不同形状的腔体进行比较；
(4) 加速对那些基本形状已经决定了的腔体的优化过程；
(5) 对耦合环、高频窗等关键部件进行精细设计；
(6) 分析腔体高频电磁场和强流束的相互作用；
(7) 分析腔体高频电磁场和应力场、温度场的相互影响；
(8) 改善腔体的机械设计性能和热性能。

4.5.1 二维计算软件与实例分析

二维电磁场软件（如 SuperFish 等）由于使用方便、计算速度快而广泛地用于腔体设计和模型腔的再次优化，例如用于美国 A&M 大学和意大利米兰（INFN – LNS）的超导回旋加速器谐振腔。下面给出使用二维计算软件 Super-Fish 对具有轴对称结构特点的米兰（INFN – LNS）回旋加速器谐振腔进行最大频率优化设计的简要过程。本节还将给出的另一个实例是中国原子能科学研究院 CYCIAE - 100 谐振腔早期采用 SuperFish 进行初步设计，粗定基本参数的过程，主要用以说明对典型三维结构腔体如何进行二维近似计算。

从图 4 – 15 和图 4 – 31 可以看出，米兰（INFN – LNS）回旋加速器谐振腔同轴线部分位于大气中，D 形盒位于真空中，它们之间由内导体上的陶瓷窗隔离（密封）真空。除了在 D 形盒区域以外，腔体为轴对称结构，可简化为二维处理。优化设计的目的是将最大谐振频率由 47 MHz 提高到 50 MHz。存在的问题是当回旋加速器运行频率接近 50 MHz 时，短路端距离陶瓷窗过近。显然此处的阻抗调变对最大谐振频率的影响有较大作用，而对低的谐振频率的影响则很小。因此，优化设计的任务主要是调整陶瓷窗附近的结构。

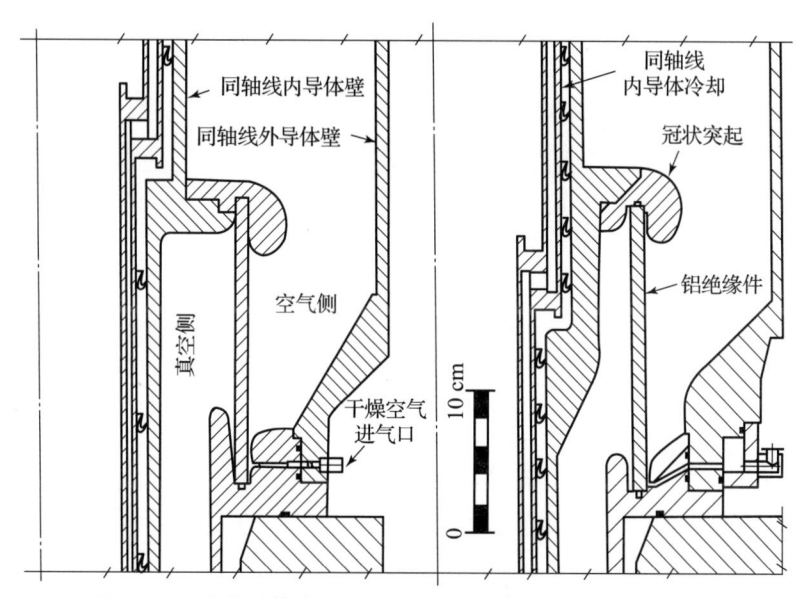

图 4-31　优化计算前（左图）、后（右图）的陶瓷窗区域结构

　　优化设计的基本思路是经过反复尝试，寻找在一定频率范围内能够代表三维区域的二维模型，且它应当具有合适的边界条件。我们希望，模型和实际腔体的匹配面必须为波的传播曲面，这个曲面应是典型的同轴传输线，这样，整个结构就能用二维数值计算软件，如 SuperFish 来计算。C. Pagani 等人用于模拟与腔体轴对称部分相关的三维区域的二维模型如图 4-32 所示，相应的匹配面也在图中给出。SuperFish 软件能用任意三角形网格的离散格式求解 Helmholtz 方程。在本例中，当网格的最小尺度取 2 mm 时，网格节点总数需大于 20 000。

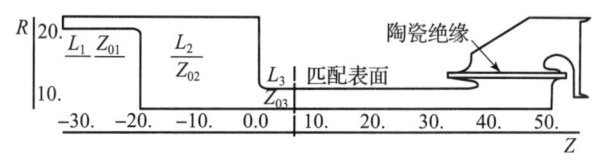

图 4-32　用于仿真连接到谐振腔圆柱形部件三维区域的二维模型

下面给出一些计算结果，以加深使用计算机软件对腔体进行优化过程的理解。图 4-33（对应的腔体原型见图 4-31）是基于 Slater 定理所画，该定理指出当腔体的体积 v 有一个小的改变量 Δv 时所出现的频率微扰的近似值 Δf，如下式所示：

$$\frac{\Delta f}{f} = \frac{\int_{\Delta v}(\mu H^2 - \varepsilon E^2)\mathrm{d}v}{\int_{v}(\mu H^2 + \varepsilon E^2)\mathrm{d}v} = \frac{\int_{\Delta v}(\mu H^2 - \varepsilon E^2)\mathrm{d}v}{4w} \quad (4-52)$$

这里的 w 是总储能，图 4-33 中线上数字表示在 $R-Z$ 截面上的腔体面积每减小 1 cm^2 引起的共振频率的漂移，单位是 kHz/cm^2。这些线对于迅速估计切去腔体一些部分之后对共振频率的影响是非常有用的，简而言之是将切去腔体部分中的基本方格的贡献累加得出结果。需指出的是，图 4-33 中的数都是正数，因为在此频率下，该区域是感性的。

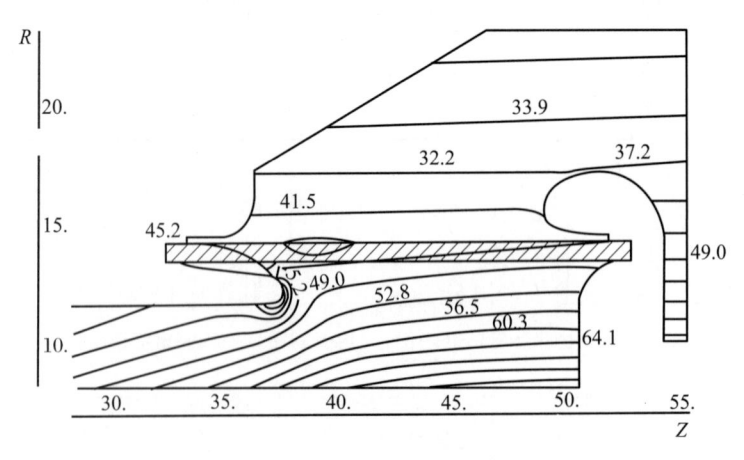

图 4-33 模型腔在 47MHz 时的陶瓷绝缘体区域

图 4-34 所示为模型腔的陶瓷绝缘区域边界（虚线）和优化后的结果（实线）的比较。由图可见体积显然减小了，这样几何结构的改变，使腔体最大频率参数从 47 MHz 增加到 49.5 MHz。该图中右边所示的滑动短路端是优化前后两种最小距离的相应位置。图 4-31 给出了陶瓷窗区域优化前后结构图的比较，右手边为优化后的情况。

图 4-35 所示为在靠近陶瓷绝缘区域的两同轴结构表面的电场。因为表面电场幅值不能用 SuperFish 软件精确计算，因此 C. Pagani 等人加入一个子程序求下列方程的数值解：

$$|E| = \frac{\sqrt{\mu_0/\varepsilon_0}}{k\varepsilon_r} \cdot \frac{\partial(rH)}{r\partial l} \quad (4-53)$$

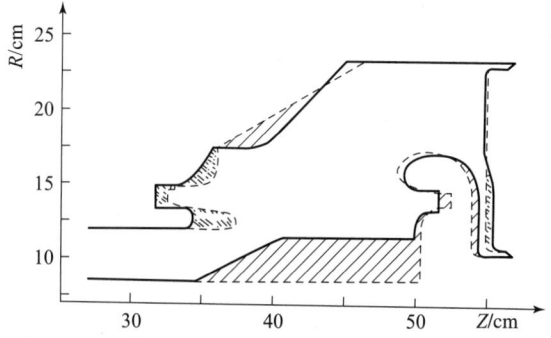

图 4-34 模型腔陶瓷绝缘区域和优化过的腔体比较

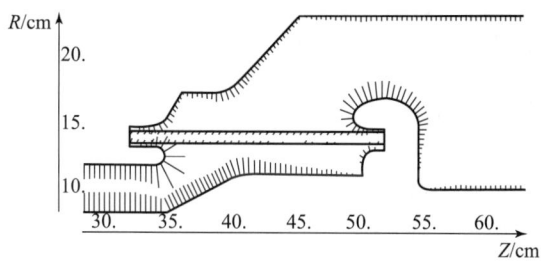

图 4-35 靠近陶瓷绝缘区域的两同轴结构表面的电场

式中，$k = \dfrac{\omega}{c}$，l 是沿腔体边界的路径坐标，这个子程序对于优化金属与陶瓷之间的连接和关键区域的耐压能力有重要的参考意义。

图 4-36 中用两套正交线表示场分布，第一套是等 rH_ϕ 线（与电场线一致），由两同轴导体之间的电压均匀增加而分开。第二套是等位线，连接电场线上有相等电位的各点，相对于总电位差的不同而不同。图 4-36 所示为同轴线揩振腔内电磁场的一些特性，如：

（1）两种线总是相互正交，像静态电场中的场线和等位线；
（2）每个曲边矩形有相同的磁通量；
（3）每个曲边矩形尺寸之间的比例与腔的局部阻抗有关。

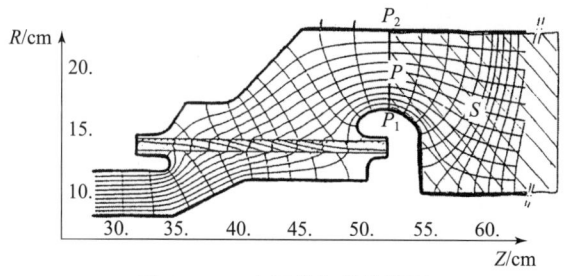

图 4-36 电场线和等位线图

下面简要介绍图 4 – 30 所示的 70 MeV 紧凑型负氢回旋加速器谐振腔的二维近似计算。该腔体为单圆柱形内杆、外导体类似三角形的 $\lambda/2$ 同轴线谐振腔，其结构示意如图 4 – 37（a）所示，设计上有 CYCIAE – 30、TR – 30 等回旋加速器的腔体作为参考。这样的腔体是典型的三维结构，但如前所述，为了初步摸清腔体各个参数对谐振频率的影响，将腔体等效为轴对称结构进行计算设计，图 4 – 37（b）显示了等效模型及其结构参数。对于等效模型中的不同结构参数，可采用 SuperFish 软件进行二维数值计算，谐振频率结果见表 4 – 1。

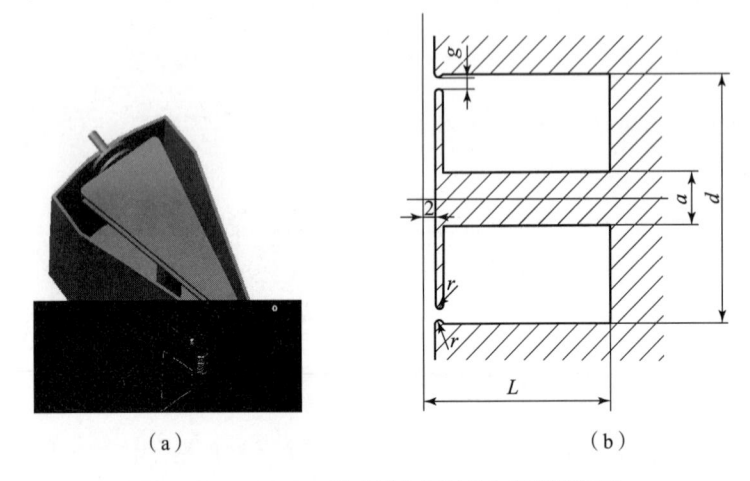

（a）　　　　　　　　　　　　　　（b）

图 4 – 37　70 MeV 紧凑型负氢回旋加速器谐振腔

（a）结构示意；（b）二维近似计算模型

表 4 – 1　70 MeV 紧凑型负氢回旋加速器谐振腔频率计算结果

（r, d, L, g, a 参数定义见图 4 – 37，f 为计算得到的腔体频率）

r/cm	d/cm	L/cm	g/cm	a/cm	f/MHz
1	73	80	3	40	51.752
1	73	80	3.5	38	51.468
1	73	70	3	35	51.114
1	73	70	2.5	37	51.116
1	73	70	2	40	51.771
1	73	65	3	32	51.455
1	73	65	2.5	34	51.427
1	73	65	2	37	51.009

续表

r/cm	d/cm	L/cm	g/cm	a/cm	f/MHz
1	73	60	3	30	51.915
1	73	60	2.5	32	51.880
1	73	60	2	34	51.424
1	73	55	3	27	51.527
1	73	55	2.5	30	51.509
1	73	55	2	32	51.036

4.5.2 三维计算软件与实例分析

随着计算机性能的不断提高，计算机广泛地应用于腔体设计。腔体设计的专用软件越来越多，使用也越来越方便。国际上各大回旋加速器研究中心、研究所，以及有关大学，为了解决腔体设计中遇到的各种问题，开发了大量的计算软件，这些数值计算方法与软件可以很好地拟合具有复杂边界的腔体结构。其中应用比较广泛的软件包括有限元计算软件 HFSS、ANSYS 和 Omega3P，有限差分计算软件 MAFIA 和 CST Microwave Studio 等。

三维高频电磁场的计算规模通常很大。对于一个复杂的三维几何结构的谐振腔，其网格剖分一般在 100 万个单元的量级，单元类型常用四面体二阶单元拟合复杂的结构形状。例如，用美国 SLAC 的软件 Omega3P 数值计算求解 PSI 回旋加速器腔体的 20 个本征模，计算机为 IBM－SP4（有 32 个 CPU，内存约为 120 GB），计算时间为 45 min。这样的高性能计算模拟方法和软件，在回旋加速器腔体设计研究中也有许多重要的应用，主要包括谐振腔寄生模的数值模拟；束－腔相互作用与束流不稳定性研究；腔体与真空室等与其相邻的部件一起构成谐振腔，激励新的高阶模的大规模高频、机械应力、热力学等多物理耦合场的模拟，以仿真实际的运行状况及相应的性能指标。

图 4-20 右侧所示的 PSI 590 MeV 回旋加速器主加速腔，其设计过程中的一些主要结果如图 4-38 所示。图 4-38（a）所示为利用 ANSYS 的 20 节点 HF120 单元计算高频场的六面体网格，共 85 423 个节点；图 4-38（b）所示为 8 节点 Solid45/Solid70 单元计算机械应力和温度分布的六面体网格，共 334 205 个节点；图 4-38（c）所示为数值计算过程中的一个结果，显示了腔体的温度场分布，温度范围为 25℃~50℃；图 4-38（d）所示为腔体最终结构机械

设计的模型。数值计算结果与测量结果比较见表 4-2。

（a）

（b）

液压调谐支撑结构
冷却管道
高频窗
真空泵法兰
束流加速孔道

25.000　30.488　35.976　41.464　46.952
　27.744　33.232　38.720　44.208　49.696

（c）

（d）

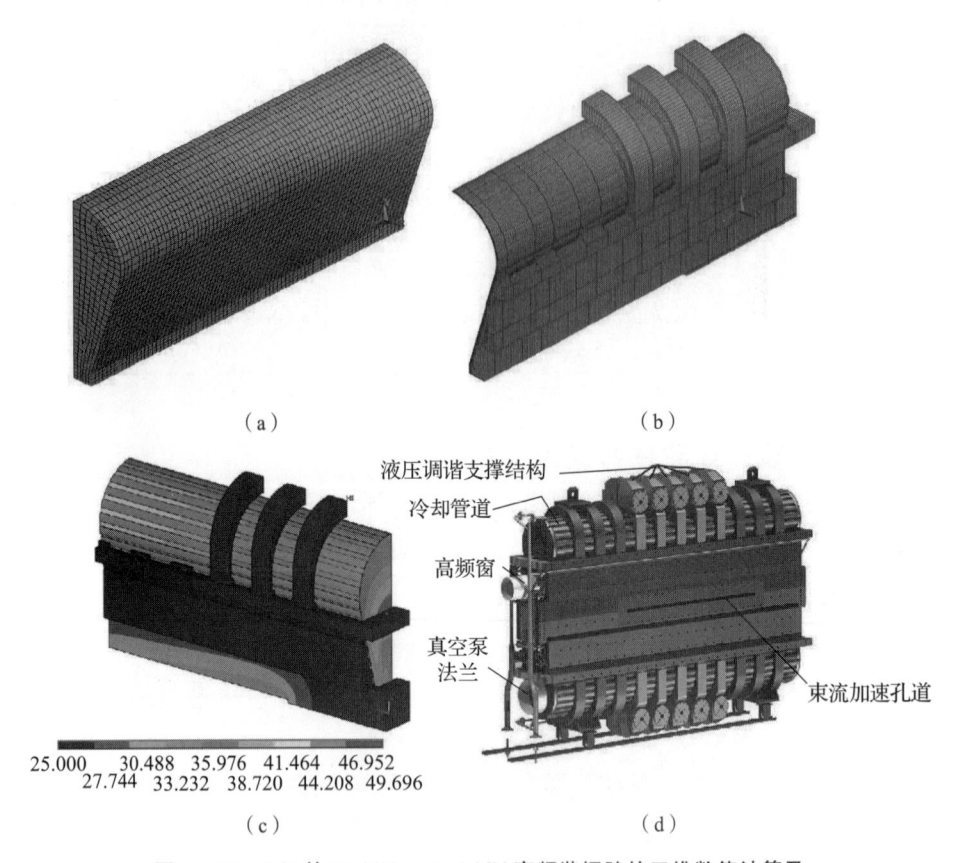

图 4-38　PSI 的 51 MHz、1.4 MV 高频谐振腔的三维数值计算及最终结构机械设计的模型

表 4-2　PSI 的 51 MHz、1.4 MV 高频谐振腔数值计算结果与测量结果比较

谐振频率/MHz		Q 值	
数值计算结果	测量结果	数值计算结果	测量结果
51.040	50.993	46 054	45 090

　　该高频谐振腔在回旋加速器上安装之后，与真空室等部件成为一个整体，构成一个复杂的谐振腔系统。图 4-39 所示为这样的谐振腔与真空室组合的数值模拟结果。图 4-39（a）所示为 4 个 51 MHz 高频腔、1 个 152 MHz 平顶腔和环形真空室构成一个整体的几何结构，PSI 采用美国 Sandia 国家实验室的软件 CUBIT 进行几何建模和四面体网格剖分，共 120 万个二阶单元、690 万个自

由度；图 4-39（b）所示为谐振腔基模（51 MHz）的磁场分布；图 4-39（c）所示为 54 MHz 寄生模的电场分布，确认了先前测量到的真空室中 54.1 MHz 的寄生振荡。这样的高频电磁场模拟结果还用于束-腔相互作用研究，由于篇幅所限，请读者参考相关文献。

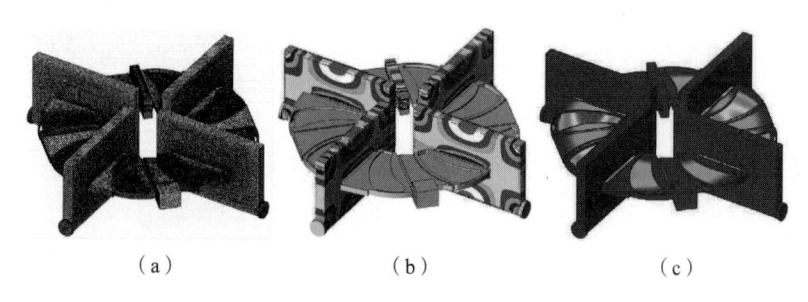

(a)　　　　　　　(b)　　　　　　　(c)

图 4-39　PSI 的 4 个 51 MHz 主加速腔、1 个 152 MHz 平顶腔与环形真空室构成一个整体的谐振腔

一般说来，三维高频电磁场的数值计算，在回旋加速器谐振腔设计中的应用通常包括以下步骤。

4.5.2.1　前处理

前处理包括目标模型的建立、确认和剖分。模型应适当简化，去掉对高频性能模拟的结果影响不明显的结构细节；应使用合适的结构参数建立模型，为以后可能需要进行的大量优化调整打好基础。复查和确认是模型建立中不可或缺的一步，目前三维计算软件的几何逻辑运算系统尚存在不足，通过不同几何剖面检查和确认模型能有效地避免错误。剖分是前处理的最后一步，现代三维计算软件通常可采用自动剖分、手动剖分和手动自动相结合等方式。在手动剖分中往往需要提供剖分线的位置，而自动剖分的网格则完全由软件决定。实践表明，对于大型的高频数值模拟，完全由手动剖分工作量过大；完全由软件自动剖分往往难以针对求解场域几何结构和场分布的特点，合理生成网格，导致要么生成单元节点过多，与现有计算机资源不适应，要么场梯度大的位置网格不够密，网格分布不够合理，导致计算精度不高。因此，有效的网格剖分过程通常是在人为干预下的自动剖分。剖分的有限单元一般为四面体、六面体、三棱柱等一阶或二阶单元，更高阶的单元很少用到；有限差分的网格大多为四边形或三角形网格的三维拓扑展开。图 4-17 所示腔体在设计计算过程中的有限元剖分网格如图 4-40 所示，由于该腔体为了使回旋加速器总体的结构紧凑，其设计与主磁铁的结构互相配合，腔体的几何形状呈异形结构，网格剖分比较困难。

4.5.2.2 边界条件

边界条件是附加在已建模型边界上的人为给定的高频电磁场分布的定义，包括理想电边界、理想磁边界条件等。它们分别指平行于边界面的电、磁场平行分量。值得注意的是，不同的边界条件的设置、相同的几何结构可得出完全不同的结果。在这里给出一个例子——英国 Daresbury 实验室同步辐射光源的 SRS 500 MHz 加速腔，如图 4-41 所示。它虽然不是回旋加速器的腔体，但十分直观地显示了不同边界条件相应的不同计算结果。

图 4-40 中心区模型异形腔体四面体剖分网格

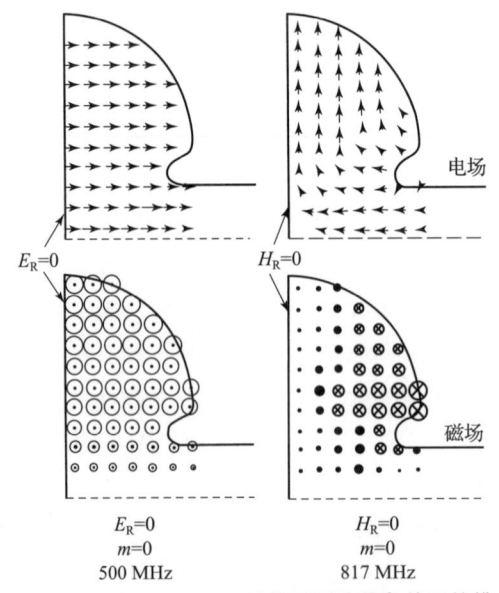

图 4-41 SRS 500 MHz 腔体不同边界条件下的模式

4.5.2.3 后处理

通常后处理是指从有限差分或有限元计算结果中获取关心的腔体高频参数。除了腔体的本征频率以外，还主要包括腔体的 Q 值、功率损耗及其在腔体不同部位的分布、耦合与匹配、插值计算可用于束流动力学研究的电场分布等。

高频场的三维计算软件在回旋加速器谐振腔设计中的应用日益广泛，设计研究更加深入，设计结果更加精确，大大缩短了腔体的研发周期。例如中国原子能科学研究院在建的 100 MeV 回旋加速器，其高频腔体完全安装在磁铁的谷区中，结构复杂，且要求在该紧凑型回旋加速器中沿半径的加速电压分布逐渐上升。在该腔体设计中需要调节大量的结构参数，需要对腔体的谐振模式和场分布进行分析，需要确定腔体的功率损耗分布，并了解腔体可能存在的其他高次振荡模式，用数值计算模拟的方法可以更方便准确地确定腔体的结构并预期其高频性能，因此，采用三维数值模拟的方法，基于有限差分软件 CST Microwave Studio 对该腔体进行设计，具体参见 4.7 节。

4.6 腔体设计应考虑的一些工程技术问题

对于复杂的回旋加速器腔体设计来说，基本的问题是设计一个腔体的几何结构，使它的 D 形盒和腔壁能与所有其他部件的机械位置协调，同时要求它能覆盖所需要的谐振频率范围。当然频率可由一些集总参数部件如电容器、调谐板、短路片的调整而获得。在这一设计过程中，预期并设法解决常出现的工程技术问题也十分重要。设计一个好的腔体，不仅包括计算和软件模拟，还离不开特殊高频部件的开发和通用技术的支持。

在所有的回旋加速器腔体中，耦合和频率微调系统总是最关键的部件，尤其是高功率耦合。PSI 用时域三维数值计算软件优化设计腔体中的耦合环，在耦合区设计了打火探测电极，将老腔体在 51 MHz 时的耦合功率 650 kW 提高到新腔体的 1 MW（cw），如图 4-42 所示。

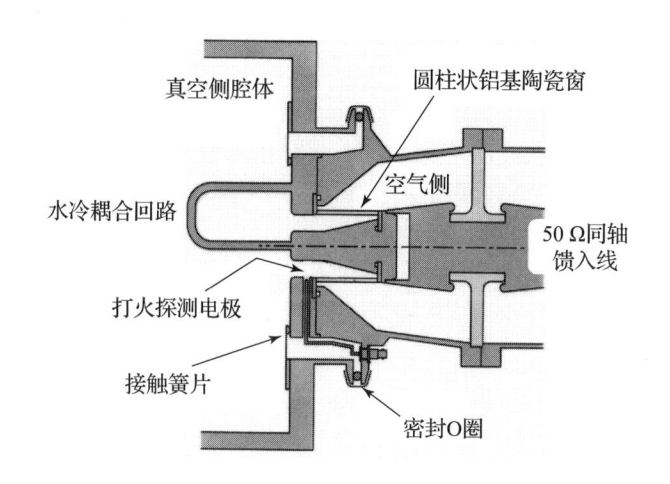

图 4-42　PSI 的高频功率 650 kW（cw）的电感耦合环

大范围的频率调整系统（如可移动的短路片）、内导体上的真空馈入组件也常有特殊的工程技术难度，这方面已存在多种工程解决方案。例如 4.5.1 节介绍的 INFN – LNS 超导回旋加速器谐振腔的陶瓷窗是一个关键部件的示例。另一个示例是在超导回旋加速器（如 INFN – LNS 和 NSCL 的回旋加速器）腔体可移动短路端的设计，为建造图 4 – 15 所示的腔体，人们专门研制了特殊的可移动短路端结构，如图 4 – 43 所示，它通过一系列镀银的石墨球连接，每一个球都依靠通过绝热体的扁平弹簧支持，用这种方法弹簧不传导高频电流，无须冷却接触点，在 50 MHz 时能维持电流密度高达 200 A/cm。

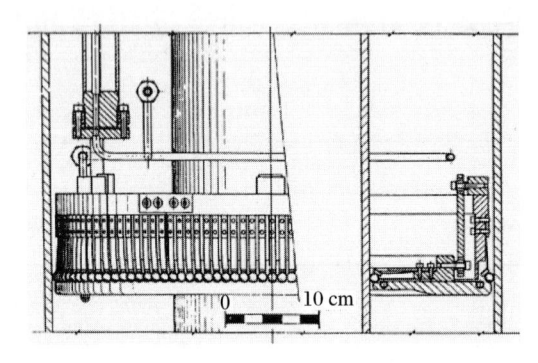

图 4 – 43　超导回旋加速器（如 INFN – LNS）的腔体可移动短路端

4.4.5.1 节讨论的日本 RCNP 可转动翼片调整频率的腔体，其转动处的折叶铜片需要将可转动翼片上的大电流传送到腔体侧壁。这样的频率粗调系统由于工艺技术复杂，回旋加速器运行过程中常有较高的故障率。图 4 – 44 所示为该可转动翼片的连接结构。

所有的回旋加速器谐振腔，无论是双加速间隙的还是单加速间隙的，从机械工程的角度看，不外可以分为独立的（独立的腔体，安装在真空室中）或集成的（即腔体结构有两种功能，除了高频以外，还是真空室的一部分）。腔体独立设计的有代表性的实例是日本 RIKEN 的 RRC 回旋加速器的加速腔（双加速间隙）和 SRC 回旋加速器的加速腔和平顶腔（单加速间隙）。这种腔体结构的优点是电特性和腔体冷却性能的计算设计与真空室无关，便于优化，部件制造相对简单和便宜；其缺点是真空室内需要放置更多部件，维护相对复杂，维护时间更长。腔体集成设计的有代表性实例是瑞士 PSI 的 Injector – Ⅱ 回旋加速器的加速腔（双加速间隙）和 590 MeV 分离扇回旋加速器的加速腔和平顶腔（单加速间隙）。这种腔体结构的优点是真空室内放气表面仅有独立腔体的 1/3，高频耦合、调谐和信号拾取简单，维护相对容易，能更有效地利用主磁

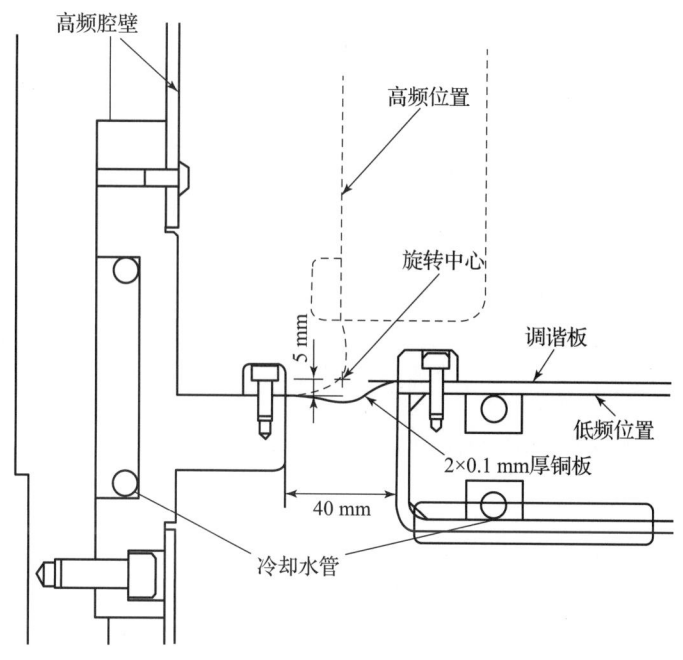

图 4-44　RCNP 单加速间隙加速腔的可转动翼片连接结构

铁之间的空间，更容易设计波导结构的高 Q 值腔体结构；其缺点是机械设计更加复杂，因为腔体和真空室结合在一起，热效应和真空压力等结构问题需要综合处理，腔体制造更难，造价更高。

4.7　紧凑型回旋加速器谐振腔的设计及木模试验

100 MeV 紧凑型负氢回旋加速器的初步物理设计给出的高频系统的主要技术要求是：四次谐波加速模式，单频点工作，谐振频率范围为 43～45 MHz，准确的谐振频率待主磁铁磁场测量与垫补之后确定，加速电压沿回旋加速器半径逐渐上升（在中心区为 60 kV，在大半径区域约为 120 kV），D 板相对机器中心的张角约为 36°，主要取决于主磁铁的镶条方位角位置。

在腔体设计初期，广泛分析比较了单圆柱形内杆、单椭圆柱形内杆、双圆柱形内杆等不同的腔体结构。单内杆腔体结构设计可直接参照 $\lambda/2$ 同轴线谐振腔进行设计，有 CYCIAE-30、TR-30 等回旋加速器的腔体作为参考。而双内杆谐振腔在2003年设计时，未见文献报道有建成的回旋加速器采用双内杆的谐振腔。

通过理论分析和模拟计算可知，为了实现加速电压分布由中心区到大半径区域大约上升1倍的要求，腔体单内杆的位置十分接近腔体的头部，而2 m长的D板重心却位于D板靠近尾部的位置，可见，采用内杆位置靠近头部的办法，虽然可以满足物理设计对加速电压分布的要求，但是机械结构不稳定。经过深入研究，中国原子能科学研究院提出采用双圆柱形内杆的腔体结构，取两个圆柱形内杆的间距为腔体总长度的一半，靠近中心的小内杆直径是靠近大半径区域的内杆直径的1/2。这样既提高了腔体的机械稳定性，又提高了外半径处的圈能量增益。这样的类三角形腔体如图4－19所示。

4.7.1 双内杆高频谐振腔的三维数值模拟与优化设计

双内杆高频谐振腔的设计一方面受到主磁铁谷区空间的限制，另一方面又希望将腔体的外导体与主磁铁谷区的侧面贴合，便于安装并实现结构稳定，这样就决定了腔体外导体的结构形状。腔体高度的选择主要考虑磁铁谷区的高度、水冷管的引出位置、腔体的固定方式等。对于D板角宽度和对应的假D的位置，尽管从回旋加速器束流动力学的角度看，45°是四次谐波加速的最佳角度，但主磁铁的设计和镶条位置等实际工程因素，决定了谐振腔的两个加速间隙的几何角宽度只能达到36°。下面结合采用三维数值计算手段设计、优化腔体结构的过程，重点介绍腔体的一些设计结果。

4.7.1.1 腔体电压随内杆位置的变化规律

显然，两个内杆的尺寸、位置对腔体加速电压的分布影响非常重要。根据加速电压分布由中心区到大半径区域1∶2的要求，首先考虑D板安装的稳定性要求，初步确定双内杆的尺寸，然后研究每个内杆位置对加速电压分布影响的规律。当第一个内杆固定不动时，随着第二个内杆向外移动，腔体的频率升高，D电压分布整体提高，第二个内杆的位置、腔体频率和D电压分布如图4－45所示。

当第二个内杆固定不动时，随着第一个内杆向外移动，腔体的频率变化不明显，但在小半径部分的D电压分布明显提高，在大半径部分的D电压分布变化不明显，如图4－46所示。由加速电压随双内杆位置的变化规律，可以初步确定两个内杆的大体位置，为后续设计的综合调整提供依据。

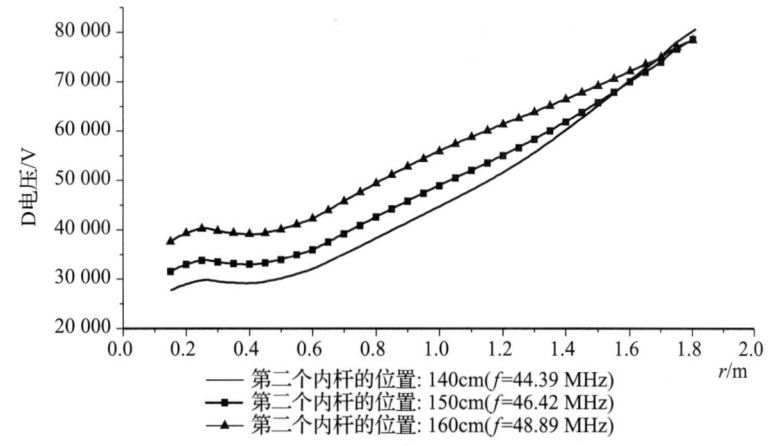

图 4-45　腔体频率、D 电压分布随第二个内杆位置的变化规律

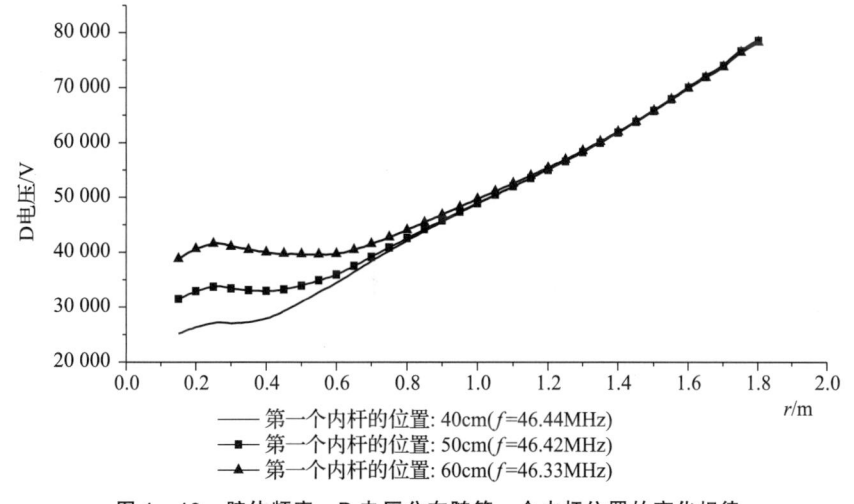

—— 第二个内杆的位置: 140cm(f=44.39 MHz)
—■— 第二个内杆的位置: 150cm(f=46.42 MHz)
—▲— 第二个内杆的位置: 160cm(f=48.89 MHz)

图 4-46　腔体频率、D 电压分布随第一个内杆位置的变化规律

—— 第一个内杆的位置: 40cm(f=46.44MHz)
—■— 第一个内杆的位置: 50cm(f=46.42MHz)
—▲— 第一个内杆的位置: 60cm(f=46.33MHz)

4.7.1.2　腔体频率随腔体结构的变化规律

考虑到腔体要求安装在主磁铁谷区，既要合理利用空间，尽量增大两个加速间隙之间的角宽度，又要保证腔体在谷区中的安装稳定性，这就限制或者说基本确定了外导体的形状，以及加速间隙之间的分布电容。这时，影响腔体谐振频率的因素，除了上述讲到的内杆位置与尺寸外，腔体的高度和微调电容的大小等也是设计过程中主要考虑的。在其他条件不变的情况下，腔体的频率随着腔体高度的增加而减小，随着微调电容板间距的增大而升高，三维数值计算过程模拟了不同腔体高度，不同大小的电容板在不同位置的腔体谐振频率，结

果如图 4-47 所示。该图计算所采用的微调电容板为圆盘形，两个微调电容和一个耦合电容均位于 D 板的尾部，耦合电容在中间，两个微调电容在两侧，位置左右对称，详见图 4-19。由此，可以确定腔体的高度和微调电容板的大小和间距。

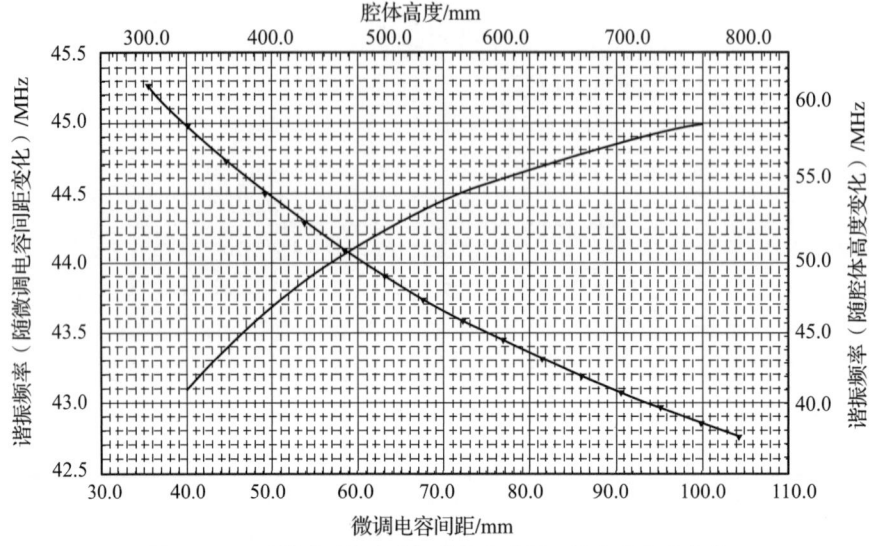

图 4-47 腔体随腔体高度、微调电容间距的频率变化曲线

4.7.1.3 双内杆腔体基本结构的确定

根据以上的计算结果对双内杆腔体的结构进行调整，可以确定满足谐振频率和 D 电压分布要求的双内杆腔体结构。综合调整上述各个参数，包括加速间隙的尺寸微调，以优化设计腔体结构。在这个综合设计阶段，要特别注意处理好中心区 D 形盒头部的精细结构，处理好加速间隙及 D 板的尾部耦合和微调电容的关系，以满足中心区的轨道特殊要求，并优化增大腔体的 Q 值。优化设计之后中间平面内的电场分布如图 4-48 所示，以此为基础进行积分得到的加速电压沿回旋加速器半径的分布如图 4-58 所示。腔体最终的设计指标为：谐振频率为 44.32 MHz，Q 值为 10 300。由图 4-58 可见 D 电压分布从中心区到引出区由 60 kV 上升到 120 kV，满足回

图 4-48 优化设计之后中间平面内的电场分布

旋加速器总体设计的要求。

4.7.2 腔体的功率损耗及水冷等工程技术问题

4.7.2.1 腔体的功率损耗及水冷系统设计

在上述采用三维数值计算的方法设计 CYCIAE-100 高频谐振腔的过程中，假定腔壁材料为无氧铜，则可计算出相应于 Q 值为 10 300 时在每个腔体上的功率损耗为 28.1 kW。然而，由于加工过程的非理想因素导致表面电阻增加、簧片接触面以及接地、高频泄漏等原因，均有可能影响腔体实际的 Q 值。对实际腔体加工后可能达到的 Q 值作保守估计，其约为 6 000。这时在每个腔体上相应的功率损耗为 48.2 kW。表 4-3 所示为基于数值计算结果积分所得的 D 板、双内杆、腔壁、短路端、微调电容和假 D 上的功率损耗，表中分别给出了对应于 Q 值 10 300 和 6 000 的功率损耗。由图 4-49 可以直观地看到腔体的 D 板、双内杆、腔壁、短路端和假 D 上的功率损耗分布情况。图 4-50 所示为 CYCIAE-100 高频谐振腔在加速间隙处的泄漏场分布，可以看到加速间隙处的场泄漏距离约为 4 cm。为了避免泄漏高频电场影响主磁铁的磁极，腔体采用翻边的假 D，翻边的宽度约为 8 cm。由表 4-3 可见翻边假 D 上的功率损耗与腔壁上的功率损耗相近，翻边假 D 及其水冷的设计显得尤为重要。

表 4-3 CYCIAE-100 高频谐振腔上不同部位的功率损耗

Q 值	每个高频腔的总腔体总耗/kW	功率损耗/W						
		D 板	小半径内杆	大半径内杆	腔壁	短路端	电容	高频外壳
10 300	28 095	6 280	7 920	5 840	3 247	1 408	76	3 324
6 000	48 248	10 800	13 600	10 020	5 575	2 417	130	5 706

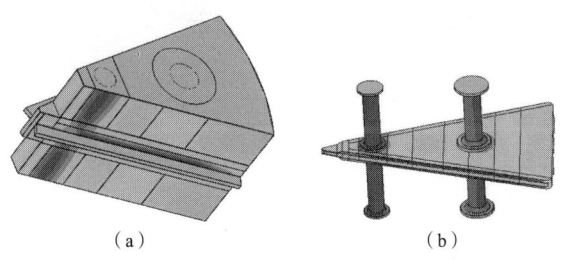

图 4-49 CYCIAE-100 高频谐振腔上功率损耗分布情况
(a) 腔体外导体；(b) D 板和双内杆

(a)　　　　　　　　　　　　　　(b)

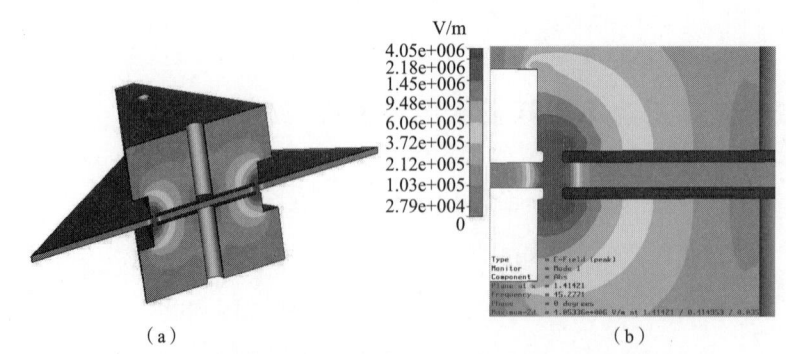

图 4 - 50　CYCIAE - 100 高频谐振腔在加速间隙处的泄漏场分布

(a) 腔体在外半径内杆处的剖面图；(b) 局部放大图

在高频场以及腔体上功率损失分布计算的基础上，可用三维有限元软件 ANSYS CFX 进行腔体各部件的温度场数值分析，以优化腔体的水冷系统设计。在这样的设计计算中，难点是冷却水管的有限元建模。计算中还考虑到回旋加速器中心区是束流损失集中的区域，注入相位不好的粒子绝大多数损失在 D 板头部，所以加载初始条件时，除了高频损耗外，还在 D 板头部上增加了束流损失的功率。图 4 - 51 所示为冷却水达到稳态之后的内杆和 D 板的温度场分布。内杆中的冷却水管为螺旋形，水流速为 1.5 m/s，水入口和出口之间的压力差①约为 1 kg/cm²。这时对应于 Q 值 10 300 和 6 000 的功率损耗，内杆螺旋水冷管温升分别为 3.2 ℃ 和 5.6 ℃。D 板由于热负载包括了高频和束流两种功率损耗，通过加大冷却水入口和出口之间的压力差到 1.5 kg/cm²，则流速增加到约 3 m/s，这时对应于 Q 值 10 300 和 6 000 的功率损耗，D 板的温升分别为 12.6 ℃ 和 18.3 ℃。图 4 - 52 所示为不同 Q 值时的内杆螺旋水冷管的温度场分布。

图 4 - 51　内杆和 D 板的温度场分布

---

① 千克力的单位现已不用，力的国际标准单位为牛顿（N），后同。

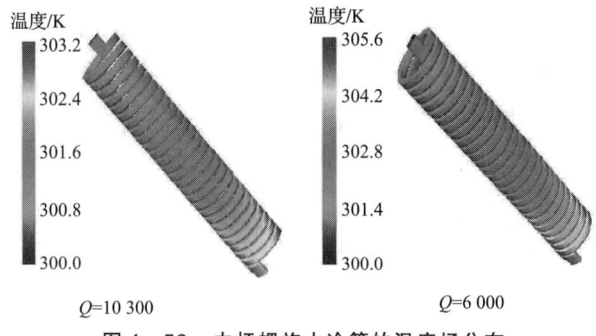

温度/K
303.2
302.4
301.6
300.8
300.0

$Q=10\ 300$

温度/K
305.6
304.2
302.8
301.4
300.0

$Q=6\ 000$

图 4-52　内杆螺旋水冷管的温度场分布

4.7.2.2　腔体的公差与变形

1. 加工和安装误差的允许范围

图 4-19 所示的两个独立腔体，分别由两台独立的 100 kW 高频机驱动，由于机械加工与安装、高频机及低电平控制系统的稳定性等原因，加速电压不可避免地会存在偏差。

两个腔体的不对称电压和一次谐波存在一定的等效关系。如图 4-53 所示，加速电压左边弱右边强，相当于括号中所表示的磁场上面弱下面强。两者产生的效果都是使回旋的中心向左移动。

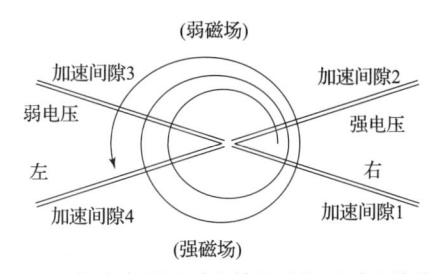

（弱磁场）
加速间隙3　　　加速间隙2
弱电压　　　　　强电压
左　　　　　　　右
加速间隙4　　　加速间隙1
（强磁场）

图 4-53　加速电压不对称性和磁场不对称性的等效

定义：

$$\delta u = \frac{\delta V}{\bar{V}} = \frac{V_r - V_l}{V_l + V_r},\quad \delta b = \frac{\delta B}{\bar{B}} = \frac{B_d - B_u}{B_d + B_u},$$

由电压左右不对称性引起曲率半径的变化：

$$\frac{\delta \rho}{\rho} = \frac{1}{2} \cdot \frac{\delta T_n}{T_n} = \frac{1}{2} \cdot \frac{\delta V}{n\bar{V}} = \frac{\delta u}{4N+2} \qquad (4-54)$$

式中，T_n 为第 n 个半圈的动能，$N = 2n+1$ 为圈数。由磁场上下不对称性引起曲率半径的变化：

$$\delta\rho/\rho = -\delta B/\bar{B} = -\delta b = -\pi b_1/4 \quad (4-55)$$

式中，b_1 为 δb 等效一次谐波幅值。由式（4-54）和式（4-55），有：

$$b_1 = -\delta u/[\pi/(N+1/2)] \quad (4-56)$$

存在一次谐波的径向运动方程为：

$$\mathrm{d}^2 x/\mathrm{d}\theta^2 + v_r^2 x = b_1 \cos(\theta + \phi_1) \quad (4-57)$$

式中，x 为径向偏离平衡轨道的值，单位是轨道半径；ϕ_1 为一次谐波峰值的角度。

式（4-57）的解为：

$$x = b_1(\cos\theta - \cos v_r \theta)/(v_r^2 - 1) \quad (4-58)$$

计算结果图 4-54 中的曲线 2 所示，均匀的不对称电压将使束团中心在径向产生振幅衰减的振荡。

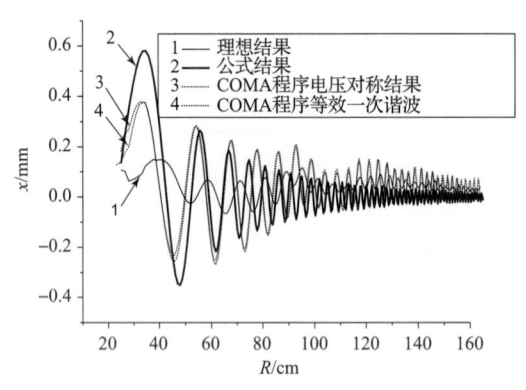

图 4-54 COMA 和公式的计算结果比较（$\delta u = 1\%$）

在多粒子跟踪程序 COMA 中加入左右不对称的电压，计算结果如图 4-54 中的曲线 3 所示。曲线 3 和曲线 2 的结果比较接近，说明公式估算可以很好地反映束团的变化规律，两者存在差别的主要原因在于求解式（4-57）时近似认为 b_1，v_r 为常数，实际上 b_1 为一个逐渐减小的量，v_r 为随半径增加的量。

根据式（4-56）可将电压差等效成磁场的一次谐波，直接加入 COMA 的磁场中模拟束流的运动情况，结果如图 4-54 中的曲线 4 所示。曲线 4 和曲线 3 符合良好，可见，不对称电压可以通过适当的一次谐波来补偿，反之，磁场某些相位的一次谐波可通过调束时适当调整两个腔体的不对称电压来补偿。

综上，1% 的电压差在引出区引起的振幅约为 0.039 mm。在整个加速的过程中，假定有 $N=9$ 种误差效应引起的振幅小于 0.3 mm，则根据方差理论可知，要求控制电压偏差在 2.5% 以内。

单个腔体的机械误差包括：安装时 D 板绕回旋加速器中心旋转一个小角度，导致两个加速间隙电压差；加工时 D 板的张角 α 偏小或偏大，使电压偏高或偏低。模拟结果显示：D 板转 0.2°时在引出区径向振幅将增加 0.03 mm。D 板窄 0.1°和宽 0.1°，在引出区径向振幅分别增加 0.024 mm 和 0.028 mm。实际上 D 板加工安装可以控制在 0.1°之内，但与之相对的翻边假 D 的加工安装精度控制有很高的难度。

2. D 板的变形导致的加速间隙轴向错位

高频腔 D 板由两根内杆支撑，如图 4-19 所示。D 板因重力引起的变形由外半径处的大内杆所在位置开始，逐渐增大，最大值约为 0.35 mm。高频 D 板的重力变形及安装过程中可能的误差均导致加速间隙轴向错位，产生轴向电场，影响束流轴向运动。图 4-55 所示为轴向错位后加速间隙的电势分布。

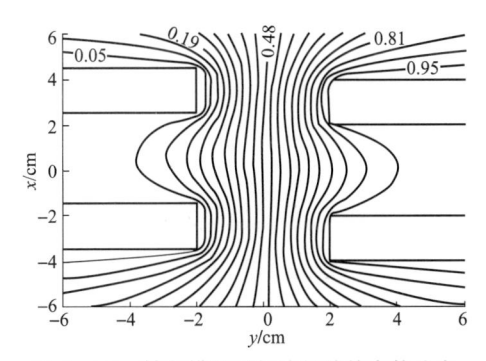

图 4-55 轴向错位后加速间隙的电势分布

$$E_y = V[\cos(\pi y/g) + 1]/2g \tag{4-59}$$

式中，V 为电压，g 为 E_y 的半高宽。

对于一个加速间隙，将 E_z 沿错位后新的中心平面作泰勒展开，得到对应于 Δd 的错位的 ΔP_z 为：

$$\Delta P_z = -\frac{q}{2}\Delta d \left(\int_{-\infty}^{0} - \int_{0}^{\infty} \right) \frac{\partial E_z}{\partial z} \cos(\omega t + \phi_c) \, dt \tag{4-60}$$

式中，ϕ_c 是在 $y=0$ 时粒子相对于高频的相位。

错位导致的 ΔP_z 与 Δd 成正比，与 z 无关。对加速间隙两边，假设粒子的曲率半径和动能分别是 R_1，T_1 和 R_2，T_2，则再由 $\nabla \cdot \boldsymbol{E} = 0$ 及 $\partial E_x/\partial x \approx 0$ 得到：

$$\left(\frac{\Delta P_z}{P}\right)_{1,2} = \frac{qV\Delta d}{8gT_{1,2}} \left[\frac{\cos\phi_c + \cos(\phi_c \mp hg/R_{1,2})}{1 - (hg/\pi R_{1,2})^2} \right], \tag{4-61}$$

式中，h 为高频的谐波数。

粒子在一圈中会遇到 4 个加速间隙，第一个加速间隙的位置为 θ_1，第二个

加速间隙的位置是 $\theta_2 = \theta_1 + D$。在两个加速间隙之间，轴向运动方程为：

$$d^2z/d\theta^2 + v^2z = 0 \quad (4-62)$$

在 $\theta = \theta_j (j=1, 2)$ 的边界条件为

$$dz/d\theta|_{\theta=\theta_j(j=1,2)} = \beta_j z_j, \quad (4-63)$$

式中，$\beta_j = \Delta P_z/m\omega\Delta d$。

由上述公式和数值计算得到轴向振幅增加分别为 0.003 mm 和 0.004 mm，两者基本一致。可见，D 板在高能端由重力引起的变形不会对束流产生严重影响。但是，除了中心区以外的 D 板在安装的过程中若整体偏移 $\Delta d = 1$ mm，中心粒子的轴向振幅增加 0.5 mm。与上述水平方向的公差一样，将 D 板安装的垂直位置偏差控制在 1 mm 之内并不难，但严格控制翻边假 D 的加工和安装精度则相对难一些。

4.7.3 腔体的木模试验

根据双内杆腔体的优化设计结果，加工了一个 1∶1 的木模试验腔体，内表面覆 0.05 mm 厚的紫铜皮，进行了一些主要高频参数的试验测量，包括：腔体的本征谐振频率、D 电压分布等。试验所用的主要仪器有 E5070B 型矢量网络分析仪等。

4.7.3.1 试验方法

模型试验是高频腔设计定型中的一个重要环节，是建造实际腔体前修正理论计算并发现可能存在问题不可缺少的工作。在矢量网络分析仪普遍使用前，D 电压分布的测量通常采用的方式为：两通道网络测量 D 电压分布，如图 4-56（a）所示，所用的主要仪表是矢量电压表、Trombone（称为传输线调整器或移相器）、信号发生器和放大器、50 Ω 传输线和 50 Ω 负载等。使用矢量网络分析仪代替图中的仪表后可以更方便地测量，其中 50 Ω 的探针连接矢量网络分析仪的一端口，二端口与耦合电容相连接。

使用矢量网络分析仪进行两端口测量后，可得出腔体在探针位置的并联阻抗值：

$$R_{sh} \approx \frac{Z_0}{S_{21}^2} \quad (4-64)$$

再由加速间隙的并联阻抗分布可计算出电压分布。加工完毕，电压分布测量之中的模型腔体如图 4-56（b）所示。

4.7.3.2 木模试验腔体频率的测量

将耦合电容板的间距调整为 50 mm，固定不变。调节微调电容板的间距，

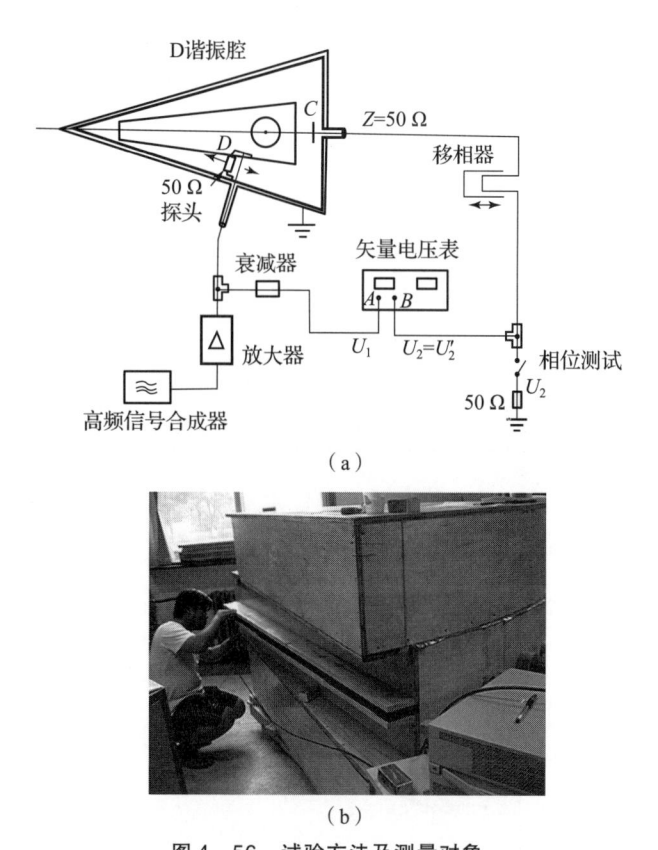

图 4-56 试验方法及测量对象
(a) 传统两通道网络测量方法；(b) 木模试验腔体

得到木模试验腔体频率随微调电容间距的变化曲线，与三维数值计算所得到的结果相比较，如图 4-57 所示。

从图中可以看到，木模试验腔体频率随微调电容间距变化的计算值与测量值吻合较好，误差在 1% 以内。利用该木模试验腔体还测量了其他不同因素对谐振频率的影响，充分确认了数值计算的设计结果。

4.7.3.3 木模试验腔体 D 电压分布的测量

将微调电容片的间距固定在 55 mm，调节耦合电容，达到临界耦合，此时的木模试验腔体频率为 44.27 MHz。在这种情况下，固定腔体的微调电容板、耦合电容板的间距，用小电容在腔体的加速间隙拾取信号，得到从中心区到引出区的电压分布曲线，将矢量网络分析仪得到中心区的信号的值按比例设定为 1，得到图 4-58 所示的曲线。

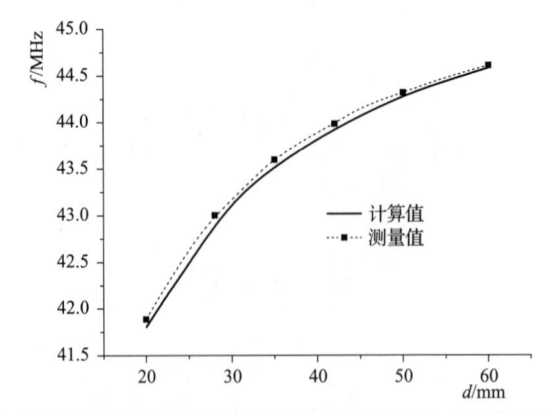

图 4-57　木模试验腔体频率随微调电容间距的变化曲线（计算值与测量值比较）

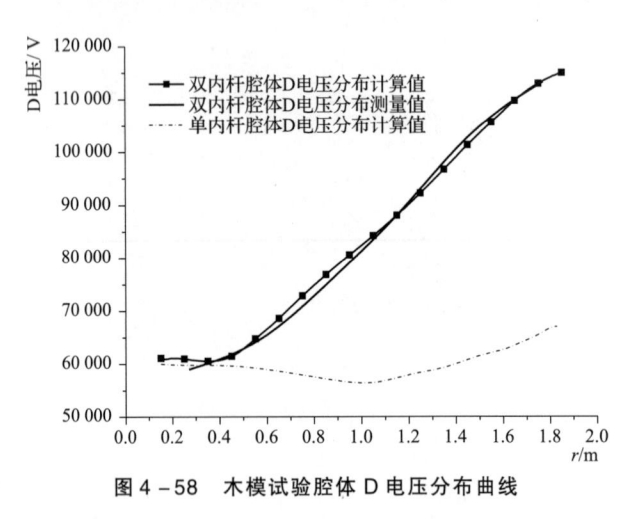

图 4-58　木模试验腔体 D 电压分布曲线

从图 4-58 可以看到，木模试验腔体的 D 电压分布从中心区到引出区约为 1/2 的关系，与模拟计算值相比误差小于 3%。

4.8　小结

回旋加速器是第一种圆形加速器，其主磁铁、高频腔、真空室等主要部件相互影响，设计困难。自从 1930 年以来，人们设计出许多不同形状、不同用途的谐振腔。从最初的集总参数谐振线路到回旋加速器常用的 $\lambda/2$ 腔体，乃至于取消内导体的波导结构腔体，发展的方向是提高 Q 值、增大加速电压、降低腔体的高频功率损耗。本章所述的传输线近似法适用于理解和指导腔体设计，亦适用于利用阻抗调变优化腔体结构。二维和三维模拟计算实例展示了实际回旋加速器腔体的设计、优化过程。最后，通过紧凑型回旋加速器谐振腔设计与木模试验腔的测试，更进一步讨论了一些实际高频工程的关键技术问题。

参 考 文 献

[1] 陈振国. 微波技术基础与应用 [M]. 北京：北京邮电大学出版社，1996.

[2] 闫润卿. 微波技术基础 [M]. 北京：北京理工大学出版社，2011.

[3] HERBERT J R, Philip F O. Microwave theory and Techniques [M]. Boston：Boston Technical Publishers，1965.

[4] 林为干. 微波理论与技术 [M]. 北京：科学出版社，1979.

[5] 廖承恩，陈达章. 微波技术与基础 [M]. 北京：国防工业出版社，1981.

[6] 冯慈璋. 电磁场 [M]. 北京：人民教育出版社，1980.

[7] DAVID K CHENG. Field and Wave Electromagnetics [M]. 2nd ed. Massachusetts：Addison – Wesley Publishing Company，1989.

[8] SIMON R, JOHN R. Fields and Waves in Communication Electronics [M]. New Jersey：John Wiley & Sons，1965.

[9] 科林，吕继尧. 微波工程基础 [M]. 北京：人民邮电出版社，1981.

[10] PAGANI C. Cyclotron cavities, CERN accelerator school – RF engineering for particle accelerators. CERN 92 – 03，1992 II，501 – 521.

[11] MICHELATO P, PAGANI C, GIUSSANI A, et al. A special refrigerator cooled cryopump for operation into the RF cavities of the Milan Superconducting cyclotron [J]. Vacuum，1988，38（8 – 10）：831 – 834.

[12] BIETH C, DUGAY G, JOUBERT A, et al. GANIL RF systems [J]. IEEE Transactions on Nuclear Science，June 1979，26（3）：4117 – 4119.

[13] FITZE H, et al., Proc. Of PAC, 1999, 2：795.

[14] SIGG P, et al., Proc. Of 14th ICCA, 1995：165.

[15] SIGG P. Cyclotron Cavities, CERN accelerator school – RF Engineering for Particle Accelerators，May 2000.

[16] SIGG P. RF for Cyclotrons, CERN accelerator school – Small Accelerators，May 2005. pp231 – 251.

[17] SAKAMOTO N, et al., Proc. Of 15th ICCA, 1998：223（RIKEN, SRC）.

[18] FUJISAWA T, et al., Proc. Of 11th ICCA, 1986：329（RIKEN, RRC）.

[19] SAITO T, et al., Proc. Of 12th ICCA, 1989：201（RCNP）.

[20] BONI R, et al. Design and operation of a multipacting – free 51.4MHz RF accelerating cavity [J]. LNF – 88/06, 1988.

[21] 李智慧. 三维电磁场数值模拟在腔体设计中的应用——新 B1 聚束器的腔体设计 [D]. 北京：中国科学院, 2000.

[22] TRINKS U, et al. Proc. Of 12th ICCA, 1989：47 (TRITRON).

[23] CAZAN A, SCHUETZ P, Trinks U. Proc. Of 15th ICCA, 1998：323 (TRITRON).

[24] EICHE M. Dual Frequency resonator system for a compact cyclotron [C]// Proc. Of 13th International Conference on Cyclotrons and Their Applications：July 6 – 10. Vancouver：1992.

[25] ROGERS R C, et al., Proc. Of 6th ICCA, 1972：438.

[26] CST MAFIA code; CST Microwave Studio Suite 2006, www.cst.com.

[27] ANSYS is a trademark of SAS Inc. www.ansys.com.

[28] Omega 3P, SLAC, Palo Alto, US.

[29] BILLEN J, Young L. LA – UR – 96 – 1834, Los Alamos National Laboratory.

[30] FERNANDES P, R. Parodi, IEEE Trans. Magn. 24, (1988)：154.

[31] WEILAND T. Nucl. Instr. and Meth. 216 (1983)：329.

[32] STINGELIN L. Beam – CAVITY Interaction in high power cyclotrons [D]. Ph. D. thesis #3169, Diploma in engineer physics, ETH Zürich. Switzerland：2005.

[33] JAMES H B, Lloyd M Y. Poission Superfish [R]. Los Alamos National Laboratory, LA – UR – 96 – 1834. Los Alamos：2002.

[34] The MAFIA Collaboration. MAFIA user manual version 4. 106 [M]. Germany：CST inc, 2000.

[35] http://Cubit.Sandia.Gov.

[36] 毕远杰, 张天爵, 纪彬, 等. 100MeV 强流质子回旋加速器高频腔公差研究 [J]. Chinese Physics C, 2008, 32 (S1)：163 – 165.

[37] RICHARDSON J R. The allowable left – right asymmetry in accelerating voltage [R]. TRI – DN – 69 – 1, 1969.

[38] MACKENZIE G, et al. Allowable left – right asymmetry in accelerating voltage [R]. TRI – DN – 73 – 17, 1973.

[39] CRADDOCK M K. Effect of axial misalignment of the dees and their correction [C]//Proc. of 6th ICCA, 1972.

[40] KOST C J. COMA – a linear motion code for cyclotrons [J]. IEEE Transactions on Nuclear Science, Vol. NS – 22, No. 3, 1975.

第 5 章
回旋加速器的离子源

回旋加速器的离子源按照其安装位置可分为内部离子源和外部离子源。早期的回旋加速器均采用内部离子源，如 PIG 离子源等；外部离子源有电子回旋共振（ECR）离子源、会切场离子源、极化离子源等。本章在简要介绍离子束参数之后，主要介绍 ECR 离子源和会切场负氢离子源，以及用于紧凑型回旋加速器的内部负氢离子源。

5.1 离子束参数

从离子源引出的离子束中通常含有电离的原子或分子，有时还有电子（在中性束、负离子束中）。离子束与等离子体的不同之处在于：在等离子体中，动量分布是各向同性的；在离子束中，离子束流的动量是相等和平行的（实际的束流呈现出一定的能量和角度分散）。因此，离子束可以简单定义为电离的原子或分子流。那么，用哪些物理量来描述束流特性呢？有些物理量由于用户视点的不同，有可能是不同的，例如流强能够用 mA 或每秒（或每束团）的粒子数来表达。下面介绍用于描述束流特性的一些通用的物理量，包括束流强度、束流密度分布、能散度、发散度、相空间等。

5.1.1 束流强度、能量和能散度

1. 束流强度

如果束流包含单一带电离子（电荷态为1），每秒的离子数 N 与束流强度 I 的关系为：

$$N = I/e \tag{5-1}$$

如前所述，束流可能包含不同种类、带不同电荷的离子。不同种类束流强度 I_i 与每秒、每种类的离子数 N_i 的关系为：

$$N_i = I_i/(q_i \cdot e) \tag{5-2}$$

和
$$I = \sum I_i, \quad N = \sum N_i \qquad (5-3)$$

式中，q_i 为该离子种类的电荷态，束流成分由两个参数描述：一是流强构成 $Fe_i = I_i/I$，另一个是粒子数构成 $Fp_i = N_i/N$。显然 $\sum Fe_i = 1$，$\sum Fp_i = 1$，同时，不难得到束流中离子的平均电荷态为：

$$Q = \sum q_i \cdot Fp_i \qquad (5-4)$$

则可推导出：

$$I = eQN \qquad (5-5)$$

在脉冲模式中，流强可作为脉冲流强 I_p 或每脉冲的粒子数 N_p 给出：

$$N_p = I_p/eq\tau \qquad (5-6)$$

式中，τ 为脉冲长度，脉冲模式由脉冲长度和重复频率 f_{rep} 表征，占空比定义为：$D_c = f_{rep} \cdot \tau$，平均流强 I_a 与峰值流强 I_p 的关系为：$I_p = I_a/D_c$。

2. 能量

对于单一品种的束流，离子获得的能量为 $W = eqV$，其中 V 为放电腔与最后引出电极之间的电压降，q 为电荷态。如果能量的单位为焦耳（J），则 e 的单位为库仑（C），如果能量的单位为 eV、keV，则 e 为 1。对于含有不同种类、带有不同电荷态的离子，离子的平均能量为 $W = Q \cdot V$。

3. 能散度

在理想情况下，离子束是单一动能的，但由于等离子体离子温度有分布及引出电压不稳，大多数束流呈现出能量分散（见图 5-1，其横坐标为离子的动能，纵坐标为归一化的束流强度），这是每个离子源所具有的特性。能散度用半最大值全宽度（Full With Half Maximum，FWHM）或半最大值半宽度（Half With Half Maximum，HWHM）来表示，单位常用 eV。

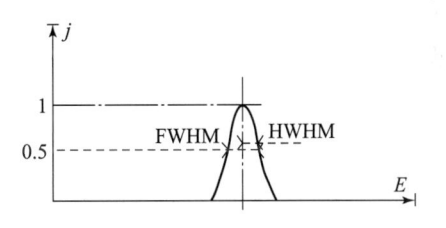

图 5-1 离子束的能量分布

5.1.2 束流的横向分布、束流半径和发散度

1. 束流的横向分布

对许多应用而言，束流的横向分布和发散度均是十分重要的。束流的横向

分布可能会呈现出许多不同的类型，如图 5-2 所示。在有些情况下，束流中径向速度的分布导致束流不是轴对称的，且束流峰值密度不在束流传播轴上。但在大多数情况下，束流的横向分布或多或少地可以用高斯分布近似表示：

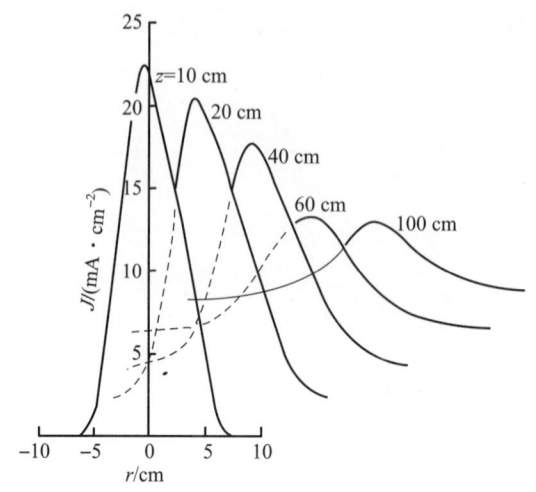

图 5-2 束流的横向分布

$$J(r) = J_{max} e^{(-r/R)^2} \tag{5-7}$$

式中，J_{max} 为束流峰值密度，单位为 A/m^2 或 mA/cm^2；r 是径向位置；R 是束流密度为峰值密度的 e^{-1} 倍时的半径（图 5-3）。

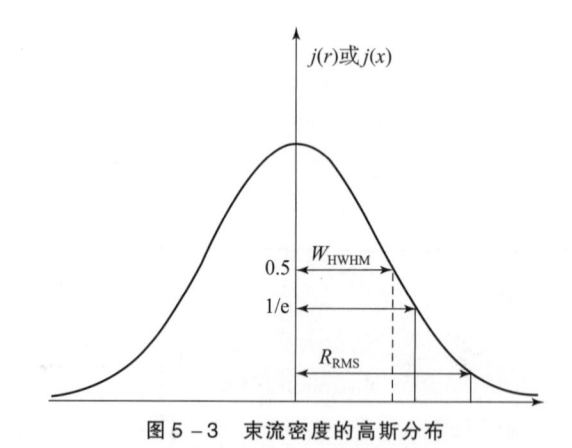

图 5-3 束流密度的高斯分布

束流强度由下面积分式导出：

$$I = \iint J(r) \, dr d\theta = \pi R^2 J_{max} \tag{5-8}$$

r 小于 R，对应的束流强度是束流总强度的 63%，$r = R$ 处的束流密度为峰值密度的 e^{-1} 倍。

下面考虑另一种束流的横向分布：在整个半径方向上束流密度为常数，则束流强度为 $I = \pi R^2 J_{max}$，其中 I 为束流总强度，J_{max} 为束流密度，R 为束流半径。r 小于 R 的束流强度是束流总强度的 100%，$r = R$ 处的束流密度等于峰值密度。

2. 束流半径

从上述例子可以看到，束流半径可以有不同的定义，下面列举常用的几种：

（1）束流半径代表给定的束流峰值密度的百分比，如 90%、50%（HWHM）、$1/e$ 等，最常用的是 HWHM 或对于直径的 FWHM；

（2）束流半径代表给定的束流强度的百分比，最常用的习惯是 63%，它对应于高斯分布的峰值电流密度的 e^{-1} 倍；

（3）均方根半径：$R_{RMS} = 2\langle x^2 \rangle^{1/2}$，其中 $\langle x^2 \rangle = \int x^2 \cdot I(x) \mathrm{d}x$，$I(x) = \int j(x,y) \mathrm{d}y$。

3. 束流发散度

束流发散度由沿束流传播轴上不同位置的束流半径导出：

$$\alpha = j \frac{R_2 - R_1}{d_{12}} \quad (5-9)$$

式中，R_2 和 R_1 是束流半径，d_{12} 是距离（图 5-4）。显然，用这一定义得到的束流发散度与真实的束流发散是不同的，并且，当用不同的束流半径的定义时，得到的束流发散度是不同的。

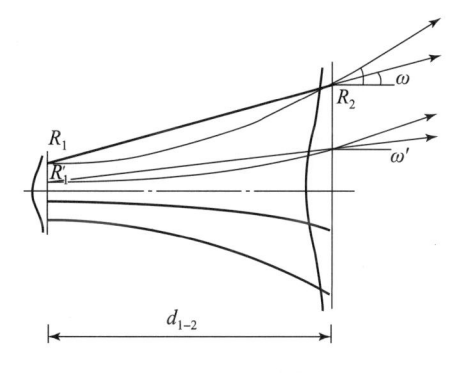

图 5-4 束流发散度

所以，在谈论束流半径（或直径）和束流发散度时需要十分注意其定义。

5.1.3 束流发射度和束流亮度

1. 束流发射度

上节已定义了束流的横向分布，束流半径和束流发散度，但由于束流发散度随束流传播轴的位置而变化，并不能很好地描述束流的行为，所以，对于像回旋加速器这样需要在长距离上处理束流的特殊场合，需要更详细地描述束流。

假定轴对称束流沿轴的速度为 V_z，为了得到束流沿 z 轴的演变，需要知道束流沿横向在 x，y 平面的情况，常用 x 和 $x' = V_x/V_z$ 描述。束流发射度由下式给定：

$$\varepsilon_x = \iint_\Sigma \mathrm{d}x \mathrm{d}x'/\pi \qquad (5-10)$$

式中，Σ 为积分区域的边界，对于轴对称束流，x 方向和 y 方向是一样的。图 5-5 所示为几种典型的束流发射度图所代表的束流特性。

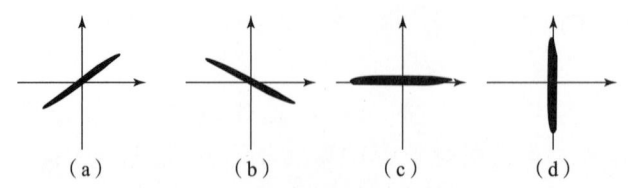

图 5-5 几种典型的束流发射度图
(a) 发散束流；(b) 会聚束流；(c) 平行束流；(d) 聚焦束流

可以像定义束流发射度一样定义回旋加速器的接收度。由于只有特定的横向位置和速度的离子能够通过回旋加速器，所以能够画出任何类型回旋加速器的接收度图。为了知道有多少束流能够被传输通过回旋加速器，回旋加速器的接收度和束流发射度需要画在同一张图上比较。位于接收度中的部分是束流的有用部分，接收度外面的离子将在传输过程中丢失。为了使所有的束流能够通过回旋加速器，需要调整束流光学使束流发射度与回旋加速器的接收度匹配（图 5-6）。

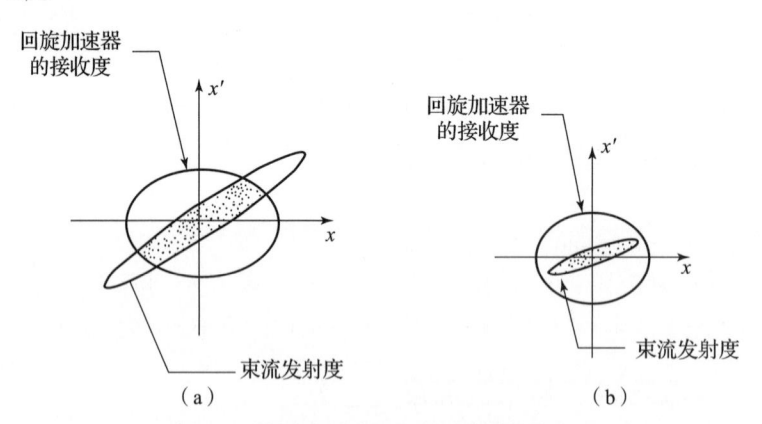

图 5-6 束流发射度与回旋加速器的接收度
(a) 接收度外的离子将丢失；(b) 发射度与接收度匹配

2. 束流亮度

束流强度、束流横截面和横向散角（即束流发射度）是表征束流品质好坏的重要参数。在设计离子源时，总是希望得到的束流强度尽可能大，而同时使束流横截面和横向散角尽可能小（即束流发射度小一些）。为了对束流品质参数进行综合描述，特引入束流亮度的概念。

束流亮度定义为单位立体角的束流密度。因此，束流亮度不只与束流强度有关，而且与粒子的状态有关。它与束流强度和束流发射度的关系如下：

$$B = 2I/\pi^2 \varepsilon^2 \quad (5-11)$$

式中，I 为束流强度。

如果束流非轴对称，则束流亮度写为：

$$B = 2I/(\pi^2 \varepsilon_x \varepsilon_y) \quad (5-12)$$

束流亮度的单位为 $A \cdot m^2 rad^2$ 或 $mA \cdot mm^{-2} \cdot mrad^{-2}$。

3. 归一化发射度和亮度

为了比较不同能量的束流发射度和束流亮度，特引入归一化发射度和亮度。归一化发射度和亮度定义为：

$$\varepsilon_n = \beta\gamma\varepsilon \quad (5-13)$$

$$B_n = \beta^2\gamma^2 B \quad (5-14)$$

式中，β、γ 为相对论常数。

在非相对论情况下，物理发射度和亮度也常用离子的能量进行归一，定义为：

$$\varepsilon_p = W^{1/2}\varepsilon \quad (5-15)$$

$$B_p = B/W \quad (5-16)$$

式中，W 为粒子的动能。

5.1.4 束流在相空间中的演变

束流中离子的轨迹可用位置坐标 (x, y, z) 和动量 (p_x, p_y, p_z) 或者斜率 (x', y', z') 来描述。空间 (x, y, z, p_x, p_y, p_z) 或者 (x, y, z, x', y', z') 称为相空间，它是一个六维空间，三维用于表示坐标系，三维用于表示动量空间。(z, p_z) 用于研究脉冲束和束团。为清楚起见，这里仅限于在四维空间 (x, y, x', y') 中讨论分析，这样的近似对于大多数连续束流是合理的。束流在这样的四维空间中的体积称为超发射度。前面定义的发射度是超发射度在相平面 (x, x') 和 (y, y') 上的投影。在四维空间 (x, y, x', y') 中的束流密度用 $\rho_4(x, y, x', y')$ 表示，在 (x, x') 和 (y, y') 平面上的投影分别用 $\rho_2(x, x')$ 和 $\rho_2(y, y')$ 表示。因此，束流在相空间中的密度与束流强度的定义为：

$$\rho_2(x,x') = \iint \rho_4(x,y,x',y') \mathrm{d}y \mathrm{d}y' \qquad (5-17)$$

和

$$\rho_2(y,y') = \iint \rho_4(x,y,x',y') \mathrm{d}y \mathrm{d}y' \qquad (5-18)$$

则有：

$$I = \iiint \rho_4(x,y,x',y') \mathrm{d}x\mathrm{d}y\mathrm{d}x'\mathrm{d}y' = \iint \rho_2(x,x') \mathrm{d}x\mathrm{d}x' \qquad (5-19)$$

下面定义均方根发射度：

$$\varepsilon_{x\mathrm{RMS}} = 4\left[(\overline{x^2} \cdot \overline{x'^2}) - (\overline{xx'})^2\right]^{1/2} \qquad (5-20)$$

式中，x^2，x'^2 和 xx' 的平均值是由束流密度 $\rho_2(x,x')$ 加权平均得到的：

$$\overline{x^2} = \frac{\iint x^2 \cdot \rho_2(x,x') \mathrm{d}x\mathrm{d}x}{\iint \rho_2(x,x') \mathrm{d}x\mathrm{d}x} \qquad (5-21)$$

$\varepsilon_{y\mathrm{RMS}}$ 可由类似的方法求得。均方根发射度是一个更合适的描述束流的参数，因为它用密度加权考虑了所有的离子轨迹。

在相空间中，考虑束流密度之后的亮度为：

$$B = \frac{2I}{\pi^2 \varepsilon_{x\mathrm{RMS}} \varepsilon_{y\mathrm{RMS}}} \qquad (5-22)$$

根据刘维定理可知：保守力场中运动的束流，其相空间中的束流密度是不变的。由于相密度不变，所以只要没有粒子损失或产生，尽管束流在输运过程中形状发生变化，但在相空间中所占的体积是不变的。因此，束流在保守力场中的传输过程中，其发射度和亮度也是不变的。如果在传输的过程中粒子的能量发生改变，例如加速的情况，则其归一化发射度和亮度将保持不变。

5.2 内部离子源

安装在回旋加速器内部的离子源称为内部离子源，其结构取决于回旋加速器共振加速的电场与磁场的特殊分布形式，以及实现这些电磁场的方法和手段。一般说来，离子源应安置在回旋加速器中心区的 D 形盒之间，并且离子源引出口的中心须位于回旋加速器的中心平面上，引出束流能被高频电场俘获而得到共振加速。

5.2.1 热阴极潘宁离子源

早期的回旋加速器均采用内部离子源,例如利用纵向准均匀磁场的热阴极弧放电形成等离子体的 PIG 离子源。下面通过两个离子源的实际结构说明这种离子源的工作原理。

第一个热阴极潘宁离子源是多电荷态离子源,用于苏联的 Y-150 和 Y-300 回旋加速器中。为了在离子源中得到较多的多电荷态离子,在离子源中必须具备 3 个条件:

(1) 有较强的气体电离;

(2) 离子在放电中心区域,须有足够的停留时间;

(3) 为了减少离子在引出所经过的路径上由于电荷交换产生的损失,要求离子迅速逸出离子源并被俘获而加速。

离子源的工作原理如图 5-7 所示。本离子源采用了非自持电弧放电,阳、阴极间电压最高达 7 kV 左右,气体放电时弧电压约为 800 V,最大放弧电流可达 50 A。在这样的高电压、大电流的情况下,采用脉冲工作模式,减少消耗在阴极上的平均功率,延长阴极寿命。

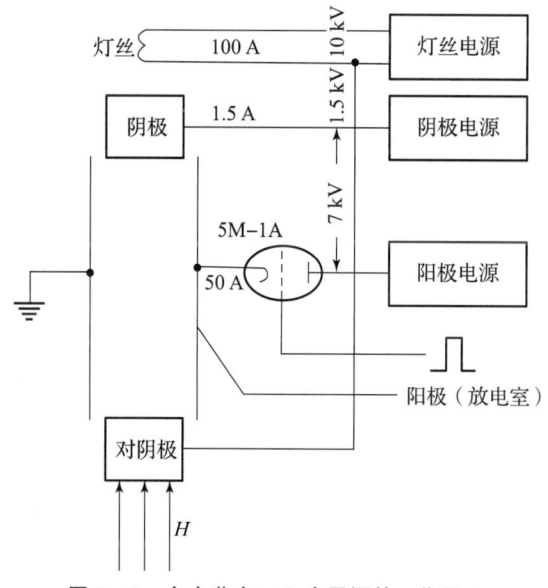

图 5-7 多电荷态 PIG 离子源的工作原理

灯丝电源加热灯丝发射电子,电子在灯丝和阴极间电场的作用下被加速,并轰击阴极,使阴极被加热而发射电子。来自阴极发射的电子,在阴极和阳极间电场的作用下被加速,并与放电室内的气体碰撞,使气体电离。电子在放电室中受回旋加速器磁场的作用进行螺旋形运动。由于对阴极和阴极是等电位，电子接近对阴极时，在电场的作用下又重返放电室并奔向阴极，电子在阴极和对阴极间来回振荡，增强了放电室内气体电离程度。应当指出，放电电压和电流并不是越大越好，如放电电压过大，由于电子所获得的能量较高而使气体电离的可能性增加；但从另一方面看，电压过大，电子速度很大，与气体分子碰撞的概率减小，因此，电压有一最佳值。对于3个电荷态或3个以下电荷态的离子，这个最佳电压值大约等于电离电位的3倍。假使弧电流增大，这说明气体电离程度较强，但多电荷态电荷是逐渐增加的。因此，随着放电电流的增大，各种电荷态离子的强度先是逐渐增加，然后达到最大值后又逐渐减小，电荷数越少的离子，越早达到最大值。图5-8所示的曲线清楚地给出了弧电流与不同电荷态离子束流强度的关系。

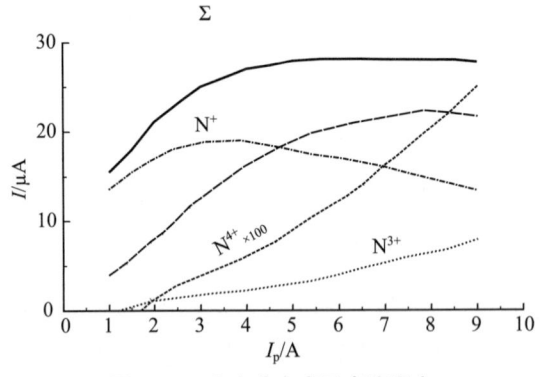

图 5-8 多电荷态离子束流强度

为了使离子在获得必要的电荷数之前不离开放电室的中心区域（引出缝高度范围内的区域），可考虑增加磁感应强度。试验表明，磁感应强度小于0.3 T时，离子源不能稳定工作，而在回旋加速器的中心区域，磁感应强度通常是足够高的。增大放电室横截面积，可以降低电子碰到放电室壁的概率，但横截面积太大也不好，试验表明，横截面10 mm × 10 mm 比 8 mm × 8 mm 的效果差。增加放电室的长度，从而增加了离子在放电中心区域的停留时间；但当放电室长度太大，从阴极发射的电子沿途损失的能量越多，这样也减弱了放电的程度。Y-150回旋加速器离子源放电室的长度为90 mm，Y-300回旋加速器离子源放电室的长度为250 mm，所得结果相差不大。

第二个离子源是用于我国首台回旋加速器 Y-120 的单电荷态 PIG 离子源，其结构如图5-9所示。上护管1和下护管2都装在法兰3的密封孔中，并可利用调节机构4使上、下护管同时前后移动；灯丝杆5被套在下护管内，对阴极6被套在上护管内，电弧室7安装在上、下护管的前端部，灯丝

8 用螺丝紧固在灯丝杆上。由电解槽产生的气体（H_2，D_2）通过进气口 9 沿着管道 10 进入电弧室内，产生的离子通过引出口 11 被 D 形盒上的高频电压拉出。为了防止水管被高频电压打穿，故在外表都盖以铜皮保护罩。更换灯丝，可把锁紧机构 13 解开，拉出灯丝杆，关闭阀门 14，用阀门 15 放入大气，取下灯丝杆。更换灯丝后，重新装上灯丝杆。通过阀门 15 预抽真空，达到真空要求后，关上阀门 15，再打开阀门 14，将灯丝杆推入原位置，回旋加速器又可继续工作。在更换灯丝的操作全过程中，回旋加速器真空室的真空度没有受到大的影响。

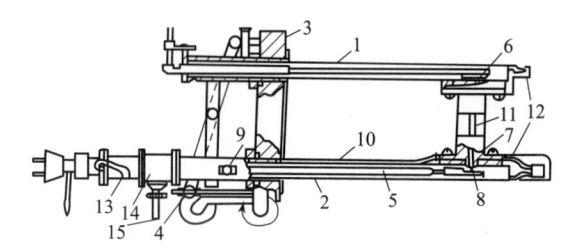

图 5-9　Y-120 回旋加速器的单电荷态 PIG 离子源的结构

5.2.2　冷阴极潘宁负氢离子源

最近十多年来，正电子发射断层扫描技术在世界范围内得到广泛发展，其所需的超短寿命放射性同位素是由与之配套的小型回旋加速器随时生产的。这样的小型回旋加速器必须结构紧凑，运行操作简单。因此，此类回旋加速器多采用冷阴极潘宁负氢离子源。离子源安装在回旋加速器的中心区域，分为径向插入式和轴向插入式两种，其结构分别如图 5-10 和图 5-11 所示。

图 5-10　径向插入式冷阴极潘宁负氢离子源　　图 5-11　轴向插入式冷阴极潘宁负氢离子源

这种离子源的物理基础是冷阴极低压（高磁场）弧放电，此时放电的基本特点是：由于磁场内电子横越磁场的速率远比离子小，导致放电空间内形成过剩的电子云，电子云使径向电位下垂，并在阳极附近形成鞘层；阳极电流随气压线性增加，此时并未在整个放电空间形成等离子体。这种离子源的主要特性为：运行在非常低的气压状态下，离子由本体电离产生；离子源寿命比较长,达几百小时。

这种离子源的基本构成为:水冷的 PIG 离子源本体、放电电源、引出电源和氢气流量控制器等。离子源本体通常包含两个位于回旋加速器中心面上下对称的钽材阴极和一个位于两个阴极之间的空心圆柱形阳极,阳极放电腔长度为几个 cm(约 2 cm),由于等离子体腔安置在高磁场中,直径可以设计得更小。阴极和阳极之间的电位差高达 3 kV。进入离子源区域的氢气被电离,通过控制弧流以调节等离子体的状态。等离子体中包含电子和不同电荷态(H^+、H、H^-)的氢离子。此区域中产生的负氢离子在引出电场的作用下,经引出缝从等离子体腔中引出,并进入回旋加速器的第一个加速间隙。典型的运行参数:磁感应强度为 0.1~1.0 T,气压为 10^{-1}~10^{-4} Pa,弧压为 400 V~2.5 kV,放电电流高达几个 mA,引出电压为 15 kV 左右,引出束流强度可达到几百 μA。这类离子源的典型结构如图 5-12 所示。

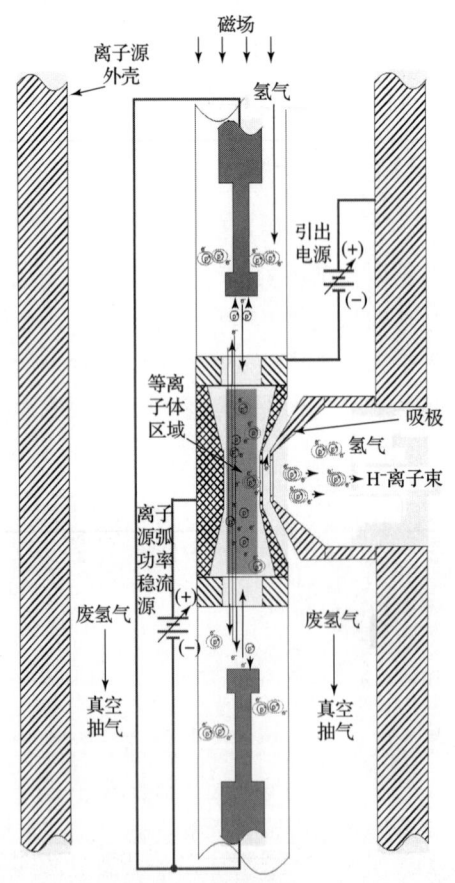

图 5-12 轴向插入式冷阴极潘宁负氢离子源的结构

5.3 外部离子源

为了提高回旋加速器的束流强度,改善束流品质,增加束流品种,在有些回旋加速器的设计中,离子源从中心区域被移到回旋加速器外部。这样的好处还有:可对束流进行预处理(如聚束等)、有利于主真空室真空度的提高、方便运行维护。

5.3.1 电子回旋共振(ECR)离子源

在回旋加速器应用领域,ECR 离子源主要用于产生高电荷态离子束。例如中国科学院兰州近代物理研究所的离子源,产生的高电荷态离子束通过外部注入线注入 SFC,然后经 SSC 进一步加速后用于中能重离子物理的研究工作。近年来,ECR 离子源对放射性核束的产生也起到重要作用。例如法国 GANIL 和美国 ORNL 实验室,利用来自回旋加速器的初级束,轰击位于 ECR 离子源附近的靶产生放射性核素,经 ECR 离子源电离后,再注入回旋加速器或其他类型的加速器中加速,从而得到较高能量的放射性核束,用于核反应、核结构和核天体的物理试验研究工作。

5.3.1.1 基本原理

图 5 - 13 所示为传统的 ECR 离子源的结构[1]。当几个 GHz 的微波功率馈送到等离子体室后,在满足共振条件 $\omega_e = \frac{Be}{m_e}$ 的情况下,电子被共振加热,式中 ω_e 为电子回旋频率,B 为磁感应强度,e 为电子电荷,m_e 为电子质量。在 min - B 离子源中,满足共振条件的磁场的空间形状为一个薄的环形的椭圆曲面,绕等离子体室轴对称,这个区域称为 ECR 区域。电子通过 ECR 区域时,如果相位与射频电场匹配,则被加速而获得净能量增长,这个过程就是所谓的随机加热。因此,ECR 区域的物理体积占总电离区域的比例是一个重要的因素。为了提高随机加热的概率,从而提高电离效率,有两种思路:一种着眼于注入的射频功率,如果同时注入 2~3 种不同频率的射频功率,则形成 2~3 个 ECR 区域,参见图 5 - 14[1];另一种思路着眼于磁场分布,即注入单一频率的射频功率,产生均匀分布的磁场而不是 min - B 磁场分布,这样就在空间的一个比较大的体中使共振条件成立。

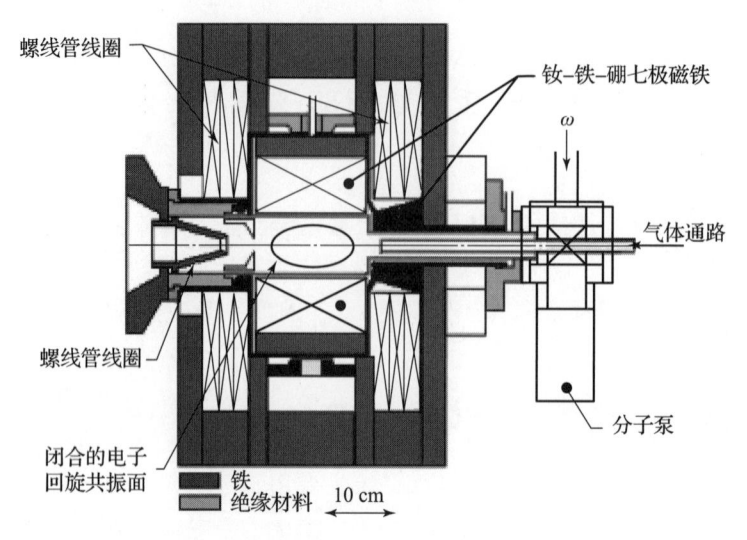

图 5-13 单一注入频率的、min-B 磁场分布的 ECR 离子源

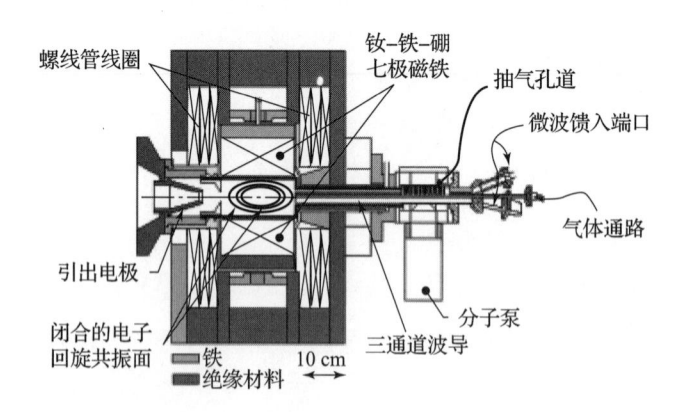

图 5-14 三频率注入系统的 ECR 离子源

电子主要在垂直于轴向磁场的方向得到激励，所以在垂直于场的方向，电子能量远大于平行于场的方向的能量，在等离子体室的两端部的磁镜将等离子体约束于电离室中。

随着电子被随机加热，当等离子体密度 n_e 达到临界值 n_c 时，能量就不能耦合进等离子体中，这时等离子体频率 ω_p、射频频率 ω_{RF} 和电子回旋频率 ω_e 相等，即 $\omega_p = \omega_{RF} = \omega_e$，等离子体的密度由下式给定[2]：

$$m_e \omega_p^2 = 4\pi e^2 n_e \quad (5-23)$$

当频率取 2.45 GHz 时，$n_e = 7.5 \times 10^{10}$ cm^{-3}，这样的等离子体密度极限是针对未磁化的等离子体而言的，而对于 ECR 离子源中的等离子体，在较强磁场作用下的等离子体中波的传播以及被等离子体的吸收,是一个复杂而至今仍然不是十分清楚的过程。如果假定电磁波的波印亭矢量与 ECR 离子源的外加磁场方向一致,则只有右手极化波,即电磁波的电场分量的旋转与电子的回旋方向一致,才能被等离子体吸收,这样的模式称为 whistler 模。通过这种模式的射频电磁波与等离子体的耦合可以得到更高的等离子体密度[3,4]。

提高电子被随机加热的概率,获得足够高的等离子体密度,为提高电离效率创造了条件。

5.3.1.2 "体共振型" ECR 离子源

"体共振型" ECR 离子源的设计概念被提出后,多个实验室对这种离子源进行了研究,并取得明显的进展[5-8]。研究结果表明,这种离子源在两个方面有着重要的用途:产生放射性核束和强流低电荷态的离子核束,如质子束。

加拿大 Chalk River 国家实验室用全永磁技术,在一个圆柱形体中产生了一个几乎均匀的磁场分布[8],构成"体共振"区;由 $\phi 5$ mm 的引出孔引出了大于 60 mA 的质子束,而等离子区却只有其先前离子源的 1/8。

在基于 ISOL 方法的放射性核束设施中,采用 ECR 离子源,能有效地同时离解分子和电离相应的感兴趣的原子。传统的 ECR 离子源,经常将其约束等离子体的磁场优化于较高的值,从而产生高电荷态的束流;而用于产生低电荷态的放射性核束时,应将磁场重新优化以提高束流强度。目前的设计研究和试验结果表明[5-7],在 ECR 离子源技术中,由于引入了"体共振型"的概念,即在离子源的中心区域,控制磁场在一个大的区域内有均匀的分布,场的大小选为与耦合入的微波共振,使得性能(分子离解和原子电离的效率)比传统的 min – B 磁场分布的离子源有了改善。参考文献 [7] 描述了 min – B 磁场分布和均匀磁场分布的 ECR 离子源,两种结构的离子源引出的束流强度测量结果比对如图 5 – 15 所示。

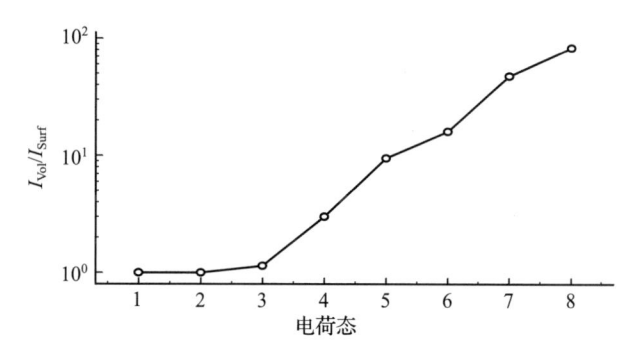

图 5 – 15 两种 ECR 离子源 ("共振体型"与 min – B) 的性能比较

基于"体共振型"ECR概念,美国ORNL实验室设计了一个产生放射性核束的离子源,它和加拿大Chalk River产生强流质子束的离子源一样,也采用了永磁技术[9]。目前的数据表明[10],放射性辐照对Fe-Nd-B和Sm-Co的影响是比较大的。通常Sm-Co耐辐照性能好一些,但价格高。当轻粒子照射永久磁体时,几十kGy的剂量就会完全破坏永磁体的性能。对于γ,测量表明0.4 MGy的剂量将使Fe-Nd-B材料的剩磁降低1.5%,使Sm-Co材料的剩磁降低0.5%。对于中子,$0.2 \times 10^{17} \sim 2 \times 10^{17}$ n/cm^{2}的中子将使永磁的磁场强度性能损失10%。因此,产生放射性核素更多的情况是采用电磁。下面详细描述一个基于"体共振型"的高温低电荷态ECR离子源。该离子源的主要特点是约束等离子体的磁镜峰值大小可调,而均匀磁场分布的共振区维持不变,这给试验研究提供了一个十分有利的条件,可研究束流强度、电荷态、束流发射度等对引出区磁镜峰值的依赖关系[11]。

1. 结构设计

该离子源的结构如图5-16所示,工作频率选为2.45 GHz。它的核心是等离子体室,其内径为$\phi 75$ mm,长265 mm,为Ta材料的管材,内壁镀Ir或Re;在等离子体室中间的两侧焊接有同样材料的管道,用于传输初级束流和安装放射性核素生产靶。初级束流从等离子体室的一侧穿越等离子体室轰击

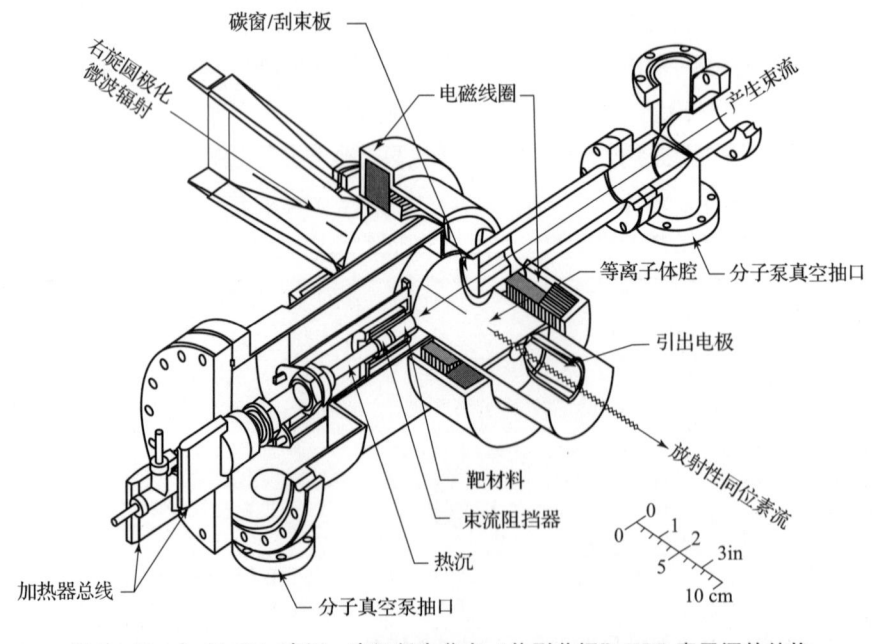

图5-16 2.45 GHz高温、高温低电荷态"体型共振"ECR离子源的结构

位于另一侧的靶，靶材尽量靠近等离子体室，以缩短放射性核素的传输时间，放射性核素产生靶的后面安装有束流阻挡靶；等离子体室的两端法兰、初级束流入口和靶室的端口采用不锈钢材料，在它们之间采用金属真空密封；用环绕靶室的加热器将靶加热到温度高于 2 200℃，等离子体室也用相同的技术加热到 1 500℃。

2. 磁场设计

磁场设计的重点是要在靠近等离子体室的对称轴的一个圆柱形区域内形成均匀磁场分布，磁感应强度为 875 Gs，这对应于单一频率 2.45 GHz 入射微波的共振条件，困难在于在等离子体室的中部，其 63 mm 长的空间必须留给初级束流的输运管道和产生放射性核素的靶室及其加热器、隔热层等；另一个难点是必须使束流引出端的磁镜峰值在大的范围内可调，而 875 Gs 均匀场区的磁感应强度维持不变。通过这样的设计，可试验研究不同磁镜峰值"体共振型"ECR 离子源的离解分子和电离原子的总效率。

由两个螺旋管主线圈和两个调谐线圈形成上述要求的磁场，线圈的内径为 ϕ122 mm。通过一些磁场分路部件导向磁场的精细分布，而实现中心区域磁场均匀不变，同时磁镜峰值磁场可调。所有线圈安放在磁轭中，磁轭外径为 ϕ269 mm。这是一个轴对称结构，用 POISSON 软件计算，表 5-1 给出了关键的设计参数。图 5-17 所示轴向磁场的均匀区，其长度大于 75 mm；磁镜峰值在射频注入端维持高的磁镜比不变；而在束流引出端可调，磁镜比 B_{mirror}/B_{ERC} 的范围达到 1.1~2.0。这台离子源只在轴向上用磁镜约束等离子体，而在径向上，省略了传统 ECR 离子源采用的六极永磁约束，这是因为这台离子源的目的是产生低电荷态离子束。试验表明，省略了径向磁约束也可以获得很好的性能[8]。

表 5-1 磁场设计参数

均匀场区宽度/cm	磁场均匀度/%	最低磁感应强度/Gs	最高磁感应强度/Gs	射频馈入端			束流引出端		
				磁感应强度峰值/Gs	主线圈/AT	调节线圈/AT	磁感应强度峰值/Gs	主线圈/AT	调节线圈/AT
10.0	±0.9	883	868	1 785	19 200	-1 500	972	7 890	3 190
8.8	±0.7	881	869	1 787	19 200	-1 500	1 043	8 790	2 820
7.5	±0.6	880	872	1 785	19 200	-1 580	1 159	10 200	2 320
7.1	±0.9	883	868	1 799	19 647	-2 040	1 621	16 800	-890
7.8	±0.9	883	868	1 756	19 242	-2 200	1 756	19 242	-2 200

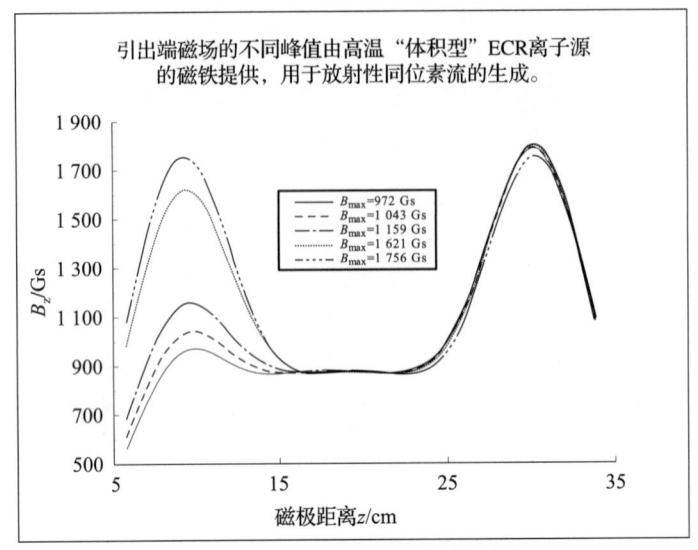

图 5-17 磁场均匀区及可调磁镜

3. 射频系统

射频系统主要包括：2.45 GHz、2 kW 磁控管，环流器，WR340 矩形波导，定向耦合器，三短接线调谐器，右手波极化器，矩形-圆形波导转换器，圆形等离子体室等。

微波在矩形波导中以 TE_{10} 模传播，这个模式经过矩形-圆形波导转换器转换到圆形等离子体室中的 TE_{11} 模。利用三维有限元计算软件 ANSYS[12] 来设计矩形-圆形波导转换器，实现从矩形波导到圆形波导的转换。对矩形-圆形波导转换器的要求是宽频带，反射功率低。图 5-18 所示为反射功率随矩形-圆形波导转换器长度的变换规律。0.9λ 的长度是一个比较恰当的选择，计算表明，对于不同的射频频率（超过截止频率），均有足够高（98%~100%）的注入效率，转换后的电磁波在等离子体室中以 TE_{11} 模传播。数值计算清楚地显示了电场已经聚集于轴线附近，即外加磁场均匀分布的 ECR 区域，以达到高效的射频功率和等离子体间的耦合。

4. 引出系统

根据放射性核束输运的特点，尤其需要考虑降低输运束流的损失率，为了保证在引出过程中使束流的相差最小化，从而获得好的输运特性，特对空间电荷限制下的引出系统进行了仿真研究。在引出电极之间，空间电荷限制的电流可以用泊松方程求得[13]：

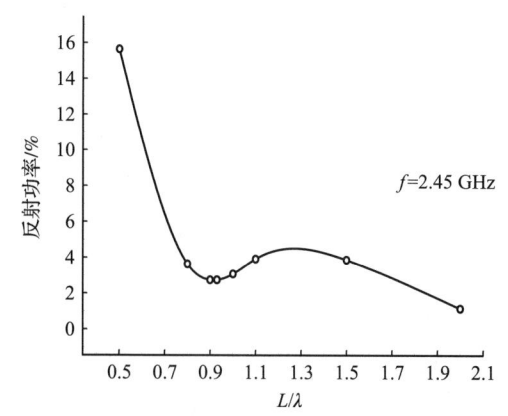

图 5-18 反射功率随矩形-圆形波导转换器的变换功率

$$\nabla^2 \phi = -\frac{\rho}{\varepsilon_0} \tag{5-24}$$

式中，ε_0 为真空中的介电常数，ρ 为电荷的空间密度，ϕ 为位函数。

式（5-24）应用于两平行电极之间，则电极间电流的解析表达式为：

$$I = \frac{4}{9}\varepsilon_0 \left(\frac{2q}{M}\right)^{\frac{1}{2}} \frac{V^{\frac{3}{2}} A_c}{d^2} \tag{5-25}$$

式中，q 为电荷，M 为离子质量，V 和 d 分别为电极间（阳极与阴极间）的电位差和间距，A_c 为阴极面积。

参照从等离子体源引出的离子光学（图 5-19），等离子体面的弯曲可以近似看为球面，那么在球面坐标系中，有类似的结果：

$$I = P_P\left(1 - 1.6\frac{d}{r_c} + \cdots\right) \cdot V^{\frac{3}{2}}$$

$$P_P = \frac{4}{9}\varepsilon_0 \left(\frac{2q}{M}\right)^{\frac{1}{2}} \frac{\pi a^2}{d^2} \tag{5-26}$$

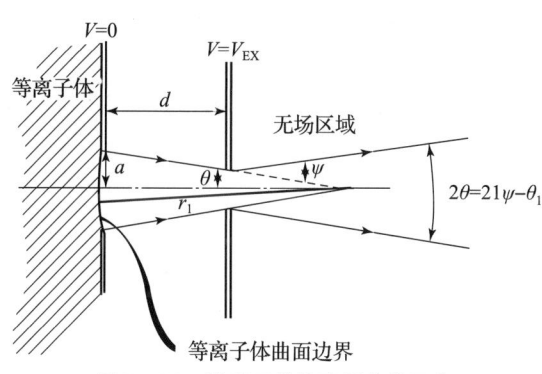

图 5-19 引出系统的离子光学示意

式中，a 为等离子体极的引出孔半径；r_c 为等离子体面的曲率半径，由于 $d \ll r_c$，计算时略去高阶项。

根据引出束流的性质（如离子种类、束流强度等），由式（5-26）可以确定引出系统的基本参数，包括引出间隙、引出电压、孔径大小等。为了获得高品质的束流，引出系统的电极结构比较复杂，必须在式（5-26）的解析计算的基础上，用仿真软件进行设计研究。基于束流引出仿真软件的计算结果，发现用双圆弧旋转对称面的等离子体电极，加上两个引出电极，对于最小化相差、获得接近平行的引出束流是比较有效的。这样的电极几何结构以及引出的空间电荷限制束的仿真计算结果如图 5-20 所示。

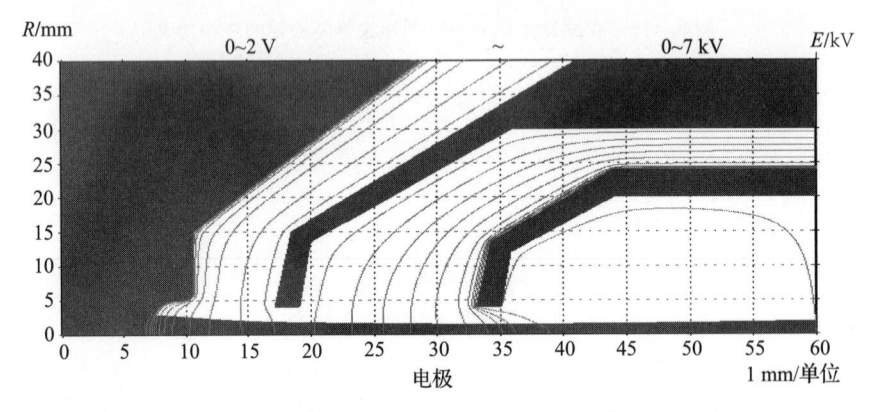

图 5-20 "体型共振" ECR 离子源的引出电极、等位线和离子轨迹

5.3.2 会切场强流负氢离子源

5.3.2.1 负氢离子的产生

产生负离子有两种基本机制，即面（离子和固体表面的碰撞产生负离子）和体（空间中电子和气体之间的碰撞产生负离子）。

1. 面产生负氢离子

负氢离子的面产生过程主要依赖低电子亲和势的碱金属（如铯、锂）。用这种机制产生负氢离子，往往离子源内表面局部或全部沉积有铯层，这类离子源有代表性的是潘宁负氢离子源，关键的技术是如何维持足够的铯层。

面产生负氢离子的一种变化是外部多峰离子源，由外部磁铁形成多峰约束磁场以约束等离子体。这种源由灯丝维持放电，在放电腔的中间装有转换电极，电极相对于等离子体势有 -300 V 的偏压。转换电极吸引在氢气放电腔中丰富存在的正离子，将它们部分转换为负氢离子，预加速并聚焦到引出口。图 5-21 所示为 LBNL 的负氢离子源示意。目前，这种离子源在放电功率为 7.8 kW 时，可产生占空比为 12% 的负氢束流（47 mA），其转换电极的轴向位置可在线优化，放电腔的壁可工作在 100°以减少铯的凝结。

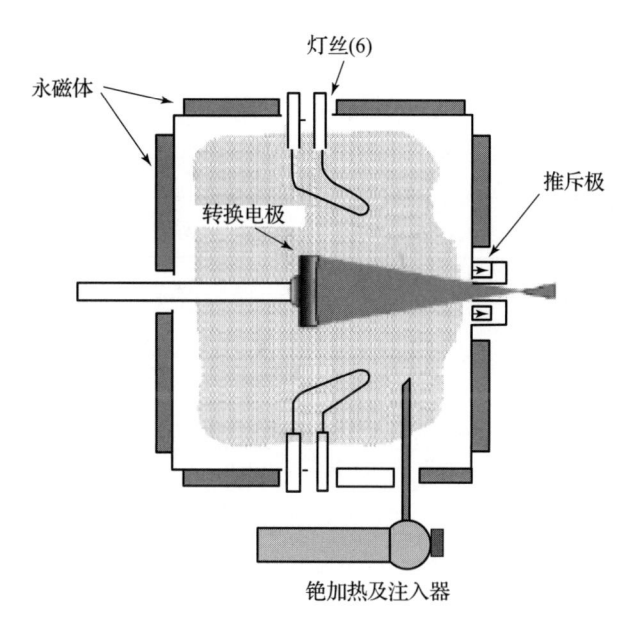

图 5-21　LBNL 的负氢离子源示意（1）

2. 体产生负氢离子

体产生负氢离子主要依赖非常特殊的等离子体条件，其机制主要是振动激发态氢分子的离解吸附[14]，即

$$H_2 + e \rightarrow H_2^*$$
$$H_2^* + e(1\ eV) \rightarrow H^- + H^0 \tag{5-27}$$

这样的等离子体条件在放电产生高流强离子束的过程中并不是非常容易形成的。为此，在离子源放电腔中引入磁二极过滤器，将放电腔分为两个区域：高温放电腔和低温离子引出区。在高温放电腔，高温电子碰撞 H_2 分子产生激发态的 H_2^* 分子，磁过滤器产生的过滤磁场有效地阻止快电子进入引出区，而其他离子和慢电子可以通过过滤场进入引出区。在引出区，激发态氢气和低温电子（$T_e \leq 1\ eV$）反应形成负氢离子。

体产生负氢离子的高温放电腔周围通常装有多峰磁铁，作用与面产生负氢离子源相同。目前，常用 2~14 MHz 的 RF 功率来代替灯丝维持放电，RF 功率由内部天线和可变阻抗匹配网络耦合到高温放电腔中，这样可以适应不同等离子体密度的要求。

附加少量铯到靠近引出口的腔体表面，有助于提高负氢离子的产额，大约可提高4倍。如果要求有相同的束流强度，则所需功率可按比例减小，延长了灯丝寿命。该技术结合了体和面的等离子体产生过程，也有利于降低放电腔中的电子密度。

图 5-22 所示为 RF 驱动、多峰负氢离子源示意。这类离子源的典型指标为：从 6.2 mm 的引出孔可引出占空比为 6% 的 45 mA 负氢束流。原则上，采用 RF 比用灯丝的离子源具有更长的寿命，因为热离子对灯丝的轰击溅射比覆盖有绝缘层，如陶瓷层的 RF 天线要严重得多。对于 RF 天线的情况，金属与等离子体之间不需要有好的电导率，因此可用绝缘层获得更长的寿命。

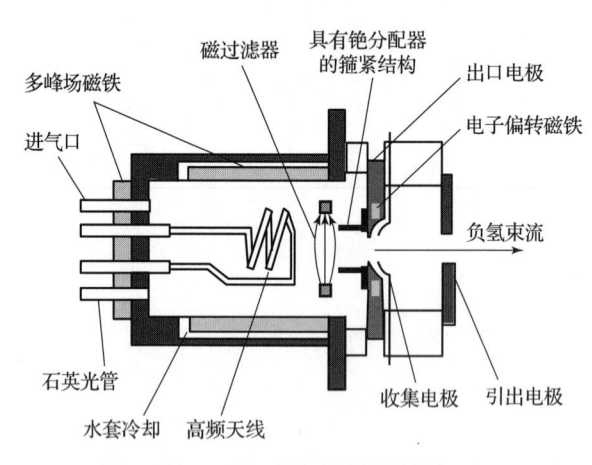

图 5-22　LBNL 的负氢离子源示意（2）

5.3.2.2　会切场强流负氢离子源设计中需要重点考虑的一些问题

1. 引出区空间电荷效应的束流光学特性

在会切场强流负氢离子源的引出区，离子运动轨迹主要受空间电荷效应影响，其空间电荷限制的电流可先由解析计算估算，详见 5.3.1.2 节。在此基础上初步确定引出电极的形状，再采用数值计算方法，如 PIC 法对引出区的束流光学特性进行设计。当前，开发比较完善的软件有 PBGUN[15] 和 IGUN[16]。加拿大 TRIUMF 实验室的 20 mA 负氢离子源的引出区，用 IGUN 计算的结果如图 5-23 所示。在 28 keV 的高压台架上，用3电极系统可以引出强度为 20 mA 的负氢离子束，100% RMS 发射度为 2.7 cm·mrad。

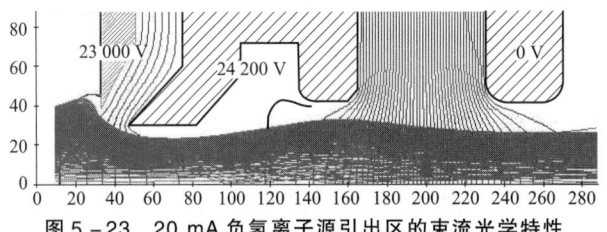

图 5-23 20 mA 负氢离子源引出区的束流光学特性

2. 会切场结构与等离子体腔体的尺寸

等离子体腔体的尺寸过大，则等离子体密度低；等离子体腔体的尺寸过小，则等离子体总量少。中国原子能科学研究院研制的负氢离子源，其等离子体腔的内径为 $\phi 98$ mm，长度为 152 mm。

为了有效约束腔体中的等离子体，提高中心轴附近的等离子体密度，需要优化产生会切磁场的永磁铁结构。中国原子能科学研究院于 1996 年研制的负氢离子源，其永磁体布局如图 5-24 所示。在等离子体腔壁附近的会切磁感应强度约为 0.3 T。加拿大 TRIUMF 的离子源增加了 10 条沿方位角方向的磁铁，使会切磁感应强度增加到约 0.4 T。进一步优化的磁场分布如图 5-25 所示，在等离子体腔壁附近的会切磁感应强度高达 0.5 T（图 5-26）。

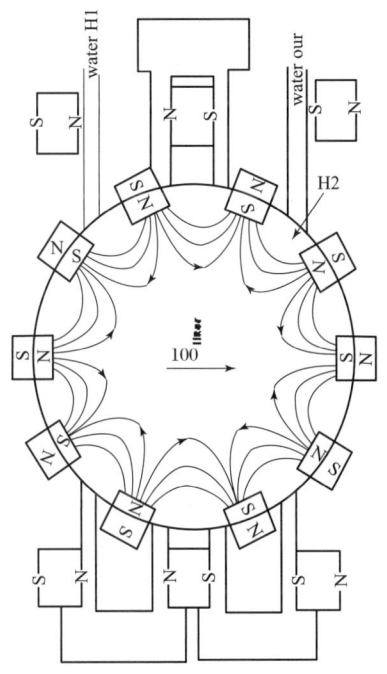

图 5-24 中国原子能科学研究院负氢离子源的永磁铁结构

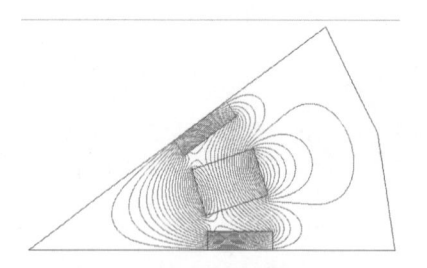

图 5-25 进一步优化的磁场分布

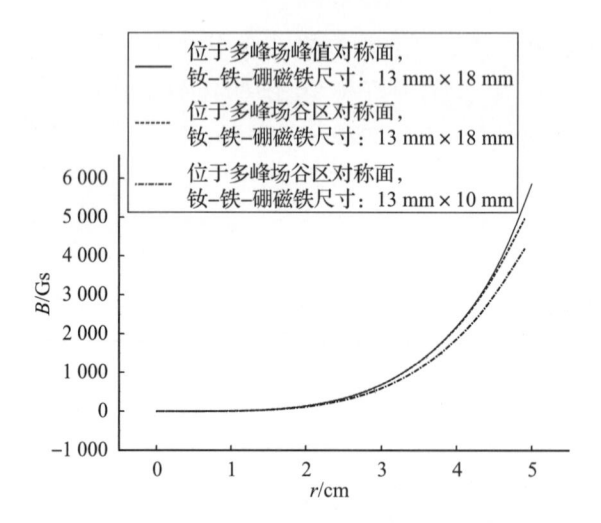

图 5-26 沿不同方位角的会切场磁感应强度

3. 引出区的真空度

引出区，特别是等离子体电极与吸极之间的真空度对于提高负氢离子束的强度非常重要，因为在这个区域，离子的能量很低，与残留气体的碰撞截面非常大。根据 Wright 博士在 1963 年推导的公式，碰撞截面可表示为：

$$\sigma_{H^-}(W_i) \approx \frac{5.58 \times 10^{-16}}{W_i} \xi G \quad (5-28)$$

式中，$G = 1.17 \sim 1.20$，为试验调整系数；$W_i = \left(\frac{1}{\sqrt{1-\beta^2}} - 1\right) E_0$，为负氢离子的动能；$\xi = \left(1 + \frac{W_i}{E_0}\right)^2 / \left(1 + \frac{W_i}{2E_0}\right)$。

由于负氢离子的电子亲和力仅有 0.74 eV，因此，如果引出区的真空度不够高，负氢离子很容易与残留气体碰撞剥离而导致束流损失。引出区的真空度

通常要求好于 3×10^{-3} Pa，而在回旋加速器轴向注入线中的真空度则要求好于 7×10^{-5} Pa。由于这种类型的离子源通入的氢气流量较高，通常为 5~10 sccm。因此，真空泵的抽速大小及其安装位置的设计和降低气阻的电极形状设计，对提高引出区的真空度都十分重要。TRIUMF 实验室的研究结果表明，改善该区域的真空度，对负氢离子束的强度有高达 20% 的影响。

4. 电子的磁过滤器

现已知负氢离子是在大多数快（高能）电子被过滤掉之后，在非常靠近等离子体电极引出口的一个小区域内形成的。为了过滤快电子，通常在等离子体腔体中靠近引出口的位置插入水冷的导磁棒，以形成过滤电子的二极磁场。目前，加拿大 TRIUMF 实验室和中国原子能科学研究院已经不采用这种办法，而改用等离子体腔外磁场构成的过滤场[17]，以避免插入导磁棒所带来的等离子体温度的下降，研究实现了所谓"虚拟过滤"技术。具体做法是将产生会切磁场的永磁铁，沿等离子体腔体的轴向方向分为 5 等分磁铁层。在最靠近引出口的一层中，去掉所有 10 条方位角方向的磁铁，将剩下的 10 条磁铁中呈 180°相对的两条的磁极极性翻转。这样，会在腔体的中心位置形成磁感应强度为 50~80 Gs 的磁场。为了减小虚拟过滤磁场峰沿离子源轴线的宽度，应适当减小两条翻转极性的磁铁的尺寸，并在其两侧分别加入了两块同方向的永磁块，其磁场结构如图 5-27 所示。另外，在吸极之中镶入两对横截面尺寸为几个毫米的永磁体，以形成一个峰值大约为 ±150 Gs 的场分布。这两个磁场迭加在一起形成对快电子起过滤作用的磁场，其磁场分布如图 5-28 所示。

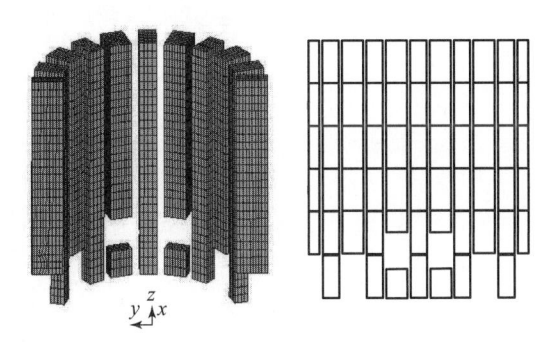

图 5-27 虚拟磁过滤器结构

5. 灯丝结构

传统的单灯丝结构，其电子的产额偏低，产生的电子由于灯丝电流产生的磁场作用沿着磁场方向进动而轰击灯丝座。有效的解决方案是将单灯丝改为多灯丝[17,18]，通过优化设计多灯丝结构，使多灯丝产生的磁场相互抵消，同时也提高了电子的产额。需要注意的问题是：灯丝与磁过滤器之间的相对位置需要在试验中调节；用纯钽（99.95%）作为灯丝材料，试验表明比用钨丝有更好的性能。

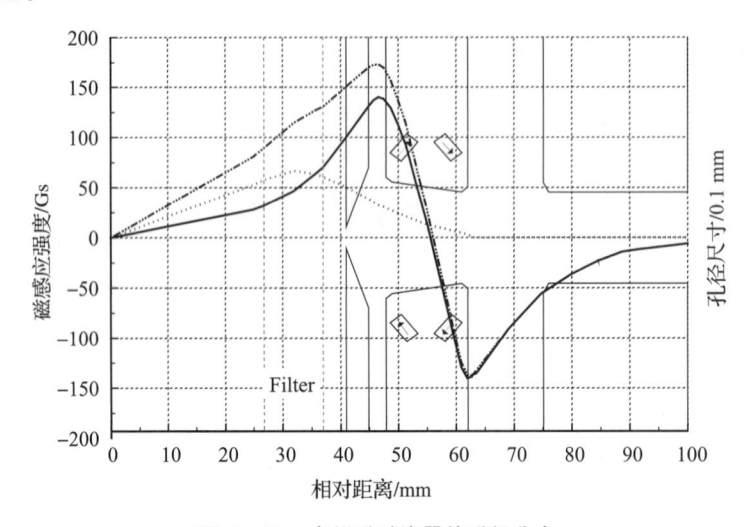

图 5-28 虚拟磁过滤器的磁场分布

5.3.2.3 试验研究结果

中国原子能科学研究院于 2000 年建成的强流负氢离子源平均束流强度约为 5 mA，2003 年采用虚拟磁过滤技术，新建的负氢离子源稳定运行的平均束流强度大于 10 mA，最大束流强度曾数次达到 15 mA，在当时仅次于加拿大 TRIUMF 国家实验室[19]。2008 年，根据新建回旋加速器工程的需要，又建造了一个新的负氢离子源试验台架，新的负氢离子源结构如图 5-29 所示，初步调试结果表明在 30 kV 引出时，36 h 的稳定运行的平均束流强度大于 15 mA，稳定度达到 ±0.5%。在 11 mA 时测量的束流归一化发射度约为 0.65 π·mm·mrad。

图 5-29 15 mA 强流负氢离子源结构

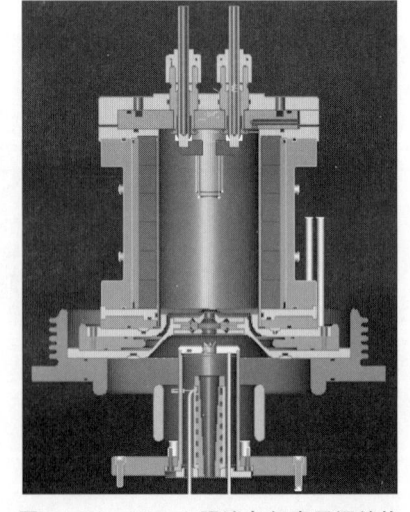

参 考 文 献

[1] BROWN I, Godechot X. Ion Source [Z]. class notes of USPAS at Vanderbilt University, 1999.

[2] AITON G D. On methods for enhancing the performances ECR ion sources [J]. Rev. Sci. Instrum., 71 (3), 2000: 135 – 181.

[3] CORNELIUS W D. Waveguide assembly and circular polarizer for 2450 – MHz ECR ion sources [C]//Particle Accelerator Conference. IEEE, 2001.

[4] SCHULZ M. Introduction to plasma theory [M]. New York: Wiley, 1983.

[5] GELLER R. Electron cyclotron resonance sources: Historical review and future prospects [J]. Rev. Sci. Instrum., 69 (3), 1998: 1302 – 1310.

[6] ALTON G D. Design for an advanced ECR ion source [J]. Rev. Sci. Instrum. 65 (1994): 775.

[7] ALTON G D. Enhancing the performances of traditional electron cycylotron resonance ion sources with multiple – discrete – frequency microwave radiation [J]. Rev. Sci. Instrum., 69 (6), 1998: 2305 – 2312.

[8] HEINEN A. Successful modeling design and test of electron cyclotron resonance ion sources [J]. Rev. Sci. Instrum., 69 (2), 1998: 729 – 713.

[9] WILLS J S C. A compacts high – current microwave – driven ion source [J]. Rev. Sci. Instrum., 69 (1), 1998: 65 – 68.

[10] LIU Y. Design aspects of a compact, single – frequency, permanent – magnet electron cyclotron resonance ion source with a large uniformly distributed resonant plasma volume [J]. Rev. Sci. Instrum., 69 (3), 1998: 1311 – 1314.

[11] VILLARI A C C. ECR development for accelerated radioactive ion sources [J]. Nucl. Instr. And Meth. In Phys. Res. B 126 (1997): 35 – 44.

[12] ALTON G D. A High – temperature "Volume – Type", ECR Ion Source for RIB Generation [C]//Proceeding of the 1999 Particle Accelerator Conference, New York: 1999.

[13] ANSYS is a finite element code developed by ANSY Inc. Canonsburg, PA.

[14] ALTON G D. Applied Atomic Collision Physics [M]. New York: Academic Press, 1983.

[15] Yuan D H. DC H^-/D^- cusp source at TRIUMF [C]//proceeding on Multicusp source and ECR source, Beijing: 1997.

[16] JACK E. An Interactive IBM computer program for the simulation of electron and ion beams and GUNS [R]. Document of PBGUNS, Version 3. 30, 1999.

[17] BECKER R. Simulation of the extraction of positive ions from a plasma [R]. Document of IGUN, 1993.

[18] KUO T. Further development for the TRIUMF H^-/D^- Multicusp source [J]. Rev. Sci. Instrum. Vol. 69, No. 2, Feb. 1996: 1314.

[19] KUO T. On the development of a 15 mA direct current H^- multicusp source [J]. Rev. Sci. Instrum. 1996, 67 (3): 1314.

[20] ZHANG T J. H^- cusp source development for 100 MeV compact cyclotron at CIAE [J]. Rev. Sci. Instrum. 30, 5 (2004).

第6章
回旋加速器的注入系统

不同类型的回旋加速器采用不同的注入方法，回旋加速器根据其结构特点常采用水平注入或轴向注入。回旋加速器的注入系统将来自离子源或上一级回旋加速器的束流注入回旋加速器的中心区，回旋加速器还可作为注入器，将束流注入分离扇增能回旋加速器的内半径上。

本章首先介绍早期回旋加速器采用的内部离子源及其中心区，然后简要介绍水平注入方法，重点介绍常用于紧凑型回旋加速器和超导回旋加速器中、具有较高传输效率的基于外部离子源的轴向注入法，最后给出回旋加速器注入系统的设计实例。

6.1 引言

早期的回旋加速器，无论是经典回旋加速器还是扇形聚焦回旋加速器，都采用内部离子源，因此在回旋加速器的中心区必须留有安置离子源的空间。图 6-1 所示为中国原子能科学研究院运行于 20 世纪 50 年代的 Y-120 回旋加速器中采用的开放型内部离子源，以及离子源周围的中心区电极结构。该离子源直接安装在回旋加速器主体内部，从离子源出口直接引出氘核、质子、α 离子进行加速。粒子在离开离子源放电腔之前几乎没有初速度，所以在第一加速间隙中的运动轨道比较复杂，电场的分布形状对加速过程的影响非常大。另外，由于内部空间的限制，内部离子源和外部离子源在原理结构上有较大的差别，限制了内部离子源的引出束流强度，且内部离子源的束流发射度较大，所以，采用内部离子源的回旋加速器束流强度通常都比较低。

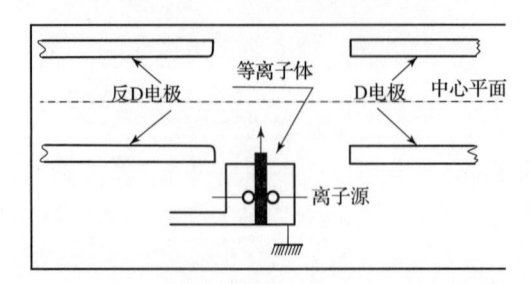

图 6-1 Y-120 回旋加速器的内部离子源和中心区电极结构

在 20 世纪 60 年代初,出现了极化离子源,人们试图将其应用于回旋加速器中,但由于其体积较大,无法放置于回旋加速器的内部,所以人们就发展了基于外部离子源和注入系统的技术路线。重离子、负离子和极化离子注入的需要形成了许多不同的注入方式。在回旋加速器中,外部离子源束流的注入所用的方法主要有两种:由径向注入回旋加速器中心区的水平注入法;由轴向垂直注入回旋加速器中心区的轴向注入法。水平注入法的传输效率一般比较低,因此在紧凑型回旋加速器中没有得到广泛的应用,但它是更高能量的后级分离扇回旋加速器主要采用的注入方法,因为在后级分离扇回旋加速器中分离磁极之间的谷区有很大的空间可以用来安排注入元件。图 6-2 所示为 PSI 的两级回旋加速器组合,其中,作为注入器的 4 叶片分离扇回旋加速器 Injector-II 的注入系统采用轴向注入法,将来自 870 keV 的高压倍加器的大约 9 mA 的质子束流由 Injector-II 的轴向注入中心区,由 Injector-II 引出 72 MeV、2.20 mA 的质子束,采用水平注入法注入 8 叶片的分离扇回旋加速器中,经过加速可引出 590 MeV、2.15 mA 的质子束。可见,回旋加速器能完成十分复杂的、低能和高能的、低束流损失的注入过程。

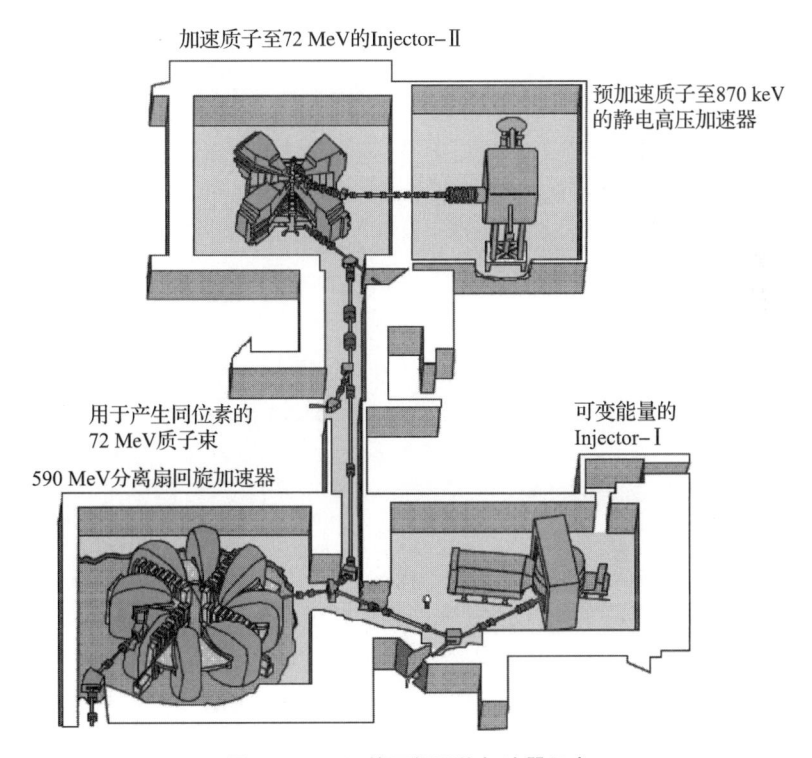

图 6-2 PSI 的两级回旋加速器组合

6.2 水平注入

水平注入（或称为径向注入）主要采用的技术手段有摆线注入、重离子剥离注入和中性束流注入。摆线注入是利用在叶片和谷区中磁场的差别将束流沿叶片边缘注入回旋加速器的中心区，该注入方式在目前建造的回旋加速器中已不再使用。剥离注入是通过一个剥离膜，通过升高其电荷态，使离子进入加速平衡轨道。电荷态升高后的离子由于回旋半径减小，故可以被加速到更高的能量。重离子的这种注入方式被成功应用于从串列加速器到超导回旋加速器的束流注入中。这种方法首先由 C. Tobias 提出，然后在 Orsay 得到发展。中性束流注入方法是沿着回旋加速器中心平面与磁场正交方向注入合适动能的中性束流，在磁铁中心附近，束流通过一个电荷转换器变成离子束，从而被回旋加速器加速。

水平注入是利用回旋加速器磁极之间的谷区磁场很低、带电粒子轨迹几乎为直线的特点，将回旋加速器外部的束流沿径向注入回旋加速器中心区。图 6-3 所示的 8 叶片的分离扇回旋加速器，由于它用于加速质子束，不能像重离子回旋加速器那样采用剥离的方法，其径向注入系统直接将质子束输运到中心区，再由 3 个二极磁铁产生的磁场和第一个加速间隙之前的那个扇极头部特殊修补的二极场将束流引导进入加速平衡轨道。在 3 个二极磁铁之间，采用四极透镜对质子束进行横向聚焦，在束流经过第一个加速间隙、第二个扇极头部之后，还采用静电偏转板对加速轨道进行校正。图 6-3 所示该回旋加速器将来自 Injector-Ⅱ 的束流自左边注入回旋加速器中心区，调整进入加速轨道的主要部件布局。

6.2.1 重离子剥离注入

重离子剥离注入是扇形聚焦回旋加速器比较常用的水平注入法。该方法一般是首先利用一个串列静电加速器进行预加速，然后在回旋加速器的中心区放置一个剥离膜，通过升高其电荷态，使粒子的回旋半径减小，然后注入加速轨道。在美国橡树岭国家实验室的等时性回旋加速器 ORIC 中，来自 25 MV 串列静电加速器的重离子束由径向注入系统注入，从而加速强度高达 160 mA 的离子束。束流注入的方法是：通过高频共振线的内导体，由磁铁（偏转磁铁和四

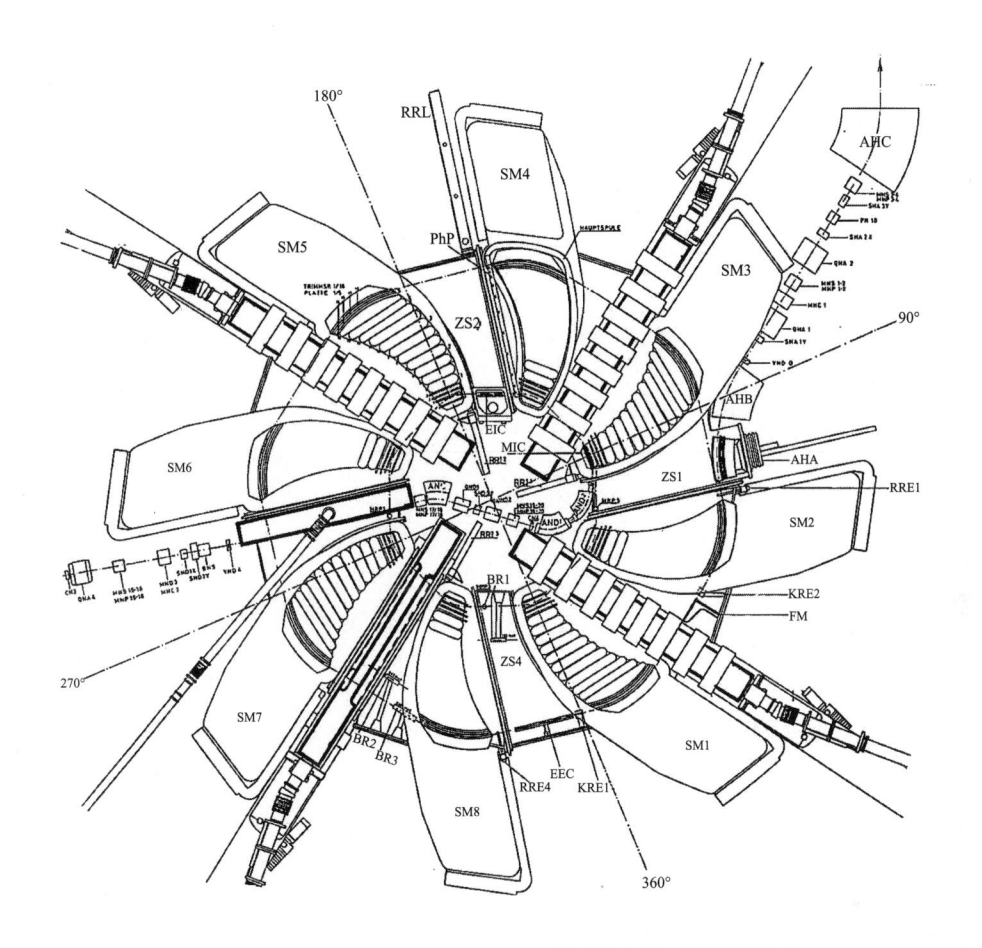

图 6-3　PSI 的 590 MeV 回旋加速器主体部件平面布局示意

极透镜）引导束流通过回旋加速器的边缘场和主磁场，到达位于加速轨道上的剥离膜处。为了适应不同能量、不同电荷态的多种离子束，偏转磁铁和四极透镜是可移动的，剥离膜的位置也在 85°方位角的径向范围 24～51 cm 内可调。同时，剥离膜托架被设计为可与内部离子源更换，这使 ORIC 仍具备加速来自内部离子源束流的功能。图 6-4 为该回旋加速器注入系统的剖面图，图中还给出了来自串列静电加速器的 225 MeV 的 $^{127}I^{8+}$ 束流，经过剥离后大约有 20% 束流的电荷态增加为 $^{127}I^{32+}$，再由 ORIC 加速到 725 MeV 后引出的离子运动轨道。另一个例子是加拿大 Chalk River 实验室的超导回旋加速器，它同样采用串列静电加速器作为其注入器，位于回旋加速器中心区的剥离膜为 20 μg/cm^2 的碳膜。

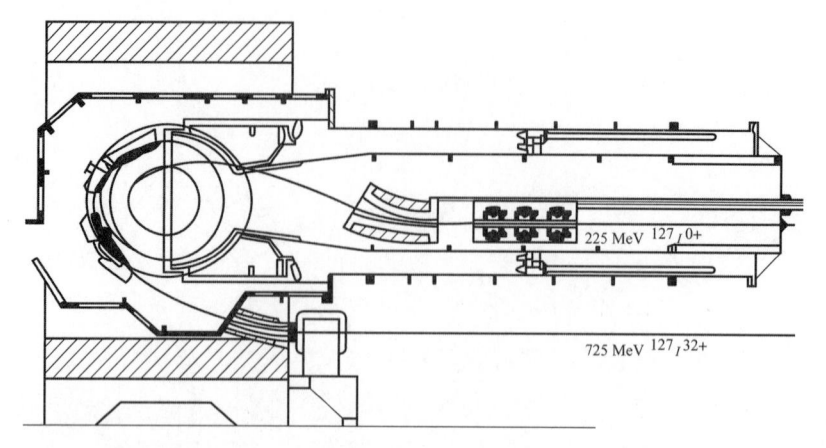

图 6-4 ORNL 的等时性回旋加速器 ORIC 注入系统的剖面图

重离子剥离注入的原理如图 6-5 所示。假定在半径为 R_e 的范围内磁场为均匀场，当一束离子（质量为 A，电荷数为 Z_i，动能为 T_i）以一定角度 γ 注入，出射束流动能为 T_f，在非相对论假设条件下，取硬边界近似，容易得到下面的方程式：

剥离半径：$r_s = R_e \sqrt{\dfrac{T_i}{T_f}}$ （6-1）

图 6-5 重离子剥离注入的原理

注入曲率半径：$\rho_i = r_s \dfrac{Z_s}{Z_i}$ （6-2）

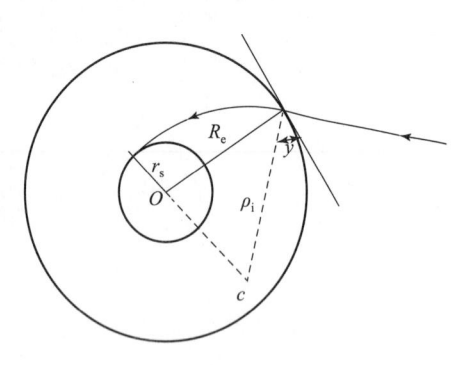

$$\sin\gamma = \frac{R_e^2 + r_s^2(2Z_s/Z_i - 1)}{2R_e r_s Z_s/Z_i} \qquad (6-3)$$

式中，Z_s 为剥离后的电荷态，Z_i 为剥离前的电荷态。

这种重离子剥离注入法，其注入束流的磁刚度必须同回旋加速器的磁场和磁极尺寸匹配，注入束流在磁场中的偏转角度应小于 180°，注入束流的能量也应使粒子通过剥离膜后可以剥离至需要的电荷态。这些条件使可以采用重离子剥离注入法的粒子种类受到了一定的限制。

6.2.2 中性束流注入

在超导回旋加速器中使用较大的加速电压，可以以较少的圈数将束流加速到需要的引出能量。由于超导回旋加速器产生的磁场非常强，则可利用的空间相对较小。因此，改变通常的内部离子源或外部离子源及轴向注入和中心区螺旋偏转板的技术思路，在中心区安装电子剥离器剥离注入的中性束流，以回避该区域空间十分狭小的技术难点。注入的中性束流通过电子剥离器转换成带电粒子后实现加速。中性束法注入法常用于质子回旋加速器，具体的方法是：沿着回旋加速器中心平面与磁场正交方向注入一束合适动能（典型值为 100 keV）的中性氢原子，在回旋加速器的中心附近，束流穿过包含碳膜或其他固体材料的电荷剥离器后转换为适中能量的质子，从而被回旋加速器加速。通过调整剥离膜的位置和中性束流到达的方向，可以比较容易地实现束流在第一圈轨道上的对中。中性束流注入系统中最关键的部件是靠近回旋加速器中心的剥离膜，它必须足够薄以限制束流的损失，同时还必须有足够的强度和抗热、抗辐射能力。试验测量结果表明，25 nm 厚的碳膜的综合效果令人满意，并且，在回旋加速器的中心区可安装快速膜片更换结构，以延长回旋加速器单次连续运行的时间。平行束流垂直入射，通过 25 nm 厚的碳膜后的最大散角约为 24 mrad，所以，如在剥离膜处束流半宽度为 1.5 mm，则注入质子束流的发射度为 36 mm·mrad。

为了将回旋加速器用于加速极化离子束，Thirion 在法国的 Saclay 实验室采用中性束流注入法将中性极化氘束注入回旋加速器的中心区，并在那里进行电荷剥离而不损失束流的极化特性。另外，Keller 的研究小组在 CERN 的一台 4.5 MeV 的质子回旋加速器模型上作了中性极化束流的注入试验；加利福尼亚大学借助各大实验室回旋加速器极化离子源的经验，对离子源的设计进行了改进，可以得到 20 keV 多种自旋态的极化质子束或氘束，从上盖板轴向注入伯克利 88 in 回旋加速器内进行了测试试验。捷克核物理研究所的科研人员也采用此方法成功地将能量为 40 keV 的中性极化束流注入一台 U-120 质子回旋加速器。

6.3 轴向注入

轴向注入法是将束流沿回旋加速器磁铁的旋转对称轴方向注入回旋加速器内部，再利用偏转元件使之进入中心平面的加速轨道中。由于水平注入法的传输效率比较低，所以轴向注入法成了紧凑型强流回旋加速器和超导回旋加速器的首选方案。轴向注入可分为中心轴向注入和偏心轴向注入。两者都是垂直注入，但一个是沿着回旋加速器的旋转对称轴，另一个是偏离回旋加速器的旋转对称轴。大部分回旋加速器的设计都采用中心轴向注入，但部分回旋加速器由于设计上的考虑（如中心区参数调整等）会采用偏心轴向注入设计，比较成功的例子如加拿大 TRIUMF 实验室的 500 MeV 回旋加速器和法国 GANIL 实验室的 CIME K260 回旋加速器。图 6-6 所示是加拿大 TRIUMF 实验室的 500 MeV 回旋加速器的注入系统。

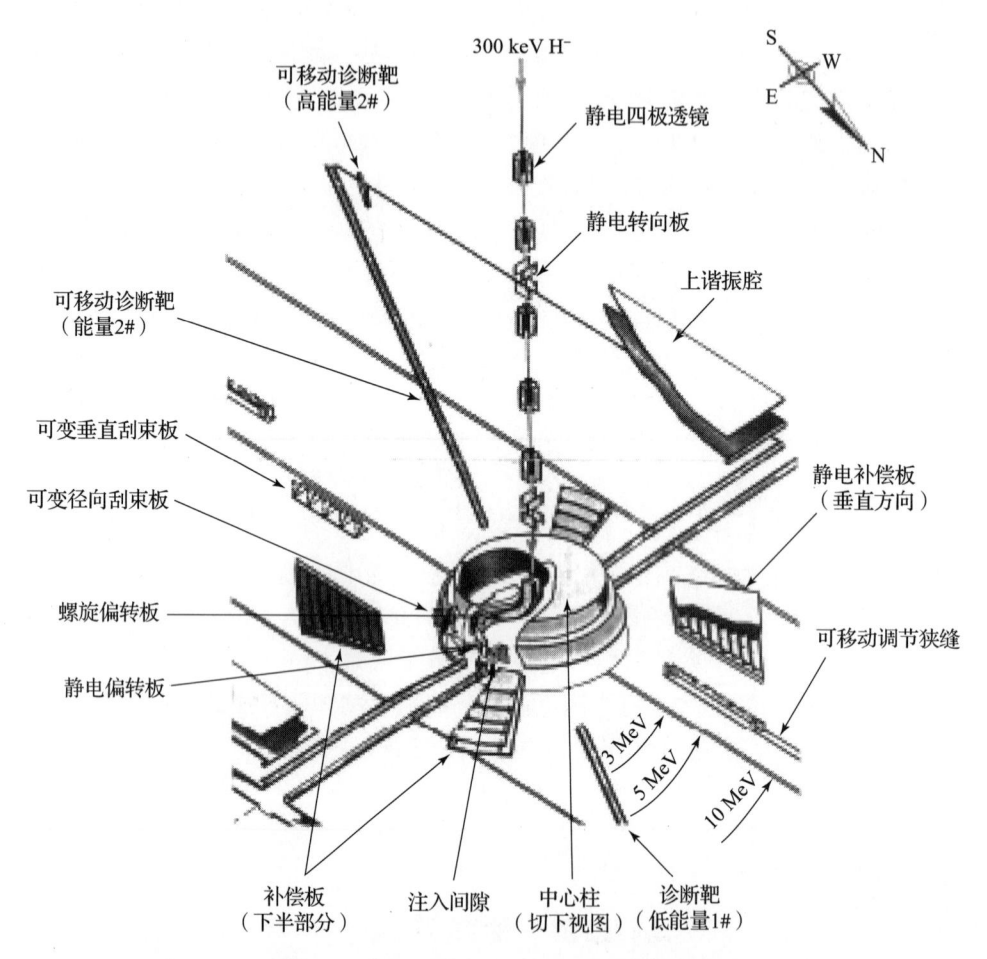

图 6-6　加拿大 TRIUMF 实验室的 500 MeV 回旋加速器的注入系统

第一次成功的轴向注入是由 Powell 在英国 Birmingham 大学的 40 in 的等时性回旋加速器上完成的，它将束流沿回旋加速器磁铁的旋转对称轴方向注入回旋加速器内部，再利用偏转元件使之进入中心平面的加速轨道。目前轴向注入法得到广泛应用的原因如下：

（1）可采用外部离子源：轴向注入法可采用新型的离子源，如 ECR 离子源、极化离子源和产生负离子的多峰离子源。由于没有空间的限制,加速束流的强度得到很大的提高,种类也多样化。

(2) 获得好的束流品质:在束流注入回旋加速器之前可以在注入线上安排聚焦元件进行束流匹配,从而可得到高品质的注入束流。为了使回旋加速器加速得到高强度的束流,还需要在注入线上安装工作于回旋加速器频率的聚束器。

(3) 提高回旋加速器的可靠性:内部离子源,尤其是负氢离子源的通气量较大,影响回旋加速器的真空,容易导致打火等故障。采用外部离子源的轴向注入法可使回旋加速器获得更好的真空,降低维修率,提高可靠性。

从外部离子源引出的束流经轴向注入系统的传输垂直进入回旋加速器内部,因此注入系统必须具备横向聚焦、纵向聚束、偏转等功能。轴向注入过程中的束流聚焦和注入的相空间匹配由轴向注入线来完成,而将束流由轴向偏转到回旋加速器的中心平面由注入偏转板来完成,各种不同类型的注入偏转板是轴向注入系统中的关键部件。

6.3.1 轴向注入线

轴向注入线就是将从离子源出来的束流从上往下或者从下往上注入回旋加速器的内部,然后再由注入偏转板将束流偏转到回旋加速器的中心平面。一般地,轴向注入线需要穿过回旋加速器的磁轭区域。因此,当束流在回旋加速器磁轭内部传输时,必须考虑这个区域的漏磁场。在束流传输计算过程中往往把这个区域的漏磁场等效成螺线管场来处理。轴向注入线的基本光学元件有:磁四极透镜、螺线管透镜、静电单透镜、偏转磁铁等。为了使更多的离子进入回旋加速器的接受范围,常常在轴向注入线上放置聚束器,对离子源引出的 DC 束进行纵向聚焦。

为了达到较高的注入效率,必须合理配置轴向注入线上的各个元件,在注入偏转板入口处得到合理的束流参数。轴向注入线实质上就是束流传输线,只是需要处理主磁铁轴向磁场、注入偏转板等非常规光学元件。常用的计算软件有 TRACE 3-D 和 TRANSOPTR。比较经典的轴向注入线是 R. Baartman 在 TR30 回旋加速器的轴向注入线设计中提出的 SQQ (一个螺线管透镜+两个磁四极透镜)系统(图 6-7),以及 M. Dehnel 在 TR13 回旋加速器的轴向注入线设计中提出的 4Q/2Q 系统。T. Kuo 对这两种轴向注入线结构进行了比较:TR30 回旋加速器采用的是引出流强高达 20 mA 的负氢直流束离子源,轴向注入线匹配节 SQQ 系统能够较好地控制低能强流束传输过程中的束流包络;TR13 回旋加速器主要用于医院的 PET 加速器中,这种加速器通常采用低流强的离子源,所以注入线匹配节选用了相比 SQQ 系统而言更加紧凑的 4Q/2Q 系统。IBA 公司的 CYCLONE – 30 和中国原子能科学研究院的 CYCIAE – 30 采用的轴向注入线匹配节是 ES 结构，即一个三圆筒静电透镜和螺线管透镜的组合。该匹配节由于采用了静电元件，破坏了空间电荷中和机制，所以不适用于强流束的传输。但如果静电透镜的位置靠近离子源电极的位置，则能够起到改善离子源引出束流品质的作用，如 ACSI/Ebco 的 TR30 回旋加速器的轴向注入线。

紧凑型回旋加速器的轴向注入线常用的聚焦结构是 SQQ。SQQ 是个很成功的轴向注入线匹配节设计，但多数回旋加速器由于其结构的特殊设计而无法实现这样的布局。大多数轴向注入线设计采用的仅是螺线管透镜和磁四极透镜的组合，而并非严格的 SQQ 结构，图 6 – 8 和图 6 – 9 所示分别为意大利 LNS 的 K800 超导回旋加速器和瑞士 PSI 的 Injector – Ⅱ 回旋加速器的轴向注入线布局，它们都是经过一定束流输运过程之后，再轴向注入回旋加速器的方案。

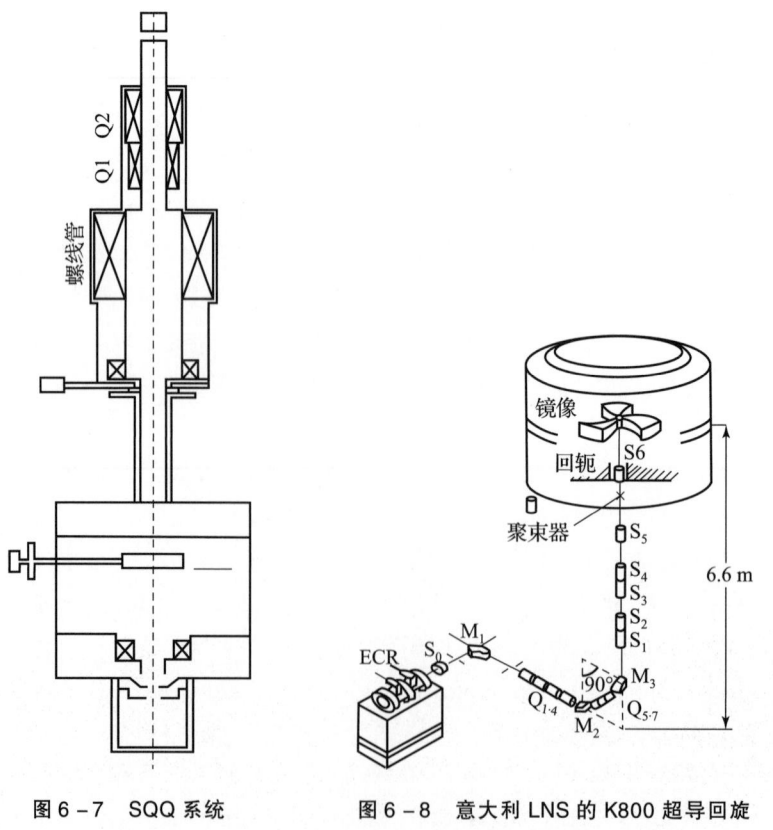

图 6 – 7　SQQ 系统

图 6 – 8　意大利 LNS 的 K800 超导回旋加速器的轴向注入线布局

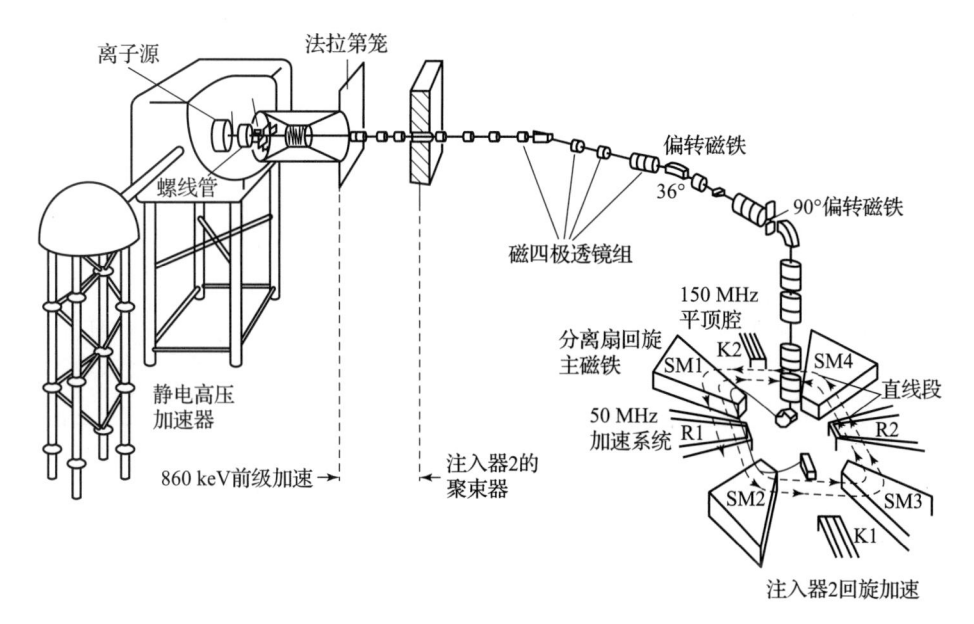

图6-9 瑞士 PSI 从 870 keV 高压倍加器到 Injector-Ⅱ 回旋加速器之间的轴向注入线布局

除了常规的注入匹配之外，基于回旋加速器的脉冲化系统往往是通过在轴向注入线上使用束流切割器和聚束器来实现低能束流的脉冲化，然后将脉冲化后的束流注入回旋加速器，从而加速得到特定频率的脉冲束。一个比较典型的例子是加拿大 TRIUMF 实验室 300 keV 的脉冲化轴向注入线，如图 6-10 所示。它由 23 MHz（和回旋加速器高频频率一致）的双间隙聚束器、11.5 MHz 的束流切割器以及相对应的选束狭缝、1:5 的脉冲选择器组成。该系统得到的脉冲化束流的重复频率为 4.6 MHz，主要用于极化束流的试验和回旋加速器加速强流束的调试。为了得到较高的脉冲束流品质，在回旋加速器的中心区还使用了内部相位选择狭缝。

6.3.2 轴向注入的相空间匹配

轴向注入的偏转过程和注入束流的相空间与回旋加速器中心接收度的匹配是束流损失的关键因素。下一节将单独考虑束流的偏转注入过程，本节重点介绍直接影响回旋加速器注入效率的横向和纵向相空间的匹配。

如果注入的束流横向相空间与回旋加速器中心接受的本征相椭圆是失配的，则注入束流在刚进入回旋加速器的头几圈将会产生相干振荡，进而直接导致束流的循环发射度增加。注入束流的纵向相空间匹配，需要在轴向注入线上

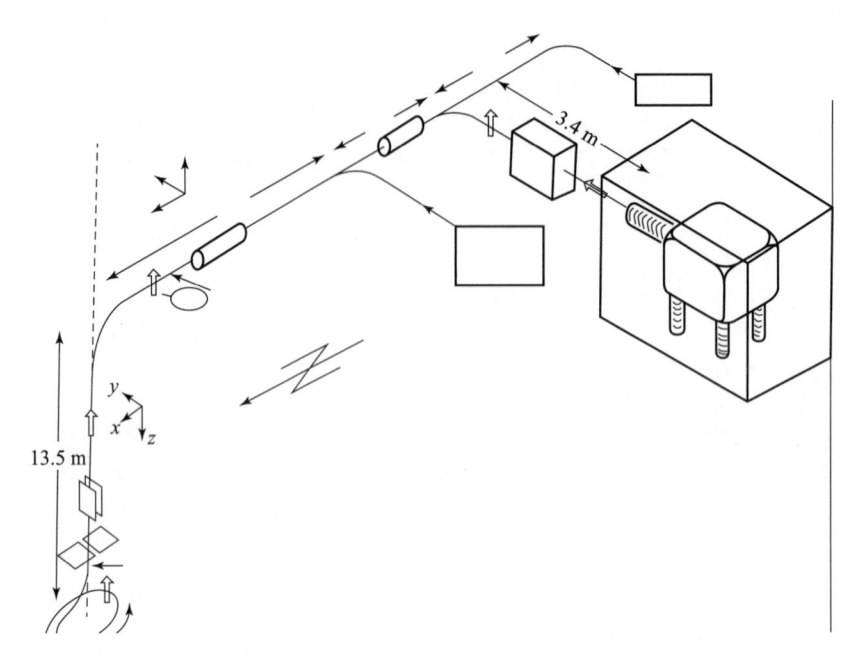

图 6-10　加拿大 TRIUMF 实验室 300 keV 的脉冲化轴向注入线

使用聚束器，聚束器的作用就是将注入的直流束压缩以匹配回旋加速器的高频接收相宽，从而提高回旋加速器的注入效率。对于紧凑型回旋加速器，同直接加速直流束相比，使用聚束器后可以使加速的平均束流强度提高 1.5~2.5 倍，随注入直流束强度、空间电荷效应的不同而变化，加拿大 TRIUMF 实验室的实验测量结果如图 6-11 所示。

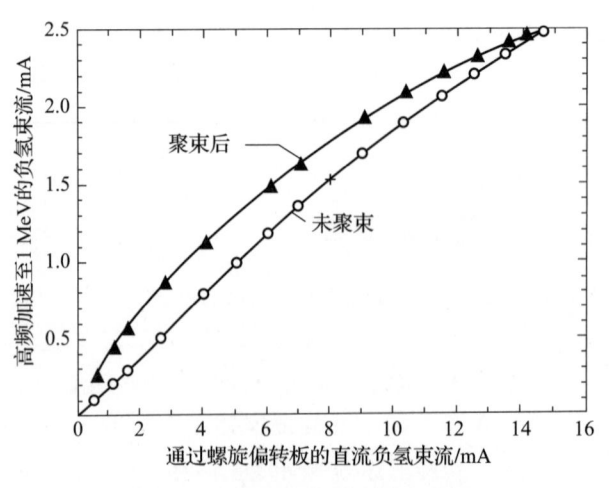

图 6-11　不同束流强度的聚束效率

自 20 世纪 60 年代轴向注入技术开始发展以来，轴向注入线的匹配方法研究比较突出的成果是 R. Baartman 提出的在没有提供中心区接收相椭圆的情况下，以二极磁铁来等效回旋加速器，则反映到相空间的相图形状即正椭圆，以此作为轴向注入线匹配计算中的拟合条件，从而为光学匹配提供了参考。该方法具有重要的意义，因为在此之前轴向注入线的设计并没有合适而确切的拟合条件，主要都是对束流包络的控制，而 R. Baartman 的方法提供了一个明确的相空间匹配计算目标，即轴向注入线的光学匹配往往要将从离子源的出口至偏转板出口后面特定位置的注入匹配点，作为一个整体的束流传输线来一起完成匹配计算。更进一步的匹配是利用中心区的设计结果，即注入匹配点处的径向和轴向接收相椭圆，来完成包括偏转板在内的轴向注入线光学匹配。

根据紧凑型回旋加速器和超导回旋加速器的特点，轴向注入线往往有一部分要放到回旋加速器的磁轭内部，这样不可避免地会把螺线管、双单元四极透镜等聚焦元件放入磁轭，甚至磁极芯柱之内。这样，在回旋加速器主磁铁内部需要考虑聚焦元件的磁场，同时还应该考虑主磁铁在轴向注入孔中产生的磁场，这样磁场的作用类似一个螺线管的磁场，但磁场强度随轴向不同位置的变化较大，接近中心面时磁场发散，这为束流的聚焦，特别是相空间的匹配带来了困难。在设计阶段，可以通过 POISSON 程序求解二维轴对称静磁场问题，能得到精度足够高的磁场。束流注入在穿越主磁铁时有许多问题产生，主要是两个横向运动的耦合会导致束流发散变坏。同时，粒子在轴向场中的螺旋运动将导致聚束器与中心平面之间的轨道长度不同而引起的纵向散焦效应。因此，为了得到高品质的注入束流，就要求有短的聚束距离和低的横向发散度。相空间匹配结果显示，采用斜四极透镜（即将透镜沿束流轴向旋转一定的角度）能很好地补偿 3 个投影相空间的耦合。

6.3.3 注入偏转板

在回旋加速器中，轴向注入线将束流垂直注入回旋加速器内部，其方向和中心平面是正交的。因此，为了使束流进入回旋加速器的中心平面而得到顺利加速，就必须在轴向注入线的末端安装一个偏转装置，将束流偏转 90° 后由垂直方向变成水平方向。具有这种偏转功能的装置称为偏转板。由于紧凑型回旋加速器和超导回旋加速器的中心区空间狭小（例如中国原子能科学研究院的 30 MeV 回旋加速器的磁铁中心垂直孔径为 30 mm，气隙高度为 30 mm），如果偏转板为磁元件，除了空间问题以外，其屏蔽磁元件产生的杂散磁场也将很困难。考虑到注入束流的能量往往较低，因此在中心区通常都使用静电偏转板。通常使用的静电偏转板主要有 3 种：静电偏转镜、螺旋形偏转板、双曲面形偏转板。

（1）静电偏转镜是在 1965 年前后由 Powell 等人提出、实现的，它由两个倾角为 45°的电极组成。在一个电极上，必须提供一些孔作为束流入口和出口。在静电偏转镜中，粒子不在等势面上，因此，在穿越过程中束流能量会发生变化。其优点在于结构简单、体积较小。其主要缺点是其带来的相空间耦合比较严重和电极之间的电场较强；当注入能量较高时，很难保证两个电极之间不发生打火现象。由于对能量分散敏感，多数静电偏转镜仅用于 180°D 形盒结构的回旋加速器中。

（2）螺旋形偏转板在 1966 年由 J. L. Belmont 和 J. L. Pabot 提出，它的电场作用力始终保持与中心离子的运动轨道垂直，由于中心区磁场的作用，束流的中心轨迹将变成一条螺旋线，电极形状也因此变成螺旋形，以保证电场与运动轨迹垂直，使参考离子在偏转板内的运动速率始终保持不变。它的优点是体积小、电极之间电压相对较低、与中心区的匹配可调节的参数较多、设计灵活。其缺点是相空间耦合大，设计难度高，且由于电极曲面复杂，加工困难。

（3）双曲面形偏转板是由 Müller 在 1967 年提出的，它是最简单的二阶曲面，参考离子的速度也是不变的。双曲面型偏转板通常用于偏心注入，接收度大，其主要缺点是体积比较大，在中心区的自由空间较小时无法使用。

静电偏转镜和双曲面形偏转板在现代回旋加速器中用得比较少，读者可参考文献 [1-3] 获得中心轨道运动方程等详细的资料，下面仅对螺旋形偏转板进行更深入的讨论。

螺旋形偏转板的基本结构如图 6-12 所示。L. Root 在 20 世纪 70 年代研究了非倾斜型和倾斜型螺旋形偏转板的光学特性，给出了粒子在螺旋形偏转板中的中心轨道解析式；1989 年，B. F. Milton 在 L. Root 的研究结果的基础上发展了一个螺旋形偏转板轨道计算的程序 CASINO（Calculation of Spiral Inflector Orbits），程序通过标准的 Runge – Kutta 积分来实现对注入束流的

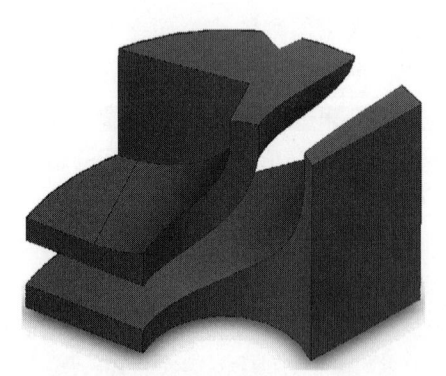

图 6-12　螺旋形偏转板的基本结构

中心轨迹和旁轴轨迹进行轨道跟踪。R. Baatman 和 W. J. Kleeven 等人还对螺旋形偏转板的光学特性进行了更深入的研究，他们分别利用螺旋形偏转板的中心轨迹方程通过坐标变换和求解粒子在偏转板中的哈密度量的方法推导得到了满足辛对称的 F 矩阵（无限小传输矩阵）的解析表达式；R. Baartman 还将 F 矩阵加入束流传输计算程序 TRANSOPTR 中，实现了轴向注入线和静

电偏转板的匹配计算。

6.3.3.1 中心粒子运动方程

在螺旋形偏转板中，粒子受到回旋加速器中心区磁场的洛伦兹力作用，电场的作用力始终保持与中心粒子的运动轨道垂直。假设粒子所处的中心区磁场只有轴向分量且恒定不变，通过对运动方程积分，L. Root 给出的中心轨道的参数方程为：

$$\begin{cases} x(b) = \dfrac{A}{2} \left[\dfrac{2}{1-4K^2} - \dfrac{\cos(2K-1)b}{2K-1} + \dfrac{\cos(2K+1)b}{2K+1} \right] \\ y(b) = \dfrac{A}{2} \left[\dfrac{\sin(2K+1)b}{2K+1} - \dfrac{\sin(2K-1)b}{2K-1} \right] \\ z(b) = A(1 - \sin b), 0 \leqslant b \leqslant \dfrac{\pi}{2} \end{cases} \quad (6-4)$$

式中，参数 A、b、K 是根据粒子质量 m、电荷 q、磁感应强度 B、电场强度 E_u 以及离子速度 v_0 定义的参数，其定义方式为：

$$A = \frac{mv_0^2}{qE_u}, b = \frac{v_0 t}{A}, K = \frac{A}{2R} + \frac{k'}{2}, R = \frac{mv_0}{qB} \quad (6-5)$$

A 为粒子只受到电场强度 E_u 作用而没有磁感应强度作用的电曲率半径，它与电极之间的电势差成反比。b 为速度矢量方向和固定坐标系 z 轴的瞬时夹角，在偏转板入口处为 0，在偏转板出口处为 $\pi/2$，其取值范围为 $0 \sim \pi/2$。R 为离子在回旋加速器中只受到磁场作用而没有受到电场作用的磁曲率半径。k' 是和电场方向有关的参数。

设计中主要调节 A 和 k' 这两个参数，其中参数 A 决定 z 方向的高度，参数 A 和 k' 共同决定中心轨道在 $x-y$ 平面内的弯转程度。$k' = 0$ 时偏转板为非倾斜型，即电极板间的距离是均匀的；$k' \neq 0$ 时偏转板为倾斜型，即电极板间的距离是非均匀的，沿着粒子运行方向，极板间距逐渐减小，到达出口位置时两个电极板与回旋加速器中心平面倾斜，该类型的偏转板加工比较复杂，且接收度略小，但有利于光学聚焦和中心区的对中设计。

6.3.3.2 偏转板的边缘电场

静电偏转板是通过电极间的电场对粒子作用，使束流作 90°偏转的传输元件，根据式 (6-5)，当确定参数 A 之后，电场强度 E_u 也就确定了。上述解析公式是基于硬边界假设给出的，即螺旋形偏转板中的电场是均匀的，在偏转板外部不存在电场。实际上，在螺旋形偏转板的两端必定存在边缘电场，假设边缘电场的方向是垂直于两极板进（出）口，而且是一维的，则可给出粒子所处位置的边缘电场强度：

$$E = \frac{E_{Cr}}{2}[1 + \tanh((s - s_e + \delta)\alpha)] \quad (6-6)$$

$$\delta = g(0.37 - e^{-2.5r})$$

$$\alpha = 1.15 + \frac{0.2}{r^2} \quad (6-7)$$

$$r = \frac{d}{g}$$

式中，s_e 是偏转板的进（出）口位置；g 为两个电极间的半宽度；d 为人为设定参数，用于调节边缘电场的延长情况，根据实际情况一般选取 $1g$、$1.5g$ 和 $2g$；当选取 $r = 1$ 时，计算结果与人们常用的有限差分数值计算电场非常接近。图 6-13 给出了比较结果，同时也给出了硬边界假定的解析电场作为参考。

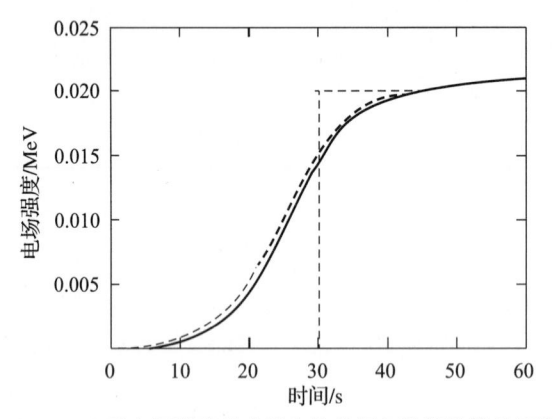

图 6-13　$r=1$ 时电场强度公式拟合的结果与数值计算结果的比较

6.3.3.3　传输矩阵

在相空间匹配过程中，用矩阵 $\boldsymbol{\sigma}$ 定义了相空间的相椭圆形状，将矩阵 $\boldsymbol{M}$ 定义为元件的传输矩阵，假设起始相椭圆矩阵为 $\boldsymbol{\sigma}_0$，那么元件末端的相椭圆变化为：

$$\boldsymbol{\sigma} = \boldsymbol{M}\boldsymbol{\sigma}_0\boldsymbol{M}^{\mathrm{T}} \quad (6-8)$$

此处矩阵 $\boldsymbol{M}^{\mathrm{T}}$ 是矩阵 $\boldsymbol{M}$ 的转置矩阵。但是对于螺旋形偏转板，由于它的两个横向相空相互耦合，所以不可能类似于静电透镜等元件，直接给出传输矩阵 $\boldsymbol{M}$。为了解决相空相互耦合及空间电荷效应问题，采用无穷小传输矩阵的近似方式。无穷小传输矩阵 $\boldsymbol{F}(s)$ 定义为 $\frac{(\boldsymbol{T} - \boldsymbol{I})}{\mathrm{d}s}$，此处 $\boldsymbol{T}$ 为从 s 到 $s + \mathrm{d}s$ 的传输矩阵，$\boldsymbol{I}$ 为单位矩阵，s 为沿着传输系统方向的纵向位置。矩阵 $\boldsymbol{\sigma}$ 和传输矩阵 $\boldsymbol{M}$

通过下面的方程数值积分计算得出：

$$\frac{\mathrm{d}\boldsymbol{\sigma}}{\mathrm{d}s} = \boldsymbol{F}\boldsymbol{\sigma} - \boldsymbol{\sigma}\boldsymbol{F}^{\mathrm{T}} \tag{6-9}$$

$$\frac{\mathrm{d}\boldsymbol{M}}{\mathrm{d}s} = \boldsymbol{F}\boldsymbol{M} \tag{6-10}$$

对式（6-9）和式（6-10）进行数值积分，可以得到螺旋形偏转板的一阶传输矩阵 $\boldsymbol{F}$：

$$\boldsymbol{F} = \begin{pmatrix} 0 & 1 & \dfrac{C}{2R} & 0 & 0 & 0 \\ -\dfrac{2}{A^2} + \dfrac{-C^2}{4R^2} & 0 & -\dfrac{3S}{2RA} & \dfrac{C}{2R} & 0 & -\dfrac{2}{A} \\ -\dfrac{C}{2R} & 0 & 0 & 1 & 0 & 0 \\ -\dfrac{3S}{2RA} & \dfrac{-C}{2R} & -\dfrac{1+3S^2}{4R^2} & 0 & 0 & -\dfrac{S}{R} \\ \dfrac{2}{A} & 0 & \dfrac{S}{R} & 0 & 0 & 1 \\ 0 & 0 & 0 & 0 & 0 & 0 \end{pmatrix} \tag{6-11}$$

此处 $C = \cos\dfrac{s}{A}$，$S = \sin\dfrac{s}{A}$，通过上式，螺旋形偏转板的传输矩阵 $\boldsymbol{M}_{\mathrm{inf}}$ 可以写成：

$$\boldsymbol{M}_{\mathrm{inf}} = \prod_i \boldsymbol{M}(s_i) = \prod_i \boldsymbol{I} + \boldsymbol{F}(s_i) \cdot \mathrm{d}s_i \tag{6-12}$$

式中，$\mathrm{d}s_i = s_i - s_{i-1} \to 0$，$s_0 = 0$ 为偏转板的入口。

倾斜型螺旋形偏转板的运动方程比较复杂，传输矩阵为：

$$\boldsymbol{F} = \begin{pmatrix} 0 & 1 & \dfrac{TC}{A} & 0 & 0 & 0 \\ \dfrac{3 - \xi + (T^2 - 2Kk')C^2}{-A^2} & 0 & \dfrac{3TS - k'\xi S}{-A^2} & \dfrac{TC}{A} & 0 & -\dfrac{2}{A} \\ -\dfrac{TC}{A} & 0 & 0 & 1 & 0 & 0 \\ \dfrac{3TS - k'\xi S}{-A^2} & \dfrac{-TC}{A} & \dfrac{(1+3S^2)T^2 - 2Kk' - k'^2\xi S^2}{-A^2} & 0 & 0 & \dfrac{-2TS}{A} \\ \dfrac{2}{A} & 0 & \dfrac{2TS}{A} & 0 & 0 & 1 \\ 0 & 0 & 0 & 0 & 0 & 0 \end{pmatrix} \tag{6-13}$$

式中，k' 为倾斜参数，$T = K + \dfrac{k'}{2} = \dfrac{A}{2R} + k'$，$\xi = \dfrac{1 + 2Kk'S^2}{1 + k'^2 S^2}$。

6.3.3.4 相空间接收度

在偏转板设计过程中，需要考虑偏转板横向相空间和回旋加速器接受度间的匹配，也就是调整偏转板的参数，以提高离子通过偏转板的最大相体积。在一般情况下，只考虑螺旋形偏转板四维横向相空间的接收度。

螺旋形偏转板接收度的计算主要有两种方法。一种方法是采用蒙特卡洛的技术在四维相空间中产生均衡的粒子，跟踪通过偏转板的每个粒子，检测粒子和电极的碰撞。这种方法的优点是对非线性光学的情况也适用，其缺点是计算所需的 CPU 时间较多。另一种方法是采用传输矩阵计算粒子的接收度，这也是下面要介绍的方法。

为了说明接受度计算方法，设置螺旋形偏转板的入口边界为：

$$u = \pm d_0/2, h = \pm a(d_0/2) \tag{6-14}$$

那么，在任一位置 s 处，螺旋形偏转板的边界为：

$$u = \pm d_n/2, h = \pm a(d_0/2) \tag{6-15}$$

取螺旋形偏转板入口的任意离子，确定其四维相空间量 $A(u, P_u, h, P_h)$（u 为垂直于入口两极板方向，h 为平行于两极板方向），利用式（6-13）计算偏转板任意位置 s 的传输矩阵 M_s，根据式（6-17）计算可得到位置 s 处入射离子的相空间：

$$B = M_n^{-1} A \tag{6-16}$$

如果离子能够满足下面的条件，说明在 s 位置之前离子能够被接收：

$$\begin{aligned}|M_{11}u + M_{12}P_u + M_{13}h + M_{14}P_h| &< d_n/2 \\ |M_{31}u + M_{32}P_u + M_{33}h + M_{34}P_h| &< a(d_0/2)\end{aligned} \tag{6-17}$$

在计算过程中，可设置多个关键位置点 s 观察结果，直到螺旋形偏转板的出口，最后计算通过螺旋形偏转板的粒子，确定其接收度。

6.3.3.5 螺旋形偏转板的设计

螺旋形偏转板有两个可调节参数，分别为 A 和 k'，其在 z 方向的长度完全由参数 A 决定，在 $x-y$ 水平面的大小则由参数 A 和 k' 共同决定。在偏转板的设计中调节参数 A 和 k'，首先要保证束流偏转到水平面上，即 $z = Pz = 0$；接着需要考虑的是偏转板的束流轨道与中心区参考粒子轨迹能够较好地衔接。由程序 CASINO 计算得到的中心粒子轨迹如图 6-14 所示。

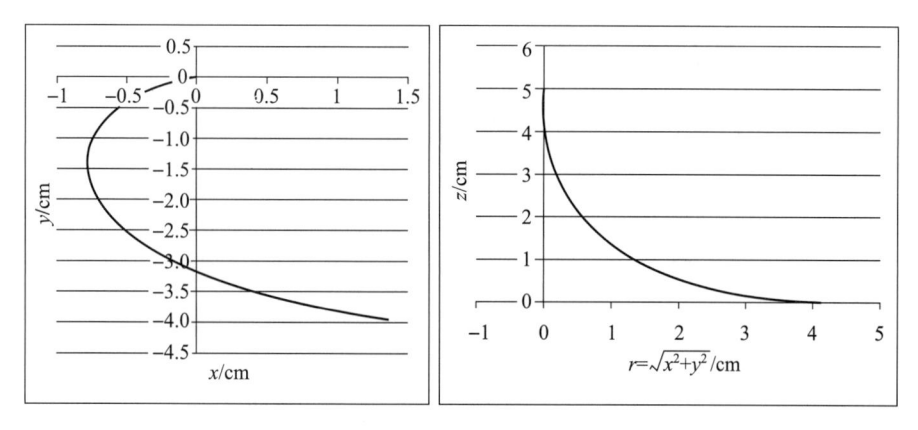

图 6-14　螺旋形偏转板中心粒子轨迹

根据中心粒子的轨迹跟踪结果可以计算得到螺旋形偏转板电极曲面 4 条边界的数据，然后通过程序转换可以得到用于数控机床加工的数据。在后面的实例中给出详细的设计及加工过程。

6.4　中心区

中心区是束流从低能到具有一定能量（MeV 量级）并进入常规加速过程的过渡区域，除了考虑后面与整个机器的接收度匹配之外，对前面还需要考虑其与低能注入束流或内部离子源引出束流的匹配。因此，束流在中心区（通常指第 1~5 圈）中的运动十分复杂，中心区设计中重点考虑的问题有相空间匹配，轴向电、磁聚焦的配合与共振处理，纵向运动的滑相及磁场调节，束流轨道的对中等。正是由于回旋加速器中心区物理问题的复杂性，自从 1931 年第一台回旋加速器建立以来，中心区物理问题一直是国际众多实验室集中研究的课题。

早期的研究成果多数是针对采用内部离子源的回旋加速器而言，如内部离子源的改进和离子源位置的确定，从而提供较好的初始位置和束流轨道的对中。在这种回旋加速器中，离子的最初能量几乎为零，并且它回旋运动的第 1 圈主要在由 D 形盒产生的高频电场中运动，电场的分布对加速过程的影响非常大。在这种情况下，中心区电极形状，特别是确定第一个加速间隙的 D 形盒和假 D（称为触须）的形状只能基于电场试验测量和数值计算分析，反复进行才能确定。无论是内部离子源还是外部离子源，中心区的电极设计中还采用数量较多的柱子，安放于各加速间隙的入口、出口和 D 形盒头部，用以控制场形，从而控制束流轨道，规划中心区的相空间与前、后区域的衔接。

　　对于外部离子源的回旋加速器中心区，1965 年 W. B. Powell 和 B. L. Reece 进行了首次研究，他们将能量为 11 keV 的氚核注入每圈能量增益为 50 keV 的回旋加速器中；基于外部离子源中心区的详细研究是在 1971 年由 R. Louis 在加拿大 TRIUMF 实验室的 500 MeV 回旋加速器上开展的，该回旋加速器采用轴向注入法，注入能量为 300 keV，每圈能量增益为 400 keV。加拿大 TRIUMF 实验室的 500 MeV 回旋加速器采用 180°的 D 形盒加速结构，高频腔放置于磁极气隙中间，图 6 - 15 所示为这台回旋加速器的中心区结构。

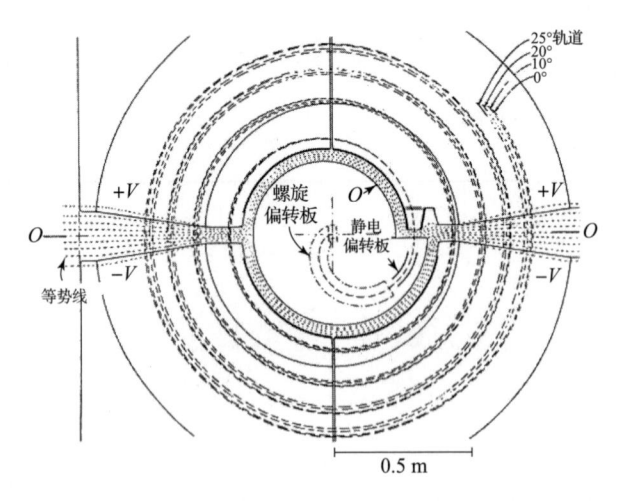

图 6 - 15　加拿大 TRIUMF 实验室 500 MeV 回旋加速器的中心区结构

　　现代的紧凑型回旋加速器和超导回旋加速器，其中心区的几何结构比加拿大 TRIUMF 实验室的 500 MeV 回旋加速器中心区的结构更加复杂，比如图 6 - 16 所示的中国原子能科学研究院回旋加速器综合试验台架中心区的机械结构。电磁场和轨道数值计算已经成了中心区设计研究的可靠、有效的手段，可用来预测和分析粒子在中心区的轨道行为。目前广泛应用于回旋加速器中心区轨道计算的软件是 CYCLONE，该软件已经在第 2 章进行了详细的介绍，中国原子能科学研究院也基于国内计算机的发展状况，开发了中心区轨道计算软件 CYCCEN，先后用于设计计算 CYCIAE - 30、CYCIAE - 10 和 CYCIAE - 100 等 3 台紧凑型回旋加速器的中心区。图 6 - 20 所示为基于 B. Milton 修改的 CYCLONE 软件设计的 30 MeV 紧凑型回旋加速器 TR - 30 的中心区电极结构、电场分布和束流轨道。

下面仅重点论述两种中心区：基于轴向注入的紧凑型回旋加速器的中心区和基于水平注入的分离扇回旋加速器的中心区。

6.4.1 紧凑型回旋加速器

紧凑型回旋加速器的中心区处于主磁铁的静磁场、静电偏转板的高压电场以及高频腔的周期性高频场 3 种不同的场共同作用又相互耦合的一个小区域内，因此粒子在紧凑型回旋加速器中心区内的运动非常复杂。对于紧凑型回旋加速器，中心区的空间非常狭小，设计难度比较大。主要设计研究的内容包括束流对中、径向和轴向相空间匹配、高频相位规划、共振处理等。主要步骤如图 6-17 所示。

图 6-16 中国原子能科学研究院回旋加速器综合试验台架中心区的机械结构

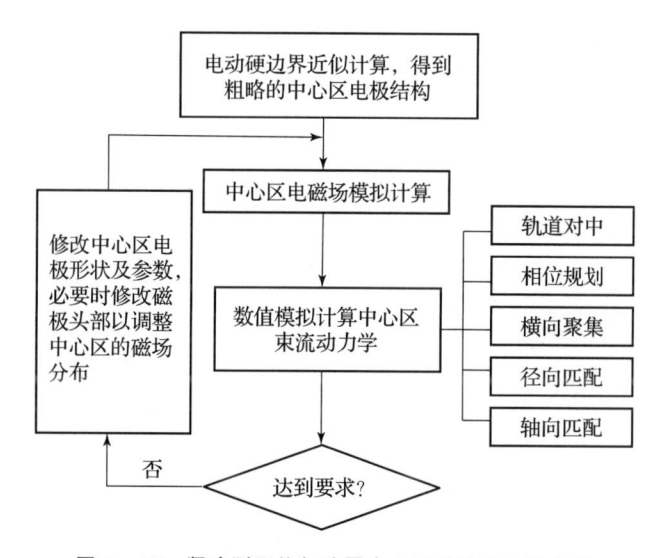

图 6-17 紧凑型回旋加速器中心区设计研究的步骤

6.4.1.1 电场硬边界近似及初始中心区电极结构的给定

考虑扇形磁极在中心区的结构、高频腔的加速间隙位置等基本条件，初始假定中心区的电极为直边形结构，在加速间隙内的电场为均匀场，加速间隙外电场为零，并假定磁场为均匀分布；通过简单算法得到曲率中心的运动过程，调整硬边界使曲率中心运动相对于回旋加速器中心的偏心距离最小化，初步得到注入点的位置。

在电场硬边界的调整过程中，还需要密切配合调整注入能量、注入点位置和方向、加速电压等参数，图 6-18 所示为常见的四扇磁极、双高频腔回旋加速器的典型中心区电极初始结构，图 6-19 所示为不同加速电压所对应的中心区参考轨道的曲率中心的运动情况。在此基础上，可采用数值计算的手段逐步细化中心区电极形状、增加中心区屏蔽罩和 D 形盒头部的柱子等，以形成对高频接收相宽内束流有较强聚焦作用的电场并挡去品质较差的其他束流。

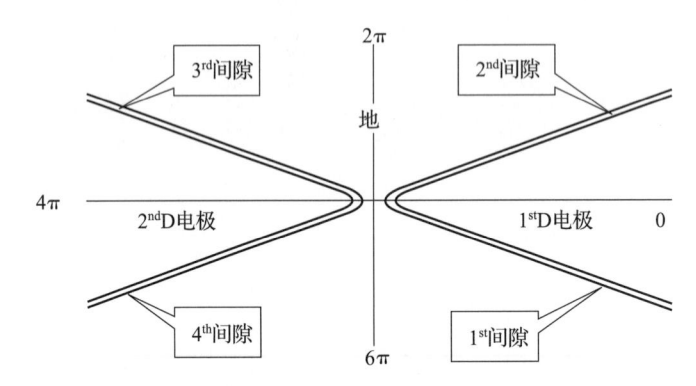

图 6-18 常见的四扇磁极、双高频腔回旋加速器的典型中心区电极初始结构

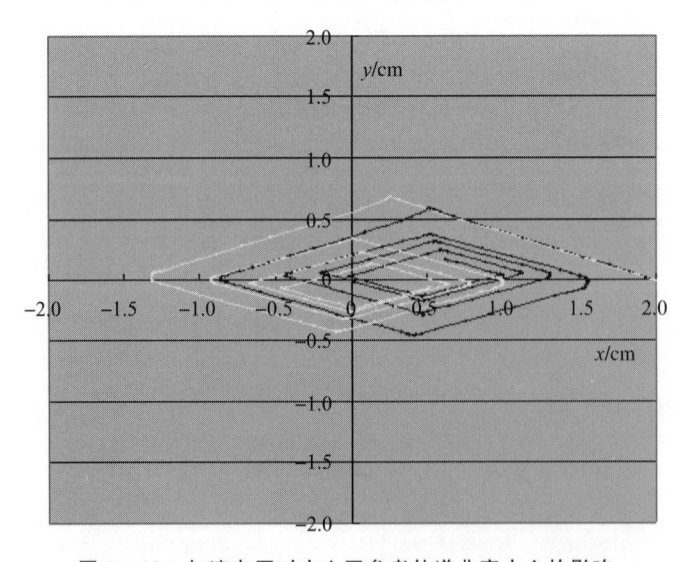

图 6-19 加速电压对中心区参考轨道曲率中心的影响

6.4.1.2 电场数值计算

中心区的电场计算目前大多采用有限差分法，迭代求解拉普拉斯方程得到

任意位置处的电势，如何直接采用电势数值计算的结果数值求解运动方程可参考第 2 章相关内容。图 6-20 所示为数值计算得到的 30 MeV 紧凑型回旋加速器 TR-30 的中心区电极结构、电场分布和束流轨道。

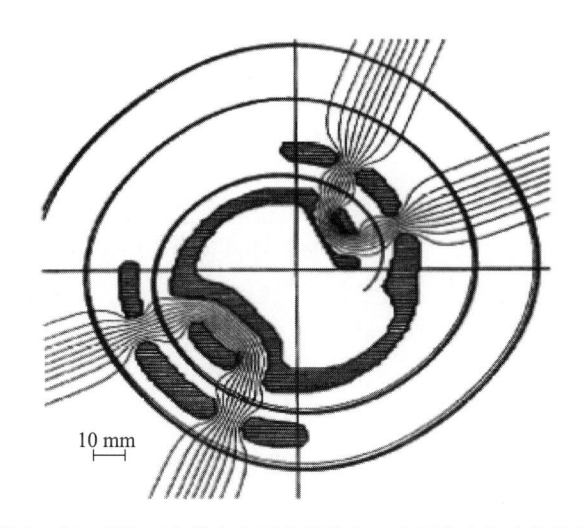

图 6-20 TR-30 的中心区电极结构、电场分布和束流轨道

6.4.1.3 径向运动

中心区设计好坏的一个比较重要的指标是束流轨道的对中。轨道不对中将带来径向相干振荡，导致循环发射度增长、引出束流品质变坏、束流损失增大。

非相干振荡振幅的计算公式为：

$$A_e = \sqrt{\frac{r\varepsilon}{v_r}} \tag{6-18}$$

实际情况不可能达到理想的对中情况，通常限制振荡的振幅小于非相干振荡振幅的 5%，即可认为达到较好的对中。

常用的中心区调整方法有：调整离子源的位置（内部离子源情况）；调整偏转板的参数来改变束流注入匹配点的位置和方向，必要时加入对中线圈产生一次谐波场以校正注入束流的不对中。

在紧凑型回旋加速器中的径向相空间存在径向-纵向耦合问题，即 ($\Delta\phi_{RF}$, P_x) 相关性：

$$\Delta\phi_{RF} = -\frac{h}{v_r^2} \cdot \frac{P_x}{P} \tag{6-19}$$

另外还有对能量增益有影响的 (x, ΔE) 的色相关性。由于存在这些非线性效应影响，径向相空间的匹配不能采用传统束流光学的方法，而必须进行多粒子模拟跟踪。具体做法如下：基于中心粒子轨道的结果，在注入点附近选取大量的 (r, P_r)，从注入能量开始加速多圈到一高能量处，记录处于该能量处的静态接收相椭圆内的注入点粒子坐标；对中心相位及最大、最小相位进行同样的计算，对注入点处不同相位的粒子的重合部分进行椭圆拟合，即可得到接收相宽内的径向接收度。

6.1.4.4 轴向运动

粒子在中心区能量低，中心区磁场的轴向聚焦力弱，在这里轴向电聚焦力或散焦力占主导地位。对于轴向电聚焦，许多论文利用二维空间的薄透镜近似方法论述过这一方面的内容。这种透镜的散/聚焦特性主要来自两个方面：

（1）电场是变化的；
（2）粒子是加速的；

场的变化使粒子在加速间隙的前半部分和后半部分看到的电场是不同的，粒子在前半部分聚焦而后半部分散焦，存在一个微分的聚焦效应。由场变化效应引起的轴向变化为：

$$(\Delta z')_{fv} = -\frac{qV_0}{E_c} \cdot \frac{1}{r} z \sin\phi_c \quad (6-20)$$

式中，V_0 是 D 形盒电压，$z' = \mathrm{d}z/\mathrm{d}x$，$E_c$、$r$ 和 ϕ_c 分别是粒子处于加速间隙中心处的能量、半径和高频相位。粒子受力相对于 z 是线性的，而且当电场下降时（即正相位）粒子受到聚焦力，反之受到散焦力。

第二个效应是粒子的加速造成的，粒子在前半部分的时间长于后半部分，因此总体效果是聚焦的：

$$(\Delta z')_{ec} = -g\left(\frac{qV_0}{E_c}\right) z \cos^2\phi \quad (6-21)$$

式中，g 是由几何结构决定的数值因子。

当 $\Delta z' \ll z_0/\pi r$ 时，有：

$$(v_z^2)_e z = -\frac{r}{\pi}\Delta z' \quad (6-22)$$

轴向相空间的匹配可以采用和径向相空间匹配一样的方法进行，同时由于轴向非线性比较小，也可以采用束流光学中传输矩阵的方法进行计算。下面对后者进行介绍。

根据轨道跟踪的数据计算从注入点到第 N 圈和第 $N+1$ 圈的传输矩阵，分别为 R_N、R_{N+1}，从而可以求出从第 N 圈到第 $N+1$ 圈的传输矩阵 M，其关系式为：

$$M = R_{N+1}R_N^{-1} \qquad (6-23)$$

根据束流传输的知识，由 M 可以计算出该处的特征椭圆的参数：

$$\begin{cases} \sin\mu = \sqrt{1-\left(\dfrac{M_{11}+M_{22}}{2}\right)^2}, M_{12} \geq 0 \\ \sin\mu = -\sqrt{1-\left(\dfrac{M_{11}+M_{22}}{2}\right)^2}, M_{12} \leq 0 \end{cases}, \begin{cases} \alpha = \dfrac{M_{11}-M_{22}}{2\sin\mu} \\ \beta = \dfrac{M_{12}}{\sin\mu} \\ \gamma = \dfrac{-M_{21}}{\sin\mu} \end{cases} \qquad (6-24)$$

由回旋加速器的束流发射度可以计算得到此处的 σ 矩阵，又根据 $\sigma = R\sigma_0 R^T$，可以由第 N 圈处的 σ 矩阵求出注入点处的 σ 矩阵，$\sigma_0 = R_N^{-1}\sigma(R_N^T)^{-1}$，从而得到注入点处所需的相椭圆形状，即对应于某一相位的接收度。

6.1.4.5 间隙穿越共振

对于圆形回旋加速器主加速区域，粒子通过加速间隙所获得的能量增益相对于其动能而言很小，以至于加速过程可被描述为"绝热"的。但在回旋加速器的中心区，粒子运动是不满足"绝热"运动的条件的，回旋加速器中心平面的运动在加速过程和径向振荡之间存在强耦合作用。

回旋加速器中的径-纵向的强耦合作用或者更全面地说间隙穿越共振现象（粒子在穿越加速间隙时，由能量增益带来的微扰会带来粒子在径向运动的不稳定性而产生振荡）使振荡频率 v_r 产生偏移。考虑间隙穿越共振后的径向振荡频率 v_r^* 的表达式：

$$(v_r^* - 1)^2 = (v_r - 1)^2 - \frac{hqV_0\sin\frac{hD}{2}}{\pi T_c}\sin\phi \cdot (v_r - 1)$$
$$+ \frac{1}{4}\left(\frac{hqV_0\sin\frac{hD}{2}}{\pi T_c}\right)^2\left(\sin^2\phi - \cot^2\frac{hD}{2}\cos^2\phi\right)\sin(\pi - D) \cdot \sin D$$

$$(6-25)$$

式中，h 是谐波数，V_0 是 D 形盒电压，D 是 D 形盒的角宽度，T_c 为粒子的动能。在某些条件下（$v_r^* - 1$）的值有可能为虚数，这表明粒子在径向相空间中的运动是不稳定的。

这种效应也存在于轴向方向上，由于轴向和径向的互补性，轴向相平面的公式和径向相平面的公式非常类似，受间隙穿越共振影响后的轴向振荡频率 v_z^* 表达式为：

$$v_z^{*2} = v_z^2 + \frac{hqV_0 \sin\frac{hD}{2}}{\pi T_c} \sin\phi$$

$$- \left(\frac{hqV_0 \sin\frac{hD}{2}}{\pi T_c}\right)^2 \left(\sin^2\phi - \cot^2\frac{hD}{2}\cos^2\phi\right)\frac{\pi - D}{2} \cdot \frac{D}{2} \quad (6-26)$$

6.4.2 分离扇回旋加速器

在分离扇回旋加速器中，一方面，回旋加速器中心区域没有磁铁，为无场区，因此有比较充足的空间来布局注入元件、调节束流对中等束流动力学参数，而且注入线布局和注入元件的设计可忽略回旋加速器主磁场的影响；另一方面，磁极彼此分离，磁极与磁极之间的谷区为漂移节，在中心区的无高频腔的谷区内有足够的空间安装束流准直元件和诊断元件。因此，相对于方位角调变场和紧凑型回旋加速器，分离扇回旋加速器的中心区设计可调节的空间较大。另外，由于磁场沿方位角的调变度大，在中心区轴向磁聚焦能力强，不需要通过电场聚焦等其他手段来增强轴向聚焦能力。

然而，分离扇回旋加速器要求注入能量高，需要注入器。分离扇回旋加速器的注入器常有以下3种类型：高压倍加器（如PSI的870 kV高压倍加器）、串列加速器（如柏林HMI分离扇回旋加速器的注入器）以及回旋加速器（如GANIL的SSC的注入器）。

分离扇回旋加速器的中心区设计中需要重点考虑的问题包括：

（1）注入器与加速器之间的束流光学的匹配问题。注入束流匹配，是指在匹配点注入束流的横向相空间分布与回旋加速器在此位置的本征相椭圆一致。束流失配会引起束流在加速过程中的非相干振荡，从而使束流的包络增大，导致束流损失、回旋加速器内部部件活化等问题。

（2）磁极头部的设计。在回旋加速器中心区，束流轨道的圈增益明显比方位角调变场回旋加速器大，加速平衡轨道和静态平衡轨道之间的差异大，因此需要考虑能量增益带来的加速轨道的畸变。可以通过对各个磁极头部的不等宽设计对加速轨道予以修正。此外，为了将注入的束流传送到第1圈加速轨道，在第1个磁极头部位置通过改变磁极气隙高度或增加辅助的偏转元件，使束流水平方向在短距离内偏转到预定的方位角，与设计的加速轨道重合。

（3）中心区元件的机械安装。在回旋加速器中心区除了要安装束流偏转、聚焦和匹配元件外，还要有相应的束流诊断元件和束流准直元件，因此中心区空间的安排需要综合统筹考虑。

图6-21所示为日本RIKEN实验室建成的6扇磁极的超导分离扇环形回旋

加速器 SRC 的中心区设计布局。SRC 是 RIKEN 放射性重离子束装置的最后一级加速器，可加速多种重离子束流。束流经多台前级加速器加速后沿着谷区进入 SRC 的中心区，注入系统包括 4 块偏转磁铁 BM1、BM2、BM3、BM4，3 个安装在扇形磁铁的间隙里的磁偏转通道 MIC1、MIC2、MIC3 和 1 个静电偏转通道 EIC。

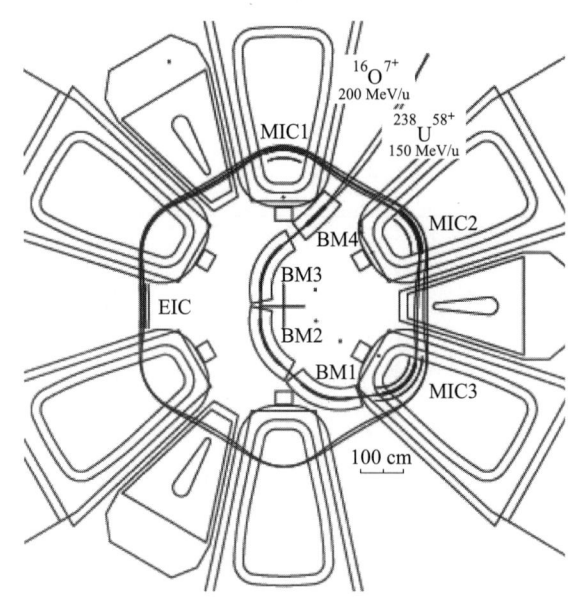

图 6-21　日本 RIKEN 实验室建成的 6 扇磁极的超导分离扇环形回旋加速器 SRC 的中心区设计布局

在 SRC 加速的所有重粒子中，引出能量为 200 MeV/u 的 $^{16}O^{7+}$ 和引出能量为 150 MeV/u 的 $^{238}U^{58+}$ 对应磁刚度的差异最大，前者的注入能量和磁刚度分别为 74.2 MeV/u 和 2.89 T·m，后者分别为 58 MeV/u 和 4.57 T·m。两者的轨道特性差异也最大，这种差异决定了注入元件孔径的大小、偏转长度、偏转和聚焦电（磁）场（梯度）的取值范围的选择。在注入 $^{16}O^{7+}$ 束时，元件 EIC 和 MIC1 所需的场达最大值，而在注入 $^{238}U^{58+}$ 束时，元件 MIC2、MIC3、BM1、BM2 和 BM3 所需的场最大。注入元件的长度的选择需综合考虑不同注入束流轨道差异和元件场值的调节范围，以利于工程建造。

另一个有代表性的分离扇回旋加速器实例是瑞士 PSI 研究所的 72 MeV 强流质子注入器 Injector-Ⅱ。从离子源引出的质子束经高压倍加器加速到 870 keV 后，沿 Injector-Ⅱ 的中心轴线垂直注入回旋加速器中心区域，然后由竖直放置的偏转磁铁将束流偏转 90°到达中心平面，并沿径向传输到第 1 个磁极的头部。为了将束流注入加速轨道，对该磁极头部进行特殊的设计，在水平的磁极面上放置圆锥形垫片，使磁感应强度从 1.0 T 增大到 1.5~1.7 T，从而将束流传输方向偏转 135°到达第 1 圈的加速轨道。中心区的结构和轨道设计如图 6-22 所示。束流注入后，在前几圈轨道通过磁极头部极面的垫补而实现束流对中和等时性。在中心区不同位置放置多个准直器，起径向准直作用的有 KIP1、KIP2、KIP3 和 KIP4，其中 KIP2 可径向移动以调整接受相宽，其他准直器用来阻拦径向杂散粒子；KIG2、KIG3 和 KIV 为轴向准直器，阻拦轴向杂散粒子。通过中心区的准直系统，绝大部分杂散粒子损失在低能区，从而减小了回旋加速器内的辐射剂量。

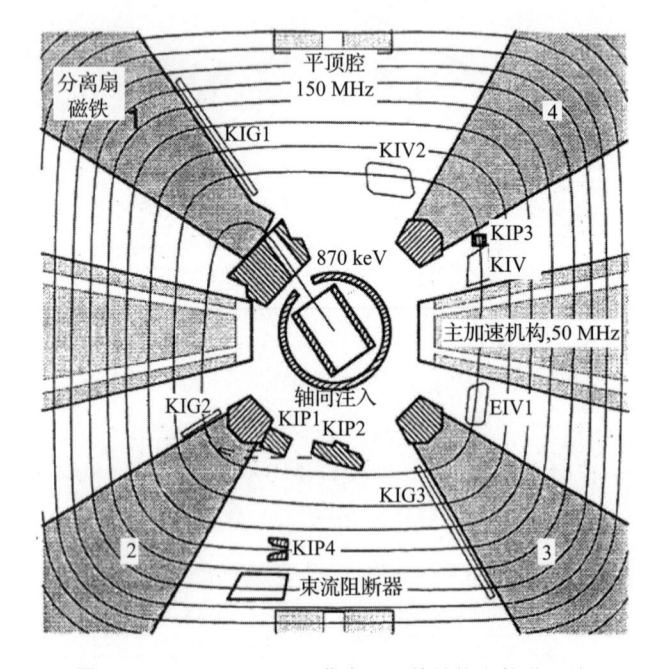

图 6-22 PSI Injector-Ⅱ中心区的结构和轨道设计

由于分离扇回旋加速器具有强的聚焦力，且有较大空间安装高 Q 值高频谐振腔以提供可高达 MV 量级的加速电压，更有利于加速 mA 量级的强流束。在强流束分离扇回旋加速器的中心区，束流能量相对较低，空间电荷效应十分突出，在径-纵向空间电荷力和耦合运动的共同作用下，在束团内部产生"涡流运动"，从而改变束团的形状。PSI 的 Injector-Ⅱ 是一台空间电荷效应占据主导地位的回旋加速器，模拟计算和试验测量结果均表明：当质子束流强度增大到 1 mA 以上时，在空间电荷效应的影响下，束团径向-轴向的分布在最初几十圈内发展成非常紧凑的近似圆形的分布，相应束团的相宽只有 2°左右。基于并行 PIC 方法开展的大规模粒子模拟的结果如图 6-23 所示。由图可见，束团径-纵向的耦合虽导致束团径向尺寸增大，需要在中心区安排一系列准直器阻挡部分初始条件不好的束流，但人们最为担心的等时性回旋加速器缺少轴向聚焦力的问题却由于空间电荷效应而得到缓和。为此，PIS 的 Injector-Ⅱ 已将原先设计的平顶腔改为加速腔，以进一步提高圈能量增益。因此，在强流束分离扇回旋加速器中心区的设计中，还必须根据回旋加速器的总体设计要求详细研究空间电荷效应的作用。

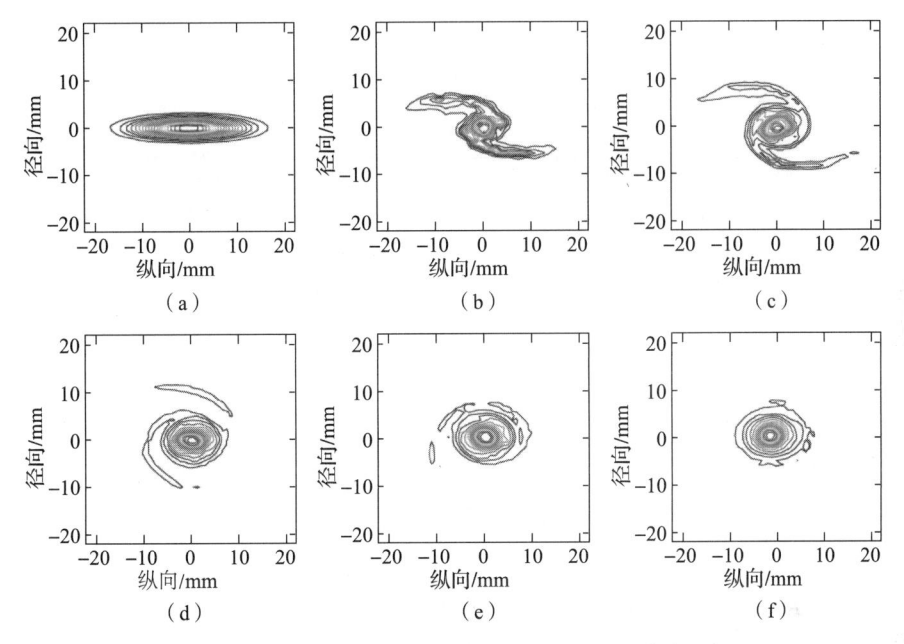

图 6-23　OPAL-CYCL 程序模拟 PSI Injector-Ⅱ 中 1 mA、3 MeV 的束团演化为"圆形紧凑"的电荷分布过程
（a）第 0 圈；（b）第 5 圈；（c）第 10 圈；（d）第 20 圈；（e）第 30 圈；（f）第 40 圈

6.5　轴向注入系统与中心区的设计实例

在紧凑型强流回旋加速器中，规划好回旋加速器的相位接受度、保证束流对中、提高束流传输效率等许多关键束流动力学问题，主要集中在中心区。本节以紧凑型强流负氢回旋加速器为例，研究离子在轴向注入线、螺旋形偏转板和中心区中的运动，给出相应的设计方法，并介绍具体的机械设计、加工工序等。

6.5.1 轴向注入系统通用试验台架的设计

基于外部离子源的紧凑型回旋加速器通常采用沿回旋加速器的中心轴线注入离子的方案。由于轴向注入系统是束流损失的主要位置，如何提高注入系统的设计水平，是回旋加速器设计的一个重要问题。世界上一些著名的研究所还建立了专门的实验室课题组开展相关技术的研究工作，如 TRIUMF、PSI 等。本节介绍中国原子能科学研究院的轴向注入系统试验台架的物理设计、元件设计及加工调试工作，主要考虑负氢离子束从离子源引出后传输到回旋加速器中心区的输运线的物理设计、元件选用和物理参数匹配计算等问题。设计对象是22 MeV 和 70 MeV 紧凑型回旋加速器的轴向注入系统，通过统一两者的布局、元件及几何尺寸、物理参数，建立试验台架，从而形成适用于 20 ~ 100 MeV 能量范围的通用的回旋加速器轴向注入线。

6.5.1.1 轴向注入线光学计算

负氢离子束从离子源到回旋加速器中心区，需要采用导向、聚焦、聚束、偏转、测束等元件和装置。根据轴向注入系统的特点，$x-y$ 导向磁铁设计为整体型，聚焦元件采用三圆筒静电透镜和螺线管透镜。由于回旋加速器中心区具有一定的高频相位接收度，因此需要对从离子源引出的连续束进行纵向聚束，以提高注入效率。轴向注入的束流，需要在中心区偏转为水平方向，由于中心区空间很小，故采用静电偏转的办法。在中心区的主磁场和静电偏转电场的共同作用下，离子轨迹呈螺旋形，因此静电偏转板电极必须是螺旋形的。除了考虑上述元件的位置、几何尺寸和横向聚焦、纵向聚束等物理参数的匹配特性外，还需要考虑其他辅助部件，如束流诊断元件、真空泵和真空阀门等的尺寸和位置。

基于上述基本要求和 22 MeV 回旋加速器主磁铁的实际结构，设计得到的轴向注入系统试验台架布局示意如图 6 - 24 所示。在设计中采用计算机软件 OPTIC354 对注入系统输运线进行了束流光学计算以及元件的参数匹配，匹配后的束流包络及有关元件参数见表 6 - 1。计算结果用 TRANSOPTR 软件进行了验证。

由于 70 MeV 回旋加速器主磁铁的尺寸比 22 MeV 回旋加速器主磁体要大，相应地，其注入线长度也大。采用与 22 MeV 回旋加速器相同的计算方法和束流初始条件得到匹配计算的结果也列于表 6 - 1。

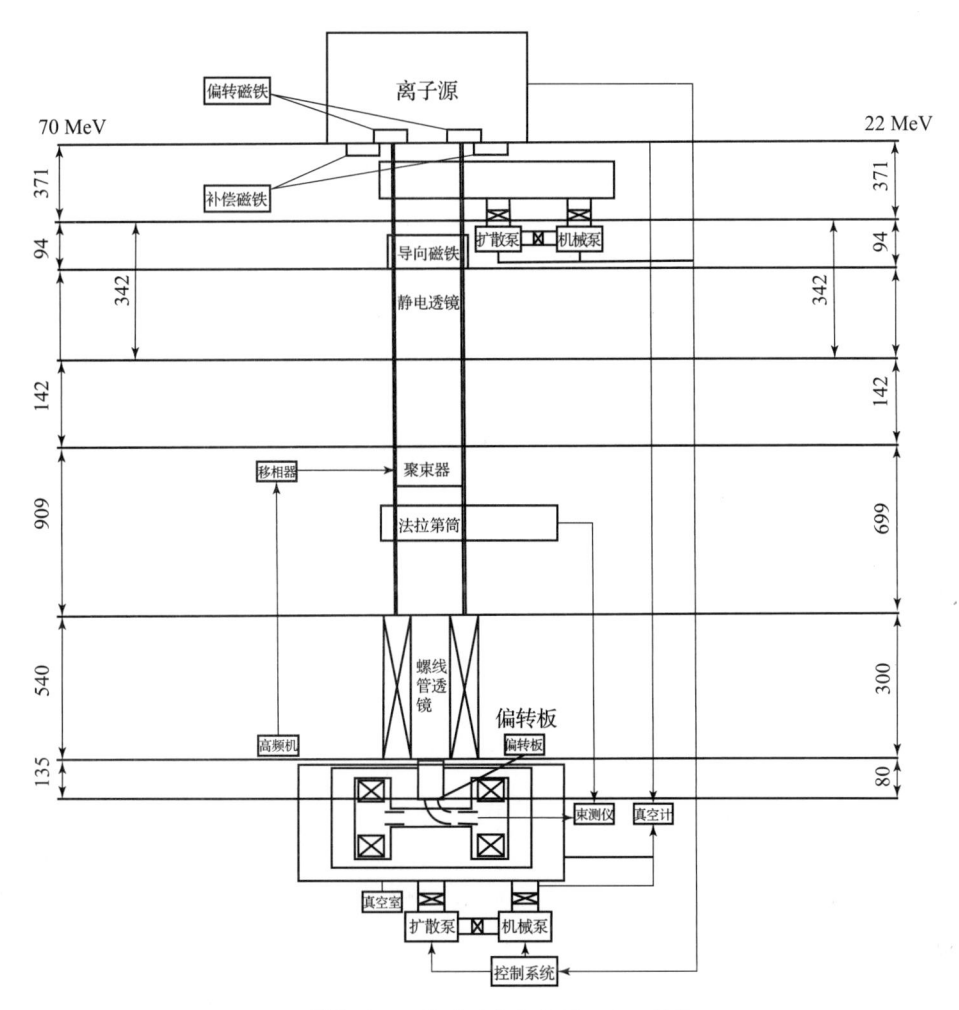

图 6-24 轴向注入系统试验台架布局示意（单位：mm）

表 6-1 匹配计算结果（22 MeV 和 70 MeV）

能量	计算软件	r_{max}/mm				螺旋管透镜		三圆筒静电透镜			
		三圆筒静电透镜出口	螺旋管透镜入口	螺旋管透镜出口	偏转板入口	长度/mm	磁感应强度/0.1 T	电压/kV	长度/mm	气隙间距/mm	内半径/mm
22 MeV	Optics	8.965	9.369	4.626	2.446	300	2.293	17.13	342	78	39
	TRNSOPTR	8.970	9.360	4.660	2.480	300	2.293	17.13	342	78	39
70 MeV	Optics	9.783	10.792	5.123	3.391	540	1.345	16.08	342	78	39
	TRNSOPTR	9.830	10.800	5.100	3.410	540	1.345	16.08	342	78	39

6.5.1.2 注入线上元件设计

1. x – y 导向磁铁

x – y 导向磁铁对束流在 x、y 两个方向同时起导向作用。x – y 导向磁铁的结构如图 6 – 25 所示。假设磁场为平行平面场,用 POISSON 程序计算得到的磁场分布如图 6 – 26 所示。当线圈通不同的励磁电流时,产生的磁场以及对能量为 28.4 keV 的负氢离子束斑位置和方向的改变量见表 6 – 2,其中 α 为经过 x – y 导向磁铁之后束流运动方向的改变量,D 为在偏转板入口处束斑位置的改变量。

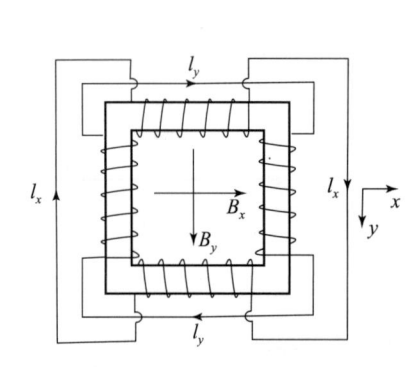

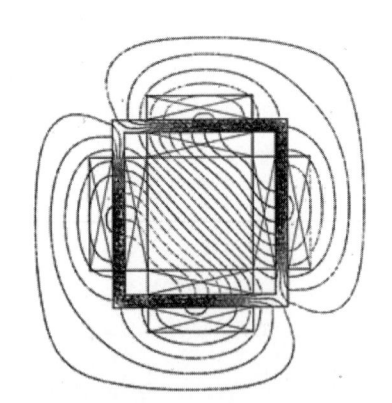

图 6 – 25　x – y 导向磁铁结构　　　图 6 – 26　x – y 导向磁铁的磁场分布

表 6 – 2　不同励磁电流产生的磁场及束斑位置和方向的改变量

励磁电流/A	0.5	2.0	2.5	3.0
$B_x/10^{-4}$ T	20.512	82.078	102.611	123.149
$B_y/10^{-4}$ T	-20.512	-82.078	-102.611	-123.149
$\alpha/(°)$	0.289 79	1.159 4	1.449 2	1.739 6
D_{22}/mm	7.43	29.73	37.16	44.62
D_{70}/mm	9.98	39.95	49.94	59.95

根据工程经验,x – y 导向磁铁对偏转板入口处的束斑要有 ±8 mm 的调节能力,为此大约需要 ±0.5 A 的励磁电流。

2. 三圆筒静电透镜

三圆筒静电透镜由 3 个圆筒形电极组成，外端两电极接地，中间电极接正高压或负高压。三圆筒静电透镜中典型的等势线及电场分布如图 6-27 所示。

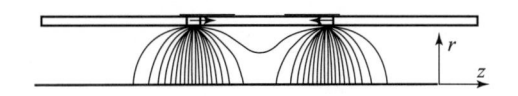

图 6-27　三圆筒静电透镜中典型的等势线及电场分布

若三圆筒静电透镜中间电极采用负高压，则中心轴线上的纵向电场如图 6-28 所示。透镜对通过它的带负电荷的离子束起到散焦—聚焦—散焦的效果，束流先被减速再被加速，在中间聚焦段经历时间长，总体效果是聚焦的。若中间电极采用正高压，对束流的作用是聚焦—散焦—聚焦，束流先被加速再被减速，由于中间散焦段速度高，经历时间短，总体效果也是聚焦的。

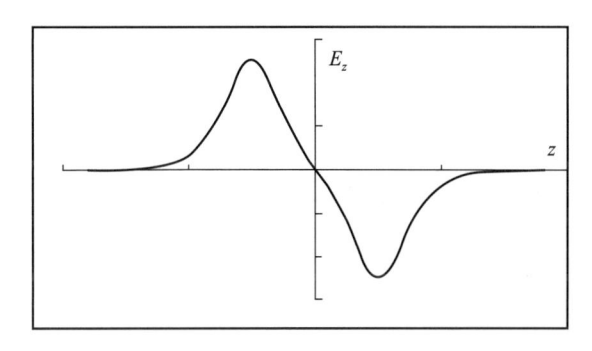

图 6-28　三圆筒静电透镜中心轴线上的纵向电场

3. 螺线管透镜

由于螺线管透镜安装在主磁铁芯柱之中，镶条上部、周围的磁性材料会对其磁场分布产生影响。因此，在设计 22 MeV 和 70 MeV 回旋加速器的螺线管透镜之前，先对 30 MeV 回旋加速器的螺线管透镜的磁场分布进行计算。在下面两种情况下计算磁场分布：①考虑了主磁铁芯柱的尺寸，并将镶条近似等效为一定高度的轴对称结构，用 POISSON 软件计算，结果如图 6-29 所示。②部分考虑芯柱的影响，将螺线管透镜的磁轭加宽，主磁铁的其他因素均不考虑。两种计算结果的比较可以说明由于主磁铁对螺线管透镜磁场分布的影响很小，不影响其整体的聚焦性能。因此，对 22 MeV 和 70 MeV 回旋加速器螺线管透镜的设计，可以适当加大其磁轭宽度来代替主磁铁磁场的影响。

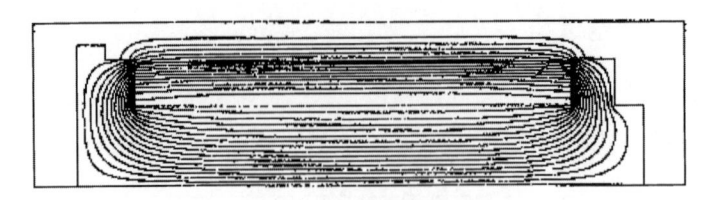

图 6-29 螺线管透镜磁场分布

4. 聚束器

由离子源引出的连续束,在进入偏转板之前,先进行纵向聚束,可使注入效率提高 2~3 倍。聚束器由两个接地栅网和中间两个加有与回旋加速器高频振荡频率相同的电压的栅网组成。这种类型的聚束器对束流运动的作用类似于单漂移聚束器。两个栅网中心间距是半周期内高频粒子的运动距离 d,它与高频频率 f 和粒子运动速度 v 有关:$d = v/2f$。22 MeV 和 70 MeV 回旋加速器的高频频率分别为 66.10 MHz 和 58.11 MHz,取注入离子能量为 28.4 kV,则对应的 d 分别为 17.66 mm 和 20.08 mm。为了更好地进行试验测量,要求 d 在 17~22 mm 范围内可调,聚束器可整体上下移动 5 cm。

6.5.2 CYCIAE-100 的轴向注入线设计

CYCIAE-100 采用外部负氢离子源进行轴向注入,要求有较高的传输效率和较好的束流品质。该回旋加速器设计引出质子束流强度达到 200 μA,并计划提供脉冲束流。为了达到目标,轴向注入线的设计有两种方案,即对应于图 6-30 中的 1#和 2#注入线。两条注入线独立运行,但共用部分元件。1#注入线采用从下往上轴向注入,利用负氢离子束的中性化解决强流连续束流的注入,为保证达到高中性化程度,横向聚焦均采用磁元件(SSQQQ 结构);2#注入线的设计目的主要是提供一定强度的脉冲束流,由于脉冲负氢离子束的中性化过程难以建立,因此,切割、聚束和横向聚焦等元件均为静电元件。图 6-31 和图 6-32 所示分别为这两条注入线的光学计算结果。

6.5.3 CYCIAE-30 螺旋形偏转板的设计与加工

离子在偏转板电场和主磁场中的运动轨迹比较复杂,这使偏转板的设计具有一定的难度。下面详细介绍螺旋形偏转板的设计原则、离子轨迹计算方法、数控加工的计算机模拟和加工等。

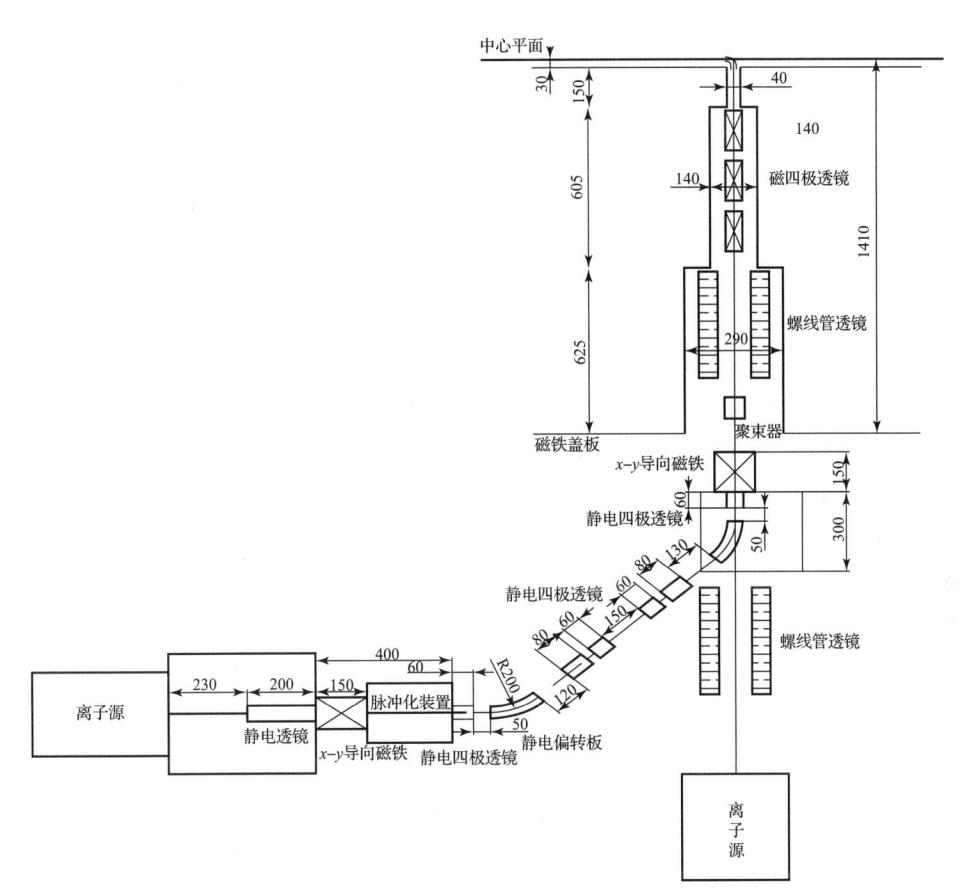

图 6-30 CYCIAE-100 轴向注入线布局（单位：mm）

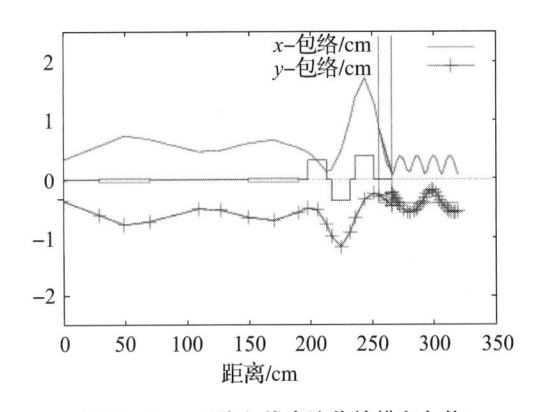

图 6-31 1#注入线束流传输横向包络

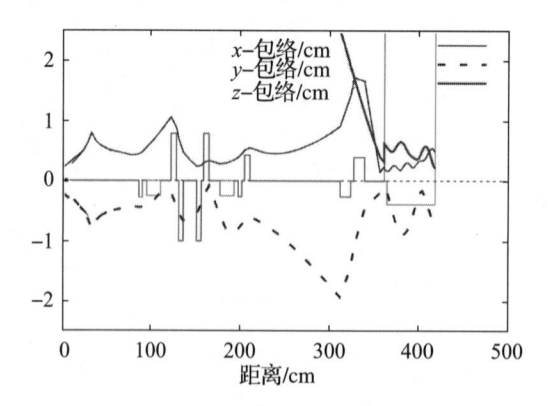

图 6-32 2#注入线束流传输横、纵向包络

偏转板的设计必须满足以下两个要求：①从物理上考虑，离子束在偏转板出口的位置和速度分量必须合适，以便将离子注入回旋加速器的高频腔 D 结构中。例如，如果出口位置的 r 值太小，即第 1 圈的轨迹太短，则难以放置控制电场分布的柱子，因而中心区的束流光学调节会受到影响；如果出口的方向控制不当，则不能注入 D 结构的加速间隙中。②从工程上考虑，偏转板尺寸必须足够小，以免和主磁铁和 D 结构发生冲突。电极间电压要尽量小，电极曲面应是采用标准数控铣床易于加工的。

6.5.3.1 螺旋形偏转板的设计方法

根据前面所述的解析理论，初步计算螺旋形偏转板的基本参数，选注入能量为 28.4 keV，螺旋形偏转板电极间电场为 16.1 kV/cm，则电半径 $A = 3.5$ cm，磁半径 $\rho = 2.79$ cm，代表螺旋形偏转板螺旋度的 $K = 0.63$。为了设计方便，假定螺旋形偏转板中的电场 E 总是与中心离子的速度矢量 v 垂直，那么中心离子轨迹将总是在等电位面上，并且在螺旋形偏转板中，离子能量为常数，同时忽略螺旋形偏转板入口处的边缘场效应。

在设计过程中，选用右手笛卡儿坐标系。坐标原点位于回旋加速器的中心，x 轴的正向与起吸极作用的 D 形盒头部的对称轴一致。z 轴与回旋加速器的主轴重合。

以偏转角为自由变量，对离子的运动方程作 180 步 R-K 积分，取步长为 $0.5°$，即离子速度 v 由垂直向下转到水平方向。在积分过程中，需要提供离子所在位置的电场和磁场。

磁场的计算有两种方法，在没有实测数据的情况下，通过三维电磁场数值计算程序计算，如 DE3D、ANSYS 等；有实测数据时，则根据测磁数据作泰勒展开来计算磁场，详细计算方法参考第 2 章相关内容。

关于螺旋形偏转板电场的计算，由于假定了电场 **E** 的大小一定，方向总是垂直于中心离子的速度 **v**（图 6-33），则有：

$$E_z = E\frac{v_r}{v}, \quad E_x = -E\frac{v_z}{v}\cdot\frac{v_x}{v_r}, \quad E_y = -E\frac{v_z}{v}\cdot\frac{v_y}{v_r} \quad (6-27)$$

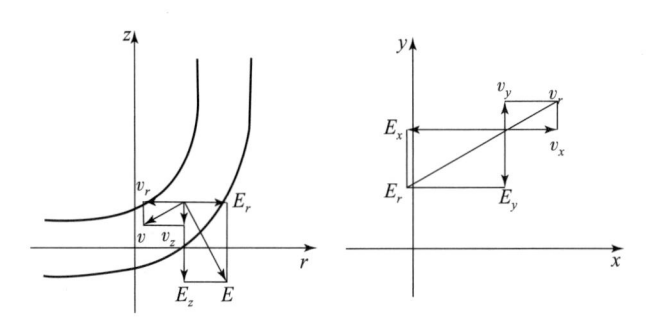

图 6-33 螺旋形偏转板中的电场分量

根据上述场值，用数值方法求解运动方程，积分步后，中心轨迹最后一点的速度虽然转为水平方向，然而 z 坐标不一定为 0，即不一定位于中心面上，因此需要根据此点的 z 坐标值调整偏转电压，重新求解运动方程。如此循环，直到中心轨迹的最后一点在中心平面上且轴向速度为零。螺旋形偏转板出口束流在中心面上的位置和方向，则需要根据下面将要讲到的中心区设计要求进行调节，以满足中心区束流规划的需要。

6.5.3.2 电极曲面的形状构成

下面计算螺旋形偏转板电极曲面的形状。由上面提到的方法计算得到中心离子运动轨迹（x_{cen}，y_{cen}，z_{cen}），给定螺旋形偏转板的半气隙宽度和电极半宽度，可以分别求出螺旋形偏转板的上、下电极的内、外边缘顶点的空间变化曲线。这 4 条曲线决定了螺旋形偏转板电极曲面的形状。

基于上述设计方法，根据 30 MeV 回旋加速器的磁场实测结果，计算设计了相应的螺旋形偏转板，结果如图 6-34 所示。同时，还需要考虑工程的实际安装问题，计算螺旋形偏转板与主磁铁的距离，以判断是否和主磁铁冲突。

6.5.3.3 螺旋形偏转板电极与磁铁叶片的距离

为了查看螺旋形偏转板和主磁铁头部是否发生冲突，需要计算螺旋形偏转板上电极与地电位的主磁铁垫补镶条头部的距离。

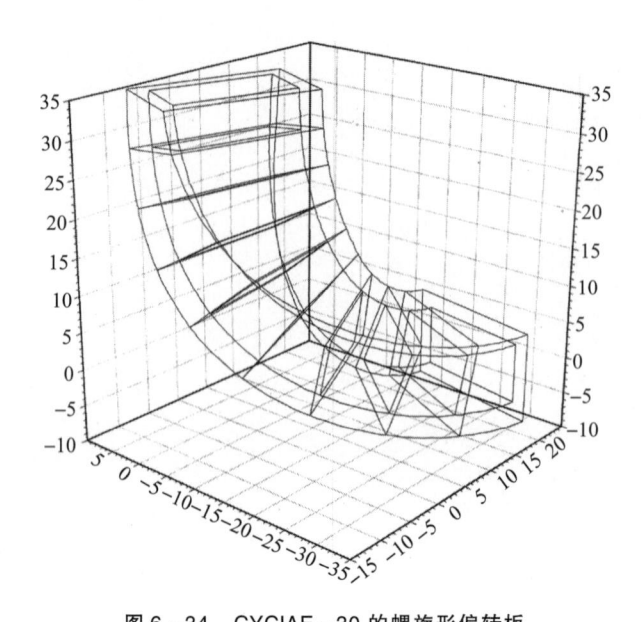

图 6-34　CYCIAE-30 的螺旋形偏转板

上电极与磁铁叶片的距离为：

$$D_{\text{out}} = \sqrt{D_1^2 + D_2^2} - R \qquad (6-28)$$

其中，

$$D_1 = x\cos 45° + y\cos 45° + D = D + \frac{\sqrt{2}}{2}(y \pm x) \qquad (6-29)$$
$$D_2 = D - z$$

上电极外端和内端分别对应上式中的"+"号和"-"号。有关符号表示如图 6-35 所示。

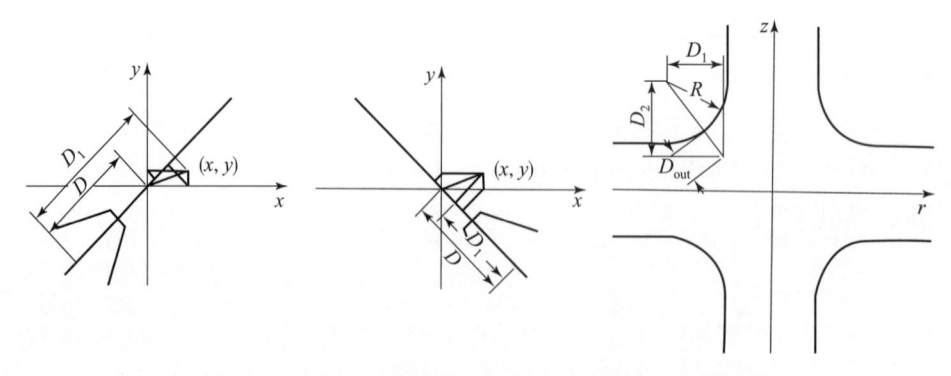

图 6-35　螺旋形偏转板电极上任一点与磁极面头部的距离

6.5.3.4 螺旋形偏转板的计算机辅助加工

在工程实施中,可用一紫铜圆柱体来加工螺旋形偏转板。首先需要计算圆柱体的外表面最小半径和加工圆柱体内表面的半径及轴线位置。

1. 求用来加工螺旋形偏转板的圆柱的外表面半径

为了叙述方便,用 $(x_{li}(i), y_{li}(i))_{i=1,181}$,$(x_{lo}(i), y_{lo}(i))_{i=1,181}$,$(x_{ui}(i), y_{ui}(i))_{i=1,181}$,$(x_{uo}(i), y_{uo}(i))_{i=1,181}$ 分别代表电极下边缘内侧、下边缘外侧、上边缘内侧和上边缘外侧的 181 个点的坐标值。

1) 第一步

求直线 $(x_{lo}(1), y_{lo}(1)) \sim (x_{li}(1), y_{li}(1))$,与直线 $(x_{uo}(181), y_{uo}(181)) \sim (x_{ui}(181), y_{ui}(181))$ 的交点 O 的坐标 (x_o, y_o)。

2) 第二步

设有集合:

$$Q = \{Q_i | Q_i = (x_{lo}(i) - x_o)^2 + (y_{lo}(i) - y_o)^2\} \\ \cup \{Q_i | Q_i = (x_{uo}(i) - x_o)^2 + (y_{uo}(i) - y_o)^2\} \tag{6-30}$$

定义:

$$R_a = \sqrt{\max(Q)} \tag{6-31}$$

3) 第三步

按下式求 sum,加工量与此量成比例。

$$\text{sum} = \sum_{i=1}^{181} [(x_{lo}(i) - x_o)^2 + (y_{lo}(i) - y_o)^2 - R_a^2]^2 + \\ \sum_{i=1}^{181} [(x_{uo}(i) - x_o)^2 + (y_{uo}(i) - y_o)^2 - R_a^2]^2 \tag{6-32}$$

4) 第四步

调节 O 点的位置,以尽量减小 sum,可沿图 6-36 所示的 8 个方向按顺序移动 O 点,移动步长初始值为 0.1 mm,如果得到比原有 sum 更小的 sum,则步长增加到 1.2 倍,继续沿该方向寻找,直到 sum 开始变大,则沿下一个方向移动,如此循环,从而找出最佳 O 点坐标 (x_o, y_o),并求相应的 R_a,这就是加工螺旋形偏转板的圆柱体外表面的最小半径。

2. 求加工圆柱体的内表面半径

1) 第一步

根据上面求出的 O 点坐标 (x_o, y_o)，初始化 O' 点的坐标：

$$x'_o = x_o - 1.5, \quad y'_o = y_o - 1.5 \quad (6-33)$$

2) 第二步

设有集合：

$$Q = \{Q_i | Q_i = (x_{li}(i) - x_o)^2 + (y_{li}(i) - y_o)^2\} \quad (6-34)$$

定义：

$$R_b = \sqrt{\max(Q)} \quad (6-35)$$

3) 第三步

定义：

$$\text{sum} = \sum_{i=1}^{181} [(x_{li}(i) - x_o)^2 + (y_{li}(i) - y_o)^2 - R_b^2]^2 \quad (6-36)$$

4) 第四步

寻找 O' 点的最佳坐标值 (x'_o, y'_o)，采用相似方法计算相应的 R_b。

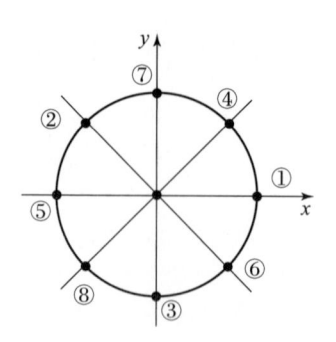

图 6-36 加工螺旋形偏转板的圆柱体的轴线位置调节方向

3. 电极曲面的加工数据

在螺旋形偏转板电极曲面的加工计算中，以 O 点为原点，z 轴指向圆柱体的上方，以起始位置电极边缘的方向为 x 轴的方向，这个坐标系称为加工坐标系。将电极曲面的所有数据转换到加工坐标系中，先平移，平移量为：

$$T_x = x_o, \quad T_y = y_o \quad (6-37)$$

再旋转，旋转角为：

$$\alpha = \arctan \frac{y_{ui}(1) - y_{uo}(1)}{x_{ui}(1) - x_{uo}(1)} \quad (6-38)$$

根据加工坐标系下的电极曲面数据 $x_{uo}(i)$、$y_{uo}(i)$、$x_{ui}(i)$、$y_{ui}(i)$，生成数控加工的数据，每个加工数据结构如下：

$$\alpha \quad \text{shift} \quad z \quad x_{\text{out}} \quad x_{\text{in}}$$

其中：

$$\alpha = \arctan \frac{y_{ui}(i) - y_{uo}(i)}{x_{ui}(i) - x_{uo}(i)} \quad (6-39)$$

$$\text{shift} = -x_{uo}(i) \cdot \sin\alpha + y_{uo}(i) \cdot \cos\alpha$$

z 为电极的高度，x_{out}、x_{in} 为电极两端点旋转后的 x 坐标，如图 6-37 所示，由此而生成的加工数据可直接用于数控铣床，加工螺旋形偏转板，数据中第一列为圆柱段（即加工平台）的旋转角，第二列为圆柱段沿 y 轴的位移，第三列为铣刀轴线高度，第四列和第五列为电极边缘的坐标，电极曲面的加工从第四列的值开始，于第五列的值结束。

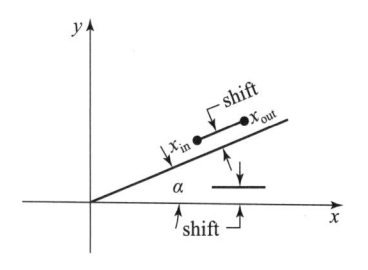

图 6-37 旋转电极边缘

为了避免上电极和主磁铁极面冲突，必须加工上电极的上表面，它由两个圆柱面和两个椭圆柱面构成，数控加工数据也由程序算出，其数据格式在此略去。

6.5.3.5 加工与应用

根据上述方法，可设计紧凑型强流回旋加速器的螺旋形偏转板，输出数控加工数据。在数控数据与程序完成后，国内有一些单位就能够加工这样的三维异形高精度曲面，如北京数控机床研究所。基于此方法设计加工的螺旋形偏转板，经过多年的医用同位素生产运行的长期检验，可满足紧凑型强流回旋加速器研制工作的需要。图 6-38 所示为安装在中国原子能科学研究院的 30 MeV 紧凑型强流回旋加速器的螺旋形偏转板和中心区部件的照片。

图 6-38 CYCIAE-30 中心区和螺旋形偏转板

6.5.4　CYCIAE-100 中心区的设计

离子在中心区中运动时，大部分时间受到磁场、电场的作用，同时由于该区域电场分布十分复杂，很难对离子在这一区域中的运动作一般的分析。由于中心区磁场调变度小，因此需要中心区具有足够强的电聚焦功能，同时适当限制"相聚"效应，以提高束流品质。另外，中心区的设计还要屏蔽高频电场对螺旋形偏转板的静电场的干扰。中心区的许多研究工作都是基于试验或二维近似。在这里，采用三维数值分析手段，对离子出螺旋形偏转板后开始受高频电场加速的初始若干圈的运动行为进行研究，以此为基础设计中心区的结构。

在决定了加速结构，如 D 形盒的数量和形状、谐波数、加速间隙的宽度和高度之后，设计中心区的通用过程如下：

（1）反向跟踪 AEO 至第一个加速间隙；
（2）从螺旋形偏转板正向跟踪至第一个加速间隙；
（3）按能量匹配，重新调整旋转螺旋形偏转板，修改电极结构；
（4）检查轴向聚焦能力、相位接受度，修改相应的坐标，重新从（2）开始。

CYCIAE-100 是一台具有 4 片直边扇，随方位角调变的等时性回旋加速器。它被设计用来加速负氢离子到最大为 100 MeV 的能量。加速电压由对称放置于磁铁谷区的两个谐振腔提供，电压的大小随半径的增长而增大，中心区处电压为 60 kV，引出区的数值约为 120 kV。谐振腔的频率为 44.4 MHz，工作于离子频率的四次谐波模式。

对于具有 4 个叶片、采用四次谐波加速的 CYCIAE-100 回旋加速器，D 形盒张角为 36°，主要受磁铁谷区空间的限制。根据多次计算结果的反复调整，得到中心区的电极结构如图 6-39 所示。为了得到较好的电场形状，在加速间隙处的上、下 D 形盒和假 D 之间还常加一些柱子，这些柱子可以支撑部分上级磁铁中心（在磁极片和大气负载间的磁场力）的重量。电极柱子主要用来规划电场分布及得到合适的径向和轴向的聚焦力，并且起到对束流从回旋加速器中的引出有利的限制高频相位的作用，类似于相位选择器的效果。束流从螺旋形偏转板出口偏出后，受高频加速电场的作用以外螺旋方式运动。在中心区张角为 45°的设计情况下，每圈获得最大为 240 keV 的能量增益。

CYCIAE-100 的注入能量为 40 keV，注入点的条件：$E=0.04$ MeV，$\tau=157.555°$，$r=5.4604$ cm，$p_r=1.6233$ cm，$\theta=315°$。其中，τ 为高频时间，r 为注入半径，p_r 为动量的径向分量，θ 为方位角。

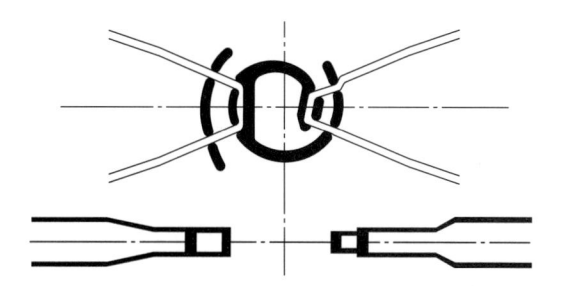

图 6-39 CYCIAE-100 中心区的电极结构

中心区参考粒子的运动轨道如图 6-40 所示,3 条轨迹分别对应初始相位 ϕ_0 和 $\phi_0 \pm 20°$,图中还给出了螺旋形偏转板中参考粒子的轨迹。图 6-41 所示为 3 个起始相位的粒子在加速过程中的相位($\theta = 0°$ 处)随能量的变化情况。CYCIAE-100 中心区设计完成后,从匹配点开始加速至最大能量 100 MeV,整个加速器的轨道对中结果好于 0.03 cm。

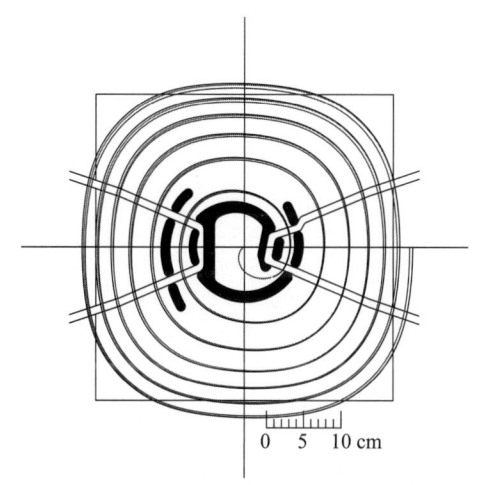

图 6-40 中心区参考粒子的运动轨道(分别对应初始相位 ϕ_0 和 $\phi_0 \pm 20°$)

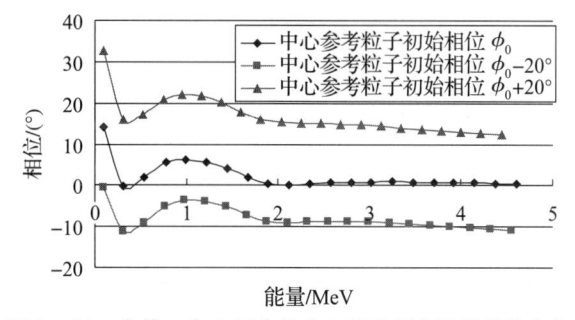

图 6-41 在第一个 D 形盒的中心线的相位随能量的变化

从束流动力学研究可以知道回旋加速器中非相干振荡的振幅是由有限发射度 ε 决定的，计算公式为：

$$x_m = \sqrt{\frac{\varepsilon R}{v_r}} \qquad z_m = \sqrt{\frac{\varepsilon R}{v_z}} \qquad (6-40)$$

如果回旋加速器内束流的归一化发射度选为 4π mm·mrad，CYCIAE-100 的平均径向振荡频率值约为 1.1，轴向振荡频率平均值约为 0.6。上述公式中的 R 为回旋加速器的无穷大半径，对于 CYCIAE-100 该参数为 430 cm，因此可以计算得到径向非相干振荡的振幅为 3.95 mm，轴向为 5.35 mm。这样的束流包络尺寸是在束流动力学的计算允许范围内的，因此中心区的横向接收度研究中，选择回旋加速器的接收度为 4π mm·mrad。

中心区径向相空间的接收度计算采用的是多粒子跟踪，然后与某高能处的叠加在加速平衡轨道上的对应的特征相椭圆进行匹配而获得的。CYCIAE-100 中心区在注入点（匹配点）处 40°高频相位宽度内的径向接收度约为 0.55π mm·mrad，如图 6-42 所示；轴向接收度为 0.74π mm·mrad，如图 6-43 所示。中心区横向相空间的接收度计算中需要注意的是要充分考虑接受相椭圆与相位的依赖关系，即径-纵向耦合，如 $(\Delta\Phi_{RF}, P_x)$ 的相关性和对能量增益有影响的 $(x, \Delta E)$ 的色相关性等。上述结果可作为轴向注入线光学计算的拟合条件进行相空间的匹配。

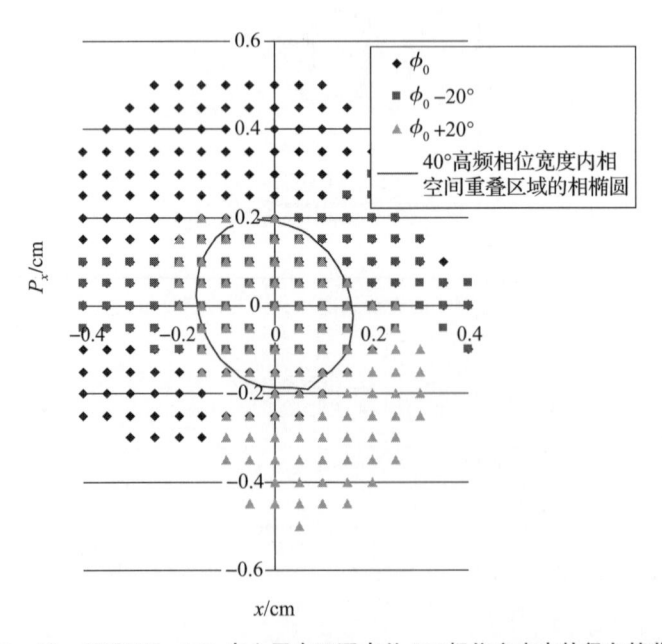

图 6-42　CYCIAE-100 中心区在匹配点处 40°相位宽度内的径向接收度

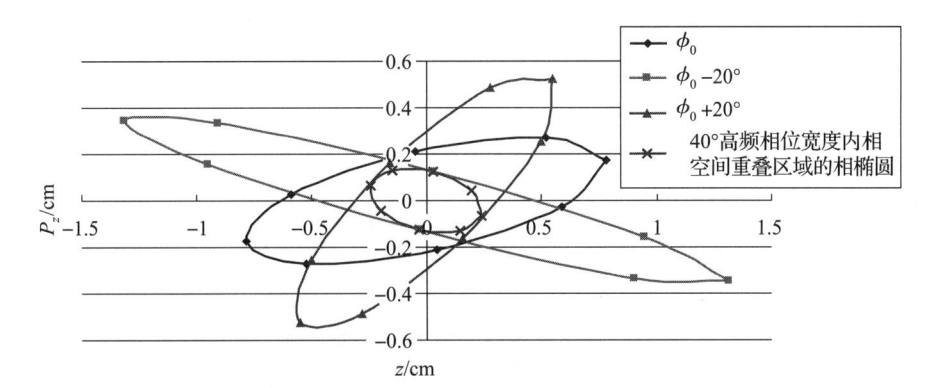

图 6-43 CYCIAE-100 中心区在匹配点处 40°相位宽度内的轴向接收度

参 考 文 献

[1] HEIKKINEN P. Injection and extraction for cyclotron [R]. CERN 94-01, vol. 2, 1996: 819-840.

[2] MANDRILLON P. Injection into cyclotrons [R]. CERN 96-02. 1996: 153-168.

[3] KLEEVEN W. Injection and extraction for cyclotrons [R]. CERN CAS, Zeegse, The Netherlands, 24 May-2 June 2005.

[4] LORD R S. Energy boosting of a tandem beam with the oak ridge isochronous cyclotron [J]. IEEE Trans. Nucl. Sci. NS-22, No. 3, 1975: 1679-1681.

[5] LORD R S. Coupled operation of the oak ridge isochronous cyclotron and the 25MV tandem [J]. IEEE Trans. Nucl. Sci. NS-28, No. 3, 1981 2083-2085.

[6] DAVIES W G. Design of the injection system for the chalk river superconducting cyclotron project [J]. IEEE Trans. Nucl. Sci. NS-26, No. 2, 1979: 2086-2089.

[7] COX A J. Operation of a 40-inch radial ridge cyclotron [J]. Nucl. Instr. and Mehtods. 18, 1962: 25-32.

[8] POWELL W. Injection of ions into a cyclotron from an external source [J]. Nucl. Instr. Meth. 1965, 32: 325.

[9] LOUIS R. The properties of ion orbits in the central region of a cyclotron [D]. Vancouver: University of British Columbia, 1971.

[10] BROWN K. TRANSPORT—a computer program for designing charged partical beam transport systems [R]. SLAC-91, 1973.

[11] HEIGHWAY E. TRANSOPTR—a Second Order Beam Transport Design Code

with Optimization and Constraints [J]. Nucl. Instr. and Mehtods. 1981, 89: 187.

[12] CRANDALL K. TRACE – 3D Documentation [R]. Los Alamos National Laboratory, 1997.

[13] STURSA J. The axial injection system of the isochronous cyclotron [C]//Proc. EPAC Conf. 1992: 1531 – 1515.

[14] BELICEV P. Injection transport line of the VINCY cyclotron [C]//Proc. Of 17th International Conference on Cyclotrons and Their Applications. Tokyo, 2004: 489 – 491.

[15] BAARTMAN R. Injection Line Optics [R]. TR30 – DN – 25, 1989.

[16] BAARTMAN R. Matching of ion sources to cyclotron inflectors [C]//Proc. EPAC Conf. Roma, 1998: 947 – 948.

[17] DEHNEL M. The development of an injection system for a compact H$^-$ cyclotron, the concomitant measurement of injection beam properties and the experimental characterization of the spiral inflector [D]. Vancouver: University of British Columbia, 1995.

[18] KUO T. A comparison of two Injection line matching sections for compact cyclotron [C]//Proc. PAC, Dallas, 1995.

[19] KUO T. On the development of 2mA RF H$^-$ beam for compact cyclotrons [C]//Proc. Of 14th International Conference on Cyclotrons and Their Applications, South Africa: Cape Town, 1995.

[20] BELMONT J. Study of axial injection for the Grenoble cyclotron [J]. IEEE Trans. Nucl. Sci. 1966, NS – 13: 191 – 203.

[21] ROOT L. Design of an inflector for the TRIUMF cyclotron [D]. Vancouver: Univ. of British Columbia, 1972.

[22] ROOT L. Experimental and theoretical studies of the behavior of an H$^-$ ion beam during Injection and acceleration in the TRIUMF central region model cyclotron [D]. Vancouver: Univ. of British Columbia, 1974.

[23] MüLLER R. Novel inflectors for cyclic accelerators [J]. Nucl. Instr. and Meth. 1967, 54: 29 – 41.

[24] MILTON B. CASINO user's guide and reference manual [R]. TRI – DN – 89 – 19, 1998.

[25] BAARTMAN R. A canonical treatment of the spiral inflector for cyclotrons [J]. Particle Accelerators. 1993, 41: 41 – 54.

[26] BAARTMAN R. The spiral inflector: three analytical representations [R]. TRIUMF design note, TRI-DN-90-32, 1990.

[27] KLEEVEN W. Beam matching and emittance growth resulting from spiral infelctors for cylotrons [J]. Particle Accelerators. 1993, 41: 55.

[28] BAARTMAN R. Matching of ion sources to cyclotron inflectors [C]//Proc. EPAC Conf. Roma, 1998: 947-948.

[29] WILLAX H. Center-region geometry of the Berkeley 88-inch cyclotron [C]//2nd ICC, Los Angels, Nuclear Instruments and Methods, 1962: 347.

[30] BLOSSER H. Problem and performance in the cyclotron central region [J]. IEEE Trans. on Nuclear Science, 1966 (13): 1.

[31] ZHANG T J. Investigation and simulation of beam dynamics behaviour in cyclotron central region [C]//Proc. of the 6th CHINA-JAPAN Joint Symp. on Accelerators for Nuclear Science and Their Applications, Chengdu: 1996.

[32] ZHANG T J. Spiral inflector and central region study for three cyclotrons at CIAE [J]. Nuclear Instruments and Methods in Physics Research B 261 (2007): 60-64.

[33] MANDRILLON P, SCHAPIRA J P. 10th Int. Conf. on Cyclotrons and their applications, East-Lansing, April 1984: 332.

[34] BELMONT J L. Axial injection and central region of the AVF cyclotron [R]. Summer school on accelerator technology, Osaka: 1986.

[35] RYCKEWAERT G. Axial injection systems for cyclotrons [C]//9th Int. Conf. on cyclotrons and their applications, Caen, Sept. 1981: 241.

[36] SCHAPIRA J P. Proprietes optiques du miroir electrostatique [R]. Rapport interne Orsay, IPNO-GEPL/83-03.

[37] CHABERT A. Chromatic correlations at injection and related ejection problems in separated sector cyclotrons [J]. IEEE Vol NS-26, No. 3, June 1979.

[38] 肖美琴. CYCIAE 型回旋加速器轴向注入系统的概念设计 [J]. 原子能科学技术. 1996, 30 (5): 392-398.

[39] 张天爵. 强流回旋加速器静电注入偏转板设计方法研究 [J]. 原子能科学技术. 1996, 30 (5): 399-404

[40] 姚红娟. CYCIAE-100 回旋加速器轴向注入与中心区理论和实验研究 [D]. 北京: 清华大学工程物理系, 2008.

[41] BYRON T. Conceptual design of a two-stage, two-gap cyclotron [C]//Proceedings of the Fifth International Cyclotron Conference. 1969: 537,

[42] A – HOT L. Injection and stripping of a heavy ion beam in the Orsay cyclotron [C]// Proceedings of the Fifth International Cyclotron Conference. 1969: 646.

[43] THIRION J. Polarized particles in cyclotrons [C]//Proceedings of the International Conference on Sector – Focused Cyclotrons and Meson Facilities. 1963: 107.

[44] LUCCIO A U. A polarized ion source for the Berkeley 88 – inch cyclotron [J]. IEEE, 1969: 140.

[45] FUJISHIMA S. Numerical analyses of the injection and extraction trajectories for the RIKEN superconducting ring cyclotron [J]. IEEE, 1998: 1066.

[46] ADAM S. Beam dynamical aspects of the SIN injector II [C]//Proc. 10th Int. Conf. on Cyclotrons and their Application, East Lansing: 1984.

[47] SCHRYBER U. High power operation of the PSI accelerators [C]//Proc. 14th Int. Conf. on Cyclotrons and their Application, Cape Town: 1995.

[48] YANG J J. Beam dynamics in high intensity cyclotrons including neighboring bunch effects: model, implementation and application [J]. Phys. Rev. ST Accel. Beams 13, 064201, 2010.

第 7 章
回旋加速器引出系统

回旋加速器的引出过程与注入过程相反，就是把加速到预定能量的束流引出到回旋加速器外，然后再传输到各个试验终端的过程。绝大多数回旋加速器都需要有束流引出系统，但也有少数回旋加速器，由于采用内靶系统，而避免束流引出，如 IBA – C18$^+$ 高流强回旋加速器[1]，其内靶材料为铑，用于生产 Pd^{103}。但是这种采用内靶系统的回旋加速器，一方面用途受到限制，另外一方面过多的放射性污染将导致回旋加速器不易维护。

回旋加速器可以通过提供非常高的圈能量增益来实现单圈引出，或通过对其中加速的负氢离子等束流进行剥离引出而达到接近100%的引出效率（引出束流与内部束流的比例）。在强流回旋加速器的引出过程中，即使很小的束流损失都可能造成回旋加速器元件的损坏和活化，因此，如何尽可能地提高束流的引出效率就成了回旋加速器能否正常运行的关键。本章通过一些简单的方式解释引出过程的束流特性，用简单的理论介绍几种引出方法，并简明地给出引出设备实例。除特别提到同步回旋加速器以外，本书中的讨论都针对等时性回旋加速器。本章从同步回旋加速器引出方法的早期理想开始，直到最后给出一个紧凑型回旋加速器的剥离引出系统的详细实例。

关于更普遍的回旋加速器引出的理论和知识，读者可以从Heikkingen、Joho、Hagedoorn以及更多作者的文献中得到。本章涉及的部分引出基础理论知识，也参考了Joho、Hagedoorn等人的文献，并以PSI、IBA等研究所和商业公司的回旋加速器实例加以进一步说明。

7.1 引言

回旋加速器的引出过程一般比较困难，一方面是因为在引出区磁场下降得非常快而丧失了等时性条件；另一方面是因为束流品质在边缘场的作用下会变差。另外，随着加速能量的提高，束流在引出区的圈间距往往比较小（$R \sim \sqrt{W}$），又受到引出区域空间的限制，这些因素都导致回旋加速器的引出过程比较困难。

对于回旋加速器的引出，要在保证引出束流品质的同时获得尽可能高的引出效率。为了提高回旋加速器的引出效率，既要求在引出区有大的圈间距，还要求引出的束流在径向有小的包络。

为了不同研究和应用领域的需要，人们发展了多种不同类型的回旋加速器，其引出机制和引出设备也要相应地适应这些不同回旋加速器的技术特性和特定用途。回旋加速器的引出一般有剥离引出、直接引出、共振进动引出、再生引出和自引出等几种方法。在这里重点介绍加速正离子的回旋加速器常用到的共振进动引出方法和加速负氢离子束的回旋加速器常用到的剥离引出方法。

通常，用于材料特性、辐射生物效应研究或核物理研究的正离子回旋加速器，一般需要有好的束流品质和高的分辨率，但是往往不需要很高的束流强度，因此大多采用共振进动引出方法。当然，对于电荷态比较高的重离子，只要有足够的电子可被剥离，也可以采用剥离引出方法进行引出。长期以来，在相当于质子能量 20 MeV 以上的回旋加速器中，引出方法研究主要集中在如何增大引出前的圈间距，从而实现单圈引出。其基本思想是结合加大每圈的能量增益，利用磁或电的谐波扰动，使束流偏离加速轨道而到达引出偏转板入口，这些引出方法总称为共振进动引出方法。在回旋加速器中，大部分正离子的引出都是采用共振进动引出方法。

在生产短寿命放射性核素等应用方面，基于短寿命核素本身"寿命短"的特点，并为了有效降低生产成本，回旋加速器必须有高的束流强度。加速正离子生产同位素的紧凑型回旋加速器，引出束流强度一般被限制在 100 μA 左右（分离扇回旋加速器能够达到更高的束流强度）。这样的回旋加速器内部束流斑点只有几平方毫米，能量为 30 MeV 的束流即可在很小的斑点上产生 3 kW 的功率，容易造成引出元件的损坏。如果希望回旋加速器运行有很高的可靠性，采用共振进动引出的电极几何结构就限制了最大的引出束流强度。高流强负离子源的出现使人们可以通过剥离引出方法更高强度的束流。在通常的应用中，如果对引出束流品质的要求没有像在基础研究中的要求那么高，则采用剥离引出方法可以引出 500 μA 以上的强流束。

7.2 引出区的轨道分离

对于一般采用共振进动引出方法的回旋加速器来说，要得到较高的引出效率，则必须使束流在引出区具有较大的圈间距，以做到单圈引出。增加圈间距一般有两种办法：一是加载非常高的高频 D 电压以在加速过程中获得高能量增益；二是在引出区通过磁通道激发整数或半整数共振。除了在引出点具有较大的圈间距以外，单圈引出同时要求有好的内部束流品质，这对应于很小的注入束流相位宽度和比较理想的等时场和谐波场，使束流在引出半径处有比较小的能量分散。对于使用共振进动引出方法的回旋加速器，其第一个引出元件通常采用静电偏转板，利用静电偏转板的高强度静电场引导加速离子脱离回旋加速器的主磁场，从而使束流偏离加速轨道而实现引出。为达到很高的引出效率，要求相邻的圈之间有较大的圈间距。本节简单描绘轨道分离，并考虑一些增加轨道间距的方法。

7.2.1 圈间距的一般性描述

为便于计算，一般采用柱坐标系。设在方位角为 ϑ 处，粒子的径向位置由下式给出：

$$r(\vartheta) = r_0(\vartheta) + x(\vartheta)\sin(v_r\vartheta + \vartheta_0) \tag{7-1}$$

式中，$r_0(\vartheta)$ 是粒子在该方位角处平衡轨道的径向位置。$x(\vartheta)$ 是径向振荡的幅值。v_r 是束流的径向自由振荡频率，ϑ_0 是任意相位角。

对于非相干振荡，幅值 $x(\vartheta)$ 为：

$$\sqrt{\beta_{r_0}(\vartheta)\varepsilon_x}, \tag{7-2}$$

振幅函数 $\beta_{r_0}(\vartheta)$ 是半径 r_0 和方位角 ϑ 的函数，ε_x 为径向发射度。然而，对于有相干振荡的情况，束流中心的半径位置是通过建立一个扰动场推导得到的。通常在某个固定的方位角 ϑ 处，如引出装置入口处来考虑这个问题。限定 v_r 接近 1 的情况，对于等时性回旋加速器有 $v_r \cong \gamma$（γ 是相对论因子）。

此时重写式（7-1），将 $\vartheta_i = 2\pi n$ 处的半径位置作为圈数 n 的函数，得到：

$$r(\vartheta_i) = r_0(\vartheta_i) - x\sin[2\pi n(v_r-1) + \vartheta_0] \tag{7-3}$$

在这里，考虑到 v_r 接近 1，进行必要的处理，可得两相邻圈之间的圈间距为：

$$\Delta r(\vartheta_i) = \Delta r_0(\vartheta_i) + \Delta x\sin[2\pi n(v_r-1) + \vartheta_0]$$
$$+ 2\pi(v_r-1)x\cos[2\pi n(v_r-1) + \vartheta_0] \tag{7-4}$$

在式（7-4）中，右边 3 项代表不同效应产生的径向分离：其中第一项为加速产生的圈间距，第二项为共振增加的圈间距，第三项为进动（即轨道中心绕磁中心的缓慢运动）引起的圈间距。下面对这 3 种情况分别进行讨论。

7.2.2 加速过程的圈距

式（7-4）中第一项给出了加速所产生的径向分离。回旋加速器中加速粒子的动能为：

$$W \propto \bar{r}^2 \bar{B}^2 \tag{7-5}$$

式中，$\bar{r}$ 和 $\bar{B}$ 是平均半径和平均磁感应强度。

可得在引出半径处，束流加速圈距的公式为：

$$\Delta r = r\frac{\Delta W}{W} \cdot \frac{\gamma}{1+\gamma} \cdot \frac{1}{v_r^2} \tag{7-6}$$

式中，ΔW 是每圈获得的能量增益；r 为平均引出半径；v_r 为径向自由振荡频率；$\gamma = 1 + W/E_0$，为相对论能量因子。

由式（7-6）可知，可以通过下面3种方法得到比较大的圈间距：①增大平均引出半径，即回旋加速器要做得比较大；②每圈获得的能量增益足够高；③设计引出区的边缘场，使v_r随着半径的增加而下降。

若忽略磁场的增加，同时取$v_r \approx 1$，在低能的时候，由加速产生的圈距可近似为：

$$\frac{\Delta \bar{r}}{r} \cong \frac{1}{2} \frac{\Delta W}{W} \tag{7-7}$$

由上式可知，如果引出能量为$W = 30$ MeV，每圈获得的能量为$\Delta W = 180$ keV，引出半径为0.8 m，则可以得到圈间距为$\Delta r = 2.4$ mm。与4 mm的束流径向宽度相比，这是相当小的值。

要使束流每圈获得的能量增益足够大，一方面需要有比较高的高频D电压，另一方面还要求有多的加速间隙。一般来说，中低能回旋加速器的圈能量增益都比较小，例如美国Oak Ridge实验室的ORIC为160 keV，美国密歇根州立大学（MSU）的55 MeV回旋加速器为240 keV，德国Juelich实验室的AEG为180 keV。这些回旋加速器的圈能量增益都比较小，很难保证获得比较高的引出效率。然而，在每圈可获得高能量增益的分离扇回旋加速器中，由加速可在引出装置附近获得足够大的圈间距，瑞士PSI的Injector-Ⅱ回旋加速器就是一个很好的例子，该回旋加速器引出能量为72 MeV，每圈能量增益为1 MeV，则在引出区圈间距为1.9 cm。实际上，当回旋加速器的设计束流强度超过1 mA时，大的圈间距是十分关键的。PSI的590 MeV强流质子回旋加速器具有更高的加速电压以提高圈能量增益，其升级前的高频电压幅度为700 kV，升级后的高频D电压可以上升到1 MV，相应的圈能量增益在升级前为2.8 MeV，升级后可达到4 MeV。图7-1所示为该回旋加速器高频系统升级前、后的圈间距比较[7]。由图中可以看出，由于高频电压的提高，加速的总圈数由原来的200圈减少到升级后的160圈，相应的加速圈间距有了明显增加。

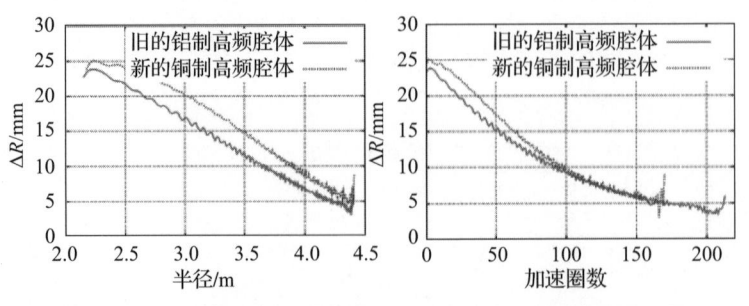

图7-1 PSI强流回旋加速器高频系统升级前、后的圈间距比较

7.2.3 进动和共振引起的圈间距

除了加速产生的圈间距是自然存在的之外，式（7-4）还揭示了粒子受到的两种受迫分离机制，该式右边第二项给出了径向振荡振幅的增长所产生的圈间距增加，这可以通过在 v_r 接近 1 的区域内建立一次或二次谐波场扰动来实现。

当 v_r 接近整数时，产生的二阶误差场会引起闭合轨道的变形增长；当 v_r 接近半整数时，产生的梯度误差场将相当敏感，会引起 β 函数的增长。后一种方法即正反馈引出法，已被应用于同步回旋加速器中，该方法将分别具有正的和负的磁场梯度的磁元件（称作引发器和再生器）放置于回旋加速器中特定的方位角处，使 v_r 进入 $v_r = 1$ 截止禁带。而且，在同步回旋加速器中，人们可以调节高频系统，使束流被拉伸，获得慢引出。

式（7-3）给出的相干振荡阐述了振荡幅值为 x 的轨道进动。相干振荡可使束流在相空间的位置移动而不明显改变其相空间的形状，通常可以引入一次谐波场使束流产生相干振荡。由式（7-4）右边第三项给出的圈间距可知，相干振荡产生的最大圈间距为 $2\pi(v_r - 1)x$，此效应还被运用于将束流加速，使其进入回旋加速器边缘磁场的区域，以在给定的回旋加速器磁场内达到更高的最终能量。

将束流加速到进入边缘场区，经常意味着束流越过了 $v_r = 2v_z$ 的耦合共振，能量将从径向转换至垂直方向，使束流在垂直方向被放大，进而导致损失；若径向振荡幅值不太大，仅几次回旋便通过了共振，则可以避免轴向振荡幅值的明显增大。在实际工作中，常取相干径向振荡的振幅接近非相干振荡的振幅，这是一个近似的，但又便于掌握的有效准则；同时，取不太大的径向振荡的另一个目的是避免强的非线性效应。

图 7-2 所示为 PSI 的 590 MeV 强流回旋加速器与 72 MeV 回旋加速器 Injector-I 的自由振荡频率的共振图。从图中可以看出，为了获得比较大的引出圈间距，590 MeV 强流回旋加速器在引出前径向自由振荡频率两次穿过 $v_r = 2v_z$ 共振线，而回旋加速器 Injector-I 利用引出区的径向自由振荡频率 $v_r = 1$ 来实现束流共振引出。

图 7-3 和图 7-4 所示分别为 PSI 的 72 MeV 回旋加速器 Injector-II 在 0 mA 和 5 mA 时的自由振荡频率和不同流强下在引出区域的最后 5 圈的圈间距。图 7-3 中显示的自由振荡频率移动主要是空间电荷效应引起的。Injector-II 的加速电压很高，从 1 MeV 加速到 72 MeV 只需要 100 圈，因此在加速的过程中可以快速穿过有关的共振线。由图 7-4 可见，比较大的圈能量

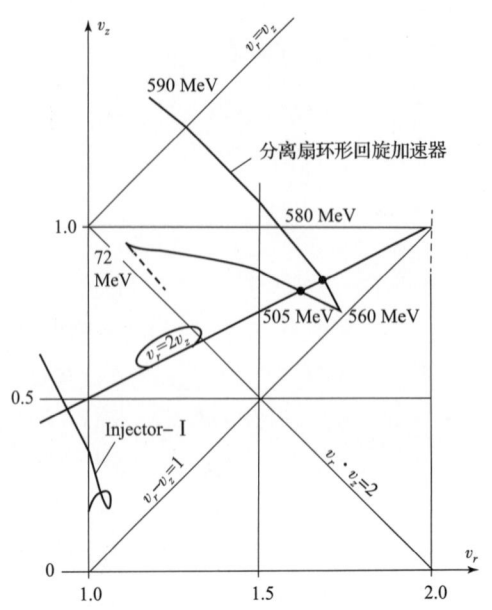

图 7-2 PSI 的 590 MeV 强流回旋加速器与 72 MeV 回旋加速器 Injector-I 的自由振荡频率的共振图

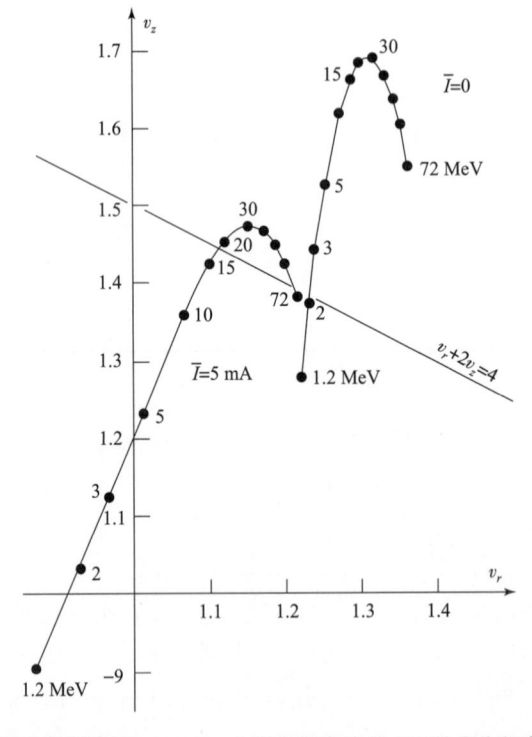

图 7-3 PSI 的回旋回速器 Injector-II 在不同束流强度下的自由振荡频率的共振图

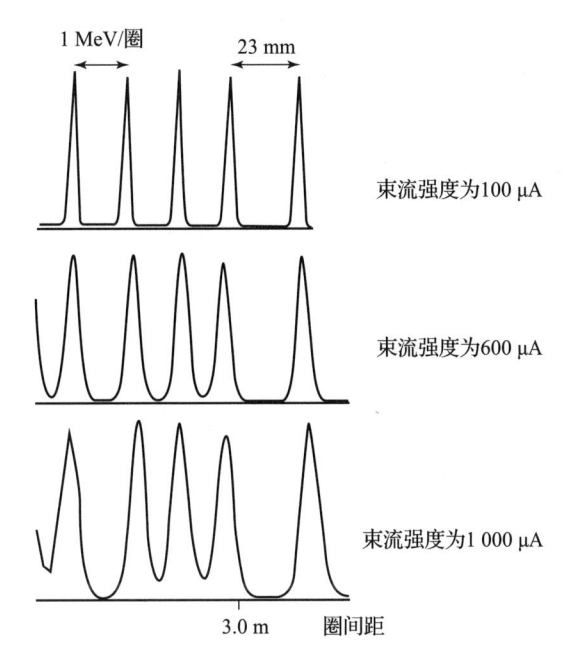

图 7-4　PSI 的回旋加速器 Injector-Ⅱ 在不同束流强度下最后 5 圈的圈间距

增益和共振引出条件使 Injector-Ⅱ 具有足够大的圈间距，从而使引出效率达到 99.97%。从图中还可以看出，纵向空间电荷力导致束团尺寸明显增加，空间电荷效应还引起了自由振荡频率的漂移，在引出区形成进动，有助于增大圈间距，此处，空间电荷效应对引出是有利的。

在中高能回旋加速器中，束流的引出总是利用 v_r 及其变化的梯度，另一个例子是 PSI 的 590 MeV 回旋加速器，在边缘场的作用下，引出区 v_r 从 1.6（580 MeV）降到了 1.1（590 MeV），相应的圈间距从 4 mm 增大到 8 mm。

7.2.4　磁场一次谐波的作用

由 1.4 节可知 $v_r = \gamma$，可见粒子由中心区加速到引出区，随半径 r 的增加，v_r 以及平均场 $<B>$ 也逐渐增加。但进入引出区，边缘场效应导致磁场不严格符合等时性的要求，v_r 逐渐降低，直到 $v_r = 1$ 时，平均磁感应强度 $<B>$ 达到最大值，随后，v_r 和 $<B>$ 同为下降趋势。图 7-5 所示为 100 MeV 回旋加速器的径向自由振荡频率和平均场随半径的变化曲线，为了便于比对，图中的平均磁感应强度曲线是 $<B>/7.1$ kGs，可以看出在 $v_r = 1$ 处，$<B>$ 达到最大值 7.86 kGs。

根据这样的特点，通常可以在引出区 $v_r = 1$ 处引入一次谐波场，使束流轨道产生进动以增大引出点的圈间距。下面详细给出由一次谐波场诱导的径向振荡振幅的表达式。

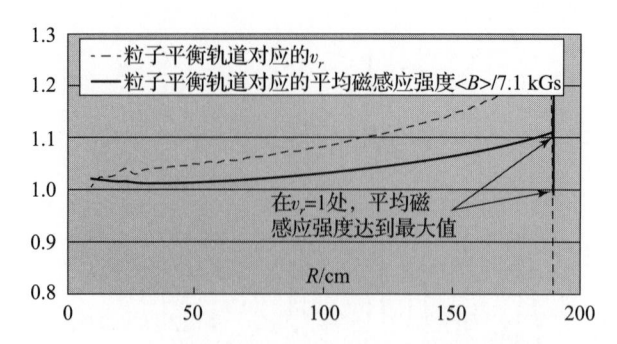

图 7-5 CYCIAE-100 回旋加速器的径向自由振荡频率和平均场随半径的变化曲线
（图中平均磁感应强度曲线为：$<B>/7.1\ \text{kGs}$）

由于 $v_r = 1$ 共振由一次谐波驱动，一次谐波是傅里叶展开的第一项，预期较小的一次谐波也会产生较大的效应。在 $v_r = 1$ 附近，$\text{d}\langle B\rangle/\text{d}r$ 很小，引入一次谐波后，有：

$$B_1 \approx -\Delta B = -\Delta r \cdot \frac{\text{d}\langle B\rangle}{\text{d}r} \tag{7-8}$$

由 $\dfrac{\text{d}\langle B\rangle}{\text{d}r} = k \cdot \dfrac{B}{r} = \dfrac{B}{r}(v_r^2 - 1)$ 可得：

$$B_1 = -\Delta r \cdot \frac{B}{r} \cdot (v_r^2 - 1) \tag{7-9}$$

即

$$\Delta r = -\frac{B_1}{B} \cdot \frac{r}{v_r^2 - 1} \tag{7-10}$$

即在一次谐波为一个小量时，仅对原来的平衡轨道产生一个微扰，形成一个新的平衡轨道，它的中心相对于原来的轨道中心有所偏移，偏移的方向取决于一次谐波的相位，束流开始绕新的平衡轨道振荡。由上式可见，径向振幅 Δr 在等时性加速区域相对较小，而进入 $v_r = 1$ 区域之后，继续进动且径向振幅 Δr 也迅速增大，在合适的方位角位置，圈间距会明显增大。

7.3 早期同步回旋加速器的引出方法

本节简要地介绍由 Hamilton 和 Lipkin 在 1951 年提出的早期同步回旋加速器的引出方法。

同步回旋加速器出现至今，均采用旋转对称、径向缓慢下降的磁场，其 D 电压较低，圈间隔较小。只能通过引入磁场误差或离子源的位置偏差以提供一个相干的轨道进动，使得在引出偏转板附近的圈间距变大，以提高引出效率。同步回旋加速器的引出效率一般可达到 10%。然而，这个进动由于高频相位混合导致了引出束有大的能散。

对于轴对称场，由 Kerst – Serber 关系式可决定径向和轴向的粒子运动，磁场指数 $n = -k$ [见式（1 – 24）] 在 $0 < n < 1$ 时，径向和轴向运动都是稳定的。图 7 – 6 所示为同步回旋加速器的 $B(r)$ 随半径 r 的变化曲线，该曲线的顶点就是所能达到的能量的最大值，同时也给出了 $n = 1$ 时的半径。人们提出当加速超过点 $n = 1$ 时，利用自身的径向不稳定性，可以让轨道自动地沿径向分开。

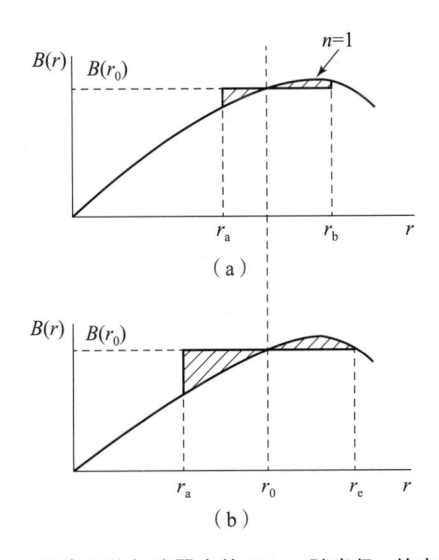

图 7 – 6 同步回旋加速器中的 $B(r)$ 随半径 r 的变化曲线

现在再看径向的振荡，不难看出粒子绕平衡轨道 r_0 的径向振荡及其对应的最大半径 r_b 和最小半径 r_a 有下列关系：

$$\frac{1}{r_b - r_a} \int_{r_a}^{r_b} B(r) \, dr = B(r_0) r_0 \qquad (7 - 11)$$

即在 $B(r) - r$ 图中，r_0 的两边粒子有着相等的面积，如图 7 – 6（a）所示。对于不存在相等面积的粒子，如图 7 – 6（b）所示，粒子将在引出点 r_e 被引出。Hamilton 和 Lipkin 认为，理想的情况是从离子源到最终引出点的整个加速过程中不存在相干的径向振荡，这将使所有粒子有相同的引出点位置和相等的引出能量。

在等时性回旋加速器中，由于高频频率是固定的，并且 D 电压比同步回旋加速器高，因此，等时性回旋加速器的引出效率通常较高，约为 30%，特别是分离扇回旋加速器的引出效率更高，有的几乎接近 100%。

7.4　进动引出

对于大多数回旋加速器来说，加速过程的圈能量增益都比较小，很难保证获得比较高的引出效率。因此，大多数回旋加速器都是在引出区引入一次谐波场或者一次谐波梯度场后使束流轨道通过共振或非共振的方法达到进动引出。在介绍具体的进动引出方法之前，首先介绍回旋加速器的高频相位混合现象。

7.4.1　高频相位混合

离子源的位置误差等因素将在回旋加速器中心引起相干振荡，具有不同高频相位 ϕ_{RF} 的粒子，其最终半径的轨道中心将位于一个圆形带上。经过 n 圈加速之后，粒子轨道中心的偏移角为：

$$\vartheta = 2\pi \int_0^n (v_r - 1) \mathrm{d}n \qquad (7-12)$$

具有不同高频相位的粒子需要经过不同的加速圈数来达到最终半径。因此，相应的轨道中心就存在不同的方位角。这就是高频相位混合现象。这意味着束流品质的下降以及引出束流能散的增加。

在进动引出过程中，相干振荡主要是由通过 $v_r = 1$ 的共振诱导的。在大多数情况下，由于高频相位混合带来了不同的高频相位，相应的轨道中心发散对于最初对中良好的束流来说是比较小的。总的来说，从到达 $v_r = 1$ 共振至束流引出，所需要的回旋圈数都不是很多。所以，对于不同高频相位的粒子，径向振荡的相干性会一直持续，这是进动引出方法的一个有利的特性。

7.4.2　进动引出方法

根据前面共振和进动增加圈间距的办法，在引出区，通常可以引入一次谐波场使束流轨道通过共振的办法产生进动来增大引出位置的圈间距，也可以通过激励一次谐波梯度场使束流通过非共振的办法得到较大的圈间距。

共振进动引出，一般是在束流通过 $v_r = 1$ 共振区域的过程中引入一次谐波场而使束流在引出区实现相干振荡而增大圈间距。一次谐波场扰动为：

$$\Delta B(r, \vartheta) = C_1(r) \cos[\vartheta - \psi_1(r)] \quad (7-13)$$

一次谐波场的磁感应强度通常在 10 Gs 以下。一次谐波函数的作用就是使平衡轨道在引出区域发生畸变，使束流在引出区域围绕平衡轨道发生振荡而保持其相空间面积和形状基本不变。7.2.4 节详细地介绍了由一次谐波场引起的束流在引出区 $v_r = 1$ 的共振而增大的圈间距。假如相对一次谐波为 $B_1/B = 10^{-4}$，$r = 1$ m，且 $v_r - 1 = 0.01$，则可得径向振幅 $\Delta r = 5$ mm。

几乎所有的方位角调变场回旋加速器都工作在 $v_r = 1$ 附近，利用这个共振引出束流。那是因为在 $v_r = 1$ 之前引出束流有许多不足。第一是圈间距小导致引出效率低；第二是能散增加；第三是在相对小的半径引出束流，需要更高的高频 D 电压，显然，还限制了引出束的最高能量。

在能量更高的回旋加速器中，当动能与被加速粒子的静止能量有相同量级时，由 $v_r \approx \gamma = 1 + E/E_0$ 可见，v_r 远大于 1，即便有陡峭的场变化，在引出区 v_r 也不会下降到 1。这种情况通常发生在分离扇回旋加速器中，如图 7-3 所示，PSI 的 Injector-Ⅱ 在不同束流强度下的引出区自由振荡频率，在弱流时 v_r 接近 1.4，在强流时 v_r 在 1.2 附近。因此，并非利用 $v_r = 1$ 共振，而是在 $v_r = 1$ 之前引出束流。在分离扇回旋加速器中虽然高频 D 电压较高，但仍需要利用进动增加圈间距。非共振进动引出方法是在 $v_r > 1$ 的区间，利用在引出前激励较强的一次谐波梯度场，使束流产生较大的平衡轨道畸变，并且在引出点有合适的高频相位，从而得到较大的圈间距。由一次谐波梯度场引起的非共振进动引出圈间距为：

$$\Delta r = \Delta r_0 \left(1 - \frac{1}{v_r^2} \cdot \frac{R \sin v_r \varphi}{\rho \sin v_r \pi} \cos \frac{3}{4} v_r \pi \cdot \frac{R}{B} \cdot \frac{|\Delta B|}{\Delta x}\right)^{-1} \quad (7-14)$$

式中，2φ 为一次谐波梯度场的有效张角。

共振进动引出的一个典型例子是 MSU 的回旋加速器。对于这台回旋加速器，由于加速产生的圈分离为 3 mm，而由共振进动引出产生的圈分离为 5 mm，则在引出区总的圈间距为 8 mm。图 7-7 所示为共振进动引出过程以及在引出区产生的比较大的圈间距。该回旋加速器从 202 圈开始接近 $v_r = 1$ 共振，图中显示了第 204~220 圈的进动过程，可见通过共振引起束流进动有效地增大了引出区的圈间距。

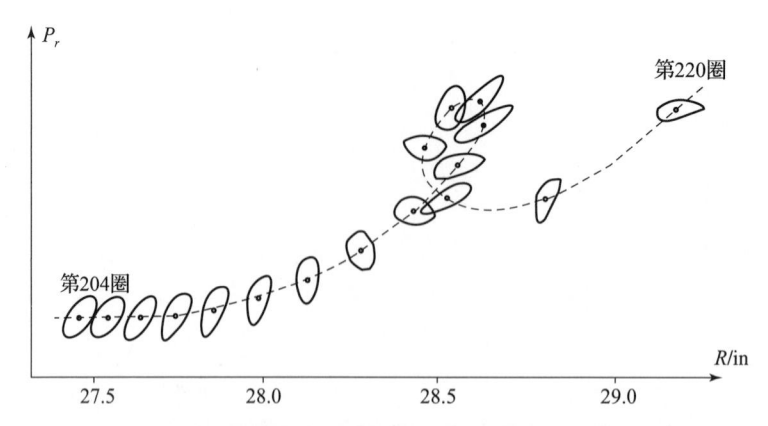

图 7-7 回旋加速器引出区域每圈的束流在径向相空间中的进动

7.5 多圈和单圈引出

具有不同高频相位的粒子，在到达引出切割板（即最终能量）之前，会有不同的加速圈数。在一个严格等时性的回旋加速器中，粒子的高频相位是保持不变的，这就可以解释这一现象。正是这一现象导致了多圈引出。对于典型的方位角调变场回旋加速器（含紧凑型深谷区回旋加速器）来说，到达引出位置的圈数的变化范围多达几十圈，例如 CYCIAE - 100 回旋加速器属于多圈引出，其引出圈数的变化范围为 30 多圈。在回旋加速器中心，可用限缝限定高频相位宽度以获得单圈引出，并降低引出束流的能散。Gordon 等多位学者在 20 世纪 60 年代就研究、讨论过多圈和单圈引出，针对不同的回旋加速器发展了相关的理论分析方法，在这里仅十分简要地给出一些结果。

经过 N 圈加速之后，平衡轨道上的粒子的动能 W 和半径 r 可以由下面的式子给出：

$$W = W_0(1 - 1/2\phi^2)$$
$$r = r_0(1 - 1/4\phi^2)$$

(7-15)

式中，W_0 和 r_0 是位于高频中心相位 ϕ_0 处的值，而 ϕ 是相对 ϕ_0 的相位差。

图 7-8 所示为不同轨道在引出区域附近动能随高频相位的变化关系。该图中还给出了引出装置入口，包括切割板及其对应高压电极位置的引出束能量。由于边缘场效应，抛物线的顶端会产生偏移。可以看到会引出多圈束流，引出束流的能量分布如图 7-9 所示。

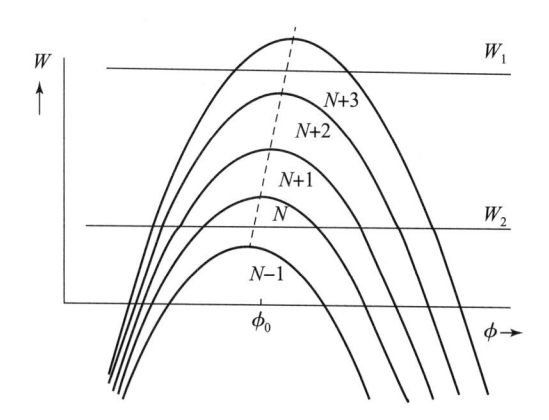

图 7-8 引出区域附近动能随高频相位的变化关系

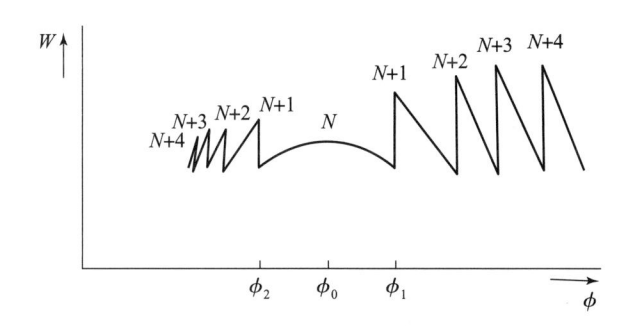

图 7-9 引出束流的能量分布

当相位宽度的限值为 $\Delta\phi = \phi_2 - \phi_1$（图 7-8）或 $|\phi| < \arccos(N/N+1)$ 时，则可以获得单圈引出。例如，虽然埃因霍芬理工大学的方位角调变场回旋加速器是一台多圈引出的回旋加速器，但通过回旋加速器中心的径向选择缝限制高频系统的相位宽度，已实现单圈引出。其加速电压可调到加速约 180 圈而引出束流，相对应的相位宽度小于 12°。在这种情况下，引出束流的相对能散的半高宽为 0.85×10^{-3}，而多圈引出的半高宽为 0.3×10^{-2}。单圈引出对磁场变化极为敏感，主磁场 $\Delta B/B = 2 \times 10^{-4}$ 的变化会完全破坏单圈引出过程。还要注意到，在这种情况下，由内部谐波线圈产生的位于回旋加速器中心的一次谐波场，可以利用外部谐波线圈的一次谐波函数获得完全的补偿。增加通过中心区狭缝的束流强度会破坏单圈引出，这是因为低能处的空间电荷效应增加了高频的相位宽度。

为了接收较宽的相位范围并减小能散，以实现单圈引出，可以通过在使用基频之外，再叠加较高次谐波的方法，这就是平顶腔原理。图 7-10 所示为

PSI 的 Injector-Ⅱ 采用的由一次和三次谐波叠加形成的平顶加速电压波形。使用平顶腔技术，回旋加速器的引出效率可以接近 100%，而且可以大大提高高频接收度和减小引出束流的能散。

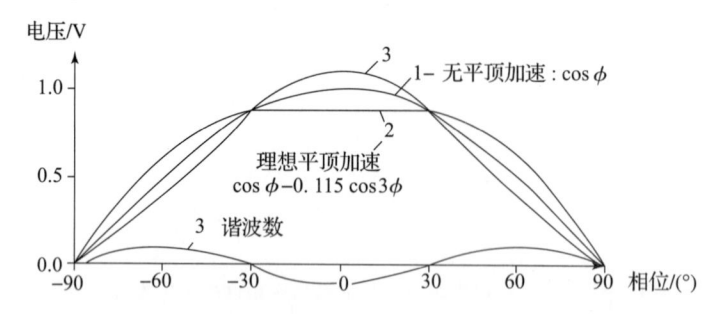

图 7-10　PSI 的 Injector-Ⅱ 采用的由一次和三次谐波叠加形成的平顶加速电压波形

7.6　正离子回旋加速器的其他引出方法

除了上面介绍的共振进动引出方法，用于正离子回旋加速器的引出方法还有直接引出方法、再生引出方法、自引出方法等。

直接引出方法就是单纯依靠加速电压在引出区产生大的圈间距，而没有采用共振激发、相空间耦合等手段，是一种比较理想的束流引出方法。直接引出方法要求在中心区对束流的相位进行严格的限制，而且要求在引出区圈间距大于束流的径向包络。这就要求回旋加速器有很好的加速束流品质，并且在加速过程中有较好的对中。直接引出方法所需的高加速电压在大多数回旋加速器中实现的难度很大。

再生引出方法在前面的进动圈间距讨论中已经提到，该方法是在稳相加速器中发展起来的，随后在同步回旋加速器中得到了应用。再生引出方法是圈间距非常小而且即便在共振进动条件下都很难增大圈间距的情况下采取的引出方法。其基本思想是在引出区加入一个可控制的二次谐波梯度场，由安装在回旋加速器中特定方位角处的引发器和再生器（即分别具有正的和负的磁场梯度的磁元件），使径向自由振荡频率进入 $v_r=1$ 截止禁带。经过正、负梯度场的交替作用使束流在径向的振荡幅度逐渐增加，经过若干圈后，振幅最大的束流经过静电偏转板偏转引出。再生引出方法中较大的径向振荡幅度会带来相空间运动的严重非线性效应而使引出束流品质变差。

自引出方法是 IBA 公司于 1995 年提出的紧凑型回旋加速器的一种引出正离子的方法，首先在 IBA 的 235 MeV 质子回旋加速器中得到成功的应用，IBA 公司后又于 1998 年开始了基于自引出方法的强流回旋加速器的研制工作。本节以 IBA 的 14 MeV 紧凑型质子回旋加速器为例，介绍回旋加速器的自引出方法。

图 7-11 所示为 IBA 的 14 MeV 自引出回旋加速器中心平面布置示意。自引出方法的一个突出特点是无须安装引出静电偏转板，在引出区通过特殊的磁极形状形成所需要的磁场分布（利用引出区很小的磁极间隙在引出点产生径向急剧变化的磁场）而使束流在最后一圈产生大的圈分离而自动引出束流，然后在谷区安装永久磁铁代替磁通道引导引出的束流。在自引出回旋加速器中，准椭圆形状的磁极峰区间隙从回旋加速器中心到引出区一直呈减小趋势，其产生的平均场保证了在靠近引出边缘部分仍有比较好的等时性；在扇形磁极面的末端沿着引出轨道挖一个槽以便在引出区的磁场分布中产生一个在非常窄的范围内非常陡峭的磁场变化，深槽区域的磁场指数小于 -1，其作用是在引出束流的最后两圈之间产生大的圈间距，达到类似切割板静电场的向外作用力的效果。

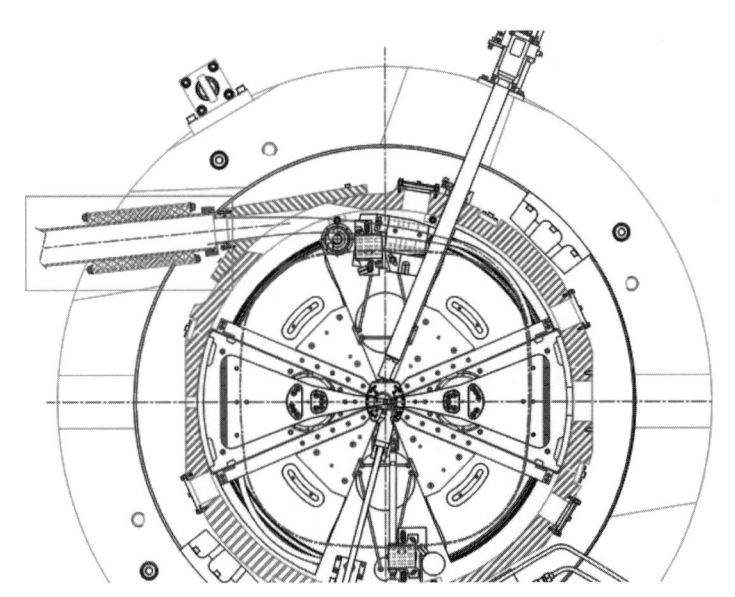

图 7-11　IBA 的 14 MeV 自引出回旋加速器中心平面布置示意

图 7-12 所示为该回旋加速器的引出区照片及其磁场分布。自引出方法由于去掉了引出静电偏转板，而且引出磁通道使用了永久磁铁，其引出装置及引出后的束流传输线就显得非常简单。经过测试，IBA 的 14 MeV 自引出回旋加

速器的引出效率可以达到 80%。可见，这样的引出方法仍需要进一步改进以提高效率，才能够适用于强流回旋加速器，从而有效控制引出区的束流损失以及该区域的放射性残余剂量。提高自引出方法的引出效率的研究仍在继续，但难度较大，主要原因是在利用紧凑型回旋加速器小磁极间隙的特点，产生突变的磁场分布以明显改变被加速束流的运动轨迹的过程中，如何维持好的束流品质是一个两难的问题。

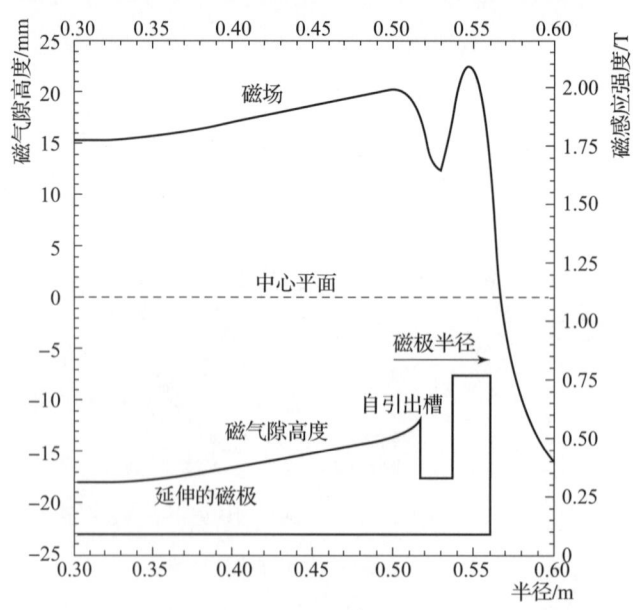

图 7-12　IBA 的 14 MeV 自引出回旋加速器引出区照片及其磁场分布

7.7 束流引出的偏转与导向装置

除了后面将要描述的剥离引出,一般回旋加速器的束流引出通常有下面几个步骤:首先在引出区加谐波线圈引入谐波场以使束流在引出区域产生比较大的圈间距,然后由引出静电偏转板对最后一圈束流进行偏转使其进入引出轨道,再由后面的磁通道引导束流通过边缘场区,最后由后面的四极透镜对引出束流进行横向聚焦。

共振型引出的正离子回旋加速器的引出装置通常是后面跟有磁通道的引出静电偏转板,引出静电偏转板电极的曲率必须和引出束流的轨道匹配。引出静电偏转板所偏转的典型角度值为 50~100 mrad。图 7-13 所示为典型的引出静电偏转板结构示意,引出静电偏转板通常由切割板和高压电极构成。图 7-14 所示为 IBA 的 C-235 回旋加速器的引出静电偏转板照片,其内部电极即切割板是接地的,外部电极接负高压,在入口处切割板厚度为十几分之一毫米,出口处增加到几毫米,在入口处常用一个 V 形狭缝以将损失束流的功率沉积在一个较大的面积上,切割板必须采用水冷。

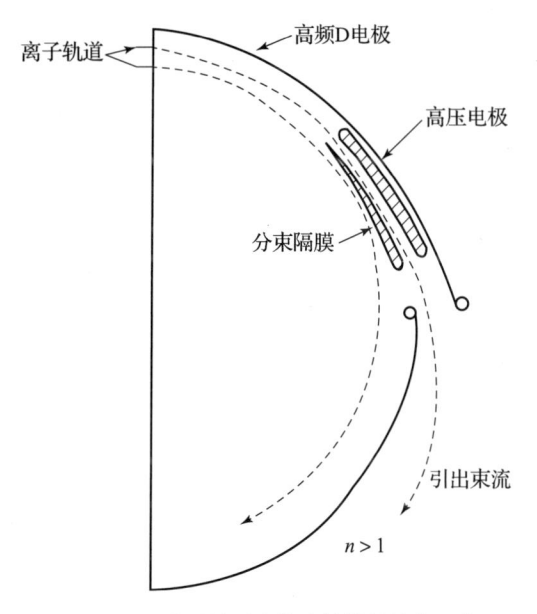

图 7-13 典型的引出静电偏转板结构示意

图 7-14　IBA 的 C-235 回旋加速器的引出静电偏转板照片

Smith 和 Grunder 早在 1963 年已经为回旋加速器引出静电偏转板的设计给出了电场 E 和电压 V 的乘积的取值准则：

$$V \cdot E < 1.5 \times 10^4 \ (kV)^2/cm \tag{7-16}$$

一般来说，引出静电偏转板在磁场中所能承受的最大电压值要比没有磁场时小 20%~30%。

为了减小引出路径的磁感应强度和提供水平聚焦以补偿回旋加速器边缘场产生的散焦，需采用无源或有源的磁通道。为了避免影响加速轨道，在设计磁通道时，很重要的一点就是明显减小在最后一圈加速轨道范围内的磁感应强度。图 7-15 所示为一个安装在 ILEC 回旋加速器的加速电极中的无源磁通道及其产生的磁感应强度和磁场梯度。

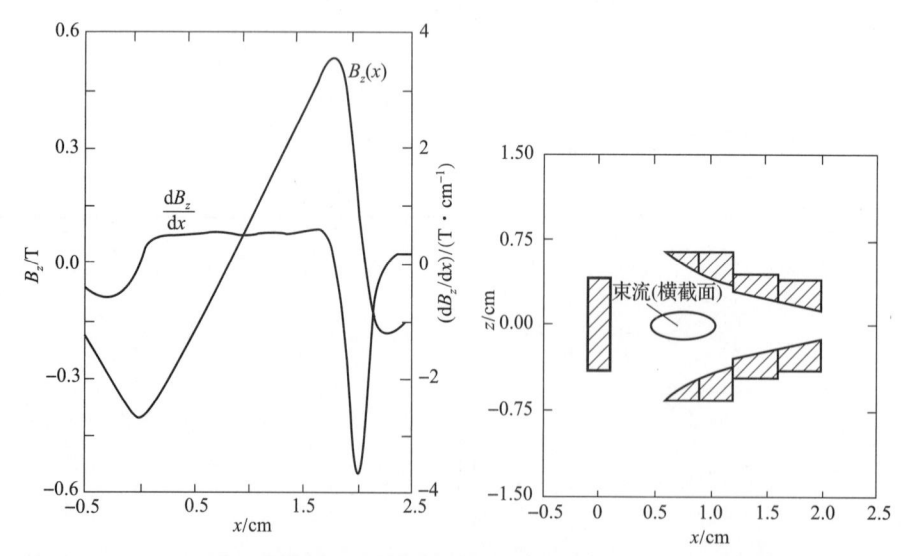

图 7-15　ILEC 回旋加速器中正的磁聚焦通道产生的磁感应强度及其磁场梯度计算结果
（图中还给出了磁聚焦通道的横截面结构）

7.8 回旋加速器共振进动引出实例

本节以兰州重离子分离扇回旋加速器 SSC 的引出系统为例，介绍回旋加速器共振进动引出系统的概况。

SSC 是兰州重离子回旋加速器 HIRFL 的主体装置，是一个四分离扇的等时性回旋加速器，可以加速一直到铀的所有粒子，最高能量可达 100 MeV/u。图 7-16 所示为 SSC 的主体结构及注入、引出元件排布。

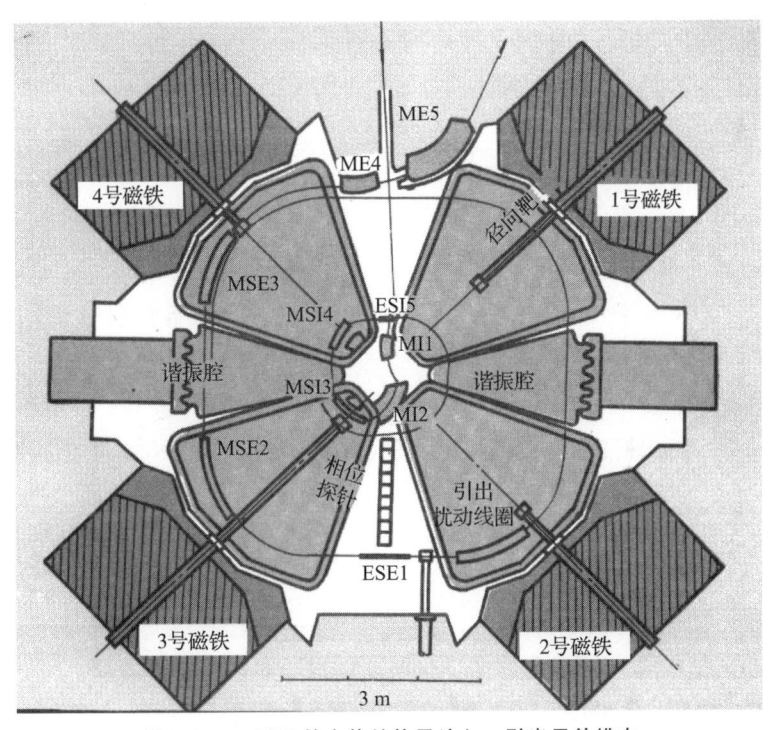

图 7-16 SSC 的主体结构及注入、引出元件排布

由于 SSC 有多种加速模式，在不同的加速模式下，束流在引出区的加速圈距是有差别的。对于高能量的轻粒子，引出圈间距小于束流宽度，多圈束流重叠在一起，为了仍能实现单圈引出，在引出静电偏转板前的主磁铁磁极气隙中，放置一个 BUMP 场线圈，使其产生一次谐波梯度场，叠加在主磁场上。当束流加速到此区域时，由于 BUMP 场梯度的作用，轨道产生进动，使引出静电偏转板入口 ESE1 处圈间距增大，图 7-17 所示为圈间距增大的情况。引出束

流经过引出静电偏转板 ESE1 的偏离后，由后面的磁通道 MSE2 和 MSE3 作进一步的偏转使束流与内部加速的束流有足够的距离，最后由两个高场强的偏转磁铁 ME4 和 ME5 将束流引导到回旋加速器外的束流输运管道上。由于束流经过磁通道 MSE3 后距离主磁铁磁极外边缘很近，此处主磁场下降很快，使引出轨道对径向位置十分敏感，而且径向散焦严重。因此在该处使用了一对垫铁板，以改善这一区域的磁场分布状态，如图 7-18 所示。

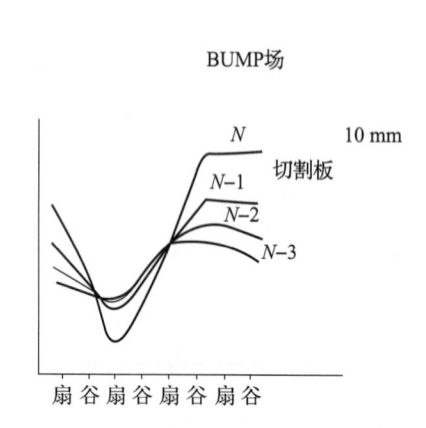

图 7-17 存在 BUMP 场的情况下引出半径附件的圈分离

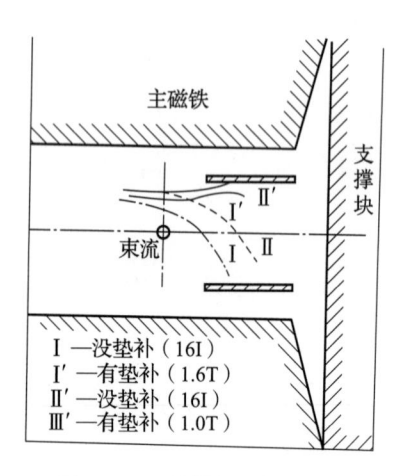

图 7-18 垫铁板及场形改善

SSC 在采用高次谐波加速（$h=4,6$）时，加速圈间距较大，容易做到单圈引出。在保证很好的等时性条件，同时保证加速的束流具有比较好的品质的情况下，引出效率接近 100%。而在采用低次谐波加速（$h=2$）时，由于加速圈数多而引出圈间距变小，引入的一次谐波梯度场会使束流在相空间发生畸变。在这种情况下引出效率一般低于 90%。

一次谐波梯度场（BUMP 场）由纯线圈产生，对内部的轨道干扰小。引出静电偏转板要求的电压比较高（120 kV），电极长达 1.4 m，面积也比较大，其结构示意如图 7-19 所示。引出磁通道 MSE2 和 MSE3 均产生负场（和主场方向相反），磁感应强度比较小，仅由线圈产生。ME4 和 ME5 为磁感应强度比较大的偏转磁铁，两者采用窗框型结构。表 7-1 列出了 SSC 引出元件的基本参数。

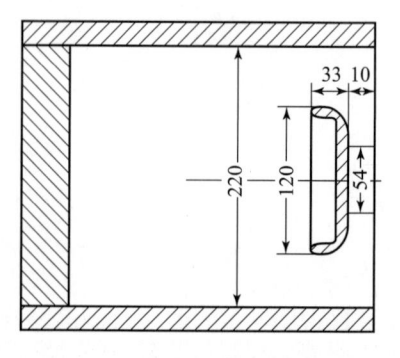

图 7-19 引出静电偏转板 ESE1 结构示意（单位：mm）

表 7-1 SSC 引出元件的基本参数

元件	曲率半径 /mm	总张角 /(°)	B_{max}/T 或 V_{max}(kV)	水平有效孔径/mm	垂直有效孔径/mm
BUMP	1 955	32.019	0.045（T）	24	23
ESE1	76 000	1.033	130（kV）	20	50
MSE2	1 985.3	32.929	0.095（T）	18	23
MSE3	2 192.9	33.344	0.210（T）	27	23
ME4	1 709.7	15.260	1.90（T）	30	23
ME5	1 494.6	49.150	2.050（T）	30	23

7.9 剥离引出

7.9.1 剥离引出方法介绍

最近几年，商用回旋加速器的数量迅速增多，质子束能量范围为 3～30 MeV，它们大多数被用来生产短寿命放射性核素，用于医学诊断或治疗。对于这些医用回旋加速器，加速 H⁻ 离子，用剥离方式可实现几乎 100% 的引出效率，有利于获得强流束。对于要求同时引出多束束流，能量连续可变的回旋加速器以构成多学科综合研究设施，采用加速 H⁻、多靶剥离更是合理的解决方案。对所有这些，剥离引出方法是关键技术。

H⁻ 回旋加速器可以加速超过几百 μA 的束流。1975 年，加拿大 TRIUMF 实验室建成能量为 520 MeV 的回旋加速器，到 2004 年引出束流强度达到 300 μA，这是非常有名的、加速 H⁻ 离子束的大型回旋加速器。图 7-20 所示为 TRIUMF 的回旋加速器主体及剥离引出轨道。TRIUMF 回旋加速器加速 H⁻ 离子，可以在 3 个方位引出质子束，全部采用剥离引出方法。该回旋加速器注入能量为 300 keV，引出束流的最低能量为 70 MeV，最高能量为 520 MeV，最低束流强度为 10 μA，最高束流强度可达到 300 μA。

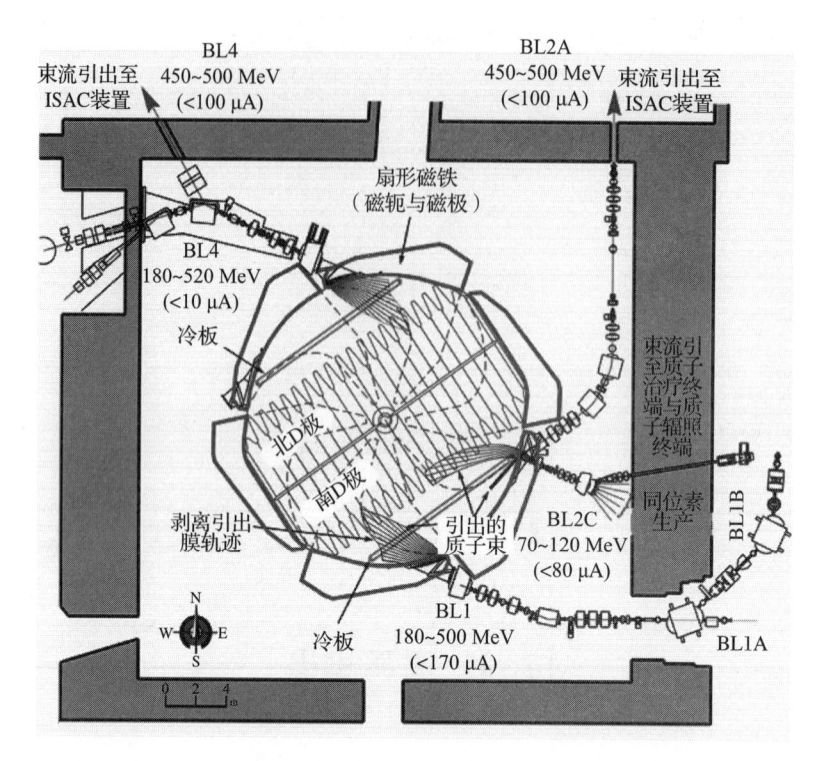

图 7-20　TRIUMF 的 H⁻ 回旋加速器主体及剥离引出轨道

除了 H⁻ 回旋加速器采取剥离引出方法获得质子束之外，一些重离子回旋加速器也采用通过剥离膜而提高其电荷态的剥离引出方法，例如俄罗斯 Dubna 联合核研究所的等时性回旋加速器 DC-72。此外，还有的回旋加速器可加速 H_2^+，并采用剥离引出方法得到双质子。重离子剥离引出方法主要是合理选取剥离前、后的电荷态之比以及剥离膜的位置，重离子经过剥离膜后由于电荷态的改变而使束流轨道远远地偏离了加速轨道而自动进入引出轨道。剥离引出方法的优点是可以省略引出静电偏转板，而且可以得到较高的引出效率；其缺点是引出轨道只能对应于一种单一的电荷态之比的束流，即引出不同种类离子的灵活性比较差。H_2^+ 剥离为双质子的引出方法是近年来超导中能回旋加速器（一般是几百 MeV）为引出强流质子束而发展起来的。H_2^+ 在强磁场下的电磁剥离寿命要比 H⁻ 更长，而且 H_2^+ 经过剥离膜后产生双质子，即获得的质子束强度可以提高一倍，这对于强流质子回旋加速器来说是非常有价值的。

同时对 H⁻ 和重离子采用剥离引出方法的一个典型的例子是 Vincy 紧凑型回旋加速器，它是一台多用途回旋加速器，可以加速 H⁻、H_2^+ 等轻离子，也可以加速 $^{12}C^{3+}$、$^{40}Ar^{6+}$ 等重离子，其引出系统分为主引出和辅助引出两套系统。

其中主引出系统由前剥离引出和后剥离引出两套引出系统组成，均采取剥离引出方法，引出轻粒子（包括质子）和低电荷态的重粒子；辅助引出系统使用引出静电偏转板和磁通道，即采用的是常规的共振进动引出方法，主要引出比较重的离子。图 7 – 21 所示为 Vincy 回旋加速器的前剥离引出系统，表 7 – 2 所示为其引出的离子种类和能量。Vincy 回旋加速器的后剥离引出系统引出能量范围为 14 ~ 18 MeV 的质子，主要用于 ^{123}I 和 ^{124}I 的生产。

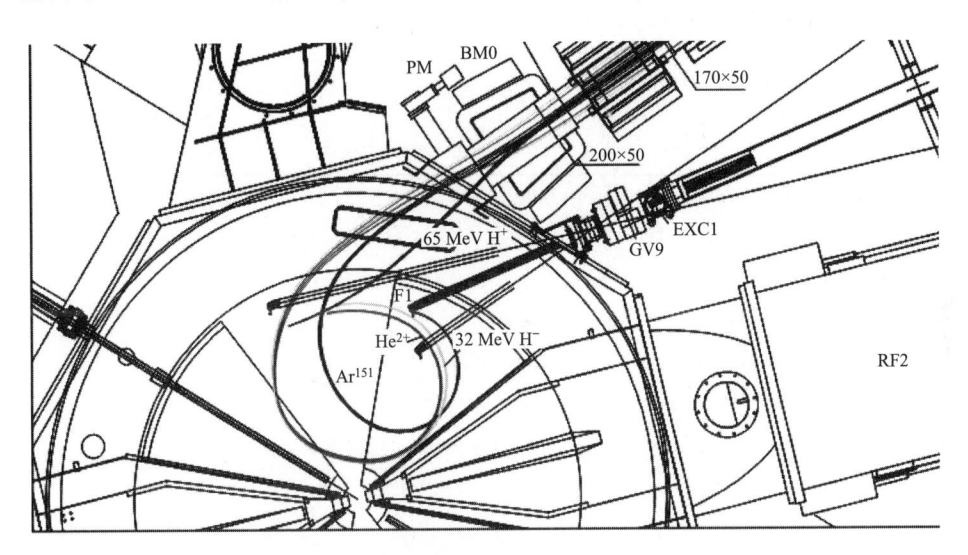

图 7 – 21　Vincy 回旋加速器的前剥离引出系统（图中 FM1 为剥离靶，单位：mm）

表 7 – 2　Vincy 前剥离引出系统引出的离子种类和能量

加速离子种类 （剥离膜前）	引出离子种类 （剥离膜后）	能量 /MeV
H^-	H^+	65
H_2^+	H^+	32
$^4He^+$	$^4He^{2+}$	28
$^{40}Ar^{6+}$	$^{40}Ar^{15+}$	120
$^{12}C^{3+}$	$^{12}C^{6+}$	105
$^{84}Kr^{14+}$	$^{84}Kr^{28+}$	315

在 Vincy 回旋加速器的引出系统中，对 H^-、H_2^+ 这两种轻离子的剥离引出效率接近 100%，而对重离子的剥离引出效率较低，离子越重，剥离引出效率

越低。由 $^{40}Ar^{6+}$ 剥离生产 $^{40}Ar^{15+}$ 的剥离引出效率为 40%，而由 $^{84}Kr^{14+}$ 剥离生产 $^{84}Kr^{28+}$ 的剥离引出效率只有 25%。不过，对重离子的剥离引出效率虽然低，也在可以接受的范围之内。

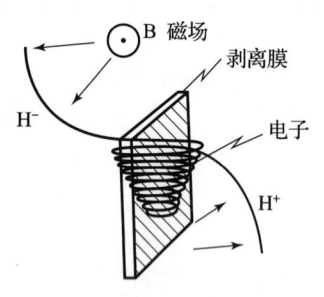

7.9.2 剥离引出方法的原理

在剥离引出方法中，束流经过剥离膜后，电荷态的变化使加速的束流改变轨道，其剥离前、后的变化关系为：

$$\rho_f = (Z_i/Z_f) \cdot (m_f/m_i) \cdot \rho_i \qquad (7-17)$$

下标 i 表示剥离膜前的粒子状态，下标 f 表示剥离膜后的状态，ρ 为轨道的曲率半径，Z 为其电荷态，m 为其质量。

对于 H^- 剥离，有：$H^- \Rightarrow H^+ + 2e^-$，相应的 $\rho_f = -\rho_i$。

对于 H_2^+ 剥离，有：$H_2^+ \Rightarrow 2H^+ + e^-$，相应的 $\rho_f = \rho_i/2$。

可见，剥离引出方法的基本原理是通过剥离改变被加速离子的荷质比，从而有效改变运动轨道而达到将束流引出的目的。

在 H^- 回旋加速器中，加速到一定能量的 H^- 经剥离电子转换成 H^+ 后被引出，其原理如图 7-22 所示。在回旋加速器内部，H^- 的轨迹在磁场的作用下向内偏转，当 H^- 通过剥离膜被剥离掉电子后，H^+ 的轨迹向外偏转，而释放的电子在磁场的作用下绕剥离膜旋转若干次，能量最终损失在膜片中。

剥离引出方法的优点是能够在固定的磁场和高频频率下，仅通过改变剥离点的位置引出不同能量的束流。用于剥离的碳膜安装在剥离靶的支架上，剥离靶在径向可以移动，在方位角方向可以转动，以保证不同位置上剥离后的不同能量的离子束在一定的回旋加速器磁场的作用下，最终都能到达引出开关磁铁的中心。实际上，该引出开关磁铁的结构和位置是一定的，因此，对不同能量的引出束流来说，必须首先寻找到这样一个剥离点，使得在这一点上剥离的束流在一定的磁场作用下到达同一引出开关磁铁中心，再调节开关磁铁的磁场，将束流引导进入后续的束流管道。图 7-23 所示为从不同剥离点位置剥离引出不同能量的束流，通过边缘磁场的漂移之后，到达相同的开关磁铁中心位置的束流轨迹情况。

图 7-22 剥离引出方法的原理

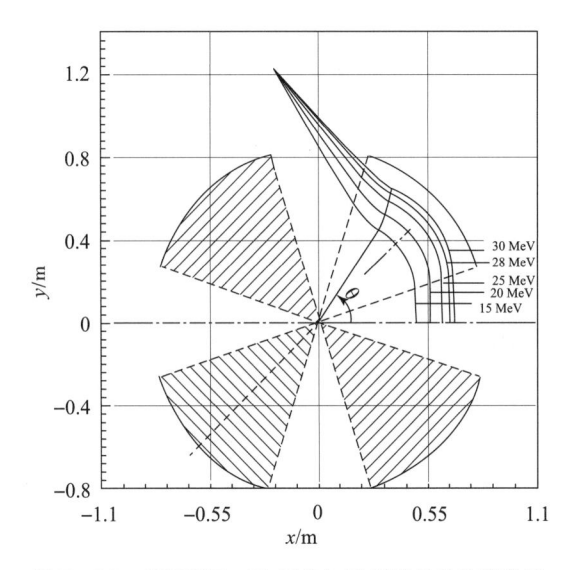

图 7-23 CYCIAE-30 回旋加速器引出的束流轨迹

7.9.3 剥离引出的轨道跟踪

从剥离点到引出开关磁铁这一区域内磁场梯度很大，特别是在紧凑型回旋加速器中，这样的磁场分布特点尤为突出，引出过程的色散效应等不可忽略。因此，有必要认真考察剥离后的束流在回旋加速器边缘场中空间运动的光学特性，包括中心轨道、数值跟踪计算束流传输矩阵的方法、引出过程的位置色散、角度色散等。

7.9.3.1 磁场计算

针对紧凑型回旋加速器引出区磁场梯度大、关于中间平面上下对称的特点，选取磁场的计算方法，通过给定中间平面上的场分布，以展开计算空间的磁场分布。

给定磁场为柱坐标系下中间平面上一系列节点 $r=r_i$，$\theta=\theta_j$（$i=1,2,\cdots,n$；$j=1,2,\cdots,m$；$r_1<r_2<\cdots<r_n$，$\theta_1<\theta_2<\cdots<\theta_m$）上的磁场的 z 向分量 $B_z(r_i,\theta_j,0)$，在 $r_1\leqslant r\leqslant r_n$，$\theta_1\leqslant\theta\leqslant\theta_m$ 的每个子域 $r_i\leqslant r\leqslant r_{i+1}$，$\theta_j\leqslant\theta\leqslant\theta_{j+1}$（$i=1,2,\cdots,n-1$，$j=1,2,\cdots,m-1$）内 $B_z(r,\theta,0)$ 的插值和偏导数可用该子域内的双三次样条函数

$$B_z(r,\theta,0) = \sum_{k,l=1}^{4} A_{ijkl}(r-r_i)^{k-1}(\theta-\theta_j)^{l-1} \qquad (7-18)$$

来计算，式中系数 A_{ijkl} 可借助一维三次样条函数确定，其相应的边界条件为：

$$\frac{\partial B_z(r,\theta_j,0)}{\partial r}(r=r_1,r_n;j=1,2,\cdots,m)$$

$$\frac{\partial B_z(r_i,\theta,0)}{\partial r}(\theta=\theta_1,\theta_m;i=1,2,\cdots,n) \qquad (7-19)$$

$$\frac{\partial^2 B_z(r,\theta,0)}{\partial r \partial \theta}(r=r_1,r_n;\theta=\theta_1,\theta_m)$$

利用 $\nabla \times \boldsymbol{B} = \boldsymbol{0}$ 和 $\nabla \cdot \boldsymbol{B} = \boldsymbol{0}$ 可以推出以中间平面上磁场 $B_z(r,\theta,0)$ 表示的空间分布的磁场的 3 个分量 B_r，B_θ，B_z 的级数展开式：

$$B_r(r,\theta,z) = \sum_{n=0}^{\infty} \frac{(-1)^n}{(2n+1)!} z^{2n+1} \frac{\partial}{\partial r} \left(\frac{\partial^2}{\partial r^2} + \frac{1}{r} \cdot \frac{\partial}{\partial r} + \frac{1}{r^2} \cdot \frac{\partial^2}{\partial \theta^2} \right)^n B_z(r,\theta,0)$$

$$B_\theta(r,\theta,z) = \sum_{n=0}^{\infty} \frac{(-1)^n}{(2n+1)!} z^{2n+1} \frac{\partial}{\partial \theta} \left(\frac{\partial^2}{\partial r^2} + \frac{1}{r} \cdot \frac{\partial}{\partial r} + \frac{1}{r^2} \cdot \frac{\partial^2}{\partial \theta^2} \right)^n B_z(r,\theta,0) \quad (7-20)$$

$$B_z(r,\theta,z) = \sum_{n=0}^{\infty} \frac{(-1)^n}{(2n+1)!} z^{2n+1} \frac{\partial}{\partial z} \left(\frac{\partial^2}{\partial r^2} + \frac{1}{r} \cdot \frac{\partial}{\partial r} + \frac{1}{r^2} \cdot \frac{\partial^2}{\partial \theta^2} \right)^n B_z(r,\theta,0)$$

7.9.3.2 引出轨道跟踪

图 7-24 所示为中国原子能科学研究院 CYCIAE-30 回旋加速器中间平面上的束流引出示意。由于磁场的周期性，选取谷区对称面作为 $\theta = 0$ 的位置（x 轴），在相邻的另一个谷区对称面上的真空室中心开有一引出孔，束流通过这一引出孔到达引出开关磁铁中心（即 $r = 1.225$ m，$\theta = 100°$ 处）。从图 7-24 可以看出，计算束流引出光学特性采用直角坐标系更为方便。

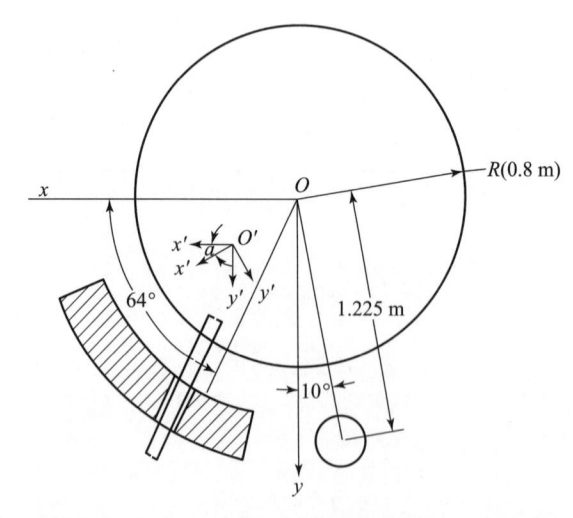

图 7-24　CYCIAE-30 回旋加速器中间平面上的束流引出示意

在直角坐标系中，以时间 t 为独立变量，由第 2 章的式（2-4），并考虑到在引出区没有加速电场，因此令式中各电场分量为零，可数值求解带电粒子在磁场中的运动方程，得到引出区剥离后的粒子运动轨道 $x(t)$、$y(t)$、$z(t)$。

在等时性回旋加速器中，一定能量的粒子实际上是围绕着相应能量的平衡轨道作振荡运动的。因此，可以近似在静态平衡轨道上寻找剥离点，并且把从平衡轨道上引出的粒子的轨迹作为束流的中心轨迹。由已知磁场可以计算出柱坐标系下满足等时性要求的特定能量的平衡轨道。对于一定能量的束流，为了确定剥离靶的放置位置（半径 r 和方位角 θ），可以采用欠松弛迭代方法，首先给定初始 θ_{eq0}，在相应能量的平衡轨道上找到 r_{eq0}、$(dr/dt)_{eq0}$ 和 $(rd\theta/dt)_{eq0}$，则在直角坐标系 xOy 中轨迹计算的初始条件由下式给出：

$$\begin{aligned}
x_o &= r_{eq0} \times \cos(\theta_{eq0}) \\
y_o &= r_{eq0} \times \sin(\theta_{eq0}) \\
z_o &= 0 \\
\left(\frac{dx}{dt}\right)_o &= \left(\frac{dr}{dt}\right)_{eq0} \times \cos(\theta_{eq0}) - \left(r\frac{d\theta}{dt}\right)_{eq0} \times \sin(\theta_{eq0}) \\
\left(\frac{dy}{dt}\right)_o &= \left(\frac{dr}{dt}\right)_{eq0} \times \sin(\theta_{eq0}) + \left(r\frac{d\theta}{dt}\right)_{eq0} \times \cos(\theta_{eq0})
\end{aligned} \quad (7-21)$$

跟踪这条轨迹，可以求得此轨迹到达引出开关磁铁中心 $y = y_{end}$ 平面位置时轨迹与磁铁中心在 x 方向上的偏离 Δx_{end}，再根据这一偏离值返回修正假定的 θ_{eq0}，采用欠松弛因子迭代，重复上一过程直至求得轨迹终点的横向偏离值小于给定的要求（例如 10^{-3}），这时的 r_{eq0}、θ_{eq0} 便是相应能量束流剥离点的位置。

中国原子能科学研究院基于上述方法，开发了程序 CYCTRS，该程序主要有两个功能：①根据中间平面离散节点上的磁场和特定能量的平衡轨道寻找剥离点的位置；②计算从剥离靶引出的束流在三维空间中的运动轨道。

7.9.3.3 引出束流光学特性分析

除了跟踪引出束流的中心轨道以外，研究引出束流的品质也十分重要。引出开关磁铁的中心位置一方面由回旋加速器的总体布局决定，另一方面由不同位置剥离引出的束流的品质决定。

在数值分析引出束流光学特性的过程中，往往采用多粒子跟踪的手段。这时，回旋加速器内部加速的束团在剥离膜上的分布是多粒子跟踪研究引出过程的起始条件。加拿大 TRIUMF 实验室开发的程序 COMA 是一个基于回旋加速器的多粒子跟踪模拟程序，该程序可以对束流的加速过程进行模拟，以给出加速过程中任何一个位置上的束流分布，同时可以模拟剥离引出，给出束流经过剥离膜后的束流分布，并定出剥离膜的具体尺寸，也可以模拟诊断元件，为诊断元件的设计提供参考。它包含 3 个子程序：

（1）CYCLOP：通过输入粒子初始参数和磁场数据，可以计算包括传输矩阵、平衡轨道在内的多种轨道数据。

（2）CYCINTER：对 CYCLOP 计算出来的传输矩阵进行矩阵乘积和插值计算，得到关键点之间的矩阵数据。

（3）COMA：根据初始磁场输入数据和矩阵数据，计算假定初始发射度情况下粒子到达某点的运动情况。因此可以得到包括剥离膜、径向插入探测靶等位置上的束流截面情况、束流能量分布、相位变化等多种参数。

GOBLIN 的一般应用已经在第 2 章作了详细的介绍。这里主要介绍中国原子能科学研究院和加拿大 TRIUMF 实验室在 2007 年前后，基于 GOBLIN 的轨道跟踪程序所发展的回旋加速器引出区传输矩阵的计算方法。

在具有中间平面对称的磁场中，粒子的线性化运动方程为：

$$\begin{aligned}\frac{\mathrm{d}^2 x}{\mathrm{d}s^2} &= -\frac{1-n}{\rho^2}x + \frac{1}{\rho}\cdot\frac{\Delta p}{p} \\ \frac{\mathrm{d}^2 z}{\mathrm{d}s^2} &= -\frac{n}{\rho^2}z \\ \frac{\mathrm{d}(\Delta l)}{\mathrm{d}s} &= \frac{1}{\gamma^2}\cdot\frac{\Delta p}{p} - \frac{x}{\rho}\end{aligned} \qquad (7-22)$$

这里 $\Delta l = \beta c \Delta t$，$n$ 是场指数，同前面的定义。引出轨迹就是通过对上面的 3 个方程积分得到的。通常只考虑粒子的线性传输，可以用矩阵表示为：

$$[x, x', z, z', \Delta l, \delta]^\mathrm{T} = \boldsymbol{R}\, [x_0, x_0', z_0, z_0', \Delta l_0, \delta_0]^\mathrm{T} \qquad (7-23)$$

这里 $\delta = \Delta p/p$，$\boldsymbol{R}$ 是 6×6 传输矩阵。选择特殊的粒子作为初始条件：粒子 1 的坐标 (x, x', z, z', δ) 为 $(1, 0, 0, 0, 0)$，粒子 2 的坐标为 $(0, 1, 0, 0, 0)$，…，依此类推，同时利用传输矩阵的辛映射条件，就可以得到引出区域全部的 6×6 传输矩阵 $\boldsymbol{R}$ 的数值解。其中矩阵单元 $R16$ 和 $R26$ 分别是该处的位置色散和角度色散。

7.9.4 剥离引出方法的一些重要特性

（1）剥离引出方法使回旋加速器的引出过程大为简化。由于经过加速的 H^- 等离子穿过剥离膜后变成 H^+ 等质荷比不同的离子，在磁场中运动方向区别非常明显，所以不需要再增加偏转元件。

（2）不需改变回旋加速器的高频频率、磁场等参数，只是通过改变剥离膜的位置即可引出能量范围比较宽的束流。对于不同能量的引出束流，剥离膜的精确位置由在回旋加速器主真空室外的一个公共交叉点给定，这个交叉点是引出开关磁铁的中心。引出开关磁铁将引导引出束流进入所需的外部束流管道。

（3）可用多个剥离膜同时引出多个不同能量的束流到多个不同方向的外部束流管道，以同时满足多种不同的应用需求。

（4）由于束流很快地通过回旋加速器的边缘场区，因此较小地受到边缘场的径向散焦作用。束流渡越回旋加速器边缘场时，有大角度的方向相反的旋转，因此不会特别明显地导致径向发散（这在正离子回旋加速器的引出中是一个突出的问题）。

（5）能引出的最大质子束强度约为 500 μA，且由于目前类金刚石碳膜的研制成功，可引出更高强度的束流，引出效率几乎接近 100%，膜的寿命一般大于 2×10^4 μA·h。

7.9.5　剥离引出的能散

回旋加速器的能散直接与引出半径处的径向振荡频率 v_r 和该半径处的圈间距相关。对于 H$^-$ 回旋加速器剥离引出束流的能散可用如下方法估计。考虑在回旋加速器半径 r 处径向的相空间，它与动能 W 相对应。这个面积刚好触及剥离膜，如图 7-25 所示。假定理想等时性场中存在一个对中良好的束流，位于相空间与剥离膜相交叠的区域里的 H$^-$ 被剥离引出，其他离子作进一步的旋转获得额外的能量后到达剥离引出点。由于能量和半径的平方成正比，被剥离离子的能散度为 $\Delta W/W = 2\Delta r/r$，Δr 是相空间的径向宽度，例如，在半径为 500 mm 处有 $\Delta r = 5$ mm，则相对能散是 2%。因此如果要求引出束流的能散很小，则内部束流必须有很好的束流品质。

对于加速 H$^-$ 的紧凑型回旋加速器，由于高频腔通常安装在主磁铁内部，难以获得高的加速电压，因此在接近引出区出现完全圈重叠，考虑到一次谐波等各种非理想因素，难以采用解析方法计算引出束流的能散。可以通过假定在回旋加速器中心区的初始发射度以及在该六维发射度空间内的束流分布进行多粒子跟踪，从而确定在剥离膜上的束流分布和能散等引

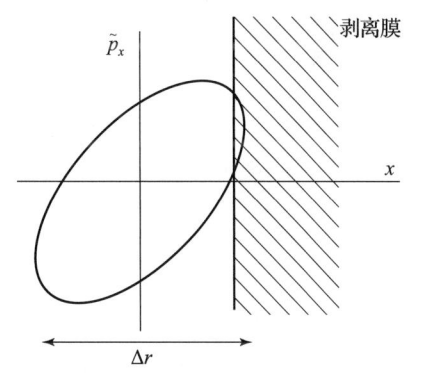

图 7-25　到达剥离膜的束流径向相空间

出束流的主要技术指标，图 7-26 所示为一台典型的 70 MeV 紧凑型 H⁻ 回旋加速器的引出束流能散的数值跟踪结果，可见其相对能散大约为 ±0.6%。

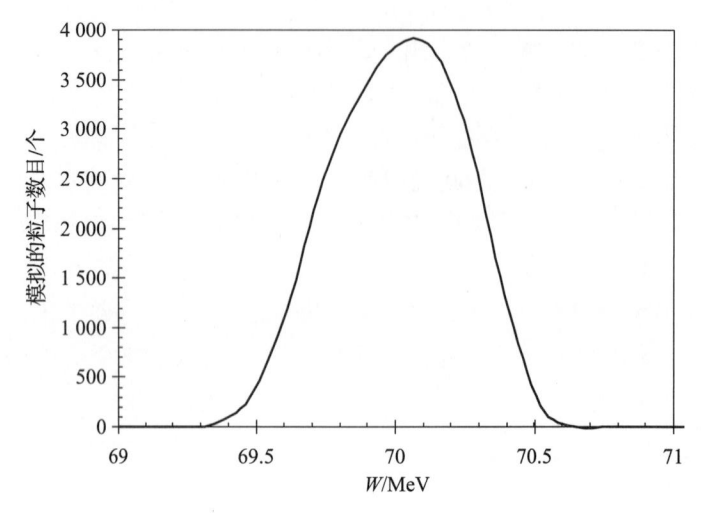

图 7-26　到达剥离膜的束流径向相空间

7.9.6　剥离膜厚度的估算

H⁻ 经过剥离膜剥离掉两个电子后转化为质子，质子的产额是由电子的损失截面决定的。H⁻ 能量越高，电子损失截面就越小，即在同样的剥离效率下，能量越高，需要的剥离膜就越厚。一般地，不同能量的反应截面有如下关系：

$$\sigma \propto 1/\beta^2 \qquad (7-24)$$

式中，β 是相对论速度。

Gulley 等曾对能量为 800 MeV 的粒子通过剥离膜时的电子损失截面进行了测量，根据 Gulley 的测量数据以及式（7-26），可以计算得到不同能量束流通过剥离膜时的反应截面，进一步通过下式估计剥离膜的剥离效率：

$$Y^{-1} = e^{-(\sigma_{-1,0} + \sigma_{-1,1})x}$$

$$Y^0 = \frac{\sigma_{-1,0}}{\sigma_{-1,0} + \sigma_{-1,1} - \sigma_{0,1}} [e^{-\sigma_{0,1}x} - e^{-(\sigma_{-1,0} + \sigma_{-1,1})x}] \qquad (7-25)$$

$$Y^+ = 1 - Y^{-1} - Y^0$$

式中，Y^{-1}、Y^0、Y^+ 分别表示束流通过剥离膜后 H⁻、H⁰ 和质子的产额，x 表示剥离膜上每平方厘米内的碳原子个数，可由式（7-26）计算得到：

$$x = \frac{6.022 \times 10^{23}}{12}(10^{-6}t) = 5.02 \times 10^{16}t \qquad (7-26)$$

式中，t 为剥离膜厚度，单位为 μg/cm²。根据不同能量，不同剥离膜厚度，可以估算出来剥离效率，见表 7 – 3。对于引出能量为 100 MeV 的束流，H^-、H^0、H^+ 的产额随剥离膜厚度的变化如图 7 – 27 所示。

表 7 – 3　不同能量、不同剥离膜厚度下的剥离效率

剥离膜厚度/(μg·cm^{-2}) \ 能量/MeV (剥离效率/%)	70	80	90	100
100	99.854	99.643	99.414	99.046
120	99.964	99.882	99.809	99.657
140	99.991	99.965	99.937	99.877
150	99.995	99.984	99.965	99.926

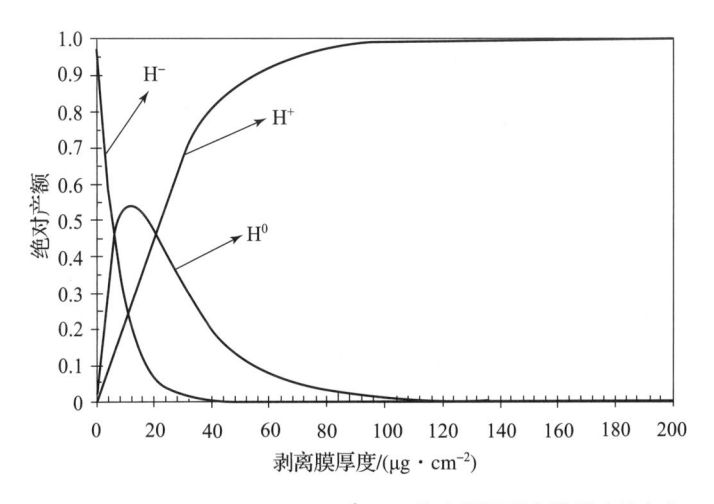

图 7 – 27　100 MeV 下，H^-、H^0、H^+ 的产额随剥离膜厚度的变化

7.9.7　剥离膜引起的角度散射和能量散射

在剥离过程中，离子经过剥离膜发生多次散射，造成剥离膜后发射度和能散度的增加。离子与剥离膜的散射作用主要是库仑散射，应用入射粒子与剥离膜的原子进行多次库仑散射的原理，由剥离膜引起的散射均方根可以按照下式进行估算：

$$\sqrt{\langle \theta^2 \rangle} = \sqrt{\frac{Z_2(Z_2+1)}{A_2}} \cdot \frac{Z_1 \sqrt{t}}{2 A_1 E_n} \quad (\text{mrad}) \quad (7-27)$$

式中，t 为剥离膜厚度，单位为 μg/cm^2；Z_2、A_2 为剥离膜的原子序数和质量

数;Z_1、A_1为入射粒子的原子序数和质量数;E_n为入射粒子的单核能,单位为 MeV/u。

由式(7-27)可以看出,相同材料的剥离膜,膜越厚,则散射作用就越大;入射粒子能量越高,则散射作用就越小。而剥离膜厚度必须满足剥离效率的要求。如果入射离子是 H^-,剥离膜选取碳膜,入射粒子的能量为 100 MeV,剥离膜厚度选取 150 $\mu g/cm^2$ 时,剥离效率为 99.93%,由剥离引起的角度散射为 0.11 mrad。因此,在能量比较高的情况下,由剥离膜引起的发射度增长基本上可以忽略。

由于入射离子束与剥离物质的核外电子发生非弹性碰撞,使靶原子的核外电子电离或激发,从而使入射离子损失能量。这种能量损失的涨落,引起出射的离子能量和动量有一定的展宽。其关系可以表述为:

$$\delta E_n = 0.924 \times 10^{-3} \frac{Z_1}{A_1} \sqrt{\frac{Z_2}{A_2}} t \quad (\text{MeV}) \qquad (7-28)$$

这里 δE_n 为离子单核能展宽的半高度处的全宽度。如果入射离子为 100 MeV 的 H^-,剥离膜厚度选取 150 $\mu g/cm^2$,则由剥离膜引起的能量散射为 8 keV,相对于 100 MeV 的引出能量,这个能量散射可以忽略。

|7.10 紧凑型回旋加速器负离子剥离引出实例|

基于中国原子能科学研究院已建成的一台紧凑型回旋加速器 CYCIAE - 30 的磁场,利用 CYCTR 找到不同能量(15~30 MeV)离子束的剥离位置,并与实际位置进行比较,以对计算所采用的理论和方法进行验证;然后,利用验证后的理论和方法,计算 CYCIAE - 100 紧凑型回旋加速器不同引出能量对应的剥离点,同时计算边缘场的色散效应,利用不同的程序验证计算的引出轨道,并对 CYCIAE - 100 紧凑型回旋加速器的束流引出系统进行设计。

CYCIAE - 100 紧凑型回旋加速器的束流引出过程的物理设计的基本思路是首先通过 CYCTR 确定束流剥离点和引出轨道,然后通过改进程序 GOBLIN 获得从剥离膜后到引出开关磁铁之间引出轨道的传输矩阵,并得到色散项 D、D',由这个传输矩阵,可以进行引出过程的粒子六维传输匹配,再利用多粒子跟踪程序 COMA 得到剥离点处的束流分布,最后利用 GOBLIN 获得的传输矩阵进行六维束流跟踪计算,从而进一步计算引出束流包络,研究分析引出束流的动力学行为。

7.10.1 剥离点的计算

7.10.1.1 CYCIAE – 30 剥离点的计算

先后分别基于 CYCIAE – 30 的理论计算磁场和测量磁场计算了 15 MeV、20 MeV、25 MeV、28 MeV 和 30 MeV 引出束流在相应能量平衡轨道上的剥离点，从平衡轨道上引出的束流轨迹及相应的平衡轨道如图 7 – 23 所示。由于理论计算磁场比实际测量磁场的磁感应强度偏大，因此，用前者计算的剥离点比用后者计算的剥离点更靠近磁极边缘。通过仔细研究回旋加速器边缘磁场对剥离点的影响，结果表明：在 CYCIAE – 30 中，如果剥离点偏离 0.1°，轨迹终点 x 方向的偏差约为 6 mm。因此，在剥离点的计算中应该考虑回旋加速器边缘磁场的作用。

从图 7 – 23 可以看出，不同能量的束流引出剥离点的位置不在一条直线上，为了在工程上实现准确的剥离，剥离靶必须能沿径向移动，同时能沿方位角方向转动。实际上，剥离靶安装轴线不通过回旋加速器中心，图 7 – 24 示出了 CYCIAE – 30 剥离靶轴线安装位置。它距离 $\theta = 64°$ 辐角线 0.08 m，并与该辐角线平行。可以计算出剥离靶轴线与相应能量平衡轨道的交点位置以及它与相应能量束流引出剥离点位置的偏离，根据这个偏离值可以计算得到剥离靶沿轴线需要旋转的角度。

7.10.1.2 CYCIAE – 100 剥离点的计算

CYCIAE – 100 总体设计要求在两个 180°相对的方向同时剥离引出束流强度为 200 μA、能量范围为 75 ~ 100 MeV 的质子束。为了减小引出束流包络、降低引出真空室的高度及其后续束流管道的尺寸，特将引出开关磁铁放置到两相邻的磁轭之内、谷区对应的方位角位置，这样可以使引出开关磁铁之后的四极磁铁及时将引出的束流聚束，这对后续束流线的匹配也是非常有利的。经计算并综合考虑中心轨道、色散、引出部件的安装位置等多方面的因素，最终决定把引出开关磁铁放置于磁轭之间的谷区（$R = 2.75$ m，$\theta = 100°$）。这样的选择还可以使主回旋加速器在大厅的摆放位置趋近正南正北，有利于工程整体布局。为了减小引出开关磁铁对主磁场的影响，应该尽量减小该开关磁铁的尺寸，这就需要根据不同能量引出束的方向，优化确定引出开关磁铁的安装方位，以减少导向束流所需的磁场。

表 7 – 4 列出了引出能量为 70 ~ 100 MeV 的剥离靶位置。从平衡轨道上引出的束流轨迹及相应能量的平衡轨道如图 7 – 28 所示。

表 7-4　CYCIAE-100 回旋加速器束流引出的剥离点位置

W/MeV	R/m	θ/(°)
100	1.876	59.63
90	1.796	58.96
80	1.709	58.39
70	1.612	57.81

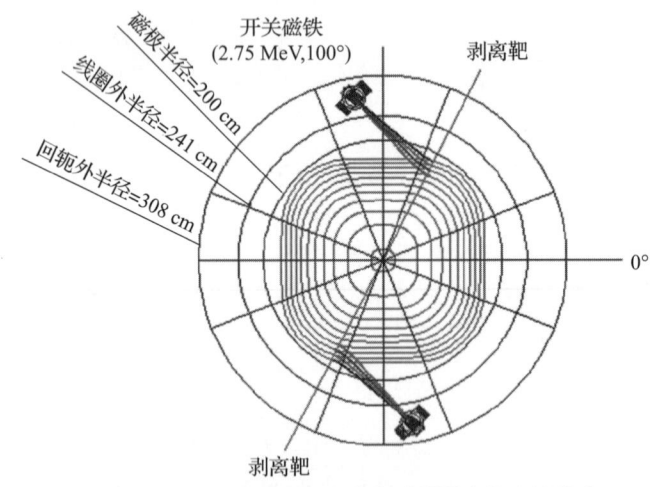

图 7-28　CYCIAE-100 回旋加速器引出的束流轨迹

7.10.2　引出开关磁铁的作用

引出开关磁铁的作用就是调整汇聚在其中心的不同引出能量的束流的引出方向，使不同引出能量的束流从这个中心位置开始沿着同一个引出轨道引出到后续的束流管道上。对于不同引出能量的束流，其调节场强是不一样的，图 7-29 所示为 CYCIAE-100 不同能量的束流经过引出开关磁铁以后的轨迹，该轨迹计算包含了回旋加速器主磁场和引出开关磁铁磁场对束流轨道的共同作用。

引出开关磁铁对束流的调节力度通常不是很大（CYCIAE-100 为 ±5°），且引出开关磁铁位于外磁轭区域，因此其本身的场对回旋加速器主磁场的影响较小，在加速区域内产生的二次谐波在可控范围内，产生的一次谐波（主要是由 180°对称安装的两台引出开关磁铁可能存在的不对称性公差引起）应当更小。

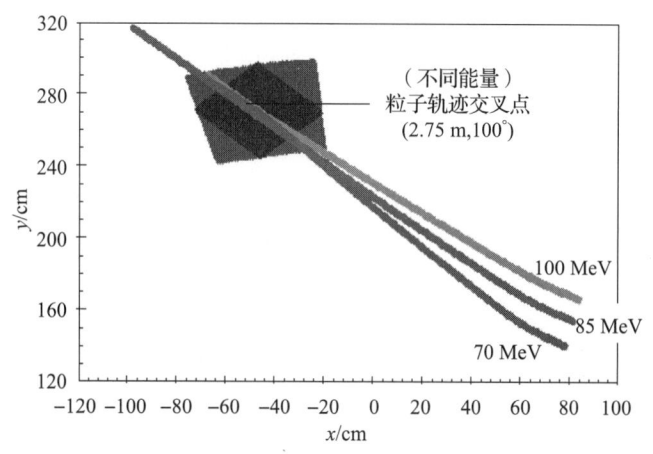

图 7-29　不同引出能量的束流通过开关磁铁以后的轨迹

7.10.3　束流光学特性分析

7.10.3.1　基本束流光学特性

对于 CYCIAE-30，测得的剥离靶处横向发射度（x，z 方向）投影为：$x = 8.4$ mm，$x' = 6.38$ mrad，$z = 2.7$ mm，$z' = 6.25$ mrad。在没有考虑引出轨道上的色散效应，同时也没有将引出开关磁铁的磁场计算在内时，通过对其中能量为 15 MeV 和 30 MeV 的引出束流空间轨迹进行了数值跟踪，结果显示束流在 z 方向是发散的，并且能量为 30 MeV 的比 15 MeV 的束流空间轨迹发散得更厉害。这是因为尽管回旋加速器内沿方位角方向的调变磁场对空间束流有聚焦作用，但是，边缘磁场对空间束流的发散作用更大，总的效应是发散的。对 30 MeV 的束流，在轨迹终点即引出开关磁铁中心的 z 方向最大发射度为 15.49 mm × 10.53 mrad，而对 15 MeV 的束流，最大发射度为 13.68 mm × 7.39 mrad。在 x-y 平面，对同一能量的粒子束，越靠近边缘的粒子受到的磁场作用越小，轨迹的曲率越小，在某一位置，轨迹投影交叉，总的效应仍为发散的，但能量越小的束流发散得越大。对于 15 MeV 的束流，在引出开关磁铁中心处 x 方向的最大发射度为 12.91 mm × 9.49 mrad，而对于 30 MeV 的束流，最大发射度为 8.36 mm × 6.34 mrad，与初始发射度相比几乎没有变化。

7.10.3.2　色散效应的考虑

在回旋加速器内部，由于磁场的对称性，束流在谷区对称面是消色差的，即色散为零（当然，对于加速平衡轨道并不是严格为零）。可是，经过剥离引出以后，束流将脱离原来的平衡轨道而沿着引出轨道运动。由于磁场的不对称性，同时由于边缘场的作用，将产生色散，色散将导致水平方向的发射度增大，尤其在紧凑型回旋加速器中，色散效应更加严重。在考虑了色散效应以后，束流在水平方向的发射度有较大幅度的增长。在能量比较低的回旋加速器中，色散效应不是很明显，但是在引出束流能量比较高的情况下，必须考虑色散效应的影响。通过对 CYCIAE-100 进行的引出束流跟踪，假定在回旋加速器的中心区初始束流的归一化发射度在水平方向和垂直方向均为 4 πmm·mrad，对于引出能量为 100 MeV 的束流，在引出之后 3.3 m 的位置，水平方向的发射度增长了 50%，而在垂直方向上基本保持不变。

从剥离点到引出开关磁铁中心的色散，可以由 GOBLIN 程序计算得到。图 7-30 所示为 CYCIAE-100 引出轨道在 70 MeV 和 100 MeV 两种引出能量下束流的位置色散和角度色散，图中的星号（*）为引出开关磁铁中心的位置。在计算中，引出开关磁铁本身的磁场作用也已计入。结果显示，引出开关磁铁只能对其中低能部分引出束流的色散起到部分矫正作用，而对于偏转方向相反的高能部分的束流将会使色散加剧。因此，要想对各个引出能量的束流进行色散矫正或者匹配，必须在后面的束流线上单独进行。

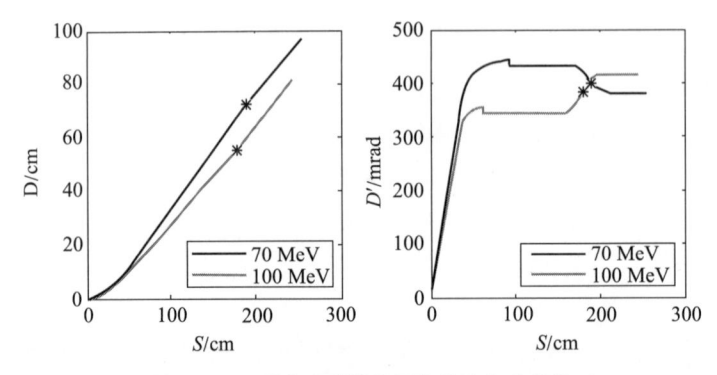

图 7-30 引出束流的位置色散和角度色散

对于剥离引出的束流，束流的能量散射大约为 $\Delta W/W = \pm 0.5\%$，相对应的动量散射约为 $\delta = \Delta p/p = \pm 0.25\%$。对于引出能量为 70 MeV 的质子束，如果引出开关磁铁位于磁轭之内的 2.765 m 处，该处的色散为 60 cm，则由色散引起的束流的横向偏移为：$\Delta x = D \times \delta = 600 \times 0.0025 = 1.5$（mm）。

7.10.4 剥离靶装置

剥离靶装置是回旋加速器中用于剥离引出束流的重要装置。由于要引出不同能量的束流，要求剥离靶的位置能够随着引出半径的变化而变化。图 7-31

所示为中国原子能科学研究院 CYCIAE-100 回旋加速器的剥离靶主体设备示意。剥离靶的靶头（装有 12 片剥离膜片）安放在靶杆端部，在后面的进给机构的驱动下有 3 种运动形式：长距离径向运动、微调径向运动、方位角转动。长距离径向运动为大范围的径向运动，使剥离靶的靶头进入或退出真空室。微调径向运动为精细运动，以方便剥离靶的靶头能够准确地到达指定的剥离点位置。这两种径向运动可使剥离靶的靶头在真空室内部半径方向上精确定位，用以调整引出粒子能量。方位角运动可使剥离靶的靶头在不改变径向位置的情况下只沿方位角转动，用以调整束流的引出方向。

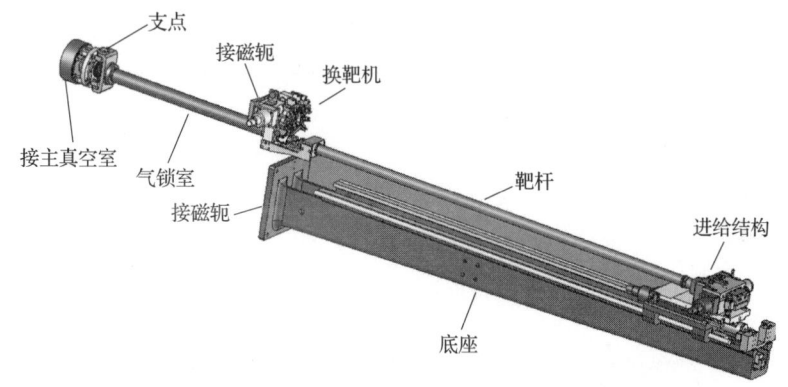

图 7-31 CYCIAE-100 回旋加速器的剥离靶主体设备示意

剥离靶在进出主真空室前的位置设有缓冲真空室，采用双层密封结构，保证靶杆进出主真空室时不会对回旋加速器的主真空室带来过大的影响。剥离靶的换靶机安装在磁轭的外面，能同时一次安装 12 个靶片。图 7-32 所示为 CYCIAE-100 回旋加速器的剥离引出装置，它与主真空室、直径为 6.16 m 的外磁轭的相对位置也在图中标明。

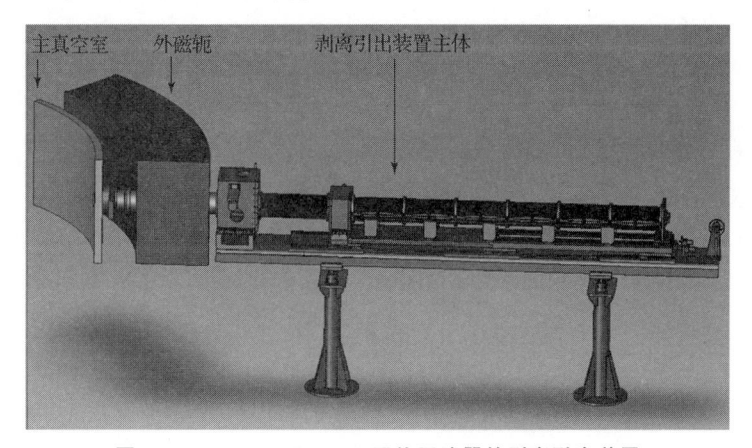

图 7-32 CYCIAE-100 回旋回速器的剥离引出装置

参 考 文 献

[1] WIEL K, Injection and extraction for cyclotrons, CAS, Zeegse, The Netherlands, 24 May – 2 June 2005.

[2] SOLIVAJS D, BORISOV O N, GALL A, et al. A Study of Charge – Exchange Beam Extraction from the Multi – Purpose Isochronous Cyclotron DC – 72 [J]. Journal of ELECTRICAL ENGINEERING, 2004, 55 (7): 6.

[3] DOBROSAVLJEVIĆ A, BELIČEV P, ĆIRKOVIĆ S, et al. Front extraction system of the vincy cyclotron [J]. Cyclotrons and Their Applications, 2007: 3.

[4] WERNER J. The cyclotron facilities at PSI [R]. Presentation at CIAE, Beijing, 2007: 6.

[5] KLEEVEN W. The self – extracting cyclotron [C/OL]//AIP Conference Proceedings. East Lansing, Michigan (USA): AIP, 2001: 69 – 73 [2021 – 09 – 27]. http://aip.scitation.org/doi/abs/10.1063/1.1435200. DOI:10.1063/1.1435200.

[6] ABS M, AMELIA J C, BEECKMAN W, et al. Self – extraction in a compact high – intensity H cyclotron at IBA [J]. 2000: 3.

[7] YANG J J. Numerical study of beam dynamics in high intensity cyclotrons including neighboring bunch effects [J]. 2008: 5.

[8] HEIKKINGEN P. Injection and extraction for cyclotrons [J]. CAS, CERN 94 – 01, Vol. II, (1994): 819.

[9] JOHO W. Extraction from medium and high energy cyclotrons [C]//Proceedings of the Fifth International Cyclotron Conference.

[10] BOTMAN J I M, HAGEDOORN H L. Extraction from cyclotrons [J]. CERN, 1996: 169.

[11] HAGEDOORN H L, Kramer P. Extraction studies in an AVF cyclotron [J]. IEEE Trans. on Nucl. Sci., 1966 NS – 13 (4): 64 – 73.

[12] HAMILTON D R, Lipkin H J. On deflection at n = 1 in the synchrocyclotron [J]. Review of Scientific Instruments, 1951, 22 (10): 783 – 792.

[13] BECHTOLD V. Commercially available compact cyclotrons for isotope production [C]. Proc. of 13th ICCA, Vancouver 1992, World Scientific, (1993), 110.

[14] SCHULTE F, HAGEBEUK H, Hagedoorn H L, et al. Numerical calculations in the extraction process of the Eindhoven AVF cyclotron [J]. Nuclear Instru-

ments & Methods, 1975, 127 (3): 317 - 327.

[15] GORDON M M. Invited paper - single turn extraction [J]. IEEE Transactions on Nuclear Science, 1966, 13 (4): 48 - 57.

[16] SMITH B H, GRUNDER H A. Electrical design of electrostatic deflectors for sector - focused cyclotrons [J]. Escholarship University of California, 1963.

[17] BELLOMO G. Design of passive magnetic channels [C]. 13 Int. Conf. on Cycl, World, Scientific, 1992: 592.

[18] PIETERMAN K. The AGOR superconducting extraction channel EMC2 [C]. Proceedings of the 13th International Conference on Cyclotrons and their Applications, Vancouver, BC, Canada.

[19] SHIZHONG A, et al. Stripping extraction system for CYCIAE - 100 [A]. BRIF - C - B05 - 01 - SM, CIAE Design note in Chinese, 2006.

[20] 肖美琴, 张天爵. CYCIAE 型回旋加速器负离子剥离引出的光学行为研究 [J]. 高能物理与核物理, 1996, 20 (12): 1110 - 1119.

[21] WEI S, An S, LI M, et al. Beam optics study on the extraction region for a high intensity compact cyclotron [C]//Pac. 2015.

[22] BAARTMAN R, RAO Y N. Corrections to TRIUMF cyclotron stripper to combination magnet transfer matrices and computer program STRIPUBC [R]. TRI - DN - 05 - 4, TRIUMF.

[23] KOST C J, Mackenzie G H. COMA—a linear motion code for cyclotrons [J]. Nuclear Science IEEE Transactions on, 1975, 22 (3): 1922 - 1925.

[24] BAARTMAN R. Linearized equation of motion in magnet with median plane symmetry [R]. TRI - DN - 05 - 06, Feb. 4, 2005.

[25] GULLEY M S, Keating P B, Bryant H C, et al. Measurement of H^-, H^0, H^+ yields produced by foil stripping of 800 - MeV - H^- ions [J]. Physical Review A, 1996, 53 (5): 3201 - 3210.

[26] CHOU W, KOSTIN M, Z Tang. Efficiency and lifetime of carbon foils [C]. FERMILAB - CONF - 06 - 425 - AD.

[27] 中国科学院. SSC 的注入引出系统, 兰州重离子研究装置进展报告 [M]. 北京: 科学出版社, 1988, vol 2.

[28] 中国科学院. SSC 的注入引出系统, 兰州重离子研究装置进展报告 [M]. 北京: 科学出版社, 1988, vol 8.

[29] 唐靖宇, 魏宝文. 回旋加速器理论与设计 [M]. 合肥: 中国科学技术大学出版社, 2008.

第 8 章
回旋加速器相关工程技术

回旋加速器的设计、建造涉及物理、机械、电气等十多个专业。除了离子源与注入、磁铁、高频、引出与束流输运等主要系统以外，通常还必须有真空、低温、水冷、气动、液压、电源、配电、控制、束流诊断、放射性辐射防护等相应的辅助系统配套。由于篇幅所限，本章仅主要介绍回旋加速器相关的真空、配电与电源、控制和束流诊断等四方面的工程技术要点。

8.1 回旋加速器真空系统

带电粒子束的产生、加速和传输均在真空环境中实现,本节简要介绍回旋加速器真空系统所涉及的真空技术基础,重点介绍回旋加速器真空系统的特点和要求,并通过一些实例介绍回旋加速器真空系统的设计方案。

8.1.1 真空技术基础

8.1.1.1 基本概念、定律及物理量[1]

1. 真空区域的划分

为了实用方便,通常以使用范围以及真空技术应用特点把真空状态按照压力的大小划分为几个区域,见表 8 – 1。

表 8 – 1 真空状态按压力大小划分

真空状态	Pa 表示的压力/Pa	Torr 表示的压力/Torr
粗真空	$10^2 \sim 10^5$	$1 \sim 760$
低真空	$10^{-1} \sim 10^2$	$10^{-3} \sim 1$

续表

真空状态	Pa 表示的压力/Pa	Torr 表示的压力/Torr
高真空	$10^{-5} \sim 10^{-1}$	$10^{-7} \sim 10^{-3}$
超高真空	$10^{-9} \sim 10^{-5}$	$10^{-11} \sim 10^{-7}$
极高真空	$< 10^{-9}$	$< 10^{-11}$

2. 基本定律及常用物理量

1）理想气体状态方程

一定质量的气体，不管状态如何变化，其压力和体积的乘积除以绝对温度，所得之商为常数。对于质量为 m，摩尔质量为 M 的理想气体状态方程为：

$$PV = \frac{m}{M}RT \tag{8-1}$$

式中，P 为气体的压力；V 为气体的体积；m 为气体的质量；M 为气体的摩尔质量；T 为气体的热力学温度；R 为气体普适常数，它的数值与公式中 P、V 的单位有关。

2）道尔顿定律

相互不起化学作用的混合气体的总压力等于各气体分压力之和，即

$$P = P_1 + P_2 + P_3 + \cdots + P_n \tag{8-2}$$

分压力是指各个成分单独占有混合气体原有体积时的压力。

3）气体量

气体量 G 等于气体的压力与其体积的乘积，其公式为：

$$G = PV \tag{8-3}$$

4）流量

单位时间内通过某一截面的一定压力下的气体量即流量 Q，又称为体积流量，其表达式为：

$$Q = \frac{PV}{t} \tag{8-4}$$

Q 还有其他表示法，如 $Q = U(P_1 - P_2)$ 或 $Q = PS$。其中 U 为流导，P_1 与 P_2 是管道两端的压力。S 是真空抽气设备或真空系统的抽速。在稳定流动状态下，单位时间内流过真空系统任一截面的气体量（气流量）是相等的，用流量连续方程表达这种平稳状态为：

$$Q = P_1 S_1 = P_2 S_2 = \cdots = P_i S_i \tag{8-5}$$

5）流阻

气体流通过管道时产生的阻力称为流阻 W，即管路两端压力差与通过管路的流量之比，其表达式为：

$$W = \frac{P_1 - P_2}{Q} \quad (8-6)$$

管道串联的流阻：总流阻等于各段管道分支流阻之和，即

$$W = W_1 + W_2 + \cdots + W_i \quad (8-7)$$

管道并联的流阻：总流阻的倒数等于各分支流阻的倒数之和，即

$$\frac{1}{W} = \frac{1}{W_1} + \frac{1}{W_2} + \cdots + \frac{1}{W_i} \quad (8-8)$$

6）流导

流导 U 表示真空管道传输气体的能力，它与流阻是互为倒数关系：

$$U = \frac{1}{W} = \frac{Q}{P_1 - P_2} \quad (8-9)$$

管道串联的流导：总流导的倒数等于各段分流导的倒数之和，即

$$\frac{1}{U} = \frac{1}{U_1} + \frac{1}{U_2} + \cdots + \frac{1}{U_i} \quad (8-10)$$

管道并联的流导：总流导等于各分支流导之和，即

$$U = U_1 + U_2 + \cdots + U_i \quad (8-11)$$

7）极限压力

真空室所能达到的极限压力（或极限真空），由下式决定：

$$P_j = P_0 + \frac{Q_0}{S_P} \quad (8-12)$$

式中，P_j 为真空室所能达到的极限压力，单位为 Pa；P_0 为真空获得设备的极限压力，单位为 Pa；Q_0 为空载时，长期抽气后真空室的气体负载（包括漏气、材料表面出气等），单位为 Pa·L/s；S_P 为真空室抽气口处主抽气设备的有效抽速，单位为 L/s。

8）真空室的工作压力

真空室正常工作时的工作压力 P_g 由下式决定：

$$P_g = P_j + \frac{Q_l}{S_P} = P_0 + \frac{Q_0}{S_P} + \frac{Q_l}{S_P} \quad (8-13)$$

式中，P_g 为真空室的工作压力，单位为 Pa；Q_l 为真空工艺过程中真空室的气体负载，单位为 Pa·L/s；其余符号同式（8-12）。

9）出气率

单位表面积在单位时间内放出的气体量定义为材料的出气率 q，其单位为

Pa·m³/(s·m²) 或 Pa·L/(s·cm²)。根据经验,材料在室温下的出气率随时间变化的关系为:

$$q_n = q_0 t^{-\alpha} \quad (8-14)$$

式中,q_n 为固体材料在室温下的出气率,下标 n 表示以小时计的 q 数值;q_0 为固体材料的初始出气率;α 为系数,取值为 0.5~2,金属材料常为 1;t 为时间。可见,出气率一般是随抽气时间成倒数衰减的。一些材料的 q_0 和 α 值可通过查找真空书籍、手册得到。

10) 抽气时间

抽速一定时,真空泵真空室所能达到的极限压力 $P_0 = Q_0/Se$,真空设备从初始压力 P_i 降至 P 所需的抽气时间为:

$$t = 2.3V\left(\frac{1}{S_P} + \frac{1}{U}\right)\lg\frac{P_i - P_0}{P - P_0} \quad (8-15)$$

式中,t 为抽气时间,单位为 s;V 为真空设备容积,单位为 L;S_P 为名义抽速,单位为 L/s;P 为经 t 时间的抽气后的压力,单位为 Pa;P_i 为开始抽气时的压力,单位为 Pa;P_0 为真空室的极限压力,单位为 Pa;U 为管道的流导,单位为 L/s;Q_0 为空载时,经长期抽气后真空室的气体负载(由漏气、材料表面出气构成)。

8.1.1.2 真空获得[2]

真空泵是封闭空间获得真空的设备。在回旋加速器的真空系统中,采用油封机械泵、干式机械泵和罗茨泵等作为低真空抽气泵;采用扩散泵、涡轮分子泵、低温泵及冷板(Cryopanel)抽气装置等作为高真空抽气泵;在束流线上也用到溅射离子泵。在此仅介绍主真空室常用的高真空抽气泵。

1. 扩散泵

扩散泵的基本结构如图 8-1 所示。扩散泵油在真空中被加热沸腾,产生大量的油蒸汽,经流导管向上达到各级喷嘴,并朝下定向高速喷出,喷出的蒸汽流中气体分压强为零。因此,被抽气体分子就不断地扩散到蒸汽流中。蒸汽流中油分子与气体分子碰撞,油分子动能传递给气体分子,并使气体分子朝下方高速运动。气体

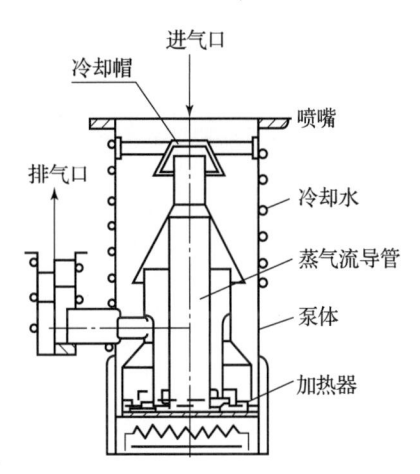

图 8-1 扩散泵的基本结构

分子经多次被油蒸汽流碰撞和夹带，最后被压缩到前级泵口，由前级真空泵排出。

扩散泵的工作范围一般为 $10^{-5} \sim 10^{-2}$ Pa，极限压力为 10^{-6} Pa。早期的扩散泵工作液为扩散泵油，它的饱和蒸汽压高，易"返油"，造成回旋加速器内部油污染。现在扩散泵工作液可用聚苯醚，并采用结构合理的低温挡板，大大降低了扩散泵的返油率。早期回旋加速器，甚至如今的低能回旋加速器大多采用扩散泵作为主真空泵。

2. 涡轮分子泵

涡轮分子泵是依靠高速转动的转子表面把动量传递给入射到表面的气体分子，造成泵出口和入口间气体分子正向和反向传输概率的差异而产生抽气作用。高速转动的转子携带气体分子到泵的出口，由前级泵排出，获得高真空。涡轮分子泵的结构如图 8-2 所示。

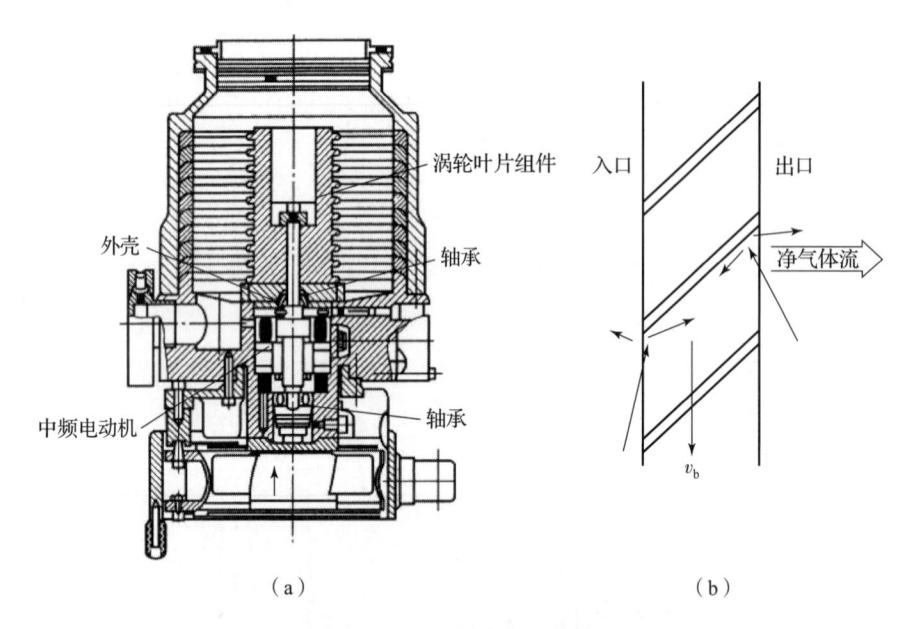

图 8-2 涡轮分子泵的结构

(a) 涡轮分子泵剖面图；(b) 转子叶轮剖面图

涡轮分子泵工作范围广，一般为 $10^{-8} \sim 10$ Pa，极限真空范围为 $10^{-0} \sim 10^{-7}$ Pa；结构紧凑，可抽所有气体。但由于回旋加速器具有强磁场，致使涡轮分子泵的中频电动机、金属轴承（或磁悬浮轴承）不能正常运转。因此，在回旋加速器主真空室上采用涡轮分子泵时，必须采取磁屏蔽。涡轮分子泵大量用于回旋加速器的束流线上。

3. 低温泵[3]

低温泵利用低温（低于 100 K）表面冷凝、吸附和捕集气体来实现抽气。GM 制冷机低温泵的结构如图 8-3 所示。它由辐射挡板、辐射屏、低温板等组成。辐射挡板和辐射屏与制冷机一级冷头（低于 80 K）相连，用于阻挡和屏蔽室温环境的热量加载到冷板上，同时对一般冷凝性气体（O_2、CO_2、H_2O 等）进行冷凝抽气；冷板外表面电镀抛光至镜面，内表面刷涂活性碳，与二级冷头（低于 20 K）相连，对非冷凝性气体（H_2、Ne、He）进行低温吸附抽气，外表面上冷凝性气体的凝结层对非冷凝性气体的深冷霜捕集吸气。低温泵是目前较理想的清洁高真空泵，工作范围为 $10^{-8} \sim 10$ Pa，极限压力约为 10^{-8} Pa。低温泵长期运转达到饱和容量时，其抽速急剧下降，需停泵升温使先前冷凝的气体释放出来（即"再生"），恢复低温泵原抽气性能。低温泵常作为回旋加速器真空室的主抽真空泵。

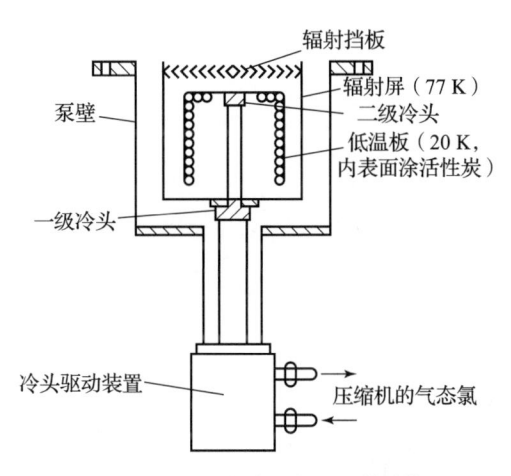

图 8-3 GM 制冷机低温泵的结构

4. 冷板抽气装置[4]

近十几年，紧凑型中能强流负氢离子回旋加速器得到较快发展。此类回旋加速器主真空室容积大，气载大；内部结构复杂，流阻大。因此，采用商业低温泵、涡轮分子泵等从外部抽真空，很难实现对主真空室内部高抽速（几万 L/s）并达到高真空度（10^{-6} Pa）和压力均匀分布的要求。为解决此难题，采用低温冷板抽气技术。冷板抽气装置由冷板、挡板和屏蔽板及液氦机组成，其工作流程如图 8-4 所示。冷板抽气装置一般安装在回旋加速器主真空室中，靠近磁铁中心平面。

冷板抽气装置的工作原理同低温真空泵，其不同之处在于：低温真空泵的挡板和屏蔽板（80 K）、冷板（20 K）是由 GM 制冷机一级和二级制冷的，而冷板抽气装置的挡板和屏蔽板采用液氮制冷（80 K），冷板由液氦制冷（4.5 K）；商业低温真空泵是定型产品，而冷板抽气装置的冷板、挡板和屏蔽板的形状、结构和尺寸是依据回旋加速器真空室内磁铁谷区的形状和尺寸自行设计的。冷板可被深冷到 4.5 K，而且冷板、挡板和屏蔽板的面积很大，因此冷板抽气装置的抽速远大于商业低温泵，可达几万甚至几十万 L/s。冷板抽气装置是完全洁净的抽真空设备，抽速大，但设备复杂，价格高，仅用于大型回旋加速器。

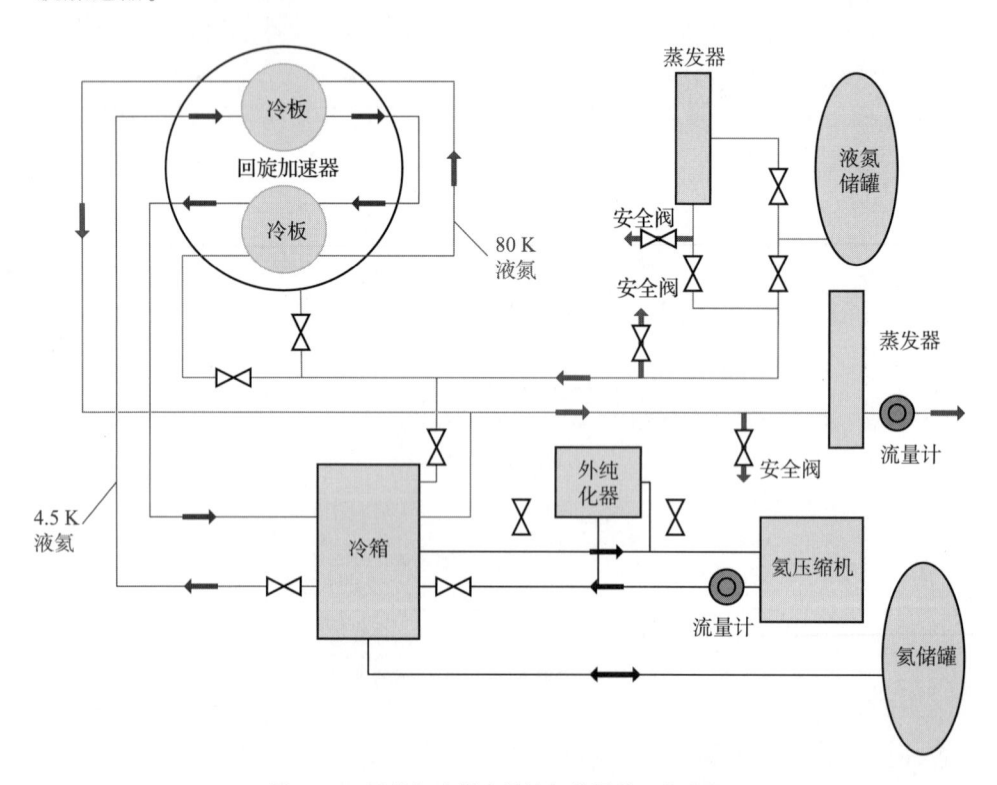

图 8-4 回旋加速器冷板抽气装置的工作流程

8.1.1.3 真空测量[5]

真空装置内的真空度（压力）是由一套真空测量仪器来测量的，它由真空规和真空仪组成。真空规与真空室相连，直接获取与压力有关的信号；而真空仪是将压力信号放大，经校准转换为可显示和读出的数值（真空度）的仪表。真空技术所涉及的真空度范围为 10^{-12} Pa ~ 10^5 Pa，一种真空规不可能完成全范围真空度测量。不同真空规工作原理不同，测量真空度的范围也不同，图 8 – 5 所示为各种类型的真空规及它们的测量范围。在回旋加速器真空系统中，常用热耦规和电阻规测量低真空，用冷阴极潘宁规和热阴极 B – A 离子规测量高真空。

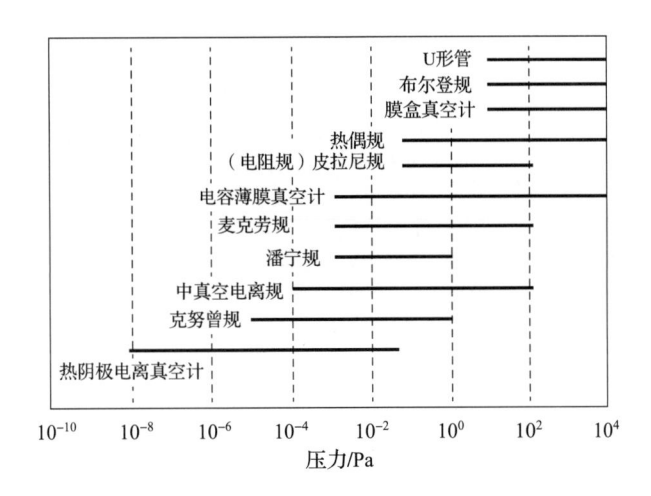

图 8 – 5　各种类型的真空规及它们的测量范围

1. 低真空测量的真空规

（1）热耦规由两根不同的金属丝焊接而成的热电耦和一根加热丝组成。热电耦的电动势取决于加热丝的温度。当加热丝加热功率一定时，加热丝上的平衡温度取决于气体压力，即热电耦的电动势亦取决于气体压力。因此，测量热电动势大小就相当于测量了真空度。

（2）电阻规，又称为皮拉尼规。它由一根电阻丝和一个测量电阻值的电桥组成。当电阻丝的加热功率恒定时，电阻丝的温度取决于气体压力，电阻丝的电阻值大小又随温度而变化。因此，测量电阻值的大小就相当于测量了真空度。

2. 高真空测量的真空规

1）潘宁规

潘宁规的工作原理如图 8 – 6 所示。在规管内，两个平行圆板阴极之间有一个圆筒阳极。阴极接地，阳极加约 + 2 000 V 电压；在规管外有一对永久磁铁，磁感应强度约为 4×10^{-2} T，磁力线垂直于阴极。阳极和阴极所构成的空间内的自由电子在电场和磁场的作用下作螺旋线运动,并与气体分子碰撞使气体电离;离子打到阴极上溅射出二次电子。二次电子使阴极和阳极间的气体进一步电离,建立起稳定的自持放电。阳极和阴极分别收集到的离子流和电子流大小,与气体分子密度,即气体压力有关。因此,收集测量离子流和电子流,就相当于测量了真空度。

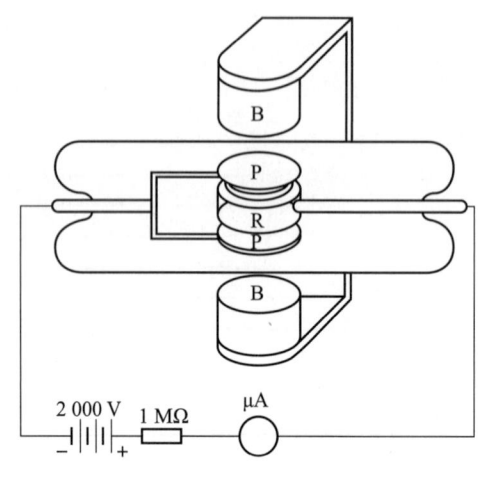

图 8-6　潘宁规的工作原理

潘宁规的优点是没有热阴极、结构简单、牢固、寿命长、灵敏度高;其缺点是非线性、不稳定。灵敏度高的特点使潘宁规可用于真空联锁系统。

2) B-A 真空规

B-A 真空规是热阴极电离规,它由灯丝(阴极)、栅极(加速极)和离子吸收极(阳极)组成,其结构如图 8-7 所示。3 个电极间电位匹配合适时,灯丝发射的电子会在栅极内外往复振荡,气体被电子碰撞电离,离子被离子吸收极收集。当灯丝发射电子一定时,气体电离的离子流正比于气体分子密度,即正比于气体压力。因此,测量 B-A 真空规中气体电离的离子流,就相当于测量了真空度。

B-A 真空规具有电极结构容易除气、测量下限低等特点,广泛用于高真空和超高真空测量。

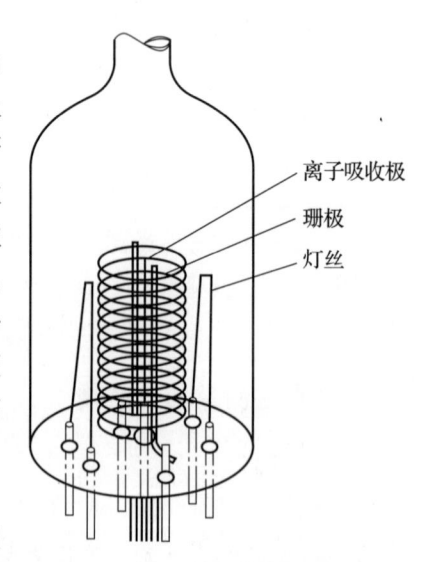

图 8-7　B-A 真空规的结构

8.1.1.4 真空阀门

真空阀门是真空系统的重要部件,用于切断或接通真空管路中的气流或物流或调节气流量等。对真空阀门的基本要求是密封可靠;打开时流导尽量大,关闭时流导尽可能小或接近零流率;密封部件耐磨,寿命长。

回旋加速器上常见的真空阀门如下:

(1) 挡板阀。进口和出口成直角,故又称角阀。挡板阀的轴封一般采用橡皮密封,有的采用波纹管密封。阀门通径为 $\phi 10 \sim \phi 1\,200$ mm,流导为 $8 \sim 70\,000$ L/s。此阀门便宜,常用于低真空预抽管道。

(2) 插板阀。插板阀又称闸板阀,主要由阀体和阀盖组成。阀体上进口和出口平行直通,插板阀上有橡皮"O"圈密封。阀体较薄,通导较大。此阀门用于高真空或超高真空系统。

(3) 针阀。阀体为锥形或针形结构,利用细牙的差动螺纹在阀外部调动较大,而内部阀体仅作微小移动,从而精确控制气体流量。普通针阀用于向真空系统内放气破坏真空;精细针阀用于调节气流量,如回旋加速器离子源用针阀精确调节进气流量。

(4) 快速阀。当真空被破坏时气流速度高达 3 马赫。为使回旋加速器束流线靶室真空被破坏时的损害仅限于靶室区域,确保回旋加速器主体安全,可在束流线上、离靶室 10 m 以外安装动作时间小于 10 ms 的快速阀。它应具有拾取真空信号快、自身动作快的特点。快速阀价格高,仅在确有必要的束流线上安装使用。

8.1.2 回旋加速器真空系统的特点和要求

回旋加速器真空系统主要由束流注入线管道、主真空室(加速室)、束流传输线管道、真空泵、真空阀门、真空规及安全联锁等组成。

不同类型的回旋加速器对其真空系统有不同的要求。就回旋加速器而言,对真空系统有同于其他类型回旋加速器的共性要求;同时,它自身的特点(例如,离子源注入气量大、高频高压电场、强磁场、离子所经路径长、强放射性等)又决定了它对其真空系统有如下特性要求。

8.1.2.1 高真空度

为了回旋加速器稳定工作和减少残余气体剥离引起的束流损失,要求回旋加速器真空系统,尤其主真空室应具有高真空度($10^{-6} \sim 10^{-4}$ Pa)。

（1）回旋加速器所加速的离子具有螺旋轨迹，所经的路径长，因此与气体碰撞的概率大。离子与气体分子碰撞发生库仑散射、电荷量转换和核反应，使离子偏离既定轨道或消失，造成束流损失。例如在比利时 IBA 公司的 Cyclone-30 负氢离子回旋加速器（30 MeV/350 μA）中，当真空度为 1.3×10^{-4} Pa 时，10 MeV 负氢离子束损失约 2.5%；而负氢离子经更长路径被加速到 30 MeV 时，它的损失已达 5%。因此，为了减少束流损失，回旋加速器所加速的离子能量越高（所经路径越长），对真空度要求也更高。Cyclone-30 负氢离子回旋加速器要求运行时的真空度高于 1×10^{-4} Pa。

（2）现在，许多质子回旋加速器为了简化引出设备和提高束流引出效率，将加速正离子改为加速负离子，但负离子与气体分子碰撞较容易被剥离掉电子而变为原子，即负离子与残余气体分子碰撞的束流损失远大于正离子。主真空室内真空度对负离子损失影响极大。为了减少负氢离子剥离损失，要尽量提高负离子所经路径上的真空度，如正在建工程中的 100 MeV/200 μA 负氢离子回旋加速器，为了把负氢离子损失限制在 0.5% 之内，其主真空室内真空度要求高于 5×10^{-6} Pa。

（3）在回旋加速器中，离子在高频高压电场中获得加速。高频高压电场在绝缘材料或气隙间的击穿场强远低于直流高压电场（约为其 1/3）。因此，为了保证回旋加速器高频高压电场的工作稳定性，要求其主真空室内的真空度高于直流高压型回旋加速器的真空度。

8.1.2.2 高抽速

回旋加速器主真空室内气载大，部件间流导小。为了使其在合理的时间内达到所要求的高真空度，真空系统中的真空泵必须具有高抽速。

（1）不论加速 H^+ 或 H^-，质子回旋加速器所用的是气体放电离子源。离子源内的部分气体会成为回旋加速器主真空室的气载。例如，30 MeV 回旋加速器所采用的会切多峰负氢离子源的工作气流量约为 $10 \sim 16$ Pa·L/s，进入回旋加速器主真空室的氢气气载流量约为 0.1 Pa·L/s。对于有气载的真空室，必须采用高抽速的真空泵以获得高真空度。

（2）回旋加速器被抽气的容积大，如 100 MeV 紧凑型负氢离子回旋加速器 CYCIAE-100 的主真空室内径为 4.02 m，高为 1.3 m；真空室内有主磁铁磁极、高频腔、对中线圈、束流诊断靶等许多部件，表面积大，所采用的材料种类多，因而放气多。因此，为使主真空室获得并保持高真空，必须采用高抽速的真空泵。

（3）回旋加速器内部部件多，结构紧凑复杂，部件之间空隙小，因而流导小。为迅速抽除各部件间隙中的气体，并使气压分布均匀，特别是保持磁极气隙间的加速空间的高真空度，也需要采用高抽速真空泵。例如，CYCIAE-100 主真空室除采用 2 台低温泵作为主抽泵外，真空室内部还安装有 2 台抽速高达 60 000 L/s 的冷板抽气装置。

8.1.2.3　防强磁场

回旋加速器主真空室处磁感应强度很大（为 1.3~2.1 T），在外磁轭周围，如上、下盖板抽真空开孔的位置，磁感应强度也往往高达千高斯量级。在如此高的磁场环境中，一般回旋加速器上所经常采用的商业离子泵、分子泵难以正常工作。因此，在回旋加速器主真空室中应采用不会受强磁场干扰的真空泵，如扩散泵、低温泵、冷板抽气装置等。如采用分子泵，必须进行磁屏蔽。

8.1.2.4　防强放射性辐射场

在回旋加速器中，离子在被加速和传输的过程中，无可避免地会有损失。损失的离子轰击真空室和束流管道内壁等，会产生辐射射线和放射性核素。因此，在设计回旋加速器真空系统时，要优化选择主真空室和束流管道的材料，以利于辐射防护和回旋加速器维修。一般回旋加速器的主真空室和束流管道的主要材料为不锈钢。但对于强流质子回旋加速器，所选择的是铝合金（如型号为 LF_2 的铝合金）。虽然在回旋加速器运行时，采用不锈钢或铝合金在线产生的射线辐射场强度相差不大，即对厂房辐射防护的设计影响不大，但产生的残余放射性核素种类和强度相差甚远。前者被 H^- 或 H^+ 轰击所产生放射性核素种类和总放射性强度远远高于后者。回旋加速器运行一段时间后，采用不锈钢的真空部件被活化，其放射强度非常高，会给回旋加速器维护带来极大困难。

强流回旋加速器运行时，会在线产生很高的射线辐射场，并造成橡皮密封圈老化，影响真空密封。因此，在回旋加速器主真空系统中，特别是在回旋束流平面附近，尽量避免采用橡皮"O"圈，应采用金属，如紫铜平板环、银丝、铝丝、铟丝等密封。

8.1.2.5　无污染

回旋加速器真空系统的污染来自真空泵油、真空室内的非金属部件、各种部件表面污染物、真空室充气（破坏真空）时空气中灰尘等。真空系统被污染的直接影响是难以达到所要求的高真空度，造成回旋加速器内的高频高压打火，加速器难以稳定运行；实验靶污染，加大了核物理试验和其他试验测量结果的误差。为了防止回旋加速器真空系统污染，应采取如下预防措施：

（1）尽量避免采用工作液为油的真空泵，如机械泵、扩散泵等。在真空系统中采用干式真空泵、非蒸发型吸气剂泵等作为粗抽和预真空抽泵；采用低温泵、冷板抽气装置、涡轮分子泵等作为高真空泵。

（2）真空系统内的绝缘部件应采用饱和蒸汽压低、不易挥发的材料。绝缘部件应化学性质稳定，不易被腐蚀；熔点高，可在较高温度下（100℃～200℃）被烘烤除气。尽量避免环氧树脂、塑料等类材料出现在真空室内。

（3）真空系统内的部件表面要具有高光洁度，表面无污染。每个部件加工后和安装前，要用汽油、丙酮、洗涤剂等除油去污；用酒精擦洗脱水；用热电扇或烘箱加热除气。

（4）有时回旋加速器真空系统内的零部件要更换或维修，当需要破坏真空（放气）时，尽量不要直接打开放气阀通入空气，而应通入干燥洁净的氮气或氩气等。

8.1.3　回旋加速器真空技术的发展

近几十年，回旋加速器真空技术的发展是多方面的，对回旋加速器真空技术的发展影响最大的是真空获得设备。20世纪五六十年代，在回旋加速器真空系统中，主要采用配有液氮冷阱的油或水银扩散泵。水银扩散泵由于对人体和环境有严重的伤害和破坏，较早地淡出了回旋加速器真空系统。油扩散泵抽速低、极限压力大，而且其工作液（油）黏滞系数小，饱和蒸汽压高，"返油"造成回旋加速器主真空室和实验靶室污染，不仅影响回旋加速器的性能，而且造成核物理试验结果有较大误差。20世纪70—90年代，在回旋加速器束流线上，已开始采用分子泵、离子泵，但在大多数回旋加速器的主真空室上仍采用扩散泵作为主抽泵。其主要原因是扩散泵的工作液已改为聚苯醚，冷阱采用制冷机制冷，扩散泵的"返油"率有了明显降低；扩散泵的抽速大、价格低。20世纪80年代至今，许多回旋加速器采用低温泵作为主抽泵。低温泵无油清洁、体积小、抽速大，它有效地改善和提高了回旋加速器的性能。近一二十年发展起来的中能强流负氢离子回旋加速器，离子源气流量大，回旋加速器主真空室容积大，因而气载大；主真空室内零部件多，材料各异，结构复杂紧凑，因而流导小；所加速的负离子与气体碰撞损失远大于正离子。因此，要求主真空室内近于超高真空。在此情况下，如再从外部采用商家生产的普通扩散泵、低温泵等抽气，其内部难以达到超高真空和较均匀的气压分布，故改用"冷板"（异形深冷低温泵）抽真空技术，将针对不同回旋加速器各自的结构特点设计的"冷板"安装在主真空室内部（磁铁谷区中）。"冷板"抽真空完全无污染，抽速大，无任何转动部件，寿命长。"冷板"抽真空是回旋加速器真空技术发展的新亮点。

早在20世纪70年代，美国Lawrence Berkeley国家实验室就研制出应用在中性束源上的低温冷板抽气系统[6,7,8]。该低温冷板抽气系统采用直径约为2 m、长约为1 m的薄壁圆柱筒状3.8 K前低温板，在其后方还有一个低温阵列形成的直径约为2 m、长约为1 m的圆柱筒状3.8 K后低温板。在最大气载为 12.24 Pa m³/s 的情况下，前、后低温冷板对氢气的抽速分别可达 5.8×10^5 L/s 和 7.8×10^5 L/s。

20世纪80年代，加拿大TRIUMF实验室在500 MeV回旋加速器上采用了低温冷板抽气技术。回旋加速器主真空室直径为1.7 m、高为0.46 m，其主抽真空泵由5台3 000 L/s的商业低温泵和两套长为1 066.8 cm、直径为2.54 cm的低温冷管（液氦制冷，4.5 K）抽气系统组成，低温冷管抽气系统截面如图8-8所示。在低温泵、冷管共同工作时，回旋加速器真空室的真空度可达到 2.66×10^{-6} Pa[9,10]。

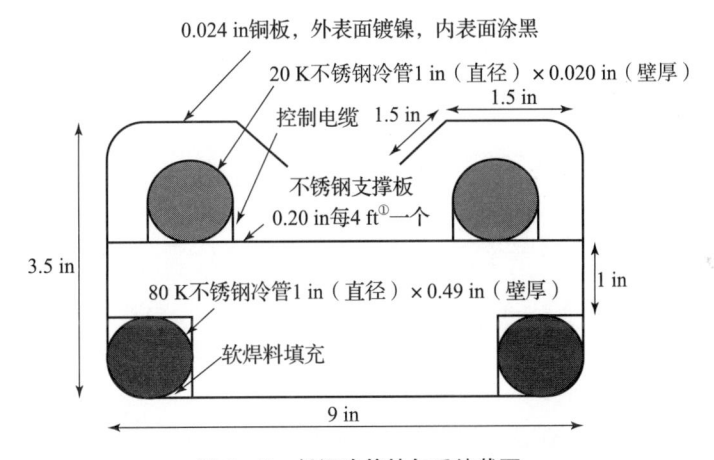

图8-8 低温冷管抽气系统截面

在国内，中国科学院合肥等离子体所较早地开展了低温冷板抽气技术研发工作，在2003年研制出4.2 K低温冷板[11,12]抽气系统，安装在托克马克装置的真空室入口处使用。该系统包含一台1 400 L/s的涡轮分子泵机组、液氮杜瓦（115 L）、液氦杜瓦（90 L）、4片"人"字形挡板（1 918 mm×560 mm）、液氦低温冷板（有效面积约为4 m²）等。经测试，该4.2 K低温冷板抽气系

---

① 1 ft（英尺）= 0.304 8（米）。

统对氢气的抽速可达 400 000 L/s，极限真空度为 5×10^{-5} Pa，中性化室动态真空度为可达 5.5×10^{-3} Pa。

我国第一台回旋加速器于 1958 年在中国原子能科学研究院投入运行。回旋加速器在该院 50 年的发展过程，也是回旋加速器真空技术在我国发展的缩影。我国第一台回旋加速器是苏联制造的 Y–120 回旋加速器，它加速氘正离子（D^+），能量为 12.5 MeV，束流强度为 100 μA，用于低能核物理试验研究[13]。它的主真空室体积为 1.3 m（长）×1.3 m（宽）×0.22 m（高）。该回旋加速器真空系统一共有 4 台扩散泵机组。2 台位于主真空室，每台抽速为 1 200 L/s；1 台位于回旋加速器偏转板引出口，抽速为 100 L/s；1 台位于靶室，抽速为 500 L/s。该回旋加速器的真空度仅能达到 1.3×10^{-3} Pa。当时，扩散泵体积大、抽速小、"返油"率高，严重地影响了离子流强度和工作稳定性。20 世纪 90 年代，中国原子能科学研究院研制出用于生产医用同位素的 30 MeV 紧凑型负氢离子回旋加速器（CYCIAE–30），其主真空室的真空度要求高于 6.7×10^{-5} Pa。主真空室由铝合金板焊接而成，直径为 1.7 m，高为 1.1 m。主真空室的抽气过程是：2 台扩散泵机组（泵口口径为 ϕ250 mm，抽速 3 000 L/s），将主真空室抽至真空度为 1×10^{-4} Pa；关阀门，停扩散泵后，再用 2 台低温泵（抽速为 3 000 L/s）将主真空室抽至真空度为 3×10^{-5} Pa[14]。在 30 MeV 时，束流损失小于 2%。

中国原子能科学研究院于 21 世纪初研制出 10 MeV 的强流回旋加速器综合试验装置。由于该回旋加速器能量相对低，因此，对运行时的真空度要求仅为 6.6×10^{-4} Pa。回旋加速器主真空室由合金铝板焊接而成，直径为 0.92 m，高为 0.63 m。2 台扩散泵作为主抽真空泵（每台抽速为 2 400 L/s），泵的工作液为聚苯醚，"返油"率小于 5×10^{-4} Pa/cm²/min。主真空室的真空度可达 2×10^{-4} Pa，加速至 10 MeV，负离子束损失小于 5%[15]。现正在研制的 100 MeV 紧凑型负氢离子回旋加速器 CYCIAE–100 的主真空室真空度要求高于 5×10^{-6} Pa。主真空室由厚 90 mm 的合金铝板焊接后加工而成，直径为 4.04 m，高为 1.27 m。主真空室的抽气作如下安排：4 台干泵（每台抽速为 8 L/s）将主真空室预抽至真空度为 5 Pa，然后启动 2 台分子泵（每台抽速为 1 550 L/s）进一步预抽到真空度为 10^{-3} Pa，最后启动 2 台冷泵和 2 套冷板抽气装置（安装在主真空室的谷区内，每套抽速为 60 000 L/s），真空度可高于 5×10^{-6} Pa，在 100 MeV 时，负离子剥离损失小于 0.5%[20]。

从上述实例可以看到回旋加速器的主真空泵由普通油扩散泵到聚苯醚扩散泵、扩散泵和低温泵组合，发展到如今分子泵或低温泵和冷板抽气装置组合。真空技术的每一进步都会使回旋加速器性能得到明显改善和提高。

8.1.4 回旋加速器真空系统设计示例

回旋加速器真空室外部采用商业真空泵作为主抽泵的常规真空系统设计在一些回旋加速器专著和有关文献中已有介绍,在此不赘述。对于紧凑型中等能量的强流负氢离子回旋加速器,为使主真空室获得高抽速、高真空度、均匀的压力分布,多在回旋加速器真空室内安装低温冷板抽气装置。低温冷板抽气是回旋加速器真空技术的新亮点。在此简述回旋加速器的低温冷板真空系统设计的一些重点内容。

8.1.4.1 系统工作条件和要求

1. 工作真空度

回旋加速器对真空系统的主要要求是高真空度和清洁无污染。在真空系统设计中,首先要确定一个合适的真空度,真空度偏低,回旋加速器难以正常工作,而真空度过高,会给工程建造带来过大难度和过高造价。影响确定合适真空度的主要因素是限制加速过程的束流损失,负离子回旋加速器对真空度的要求更高。CYCIAE-100 在圈能量增益为 200 keV 的情况下,不同真空度对应的束流在不同能量范围的损失情况见表 8-2。

表 8-2 CYCIAE-100 中不同能量范围的真空度对应的束流损失

氮气等效剥离气压/Torr①	真空度/Torr	束流损失(0~20 MeV)/%	束流损失(0~70 MeV)/%	束流损失(0~100 MeV)/%
1.00×10^{-7}	2.61×10^{-7}	1.22	2.38	2.88
8.00×10^{-8}	2.08×10^{-7}	0.98	1.91	2.31
6.00×10^{-8}	1.56×10^{-7}	0.73	1.44	1.74
4.00×10^{-8}	1.04×10^{-7}	0.49	0.96	1.16
2.00×10^{-8}	5.18×10^{-8}	0.24	0.48	0.58

2. 系统气载

紧凑型中等能量回旋加速器的磁极(铁)、高频腔(铜)、调谐和对中

---

① 1 Torr = 1 mmHg。

线圈（铜）等大型部件常安装于主真空室（铝合金）内，其主真空室的主要气载有：①来自离子源的工作气体 Q_1；负氢离子源通入的氢气量约为 6 SCCM，通过注入线进入主真空室的气载小于 0.1 Pa·L/s，主要是氢气。②材料表面放气，可从有关文献中查到各种材料（铁、铜、铝等）的出气率 $[Pa·L/(s·cm^2)]$，再乘以每种材料放气面积，即可分别得到每种材料放气的气载，各种材料放气的气载之和为 Q_2；估算 CYCIAE-100 排气 25 h 之后，表面出气的气载约为 0.5 Pa·L/s。③主真空室的漏气和渗漏为 Q_3；CYCIAE-30 回旋加速器静态升压试验结果表明，漏气和渗漏气载小于 0.015 Pa·L/s，CYCIAE-100 设计时假定为 0.1 Pa·L/s。

真空室内总气载：$Q = Q_1 + Q_2 + Q_3$，对于 CYCIAE-100，Q 为 0.7 Pa·L/s。

3. 系统所需抽速

在主真空室气载为 Q 的条件下，为了使其达到所要求的真空度 P，真空装置对主真空室的有效抽速应为：$S = Q/P$。通过计算容易得到 CYCIAE-100 主排气设备对 H_2O、N_2、O_2 和 CO_2 等易冷凝性气体的抽速要求为 120 000 L/s；对氢气的抽速要求为 20 000 L/s，可见仅靠主真空室排气口连接常规真空泵，远远不能满足这样的抽速要求，所以 CYCIAE-100 主真空系统需要根据回旋加速器主磁铁的谷区结构特点设计内置式的冷板抽气系统。

8.1.4.2 冷板抽气系统结构设计和计算

1. 结构概念设计[17]

插入式低温冷板抽气系统由冷板（20 K）、冷板之间的间隔板（80 K）、屏蔽板（80 K）和挡板（80~120 K）、氦制冷机、低温传输管线等组成。冷板（如需要提高氢气抽速，内表面可刷镀活性碳）由氦制冷机制冷到 20 K，对易冷凝性气体（O_2、N_2、CO_2、H_2O 等）进行冷凝抽气；在冷板内表面没有刷镀活性碳的情况下，H_2、He、Ne 等难冷凝性气体主要由外接低温冷泵抽气；间隔板、屏蔽板和挡板由氮制冷机制冷到 80 K（挡板允许温度略高），用于阻挡和屏蔽室温环境的热量直接加载到冷板上，以及对 H_2O 等气体有一定的冷凝抽气作用，对难冷凝性气体进行预冷。

冷板采用不锈钢，其结构设计的关键是冷凝面积、气体通道等方面的综合考虑以满足抽速的要求。CYCIAE-100 的冷板结构如图 8-9（a）所示。为了增大挡板对气体的通导能力，挡板采用百叶窗挡板片和"人"字形挡板片相结合的方式：与 20 K 冷板正对的位置采用"人"字形挡板片，其余地方采用百叶窗挡板片。为了减小环境对冷板的漏热，屏蔽板和挡板内表面涂黑，其余表面镀镍抛光。为了满足挡板对冷板的完全光学屏蔽，减少环境对冷板的热辐射，相邻冷板之间放置一片间隔板（80 K）。冷板和间隔板安装于屏蔽板和挡板之中，冷板抽气装置总装图如图 8-9（b）所示。

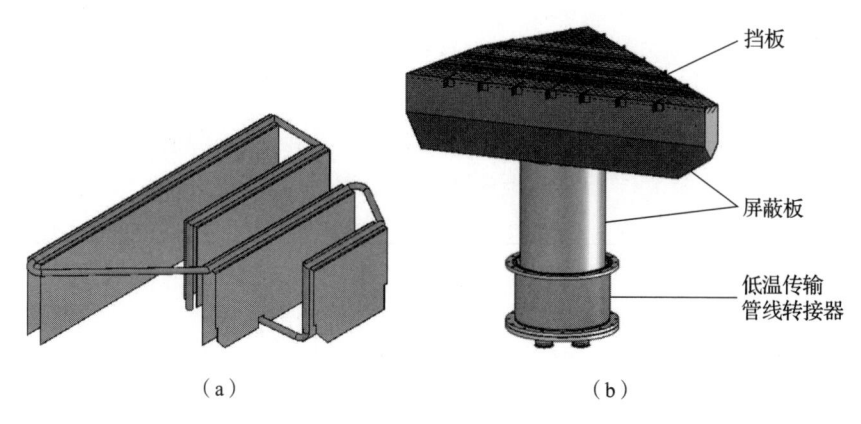

图 8-9 冷板抽气装置

（a）冷板结构；（b）总装图

2. 冷板面积和有效抽速计算

定义单位低温表面面积的抽速为比抽速 [L/(s·cm²)]，依据要求的抽速 S 和冷板的比抽速 S_o[5]，可算出对应抽速的冷板面积。冷板工作时，要用 80 K 挡板和屏蔽板将其屏蔽起来，避免直射光并降低气体的温度，以减少 20 K 冷板的热负载，但挡板会增加气体的流阻，影响冷板的抽速。

20 K 冷板的低温表面抽速计算公式如下：

$$S = c \cdot \sqrt{\frac{RT}{2\pi M}} \cdot A \qquad (8-16)$$

式中，S 为泵的有效抽速，单位为 L/s；c 为捕获概率；T 为被抽气体的温度，单位为 K；M 为被抽气体的摩尔质量，单位为 g/mol；R 为气体普适常数；A 为低温冷板面积。其中捕获概率 c 由下式计算：

$$\frac{1}{c} = \frac{1}{\alpha} + \frac{1}{\omega} - 1 \qquad (8-17)$$

式中，α 为黏附概率，ω 为气体分子进入低温冷板表面的传输概率（与冷板和挡板的几何结构有关）。对于百叶窗挡板，传输概率约为 0.45。通过随机数给定分子的初始运动条件（空间坐标和三维速度分量），模拟计算分子通过挡板到达低温冷板的运动过程，估算实际设计的几何结构的传输概率，然后根据式

(8-16) 和式 (8-17) 计算相应结构的比抽速。以提高比抽速为设计目标，调整、改进冷板和挡板的几何结构，重复相同的模拟计算步骤，以获得合理的几何结构。几何结构合理的冷板比抽速一般可以做到大于 3 L/(s·cm²)，中国原子能科学研究院基于 GM 制冷机的低温冷板试验系统也获得了比抽速大于 3 L/(s·cm²) 的测试结果。

CYCIAE-100 要求对易冷凝性气体的抽速为 120 000 L/s，两个安装于主磁铁谷区之中的冷板抽气装置，每个的有效抽速需达到 60 000 L/s，对比抽速大于 3 L/(s·cm²) 的冷板抽气装置，所需要的低温冷板面积约为 2 m²，考虑 1.1 倍的冗余量，即每个低温冷板的面积要求大于 2.2 m²。

3. 热负载计算

热负载计算包括 20 K 负载和 80 K 负载，是选择氦制冷机的技术依据。由于主真空室内有高频腔、磁铁等发热部件，真空室内环境温度高于室温，参考 10 MeV 强流回旋加速器综合装置的真空室内温度测量结果，热负载计算时可假定真空室内环境温度为 60 ℃ (333 K)。一般来说，辐射热计算可采用下列公式[18]：

$$Q_{C1} = \sigma F_C \varepsilon (T_B^4 - T_C^4) \quad (8-18)$$

式中，σ 为黑体辐射常数 [5.67×10^{-12} W/(cm²·K)]；F_C 为受热辐射板的面积，单位为 cm²；T_B 为辐射热源的温度，单位为 K；T_C 为受热辐射板的温度，单位为 K；ε 为综合黑度，为：

$$\varepsilon = \cfrac{1}{\cfrac{1}{\varepsilon_C} + \cfrac{F_C}{F_B}\left(\cfrac{1}{\varepsilon_B} - 1\right)} \quad (8-19)$$

式中，F_B 为辐射热源的面积；ε_C 为受热辐射板的黑体辐射系数；ε_B 为辐射热源的黑体辐射系数。

1) 20 K 的热负载计算

20 K 的热负载来源主要包括四部分：屏蔽罩和挡板对冷板的辐射热 Q_{C1}，即来自 80 K 的热负载；高频腔、主磁铁等部件及真空室内壁透过挡板对冷板的直接辐射热 Q_{C2}，即来自 333 K 的热负载；被抽气体降到冷板温度时，在冷板上冷凝的热负载 Q_{C3}；氦传输管线及支撑的热损失 Q_{C4}[19]等。

(1) 80 K 屏蔽板及挡板对冷板的辐射热。

CYCIAE-100 设计的 20 K 冷板面积约为 2.2 m²，冷板表面镀镍抛光，考虑到霜层厚度的影响，并参照其他回旋加速器冷板设计资料，综合黑度取 0.5，则可得知每套 20 K 冷板受 80 K 屏蔽板及挡板的辐射热为 2.55 W，两套共 5.10 W。

（2）333 K 环境对 20 K 冷板的辐射漏热。

由于有 80 K 挡板及屏蔽板的阻挡，333 K 环境并不能直接辐射在冷板上，估计 333 K 环境对 20 K 冷板的漏热系数约为 0.01，则 333 K 环境对一套冷板的辐射漏热为 7.8 W，两套共 15.6 W。

（3）气体冷凝热。

冷板系统在 1×10^{-2} Pa 下启动，抽速为 120 000 L/s。以液化潜热值（9 632 J/mol）最大的 CO 气体计算冷凝热负荷，共计 5.2 W。

（4）传输管线的热负载。

低温管线的冷量损失依据国外实验室的低温工程经验，假定为 1 W/m，进出长度共 50 m，估计热负载为 50 W。

20 K 总的热负载约为 76 W。

2）80 K 的热负载计算

（1）333 K 环境对 80 K 屏蔽板和挡板的辐射热。

经过估算，在低于 0.01 Pa 的真空度下启动冷板工作 25 天后，对应 4.59 m^2 的屏蔽板和挡板外表面上霜层厚度约为 0.05 mm，对其综合黑度系数影响较小。考虑到加工工艺、精度和霜层的影响，假定结霜后屏蔽板和挡板外表面的综合黑度为 0.15（外表面抛光，镀镍镀锌至光亮），内表面涂黑，取综合黑度为 0.9，则 333 K 环境对每套冷板抽气装置的屏蔽板和挡板外表面的辐射热负载为 480 W。估算 333 K 环境对屏蔽板和挡板内表面的等效辐射面积约为 2 000 cm^2，则内表面受到的辐射热为 126 W。两套的热负载共计 1 212 W。

（2）80 K 传输管线的热负载。

80 K 管线长约为 25 m（进出 2 根管），直径为 25 mm，则管线外表面面积为 39 250 cm^2，300 K 环境对它的辐射热为 180 W。

（3）屏蔽板结构的支撑漏热。

两套冷板抽气装置的屏蔽板结构的支撑漏热估计约为 20 W。

因此，屏蔽板和挡板及传输管线上的 80 K 热负载共为 1 412 W。

8.1.4.3　CYCIAE－100 主真空系统构成

在前面各节中，结合有关具体技术已对 CYCIAE－100 真空系统的技术要求、特点与设计重点等进行了必要的介绍，本节对 CYCIAE－100 真空系统的设备构成以及这些设备选型的考虑作简要介绍，以便读者对一台较大型回旋加速器的真空系统全貌有所了解。

1. 主真空系统

为满足 CYAIAE-100 对真空度的要求，设计两套冷板抽气装置，每套的抽速为 60 000 L/s，分别安装在回旋加速器主磁铁的两个谷区内，作为回旋加速器排气的主装置。根据上述计算 20 K 和 80 K 的热负载，选择荷兰 Stirling 公司的 SPC-4T 氦制冷机给这两套冷板抽气装置制冷。该制冷机 80 K 的制冷功率为 1 600 W，20 K 的制冷功率为 200 W，若热负载小于 200 W，制冷温度可低达 17 K，有利于改善冷板的抽气能力。

根据前面的计算，要求对氢气的有效抽速为 20 000 L/s。CYCIAE-100 主磁铁下盖板 180°相对的两个谷区分别安排有口径为 ϕ500 mm 的安装洞，可作为真空系统使用。CYCIAE-100 的冷板上不刷涂活性碳，氢气负载主要依靠外接的两台低温泵排除，设计采用口径为 ϕ500 mm 的商用低温泵设备的供应商较多，如德国莱宝公司的 CoolVAC10000（对氢气抽速为 12 000 L/s），便于系统搭建。

由于饱和吸气量的限制，低温抽气装置（冷板和低温泵）一般要在高真空下启动，以便延长它的再生时间间隔。CYCIAE-100 配置两台抽速为 1 300 L/s 的磁悬浮涡轮分子泵将主真空室抽至真空度 5×10^{-3} Pa 后，再启动低温抽气装置。涡轮分子泵工作时需要有前级泵，CYCIAE-100 采用 1 台抽速 55 L/s 的五级罗茨真空泵作为预抽泵，将主真空室从大气抽到真空度 10 Pa 后再启动涡轮分子泵。该泵兼作涡轮分子泵的前级泵及低温泵的再生用泵。

CYCIAE-100 主真空系统的总体布局如图 8-10 所示。

2. CYCIAE-100 离子源及注入管道真空系统

负氢离子源工作时，要通入一定量的氢气，离子源出口真空度约为 1×10^{-2} Pa；负氢离子在注入过程中为了缓和空间电荷效应引起的束发散，要求将注入管道的真空度控制在大约 1×10^{-3} Pa 的水平以维持注入过程有一定的中性化率；注入管道的末端，即主真空室中要求有 5×10^{-6} Pa 的真空度。因此，注入管道真空系统的主要作用是形成一个差分抽气的环境，使大多数通入离子源的氢气被离子源真空室的真空泵抽走，安装在注入管道中段的真空泵抽走部分氢气，仅有少量氢气进入主真空室，以保证注入管道和回旋加速器主真空室的真空度要求。

CYCIAE-100 配置 4 台抽速约为 1 000 L/s 的涡轮分子泵和抽速为 8 L/s 的涡卷干泵作为离子源及注入管道的真空抽气装置，安装在气流方向和通导特殊

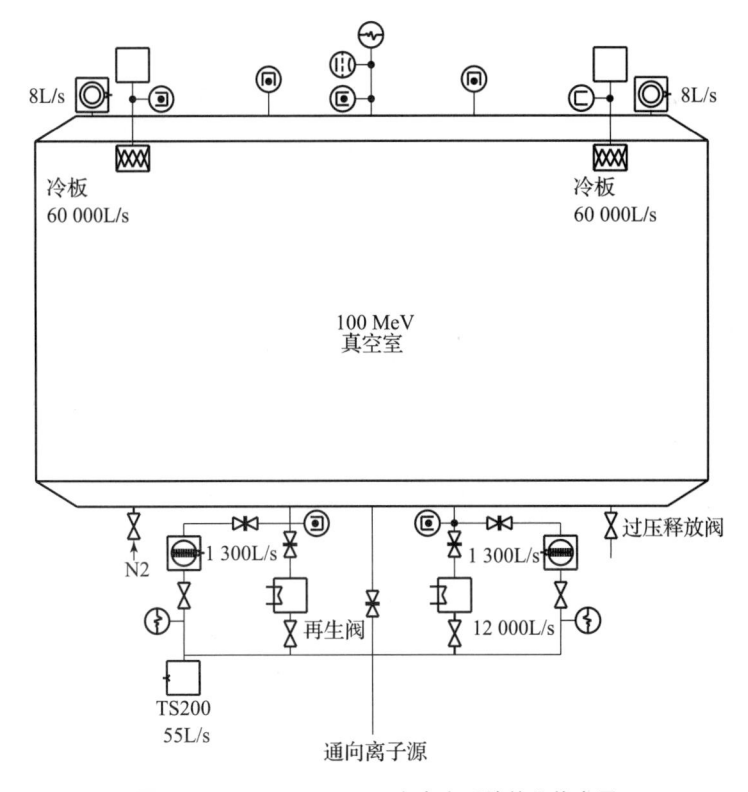

图 8 – 10　CYCIAE – 100 主真空系统的总体布局

规划的离子源真空室和注入管道的不同位置，以控制、实现注入管道中段的真空度约为 1×10^{-3} Pa，且满足离子源工作的高气压环境和主真空室的高真空度的技术要求。

3．CYCIAE – 100 束流输运管道的真空系统

CYCIAE – 100 共有 7 条质子束流输运管道和 2 条中子管道。中子管道长度分别为 15 m 和 30 m，仅需要维持真空度约为 1 Pa 的低真空状态，选用普通机械泵即可满足要求。7 条质子束流输运管道的内径均为 78 mm，最短管道的内径为 6.6 m，最长管道的内径为 39.8 m。由于束流输运管道的通径较小，管长较长，管道流阻很大，管道内的真空分布不均衡，成抛物线形分布，真空泵口处真空度最高，在管道距离真空泵口最远处真空度最低。CYCIAE – 100 在间隔 6 m 的管道之间都设有涡轮分子泵抽气机组，抽速为 600 L/s，保证束流输运管道抽气 24 h 之后真空度高于 5×10^{-4} Pa。

8.2 回旋加速器的电气、电源系统

8.2.1 电气系统

回旋加速器的电气系统是指为各类设备提供电力的电气元件及其线路连接，即通常所说的强电部分，这是回旋加速器重要的配套系统之一。电气系统设计的合理性、功能的完整性对回旋加速器的安全稳定运行有举足轻重的影响。通常，电气系统可以按两种方式建立拓扑：一种是按电气元件及连接来分类，电气系统由进线柜、空气开关、熔断器、配电柜、接触器及各类电线、电缆及用电设备等组成；也可按设计功能来分类，一台典型的回旋加速器电气系统通常由高频系统供电部分、水冷系统供电部分、真空系统供电部分、离子源及注入线供电部分、主磁铁供电部分、束流运输线供电部分等组成。

8.2.1.1 电气系统的设计

完整的回旋加速器电气系统设计周期应包含 3 个阶段：准备阶段、原理设计阶段和施工设计阶段。

1. 准备阶段

每台回旋加速器的设计差异导致其设备的组成也有所差别。因此设计者在准备阶段应充分了解回旋加速器的工艺设备，并根据其具体情况确定电气系统的组成。在此阶段，电气系统的设计者应着重关注如下方面：

（1）电气系统的设计应满足计量、维修、管理、安全、可靠的要求。

（2）对每路干线的供电范围应以容量、负荷密度为主要出发点，并兼顾三相负荷平衡、维护管理及防火分区等方面进行综合考虑。

（3）低压配电线路中短路保护装置的响应时间应确保电气系统在短路电流对导体和设备造成危害之前动作，以切断故障电流。

（4）过负荷保护应能在过负荷电流引起的热效应对绝缘、接头端子等造成破坏之前切断电路。

（5）设置接地故障保护，以防止人身间接电击、电气火灾和线路损坏等事故。

（6）所有的用电线路，应充分考虑与用电设备的连接等问题。

2. 原理设计阶段

电气系统的原理设计可以按其功能分类来进行。在原理设计中，需对回旋加速器设备的供电电压等级、用电容量、用电电流的大小等进行估算，并确定工程余量。设计输出为电气系统的原理图，如图 8-11 所示。从图中可以看出，一个典型回旋加速器的电气系统由进线柜、无功功率补偿柜、配电柜等组成。

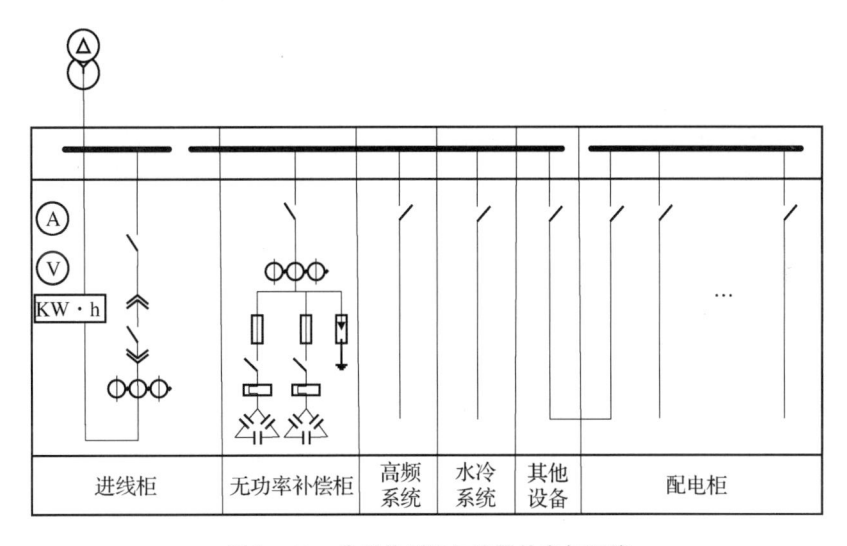

图 8-11 典型的回旋加速器的电气系统

在原理设计阶段需要特别注意的是，根据所设计的回旋加速器种类的不同，应合理设计其电气系统。一般情况下，对于用于科研用途、能量较高的回旋加速器，例如正在建造的北京串列加速器升级工程中的 CYCIAE-100 回旋加速器，由于其用电总功率较大，在电气系统的设计中，对于其用电容量较大的分系统，主要包括高频系统、水冷系统等，通常单独提供电力，而剩余其他设备，由一路母线提供电力；对于像医用小型回旋加速器这样的电气系统，由于其用电总功率较小，通常由一路母线提供电力，再进行配电设计即可。

下面以 CYCIAE-100 回旋加速器的电气系统为例，对电气系统原理设计过程加以说明：

（1）高频系统的配电。

高频系统的配电，根据高频放大器的实际情况，可以直接供给三相电，也可以配一次配电柜，用来安装空气开关、电流互感器、浪涌保护器、电压表、电流表、功率表等设备。在理论设计时，需要计算用电容量，选择合适的电气元件、输电线缆等。

（2）水冷系统的配电。

回旋加速器的水冷系统主要设备是制冷水机，由于在一般情况下，制冷水机内部已完成相关供电的设计，因此，只需计算用电容量，提供三相电即可。

（3）其余设备的配电。

这里的其余设备通常是指除高频系统、水冷系统外的回旋加速器的设备。在统计此路的用电容量时，需要注意的是，应根据回旋加速器的设计来剔除重复的功率项目。例如，有的回旋加速器会设计多条束流运输线，但同时使用的束线只有一条。因此，在统计用电容量时，只需计算用电容量最大的那条束流运输线即可。

在设计每路配电时，需根据用电设备功率来选择分路开关、接触器及过流保护继电器。根据设备的种类、结构、功能的差别，配电方式可分为以下3类：

①对于有独立遥控系统的设备，例如各类电源、真空泵、空气压缩机、屏蔽水门等，在配电柜内只设分路空气开关，此分路空气开关在正常状态下放置在合闸位置，仅当分系统检修时才分闸断电。

②对于没有独立遥控系统的设备或在回旋加速器控制过程中需通、断电的设备，例如监测仪表、回旋辅助设备电源等，在配电柜内除了分路空气开关，还应设立接触器，以便对这些设备进行步序控制。

③对于某些没有独立过流保护的设备，尤其是电动机机组、真空机械泵等，有可能发生阻转过流问题，为了保证设备的安全，在配电柜内除了分路空气开关、接触器，还应配有过流保护继电器，以备在过流时使接触器及时跳开。

（4）电气系统的控制接口。

在电气系统中，与回旋加速器控制系统相关的设备主要是各类接触器，接触器的控制通常使用直流 24 V 逻辑电平。为了方便设备的调整和维修，应在配电柜内备有独立的直流 24 V 电源。配电柜内接触器的控制回路相应地设有遥控和本地控制转换开关，遥控时使用控制系统提供的直流 24 V 电源，本地控制时使用配电柜内备用的直流 24 V 电源。

3. 施工设计阶段

原理设计完成后，进入施工设计阶段，应对相关电气设备、电线电缆进行选型确定。施工设计阶段的主要工作是确定电线电缆的长度、敷设以及各类电气柜摆放位置的设计等。在此阶段，设计者需根据回旋加速器厂房的情况，合理对进线柜、配电柜、电源等进行位置上的安排,确保施工设计具有合理性、可靠性和经济性。

对于电线电缆的敷设,设计者要根据厂房的平面图合理地设计电缆沟的结构、走向等。图 8-12 所示为一个回旋加速器电缆沟结构的侧视图。可以看出,电缆沟内一般要设有电缆桥架,电缆沟的深度、宽度要满足敷设要求。此外,由于回旋加速器为放射性设备,对于需要穿墙的电线电缆的敷设,其预埋管道不能采用直通式,而应采用 U 形结构,即预埋管道要留有一定的弧度,以满足辐射防护要求。

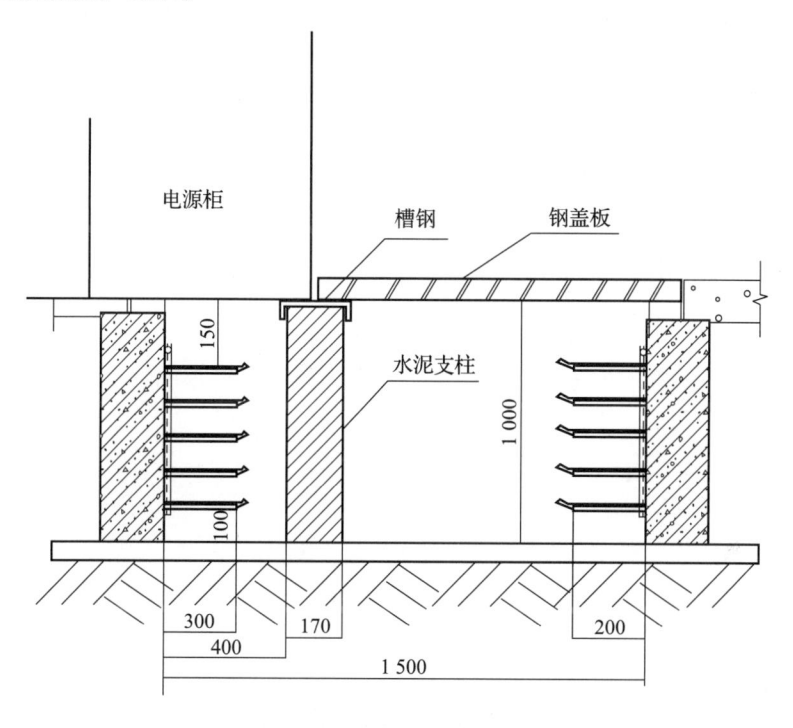

图 8-12　回旋加速器电缆沟结构的侧视图(单位:mm)

配电室的设计主要考虑温度、湿度、供水、接地等方面。通常,配电室内的设备比较多,用电功率较大,因此需要通过排风等手段来实现配电室的散热。设计者要估算出配电室发热功率的大小,以便建筑方面采用合理的手段保证配电室内的温度保持为 25℃±3℃。由于配电室内电子设备比较多,为防止凝露,湿度不宜超过 50%。如果配电室内有需要水冷的设备,设计者还要考虑给排水方面的要求。

配电室的接地设计是整个电气系统设计中最为重要的部分之一。设计合理的接地系统,可以有效地防止外界环境的电磁干扰以及回旋加速器不同设备之间的相互干扰。一般情况下，配电室内的四周墙壁以及电缆沟内都应设有接地电阻小于 1 Ω 的铜排，每一组设备的接地应单独与接地铜排相连，以避免串级连接。若配电室内不光有配电柜等，还有电源柜，则电源柜与配电柜的接地系统要分开，即从接地点引入两个独立的接地系统，分别与之相连。图 8-13 所示为某回旋加速器配电室接地系统的原理图。

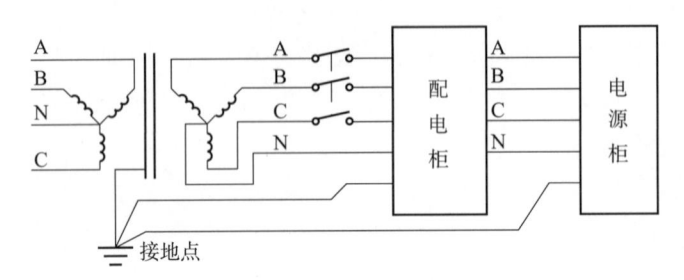

图 8-13 某回旋加速器配电室接地系统的原理图

8.2.1.2 电气系统的安装、调试

电气系统的安装是基于合理提出厂房要求，因此在施工设计阶段，充分考虑对厂房的各项要求是至关重要的，例如电气系统中动力电缆的进线位置及方式、电缆沟的走向及位置、穿墙管道的直径及数量等，它们对会对电气系统的安装产生重要的影响。

回旋加速器电气系统的安装，主要包含各类电气柜的组装、安装，电线电缆的敷设等。在安装过程中，要确保各类接头接触良好，信号线、动力线要尽量避免敷设在同一电缆沟内，各类电线电缆要做好标号。由于回旋加速器部分设备的特殊性，电气系统中会涉及部分高压电缆，例如：离子源电源的电线电缆，通常，这部分电线电缆的敷设应根据离子源电源的方案及所采用的电线电缆类型来决定，如采用普通电线电缆，架空敷设更为方便、安全，如采用耐高压电线电缆，则可以沿沟敷设。无论采用哪种方式敷设，均应充分考虑高压绝缘的问题。

安装完成后，先进行分系统调试，然后进行整个系统的调试，最后进行遥控调试。

8.2.2 电源系统

回旋加速器的设备繁多，其技术要求各不相同，其电源具有种类多、精度高、系统构成复杂等特点。以强流回旋加速器的主磁铁电源为例，它属于高精度稳流电源，通常要求长期电流稳定度达 100 ppm，在一些科研用途的大型回旋加速器中，主磁铁电源的长期稳定度往往要求达到 10 ppm，可以考虑采用数字控制反馈线路减少噪声对稳定度的影响，而且目前这种方法也成为设计电源的一个研究方向[2,5,8]。回旋加速器的另一类有代表性的电源是高亮度外部负氢离子源的电源系统，其属于高压电源，它的若干台稳流、稳压电源互锁，分别给离子源灯丝、弧压和各引出电极供电，这些电源都处于负几十 kV 的高电位上，对电源的设计[3,4]、走线都有特殊的技术要求，其中，根据等离子体负载而改变稳压、稳流特性的弧压电源设计难度大，并需根据离子源的试验结果反馈调节电源。对于上述强流回旋加速器中有技术特点的电源，将在本节结合实例加以介绍。

根据设备的分类，强流回旋加速器电源系统一般可以分为离子源及注入线配套电源、主磁铁及束流运输线配套电源、真空系统配套电源 3 类。

8.2.2.1 回旋加速器的主要配套电源系统

1. 离子源及注入线配套电源

以外部负氢离子源为例，离子源电源通常包括：弧压电源、灯丝电源、吸极电源、等离子体极电源、IS 偏压电源、x/y 导向电源。而注入线的电源由于设计方案的不同，通常由 x/y 导向电源、螺旋管磁透镜电源、静电偏转板电源、四极透镜电源等组成。图 8-14 所示为典型的负氢离子源的电源关系图。

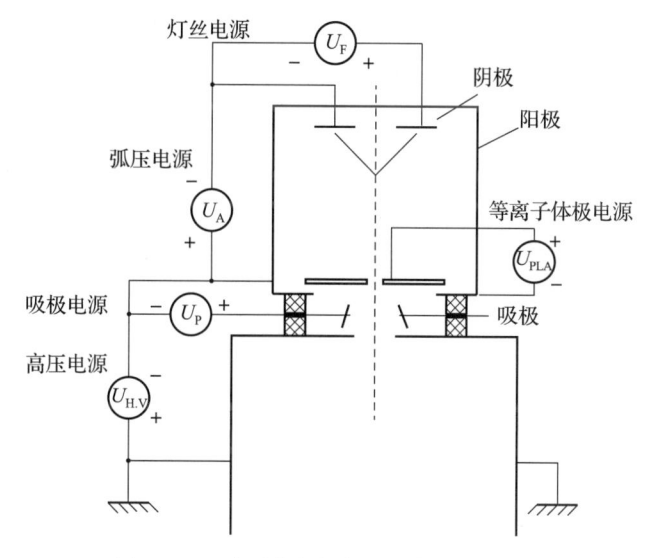

图 8-14 典型的负氢离子源的电源关系图

回旋加速器的电源系统中，离子源的电源应用较为特殊。由于离子源工作原理的特殊性，弧压电源的负载并不是通常的固定负载，而是可变化的负载，因此在设计电源时，要充分考虑到离子源的工作情况；而吸极电源、等离子体极电源则应着重考虑瞬间负载不稳定情况下的保护问题。通常，灯丝电源、弧压电源宜采用稳流源，吸极电源、等离子体极电源宜采用稳压源，同时，应充分考虑电源中泄放电线路的设计。电源应用方式方面通常可有两种，一种是使用线性电源与工频隔离变压器实现，一种是电源整体位于高压电位上实现。下面分别加以说明。

1）线性电源与工频隔离变压器的离子源电源方案

灯丝、弧压、吸极、等离子体极4套电源分别由低压和高压两部分组成。低压部分为交流输入、稳定等线路，以19 in 标准柜的形式进行安装；高压部分为隔离、变压、整流、滤波、采样、直流输出线路，集中安装在靠近离子源的高压机柜内。中国原子能科学研究院研制成功的强流回旋加速器综合试验装置的离子源电源即采用该方案，如图8-15所示。该方案的技术成熟，处于高压电位上的器件多为功率器件，但其采用的隔离变压器数量较多，体积大，另外工频干扰问题也值得关注。

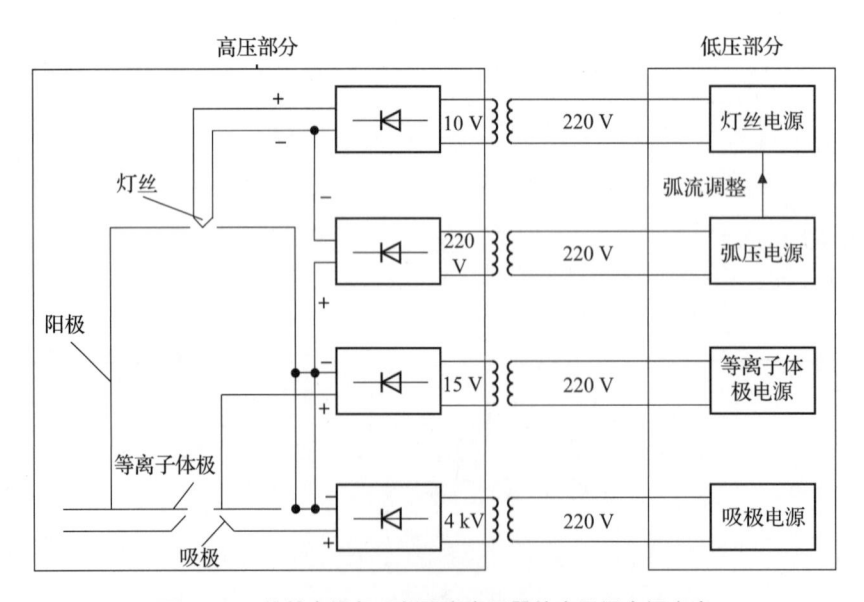

图8-15 线性电源与工频隔离变压器的离子源电源方案

2）电源整体位于高压电位的离子源电源方案

灯丝、弧压、吸极、等离子体极4套电源分别为独立的稳流型或稳压型开关电源，其输入电压由一台绝缘隔离变压器供给，即这4台电源整体坐落在高压电位上。该方案中隔离变压器只需 1 台，电源精度高。在实际应用中，由于电源整体处于几十 kV 高压电位上，故应注重以下两点：①负载端（即离子源本体）绝缘的可靠性；②在系统合适位置增加高压限流电阻。

2. 主磁铁及束流运输线配套电源

主磁铁作为回旋加速器最为关键的设备之一，励磁电流的稳定性将直接影响等时场，从而影响整台回旋加速器的性能。因此主磁铁电源在设计及使用时均有一些特殊的要求。

主磁铁电源[7]属于大功率、高稳定电流源，其电流稳定度通常要高于 100 ppm。实际使用时，材料的磁滞特性要求对主磁铁进行反复励磁，即电源的输出应有一个增加，减少，再增加，再减少这样一个重复 3~4 次的反复过程。因此，主磁铁电源的控制部分应实现这一功能。由于主磁铁电源的负载为一大的感性负载，这带来 3 点特殊性：①对于电压纹波的要求。通常对于 1 kHz 以上的电压纹波要求较低（一般比电流稳定度要求低两个数量级），而对 1 kHz 以下的纹波要求较高（一般比电流稳定度要求低一个数量级）。②负载的电感特性会对电流控制线路增加一个极点，进而可能影响其稳定性。必要时，可考虑在输出部分增加一级网络，进行相位补偿。③关闭电源时，应提供一条主磁铁磁储能释放线路[1]。最后，主磁铁电源也应具备一般电源所应有的遥控功能、软启动功能等。在电源保护方面，除了电源本身的安全联锁，主磁铁线圈的水冷、温度信号等也应作为主磁铁电源的安全联锁信号。

通常，可根据主磁铁电源指标及应用的不同决定采用开关电源还是线性电源。就目前的电源技术而言，无论开关电源还是线性电源，均可以实现。当电流稳定度高于 10 ppm 时，相比开关电源，线性电源更容易实现。

质子管道配套电源多为各类磁铁的电源，像二极铁、四极铁等。这类电源多为电流源。

3. 真空系统配套电源

真空系统配套电源多指分子泵等的配套电源。这类电源通常由与分子泵等设备一起由厂家提供。在使用时需要注意，分子泵电源的电源线有一定的使用长度，一般超过 15 m 会影响分子泵的正常工作。

8.2.2.2 电源的选型与技术指标及接口

为每个回旋加速器的设备配备合适的电源，可以有效地提高回旋加速器整体运行的稳定性，降低能耗。目前，市面上的电源主要分为线性电源、开关电源两种。线性电源具有稳定性高、纹波小、可靠性高、易做成多路、输出连续可调等优点，其缺点是体积大、较笨重、效率相对较低。开关电源具有体积小、质量小、稳定可靠等优点，其缺点是纹波较大。随着电力电子技术的不断发展，无论是线性电源、开关电源，还是近10年来得以迅速发展的数字化电源，均能满足回旋加速器设备的需求。因此，回旋加速器电源设计者应根据每个电源的指标、使用要求等进行综合考虑。

电源主要技术指标，除了要满足物理设计的要求外，还应留有一定的余量。合理地计算、设计电源容量和内部损耗，可以有效地降低能耗，节约能源。

电源容量与电源内部损耗可以遵循以下公式计算：

$$P_{in} = \frac{P_r}{\eta \times \cos\phi}$$

式中，P_{in} 为电源容量，η 为电源效率，$\cos\phi$ 为电网功率因子，P_r 为电源额定输出功率。

电源内部损耗 P_w 为：

$$P_w = \left(\frac{1}{\eta} - 1\right)P_r$$

若已知电源效率 η、电源额定输出功率 P_r，即可求出电源内部损耗 P_w。

电源的控制接口，应实现：①电源允许远控时，可以通过计算机开、停电源，并能调整输出电流/电压值的大小；②任何状态下，计算机都可以通过控制接口检测电源的工作状态及输出的电压、电流值。图8-16所示为某回旋加速器的电源控制接口，其中逻辑信号为直流24 V开关量，模拟信号均为0~10 V。

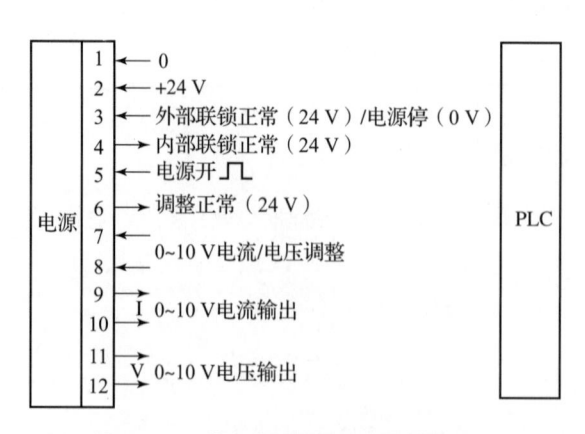

图8-16 某回旋加速器的电源控制接口

8.2.2.3 电源调试检测的基本方法

作为回旋加速器的配套电源,为了确保电源运行的稳定性及指标的可靠性,一般都需要进行至少 8 h 以上的运行检测。检测的电源指标参数一般包括:额定输出电流(电压)、电流(电压)稳定度、电压纹波等。在检测过程中,由于回旋加速器设备的特殊性,通常会采用两个阶段进行,首先是采用阻性的假负载进行检测,然后采用真实负载进行检测。因为回旋加速器的设备中,感性负载设备占多数,在采用阻性负载检测合格后,采用感性负载检测,对于部分电源参数会有一定的影响,例如电压纹波、软启动的时间等。只有采用真实负载检测合格后,才能确保电源的技术指标达到设计要求。

下面介绍一种比较常用的检测方法。

(1) 电流(电压)稳定度的测试方法。可采用从电源的输出端利用直流电流传感器(DCCT)取样自动测量,负载电流(电压)的取值范围为额定值的 10%~100%。计算方法:$SI \leqslant \dfrac{I_{max} - I_{min}}{I_{avg}}$。

(2) 电压纹波的测试方法。在电阻性负载条件下,用示波器测量,负载电流取值范围为额定值的 10%~100%。计算方法:$RV \leqslant \dfrac{V_{max} - V_{min}}{V_{avg}}$。

此外,还应对电源进行遥控测试,测试电源在遥控状态下各项指标参数是否正常。

8.3 回旋加速器的控制系统

与一般工业控制系统相比,回旋加速器的控制系统有其独特的特点和要求。首先,回旋加速器的控制系统中被控设备数量大、种类多、控制信号多种多样。例如加拿大 TRIUMF 实验室的 500 MeV 回旋加速器的被控设备达到数千个,这些设备所需的控制信号具有多样性,典型的有电压、电流、温度、流量、频率、相位、功率以及位置等。其次,回旋加速器的最终控制对象是高速运动的带电粒子,因此回旋加速器的控制系统对响应速度的要求也与普通工业控制系统不同,例如,为了确保高功率束流输运线的安全运行,控制系统须在发现故障的数 ns 内切断高频功率,停止束流加速。再次,回旋加速器的控制系统往往需要一天 24 h 一周七天满负荷运行,设备的可靠性和可维护性的需求非常高。最后，回旋加速器的控制系统前端处于强电离辐射场内，前、后端均工作在强电磁干扰环境中。回旋加速器的许多设备如高压电源、高功率射频发射机等设备具有高压、高频和强电流的特点，在运行过程中会产生很强的空间电磁场；部分现场控制设备需要一定的抗辐射损伤能力，因此回旋加速器的控制系统必须有完善的抗干扰措施和容错设计才能保证弱电信号的完整性以及整体可靠性，这增大了控制系统的设计难度。

目标为产生高功率、高强度质子束的回旋加速器，对传统意义的回旋加速器控制带来了新的挑战。回旋加速器的稳定性、低束流损失等各技术领域都面临新的困难。在智能化方面，为了达到强流回旋的低束流损失和高稳定性，主磁场需按预设置的要求，在线检测、闭环调节。系统选定磁场中梯度小、辐射场低的区域的有代表性场点，利用核磁共振法测量场误差，使用比例积分算法调整主磁铁电源输出电流，以自动稳定主磁场；对磁场等时性和一次谐波还常采用谐波线圈等手段，根据磁场测量结果和束测数据进行开环调节。随着束流强度的提高，束流负载效应直接影响回旋加速器射频系统的稳定性。CYCIAE–100 回旋加速器的射频低电平系统设计采用了他激、自激结合的方式，当束流平均强度变化频率小于调谐环带宽时，若发射机系统增益、相移稳定，采用他激方式可达到高稳定度。在自激模式中使用了射频自激环路、幅度/相位解调和 IQ 正交调制。从控制系统稳定性方面分析，在束流负载造成的腔体失谐角度不为零的情况下，自激模式不存在幅度相位串扰线路，为高稳定性强流回旋加速器腔体控制带来了新的可能。此外，低电平系统亦可在数 ns 内切断射频激励，以快速停止回旋加速器供束，为安全联锁系统提供了除插入注入线法拉第筒、封锁螺旋形偏转板高压之外的第三重保护。同时，强流回旋加速器的低束流损失对控制精度提出了更高的要求，例如主磁场测量系统中对测量探头的旋转定位精度须高于 2″；射频低电平系统中需要实现双腔加速电压矢量以及注入线聚束器加速电压矢量间相角稳定度高于 0.1° 等。

针对回旋加速器的控制特点和技术要求，控制系统伴随着回旋加速器的发展至今已超过半个多世纪。现代回旋加速器的控制系统均采用分布式控制体系结构，即整个回旋加速器的控制任务由分布在网络上的多台计算机共同完成，大量的实时作业由前端计算机承担。这样的系统具有很强的并行处理能力、很高的可靠性和实时响应速度以及良好的可扩充性。近 10 年来在国际上回旋加速器各实验室的合作下，回旋加速器的控制系统结构趋于固定和统一，这种统一的分布式模型以 EPICS 系统为代表，被命名为"标准模型"。

标准模型具有两层或者三层的结构，逻辑上分为操作员接口层（Operator Interface Layer）、子系统处理层（Sub – Process Layer）和设备控制层（Device

Control Layer)。标准模型的最高层为操作员接口层,它由若干台计算机组成,提供操作界面,安装数据库管理系统和高层应用软件,供大型计算作业和程序开发使用。标准模型的第二层为分布在设备周边的前端控制计算机,处理子系统级别的实时控制任务。第一层与第二层通过内部局域网进行连接。标准模型的第三层为设备控制层,使用 PLC、VME 或者微控制器、FPGA、DSP 组成的嵌入式控制器,对设备进行现场控制。第二层和第三层通过现场总线或以太网进行数据通信。下面,以 CYCIAE – 100 回旋加速器控制系统的初步设计为例对标准模型进行说明,其结构如图 8 – 17 所示。

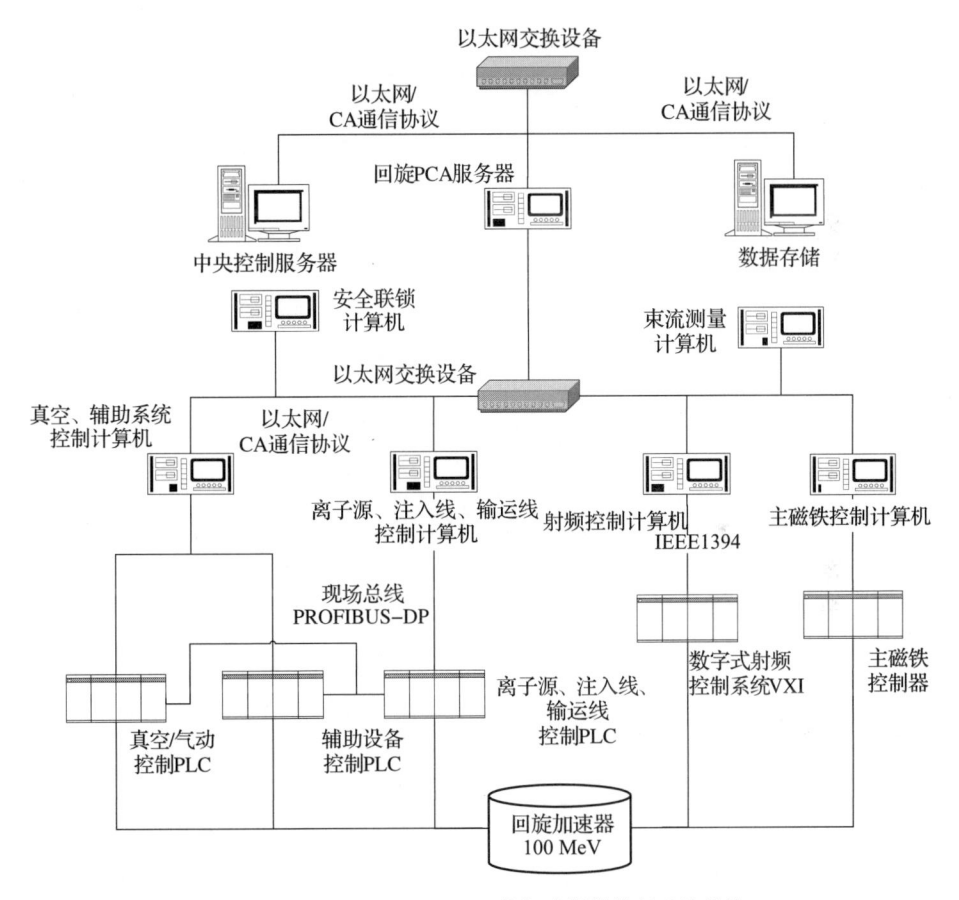

图 8 – 17 CYCIAE – 100 回旋加速器的控制系统结构

以电源类设备控制接口为例,其包括数字量控制接口和模拟量控制接口。其中数字量控制接口使用 0 V/24 V 电平,模拟量控制接口使用 0 ~ 10 V 电压信号,如图 8 – 18 所示。

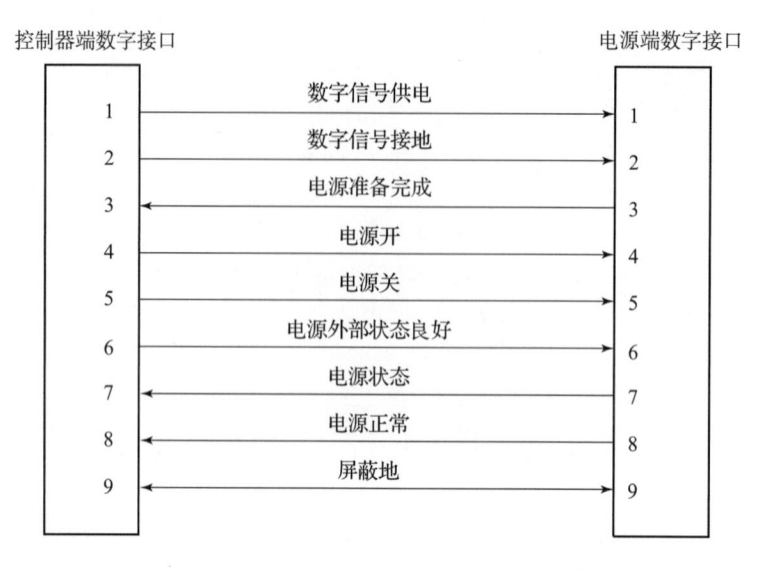

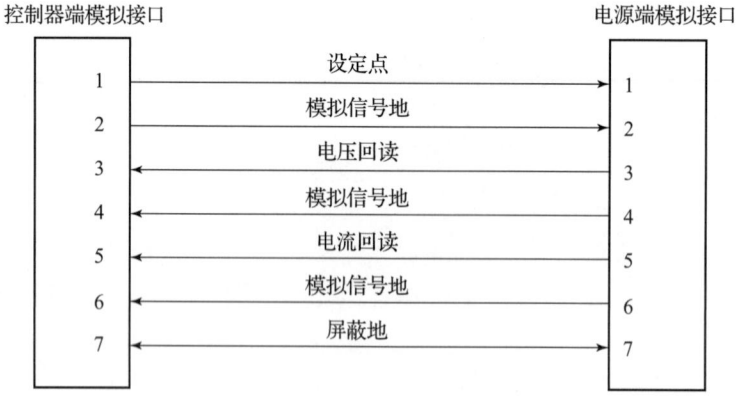

```
控制器端数字接口                              电源端数字接口
    ┌─────┐      数字信号供电       ┌─────┐
    │  1  │ ────────────────────→ │  1  │
    │  2  │      数字信号接地       │  2  │
    │     │ ────────────────────→ │     │
    │  3  │      电源准备完成       │  3  │
    │     │ ←──────────────────── │     │
    │  4  │        电源开          │  4  │
    │     │ ────────────────────→ │     │
    │  5  │        电源关          │  5  │
    │     │ ────────────────────→ │     │
    │  6  │     电源外部状态良好    │  6  │
    │     │ ←──────────────────── │     │
    │  7  │       电源状态         │  7  │
    │     │ ←──────────────────── │     │
    │  8  │       电源正常         │  8  │
    │     │ ←──────────────────── │     │
    │  9  │        屏蔽地          │  9  │
    └─────┘                        └─────┘

控制器端模拟接口                              电源端模拟接口
    ┌─────┐        设定点          ┌─────┐
    │  1  │ ────────────────────→ │  1  │
    │  2  │      模拟信号地         │  2  │
    │     │ ────────────────────→ │     │
    │  3  │       电压回读         │  3  │
    │     │ ←──────────────────── │     │
    │  4  │      模拟信号地         │  4  │
    │     │ ────────────────────→ │     │
    │  5  │       电流回读         │  5  │
    │     │ ←──────────────────── │     │
    │  6  │      模拟信号地         │  6  │
    │     │ ────────────────────→ │     │
    │  7  │        屏蔽地          │  7  │
    └─────┘                        └─────┘
```

图 8-18　电源类设备控制接口

8.3.1　控制器

在现代回旋加速器的控制系统中，对通常使用的控制器依据使用的硬件平台进行划分，可分为：可编程序控制器（PLC）、VXI 控制器或 VME 总线控制器等。根据 CYCIAE-100 回旋加速器各子系统的特点，将回旋加速器对象划分成 5 类控制对象：真空控制对象，辅助设备控制对象，离子源和注入、引出束流输运线控制对象，射频系统控制对象以及主磁铁控制对象。按照每个子系统的特征及响应时间的要求，选用不同的控制平台，其中真空（气动）、辅助系统，离子源、注入线和输运线等子系统选择使用响应较慢但实时性较好的 PLC 作为主控制器，而射频系统及主磁铁系统则根据其特点选用 VXI 平台。

其中射频系统的控制系统也称为低电平控制系统，其控制任务是由 VXI 总线的控制模块完成的，由于集成了 DSP 和 FPGA，其处理功能强大，参数灵活可调。

根据通信量及子系统间相互联系的程度对负责与 PLC 通信的计算机进行相应的整合，功能上可划分为 4 个部分：真空、气动及其他辅助系统，共用一个控制站；离子源、注入线和输运线系统，共用一个控制站；这两个控制站通过 PROFIBUS 与 PLC 连接。射频系统和主磁铁系统各用一个控制站，使用 IEEE1394 总线与 VXI 机箱连接。采用上述方案的优点在于：①使控制系统更加模块化，易于维护；②子系统可单独开发，增加了开发周期的并行度；③分散风险，将故障限制在局部。

8.3.2 PLC 控制流程设计

可编程序控制器 PLC 是回旋加速器中低速设备的主要控制器，其控制流程设计也是回旋加速器常规设备控制的关键技术。PLC 中的设备控制层将直接面向回旋加速器设备操作，实现控制流程、逻辑互锁等功能。对于回旋加速器中复杂的子系统控制流程，可采用 SIPN 进行模型分析、验证并自动生成工程代码。

SIPN 即信号解释网，它是对 Petri 网的一种扩展，加入了输入/输出信号，更加适合描述 PLC 这样的系统。由于已经证明 Petri 网的模拟能力等价于图灵机，同时作为一种可用图形表示的组合模型，Petri 网具有直观、易懂和易用的特点。其对于描述和分析离散动态系统在功能上是足够的，在性能上是优越的。

SIPN 具有严格定义的演算逻辑，借助相应工具可对模型进行静态描述和动态分析，这是 SIPN 的另一优势。经过扩展后，可用一个九元组描述 SIPN——$(S, T, F, M0, I, O, \psi, \omega, \Omega)$。其中，$S$ 为库所，或称作 S-元；T 代表迁移，也可以称作 T-元；F 为库所与迁移关系的集合；$M0$ 代表系统的初始状态；$I = (I1, I2, \cdots, In)$，是有限输入信号的集合；$O = (O1, O2, \cdots, On)$，是有限输出信号的集合；ψ 为每个迁移与输入相关的映射，$t_i \in T$ 且 $\psi(t_i)$ 为 I 中信号的布尔函数；ω 在这里是每个位置与输出相关的映射，$s_i \in S$ 且 $\omega(s_i)$ 表示所有输出的二进制值的表示向量；Ω 为系统的输出函数。因此 SIPN 可以表示系统的静态结构，并能描述系统的动态行为，同时方便将外界的接口归纳入系统。

采用 SIPN 建立强流回旋加速器设备的控制模型，以位置表示一个执行动作的状态。迁移描述执行动作的转变，迁移的条件是输入信号的组合，执行动作过程是一列输出信号的逻辑函数。下面，以 2009 年年底在中国原子能科学研究院建成 10 MeV 强流回旋加速器综合试验装置中较复杂的主真空系统为例，建立主真空系统的 SIPN 模型，并对模型进行验证和仿真，在此基础之上，生成 IEC - 61131 定义的标准 PLC 程序语句。

该子系统包括两台机械泵（一台作为前级泵，一台作为预抽泵），两台采用聚苯醚的扩散泵作为高真空泵，以及相应的真空阀门和真空规。主真空系统的工艺设备构成如图 8 - 19 所示。根据主真空系统的工作流程，设立状态和变迁条件，建立 SIPN 模型，如图 8 - 20 所示。

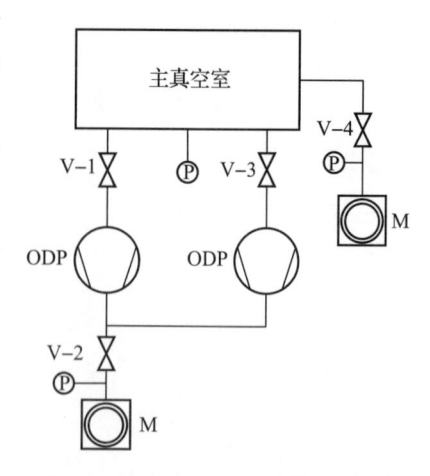

图 8 - 19 强流回旋加速器综合试验装置的主真空系统的工艺设备构成

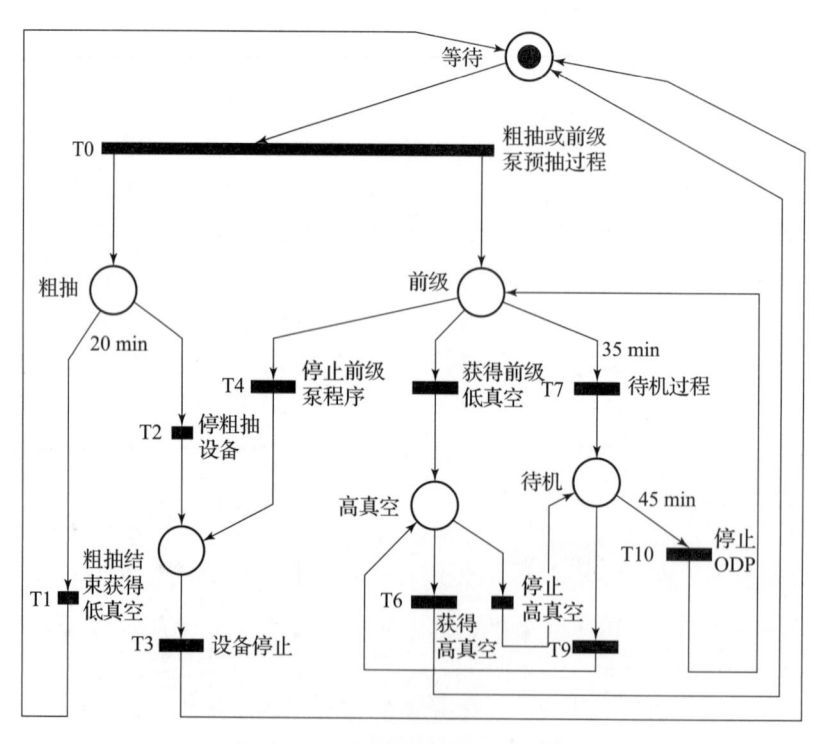

图 8 - 20 主真空系统的 SIPN 模型

采用 SIPN 模型进行仿真的优点是直观，系统所处的状态以及变迁的条件与结果都可在仿真中得以体现。使用 SIPN editor 仿真环境，建好模型后，结合 open PCS 仿真命令，根据不同的输入条件，遍历系统状态和动作，可以知道系统的行为是否符合设计要求。

使用 SIPN 模型仿真不仅可以直观地查看系统状态/输出，还能依据其严格的逻辑演算系统对控制的活性和可达性进行推理分析，其方法有可达树法及关联矩阵法。

SIPN 模型验证的目标是证明 SIPN 模型中的库所都是可以达到的，即任意变迁在条件满足时均可发射。下一步，可以依据 SIPN 模型生成控制代码。这样的方法有两种，有学者根据 SIPN 模型导出逻辑方程，依此一一对应编写实际代码。较为先进的方法是使用 SIPN editor 自动生成 IEC-61131 语句。由于 IEC-61131 已为众多 PLC 设计所接受，因此可使用生成的代码，对于若干特定的 PLC，借助相应的解析和转译程序对生成的中间语言进行重新编译即可。中间语言生成的代码结果如图 8-21 所示。

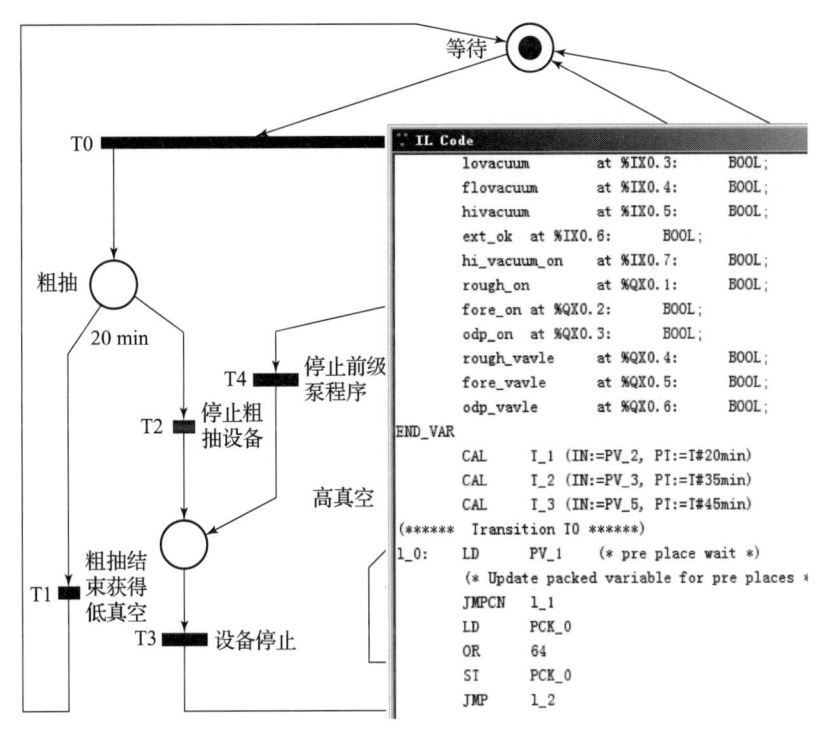

图 8-21 中间语言生成的代码结果

由图 8-21 可以看出，自动生成的中间代码已经比较完备，完全按照 IEC-61131 的规定，分别包括了局部变量声明、输入/输出参数和计时器等变量，中间代码可以很快应用于实际工程。

综上所述，对于设备相关的控制编码，使用 SIPN 进行从建模、验证到编码的全过程设计，保证了程序的可靠性，降低了复杂流程开发的时间和人力成本，也为控制编码的修改、维护和升级提供了较高的灵活性。

8.3.2.1 设备控制模块

设备控制模块的程序是 PLC 控制程序的主要组成部分。这些模块的特点是与设备、现场流程结合紧密。为了对 PLC 的总控模块和通信模块提供统一的命令接口和驱动方式，建立一个统一的设备控制模型是必要的。目前 CYCIAE-100 设备控制代码已经实现了统一模型，分成两个部分实现设备控制代码，即 FBⅠ（功能块Ⅰ）和 FBⅡ（功能块Ⅱ）。

FBⅠ主要完成设备的开、停等工作。由 PLC 内部总控程序的命令驱动，按需运行。驱动 FBⅠ的运行通常为设备的开启或停止命令，例如射频功率源有 5 个子系统的开、停等命令需处理，这些命令消息来源主要有 3 个：①通信模块接收到的 FEC 开启、停止设备的命令；②总控模块的开启、停止设备命令；③来自 FBⅡ的急停命令。

FBⅡ主要完成：①外部联锁条件判断；②设备启动后的状态监视；③设备运行参数的获取和调整。FBⅡ由 PLC 内部总控程序无条件驱动，常驻 PLC 主循环，完成设备互锁、参数调整等功能。

以电源的监控为例，FBⅡ的工作流程为：首先，判断电源内部是否工作正常，主要监控电源本身的故障，如果工作正常，接着判断电源外部工作条件是否满足，例如对于设备水冷是否满足，如果电源内部无故障，那么直接复位电源外部条件，将外部开机信号关闭（命令），复位电源已开信号（状态），然后进入电源开启状态判断；如果电源内部工作正常且外部具备开机条件，那么设置外部条件信号（联锁）正常，然后判断是否存在外部开机信号，如果现在正好存在外部开机信号，则进入电源开启状态判断，否则延时 1 min，然后置外部开机信号。进入电源开启状态判断的时候，如果电源已经打开，那么判断电源是否输出调整好，如果输出调整好，那么设置电源工作好的信号（供外部其他子系统联锁），相反，如果电源未成功开启，或者电源未调整好，那么直接结束本次扫描过程。这里需要说明的是：电源监控的外部调用程序是一个循环程序，循环执行，是众多扫描程序中的一个。

以电源开启、关闭为例，典型的 FBⅠ如图 8-22 所示。

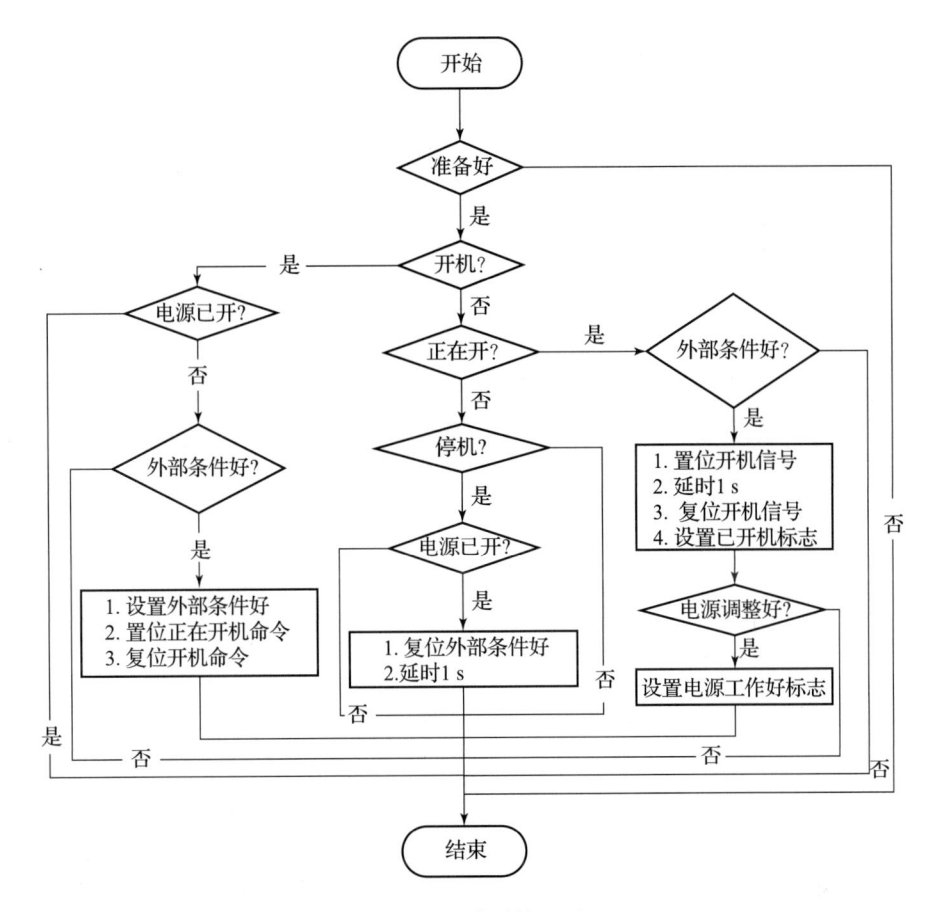

图 8-22 典型的 FB 1

8.3.2.2 通信模块

计算机与控制器的通信在回旋加速器控制系统中具有不可或缺的地位。以 PLC 与计算机通信为例，通信中前端计算机的 CP5613 通信处理器作为 PROFIBUS 主站，PLC 中的 PROFIBUS 模块作为从站，建立主从通信。

PLC 程序中通信模块的任务是接收并解析前端计算机发送的数据包。前端计算机在通信时将与 PLC 建立多个基于数据包的虚连接。PLC 端通信模块则对应完成：①解析数据包的帧信息；②根据帧信息解析数据包的数据格式；③完成给定格式的数据传递；④向前端计算机发送数据（命令）的执行结果和 PLC 的运行状态参数。前端计算机与 PLC 通信的数据速率在 9.6 kb/s ~ 12 Mb/s 范围内可调，数据帧为 240 字节。

8.3.2.3 总控模块

PLC 程序中的总控模块（西门子系列 PLC 中也称为 OB1）主要完成：①设备控制模块的调度运行；②控制 PLC 设备控制模块的运行顺序；③管理 PLC 内部时钟和数据块。总控模块通过对 PLC 内部数据的管理，协调各设备控制模块的运行，从而达到设备的顺序启动、停止等全局控制。

8.3.3 前端计算机

8.3.3.1 前端计算机软件结构

分布式控制系统的软件结构应分为多级，限于篇幅这里只介绍与回旋加速器较为相关的前端计算机过程控制软件的结构。以强流回旋加速器综合试验装置的前端计算机控制为例，其软件结构如图 8-23 所示，分为 5 个主要模块。其中：PLC 驱动模块的主要功能为建立、维持与 PLC 的主从通信，通过 Profibus 对 PLC 进行参数的读、写操作；FEC 通信调度模块负责调度 PLC 驱动模块，在 Profibus-DP 协议之上建立一层通信协议，扩展 Profibus 单次通信的能力，并对返回的数据报文进行预处理，存入报文数据库；FEC 核心模块为前端计算机的核心调度模块，主要完成：驱动 FEC 通信调度模块进行通信，解析报文数据库中的数据，转换为工程单位数据存入 FEC 核心数据库，完成核心数据库的互斥访问，为本地用户界面模块和网络数据服务模块提供安全访问核心数据库数据的函数；网络数据服务模块主要完成：建立 Portable Channel Access Server，并监听局域网内任意一台计算机的 Channel Access 客户端的连接请求，对已连接的客户端，解析客户端的数据访问请求，访问 FEC 核心数据库获取数据，并按 Channel Access 协议返回数据给客户端；本地用户界面模块主要完成本地的数据显示，并允许操作员登录前端计算机控制程序，通过本地用户界面模块访问 FEC 核心数据库。本地用户界面模块能够接受操作员的控制命令，修改相对应的 FEC 核心数据库数据，达到控制 PLC 的目的。

图 8-23 回旋加速器前端计算机软件结构

下面详细叙述各模块的内部结构和功能。

8.3.3.2 PLC 驱动模块

PLC 驱动模块主要使用 Profibus 协议与 PLC 建立通信。主机通过西门子 CP-5613 通信卡的 DP 接口与 PLC 连接,前端计算机作为 Profibus 主站,PLC 的 CP342-5/CP442-5 作为从站。通过西门子 Step7 软件组态,形成主从通信。其中,Profibus 通信速率为 12 Mb/s。CP-5613 的 Profibus 通信接口可以等效为一个 240 字节的文件对其进行读、写、打开、关闭等操作。

PLC 驱动模块的功能在于向上隐藏通信细节,提供统一的一组通信调用。PLC 驱动模块使用 API 通过 DP-BASE 库与 CP5613 通信卡建立连接,驱动 CP5613 与 PLC 建立 Profibus-DP 连接,如图 8-24 所示。CDPDrv 模块完成 CP-5613 通信驱动的封装,使用 Rational Rose 面向对象设计软件设计的内部类图如图 8-24 所示,其中若干函数说明如下。

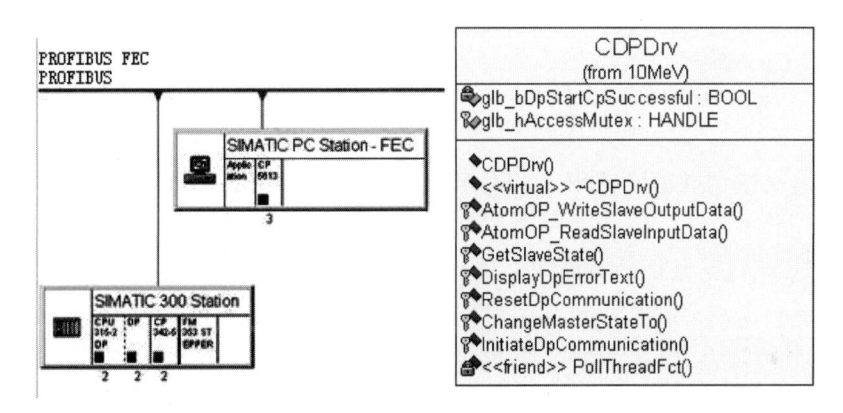

图 8-24 PLC 与 FEC 的 Profibus 连接

(1) CDPDrv():构造函数,进行 DP-BASE LIB 的初始化。

(2) InitateDpCommunication():CP-5613 初始化,设置 CP-5613 的通信参数,请求下载 DP-Slave 配置文件给 CP342-5 从站。

(3) AtomOP_ReadSlaveOutputData():进行线程安全的 Profibus-DP 数据读取操作。

(4) AtomOP_WriteSlaveOutputData():进行线程安全的 Profibus-DP 数据写入操作。

8.3.3.3 FEC 通信调度模块

图 8-25 所示为 FEC 通信调度模块的入口假设,即假定 CDPDrv 模块能够完成图 8-24 所示的通信。在此基础之上,FEC 通信调度模块实现基于 DP 的

报文通信,为 PLC 通信定义一层数据通信协议。协议将定义报文头,利用报文头信息块存储通信包类型、同步字节等信息。

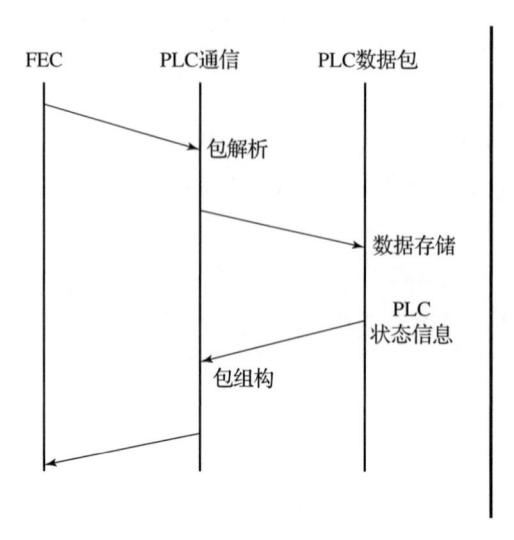

```
FEC        PLC通信      PLC数据包
 |            |            |
 |----------->|            |
 |          包解析          |
 |            |----------->|
 |            |          数据存储
 |            |            |
 |            |<-----------|
 |            |          PLC
 |            |          状态信息
 |<-----------|            |
 |          包组构          |
```

图 8-25 FEC-PLC 通信顺序

  FEC 通信调度模块将完成 FEC 与 PLC 通信的最主要的工作,向上建立以子系统涉及变量为单位的"子系统信号映射表",向下使用 PLC 驱动模块,建立与 PLC 的数据连接,驱动数据通信,并构造以逻辑关系块为单位的"虚连接"。

  一个"虚连接"包括以子系统为单位的报文,包括头信息块和数据块。其中数据块按属性又分为 3 类子块:①逻辑输入数据块(至 FEC);②逻辑输出数据块(至 PLC);③逻辑同步数据块(数据交换)。

  通信的数据内容分为:①PLC 输入/输出数据;②PLC 运行状态参数;③PLC 上位命令;④PLC 定时器信息等。数个子系统的"虚连接"以单级或多级队列的方式,依照优先级评定算法被系统数据块通信调度程序接受,安排与 PLC 进行一次"会话",结束后,块内数据得以更新。

  一次"会话"过程由 5 个阶段组成:①准备阶段;②会话建立阶段;③PLC 响应执行阶段;④数据返回阶段;⑤会话数据处理阶段。在准备阶段,将集中用户输入信息,并形成"虚连接"头信息块、逻辑输出数据和逻辑同步块的内容。在会话建立阶段,将上述信息装配形成通信报文,并初始化头信息块中的相关信息,将报文提交给 PLC 驱动模块。在 PLC 响应执行阶段,需要判断 PLC 执行的情况,决定是否需要重回会话建立阶段。在数据返回阶段,解包"虚连接"头信息,解析 PLC 时间戳,解包逻辑输入数据块和同步数据块。在会话数据处理阶段，将综合数据逻辑输入、逻辑输出和逻辑同步数据并根据数据的情况更新"子系统信号映射表"。

"子系统信号映射表"与逻辑数据模块的数据构成"关系"二元组，通常当系统组成确定后，关系得以建立。数据不直接存储，而通过关系映射存储于逻辑数据模块中。"子系统信号映射表"保证按照逻辑划分更新信号，避免通信延迟造成逻辑/数据的不完整性。

FEC 通信调度模块的另一个功能在于数据格式转换，这包括：时间信息转换、DI/DO 信息转换、AI/AO 的信息转换等。模块内部的信息转换过程是进一步将 PLC 信息封装成通用的 DI/DO、AI/AO 格式。图 8 – 26 所示为 Rational Rose 中 FEC 通信调度模块的部分类图。其中 FRAM3 主要完成对应第 3 类型"虚连接"的通信。CDPCoreRecrdThreadFct 为该模块的主调度模块。

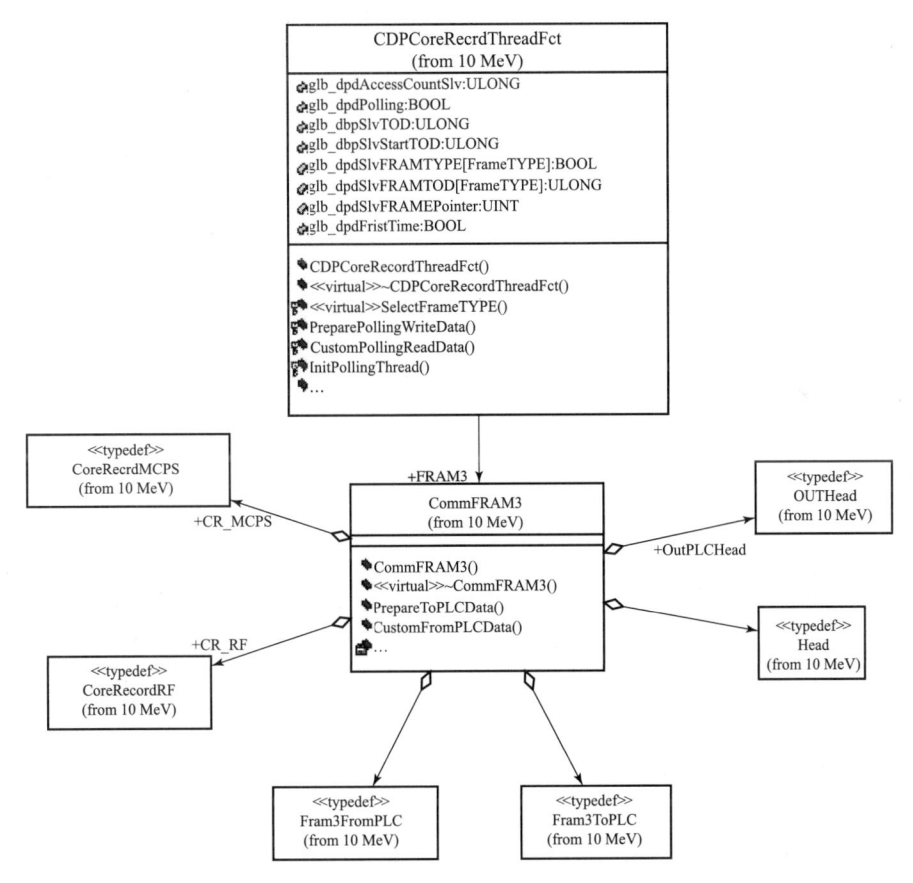

图 8 – 26 Rational Rose 中 FEC 通信调度模块的部分类图

8.3.3.4　FEC 核心模块（FEC Core）

1. 核心数据模块（FEC Main Records）

该模块是 FEC 的核心。向上对设备控制模块提供范围统一的变量进行运算。核心数据模块除了提供 PLC 内部变量值的存储外，还增加了辅助数据域，并提供互斥的数据访问机构，以维持数据的完整性。

为了加快数据访问的速度，避免共享数据资源的无序访问，核心数据模块主要解决的问题是：

（1）写者优先的互斥访问问题；
（2）采用统一的描述方式描述类型不同的控制变量；
（3）建立以子系统为单位的变量表，组织并维护这个结构；
（4）组织系统变量表，维护系统变量表。

由于模块是多用户分时访问，核心数据模块原则上不允许其他模块直接访问其数据，建立统一的数据访问接口是必要的。按照访问的角色分：

（1）当数据流由 PLC→FEC 时：
①写者：调度模块；
②读者：设备控制模块、GUI、PCAS。
（2）当数据流由 FEC→PLC 时：
①写者：设备控制模块、GUI、PCAS；
②读者：调度模块。

设备控制模块和 GUI 属于独立线程运行，PCAS 由独立线程驱动，调度模块由独立线程驱动，解决多用户分时顺序访问的办法是分别按照数据流向实现写者优先的互斥访问。出于效率的考虑，实现时优先考虑了 WIN32 互斥对象。

2. 设备控制模块（FEC Sequencer）

前端计算机内的设备控制模块不同于 PLC 中的设备控制模块，它是在前端计算机实现多参数调节的一个重要方法，同 PLC 内的程序配合完成控制任务。由于 PLC 的设备控制模块具有较强的逻辑顺序控制功能，从而减轻了传统意义上的设备控制模块的压力，这里的设备控制模块的主要功能在于子系统间多参数调节和优化。可以说，PLC 的设备控制模块的主要任务是确保合理使用设备，而 FEC 的设备控制模块则完成优化设备参数的功能。设备控制模块的另一个重要的功能是提供一组状态转换函数，将目前控制系统的一组运行参数安全地变换到指定的值。

3. 控制参数序列化模块（FEC Serialize Module）

控制参数序列化模块的主要任务是：

（1）发现需存储的控制变量；

（2）为需存储的控制变量规定一种文件存储格式；

（3）在控制系统运行时能够对控制变量进行"快照"；

（4）在控制系统运行时能够读取文件中保存的控制变量的值，并使用设备控制模块提供的状态转换函数，将目前的参数状态调整到文件保存的控制变量的值。

8.3.3.5 网络数据服务模块

网络数据服务模块的目标是建立一个 EPICS 的 Portable Channel Access Server，为网络中的客户端提供基于 Channel Access 协议的网络服务，其具体实现如图 8 – 27 所示。

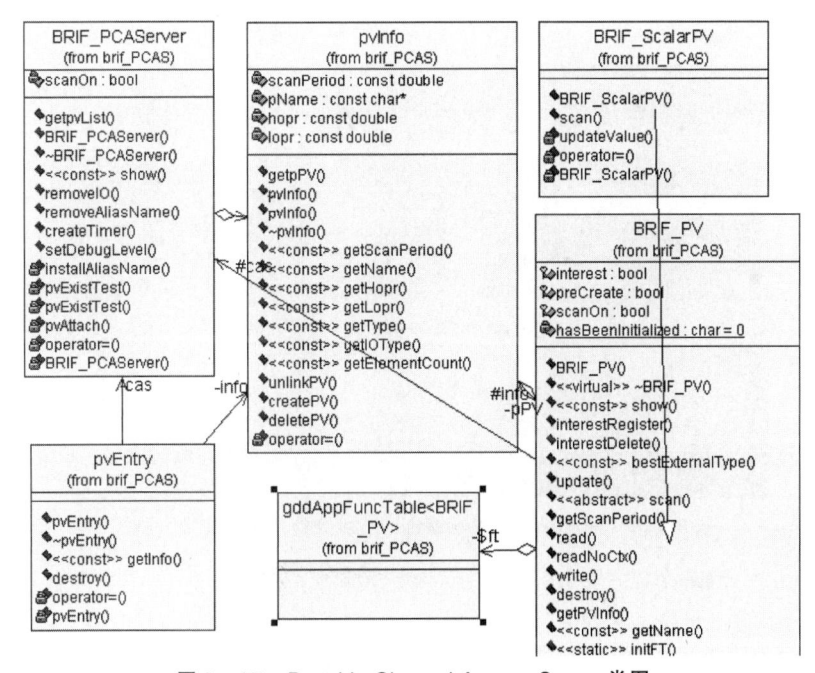

图 8 – 27　Portable Channel Access Server 类图

8.3.3.6 本地用户界面模块

本地用户界面模块用于就地调整前端计算机和 PLC 运行。按照子系统，本

地用户界面分为不同的显示页,每页负责显示一个子系统的数据,并接受用户命令。子系统页面既有共性又有差异,可总结为:

(1) 不同的显示页获取 PLC 运行数据的方法相同,内容不同;
(2) 数据更新的方法相同,更新频率不完全相同;
(3) 所需数据转换方法相同,处理内容不同;
(4) 所需创建 NI Components 方法相同,内容不同;
(5) 界面元素有类似的部分,显示的页面不同。

由于以上特点,本地用户界面模块使用了同一基础类,在这个基础类中抽象,并完成用户界面不同分页间具有共性的功能。建立了 CFormFunction 类实现不同页面间的共有功能,CFormFunction 类完成所用用户界面所共同需要的一些功能,如访问核心数据模块、显示数据更新方法、初始化 NI Components 等。

用户界面由 CFormFunction 类派生或者委托 CFormFunction 类完成共用功能。单一用户界面类负责最终将本子系统内的 PLC 数据显示给用户,并接受用户对子系统的命令。强流回旋加速器综合试验装置的真空系统用户界面如图 8-28 所示。

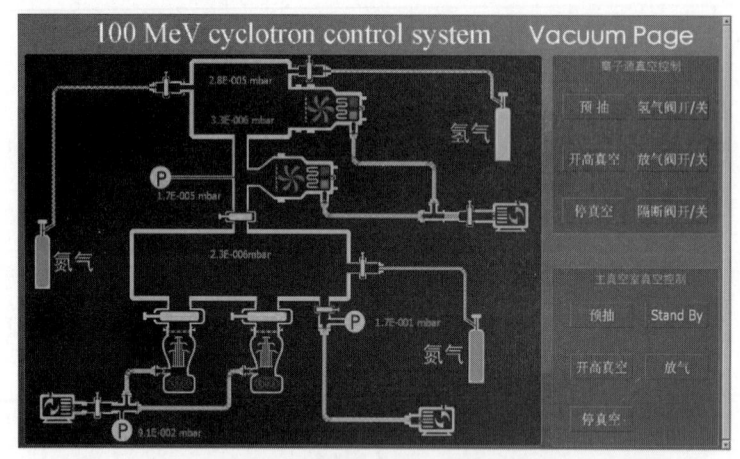

图 8-28 强流回旋加速器综合试验装置的真空系统用户界面

8.4 回旋加速器的束流诊断技术

束流诊断系统作为回旋加速器一个重要组成部分,为回旋加速器调试提供直观信息。因此,束流诊断系统常被称为回旋加速器的"眼睛",在束流性能调试、关键参数优化，回旋加速器性能改善、运行状态检测等方面起着非常重要的作用。可靠的、便捷的束流诊断系统是回旋加速器束流调试、日常运行、设备维护、性能改进的重要手段。

回旋加速器加速的带电粒子主要是电子、质子、负氢离子以及种类众多的重离子。束流诊断系统用于测量束流的各种参数，包括强度、位置、截面、发射度等。束流诊断系统由测量探头、信号处理电子学设备、计算机及控制网络等组成，涉及机、电、真空、微波、光学以及回旋加速器物理等多个专业。对于回旋加速器系统，除了回旋加速器主体以外，还有传输束流的各种束流管道。因此根据回旋加速器的整体结构，束流诊断设备可以划分为束流线上的诊断设备和回旋加速器内部的诊断设备两类。同时，束流诊断设备还可以划分为阻挡式和非阻挡式两种。阻挡式束流诊断设备，就是将传输的束流全部或部分阻挡，从而对束流进行直接测量；非阻挡式束流诊断设备与束流没有直接接触，是通过束流产生的电磁场即通过电磁感应的方式进行间接测量。

束流诊断系统必须提供精确、充足的束流参数信息，使回旋加速器研究人员和运行操作人员能够用于改善束流的注入、加速、引出、提高运输效率、优化回旋加速器的相关参数和监控束流行为，进而提高束流的强度和品质。束流诊断设备设计通常需要考虑：一方面采用常规的、可靠的、有效的束流监测方法，另一方面研制和建立一些无阻拦的、实时的、精确的测量手段。因为在线的、精确的束流诊断系统将是强流回旋加速器闭环控制、运行的基础，它对缩短开、停机时间，提高供束效率也是十分重要的。

本节主要介绍回旋加速器束流诊断中一些常用诊断设备的工作原理以及相关的工艺技术。从束流诊断的功能上来说，常用的束流诊断设备可分为几种类型：束流强度测量（包括法拉第筒、束流变压器、剥离靶、束流阻断靶），束流位置测量（包括分离式限缝、感应式电极），束流截面测量（包括荧光靶、单丝和多丝靶、残余气体电离），束流发射度测量等。另外，用于回旋加速器内部束流测量的还有径向插入探测靶、水冷内靶、束流相位靶等，其中束流强度、位置与剖面的测量系统是回旋加速器最基本的束流诊断系统。

8.4.1 束流强度测量装置

8.4.1.1 法拉第筒

法拉第筒（FC）是最通用的测量束流强度的阻挡式测量设备。法拉第筒一般是用金属做成杯状或同轴喇叭状，通过阻挡带电粒子并测量其电流强度得到直流束流强度或者脉冲束流的平均强度。无阻拦的电磁感应式的方法很难精确测量束流强度，而带有二次电子抑制的法拉第筒可以用来精确测量束流强度，尤其对于微弱束流，它是一种可靠、简便的测量设备。同时由于法拉第筒是一种绝对值的监测设备，还可以用来校准其他无阻挡型的束流监测设备，如束流变压器等。用法拉第筒测量微弱束流时，法拉第筒的结构应有良好屏蔽措施，其信号拾取、处理系统及相关的电子线路应有较高的精度和良好的信噪比性能。法拉第筒主要用于回旋加速器的注入线、引出口和束流输运线；是加速器初始调试阶段的重要束流监测设备；在回旋加速器运行过程中，可用于短时间阻断束流，减少主机的开、停过程。注入法拉第筒还用于回旋加速器的安全联锁。

用于回旋加速器束流输运线的法拉第筒设计应充分考虑所测量的束流种类和功率，结构设计上重点注意水冷方案、辐射剂量问题和活化部件更换，图 8-29 所示是用于束流输运线的法拉第筒的结构外形。

通过对普通法拉第筒的改进，得到具有特殊结构的法拉第筒，如图 8-30 所示。改进后的法拉第筒可以实现如下几个功能：测量进入注入线的束流强度、测量束流径向分布、近似测量离子源出口束流发射度。它是在法拉第筒上面设计了一个狭缝，在狭缝下面安装了一个与法拉第筒绝缘的束流收集器，当法拉第筒移动时带动束流收集器一起移动，从束流收集器得到的信号就给出了束流沿横向的分布信息，由束宽（D_2）、离子源出口的宽度（D_1）以及离子源出口到法拉第筒的距离（L），利用公式 $\varepsilon = \pi \times D_1 \times D_2 / 4L$ 可以近似得到离子源出口处束流的发射度（ε），如图 8-31 所示。

图 8-29 用于束流输运线的法拉第筒的结构外形

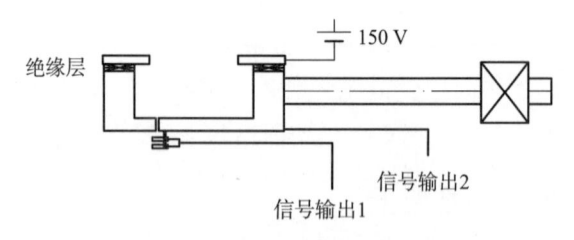

图 8-30 具有特殊结构的法拉第筒

8.4.1.2 直流束流变压器

直流束流变压器（DCCT）可以在回旋加速器正常运行状态下无阻挡地、实时地、动态地监测束流强度，是国际上大型回旋加速器装置最常用的无阻挡式束流强度测量设备之一。由于加速粒子的种类、束流强度、测量精度、频率范围等基本参数的不同,各个实验室的 DCCT 的结构也有较大的差异,但是其基本原理是一致的。

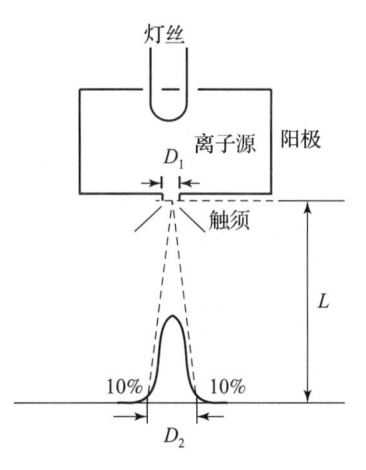

1. DCCT 的工作原理

DCCT 实际上是一个零磁通变压器,其结构如图 8-32 所示。通常,DCCT 由一对高导磁率材料制成的圆环构成,在这两个圆磁环上有 3 套线圈:励磁线圈、检波线圈、补偿线圈。其中,励磁线圈在这两个圆环上反方向绕制,通上正负对称的矩形波励磁电流,其幅值足以使这两个圆磁环同时反方向饱和。当无束流通过圆磁环时,探测器处于零磁通状态,检波线圈绕组无信号输出。当束流通过圆磁环时,将破坏原有的对称性,产生二次谐波,检波线圈绕组输出信号。由于激励信号的二次谐波分量正比于束流强度的平均值,因此,可以通过同步解调器将此二次谐波分量积分放大,然后送入补偿线圈绕组,补偿线圈内的电流方向与束流的方向相反,用以抵消由束流产生的磁通,使探头达到新的零磁通状态。通过测量反馈绕组中的电流,将其电流值进行 A - V 转换,便可以计算出束流的平均强度。DCCT 的技术难点之一在于这两个圆形磁芯的磁性能必须完全一致,否则难以得到所要求的测量精度。

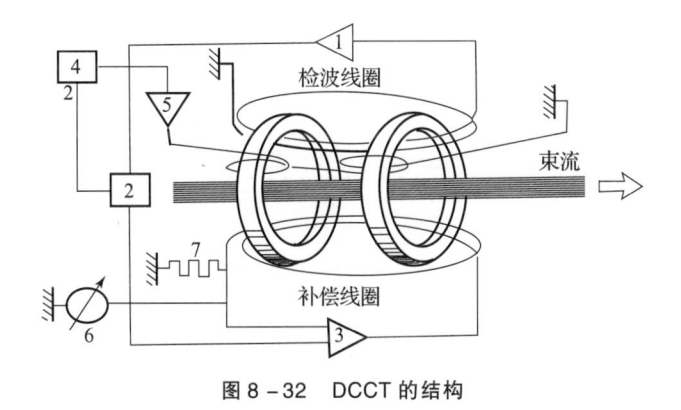

图 8-31 束流分布和离子源出口处束流发射度的关系

图 8-32 DCCT 的结构

2. DCCT 示例

欧洲和美国已研制了精度较高的 DCCT,Bergoz 公司生产的束流变压器测量系统广泛应用于许多回旋加速器。在国内，中国原子能科学研究院也开展了 DCCT 的研发工作。不同 DCCT 的实物如图 8-33 所示。

图 8-33 Bergoz 公司的 DCCT（左）与中国原子能科学研究院自行研发的 DCCT（右）

中国原子能科学研究院研制的 DCCT，可测量 5 μA ~ 10 mA 直流束流强度。桌面模拟试验取得了较好的结果：通过调节精密电阻上的高精度稳压电源的供电电压，分别对 0 ~ 10 mA 束流信号进行模拟，得到反馈的模拟束流强度数据，最大误差为 0.16%；通过 100 min 在线测量，分别测量了 0.1 mA、1 mA、1.5 mA、5 mA、10 mA 的模拟束流稳定性，最大测量误差好于 ±0.2%，稳定性测试结果如图 8-34 所示，图中还给出了零点漂移的测量结果；在 5 μA 弱流情况下测量结果精度较差，但可用于束流的在线无阻挡检测。

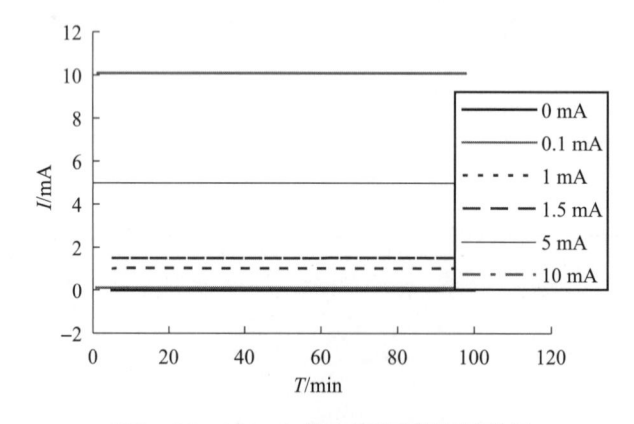

图 8-34 100 min 的束流稳定性测量结果

8.4.1.3 束流变压器

回旋加速器引出束流的平均强度是人们最为关心的参量，束流变压器可以对束流输运线上的平均束流强度进行测量，它是回旋加速器束流测量系统中的一种基本测量装置。

一般地,注入回旋加速器的束流为能量比较低的直流束流,强度相对较高,而从回旋加速器引出的束流为连续束流或脉冲束流,能量较高而强度相对较低,因此不同束流输运线上的束流变压器的设计是有一定差别的。为了充分发挥束流诊断设备的多功能作用,使束流输运线上的束流变压器既能监测平均束流强度,也能观测束流的微观结构,束流输运线上的束流变压器在结构上有一些特殊的设计。

用于同时监测直流束流和脉冲束流的束流变压器的工作原理如图 8 – 35 所示。对于一般的回旋加速器,其高频频率在 100 MHz 以下,引出束流的脉冲频率与高频频率相同,或为整数分频,因此选用响应带宽为 200 MHz 的束流变压器足以观测到束流脉冲的微观结构。这样,从束流脉冲信号中拾取的相位信息与高频相位比较也可以检测束流相位的稳定度。与通用的电容性拾取器获取高频信息的方法相比较,这种方法更加精确、可靠。尤其在束流损失较多的位置,例如在接近回旋加速器束流引出区的束流输运线上,这种方法更加有效。组装后的整体外形如图 8 – 36 所示。

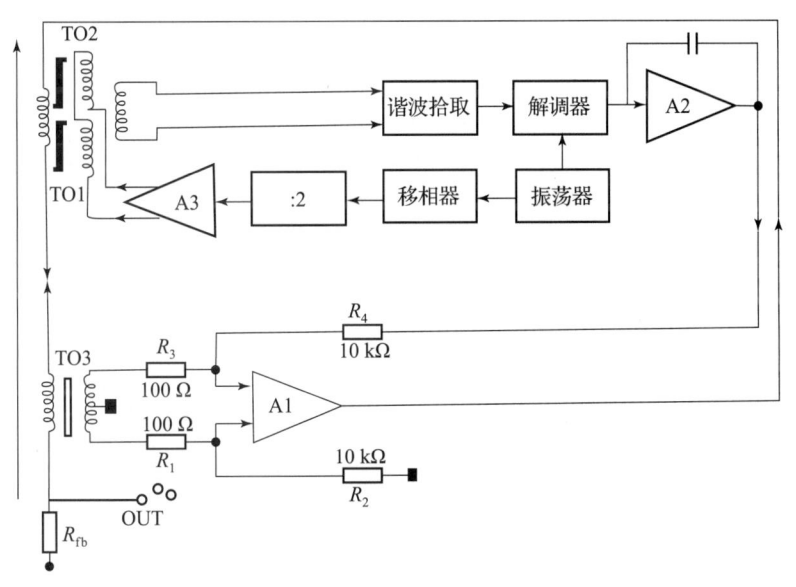

图 8 – 35 用于同时监测直流束流和脉冲束流的束流变压器的工作原理

8.4.2 束流位置与截面测量设备

束流位置与截面测量通常是可以同时进行的。用于束流位置测量的束流位置探测器有单丝靶、双丝靶、多丝靶、荧光靶等。在正常运行状态下或在大束流条件下，无阻挡式束流位置探测器也是常用的测量装置。

8.4.2.1 束流位置探测器

注入线上用来测量直流束流位置的探测器比较简单，可以采用由4个相互绝缘的导体组成探头，中间留有束流过孔，同时引出4个信号。根据这些信号可以判定束流的径向位置和偏离方向。

图 8-36 整体外形

在束流输运线上用于测量脉冲束流位置的探测器要比测量直流束流位置的探测器复杂一些，其脉冲频率与回旋加速器的高频频率相同，或为整数分频。在束流输运线上用于测量脉冲束流位置的探头可由两对电极组成，此两对电极分别检测水平方向（x）和垂直方向（y）的信号，其基本原理如图 8-37 所示。

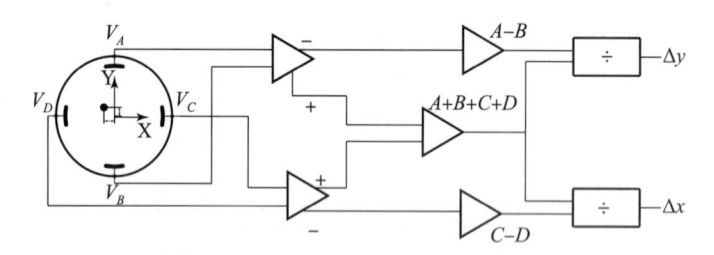

图 8-37 束流位置探测器的基本原理

8.4.2.2 荧光靶图像测量系统

荧光靶图像测量系统是利用束流轰击荧光片产生可见光的原理，对注入线和束流输运线上的束流位置、截面形状和剖面分布进行监测。荧光靶图像测量系统是阻挡式测量系统，但平时靶片不会阻挡束流，在调束的过程中，通过传动装置把荧光靶推入真空管道中，荧光靶的靶片与束流中心线夹角为45°，束流轰击靶片产生的光斑通过真空观察窗由摄像机接收。束流光斑的大小和形状可在显示终端上直接读出，也可通过计算机处理、显示、储存束流光斑范围内束流强度分布的信息。在初始调束时，由于束流强度较低，使用感应式探针进行束流测量比较困难。利用荧光靶图像测量系统可以在初始阶段较好地调试和规范束流的注入、引出条件。荧光靶图像测量系统示意如图 8-38 所示。

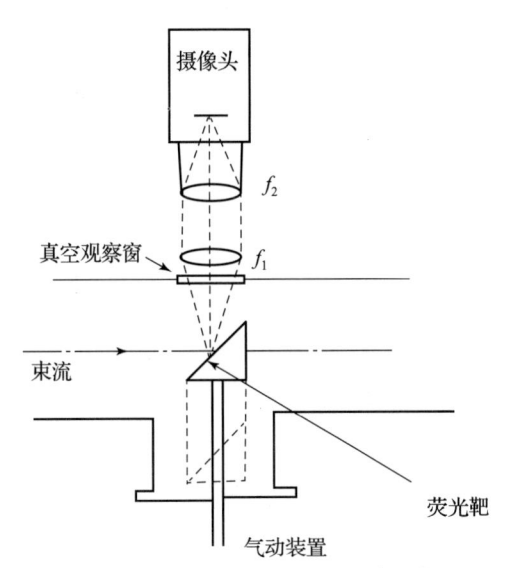

图 8-38 荧光靶图像测量系统示意

荧光靶片材料可以是硫化锌、硫酸钇销、碘化铯、三氧化二铝等荧光材料。理想的荧光靶片材料应具有很好的真空特性（低出气率）、高发光效率和强的抗辐射能力。

用于荧光靶图像测量系统的摄像机种类很多，采用摄像管的摄像机的最大特点是具有高的抗辐射能力，但分辨率较低，体积大，电路复杂。电荷耦合探测器（CCD）成像技术已成为成熟的技术，它具有分辨率高（180 线/mm）、体积小等特点。但普通的电荷耦合传感器的抗辐射能力为 10 Gy，特殊定制的电荷耦合传感器的抗辐射能力可提高到 103～104 Gy，也已在回旋加速器束流诊断中得到应用。

8.4.2.3 单丝和多丝靶

单丝和多丝靶属于二次电子发射型探头。束流轰击到物质上打出低能电子的现象即二次电子发射。单丝和多丝靶通过测量发射的二次电子的电荷量获取束流位置和截面的信息。

下面以双丝靶为例说明其结构，其靶头结构如图 8-39 所示。双丝探测器头部的两根金属丝采用钨丝，相互垂直，两根丝的测量信号分别引出。探测器组件安装在传动杆上，传动杆由步进电动机或气缸驱动。真空密封采用长量程的波纹管，传动杆带动一个线性电位器，它可以给出探测器的横向位置信号。控制和信号处理由计算机完成。这样，通过一次扫描，就可以同时测量出 x、y 两个方向的束流位置和截面分布。

图 8-39 双丝探测器

8.4.2.4 非阻挡式束流剖面监测器

利用束流输运管道中的残余气体被束流电离的方法来测定束流剖面和位置是一个比较好的选择。收集到各个电极上的电流信号大小取决于质子束的空间分布，这种无阻挡式的探测方法可以实现对质子束位置及束流截面的连续、在线测量。与计算机相结合，这种方法可以实现束流监视、诊断及控制等多种功能。这种非阻挡式的束流剖面监测器通常为带状电极结构，其原理如图 8-40 所示。收集电极为分离带状电极，在地栅极和高压栅极之间加一个与束流方向垂直的电场，被质子束轰击产生的正离子在电场作用下被加速，穿越地栅极并被带状电极收集，地栅极起静电噪声屏蔽作用。为了防止由正离子轰击带状电极产生的二次电子逸出，在第二个栅网上加一个负电压。如果想用带状电极收集负离子，只需改变相应电极的极性。

(a)

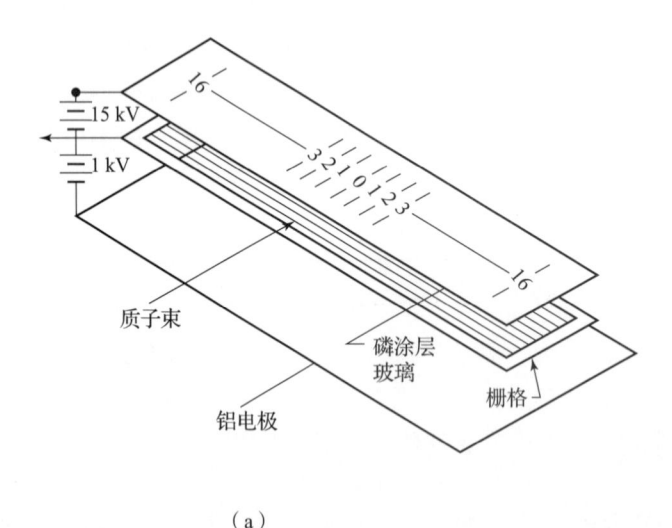

图 8-40 束流剖面监测器原理

图中标注：分离带状电极、次级电极、地栅极、高压栅极、高压极板、离子对、质子束、1 kV、100 V

(b)

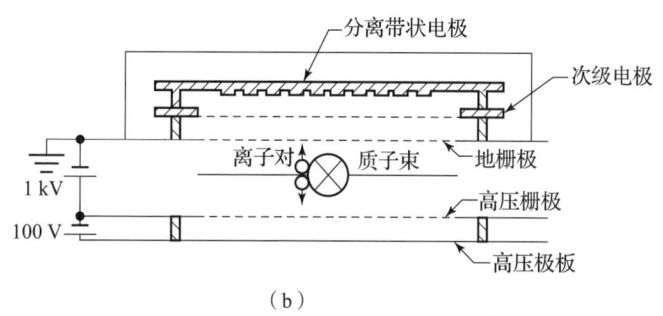

图 8-40　束流剖面监测器原理（续）

8.4.3　束流发射度测量仪

现在，束流发射度测量方法和设备种类很多，用于束流输运线上的束流发射度测量方法主要有狭缝法、变聚焦强度法、三截面法等。传统的束流发射度测量是用一个可移动的狭缝与一个多丝（或运动的单丝）接收器配合完成的。这种典型的发射度测量设备已经有了商品化的产品，其典型结构如图 8-41 所示，其为基于狭缝法的阻挡式测量装置。这种装置多用于低能粒子，它不适合高能质子束发射度的测量。

中国原子能科学研究院研发的一套强流负氢离子束发射度测量仪，采用了独特结构的狭缝法，主要用来测量注入线上的直流强流负氢离子束的发射度，其原理如图 8-42 所示。图中所示的结构中前端有水冷挡束板，束流从中间穿过，前端狭缝和后端狭缝在同一平面内，该平面与束流信号接收电极板垂直；偏转电极板相对该平面对称安装；后端狭缝下面安装有二次电子抑制电极板，下方为束流信号接收电极板。首先，束流经过水冷挡束板，剩下少量束流再通过前端狭缝进入测量筒内部，偏转电极板上加有 ±1 000 V 扫描电压，扫描电压以阶梯状间隔 10 V 从 -1 000 V

图 8-41　束流发射度测量仪

扫描到 +1 000 V。每步稳定时间约为 30 μs，在同一水平位置的不同发散角的束流进入前端狭缝后，在扫描偏转电极板之间运动，由于前端狭缝和后端狭缝在同一垂直平面内，因此进入测量筒的不同发散角的束流只能在特定的扫描电压下通过后端狭缝，并被束流信号接收电极板收集。扫描电压的稳定时间大于束流在测量筒中的运动时间。在束流信号接收电极板上方有二次电子抑制电极板，加载负电压，以保证测量精度。图 8-43 所示为该发射度测量仪的照片，图 8-44 所示为 10 mA 强流负氢离子束发射度调试过程中的一个测试结果。

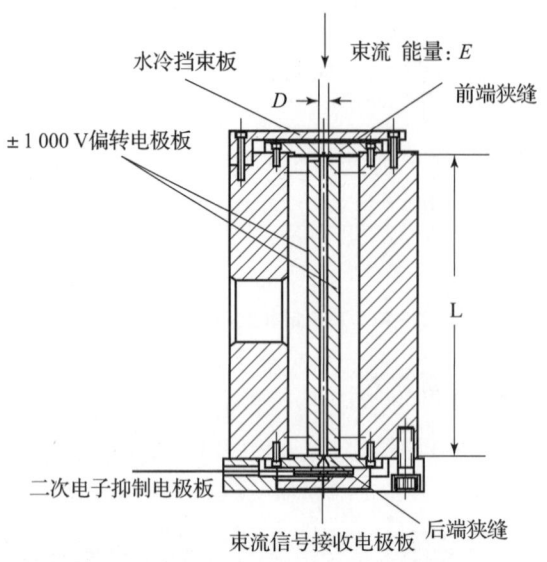

图 8-42 基于狭缝法的束流发射度测量原理

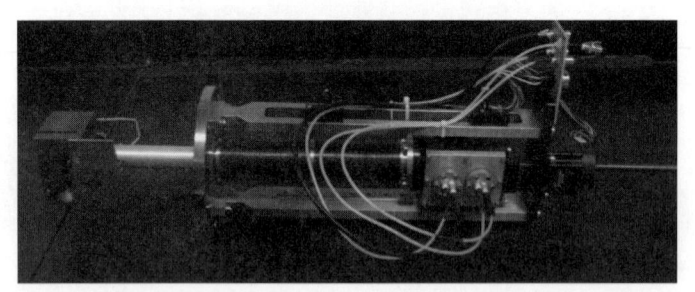

图 8-43 中国原子能科学研究院研发的强流负氢离子束发射度测量仪

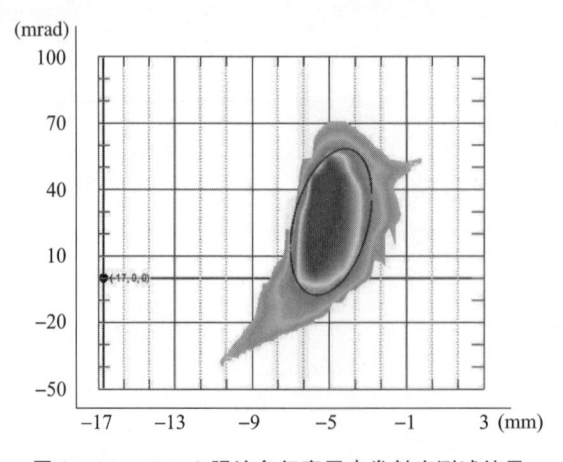

图 8-44 10 mA 强流负氢离子束发射度测试结果

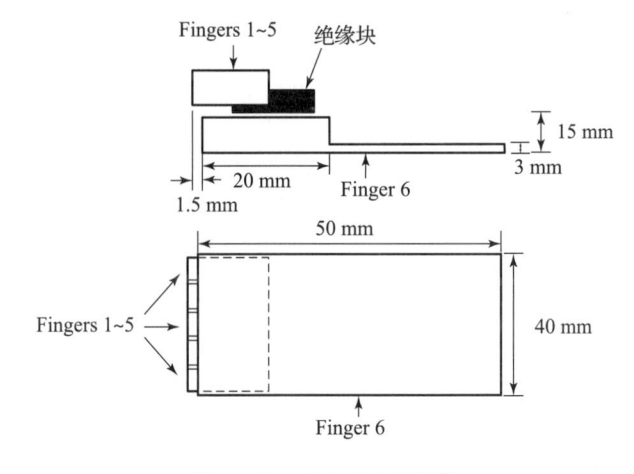

8.4.4 径向插入探测靶

径向插入探测靶是回旋加速器内部束流诊断和调试的主要探测装置。径向插入探测靶需要安放在磁极间隙的中心平面上,是一种阻挡式的测试装置,主要用来测量不同半径上的束流强度、束流分布、束流圈图以及束团长度等。径向插入探测靶在回旋加速器调试阶段的主要作用有:在中心区附近可以从不同方向探测束流轨道的位置,用于束流初始轨道的对中测试。在不同半径上扫描,不但可以给出回旋加速器内部束流强度与半径的关系,还可以提供如下信息:①在多大的半径处发生了束流损失;②束流的轨道中心是否对中;③束流的轴向动态分布状况,束流在加速过程中是否偏离了中心平面。当回旋加速器进入正常运行阶段时,这些径向插入探测靶将退出束流加速区间,但仍保持在真空室内部。图 8-45 所示为加拿大 TRIUMF 实验室强流回旋加速器的径向插入探测靶靶头,靶头为七指结构。

图 8-45 加拿大 TRIUMF 实验室的径向插入探测靶

下面以中国原子能科学研究院建成的强流回旋加速器综合试验装置的径向插入探测靶靶头结构为例来说明径向插入探测靶的设计和工作原理。强流回旋加速器综合试验装置为四扇紧凑型回旋加速器,其径向插入探测靶采用五指结构,其结构示意如图 8-46 所示。靶头由 5 个分离的微分靶头(Fingers1~5)组成。这些微分靶头上面的一部分被极板(Finger 6)覆盖,并且相互绝缘。

图 8-46 径向插入探测靶

将径向插入探测靶推入束流轨道后，大部分束流将打在极板（Finger 6）上，极板的机械尺寸根据如下原则设计：

（1）极板高度根据磁极间隙确定。强流回旋加速器综合试验装置磁极间隙大半径为 23 mm，小半径为 26 mm，极板高度为 20 mm。微分靶头分成 5 个电极。

（2）极板（Finger 6）的径向长度由束流轨道的最大间距、束团截面及进动引起的径向增长之和决定的。

（3）极板的厚度由能量为 10 MeV 的质子在铜质材料内的最大行程决定。

图 8 - 47 所示为强流回旋加速器综合试验装置的径向插入探测靶在回旋加速器内部和外部的结构。径向插入探测靶靶头安装在不锈钢靶杆的端部，采用长波纹管密封结构，通过步进电动机加减速器来推动靶头运动，采用直线电位器定位，可沿水平方向推进或拉出，信号获取系统通过 PCI - 1716L 采集卡顺序采集直线电位器信号和 6 个微分靶头信号。控制系统采用 VC ++ 编程。

图 8 - 47　径向插入探测靶在回旋加速器内部和外部的结构

8.4.5　束流相位靶

对于等时性回旋加速器，粒子在加速过程中应该保持与高频相位同步。如果存在严重滑相，粒子将会丢失。特别是在能量较高的回旋加速器中，粒子要旋转运行几百圈之后才被引出，粒子更容易由于滑相而无法加速到引出半径。粒子的相位是否稳定反映了实际磁场与理想等时性磁场的偏差程度。虽然在磁场测量与垫补的过程中已将这种偏差减到最小，但真空变形、热效应等多种原因引起的磁场变化是不能避免的。束流相位靶可以通过测量束流渡越特定角度位置的高频相位，判断在不同半径上实际磁场与等时性磁场的偏差程度，并由此决定使用哪一组调谐线圈补偿这种偏差，以便将回旋加速器调整到最佳状态。因此，束流相位靶是等时性回旋加速器束流调试的有效诊断工具。

束流相位靶由多组分离的电容板组成，分布在不同的半径上，它不会阻断束流。当束流穿越对应的电容板时将产生感应信号，搜集这些感应信号，进行信号处理,并与高频信号进行比对,获得束流的相位信息。图 8-48 所示为束流相位靶的原理及实物照片。

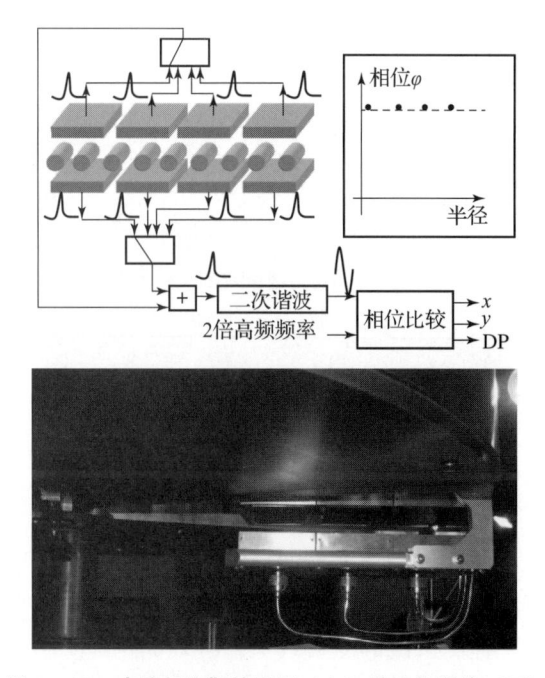

图 8-48 束流相位靶的原理(上)及实物照片(下)

8.4.6 双限缝装置

束流在加速过程中,其截面随时在变化,并且在等时性磁场中束流轨道的间距也随着半径的增加而减小。同时,由磁场的不完全对称产生的谐波也会引起束流的径向振荡。在传统的方位角调变场、强流紧凑型和超导回旋加速器中,束流在加速过程中,束团相邻圈的轨道将会重叠,尤其在大半径情况下会更严重。如果只用插入式的束流探测器测量束流的径向分布,将无法分辨不同的束流轨道。双限缝装置在这种情况下起到重要的作用。其工作原理如图 8-49 所示。

双限缝装置也是径向插入的,两限缝的径向相对位置可以在真空室外部调节,通过支撑杆的转动或其他传动机构,能使这两个限缝在使用时放入,不使用时退出束流中心平面。

8.4.7 用于回旋加速器内部的其他诊断装置

对于采用剥离引出方法的质子回旋加速器,剥离靶的主要作用是将负氢离子剥离掉 2 个电子形成质子,粒子的旋转轨道反转从而被引出真空室。除了起

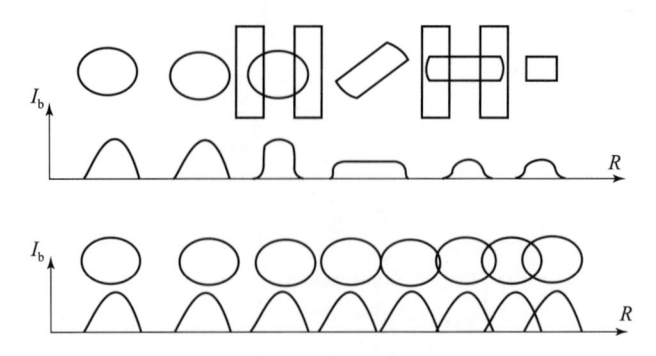

图 8-49 双限缝装置的工作原理

剥离作用以外，剥离靶也可以作为一种内部的束流诊断设备，实时地、动态地监测束流强度。其工作原理是，由剥离膜剥离出的电子在强磁场作用下多次穿越剥离膜后，最终会损失到靶杆上，通过测量靶杆上收集到的电子流强度，可以间接地测量引出的质子束强度。

为了测量回旋加速器中心区的束流强度，应该建立一个水冷内靶。此靶为临时测量靶，用于测量回旋加速器最初几圈的束流强度。径向插入式的束流探测器只适用于小束流的测量，不能经受大束流功率的长时间调试。在回旋加速器调试过程中，为了提高束流的注入效率，必须优化离子源、注入线、注入偏转板及 D 形盒头部等部件的机械参数和电磁参数，此时，应将水冷内靶置于回旋加速器的低能区（大约 1 MeV 之内），作为束流观察靶，尽量将水冷内靶束流调大，为调整和优化束流加速和引出参数打好基础。

对于 CYCIAE-100 回旋加速器，以平均加速电压 50 kV 估算，加速 5 圈的束流能量可增至 1 MeV。如果中心区水冷内靶最大束流强度达到 500 μA，水冷内靶的水冷功率应不低于 500 W，采用无氧铜作为靶材。

8.4.8 束流信号处理系统及计算机接口

所有束流诊断设备都有其独立的束流信号处理系统，除了必要的信号前置放大器或者前端电子学线路放置在束流探测器附近之外，主要束流信号处理单元均以插件箱的方式安放在控制室内的一个专用的标准机柜内，束流信号通过屏蔽电缆或同轴电缆传送到控制室。各种束流信号处理单元根据不同的需要对探头输出信号进行检波、滤波、放大、整理和规范化，再通过多路传输器等接通相应的监测仪表以数字形式显示，或者引入专用的束流显示屏以图像的形式动态显示，或者通过标准接口输入计算机，用于回旋加速器运行状态的综合监控和联锁。束流信号处理单元与计算机接口整体布局如图 8-50 所示。

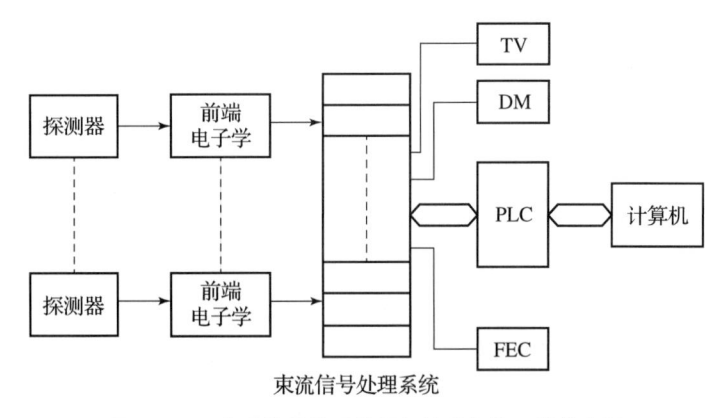

图 8-50 束流信号处理单元与计算机接口整体布局

参 考 文 献

[1] 龚建华. 真空物理 [M]. 合肥工业大学真空教研室内部资料, 1995.

[2] 赵籍九, 尹兆升. 粒子加速器技术 [M]. 北京: 高等教育出版社, 2006.

[3] 杨乃恒. 真空获得设备 [M]. [出版单位不详], 1987.

[4] 潘高峰, 等. 100MeV 强流质子回旋加速器真空系统初步设计 [A]. 中国原子能科学研究院内部报告, BRIF-C-B07-01-SM, 2009.

[5] 达道安. 真空设计手册 [M]. 北京: 国防工业出版社, 2004.

[6] TANABE J, YAMAMOTO R, AREND P V. Doublet Ⅲ neutral beam source cryopanel system [J]. IEEE Transactions on Nuclear Science, 1979, 26 (3): 4080-4082.

[7] SEKACHEV I. ISAC-Ⅱ SC-Linac Cryogenic System at TRIUMF, 2007.

[8] SEKACHEV I. Status of the cyclotron vacuum system at TRIUMF-ScienceDirect [J]. Vacuum, 2006, 80 (5): 390-394.

[9] 陈长琦, 谢远来, 王娟, 等. 用于中性束注入器的 4.2 K 液氦低温冷凝泵的设计 [J]. 真空科学与技术学报, 2003, 23 (006): 400-403.

[10] 陈长琦, 葛锐, 王君, 等. 中性束注入器漂移管道用低温泵的设计 [J]. 真空科学与技术学报, 2005, 025 (002): 154-158.

[11] Y-120 型回旋加速器安装调试技术工作总结（真空系统分册）[A]. 中国原子能科学研究院内部报告, 1959.

[12] 张兴治, 贾弘道, 等. 30MeV 回旋加速器真空、水冷和气动系统技术工作总结 [A]. 中国原子能科学研究院内部报告, 1995.

[13] 潘高峰. 10MeV 回旋加速器真空系统设计 [A]. 中国原子能科学研究院内部报告, 2005.

[14] 熊联友, 等. 100MeV 回旋加速器低温冷板系统预设计 [A]. 中国科学院理化技术研究所内部报告, 2007.

[15] 吴德忠, 周利娟. 新型 HIRFL – 800 低温泵的设计及热负荷的计算 [J]. 低温工程, 2002 (03): 50 – 54.

[16] 王娟, 庄达民, 欧阳峥嵘. 低温冷凝泵辐射挡板结构分析与热负荷计算 [J]. 真空与低温, 2005 (03): 165 – 169.

[17] ZHANG T, MACKENZIE G, Dutto G, et al. Beam loss by lorentz stripping and vacuum dissociation in a 100 MeV compact H$^-$ cyclotron [C]. PAC09, 2009.

[18] SARKAR B, DE A, Thakur S K, et al. Control strategy for the main magnet power supplies of the K – 500 superconducting cyclotron [C]. 10th IC-ALEPCS, Geneva, 10 – 14 Oct. 2005, PO1. 082 – 7 (2005).

[19] FENG G, Deriy B, Fors T, et al. A novel digital control system to achieve high – resolution current regulation for DC/DC converters at the APS.

[20] GUSEV I A, et al. High – Voltage source with output voltage up to 60 kV with output current up to 500MA [C]. Proceedings of RuPAC 2008, Zvenigorod, Russia.

[21] KOBAL M, et al. High – Voltage power supply distribution system [C]. 07 Accelerator Technology Main Systems Proceedings of EPAC08, Genoa, Italy.

[22] PARK H K, et al. Implementation of high precision magnet power supply using the DSP [C]. 07 Accelerator Technology T11 – Power Supplies.

[23] ALEXANDER E, et al. Low voltage very high current SCR controlled magnet power supply [C]. 08 Applications of Accelerators, Technology Transfer and Industrial Relations T28 Industrial Collaboration.

[24] SCHNABEL S, et al. New generation of ad – measurement cards for high accuracy measurements [C]. 07 Accelerator Technology Main Systems.

[25] WU Y K, Hartman S, Mikhailov S F. A physics based control system for the Duke storage ring [C]//Particle Accelerator Conference, 2003. PAC 2003. Proceedings of the. IEEE, 2003.

[26] KASEL E, KEIL B, Schirmer D, et al. The evolution of the DELTA control system [J]. Icalepcs, 2001, 4 (2): 90 – 95.

[27] HERON M T, Duggan A J, Martlew B G, et al. DIAMOND control system outline design [J]. Physics, 2001.

[28] BEVINS B, ROBLIN Y (TJNAF). The evolution of the generic lock system at Jefferson Lab [C]. // Proceedings of ICALEPCS2003, Gyeongju, Korea.

[29] Heron M T, et al. Progress on the DIAMOND control system [C]// Proceedings of ICALEPCS, 2003, Gyeongju, Korea.

[30] Sakaki H, et al. The control system for J-PARC [C]//Proceedings of APAC 2004, Gyeongju, Korea.

[31] LI J, et al. Power supply performance monitoring and analysis using operation data [C] // Proceedings of the 2003 Particle Accelerator Conference.

[32] HUNT S. Controls through pictures - graphical tools for building control system software [C] // International Conference on Accelerator and Large Experimental Physics Control Systems, 1999, Trieste, Italy.

[33] 侯世刚. 强流回旋加速器综合试验装置控制系统关键技术及其实现 [D]. 北京：中国原子能科学研究院，2010.

[34] 殷治国，侯世刚，夏乐，等. 100MeV 强流回旋加速器射频数字低电平系统研制 [J]. Chinese Physics C, 2007, 31 (010): 962-966.

[35] FEWELL N, WITKOVER R. Beam diagnostics at BNL 200 MeV LINAC [C] // Proc. of 1972 Proton Linear Accel. Conf., Los Alamos, N. M., Oct. 1972: 54.

[36] WITKOVER R L. Beam measurements at the LINAC: present and future [J]. Polarized Proton Technical Note, No. 24, December 10, 1982.

[37] BERGHER M. An absolute calibrator for DCI beam current monitors [J]. Nuclear Science IEEE Transactions on, 1981, 28 (3): 2375-2376.

[38] CYCIAE-30MeV 技术档案资料. CYCIAE-30 回旋加速器的剥离靶系统 [A]. 中国原子能科学研究院内部资料，1995.

[39] Rao Y N, MACKENZIE G H. Calculations on LE2 probe head thickness and experimental measurements [A]. TRI-DN-04-8.

[40] WITKOVER R L, Z-G Li. The HITL faraday cup amplifier [A]. AGS Division Technical Note No. 224, BNL, Nov. 8, 1985.

[41] KROSE F B, MAASKANT A, SLUYK T, et al. Non intercepting high resolution beam monitors [J]. IEEE Transactions on Nuclear Science, 1981, 28 (3): 2362-2364.

[42] UNSER K. A Toroidal DC beam current transformer with high resolution [J]. IEEE Transactions on Nuclear Science, 2007, 28 (3): 2344-2346.

[43] UNSER K. beam current transformer with D. C. to 200 MHz range [J]. IEEE

Transactions on Nuclear Science, 1969, 16 (3): 934 - 938.

[44] LITTAUER R. Beam instrumentation [C] // AIP conf. Proc. 105, SLAC, 1982, 908 - 909.

[45] DELUCA W H. Beam detection using residual gas ionization [J]. IEEE Transactions on Nuclear Science, 1969, 16 (3): 813 - 822.

[46] PLOSS H, BLUMBERG L N. Methods of emmitance measurement in exernal beam using ellipse approximations [R]. Internal report, AGS DIV 68 - 4, BNL, USA.

[47] RYAN J. Measuring a beam emmitance using linear least - square analysis [A]. AGS Division Technical Note No. 198, BNL, USA.

[48] WILSON E J N. Circular accelerators - transverse [C]// AIP Conference Proceedings 153, 1987, 3 - 43.

[49] GOODWIN R W, LEE G M, SHEA M F, et al. Beam diagnostics for the NAL ZOO - MeV linac [C]. 2008.

第 9 章
超导回旋加速器

"1.2.5 超导回旋加速器"简要介绍了超导回旋加速器的技术优势和发展历程中的几个亮点,本章结合近年来人们研发超导回旋加速器的工程实践,更加深入地阐述超导回旋加速器的发展过程、设计原理、关键设备的研制和超导回旋加速器在小型化癌症治疗装备等涉及人民生命健康等重大领域的广泛应用。

9.1 超导回旋加速器的发展简介

超导回旋加速器利用超导线圈为主磁铁励磁,由于引入了超导线圈、低温系统,整个加速器系统的复杂性增加了,而且超导线圈磁场占中心平面磁场的份额很大,导致超导线圈位置对束流动力学的影响较大,但相对于常温紧凑型回旋加速器,其好处也是显而易见的。首先,超导线圈提供的磁场更强,相同能量的超导回旋加速器可以做得更加紧凑,质量大大减小,整个厂房的规模相应减小,造价相应降低。在某些特殊应用方面,如在癌症的质子治疗领域,利用超导技术使回旋加速器小型化被认为是降低质子治疗成本、推广质子治疗技术的关键。此外,从提升回旋加速器性能的角度来看,由于采用了超导线圈,主磁铁磁极的气隙高度可以适当增大,这对于设计束流动力学行为、安装磁场测量系统,尤其是降低引出系统设计难度、提升引出效率非常有好处。因此,从20世纪60—70年代起超导回旋加速器就得到了广泛关注。

20世纪60年代后期,高场超导技术被用于多个大型气泡室磁体中(J. Purcell等人,美国阿贡国家实验室)。利用这项技术,1974年,加拿大Chalk River核实验室的一个小组提交了一份有关"超导重离子回旋加速器"(CRNL-1045)的研制提案。美国密歇根州立大学(MSU)和意大利国家核物理研究院米兰研究所的研究小组很快提出了类似的建议,并于1982年8月在NSCL/MSU的K500超导回旋加速器(图9-1)中首次获得了超导回旋加速器的束流。在接下来的几年中，又有几台超导回旋加速器投入运行，其研制单位主要包括加拿大 Chalk River 核实验室、美国国家超导回旋加速器实验室 – 密歇根州立大学（NSCL/MSU）、哈珀医院、德州农工大学等。

图 9 – 1　首台出束的超导回旋加速器——NSCL/MSU 的 K500 超导回旋加速器

21 世纪初是超导回旋加速器迅速发展的又一个重要时期。在这一时期，有 4 台超导回旋加速器建成，包括日本 RIKEN 的超导分离扇回旋加速器、印度加尔各答类似 MSU K500 的超导回旋加速器、美国 NSCL/MSU 的 K1200 超导回旋加速器，尤其值得关注的是德国 ACCEL 公司（后被美国 Varian 公司收购）研制的专门用于质子治疗的第一批两台 250 MeV 超导回旋加速器，其以高度紧凑性、易用性、高性能引领了放疗专用的超导回旋加速器、超导同步回旋加速器的新的研发趋势。

基于 Accel/Varian 的 250 MeV 超导回旋加速器质子治疗系统，是目前质子治疗设备市场上唯一成熟的高剂量率、等时性超导回旋加速器质子治疗系统。在研的基于超导回旋加速器的质子治疗系统包括：中国原子能科学研究院的 CYCIAE – 230/CYCIAE – 250 超导回旋加速器系统、日本住友重工的 230 MeV 超导回旋加速器系统、俄罗斯杜普纳 – 中国合肥等离子体所合作研发的 SC200 等，此外还有美国 Mevion 公司、比利时 IBA 公司研制的基于超导同步回旋加速器的质子治疗系统等，但超导同步回旋加速器的剂量率通常较低。

9.2　超导回旋加速器的设计原理和关键设备研发

9.2.1　超导回旋加速器的主磁铁设计及静态轨道计算

超导回旋加速器的主磁铁设计各有不同，但总的来讲有如下特点：通常采

回旋加速器原理及新进展

用常温磁铁加超导线圈励磁的方案，由该方案设计的主磁铁结构紧凑，通过螺旋磁极的磁场提供更大的轴向聚焦力。此外，对于紧凑结构的超导回旋加速器，常用一个机械加工形成的整体定位的磁极基础，磁极与盖板一体，整体高精度加工，从而有效减少一次谐波，降低了非线性共振引起的束流损失。超导线圈励磁运行功耗低，且磁极间隙可以取得相对较大，有利于引出系统、束流诊断系统等关键设备的布局设计。

主要的质子治疗超导回旋加速器主磁铁结构如图 9-2～图 9-5 所示。

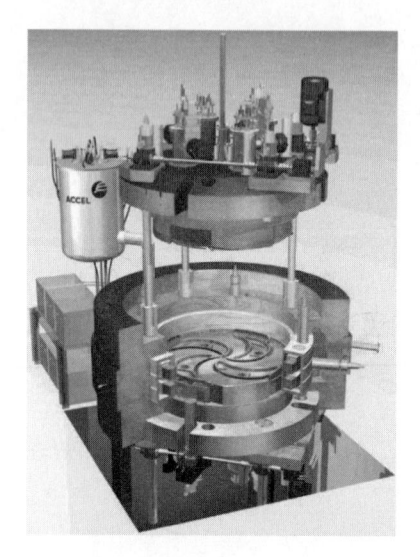

图 9-2 基于 ACCEL/Varian 250 的 MeV 超导
回旋加速器及四叶片磁极结构

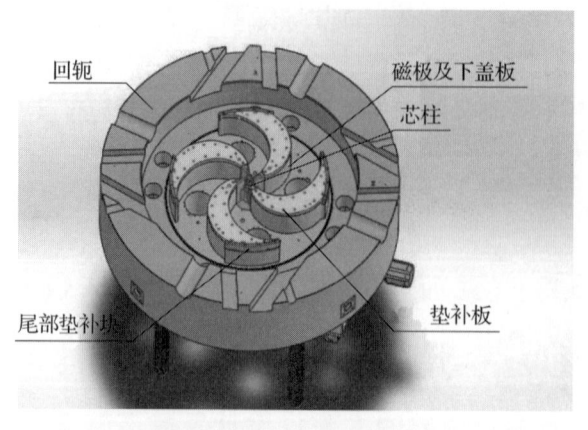

图 9-3 中国原子能科学研究院的 CYCIAE-230
超导回旋加速器主磁铁（下半磁铁）结构

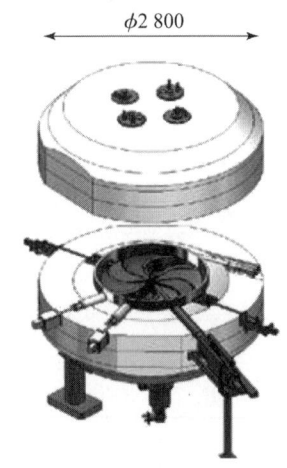

图 9-4　住友重工的 230 MeV 超导回旋加速器主磁铁结构

图 9-5　杜普纳-合肥等离子体所的 SC200 超导回旋加速器四叶片主磁铁示意

从图中可以看出，以上超导回旋加速器不约而同地采用了四叶片磁极结构。从回旋加速器物理的角度，主要基于如下考虑：选取小的叶片数是有好处的，首先是因为在中心区有更高的调变度，在中心区的调变度可近似表示为 $(r/g)^N$，其中 g 是磁铁气隙，很明显取小的叶片数 N 有利于提高轴向共振频率 Q_z，进而有利于增大轴向聚焦力和提高束流强度；另外，选取小的叶片数意味着需要加工的部件少，谷区有更多的空间安装高频系统、中心区部件等。但高的能量要求大的叶片数，这是由于半整数共振对回旋加速器最高能量带来限制，即要求被加速粒子在 $N/2$ 截止禁带之前被引出。因此，为了引出区远离该半整数共振带，四叶片磁极结构的回旋加速器更加实际，谐振模式可取 $h = 2$，4，6…。它在中心区的调变度略比三叶片磁铁低，但这可以通过电聚焦来补偿，而且质子治疗回旋加速器所需的束流强度并不高，空间电荷效应并不明显。

下面以中国原子能科学研究院的 CYCIAE – 230 超导回旋加速器主磁铁设计为例，介绍超导回旋加速器主磁铁设计的主要内容。

根据回旋加速器的等时性原理，有

$$B_0(R) = B_{center} \gamma(R) = B_{center} \sqrt{\frac{c^2}{c^2 - (\omega_0 R)^2}} \quad (9-1)$$

式中，B_{center} 为中心磁场的磁感应强度，c 为光速，ω_0 为粒子回旋频率，R 为回旋半径。

给定中心磁场的磁感应强度与回旋频率 B_{center}、ω_0，由式（9 – 1）可以给出理论要求的等时场。等时性回旋加速器自由振荡频率的近似表达式见第 3 章的式（3 – 4），其中，轴向聚焦力除了螺旋角之外，调变度 F 也十分关键，调变度 F 由下式决定：

$$F = 1 - \frac{\langle B^2 \rangle}{\langle B \rangle^2} = \frac{\alpha \cdot (1-\alpha) \cdot (B_{hill} - B_{valley})^2}{[\alpha \cdot B_{hill} + (1-\alpha) \cdot B_{valley}]^2} \quad (9-2)$$

式中，

$$\langle B \rangle = \alpha \cdot B_{hill} + (1-\alpha) \cdot B_{valley} \quad (9-3)$$

式中，α 为磁极所占的比例，B_{hill}、B_{valley} 分别为中心平面上峰区与谷区磁场的磁感应强度。对于 230 MeV 超导回旋加速器，有

$$B_{hill} = B_{coil} + B_S \quad (9-4)$$

$$B_{valley} \approx B_{coil} \quad (9-5)$$

此时，由于磁铁严重饱和，对于纯铁，$B_S \approx 2.1\,T$，若取 $\alpha = 0.5$，给定最大平均磁感应强度 $\langle B \rangle \approx 2.9\,T$。由式（9 – 3）~式（9 – 5）可以得到上述假设下 $B_{hill} \approx 3.95\,T$，$B_{valley} \approx 1.85\,T$，再由式（9 – 2）得到调变度 $F \approx 0.13$。将上述过程重复应用于式（9 – 1）给出的不同半径的平均场。根据规划的轴向、径向聚焦特性曲线并结合式（3 – 4）就可以给出供数值计算的初始磁极的模型参数（R 与对应的螺旋角）。由于式（9 – 3）隐含的硬边界条件是近似条件以及式（9 – 5）并不准确，所以上述结果仅作为数值计算的基础，后续需要通过数值计算，深入设计主磁铁的聚焦特性，决定调变度 F 和自由振荡频率 ν_r、ν_z，如果 ν_z 值局部过小，需改变一个或更多个磁铁参数，然后进行数值计算，反复迭代。

主磁铁磁路中的元件主要包括上、下盖板与磁极叶片，芯柱，磁轭，磁极边缘的恒温器 300 K 内筒壁磁环，磁极表面的垫补板等，最终计算得到的平均磁场分布如图 9 – 6 所示。基于这样的磁铁结构设计和磁场数值计算，可先简单计算粒子的平衡轨道、滑相和共振图等静态束流动力学参数，根据这样的数值模拟结果初步判断磁铁结构设计的合理性。在加速区微分滑相范围可控制在

0.1%之内，如图9-7所示。除了引出区域，加速过程的积分相移可限制在15°以内，而且还计算了一些非理想情况，如线圈位移对等时性的影响，如图9-8所示。图9-9所示为根据场分布计算得到的自由振荡频率及穿越共振带的情况。静态平衡轨道如图9-10所示。

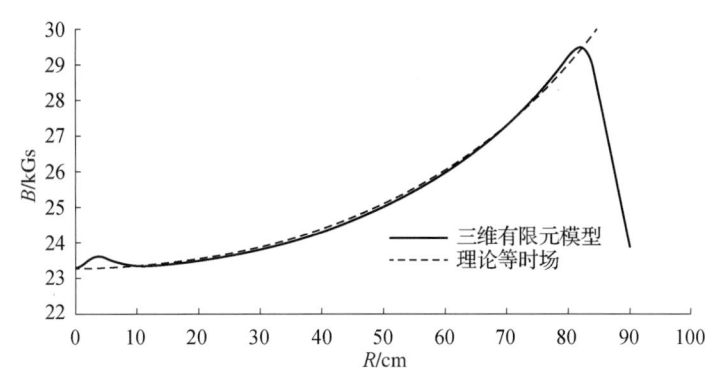

图9-6 CYCIAE-230超导回旋加速器三维有限元模型计算得到的平均磁场与理论等时场的比较

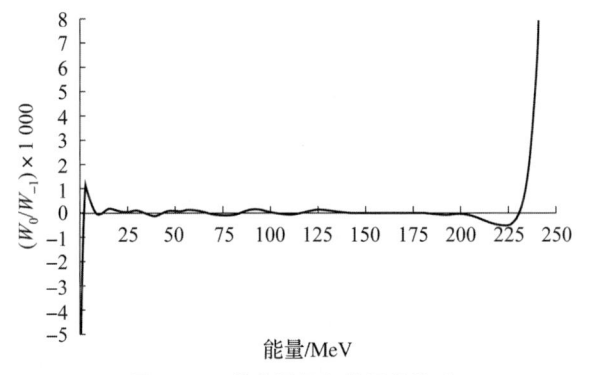

图9-7 微分滑相与能量的关系

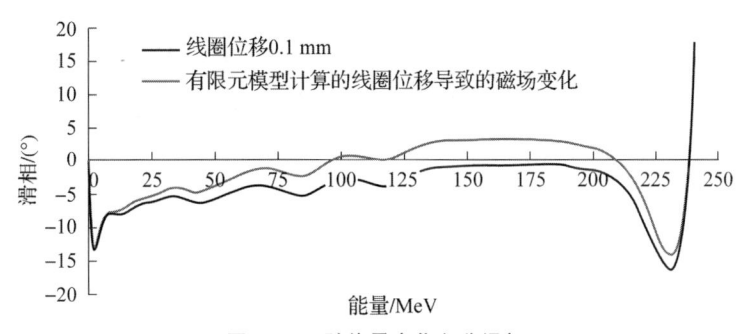

图9-8 随能量变化积分滑相

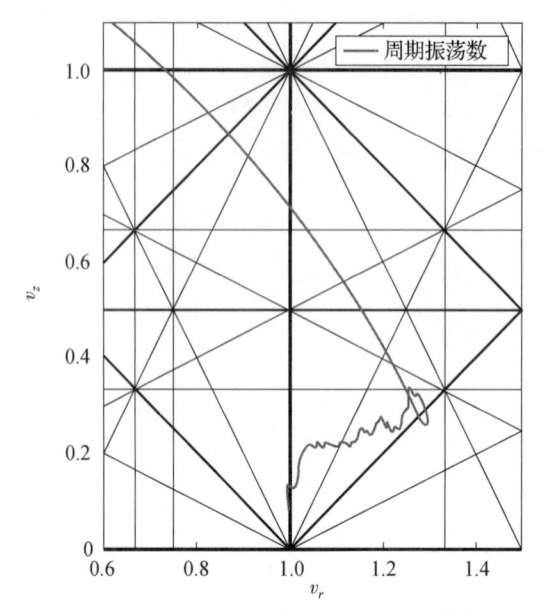

图 9-9 CYCIAE-230 超导回旋加速器的轴向、径向共振频率（工作路径）

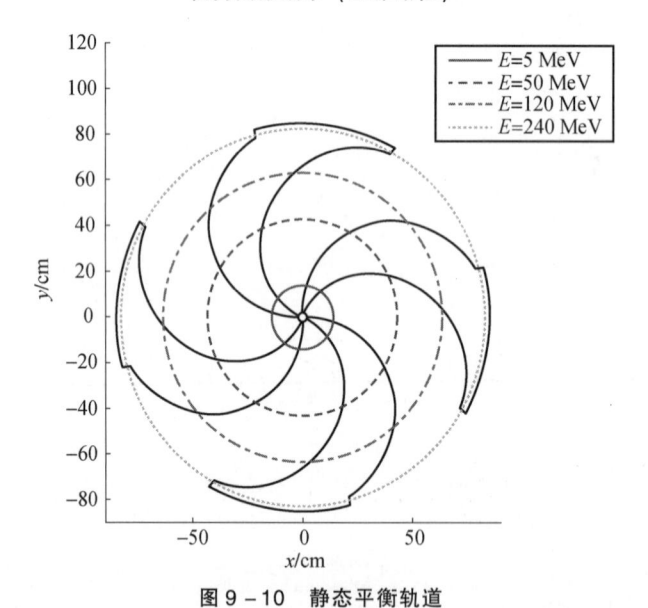

图 9-10 静态平衡轨道

9.2.2 束流动力学规划及共振分析

加速平衡轨道（AEO）被定义为在加速过程中具有最小圈数和径向振荡幅度的理想粒子的轨道。通过调整初始粒子参数，可以采用束流动力学程序找到

AEO，然后可以使用 AEO 周围的多粒子进行更广泛的束流动力学特性分析。

对于采用螺旋形磁极和螺旋形谐振腔的超导回旋加速器，为了准确计算 AEO，除了三维磁场的精密计算之外，轨道跟踪还应采用高频腔的谐振电场分布，而不是采用能量增益的 delta 函数近似。此外，在螺旋形谐振腔中还不应忽略射频感应的磁场对中心平面束流的影响。以中国原子能科学研究院的 CYCIAE-230 超导回旋加速器为例，图 9-11（a）说明了高频谐振腔在中心平面上感应的轴向磁场幅度，图 9-11（b）显示了射频磁场对粒子滑相的影响，其中观察到滑相有 30°的差异。

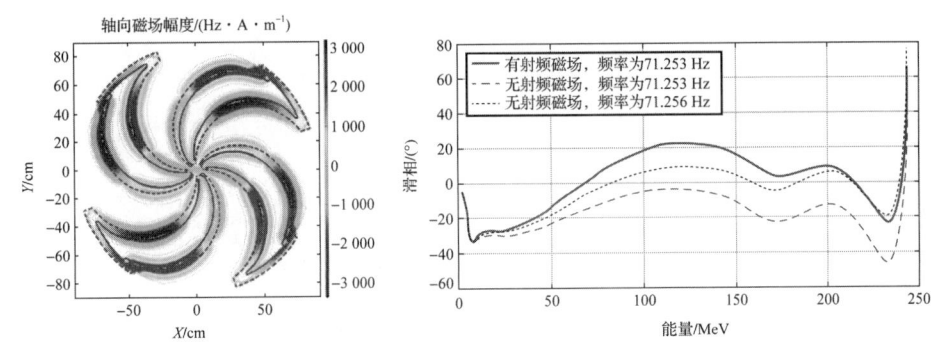

图 9-11 中心平面上高频谐振腔产生的轴向磁场幅度和射频磁场对粒子滑相的影响

在获得 AEO 的基础上，可以利用多粒子跟踪，计算在磁场和电场各种缺陷的影响下相空间的变化及伴随着的束流发射度的增长。其中，一次谐波磁场最为重要，它将导致 AEO 中心发生位移。振幅为 h_1 的一次谐波引起的 AEO 中心偏移见第 2 章的式（2-51），可表示为：

$$\Delta X_e = \frac{h_1}{\bar{B}} \cdot \frac{R}{2(\nu_r - 1)} \tag{9-6}$$

式中，R 和 $\bar{B}$ 是径向位置和平均场的磁感应强度；ν_r 是径向振荡频率。

在回旋加速器 ν_r 接近 1 的位置，通常是中心区和引出区，由式（9-6）可以看出在这些位置由于束流非对中而非常敏感，因此需要设置磁场调节棒（Trim Rod）或垫补线圈来调整局部一次谐波。在大部分加速区域，对于一次谐波幅值也要通过磁场测量与垫补进行有效控制。以 CYCIAE-230 超导回旋加速器为例，大量数值仿真结果表明加速区的一次谐波幅值应小于 2 Gs。

此外，多粒子模拟也是开展粒子中心区与引出匹配设计的重要工具。图 9-12 所示为 CYCIAE-230 超导回旋加速器的相位选择器对中心区粒子相位选择的多粒子模拟结果。其中加速到引出需要的粒子相位为 10°~22°。通过两个固定式相位选择器，离开中心区加速的粒子相位为 10°~20°，位于流强峰值处且与引出匹配。

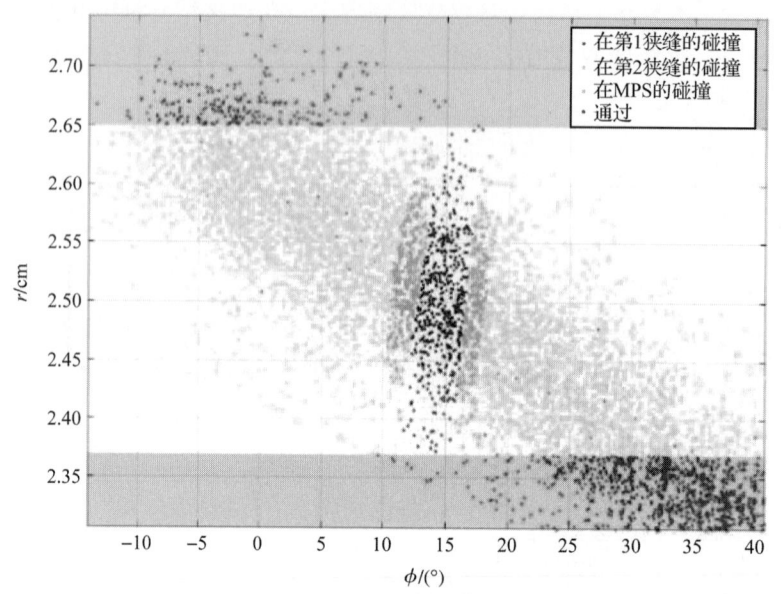

图 9-12　CYCIAE-230 超导回旋加速器的相位选择器
对中心区粒子相位选择的多粒子模拟结果

共振穿越是影响束流品质的最为关键的因素。以 CYCIAE-230 超导回旋加速器为例，图 9-13 所示为共振频率与能量的关系，从图中可以找到共振穿越和相应的位置。共振穿越对粒子振荡的影响是一个复杂的累积过程，其效应的严重程度取决于能否快速穿越共振以及导致共振的缺陷分布。

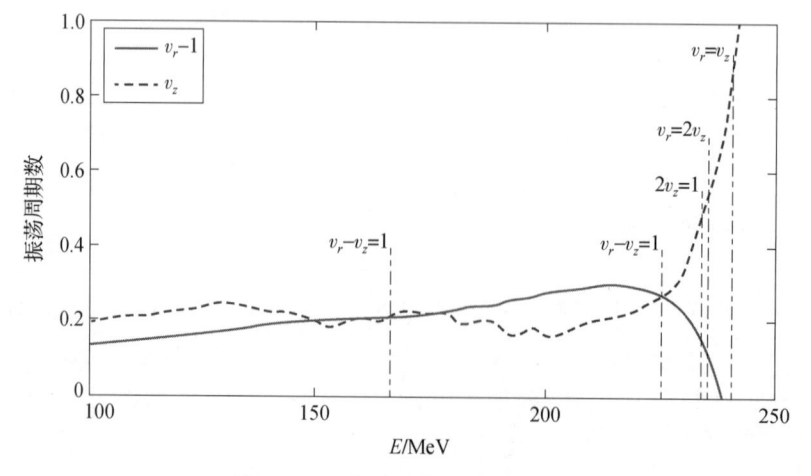

图 9-13　共振频率与能量的关系

利用单粒子跟踪可以直观地看到不同共振穿越对束流的影响。以 CYCIAE-230 超导回旋加速器的 $v_r - v_z = 1$ 共振为例，该共振由磁场径向分量的一次谐波驱动。在理论等时场或测量磁场的基础上，在 $r = 70$ cm 附近添加 B_{r1} 的缺陷场以驱动共振，利用束流动力学程序计算对轴向振幅增长的影响，如图 9-14 所示。

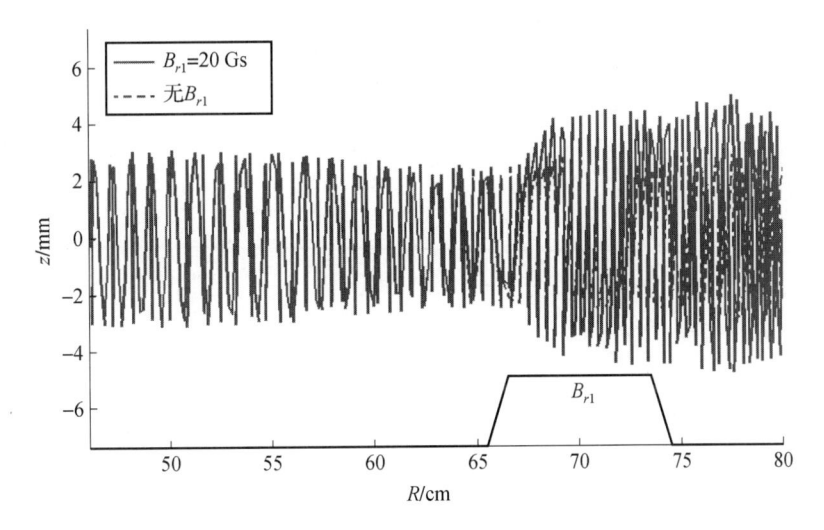

图 9-14 $r = 70$ cm 处的 B_{r1} 一次谐波分量对束流轴向振幅的影响

通过进一步的共振分析可以给出 CYCIAE-230 超导回旋加速器允许的磁场误差及其对束流的影响，见表 9-1。

表 9-1 CYCIAEA-230 回旋加速器中共振的位置、驱动的磁场项、对束流的影响和对应的磁场公差要求

共振	在超导回旋加速器中的位置	驱动的磁场项	对束流的影响	对应的磁场公差要求
$v_r = 1$	磁极所有区域	B_{z1}	径向束包络增长	为了将引出区的束流径向非对中压低到 0.2 mm 以下，在 15~25 cm 范围内，主磁场的一次谐波应控制为 <1 Gs
$2v_r = 2$	磁极所有区域	B_{z2}, dB_{z2}/dr	径向束包络增长	主磁场的二次谐波 $B_{z2} < 5$ Gs，二次谐波的径向梯度 $dB_{z2}/dr < 10$ Gs/cm

续表

共振	在超导回旋加速器中的位置	驱动的磁场项	对束流的影响	对应的磁场公差要求
$v_z = 0$	磁极所有区域	B_r	轴向束包络增长	在半径 $r < 20$ cm 以及 $r > 70$ cm 的区域，磁场的径向分量 $B_r <$ 2 Gs
$v_r = 2v_z$	~81 cm	主磁场	轴向束包络增长	束流非对中 < 2 mm
$v_r - v_z = 1$	~71 cm ~79 cm	B_{r1}	轴向束包络增长	在半径 71 cm 附近，磁场的径向分量的一次谐波幅值 $B_{r1} < 6$ Gs
$2v_z = 1$	~80 cm	dB_{z1}/dr	轴向束包络增长	在半径 78～82 cm 范围内，主磁场一次谐波的径向梯度 $dB_{z1}/dr < 10$ Gs/cm
$v_r + 2v_z = 2$	~80 cm	dB_{z2}/dr	轴向束包络增长	
$2v_r - v_z = 1$	~49 cm ~80 cm	d^2B_{z1}/dr^2	轴向束包络增长	
$2v_r - v_z = 2$	~81 cm	d^2B_{z2}/dr^2	轴向束包络增长	高阶共振，对束流的影响非常小，可以忽略
$3v_z = 1$	~80 cm	$d^2B_{z1}/drdz$	轴向束包络增长	
$3v_z = 2$	~81 cm	$d^2B_{z2}/drdz$	轴向束包络增长	

9.2.3 230 MeV 超导回旋加速器从离子源到束流引出的轨道全程跟踪

紧凑型回旋加速器，尤其是整体型超导回旋加速器的内部结构十分复杂。与同步回旋加速器比较，其静态磁场、高频时变电场、静电高压电场，以及多束团自身的空间电荷效应等多物理场紧密耦合，技术难度十分突出。本节重点阐述首次完成紧凑型超导回旋加速器极端复杂结构和场分布下的束流轨道全程跟踪和6D相空间的全程匹配。主要包括：①离子源到吸极（第一加速间隙）；②中心区（能量2 MeV之内的大约5圈轨道）；③加速区（从1 MeV至引出能量）；④引出区（束流进动引出区域）。这些区域在数值模拟过程中相互重叠，从离子源直到束流引出的全程连续匹配。

1. 离子源到吸极

离子源到吸极的第一加速间隙设计，对于回旋加速器有时可起到决定性的作用。从许多回旋加速器物理经典著作均可了解到，对于采用内部离子源的回旋加速器而言，刚从离子源引出的低速度粒子束，在磁场中假定受到均匀高频电场的作用，由运动分析可知初始相位在 $\pm\dfrac{\pi}{2}$ 之间的粒子都聚焦于中心相位的粒子附近。为了减小这样的聚相效应，提升回旋加速器的束流品质，人们可以：①通过合理设计吸极（或"触须"）以明显减小第一个加速间隙的电场空间分布；②增加高频D电压以尽快增大初始轨道的曲率半径（这也是强流回旋加速器多采用外部离子源的原因之一）。这样，粒子穿越高频加速间隙的时间将只占高频电场周期的一小部分，其能量增益将仅由高频D电压、越隙因子和越隙相位决定。通过逆着粒子的运动方向，偏转离子源和吸极，这样由吸极引出的粒子转至加速间隙时，有效平均相位得到了调节，越隙相位需要精准调节，使得处于聚焦的相区间之中，通过电聚焦弥补中心区磁聚焦的不足，同时优化考虑能量增益，这些措施将明显增强束流强度。

此外，文献调研表明，离子源出口的电压分布与离子源内的等离子体状态也密切相关。位于回旋加速器中心区的离子源内部等离子体状态难以测量，一种有效的方法是，假定离子源中心存在一固定电压的电极柱，其上存在静像电压，粒子从离子源出口零等势位（等离子体发射面）出发被引出。可调节静像电压以更精确地模拟离子源出口粒子的分布。对于230 MeV超导回旋加速器的内部离子源和中心区，图9-15给出了不同静像电压情况下30°相宽粒子在第一圈的轨迹，可见静像电压对粒子的径向聚焦影响较大。在离子源中心假定电极柱为 $\phi1$ mm、静像电压为36 kV时，离子源出口处的零等势位和离子源出口粒子分布较接近。后续中心区的计算均在静像电压为36 kV的情况下开展。

2. 中心区束流轨道模拟

230 MeV超导回旋加速器高频加速系统采用二次谐波，在中心区4个电极提供每圈8次加速，高频谐振频率为71.14 MHz，2次谐波加速，离子回旋频

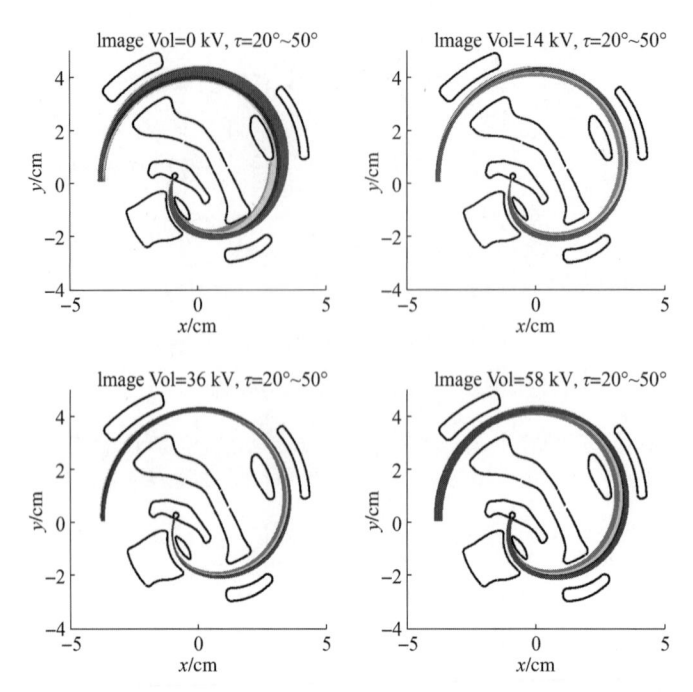

图 9-15 不同静像电压（0 kV、14 kV、36 kV 和 58 kV）假定下，
离子源出口 30°相宽多粒子在第一圈的轨迹

率为 35.57 MHz。在回旋加速器设计阶段，近似认为 4 个电极头部电压均为 72 kV，且忽略加速电压随半径的变化。在本节的轨道全程跟踪过程中，基于高频工程的深化结果，中心区通过直连和过桥，维持 V_{D1} 和 V_{D3} 电压为 72 kV，而 V_{D2} 和 V_{D4} 电压根据精确模拟和加速区电压平衡，调整为 63 kV。在中心区轨道模拟过程中，考虑到半径范围较小，忽略高频电压随半径的变化。

束流轨道模拟的关键工作是电场的准确计算，通常分为 3 个区域进行轨道模拟，3 个部分的轨道相互重叠，互为确认。第一部分是从离子源到吸极，因为粒子能量很小，对电场精度要求高，所以在一个小区域内使用 0.1 mm 的网格进行计算，结果如图 9-16（a）所示，这个区域的轨道计算以高频时间 τ 为自变量。第二部分通常是包含能量 2 MeV 之内的大约 5 圈轨道的一个大区域，网格尺寸大约为 0.6 mm，结果如图 9-16（b）所示，这个区域的轨道计算以方位角 θ 为自变量。第三部分是轨道出中心区之后的模拟，这时的高频加速电场不再是主要因素，磁场的等时性和聚焦更为重要，所以这部分的轨道跟踪通常可采用高频谐振腔设计的数值计算电场以及实测的磁场数据，这样便包含了加速电压随半径的变化、引出区电场斜分量的影响等，与以往采用 δ 函数计算相比，能更加准确地描述高频场的分布情况。

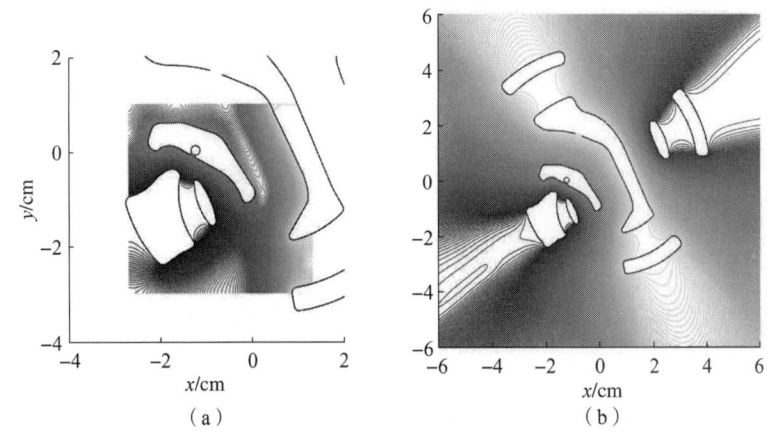

图 9 – 16　230 MeV 超导回旋加速器中心区中心平面电势分布
(a) 小场区电势分布；(b) 大场区电势分布

　　由于中心区设计的精度要求，在施工阶段中心区轨道模拟计算使用的磁场通常是实测磁场。而从离子源到束流引出的轨道全程跟踪要求，可在实测磁场的基础上对磁场数值分析的结果加以"校准"，利用数值计算的结果弥补是在引出轨道穿越励磁线圈和磁轭部分难以测量区域缺少磁场实测数据的不足，实现引出轨道最后一段的跟踪计算。图 9 – 17 所示为通过这样的办法"合成"的磁场分布。中心区第一部分（小场区）和第二部分（大场区）的参考粒子轨迹模拟结果如图 9 – 18 所示。图中红色轨道为小场区内的跟踪结果，可以注意到，在接近电场边缘时出现一定的偏差。因此，在全程轨道跟踪过程中，需要适当处理不同场域之间的转换。

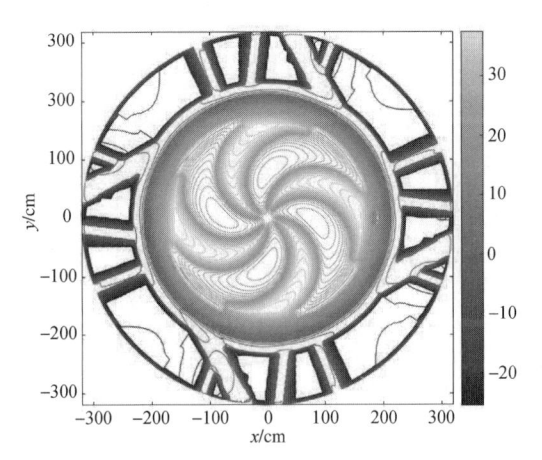

图 9 – 17　230 MeV 超导回旋加速器中心平面磁场

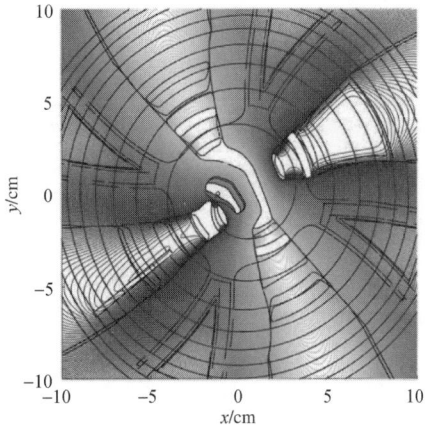

图 9 – 18　参考粒子中心区轨迹（红色轨迹仅在小场区内跟踪）（书后附彩插）

3. 径向对中与轴向聚焦

径向运动主要考虑粒子在中心区的越隙相位与积分滑相、径向对中等重要的物理过程。轨道模拟的参考粒子初始位置选取离子源出口的中心点，$z = P_z = 0$，中心平面的运动方向与离子源出口垂直，初始能量假定为 10 eV。参考粒子的初始坐标，即离子源的出口位置微调优化，对轨道的径向对中影响较大，需密切关注。

粒子通过加速间隙时轴向先聚焦后散焦，在理想情况下，粒子在通过加速间隙时的越隙相位应该接近高频电压峰值，在保证足够的能量增益的同时越隙相位平均值应略大于电压峰值相位，以提供更强的轴向电聚焦，弥补中心区磁场聚焦力的不足。跟踪初始相位 τ 在 $\varphi_0 \pm 10°$ 内的粒子，在中心区的越隙相位如图 9-19 所示，可见粒子在通过加速间隙时，大部分平均相位在峰值右侧，个别位置的中心区电极还可进一步优化设计。积分滑相需要在中心区和加速区同时考虑，不同初始相位粒子的积分滑相如图 9-20 所示，其纵坐标是粒子在 0° 方位角时的相位。

参考粒子的径向振荡如图 9-21 所示，纵坐标是粒子半径与静态平衡轨道半径的差值，图中研究了高频头部不同加速电压对束流径向对中的影响，参考粒子径向振荡振幅约为 0.6 mm。在相椭圆上均匀抽取 180 个粒子进行跟踪，当 $V_{D1} = V_{D3} = 72$ kV，$V_{D2} = V_{D4} = 63$ kV 时，结果如图 9-22 所示，中心区束流轴向半包络为 2 mm。在中心区设计中，吸极轴向间隙的高度对粒子轴向运动、轴向聚焦强弱的影响最为明显。图 9-23 所示为不同初始位置、不同初始相位的粒子在第一圈的轴向运动。

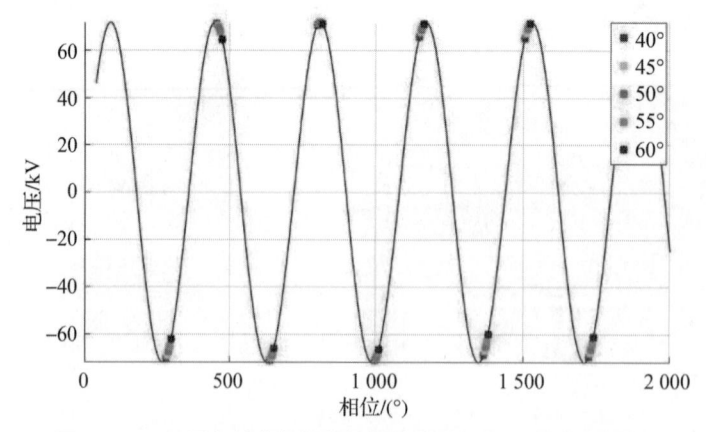

图 9-19 不同初始高频相位粒子的越隙相位（书后附彩插）

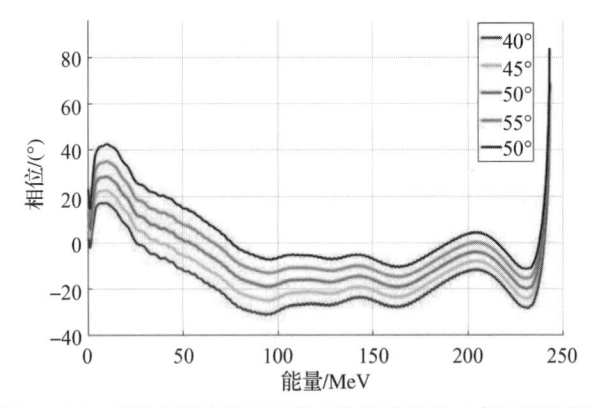

图 9-20 不同初始高频相位粒子的积分滑相（书后附彩插）

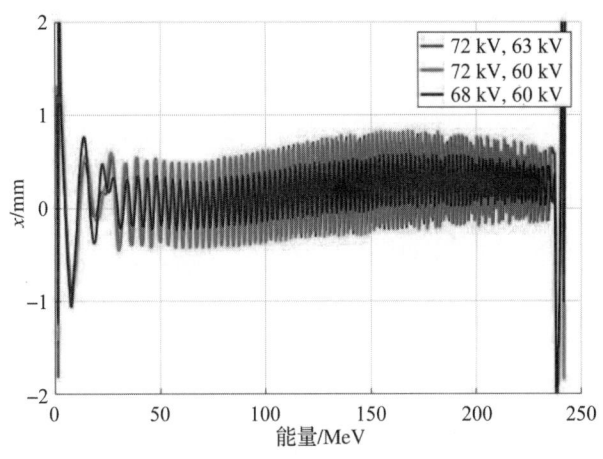

图 9-21 参考粒子径向振荡（书后附彩插）

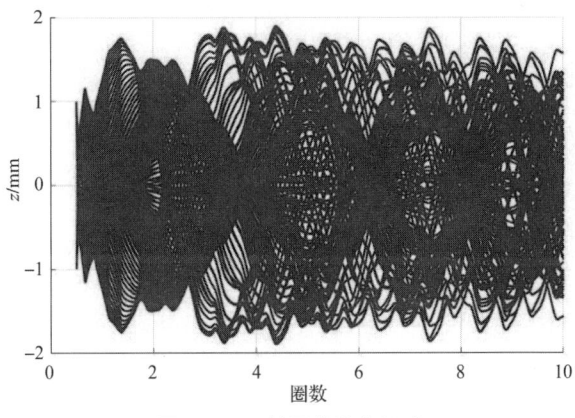

图 9-22 粒子的轴向运动

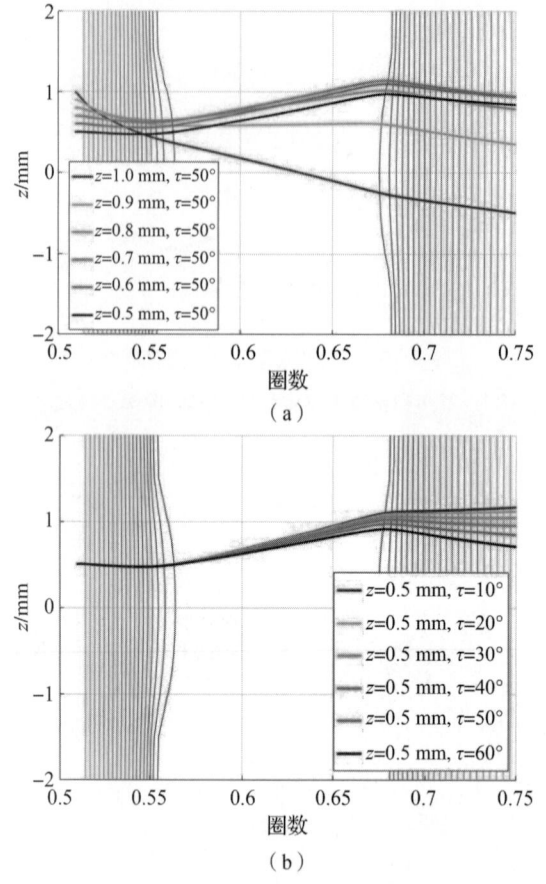

图 9-23 不同初始条件的粒子在第一圈的轴向运动（书后附彩插）
（a）不同初始位置；（b）不同初始相位

4. 束流引出

束流经过引出区 $\nu_r=1$ 时，一次谐波将驱动径向相干振荡，继续加速受到径向作用，产生较大的圈分离，全程跟踪轨道结果表明：①$\nu_r=0.8$ 附近产生一次明显的圈分离，继续加速到 $\nu_r=0.6$ 附近时产生第二次明显的圈分离；②圈分离的径向位置受到一次谐波的明显影响；③受到径纵向耦合作用，不同初始相位束流产生圈分离的位置有所差别。为了降低引出静电偏转板电压，尽量使引出点往外偏移，但引出位置太靠外，容易受到磁通道带来的快速下降边缘场的影响，相位间发生畸变或被拉长。经反复调节引出区磁场调节棒产生一次谐波的振幅和相位，最终取振幅 5 Gs、相位 305°，在 $\nu_r=0.6$ 附近的圈分离进行引出，引出半径（偏转板入口切割板位置）为 82.1 cm。从 200 MeV 处

14°相宽的相椭圆（归一发射度 0.5 π mm·mrad）上取粒子进行跟踪，得到的引出相空间变化如图 9-24 所示。为了增大引出圈间距，调节棒的位置调节见表 9-2 所示。

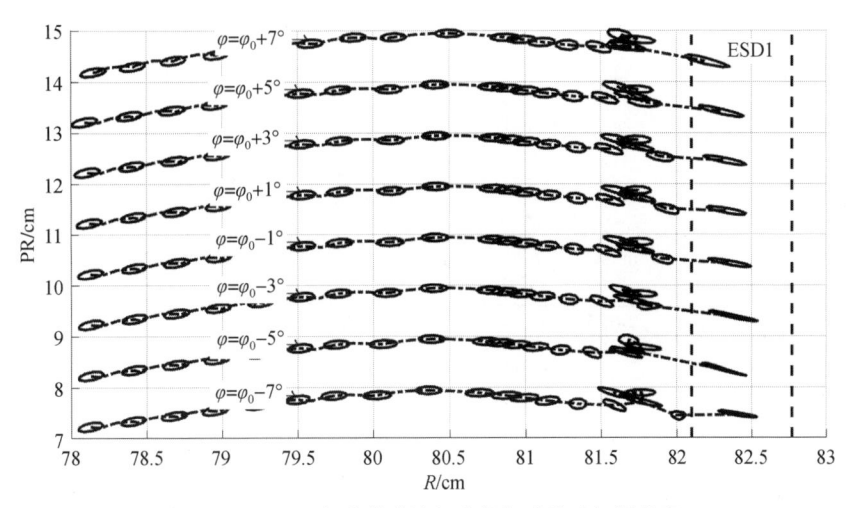

图 9-24　14°相宽的束流相空间加速进动与圈分离

表 9-2　引出区 4 个调节棒引出束流时的调节位置

位置	Rod1	Rod2	Rod3	Rod4
初始位置 Z_0/mm	121.0	125.9	119.0	114.1
调节后位置 Z/mm	109.2	141.7	130.8	98.3

5. 相位选择和引出效率

根据中心区束流动力学模拟跟踪的结果，在离子源出口取 $\tau = 0° \sim 65°$ 相位的粒子，不同相位粒子数满足 $(\sin\tau)^{3/2}$ 分布，调节中心区磁场调节棒使束流对中，然后开展 6 000 个粒子从离子源到引出的跟踪。图 9-25（a）所示为中心区两处固定相位选择器的位置，第一个固定相位选择器（FPS1）位于第二个 D 电极头部，方位角为 315°，第二个固定相位选择器（FPS2）位于第三个 D 电极头部，方位角为 23°。图 9-25（b）所示为引出粒子和损失束流在离子源开口处初始相位的分布，约为 10°相宽（$\tau = 52° \sim 62°$）的粒子通过固定相位选择器。FPS2 可较灵活地调节径向位置，根据模拟结果选择引出效率较高的狭缝位置，开口中心点半径为 35.6 mm，开口宽度为 0.6 mm。对引出和损失的粒子在 FPS1 和 FPS2 位置分别进行计数，得到的结果如图 9-26 所示。

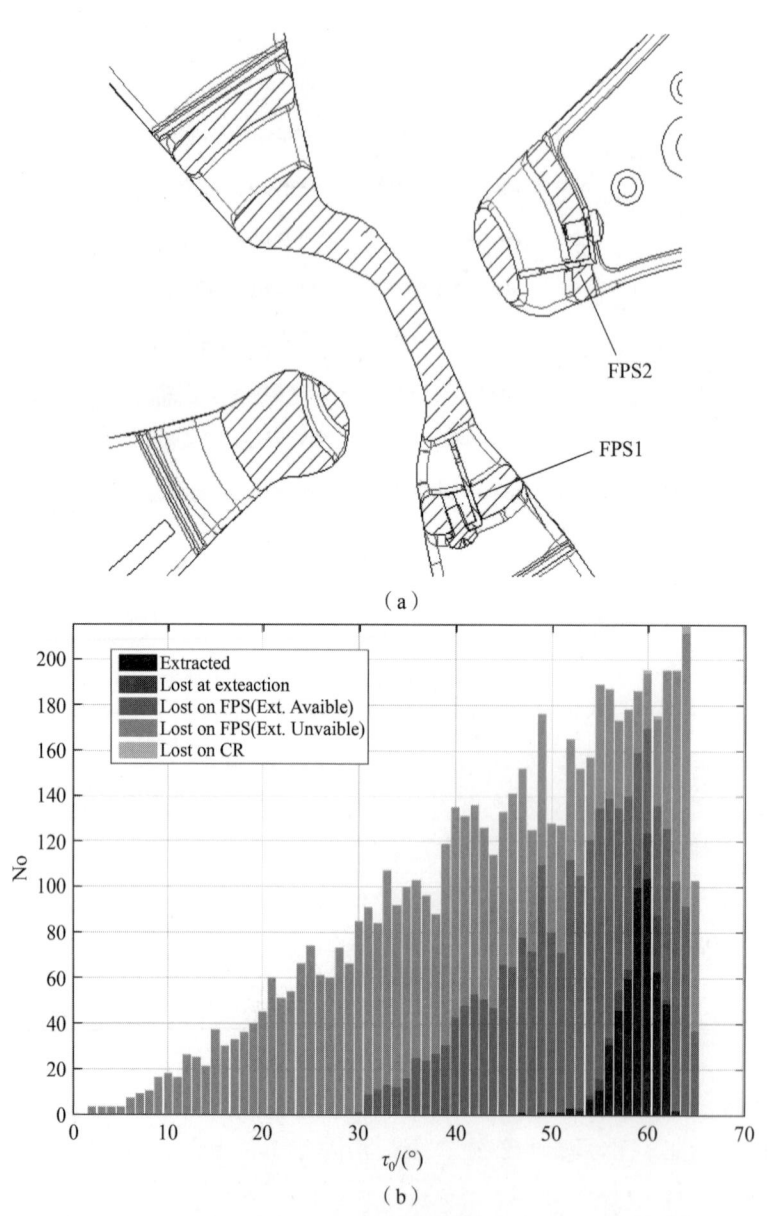

图 9 – 25　相位选择器位置布局与束流相位分布（书后附彩插）

（a）中心区两处固定相位选择器位置布局；

（b）引出和损失束流在离子源出口处的初始相位分布

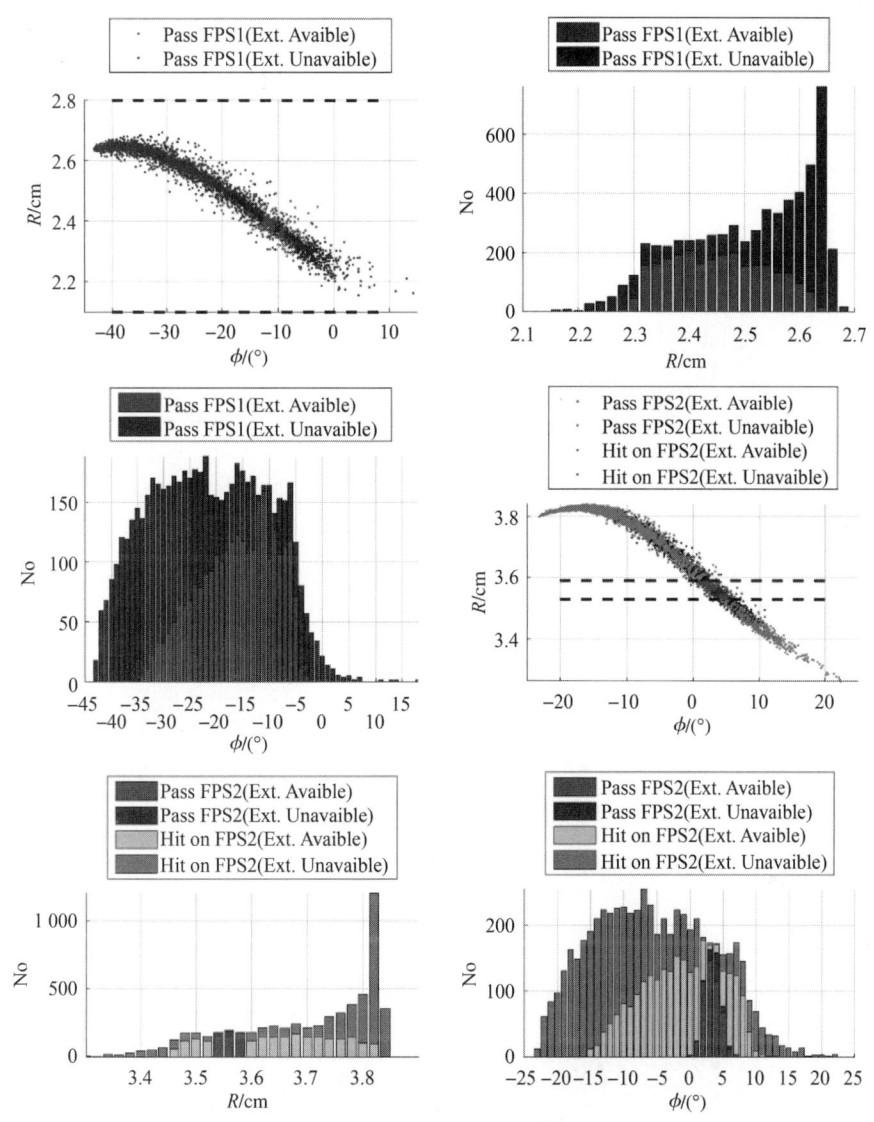

图 9-26　固定相位选择器 1（上）和固定相位选择器 2（下）处卡束效果
[R-ϕ 空间可引出和不可引出粒子分布（左）；不同半径位置的引出粒子和损失粒子计算（中）；不同相位的引出粒子和损失粒子计算（右）]（书后附彩插）

6. 引出效率

根据上述计算结果，记录从离子源到引出过程中的粒子数（表 9-3），9% 的粒子通过了固定相位选择器。记录引出位置最后两圈的粒子轨迹分布如图 9-27 所示。图 9-28 所示为束流损失的分布和引出效率，引出效率约为

85%，大部分束流损失在第一个偏转板的切割板上，少部分束流损失在磁通道上。由于电极上束流损失较小，故可以适当减小偏转板（电极和切割板）间隙，降低偏转板的引出高压。

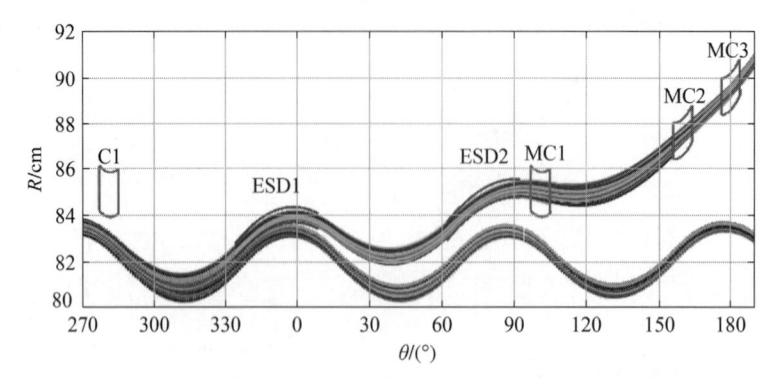

图 9-27　仅使用固定相位选择器卡束流情况下最后两圈的多粒子轨迹和偏转板、磁通道元件布局

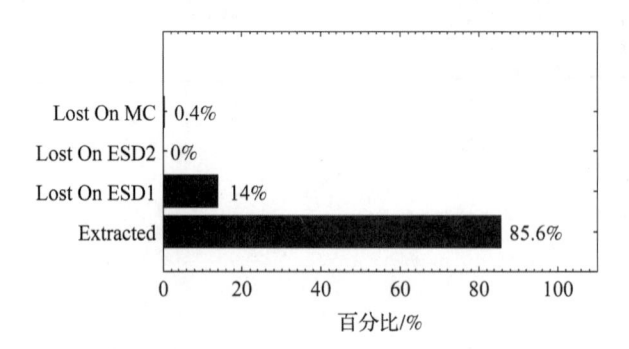

图 9-28　仅使用固定相位选择器卡束流情况下的引出效率和束流损失分布

表 9-3　从离子源到引出跟踪过程各位置的粒子数

离子源出口	通过 FPS	通过 FPS 后可引出（引出效率）
6 000	563	482（85.6%）

9.2.4　超导线圈与低温系统

对于超导回旋加速器，其超导线圈和低温系统的设计对于整体性能和安全稳定运行至关重要。国际上现有超导回旋加速器采用的低温制冷方式，除了传统的液氦冷却以外，主要还有如下两种方式。

（1）无液氦传导冷却方式。采用制冷机驱动冷头通过软或硬连接，接触线圈传导冷却，不依赖液氦，只需要维持制冷机本身的供电与冷却。其经济性和便捷性良好，但应用于大尺寸超导线圈时的降温周期长，工作时线圈不同位置存在温度不均匀性，系统的稳定性有限。住友重工的 230 MeV 超导回旋加速器、IBA S2C2 超导同步回旋加速器、Mevion 250 MeV 超导同步回旋加速器均采用了这种冷却方式。

（2）液氦零挥发冷却方式。质子治疗用超导回旋加速器工作在医院环境，而且其室温孔径大小、储能与医用的超导 MRI 装置可以比拟，因此中国原子能科学研究院研制的 CYCIAE - 230 超导回旋加速器的超导励磁线圈系统采用了超导 MRI 中被证明非常有效、制冷效率高并兼具一定经济性的液氦零挥发冷却方式，超导线圈采用高铜超比 WIC（Wire in Channel）NbTi 超导线。CYCIAE - 230 超导回旋加速器的液氦零挥发冷却方式示意如图 9 - 29 所示。其特点是超导线圈浸没在液氦中，液氦蒸发后通过与超导线圈的 4 K 低温容器连接的低温氦气/液氦传输管至由二级 GM 制冷机冷却的再冷凝器，重新冷凝为液氦。Varian 250 MeV 超导回旋加速器、中国原子能科学研究院 CYCIAE - 230/CYCIAE - 250 超导回旋加速器、杜普纳 - 合肥等离子体所 SC200 超导回旋加速器均采用这种制冷方式。

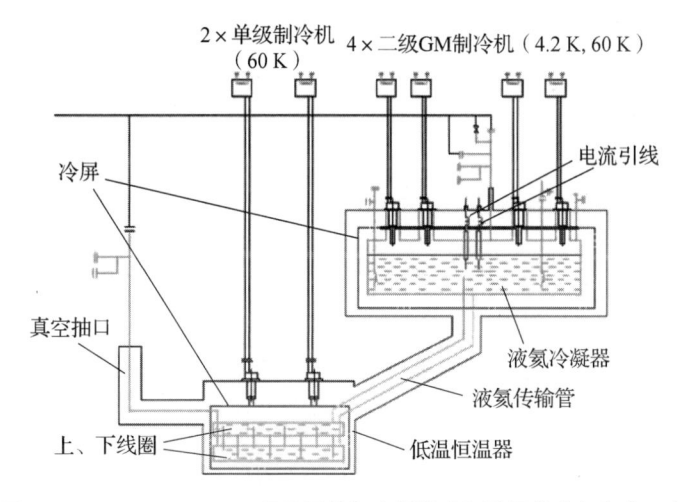

图 9 - 29　CYCIAE - 230 超导回旋加速器的液氦零挥发冷却方式示意

该设计的优点在于采用液氦浸泡的方式制冷，超导线圈热传导均匀，超导线圈热稳定性比直接冷却方式好；系统可在停电或制冷机故障的情况下自持一段时间（数小时）；在正常工况下制冷机将蒸发的气氦冷凝，整个系统几乎没有液氦损失。

超导线圈对于后续设计非常重要，决定了超导磁铁系统的失超性能与安全稳定性。失超时，电流减小的时间常数与电感及能量沉积电阻值的关系如下：

$$\tau = \frac{L}{R} \quad (9-7)$$

选择单匝载流能力高的线缆，可以减少线圈的匝数，减小电感，从而缩短作用时间，这对保护磁铁防止失超时的局部过热有好处。但是电流过大一方面造成电流引线的热负载过高，GM 制冷机的功率可能无法满足要求，另一方面失超时会带来更高的匝间电压，对线圈绝缘层可能会有影响，CYCIAE-230 超导回旋加速器的失超时匝间电压小于 500 V。

另外，从系统工作的安全稳定性考虑，选择线缆的工作电流时还需要考虑负载线（load line）与线缆临界电流密度曲面的关系，要为低温系统留出比设计工作温度高一些的安全余量。NbTi 超导材料的临界电流密度曲面与温度、磁场都相关，可以近似用下式表示：

$$j_c(B,\theta) = j_{c0}\left(1 - \frac{B}{B_{c0}} \times \frac{1}{1 - 0.75\left(\frac{\theta}{\theta_{c0}}\right)^2 - 0.25\frac{\theta}{\theta_{c0}}}\right)\left(1 - \frac{\theta}{\theta_{c0}}\right) \quad (9-8)$$

对于 NbTi 超导材料，B_{c0} 为 15.5 T，θ_{c0} 为 9.5 K，J_{c0} 为 1.0×10^{10} Ω·m。计算出线圈截面的最高磁感应强度，根据上式就可以给出线圈的负载线。以 CYCIAE-230 超导回旋加速器为例，其超导线圈位置附近最高磁感应强度略高于 3 T，工作电流为 240 A，因此负载点为（3，240）。在 $B-I$ 坐标系中得到过原点及负载点的负载线。根据所选超导线圈在不同温度下的临界电流-磁场关系，可以看到 CYCIAE-230 超导回旋加速器的超导线圈的工作点选择的安全余量较大（图 9-30），工作电流只有临界电流的大约 30%，从设计上有效避免意外失超导致的超导回旋加速器停机。CYCIAE-230 超导回旋加速器的超导线圈系统截面结构如图 9-31 所示。

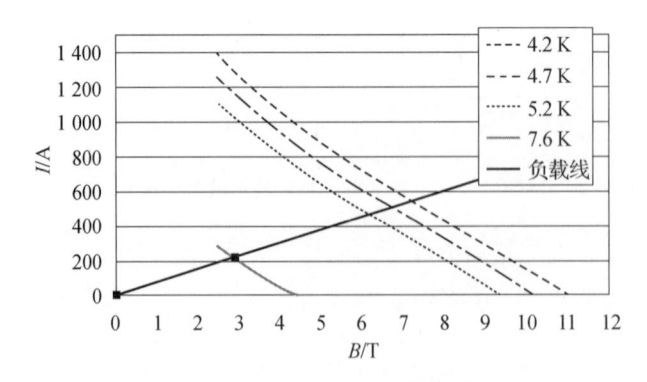

图 9-30 CYCIAE-230 超导回旋加速器的超导线圈的工作点

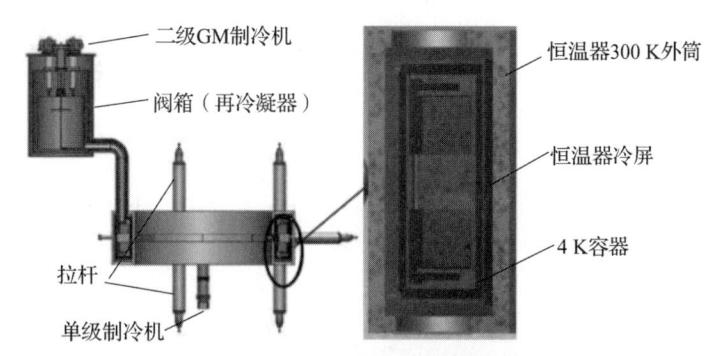

图 9-31 超导线圈系统截面结构

采用液氦媒质的超导线圈系统,其从室温降至工作温度通常要经过液氮预冷、置换、液氦降温等过程,CYCIAE-230 超导回旋加速器的超导线圈的降温全过程大约为 110 h(图 9-32),从室温降温至 4.2 K,进入超导态。

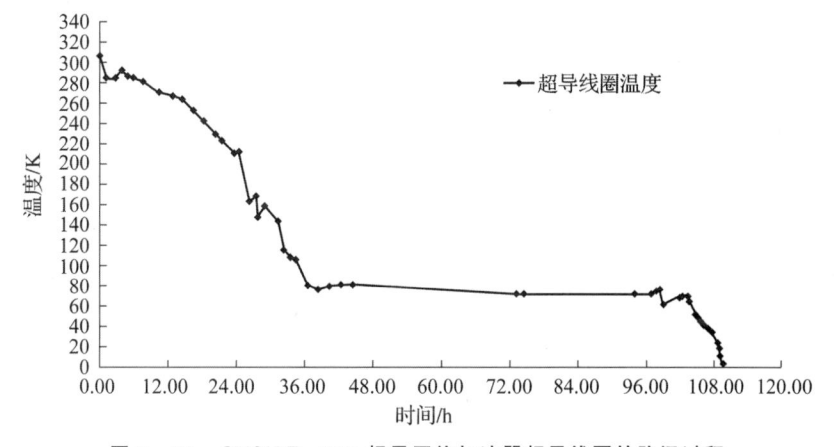

图 9-32 CYCIAE-230 超导回旋加速器超导线圈的降温过程

9.2.5 磁场测量与垫补

与常温回旋加速器相比,超导回旋加速器对磁场测量、垫补和加工的要求比较高,算法也更加复杂。在等时性的紧凑型超导回旋加速器中,中心平面磁感应强度的范围为 0.5~4.0 T。根据滑相、轴向聚焦等束流动力学的基本要求,磁场的相对测量精度一般需要达到 5.0×10^{-5}。螺旋磁极和狭小磁气隙带来了磁场分布更加复杂、变化梯度更大、测量探头的定位更难等影响测量精度的技术问题。

针对紧凑型超导回旋加速器的技术特征,例如 CYCIAE-230 超导回旋加速器在半径 850 mm 的范围内质子束被等时性加速约 650 圈,要在复杂分布、梯度大的强磁场空间中，采用霍尔测量法进行测量达到这么高的精度要求难度极大。好得在等时性回旋加速器中虽然对磁场测量与垫补的精度要求高，但更重要的是相对误差，于是对绝对磁感应强度的要求可以适当降低。这样，采用感应测量是一个比较可行的办法。

1. 测磁仪的设计

测磁仪的设计关键体现在测量探头、机械定位和控制与数据获取 3 个部分。

如前所述，测量探头采用感应线圈。它是绕在圆柱形骨架上的精密线圈，是影响最终测量精度的关键部件。由于感应线圈本身有一定的体积，它测量得到的并不是某一点的磁感应强度，而是感应线圈体积内的磁感应强度的平均值，因此由于磁场的不均匀性测量结果会存在误差。对感应线圈的几何结构（高度与直径的比值）需进行优化设计，尽量降低磁场测量误差，同时使用非常细的导线来增加匝数从而加大感应电压。感应线圈的主要技术参数见表 9 – 4。感应线圈以大约 400 mm/s 的速度移动，它所产生的电压可由数字积分器获取。感应线圈在正式测量之前，应在标准场中用核磁共振探头进行测量定标。

表 9 – 4 感应线圈的主要技术参数

参数	值	参数	值
内径/mm	3.0	加速圈数	9 191
外径/mm	8.0	线圈有效面积/cm^2	2 334
高/mm	5.0	运动速度/($cm \cdot s^{-1}$)	40.0
线径/mm	0.04	—	—

测磁仪的机械装置包括：①核磁共振运动机构。核磁共振探头通过圆柱形气缸移动到超导回旋加速器的中心。②角向驱动和定位机构。利用在磁铁磁谷中的高频开孔，安装旁轴电动机，通过齿轮传动驱动主轴的测量臂旋转和定位。③径向驱动和定位机构。在主轴上、下对称的另一方向上通入，驱动电动机通过皮带移动测量探头，位置可由光栅尺精确定位。④测量臂。测量探头在测量臂的上导轨移动，其位置需精确控制。为了避免涡流效应，测量臂采用环氧玻璃钢制作。⑤走线机构。需要特别注意如何通过超导回旋加速器的中心孔测量外半径增加线槽等，以抑制电缆在拖链中运动（转动）的信号干扰。CYCIAE – 230 超导回旋加速器测磁仪安装示意如图 9 – 33（a）所示。

控制与数据获取系统实现探头（核磁共振探头、霍尔探头和感应线圈）的运动定位和磁场数据的自动获取，控制流程示意如图 9-33（b）所示。CYCIAE-230 超导回旋加速器的感应线圈开始于 $r = -150$ mm 处并以 400 mm/s 的速度向前移动到末端（$r = 870$ mm 处），然后回到起点，以验证测量数据的可复现性。一次测量包含大约 4 万个网格点，大致需要将近 4 h 可完成。主要的测量误差为：角向位置误差小于 0.002°，磁通非线性漂移小于 10^{-5} Wb，即磁场测量误差约为 1 Gs。

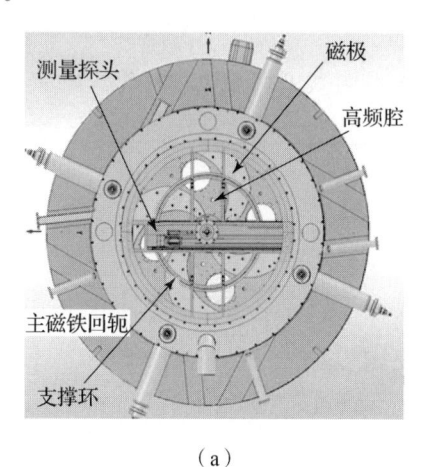

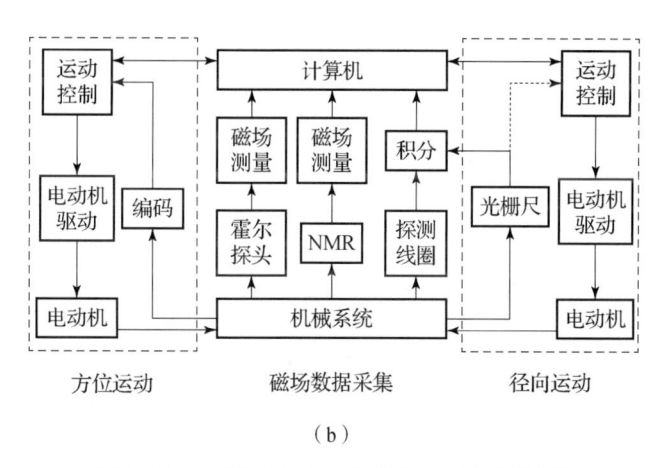

图 9-33 CYCIAE-230 超导回旋加速器测磁仪
（a）安装示意；（b）控制流程示意

2. 垫补算法

超导回旋加速器物理设计主要要求严格控制等时性场的误差和一次谐波。

传统的垫补方法是磁极的边缘垫补，但因超导回旋加速器边缘严重磁饱和，很可能影响基于线性算法的垫补质量，且直角的磁极边缘也必将影响高频腔体外导体的安装。为此，这里介绍我们自主创建的一种在紧凑型超导回旋加速器强磁场中进行45°倒角连续切割的垫补方法和算法。

对于螺旋扇状磁极，45°倒角连续切割产生的磁场比较复杂，难以用有限元法计算得到精度足够高的结果。为此，建立磁场垫补计算的线性方程解析模型。垫补的过程是沿着径向进行的，垫补量是由一系列具有一定径向宽度的小的加工量组成的。因此，总的垫补磁场应等效于每个小垫补量的磁感应强度的总和。假设每个小垫补量的磁感应强度与切割值成正比，则计算总的垫补磁场的一般模型可表示为：

$$\Delta B(r) = \sum_j F(r, r_j^*) X(r_j^*)$$

式中，$X(r_j^*)$ 是半径为 r_j^* 的切割量；$F(r, r_j^*)$ 是单位切割量在半径 r_j^* 处产生的磁场的变化，称为形状函数。

将垫补量和形状函数在一系列半径处离散就得到一个线性方程。

需要垫补的磁场由平均磁场和一次谐波场组成：

$$\Delta B = B_0 + C_1 \cos\theta + S_1 \sin\theta$$

式中，B_0 是要垫补的平均磁场的磁感应强度；C_1 和 S_1 是需要垫补的一次谐波的余弦和正弦分量。

通过切割磁极边缘，采用如下思路进行垫补。

（1）对4个磁极进行等量的垫补以垫补平均磁场。记录每个磁极位置的切割量和加工的形状函数，分别为 X 和 F_0；

（2）180°相对的磁极施加相反的切割量来垫补一次谐波场。磁极Ⅰ和磁极Ⅱ的切割量分别为 X_1 和 X_2，因此磁极Ⅲ和磁极Ⅳ的切割量分别为 $-X_1$ 和 $-X_2$。在磁极Ⅰ处的一次谐波的余弦分量和正弦分量的形状函数分别记为 F_1 和 F_2。

通过对一系列半径处的垫补量和形状函数进行离散，可以得到平均磁场和一次谐波的线性方程：

$$MX = B_0$$
$$M_1 Y = B_1$$

在这里，$M = 4F_0$，$M_1 = 2\begin{pmatrix} F_1 & -F_2 \\ F_2 & F_1 \end{pmatrix}$，$Y = \begin{pmatrix} X_1 \\ X_2 \end{pmatrix}$，$B_1 = \begin{pmatrix} C_1 \\ S_1 \end{pmatrix}$。上述方程通常采用最小二乘法求解，但需要面对相邻块的形状函数相似所引起的病态矩阵问题。一种方法是增加相邻部分之间的径向间隔；另一种方法是采用岭回归法，

该方法牺牲了少量的精度，但可以得到相对光滑的切削值曲线。

值得一提的是，上述解析模型是磁场垫补问题的通用表达。式中 X 可以是常温回旋加速器中镶条的垫补宽度，也可以是加速多种粒子的超导回旋加速器中调节线圈的电流，也可以是 CYCIAE-230 超导回旋加速器中 45°倒角切割的深度。平均磁场和一次谐波场垫补方法示意如图 9-34 所示。

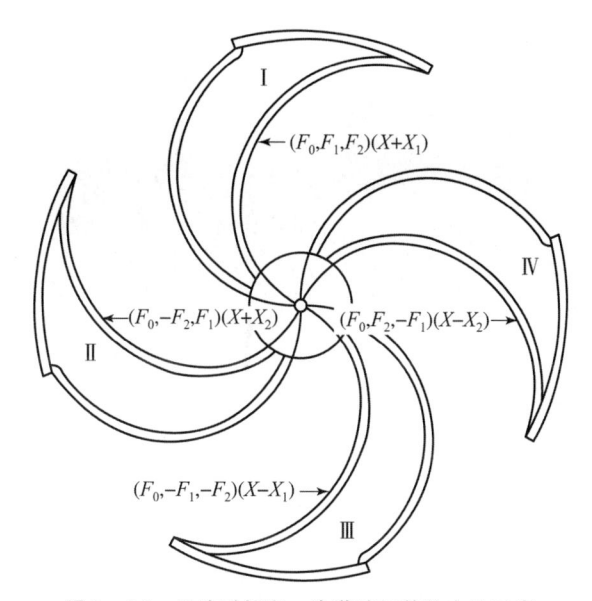

图 9-34 平均磁场和一次谐波场垫补方法示意

通过对磁极边缘进行 45°倒角切割，固定半径的切割小块可被近似为一个三棱柱。在磁场饱和的情况下，可认为小三棱柱被均匀磁化，在三棱柱的上、下表面，单位面积产生的磁场为：

$$d^2 B_z = \frac{B_s}{4\pi} \cdot \frac{z\cos\alpha}{|\boldsymbol{r} - \boldsymbol{r}_0|^3} dS$$

B_s 是材料饱和场的常数，$\boldsymbol{r}$ 和 z 是位置向量和场点的高度，$\boldsymbol{r}_0$ 是曲面 S 上做积分的位置向量；α 是曲面与中心面的夹角，通过等参变换进行积分可求解垫补磁场。与基于有限元模型求解形状函数相比，采用积分方程法求解，可以避免复杂的有限元建模过程、结果与建模 3D 网格密切相关等问题，提高了求解结果的一致性和垫补计算的效率。

3. 磁场测量与垫补

在主磁铁的磁场测量与垫补过程中，除了上述考虑的磁场精确测量与垫补算法之外，包括室温的严格控制、电磁兼容、束流动力学的综合研究和复杂算法控制下的多维数控加工等,任何一个环节都将影响最终的垫补结果。

磁场测量采用带有积分器的感应线圈,圆柱线圈的有效面积约为 0.24 m²。线圈的电阻与温度相关,因此磁场的测量结果受温度影响。此外,磁铁的磁饱和性能也与磁铁温度有关。为获得可重复的精确测量结果,超导回旋加速器的磁场测量在恒温室中完成,温度变化保持在 ±0.2 ℃ 以内,所测磁场磁感应强度的波动在 ±0.5 Gs 以内,如图 9-35 所示。

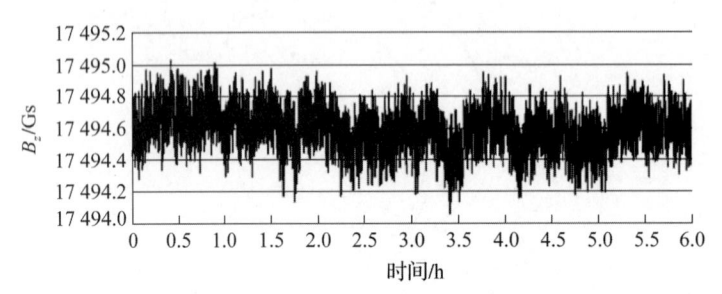

图 9-35 温度变化 ±0.2 ℃、6 h 的谷区磁感应强度变化曲线

采用积分器测量感应线圈产生的电压积分值,噪声电压带来的磁场干扰可由下式计算:

$$B - B_0 = (\Phi - V_{\text{off}}T)/S$$

式中,Φ 为积分器获得的电压积分值,T 为积分时间,V_{off} 为线性漂移系数,S 为线圈面积。感应线圈静止时,如果感应电压为零且测量电压仅为系统噪声,在这个时间段内通过积分可以得到 V_{off}。当噪声电压较小且稳定时,可通过上式消除噪声的影响。但如果电磁兼容性较差,可能产生如图 9-36(a)所示的较大噪声,严重影响测量精度。因此,我们做了如下改进电磁兼容性的工作。

(1) 专门搭建一个接地信号系统(接地电阻小于 0.3 Ω)。

(2) 对电磁干扰较大的仪器和电缆进行屏蔽,特别是步进电动机和驱动器。

图 9-36(b)所示,噪声电压大大降低,导致磁感应强度涨落在 ±0.1 Gs/s 以内。由于沿半径积分耗时约 6 s,噪声电压引起的磁场测量误差小于 1 Gs。

基于上述垫补算法和测量技术,对 CYCIAE-230 超导回旋加速器进行了 4 次测量与垫补加工,以迭代修正磁场。每次垫补磁极边缘的切割量如图 9-37 所示,图 9-38 所示为相应的磁场垫补结果。在垫补过程中,超导线圈的电流被增大了两次(第一次从 235 A 增大到 239.7 A,第二次从 239.7 A 增大到 244.5 A),以将平均磁场与设计的高频频率匹配。仅经过 4 次垫补加工之后,粒子在超导回旋加速器中可以实现等时性加速,质子束经过 670 圈加速,滑相小于 30°。

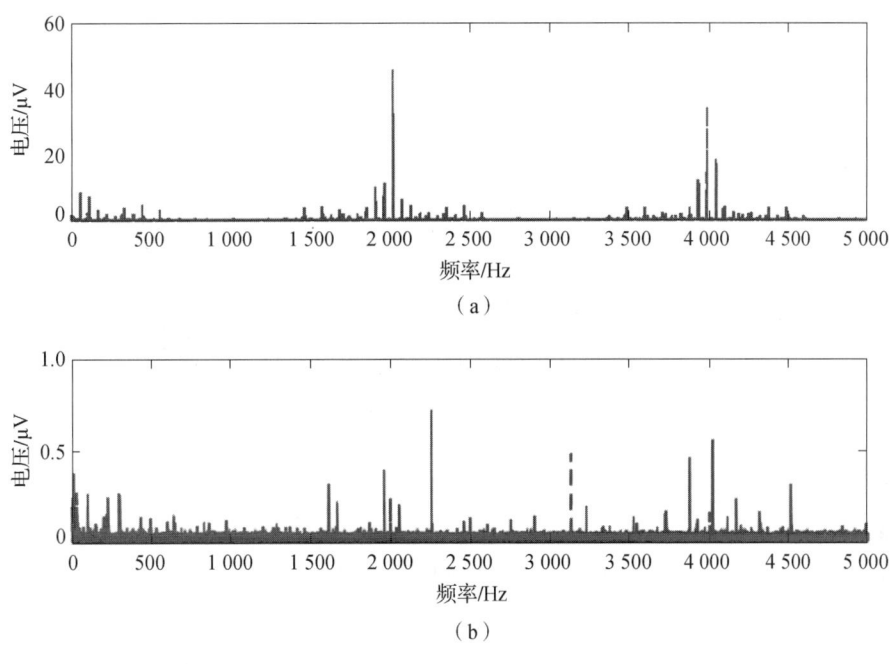

图 9-36 积分器测量的噪声电压的 FFT 分析结果
(积分器以 10 kHz 频率测量 10 s 内的电压值)
(a) EMC 设计改善前的结果；(b) EMC 设计改善后的结果

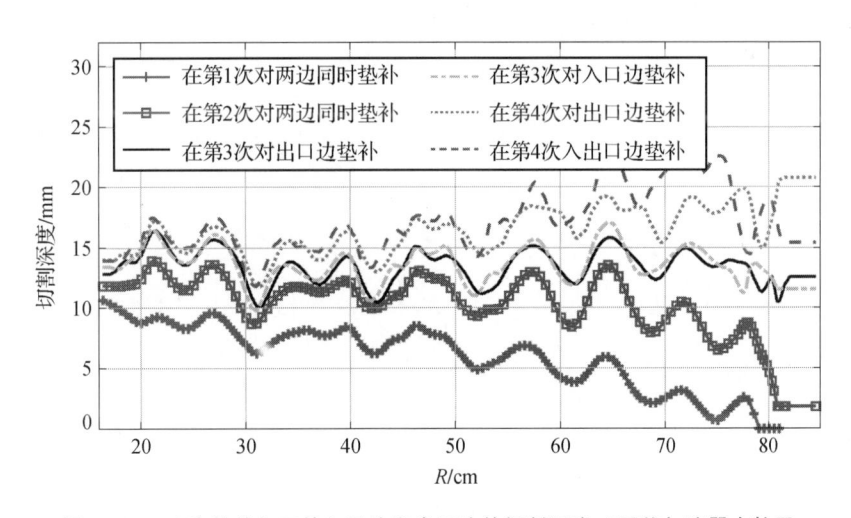

图 9-37 4 次垫补加工的入口边和出口边的切割深度（回旋加速器中粒子穿越磁极的第一个边缘称为入口边、第二个边缘称为出口边）

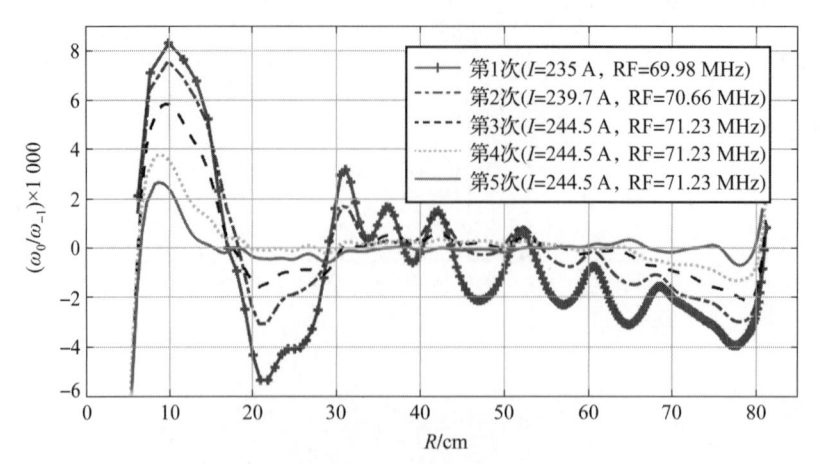

图 9-38　经过 4 次垫补加工之后的局部滑相（ω_0/ω_{-1}）×1 000
（ω_0 和 ω 是理想的和实际的回旋频率）

由于实际磁性材料的 $B-H$ 曲线低于预期，在两次增大励磁电流的过程中，外半径的磁场调变度下降，导致垂直聚焦相对减弱，特别是在半径 72 cm 附近，如图 9-39 所示，前面两次垫补后的 V_z 仍小于零。因此在第三次垫补中，引入磁极边缘的非对称修正来调整局部螺旋角，从而增强垂直聚焦。为了避免低阶共振穿越，经过两次非对称垫补后，垂直自由振荡频率达到 0.15 Hz，这对提高超导回旋加速器的性能起着重要作用。

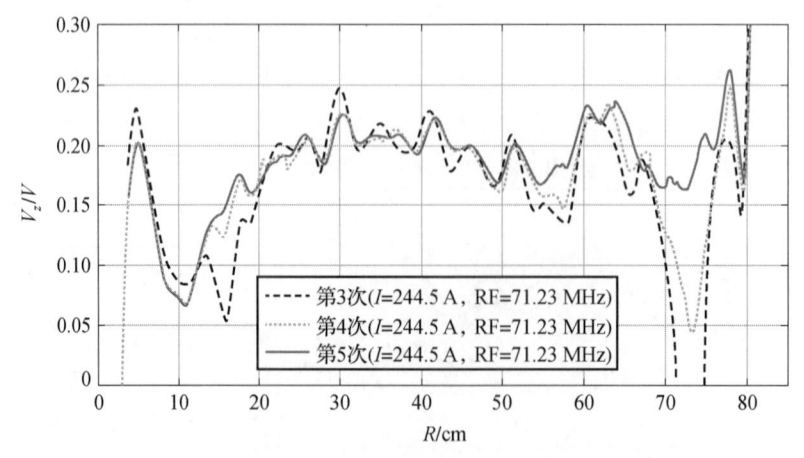

图 9-39　经过第 2、3、4 次垫补加工之后的垂直自由振荡频率

CYCIAE-230 超导回旋加速器采用两个静电偏转板引出粒子束。在引出前，通过调节棒人为加入设计好的一次谐波和相位，以增大束团的进动。对整个加速过程的一次谐波应严格控制，以确保束流品质。微调超导线圈位置是一

次谐波全局补偿的有效方法，而上述垫补加工算法可实现一次谐波场的精确垫补，CYCIAE-230 超导回旋加速器在整个加速过程中的一次谐波应控制在 2 Gs 之内。

9.2.6 高频系统

质子治疗用超导回旋加速器加速质子，和加速负氢的回旋加速器比较，主磁铁的平均磁场感应度提高很大，因此，离子的回旋频率提高很多。为了维持高频功率源对腔体输出功率的工作频段在 FM 波段，高频系统的高频频率选择为离子回旋频率的二次谐波。

国际上现有的超导回旋加速器，高频腔体的工作方式可以概括为 3 种。

（1）以加拿大 Chalk River 实验室为代表的超导回旋加速器，4 个高频腔体在中心区采用硬连接，以 π 模式运行。

（2）以美国国家超导回旋加速区实验室（NSCL）、意大利米兰、德州农工大学（Texas A&M）为代表的超导回旋加速器，3 个高频腔体采用中心区电容耦合的方式，3 个腔体独立驱动，高频相位相差 120°。

（3）以密歇根州立大学/德国 ACCEL 公司（后被美国 Varian 公司收购）合作设计的 250 MeV 质子治疗超导回旋加速器为代表的，高频腔体采用中心区电容耦合的方式，以 π 模式运行。

中国原子能科学研究院的 CYCIAE-230 超导回旋加速器采用了一种特殊的高频设计。超导回旋加速器由于空间紧凑，腔体之间存在能量传输，高频系统倾向于振荡在低储能的 π 模式对（Paired π Mode），则离子无法加速；AGOR 的 K600 超导回旋加速器的 3 个 D 形盒之间的耦合电容虽然已经优化至 10^{-4} pF，但高频系统仍存在 π 模式对谐振模式。既然腔体间的耦合电容无法彻底取消，则可以进行合理的利用。以此为出发点，为了方便系统模型的建立，可将 230 MeV 超导回旋加速器的 4 个高频腔体等效为两组，即将同相位腔体各等效为一组，两个主腔体在中心区硬连接，另外两个副腔体在中心区硬连接，主腔体和副腔体之间存在电容耦合关系。这种结构下高频腔体存在上、下两个谐振频率。上频率为：

$$\omega_u = \frac{1}{\sqrt{1-K}}\omega_0$$

下频率为：

$$\omega_l = \frac{1}{\sqrt{1+K}}\omega_0$$

式中，$K = \dfrac{C_{12}}{\sqrt{C_{11}C_{22}}}$，并令 $\omega_0 = \dfrac{1}{\sqrt{C_{11}L_1}} = \dfrac{1}{\sqrt{C_{22}L_2}}$，而 R_1，L_1，C_1 分别为主腔体并联阻抗，分布电感和电容；R_2，L_2，C_2 分别为副腔体并联阻抗，分布电感和电容；C_{12} 为两组腔体间的耦合电容。

上述得出的 Push – Push 模和 Push – Pull 模谐振频率，也可由物理意义直接求得。假定两腔体谐振频率相同，电压分布均匀，相位同相，则有

$$\omega_u = \dfrac{1}{\sqrt{L_1 C_1}} = \dfrac{\omega_0}{\sqrt{1-K}} \tag{9-9}$$

若两腔体谐振频率相同，电压分布均匀，相位反相，则有

$$\omega_l = \dfrac{1}{\sqrt{L_1(C_1 + 2C_{12})}} = \dfrac{\omega_0}{\sqrt{1+K}} \tag{9-10}$$

德国 ACCEL 公司的 250 MeV 超导回旋加速器采用中心区电容耦合的方式，如图 9 – 40 所示。其高频系统采用一台 150 kW 的高频功率源（图 9 – 41）驱动 4 个高频腔体，详见参考文献 [26]。

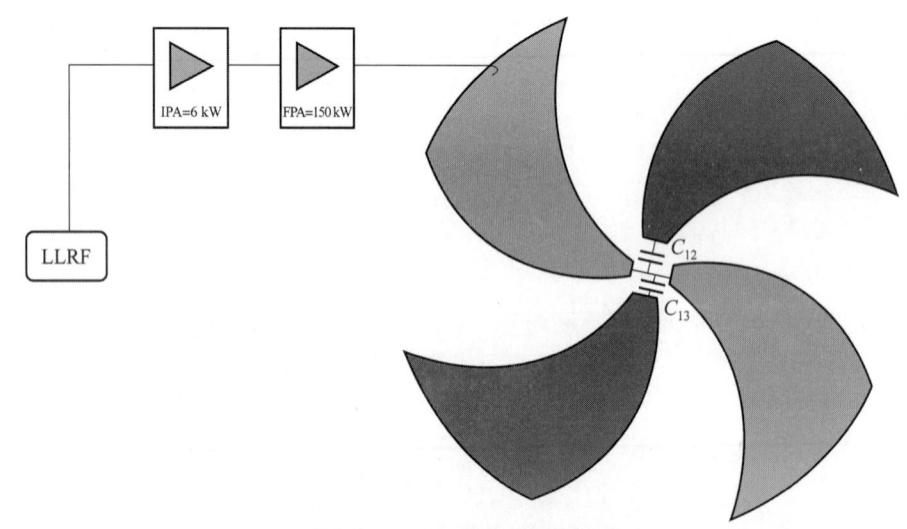

图 9 – 40 德国 ACCEL 公司的 250 MeV 超导回旋加速器
4 个高频腔的连接和高频功率耦合输入关系

CYCIAE – 230 超导回旋加速器 4 个高频腔的连接和高频功率耦合输入关系如图 9 – 42 所示。CYCIAE – 230 超导回旋加速器的高频腔体采用 4 个半波长的电容加载型谐振腔，其中两个主腔体在中心区直连，另外两个副腔体在中心区通过过桥连接，主腔体和副腔体之间存在电容耦合关系。这样做的最大优势在于，通过这种措施，消除了瑞士 PSI 在与德国 ACCEL 公司合作研制首批次

(a) (b)

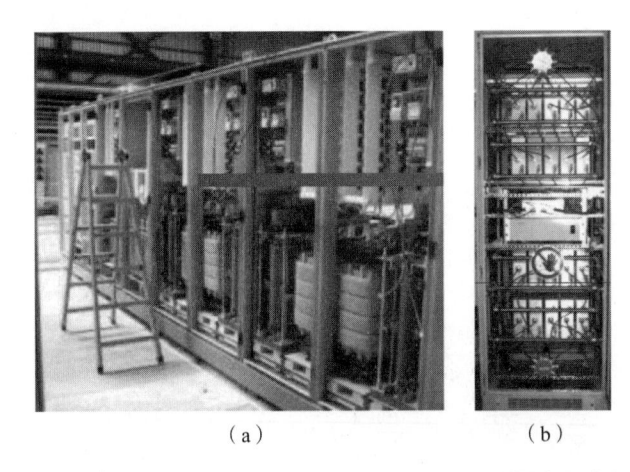

图 9-41 ACCEL/Varian 的 250 MeV 超导回旋加速器高频功率源
(a) 首批两台基于四极管的三级放大回路；(b) 后续批次的基于晶体管的高频功率源

250 MeV 超导回旋加速器时[27]所确定的寄生谐振模式——此模式位于 Push-Pull 模式和 Push-Push 模式之间，其中 3 个高频 D 形盒同相，而只有一个从属 D 形盒处于反相。第二个优点是现在两组空腔可以由两组 100 kW 放大器驱动，主腔组和从属腔组之间具有更好的相位平衡。换句话说，ACCEL 设计中[28]的耦合电容将不可避免地产生一定量的相移，同时承载主腔组的功率。第三个优点是，两个功率小一点的放大器更易于制造。

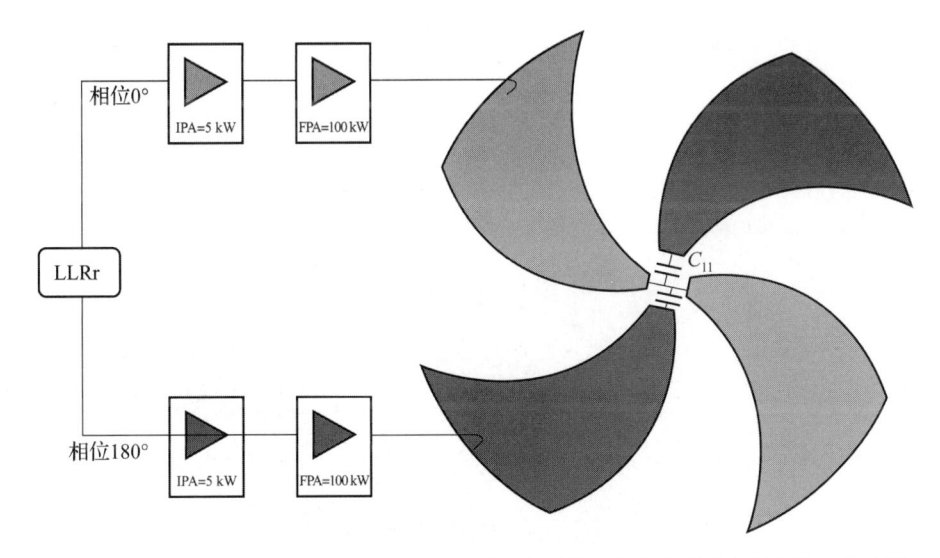

图 9-42 CYCIAE-230 超导回旋加速器 4 个高频腔的连接和高频功率耦合输入关系[19]

CYCIAE - 230 超导回旋加速器的高频系统包括两套高频功率源装置（连接线路如图 9 - 42 所示），高频额定输出功率为 100 kW × 2，运行频率为 71 MHz，高频频率稳定度为 $\frac{\Delta f}{f} = \pm 5 \times 10^{-8}$，运行方式为固定频率连续波方式。两套高频功率源参考了中国原子能科学研究院已建成的 100 MeV 回旋加速器的 100 kW 高频功率源的方案，功率源末级电子管功率放大器采用栅地电路，高频功率源实物如图 9 - 43 所示。

图 9 - 43 CYCIAE - 230 超导回旋加速器的两套 100 kW 高频功率源装置

CYCIAE - 230 超导回旋加速器有 4 套符合束流动力学要求的 D 形盒及谐振腔（图 9 - 44），高频腔体采用 4 个半波长的电容加载型谐振腔，其中两个主腔体在中心区直连，另外两个副腔体在中心区通过过桥连接（图 9 - 45），主腔体和副腔体之间存在电容耦合关系。腔体设计经过优化后，D 电压分布应满足中心区部分为 72 kV，大半径部分为 110 kV 的要求。两路高频功率源在高频腔体耦合器位置，要求幅度一致，相差 180°。腔体测量结果表明，Q 值达到 6 000 以上，腔体加速电压分布也符合设计要求。

图 9 - 44 CYCIAE - 230 超导回旋加速器高频腔体

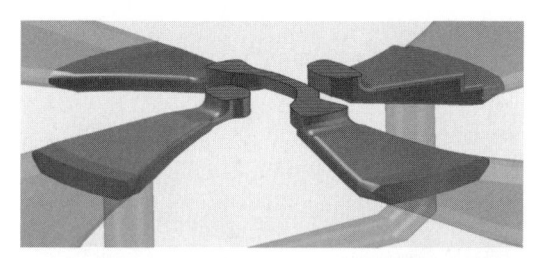

图 9-45　CYCIAE-230 超导回旋加速器高频腔头部连接结构

住友重工的超导回旋加速器高频设计略微特殊一些，采用两个工作在二次谐波的高频腔加速，另外还设计有一个工作在四次谐波的高频腔协助束流引出，但由于该设计中高频腔与引出设计比较复杂，用于引出束流的 3 号高频腔有可能不会最终安装在其加速器上[29]。其高频系统主要参数见表 9-5。

表 9-5　住友重工的 230 MeV 超导回旋加速器高频系统主要参数

参数	1，2 号高频腔	3 号高频腔
高频频率/MHz	96	192
D 电压/kV	50~100	180
腔体损耗/kW	40（每腔）	40

采用一台 120 kW 的固态高频功率源驱动 1、2 号高频腔，如图 9-46 所示。1、2 号高频腔样腔如图 9-47 所示。

图 9-46　住友重工的 230 MeV 超导回旋加速器的 120 kW 固态功率源[20]

9.2.7　离子源与中心区

紧凑型超导回旋加速器由于中心区磁感应强度高，用于离子源的空间十分狭窄，通常采用超紧凑的潘宁（PIG）内部离子源。

图 9-47　住友重工的 230 MeV 超导回旋加速器的高频腔

在使用内部离子源的回旋加速器中，中心区系统对离子源处初始能量接近零的粒子进行加速、聚焦，并使粒子逐渐过渡到加速区中平稳加速的状态，这是完成最终加速的重要的第一步。对于带有内部离子源的回旋加速器的中心区域设计，需要优化从离子源到高频区的相位匹配，纵向接收，垂直聚焦和束流偏心。

粒子在中心区受到强烈的电聚焦作用并出现相位聚焦等情况，导致中心区束流动力学对电场分布比较敏感，尤其是在离子源出口和前几个加速间隙处。因此中心区电极形状的设计需要进行仔细考虑，经过三维电场的数值计算和束流轨道的计算后，反复调整才能确定。电极柱主要用来规划中心区电场分布，从而得到合适的径向和轴向的聚焦力，同时起到对束流从加速器中的引出有利的限制高频相位的作用。中心区的磁场分布对轴向束流动力学也有重要影响，随着粒子能量略微增大，轴向电聚焦作用迅速减弱，此处磁场调变度尚未提升到位，需要中心区磁场平均场维持缓慢下降的趋势（沿径向负梯度）以提供过渡性的轴向聚焦力。此外，中心区的设计还要兼顾引出的要求，保证通过中心区的粒子在引出系统设计的接收范围内。考虑到质子治疗用的超导回旋加速器的中心区域磁场更强，结构更为紧凑，中心区设计的挑战很大。

中心区设计流程大体如下：①计算中心区电极结构的电场，将电场与计算或测量得到的磁场带入束流跟踪程序，给出束流轨迹、聚焦、越隙相位等初步结果；②根据结果优化初始相位、中心区电极结构、离子源位置、卡束狭缝位置与尺寸等，更新电场后迭代跟踪束流；③迭代多次后给出最终的设计结果。ACCEL/Varian 250 MeV 超导回旋加速器的离子源及中心区结构如图 9-48 所示。

设计良好的中心区应当使参考粒子轨迹基本位于电极间隙中间位置、越隙处于聚焦区域并获得高能量增益，以中国原子能科学研究院的 CYCIAE-230

图 9 – 48　ACCEL/Varian 250 MeV 超导回旋加速器的离子源及中心区结构
（可以看出一组高频头部硬连接而另一组电容耦合）

超导回旋加速器为例，其中心区结构及参考粒子束流轨迹如图 9 – 49 所示。其参考粒子的径向振荡、轴向振荡如图 9 – 50、图 9 – 51 所示。

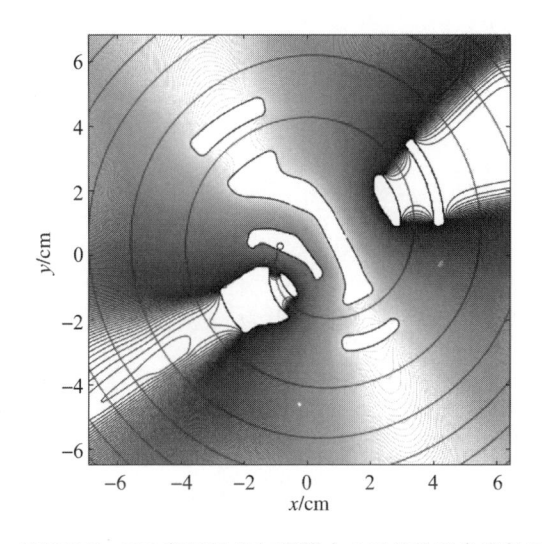

图 9 – 49　CYCIAE – 230 超导回旋加速器中心区结构及参考粒子束流轨迹

图 9 – 50 中纵坐标是参考粒子半径与静态平衡轨道半径的差值。在测量磁场下，参考粒子径向振荡振幅约为 5 mm，如图中蓝色曲线所示。叠加中心区的磁场调节棒磁感应强度，加入约 20 Gs，特定相位的一次谐波后，可将参考粒子径向振荡振幅调整至 0.2 mm 以下。

轴向振荡也是中心区设计需要关注的重点，需要考虑不同相位、不同初始位置和发射角度粒子的轴向振荡情况。从图 9 – 51 可以看出，在 CYCIAE – 230 超导回旋加速器的中心区，与参考粒子相同初始相位，不同发射角度的粒子在中心区的轴向振荡振幅为 4 ~ 5 mm。

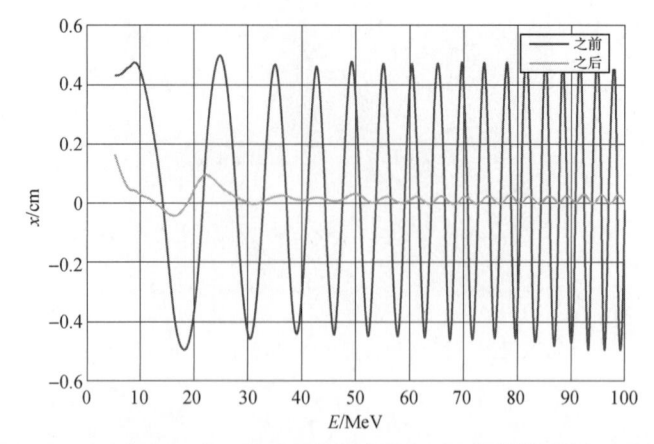

图 9-50　CYCIAE-230 超导回旋加速器中心区参考粒子的径向振荡

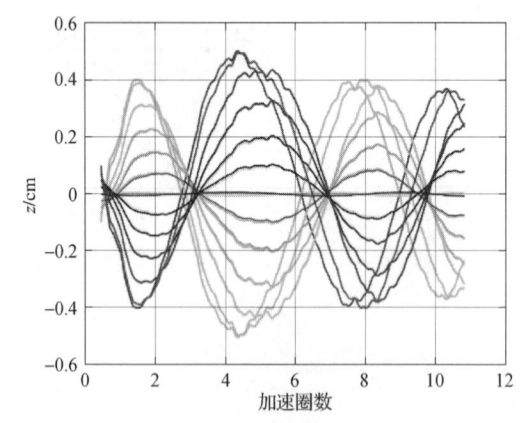

图 9-51　CYCIAE-230 超导回旋加速器中心区参考粒子的轴向振荡

9.2.8　引出系统

紧凑型质子回旋加速器的引出系统设计是有一定难度的，一方面是因为引出区的磁场下降非常快导致等时性条件难以保障；另一方面是因为边缘场使束流品质变差。在大多数引出方式中，引出位置的圈间距对引出束流效率和品质非常关键。但相对于同样加速质子的常温回旋加速器，超导回旋加速器由于采用超导线圈励磁，磁极间隙可以大一些，这有利于布置引出元件，有望使引出效率进一步提升。

由于引出圈间距随能量的增大而减小，特别是在超导回旋加速器中，磁场更强，磁极边缘场下降较慢，需要采用其他辅助方式来增大圈间距。假定粒子在回旋加速器中的径向位置由下式表示：

$$r = r_{seo} + x\sin(\nu_r \theta + \theta_0) \tag{9-11}$$

式中，r_{seo} 为该能量对应的平衡轨道半径，ν_r 为径向振荡频数，x 为径向振荡振幅。对上式求微分，假定 $\nu_r \approx 1$，可以得到第 n 圈的圈间距：

$$\Delta r = \Delta r_{seo} + \Delta x \sin[2\pi n(\nu_r - 1) + \theta_0] + 2\pi(\nu_r - 1)x\cos[2\pi n(\nu_r - 1) + \theta_0] \tag{9-12}$$

式中，Δr_{seo} 为能量增益带来的圈间距，第二项为共振使振荡振幅增加带来的圈间距，第三项则为进动带来的圈间距。在 230~250 MeV 超导回旋加速器中，每圈能量增益带来的圈间距有限，采用后两者来增大圈间距。一方面，超导回旋加速器在边缘场区经过 $\nu_r = 1$ 共振，在此位置加入一次谐波可以有效增大束流的振荡振幅；另一方面，经过共振后 ν_r 迅速减小到 0.8 附近，此时进动产生的圈间距较大。

图 9-52 给出了 CYCIAE-230 超导回旋加速器中模拟计算的结果，在不加入一次谐波的情况下，束流经过 $\nu_r = 1$ 时并无太大变化，经过边缘场时受梯度下降影响，圈间距有所增大，但束流包络也迅速增大，束团并无明显圈间距。而在加入一次谐波后，共振束流振荡振幅增大，并通过进动作用产生明显的圈间距，因此可在图中的竖线位置放置引出元件来引出束流。

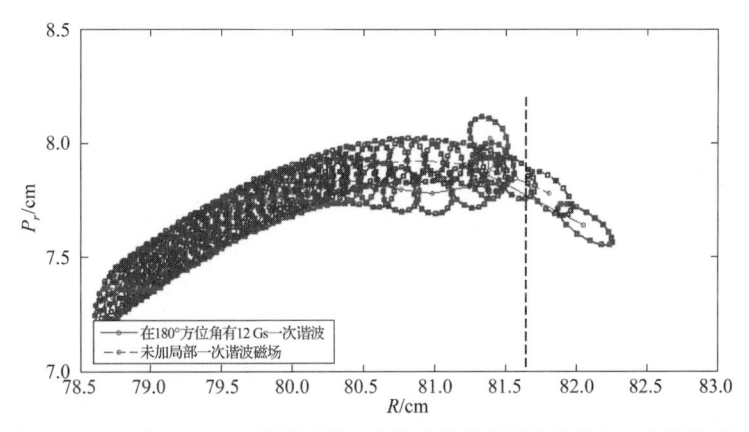

图 9-52 CYCIAE-230 超导回旋加速器中计算得到的在没有一次谐波时和在 180°方位角加入一次谐波后束流相椭圆在加速过程中的位置分布

CYCIAE-230 超导回旋加速器的引出系统采用共振进动的方法，通过静电偏转板和磁通道引出质子束，并保证束流通过导向磁铁以及聚焦磁铁被引出到束流管道中。此外，引出系统设计还包括各引出部件的相关高压、真空、机械、冷却和控制的设计。其布局（包括 2 个偏转板和 6 个无源磁通道）及引出束流轨迹如图 9-53 所示。

相邻磁极附近的两个静电偏转板（ESD1、ESD2）将产生足够的离心力，以使质子束流向边缘场区域偏转。在紧接着第二偏转板（ESD2）的出口处，

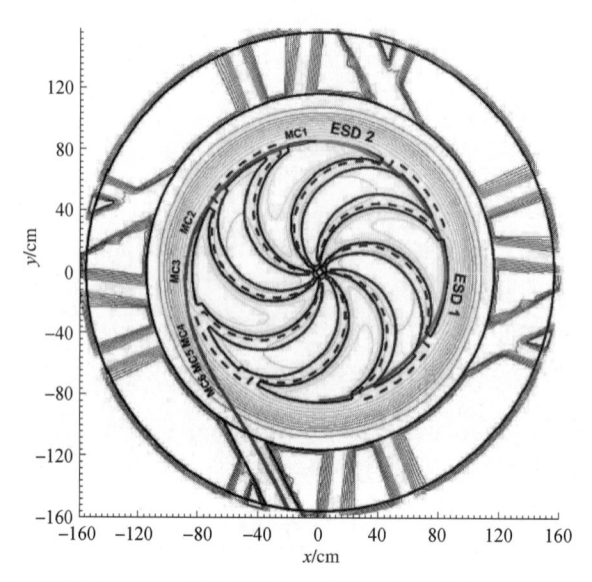

图 9-53 CYCIAE-230 超导回旋加速器的引出系统布局及引出束流轨迹

安装有第一磁通道（MC1）以使束流一出偏转板就被径向聚焦。然后依次布置其他 5 个磁通道（MC2～MC6），以有效控制引出过程中的束流包络。在紧凑的空间中，强磁场对偏转板表面发射电子的聚焦作用容易引发高压火花[12]，这是静电偏转板设计中最具挑战性的部分。对 ESD1、ESD2 结构的关键参数进行优化，以提高引出效率，见表 9-6。根据仿真结果，大部分束流损失在 ESD1 的隔膜（Septum）上，在此处添加水冷装置以在存在高电压的情况下稳定运行。

表 9-6 CYCIAE-230 超导回旋加速器静电偏转板的主要参数

参数	电场 /(kV·cm^{-1})	曲率半径 /cm	角宽度/(°)	隔膜厚度 /mm	电极与隔膜间距/mm
ESD1	90	69.2	45	0.2	6
ESD2	75	71.8	35	0.2	8

除了静电偏转板和磁通道外，束流还会在高频 D 板和假 D 上损失。在 CYCIAE-230 超导回旋加速器中，在磁铁谷区中安装了 4 个高频腔，以增加每圈的束流能量增益和束流圈间距。离开 ESD1 后，束流通过高频 D 板内部的空腔。然后，束流通过高频 D 板和假 D 之间的下一个高频间隙，如图 9-54 所示。在束流引出的整个过程中，束流很容易碰撞损失在高频 D 板或假 D 中。

图 9-54 对最后的引出束流和高频 D 板、假 D 以及磁通道的布局在 (R, θ) 坐标系中进行了说明。为了减少束流损失，从最初设计开始，高频腔 2 的 D 板向内部移动，高频腔 3 的 D 板向外部移动。利用计算出的空腔电场分布，进行多粒子跟踪以确保束流和 D 板之间有足够的距离。在对束流品质、圈间距、引出轨迹和引出元件布局进行系统优化之后，在 2 MeV 能量下束流发射度（径向和轴向）为 1πmm·mrad，在相位宽度为 20°的情况下，计算出的最终引出效率大于 80%。

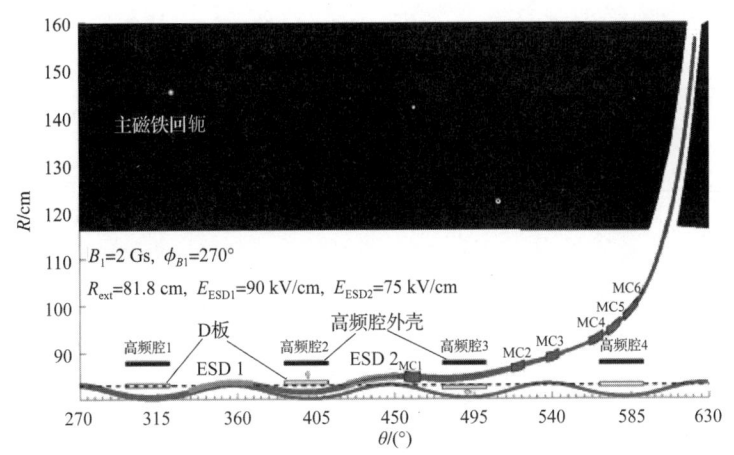

图 9-54　CYCIAE-230 超导回旋加速器 (R, θ) 坐标系中的引出束流轨迹，静电偏转板、磁通道和高频腔的布局[30]

住友重工的 230 MeV 超导回旋加速器的引出系统采用了类似的方式，如图 9-55 所示。它也有两个静电偏转板，但磁通道只有两个，另外有两个磁铁用于补偿磁通道带来的一次谐波磁场。

值得注意的是，采用较大磁气隙设计的 ACCEL/Varian 250 MeV 超导回旋加速器和中国原子能科学研究院的 CYCIAE-230 超导回旋加速器的引出效率或设计引出效率都在 80% 以上。采用引出区小磁极气隙设计的 IBA C235（50%，后期优化为 75%）以及住友重工的 230 MeV 超导回旋加速器的引出效率（或设计引出效率）都低一些（约 70%）。当然，引出系统性能的综合体现，除了超导回旋加速器总体设计和束流动力学设计之外，机械工程、高压工程等工程技术细节更是决定引出效率的关键因素。

9.2.9　快速调强系统

应用于质子治疗的回旋加速器由于需要根据治疗计划灵活调节照射在病灶处的流强，因此流强快速调变系统对于质子快速 IMRT 十分关键。

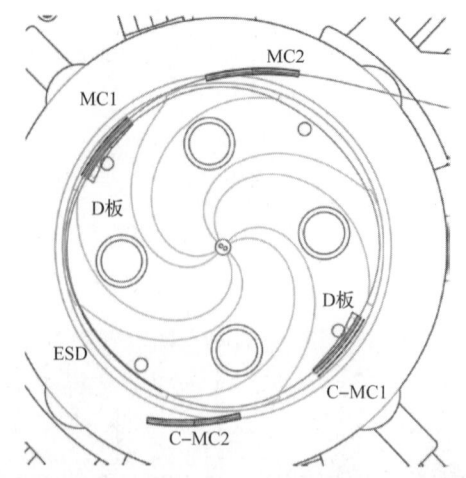

图 9-55　住友重工的 230 MeV 超导回旋加速器引出布局系统及引出束流轨迹[30]

IBA C235 常温回旋加速器引出束流强度由名为离子源电子单元（ISEU）的数字预测控制器调节。该控制器驱动回旋加速器的离子源的弧电流，所需的引出流强反馈信号直接从位于回旋加速器出口处的电离室获取。整个系统的反应时间约为 0.3 ms，如图 9-56 所示[31]。

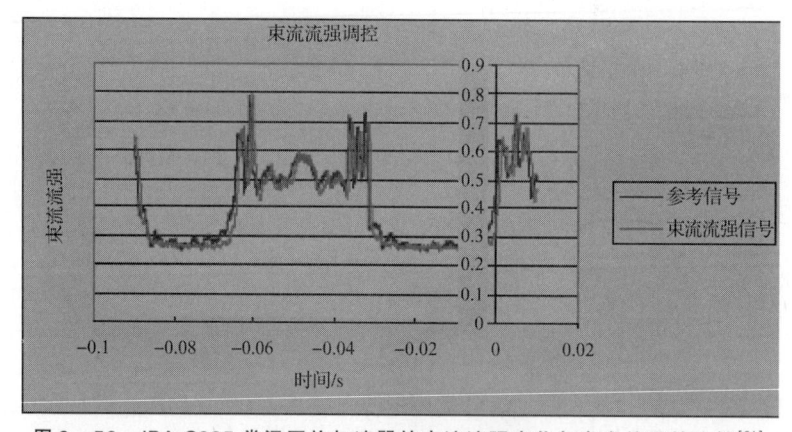

图 9-56　IBA C235 常温回旋加速器的束流流强变化与参考信号的比较[31]

ACCEL/Varian 250 MeV 超导回旋加速器的流强调制设计比较特殊，采用安装于中心区高频腔体头部里面的静电偏转元件（图 9-57）提供数千伏的静电高压，通过控制静电高压的幅度、通断，实现束流流强的调制与通断。由于静电高压的上升沿、下降沿时间非常短，可以在极短时间内实现束流流强的调制，如图 9-58 所示。

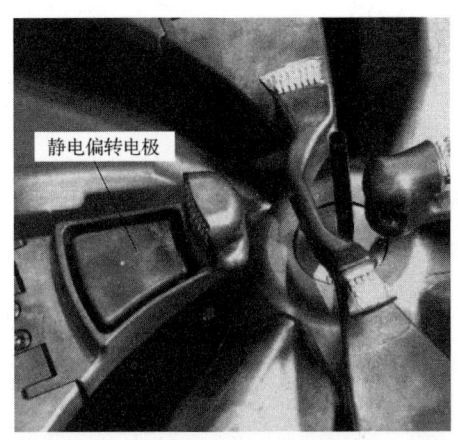

图9-57 ACCEL/Varian 250 MeV 超导回旋加速器中用于束流流强调制的静电偏转电极[3]

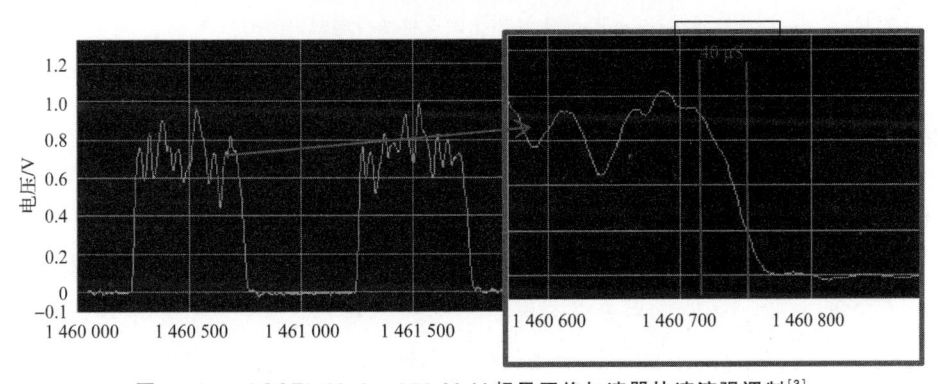

图9-58 ACCEL/Varian 250 MeV 超导回旋加速器快速流强调制[3]

9.3 未来质子治疗系统中应用超导技术的新进展

质子治疗在癌症肿瘤治疗中的应用越来越普遍,但是大规模的质子治疗实施以及患者的广泛性受到质子治疗设施的规模和前期投资的阻碍。超导技术可以通过明显增大质子加速器(通常为回旋加速器)的磁场强度以及引导和进入患者的束流线(旋转机架)磁铁的磁场强度来实现更紧凑、价格更低的治疗系统。

等时性回旋加速器如果想进一步减小尺寸,必须增强磁场,图9-59所示为质子治疗所需的230~250 MeV质子回旋半径与对应磁场的关系[35]。

但提高磁场,减小回旋加速器尺寸所面临的一个问题是纯铁磁极扇叶的磁饱和导致的调变度下降和束流聚焦减弱。为此,Varian公司联合日本住友重工

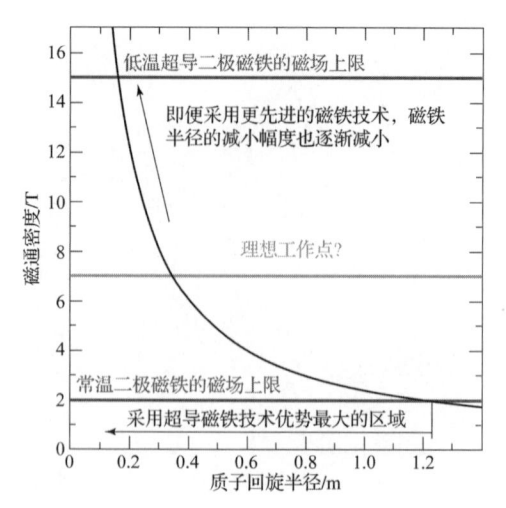

图 9-59 230~250 MeV 质子回旋半径与对应磁场的关系[35]

进行基于 Bi-2223 高超导带材的螺旋形磁极线圈的研制，如图 9-60 所示。结合中心线圈最终目标是将 Varian 250 MeV 超导回旋加速器的中心磁场的磁感应强度提高约 2 倍至 4.8 T。这样的技术路线，在两个方面使回旋加速器进一步小型化、轻量化：①提升平均场，减小磁极半径；②避免采用大尺寸的铁芯。因此，我们有理由期待，在这个发展方向上将出现下一代超小型（高温超导无铁芯设计）、高剂量率（等时性原理）的质子治疗回旋加速器。

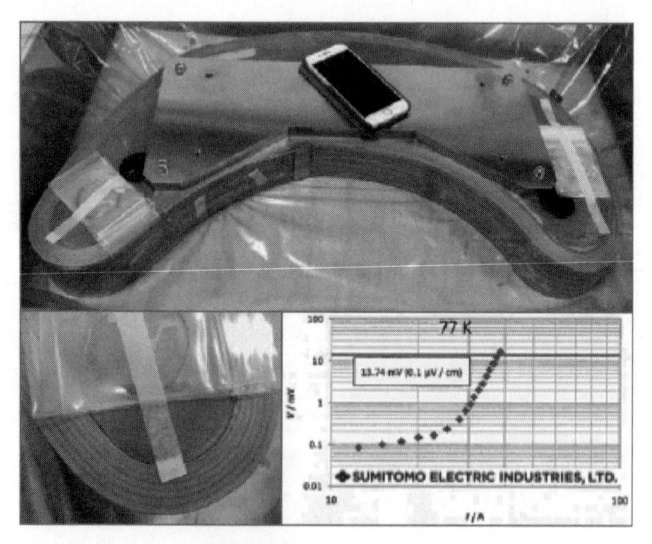

图 9-60 高温超导磁极线圈原型及励磁电流曲线[35]

[由 1 叠 6 个 Bi-2223 双薄饼组成，由日本住友重工为 Varian 公司制造。图片的下半部分显示了线圈的细节（左）和电压与整个线圈的电流关系（右）]

此外，ProNova 公司研制了基于超导磁体的超导旋转机架，将通常的质子治疗旋转机架质量从 100～200 t 降至约 40 t，如图 9-61 所示。

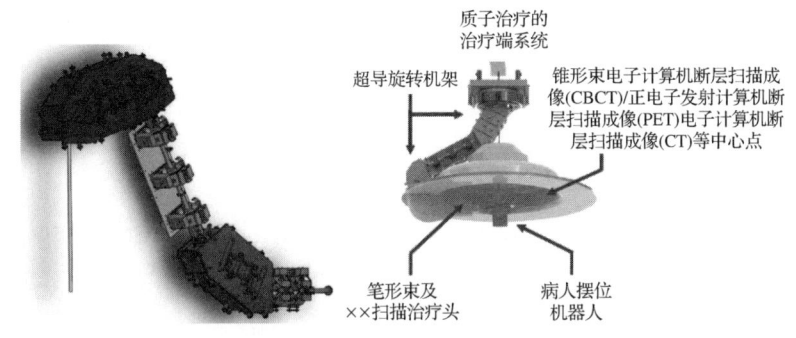

图 9-61　ProNova 公司的超导磁铁（左）及 SC360 超导旋转机架（右）

Varian 公司与劳伦斯伯克利及瑞士 PSI 正在合作研发基于铌钛低温超导线材的复合功能磁铁，用以替换其紧凑型 ProBeam 的 360°旋转机架系统上的偏转磁铁，从而进一步减小其旋转机架的尺寸与质量，如图 9-62、图 9-63 所示。ProNova 公司和 Varian 公司对 360°旋转机架小型化的技术努力，也将对重离子治疗的 360°旋转机架发展提供更具现实意义的技术借鉴。

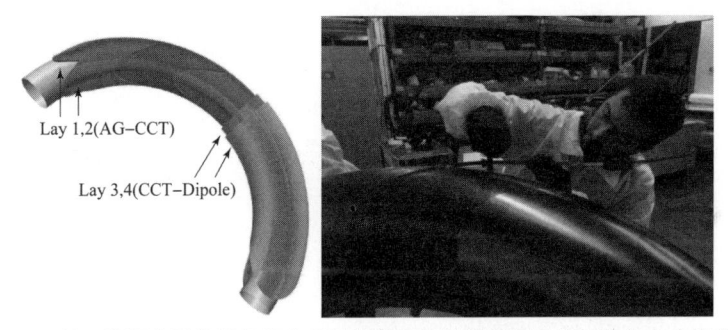

图 9-62　新一代紧凑型旋转机架上采用的基于铌钛低温超导线材的复合功能磁铁[32]

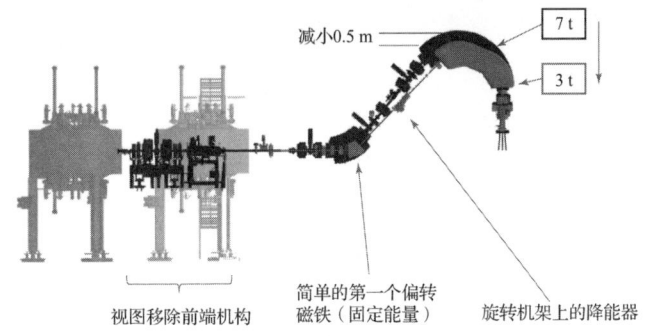

图 9-63　采用基于铌钛低温超导线材的复合功能磁铁的 ProBeam@360°旋转机架系统（绿色）及其与旧系统（蓝色）的尺寸、质量比较[33]（书后附彩插）

参 考 文 献

[1] WILSON R R. Radiological use of fast protons [J]. radiology, 1946.

[2] YVES J. Review on cyclotrons for cancer therapy [C]//Proceedings of the International Conference on Cyclotrons and their Applications, 2010, Lanzhou China, frm1cio01.

[3] KRISCHEL D W, et al., Particle therapy with the varian/ACCEL 250 MeV S. C. [C]. Proton Cyclotron, 1st Workshop HADRON BEAM THERAPY OF CANCER, ERICE – SICILY, 24 April – 1 may 2009.

[4] TIMOTHY A. Antaya. Advanced cyclotron and synchrocyclotron designs [OL] MIT 8.277/6.808 Intro To Particle Accelerators, on line: https://uspas.fnal.gov/materials/09UNM/Unit_10_Lecture_15_Advanced_Cyclotrons.pdf.

[5] PEARSON E, ABS M, Henrotin S, et al. The new IBA superconducting synchrocyclotron (S2C2): from modelling to reality [C]// Eleventh International Topical Meeting or Nuclear Applications of Accelerators. 2013.

[6] PATRIK VERBRUGGEN. The medical and industrial applications of cyclotrons [R]. Joint Universities Accelerator School, Archamps, March 6th 2012.

[7] TORIKAI K, SOUDA H. 4 Accelerator Complex for Particle Beam Therapy [J]. Radioisotopes, 2015, 64 (6): 382 – 387.

[8] BORTFELD T R, Loeffler J S. Three ways to make proton therapy affordable [J]. Nature, 2017, 549 (7673): 451 – 453.

[9] ZAREMBA S. Magnets for cyclotrons [R]. CAS, Zeegse, The Netherlands, 24 May – 2 June 2005.

[10] GALKIN R V, Gurskii S V, Jongen Y, et al. C235 – V3 cyclotron for a proton therapy center to be installed in the hospital complex of radiation medicine (Dimitrovgrad) [J]. Technical Physics, 2014, 59 (6): 917 – 924.

[11] BEECKMAN W. The C235 IBA – SHI protontherapy cyclotron for the NPTC project: magnetic system design and construction [C]// Proceedings of the International Conference on Cyclotrons and their Applications, 1996, Cape Town, South Africa.

[12] JONGEN Y, et al. Progress Report on the construction of the proton therapy EQUIPMENT for MGH [C/OL] https://accelconf.web.cern.ch/e98/PAPERS/WEP01C.pdf.

[13] WIEL K, SIMON Z. Cyclotrons: magnetic design and beam dynamics [R]. CERN Accelerator School: Accelerators for Medical Applications Vösendorf, Austria 26 May – 5 June, 2015.

[14] KARAMYSHEVA G A, et al. Beam dynamics in a C253 – V3 cyclotron for proton therapy [J], Zhurnal Tekhnicheskoi Fiziki, 2012, 82 (1): 107 – 113.

[15] VANDEPLASSCHE D, BEECKMAN W, ZAREMBA S, et al. 235 MeV cyclotron for MGH's northeast proton therapy center (NPTC): present status.

[16] SYRESIN E, KARAMYSHEVA G, KAZARINOV M, et al. Development of the IBA – JINR cyclotron C235 – V3 for dimitrovgrad hospital center of the proton therapy. IPAC, 2011.

[17] BLOSSER H. 30 years of superconducting cyclotron technology [R]. https://accelconf.web.cern.ch/c04/data/CYC2004_papers/22B1.pdf.

[18] YORK R C, et al. The NSCL coupled cyclotron project – overview and status [C]// Proceedings of the 15th International Conference on Cyclotrons and their Applications, Caen, France.

[19] ZHANG T, WANG C, LI M, et al. Developments for 230 MeV superconducting cyclotrons for proton therapy and proton irradiation [J]. Nuclear Instruments & Methods in Physics Research, 2017: S0168583X16304803.

[20] TSUTSUI H, et al. Current status of sumitomo's superconducting cyclotron development for proton therapy [R]. Preceedings of Cyclotrons 2019, Cape Town, South Africa.

[21] ZHANG T, LIN J, YIN Z, et al. Design and construction of the main magnet for a 230 – MeV superconducting cyclotron [J]. ITAS, 2017, 28 (99): 1.

[22] KARAMYSHEVA G, BI Y, CHEN G, et al. Compact superconducting cyclotron SC200 for proton therapy, 2017.

[23] WANG C, ZHANG T, MENG Y, et al. Superconducting coil system R&D for a 230 – MeV superconducting cyclotron [J]. IEEE Transactions on Applied Superconductivity, 2017, PP (99): 1.

[24] RÖCKEN H, ABDELBARY M, AKCÖITEKEN E, et al. The varian 250 MeV superconducting compact proton cyclotron: Medical operation of the 2nd machine, production and commissioning status of machines No. 3 TO 7 [J]. 近代物理研究所知识存储: 2010 之前, 2010: 283 – 285.

[25] LUKAS S. THÈSE NO 3169 (2005), ingénieur physicien diplômé EPF denationalité suisse et originaore de Muttenz (BL).

[26] Geisler A E, et al. Proc. ofICC2007, Oct. 1 – 52007, GiardiniNaxos, Italy: 9 – 14.

[27] TSUTSUI H, et al. Design study of a superconducting AVF cyclotron for proton therapy [C]//Preceedings of Cyclotrons 2013, Vancouver, Sep. 16, 2013.

[28] ZHANG T, LI M, WANG C, et al. Investigation and quantitative simulation of beam physics for 230 MeV SC cyclotron under construction at CIAE [J]. Nuclear Instruments and Methods in Physics Research Section B Beam Interactions with Materials and Atoms, 2020, 468: 8 – 13.

[29] MARCHAND B, Prieels D, Bauvi B. IBA Proton Pencil beam scanning: an innovative solution for cancer treatment [OL]. https://accelconf.web.cern.ch/e00/PAPERS/WEP4B20.pdf.

[30] KOSCHIK A, et al. Gantry 3: further development of the PSI proscan proton therapy facility [OL]. https://accelconf.web.cern.ch/IPAC2015/papers/tupwi016.pdf.

[31] SCHIPPERS J M, DUPPICH J, GOITEIN G, et al. The use of protons in cancer therapy at PSI and related instrumentation [J]. Journal of Physics Conference, 2006, 41: 61 – 71.

[32] ARNO G. HTS for commercial proton therapy [R]. WAMHTS – 5 Workshop Budapest, April 12, 2019.

[33] GODEKE A, ALBERTY L, AKCÖLTEKIN E, et al. Research at varian on applied superconductivity for proton therapy [J]. Superconductor Science and Technology, 2020, 33 (6): 064001. DOI: 10.1088/1361 – 6668/ab804a.

第 10 章
FFA 加速器

10.1 FFA 加速器的简要历史

FFA 意指固定磁场交变聚焦，FFA 加速器则为固定磁场交变聚焦加速器。FFA 加速器拥有和同步回旋加速器一样的强聚焦能力，并且由于磁场固定，重复频率由射频系统的频率调制时间决定，可以达到几千 Hz 的水平，引出束流的强度将远高于回旋同步加速器。由此可见，FFA 加速器的工作状态和同步回旋加速器类似，但磁铁采用与同步回旋加速器一样的周期性结构，可以加速的粒子能量可以达到几十 GeV。根据高频系统是否调频、角向是否为周期结构可以把固定磁场类型的加速器分为表 10 - 1 所示的 4 类。

表 10 - 1　固定磁场类型的加速器分类

角向磁场变化	固定频率（连续束流）	频率调制（脉冲束流）
均匀磁场	劳伦斯经典回旋加速器	同步回旋加速器
周期性磁场	等时性回旋加速器	FFA 加速器

FFA 加速器的原理是在交变梯度聚焦发现（1952 年）后，分别由日本的 T. Ohkawa、苏联的 A. A. Kolomensky 和美国的 K. R. Symon 独立提出。为了验证 FFA 加速器的基本原理，在 20 世纪 50 年代末和 60 年代初，美国的中西部大学研究协会（MURA，目前该组织已被解散）分别建成了两台电子 FFA 加速器模型。其中一台电子 FFA 加速器采用螺旋扇结构，加速电子的最大能量为

120 keV；随后一台电子 FFA 加速器采用径向扇结构，加速电子的最大能量为 400 keV。这两台 FFA 加速器均采用电子感应的方式进行加速。为了进一步开展对 FFA 加速器的研究，MURA 又建造了一台 50 MeV 的电子 FFA 加速器，但限于技术和历史上的原因，这个项目没有得到延续，而 FFA 加速器本身也未能成功运行。在高能质子回旋加速器领域，FFA 加速器在当时也败给了同一时期提出的强聚集同步回旋加速器。20 世纪 80 年代，为了应对散裂中子源的需求，美国阿贡实验室计划获得能量为 1.5 GeV、平均束流强度达到 3.8 mA 的质子束。作为备选的质子驱动回旋加速器方案，FFA 加速器再一次受到广泛关注。Kustom 等人提出了一台螺旋扇 FFA 加速器的设计方案，而 KFA Julich 则提出了一台超导径向扇 FFA 加速器的设计方案。但在与快循环同步回旋加速器（RCS）和超导直线回旋加速器（SCL）的竞争中，FFA 加速器被认为建造和设计过于复杂，费用过于昂贵，又一次被遗弃。

近年来，随着回旋加速器技术的新发展和高能物理对粒子快速加速器的需求，FFA 加速器又重新出现在人们的视野中。20 世纪 90 年代，人们开始研究采用 FFA 加速结构来实现中微子工厂和 μ 子对撞。由于中微子质量很小，很难与其他粒子发生相互作用、被实验室捕捉，为此，科学家建议采用加速器的方法，利用质子驱动产生 μ 子，再把 μ 子加速到高能进行存储，甚至碰撞，用来模拟宇宙爆炸的情景，这样的整个系统被称为中微子工厂。μ 子束具有发射度大、寿命短的特点，因此需要快速加速以防大量衰减，同时还要抑制 μ 子束的发射度。快循环同步加速器明显加速过慢，而超导直线加速器结构比较复杂，价格也十分高，FFA 加速器具有接收度大、重复频率快的特点，在 μ 子加速方面有天然的优势。因为磁场不随时间变化，FFA 加速器中的束流脉冲重复频率主要受限于高频系统，重复频率可以达到 kHz 量级，而目前的快循环同步加速器重复频率只能达到几十 Hz。在 FFA 加速器实践方面，日本走在了世界的前列，先后攻克了 FFA 加速器工程相关的磁铁技术（更高的磁场设计和制造精度以及超导磁铁的采用）、高频技术（低 Q 值宽带高梯度射频加速腔）和注入引出技术（重复频率高的固态高电流开关器件）。日本 KEK 实验室在 2000 年建成了一台能量为 1 MeV 的原理验证型质子 FFA 加速器，如图 10-1 所示。随着对 FFA 加速器研究和实践的深入，人们提出了各种加速不同粒子、不同用途和不同设计的 FFA 加速器方案。表 10-2 所示为目前建成的 FFA 加速器的特点及基本参数，从中可以看出，绝大部分均为等比 FFA 加速器，且均产生于日本，这得益于日本 KEK 实验室在 FFA 加速器技术上的创新。首先，日本 KEK 实验室采用 3 个一组的 DFD 磁铁结构（图 10-2），两个 D 磁铁和中间的 F 磁铁形成回路，在中心平面形成所需要的磁场，这种结构降低了加工的难度，且为 FFA 加速器节省了空间，同时也提高了磁场的利用率；其次，在高频方面，采用新型磁合金作为腔体加载材料，生产出了大尺度高加速梯度高频腔（图 10-2），为实现 FFA 加速器引出束流提供了可能。日本建成的 FFA 加速器有多方面的用途，包括质子驱动、强子治疗（BNCT 和质子治疗）以及 X 射线辐照等。除此之外，在英国建成了世界上第一台电子 FFA 加速器模型 EMMA。该台加速器采用 42 个周期的 FODO Lattice 结构，注入电子能量为 10 MeV，引出电子能量为 20 MeV。比较有特点的是，F 和 D 磁铁全部采用四极透镜，通过偏心产生电子圆周运动所需要的平均场，由于仅加速 10~20 圈，2008 年成功引出连续电子束，验证了 FFA 加速器快速粒子的可行性。

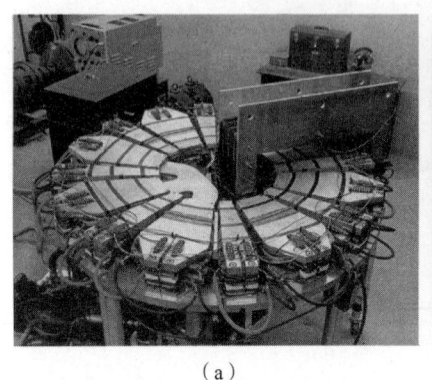

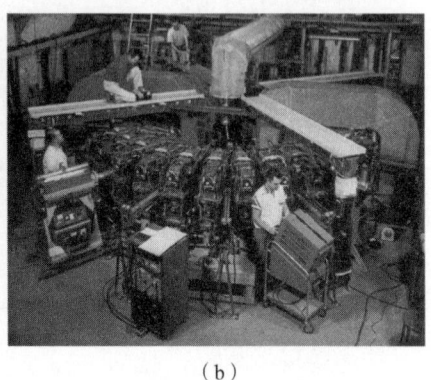

(a) (b)

图 10-1 MURA 电子 FFA 加速器模型
(a) 400 keV FFA 加速器模型；(b) 50 MeV FFA 加速器模型

(a) (b)

图 10-2 日本 KEK 实验室在 FFA 加速器技术上的创新
(a) DFD 磁铁结构；(b) 大尺度高加速梯度高频腔

表10-2 目前为止已建成的FFA加速器的特点及基本参数

FFA加速器名称	类型	粒子	E/MeV	周期数	出束时间	应用
KEK-POP	等比	p	1	8	2000	等比FFA加速器原理验证
KEK	等比	p	150	12	2003	质子治疗
KURRI-ADSR	等比	p	2.5	8	2008	ADSR研究
	等比	p	20	8	2006	
	等比	p	150	12	2006	
KURRI-ERIT	等比	p	11	8	2008	BNCT
PRISM STUDY	等比	α	0.8	6	2008	μ子相空间旋转验证
NHV	等比	e	0.5	6	2008	工业应用
RadiaBeam Radiatron	等比	e	5	12	2009	工业应用
EMMA	线性非等比	e	20	42	2010	LNS-FFA原理验证

10.2 FFA加速器的分类

10.2.1 等比FFA加速器

等比FFA加速器采用最常见的磁聚焦结构，这也是至今为止建造的大多数FFA加速器所采用的结构。束流在FFA加速器中穿越共振时，会带来束流发射度的增长，甚至有可能带来较为严重的束流损失，从而影响FFA加速器的正常运行。在早期的FFA加速器研究中，共振穿越是该类加速器设计中人们十分关注的一个问题。在FFA加速器中，当粒子偏离参考轨道较小时，其运动方程满足：

$$\begin{cases} \dfrac{\mathrm{d}^2 x}{\mathrm{d}\theta^2} + \dfrac{R^2}{\rho^2}(1-n)x = 0 \\ \dfrac{\mathrm{d}^2 z}{\mathrm{d}\theta^2} + \dfrac{R^2}{\rho^2}nz = 0 \end{cases}$$

若要求粒子在 FFA 加速器中运动时绝对不穿越共振，则要求 FFA 加速器中自由振荡频率是不变的，这一点可以由如下要求得到满足：

$$\frac{\mathrm{d}(R^2/\rho^2)}{\mathrm{d}\theta} = 0, \quad \frac{\mathrm{d}\left(\frac{\rho}{B} \cdot \frac{\partial B}{\partial \rho}\right)}{\mathrm{d}\theta} = 0$$

这也就意味着：

$$R \propto \rho, \quad \frac{R}{B} \cdot \frac{\partial B}{\partial R} = k$$

这一特性称为等比性，满足等比性的 FFA 加速器也就称为等比 FFA 加速器。等比 FFA 加速器中，不同能量对应的自由振荡频率不变，且平衡轨道具有相似性，如图 10-3 所示。等比 FFA 加速器分为直边扇形和螺旋扇形两种类型。采用直边扇形的等比 FFA 加速器引入了负场磁铁，会导致 FFA 加速器的周长增加很多，通常为普通同步回旋加速器的 3~5 倍，具体的周长增加因子由磁铁的正场和负场角宽度占比决定，而采用螺旋扇形的磁铁结构可以避免该问题。等比 FFA 加速器的磁场随角度的变化可统一表示为：

$$B(R, \theta) = B_0 \left(\frac{R}{R_0}\right)^k f\left(\theta - \zeta \ln \frac{R}{R_0}\right)$$

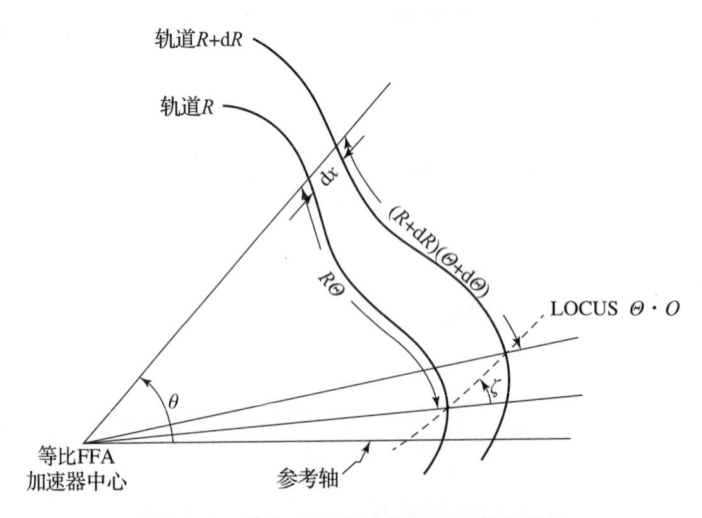

图 10-3 等比 FFA 加速器的平衡轨道特征

式中，$\zeta = \tan\xi$，ξ 为螺旋扇形 FFA 加速器中引入的，为磁铁的螺旋角大小；在一阶近似下，可以得到横向自由振荡的频率为：

$$\begin{cases} v_r^2 = 1 + k \\ v_z^2 = -k + F(1 + 2\tan^2\xi) \end{cases}$$

10.2.2 线性非等比 FFA 加速器

等比 FFA 加速器要求自由振荡频率不随能量变化，这意味着 FFA 加速器磁场必须随着半径的指数增长；若取消这一限制，将大大提高 FFA 加速器设计的灵活性，而这样的 FFA 加速器被称为非等比 FFA（NS－FFA）加速器。1997 年，Mills 和 Johnstone 在研究用 FFA 加速器来加速 μ 子的过程中提出，若 μ 子束流在 FFA 加速器中加速的速度足够快，即便穿越较多的整数与半整数共振，束流的发射度增长依然保持在可接受的范围内，从而被加速引出。进一步，若在 FFA 加速器中引入线性磁场，即磁场的梯度为常数，这将大大提高 FFA 加速器的动力学孔径，同时也减小了 FFA 磁铁的建造难度，这样的 FFA 加速器被称为线性非等比（LNS－FFA）加速器，但这类 FFA 加速器穿越的整数共振与非整数共振较多，因此适合用来加速要求加速速度比较快的粒子，比如 μ 子等。线性非等比 FFA 加速器的动量压缩因子较大，可以有效地减小磁铁的径向孔径。若磁铁采用对称的 FODO 或 Triplet 结构，加速器平衡轨道的周长随能量呈抛物线变化，在加速相对论粒子时，选择合适的参考能量，则粒子的相位在加速的过程中先增加，后减小，最后再增加，这可以有效地限制粒子加速相位的范围，若能控制粒子加速的圈数，将粒子加速相位的范围控制为 $-90°\sim-90°$，则可以和在回旋加速器中一样，实现连续束流的引出。这种加速方式先后由 Berg 和 Koscielniak 提出，在纵向相空间中，粒子的加速轨道并不在稳定区内，而是在相邻的两个稳定区之间呈蜿蜒的 S 形，因为被称为"serpentine"或"gutter"加速，如图 10－4 所示。

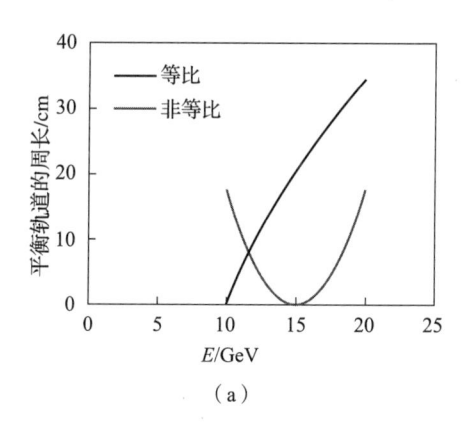

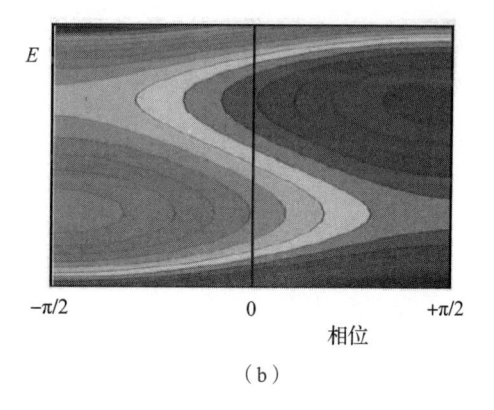

图 10－4　线性非等比 FFA 加速器（书后附彩插）
（a）平衡轨道的周长随能量的变化；（b）束流在纵向相空间中的加速轨迹（黄色部分）

10.2.3 非线性非等比 FFA 加速器

在上面提到的线性非等比 FFA 加速器中,束流在该加速器中运动将穿越大量的共振,因此在粒子加速速度较慢的情况下,这种加速器并不合适。为了缓解加速器中自由振荡频率在加速过程中的变化范围,Johnstone 和 Koscielniak 提出采用如下方式来调节加速器中的自由振荡频率:

(1) 调节加速器磁铁的边缘角,引入边缘角聚集;
(2) 引入非线性磁场,调节各个半径位置的磁场梯度。

图 10-5 所示为在引入这种方式前、后的 Lattice 结构的注入和引出参考轨道的比较。在前者结构中,从偏转磁铁中心到磁铁边缘的传输矩阵可以一阶近似为:

$$M \approx \begin{vmatrix} 1 & 0 \\ -\dfrac{\eta}{\rho} & 1 \end{vmatrix} \begin{vmatrix} 1 & 0 \\ -Kl & 1 \end{vmatrix} \approx \begin{vmatrix} 1 & l \\ -\left(k_F l + \dfrac{(\eta+\theta)}{\rho}\right) & 1 \end{vmatrix}$$

式中,$K = k_F + 1/\rho^2$ 反应了偏转磁铁的聚焦能力,l 为偏转磁铁的半长度,$\theta = l/\rho$ 为偏转磁铁的半偏转角,η 为边缘角的大小。结果表明,相对于线性非等比 FFA 加速器中采用的四极透镜,该结构除了有梯度聚集项 $k_F l$ 外,还引入了弱聚集和边缘聚焦项 $(\eta+\theta)/\rho$,因此可以更加有效地控制 tune 值的变化范围,如图 10-6 所示。

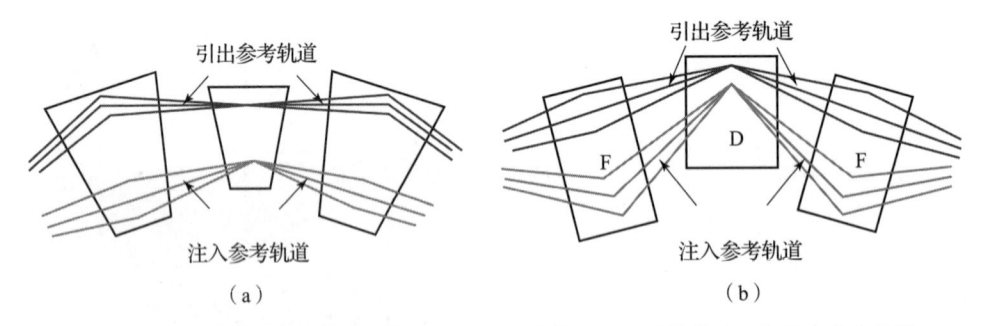

图 10-5 非线性非等比和线性非等比 FFA 加速器 Lattice 结构的注入和引出参考轨道
(a) 非线性非等比 FFA 加速器 Lattice 结构;(b) 线性非等比 FFA 加速器 Lattice 结构

为了进一步控制 FFA 加速器的等时性,G. H. Rees 提出了采用更加复杂的 dFDFd Lattice 结构,如图 10-7 所示。该结构引入了 3 种不同的磁铁元件,其中 d 和 D 分别为采用平行边界的反向和正向偏转的聚集磁铁,而 F 为楔形边界的聚集磁铁或四极透镜。由于引入了更多的可调参数,该结构可以很好地控制 FFA 加速器的束流动力学参数(如 β 函数、色散函数),同时可以使 tune 值基

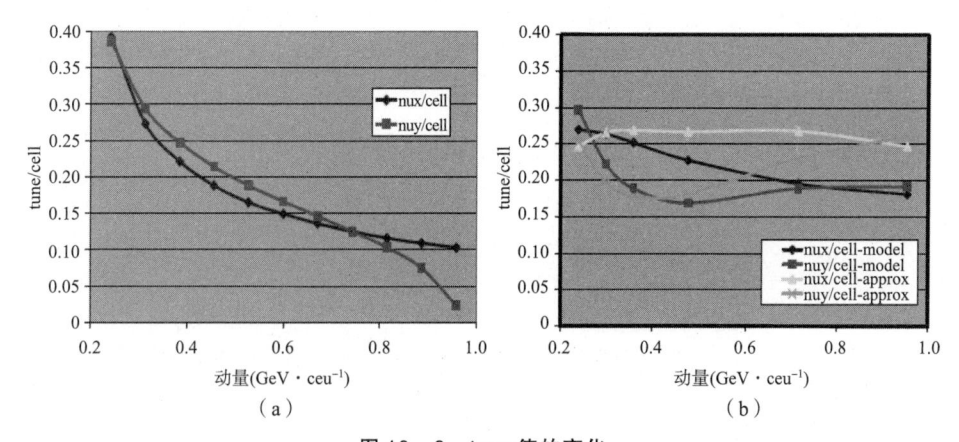

图 10-6 tune 值的变化

(a) 引入楔形磁铁后 tune 值的变化（approx 为通过一系列近似光学方程得到的结果，model 为通过数值模拟得到的结果）；(b) 线性非等比 Lattice 结构得到的 tune 值的变化

本上保持为常数，因为可以避免主要的共振。Rees 采用该结构设计了两台 FFA 加速器，分别用来加速 μ 子和质子，在前者情况下，该 FFA 加速器能够保持近似的等时性。

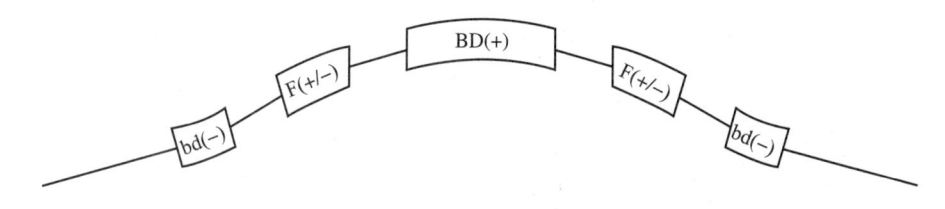

图 10-7 非线性非等比 FFA 加速器 dFDFd 结构

10.3　FFA 加速器设计原理

在实现聚集方面，FFA 加速器和同步回旋加速器有相似的周期结构（每个周期结构被称为一个 Lattice），因此可以采用和同步回旋加速器类似的方式，对组成 FFA 加速器的 Lattice 进行束流光学设计。在同步回旋加速器中，给定 Lattice 结构的同时也确定了粒子的平衡轨道，通过求解束流沿着平衡轨道运动的传输矩阵，便可以得到同步回旋加速器的基本束流动力学参数；在 FFA 加速器中，各个能量对应的平衡轨道是不同的，并且在给定 Lattice 结构后，粒子

的平衡轨道也是求知的，需要通过求解粒子在 FFA 加速器中运动的闭合轨道才能得到，这一点和同步回旋加速器类似。因此，在设计 FFA 加速器的过程中，需要集合同步回旋加速器设计的方法，在必要的时候作些合理的假设，两者取长补短，才能更加方便、灵活、高效地对 FFA 加速器进行设计。图 10-8 所示为 FFA 加速器初步设计的基本方法和内容，下面对这些方面一一进行讲解。

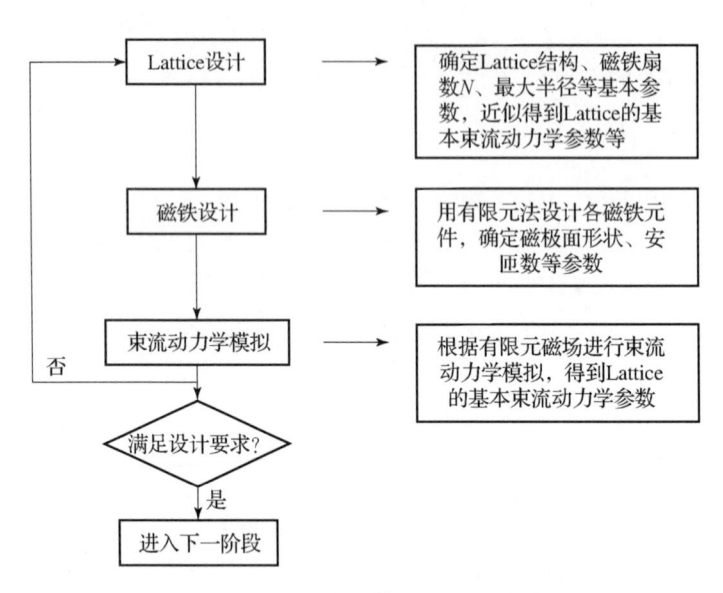

图 10-8 FFA 加速器初步设计基本流程

10.3.1 FFA 加速器 Latice 的设计

1. 基本参数的确定

在设计一台 FFA 加速器前，首先要对 FFA 加速器的基本参数进行初步估计，然后根据设计结构进行细化、调整。下面列了一些需要首先考虑的基本参数：

（1）Lattice 结构类型：FO（螺旋扇）、doublet（FO1DO2）、triplet（DFD、FDF）、pumplet（dFDFd）等。

（2）根据需要和选择的 Lattice 结构类型确定加速粒子的注入和引出能量。

（3）磁场峰值与最大半径：原则上，FFA 加速器占用的空间越少越好，特别是在一些特殊应用的场合（如医院等），但要有足够的空间安装高频腔等其他部件。$P = qBR$，一旦 FFA 加速器的半径确定，就可以得到所需要的平均磁感应强度大小，这样就能够确定是采用常规磁铁还是超导磁铁。

（4）元件数 N 和磁场梯度 K：
$$(r_{ext} - r_{inj})/r_{ext} = 1 - (p_{inj}/p_{ext})^{1/(1+K)}$$

由此可见，增加磁场梯度 K 可以有效地减小磁铁孔径，使 FFA 加速器设计得更加紧凑，但另一方面也增加了磁场的非线性，需要在束流动力学的设计过程中重点考虑。

（5）Lattice 元件的分布：这部分内容可以根据经验进行估计，设定初始值，最后由计算得到的束流光学函数的结果进行修正。

2. 确定平衡轨道

FFA 加速器 Lattice 中的元件内部磁场比较复杂，在采用有限元模拟得到 FFA 加速器实际的磁场以前，很难确定粒子在 FFA 加速器中的平衡轨道，为了方便设计和研究，可先采用硬边界近似，并作如下假设：

（1）硬边界近似：忽略偏转磁铁边缘的边缘场效应，采用硬边界近似，内部磁场满足：
$$B = B_0 (r/r_0)^K$$

（2）圆弧轨道假设：粒子在偏转磁铁中运动时，轨道中心点和 FFA 加速器中心点相差较大，粒子所感受到的磁场是变化的，因此粒子运动的轨迹比较复杂，但这里依然假设这种磁场的变化不大，粒子在偏转磁铁中的运动轨迹是一段圆弧。这样的话，粒子在 FFA 加速器中加速的运动轨迹就是由一些圆弧和漂移段组成的。

（3）常场磁数近似：如上描述，虽然 FFA 加速器的场指数 K 为常数，但沿着平衡轨道的局部场指数 n 却是变化的，但这里认为偏转磁铁内的局部场指数 n 近似为常数。

在以上假设条件下，得到粒子在组成 Lattice 的各元件中的运动轨迹如图 10-9 所示。已知粒子进入元件的条件（入射半径和角度），就可以得到粒子的出射条件和出射角，下面给出求解方法。

（1）漂移空间：
$$\phi_2 = \beta_L + \phi_1$$
$$\frac{r_2}{r_1} = \frac{1}{\cos\beta_L(1 - \tan\beta_L \tan\phi_1)}$$

（2）聚焦磁铁：
$$\varepsilon_1 = \phi_1; \varepsilon_2 = \theta_F - \phi_1 - \beta_F; \phi_2 = -\varepsilon_2$$

$$\frac{\rho_F}{r_1} = \frac{\tan\beta_F}{[\sin\phi_1 + \sin(\theta_F - \phi_1)] + \tan\beta_F[\cos\phi_1 - \cos(\theta_F - \phi_1)]}$$

$$\frac{r_2}{\rho_F} = \frac{\sin\phi_1 + \sin(\theta_F - \phi_1)}{\sin\beta_F}$$

（3）散焦磁铁：

$$\varepsilon_1 = -\phi_1; \varepsilon_2 = \theta_D + \phi_1 + \beta_D; \phi_2 = \varepsilon_2$$

$$\frac{\rho_D}{r_1} = \frac{\tan\beta_D}{[\sin(\theta_D + \phi_1) - \sin\phi_1] + \tan\beta_D[\cos(\theta_D + \phi_1) - \cos\phi_1]}$$

$$\frac{r_2}{\rho_D} = \frac{\sin(\theta_D + \phi_1) - \sin\phi_1}{\sin\beta_D}$$

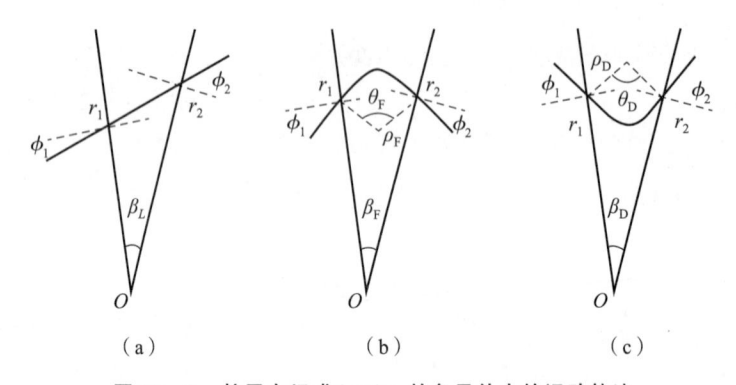

图 10-9 粒子在组成 Lattice 的各元件中的运动轨迹

(a) 漂移空间；(b) 聚焦磁铁；(c) 散焦磁铁

假设 Lattice 由 N 个上面的基本元件组成，给各个元件进行编号（$i = 1, 2, \cdots N$）。粒子从一个元件过渡到下一个元件，满足：

$$\phi_{i,2} = \phi_{i,1}$$
$$r_{i,2} = r_{i,1}$$

平衡轨道为封闭轨道，因此要求：

$$\phi_{N,2} = \phi_{1,1}$$
$$r_{N,2} = r_{1,1}$$

在较复杂结构的 Lattice 结构中，可以由上面的条件进行迭代求解，直到求得的轨迹封闭，即得到粒子的平衡轨道。上面只考虑了直边扇的情况，在考虑螺旋扇的情况下，只需要对边缘角 ε 作如下调整：

$$\varepsilon = \varepsilon + \delta_M \eta$$

式中，η 为螺旋角的大小，当 M 为聚焦磁铁时，$\delta_F = 1$，反之，$\delta_D = -1$。

3. 束流光学函数求解

描述 Lattice 结构束流光学特征有两个重要函数：一是色散函数 $D(s)$，它正比于水平方向的色散程度；另一则与横向方向的粒子振荡振幅相关，它反应了粒子在横向方向上振荡振幅的变化趋势，称为 $\beta(s)$。其中，后者可以确定反应 FFA 加速器聚焦能力的重要参数 Q，其表达式满足：

$$Q_u = \frac{1}{2\pi} \oint \frac{\mathrm{d}s}{\beta_u(s)}$$

若已知粒子在 FFA 加速器中的平衡轨道，束流光学函数 $\beta(s)$ 和 $D(s)$ 可以通过求解传输矩阵得到，其过程描述如下：

（1）选择起始点，从起始点求解束流沿着平衡轨道传输一圈的传输矩阵 M，由

$$M_{2\times 2} = I\cos\Phi + J\sin\Phi, \quad J = \begin{vmatrix} \alpha & \beta \\ -\gamma & -\alpha \end{vmatrix}$$

可以求解得到起始点位置束流光学特征参数值 α_0、β_0、γ_0，同时可以得到初始色散值：

$$D_0 = \frac{M_{13}(1 - M_{22}) + M_{12}M_{23}}{2 - M_{11} - M_{22}}$$

$$D'_0 = \frac{M_{23}(1 - M_{11}) + M_{13}M_{21}}{2 - M_{11} - M_{22}}$$

（2）求解从起始点到距离为 s 位置处的传输矩阵 R，可以求得该位置处的函数值 $\beta(s)$：

$$\beta(s) = R_{11}^2 \beta_0 - 2R_{11}R_{12}\alpha_0 + R_{12}^2 \gamma_0$$

$$D(s) = R_{11}D_0 + R_{12}D'_0 + R_{13}$$

通过数值可以在近似条件下求解 FFA 加速器 Lattice 结构平衡轨道和束流光学特征函数。下面对 FFA 加速器中几种常用的 Lattice 结构进行求解，它们包括 FO、DFD 和 FODO 结构。

（1）FO 结构。

FO 结构的 Lattice 在回旋加速器中很常见，但在 FFA 加速器中，不要求磁场满足等时性，为了提高轴向聚焦能力，一般要在偏转磁铁中引入螺旋角。以 KUCA 建造的用于 ADS 研究的 FFA 加速器为例，该装置采用 3 次加速，其中注入器就采用螺旋扇形磁铁结构。图 10-10 所示为计算得到的 FFA 加速器全周期 Lattice 分布结构，给出了其中一个 Lattice 中的束流光学函数。

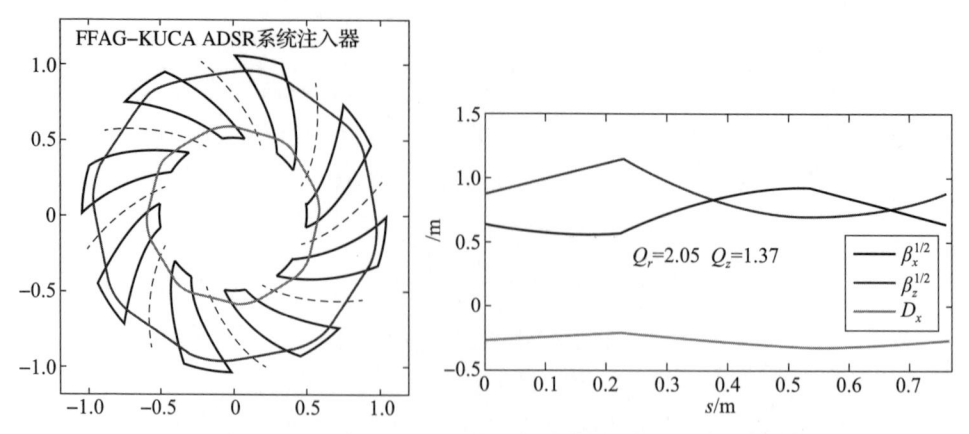

图 10-10　FFAG-KUCA ADSR 系统注入器全周期 Lattice 分布结构和一个 Lattice 中的束流光学函数

（2）DFD 结构。

日本在 DFD 结构磁铁上的创新，使 DFD 结构在 FFA 加速器的设计中得到了广泛的应用。日本在运行的多台 FFA 加速器磁铁就采用了这种结构，比如日本建造的世界上第一台验证型质子 FFA 加速器样机 POP-FFAG。图 10-11 所示为根据 POP-FFAG 设计参数计算得到的结果。

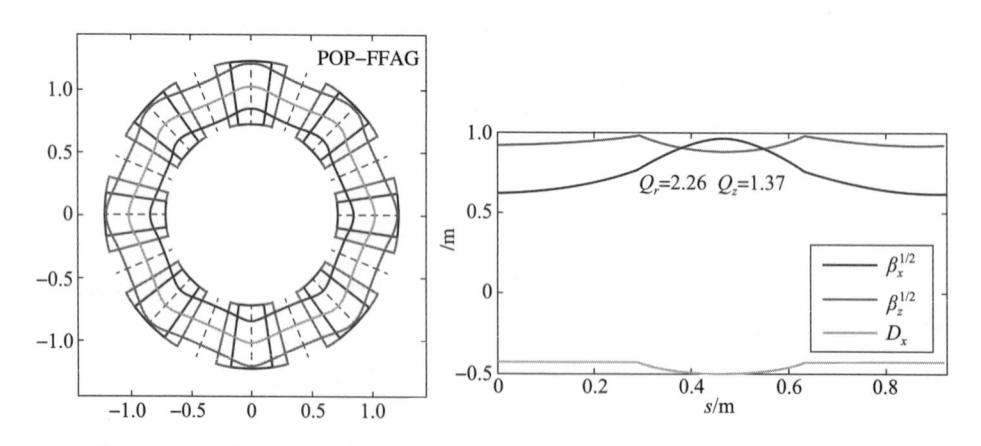

图 10-11　POP-FFAG 全周期 Lattice 分布结构和一个 Lattice 中的束流光学函数

（3）FODO 结构。

FODO 结构具有简单、设计方便等优点，当采用四极透镜进行聚散焦时，该结构在同步回旋加速器中得到广泛应用。在 FFA 加速器中，该结构也被用于世界上第一台非等比 FFA 加速器 EMMA 中。日本的 HIMAC（Heavy Ion Medical Accelerator in Chiba）曾提出一台用于 C 离子治疗的 FFA 加速器的设计方案,该 FFA 加速器采用了 FO1DO2 结构,该设计方案给出了其基本的 Lattice 结构,详细参数见表 10-3。但由于漂移空间有限,这对高频腔等其他部件的安装带来较大的麻烦。通过改进,该 FFA 加速器最终采用了 FO1DO2FO1DO3 的超 FODO 周期结构,其中漂移节 O3 较大,可方便地用于较大的部件安装。改进后的 FFA 加速器的 Lattice 结构和束流光学函数分布如图 10-12 所示。

表 10-3 用于 C 离子治疗的 FFA 加速器的基本设计参数

加速离子种类		C^{6+}
加速能量范围/(MeV·u^{-1})		20~400
加速器半径/m		6.70~8.73
Lattice 结构		FO1DO2
Lattice 周期数		8
场指数 K		5.0
Lattice 中各部分元件大小/(°)	F	19
	O1	4
	D	5
	O2	17
偏转角大小/(°)	F	59
	D	14

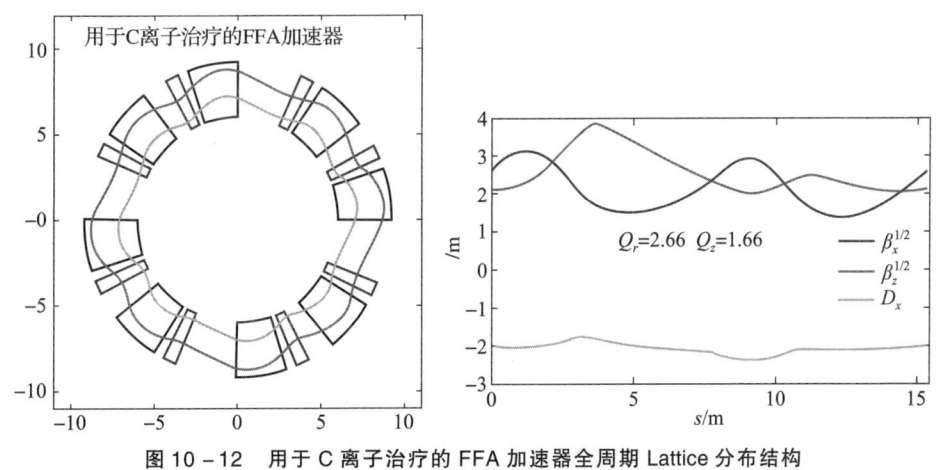

图 10-12 用于 C 离子治疗的 FFA 加速器全周期 Lattice 分布结构和一个 Lattice 中的束流光学函数

10.3.2 束流动力学模拟

1. FFA 加速器束流动力学模拟的特点

在早期，FFA 加速器束流动力学的程序大多数都是由同步回旋加速器模拟程序移植而来，但实际上两者差别大，这给 FFA 加速器束流动力学的数值模拟带来了许多不便，这些差异如下。

1）加速器结构与平衡轨道的关系

在同步回旋加速器中，Lattice 结构的中心就是所有能量粒子的平衡轨道，也就是说，粒子的平衡轨道确定了 Lattice 元件的布置；在 FFA 加速器中，不同能量粒子的平衡轨道是不一样的，需要通过磁场进行迭代求解。

2）磁场非线性程度

组成同步回旋加速器 Lattice 的元件主要有二极铁、四极铁、六极铁及八极铁等，因此可以对磁场进行截断，分析特定的束流动力学效应；但在 FFA 加速器中，有：

$$B = B_0 (r/r_0)^K = B_0 (1+\varepsilon)^K$$
$$= B_0 \left(1 + K\varepsilon + \frac{K(K-1)}{2}\varepsilon^2 + \ldots\right), \varepsilon = \frac{r-r_0}{r_0}$$

磁场非线性严重，不同能量平衡轨道附近的多极场分布差异也很大，这在计算加速器动力学孔径的过程中尤其重要。

针对 FFA 加速器磁场的特点，FFA 加速器束流动力学模拟有 4 项标准：

（1）FFA 加速器磁场具有固有的强非线性，因此数值模拟程序在作多项式截断时要十分小心（或者尽量避免作这样的处理）。

（2）避免采用同步回旋加速器动力学模拟的思路，元件布置与粒子平衡轨道分别考虑。

（3）考虑边缘场效应。

（4）相空间匹配；初始的相空间分布对束流在 FFA 加速器中的运动影响很大，这一点在数值模拟过程中要注意。

2. FFA 加速器数值模拟程序介绍

目前，为了开展对 FFA 加速器束流动力学的研究，涌现出大量的数值模拟程序，表 10-4 所示为部分 FFA 加速器束流动力学模拟程序的基本特点。其中，CYCLOP、COSY IFINITY 和 ZGOUBI 三个程序均可以用来模拟所有类型的 FFA 加速器束流动力学，是当前公开的 FFA 加速器束流动力学模拟的主要程序，特别是 ZGOUBI，更是在 FFA 加速器束流动力学模拟方面取得了较大的成功，被验证为该领域有力的工具，也成为后来这方面程序开发的一个公认的基准。

表 10-4　部分 FFA 加速器数值模拟程序的基本特点

名称	使用范围	磁场格式	计算方法
ICOOL	μ 子加速 FFA 加速器 Scaling FFA 加速器	解析磁场叠加	RK4
J-RK4	专用于 JR&D 项目	数值磁场	RK4
MAD-PTC	μ 子加速 FFA 加速器 EMMA	解析磁场	Kick-drift
S-code	LNS-FFA Scaling FFA	解析磁场或数值磁场	Kick-drift
CYCLOP	所有类型的 FFA 加速器	数值磁场，边缘磁场需要特殊处理	RK4
COSY IFINITY	所有类型的 FFA 加速器	解析磁场和数值磁场，有专门的边缘场处理和磁场叠加功能	差分代数方法
ZGOUBI	所有类型的 FFA 加速器	解析磁场和数值磁场，有专门的边缘场处理和磁场叠加功能	泰勒展开截断

在加速器结构与平衡轨道的关系方面，回旋加速器束流动力学模拟过程和 FFA 加速器是一致的；这意味着回旋加速器束流动力学程序可以方便地移植到 FFA 加速器的数值模拟；但另一方面要考虑到，FFA 加速器磁场非线性比较严重，在用回旋加速器模拟程序（比如 CYCLOP）时，给出的磁场数据要足够密集，尽量避免插值带来的磁场误差。经验表明，在用 CYCLOP 对解析给出的磁场进行模拟时，必须对边缘场进行特殊的处理，否则计算结果可能会有较大的异常。ZGOUBI 用来计算粒子在电磁场中的轨迹，它采用在参考粒子轨迹附近进行泰勒展开截断的方法实现，但该程序使用较复杂，上手较难，需要进行一定的培训。COSY IFINITY 采用差分代数方法，可以计算到任意高阶的束流动力学特性，且使用上相对 ZGOUBI 要简单。值得一提的是，在表 10-4 中给出的程序中，只有 S-code 程序考虑了束流负载和空间电荷效应。下面对 FFA 加速器束流动力学数值模拟的方法进行简要的介绍。

1) 4 阶龙格库塔方法

该方法在 CYCLOP 数值模拟的方法中较常见，一般而言，在保证磁场插值精度的前提下，该方法用来计算粒子在 FFA 加速器中运动的轨道已经足够，在此不作详细描述。

2）Kick – drift 方法

Kick – drift 方法的原理是把 FFA 加速器元件分解成多个 Kick，从而可以把 FFA 加速器看成由多个 Kick 和 drift 组成的环，如图 10 – 13 所示。

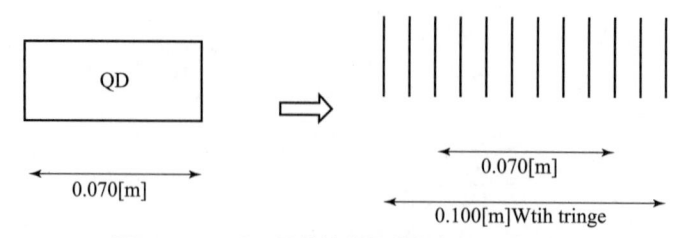

图 10 – 13　QD 元件被分解成多个 Kick 的方法

对于其中每一个 Kick，利用方程 $\boldsymbol{F} = q\boldsymbol{v} \times \boldsymbol{B}$ 得到：

$$\Delta p_y = e(v_z B_x - v_x B_z)(\Delta x / v_x)$$

$$\Delta p_z = e(v_x B_y - v_y B_x)(\Delta x / v_x)$$

$$p_{x,\text{new}} = \sqrt{p_t^2 - p_{y,\text{new}}^2 - p_{z,\text{new}}^2}$$

3）泰勒展开截断方法（ZGOUBI）

引入变量

$$\boldsymbol{u} = \frac{\boldsymbol{v}}{v}$$

ZGOUBI 采用图 10 – 14 所示坐标系，粒子从 M_0 运动到 M_1，可以进行泰勒展开截断：

$$\boldsymbol{R}(M_1) \approx \boldsymbol{R}(M_0) + \boldsymbol{u}'(M_0)\Delta s + \cdots + \boldsymbol{u}''''(M_0)\frac{\Delta s^6}{6!}$$

$$\boldsymbol{u}(M_1) \approx \boldsymbol{u}(M_0) + \boldsymbol{u}'(M_0)\Delta s + \cdots + \boldsymbol{u}''''(M_0)\frac{\Delta s^5}{5!}$$

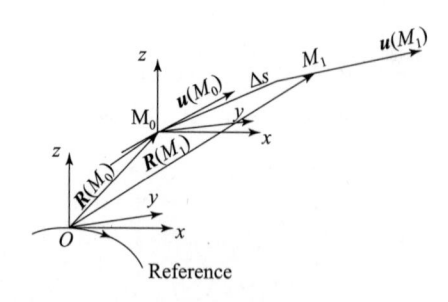

图 10 – 14　ZGOUBI 坐标系和粒子轨迹示意

由运动方程

$$u' = u \times B$$

可得：

$$u'' = u' \times B + u \times B'$$
$$u''' = u'' \times B + 2u' \times B' + u \times B''$$
$$u'''' = u''' \times B + 3u'' \times B' + 3u' \times B'' + u \times B'''$$
$$u''''' = u'''' \times B + 4u''' \times B' + 6u'' \times B'' + 4u' \times B''' + u \times B''''$$

因此 $R(M_1)$、$u(M_1)$ 就转化为多阶磁场梯度的求解。

4）差分代数方法（COSY IFINITY）

COSY IFINITY 程序采用代数方法，可以计算展开到任意高阶的束流动力学特性。

10.4　2 GeV FFA 加速器设计和关键设备预先研究

平均功率高达 5～10 MW 的质子束，在核物理与粒子物理前沿研究、大众健康和先进能源领域，乃至国防工业领域均有十分重要的应用。回旋加速器有等时性、连续束流加速的优点，但能量上限低于 1 GeV；直线回旋加速器有高能、高束流强度的优点，但能量转换效率相对较低、至今尚未实现高能连续波加速；FFA 加速器结合了回旋加速器和同步回旋加速器的优点，提升了能量上限且能量转换效率高，但在实现 GeV 能量以上的连续束流加速仍然存在困难。针对高能连续束流 FFA 加速器研究上展现的技术发展前景和挑战，中国原子能科学研究院在等时性回旋加速器固定磁场、固定频率的理论框架内，引入 FFA 加速器强聚焦、大接受度的技术优势，在传统回旋加速器中引入反向磁铁、大径向范围高梯度调变和螺旋角边缘聚焦等技术手段，在实现高能等时性的同时拥有更多自由度调节工作路径，从而突破传统圆形加速器的 1 GeV 等时性能量上限，有望实现更高能量、更高束流强度的连续质子束。基于此，中国原子能科学研究院提出一种高能强流质子加速器主工艺方案，设计了 100 MeV 回旋加速器、800 MeV 回旋加速器和 2 GeV FFA 加速器的圆形加速器组合，实现加速器组合全流程的连续束流、等时性的高功率加速和高平均质子束功率输出。图 10-15 所示为高功率组合加速器的基本布局，表 10-5 所示为 3 台加速器的基本参数。下面对这台 2 GeV FFA 加速器的设计进行介绍。

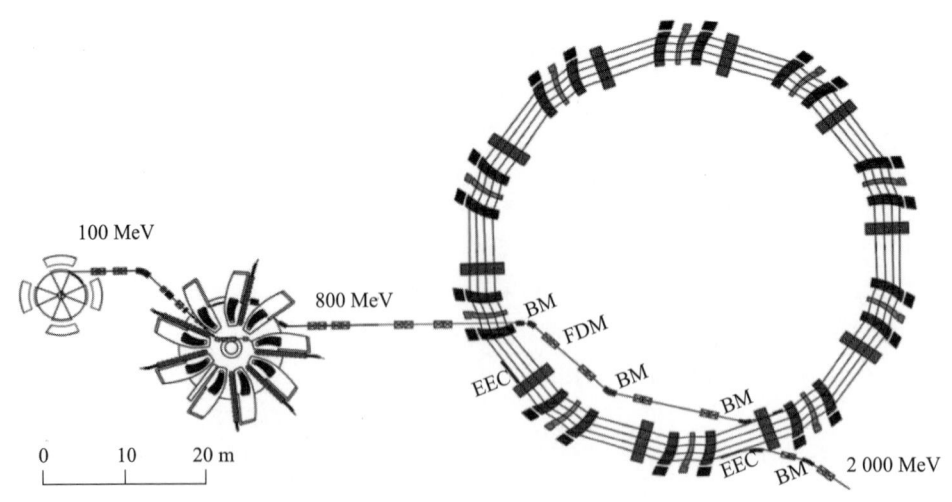

图 10-15　2 GeV/6 MW 高功率组合加速器的基本布局

表 10-5　100 MeV 回旋回速器、800 MeV 回旋回速器和 2 GeV FFA 加速器的基本参数

加速器	100 MeV 注入器	800 MeV 增能器	2 GeV FFA 加速器
类型	分离扇回旋	螺旋扇回旋	CW FFA
整体直径/m	6.1	16	42
Lattice 结构	FO	FO	OFoDoFO
磁铁类型	常温	常温	高温超导
平均磁感应强度/T	0.36～0.41	0.54～0.90	F：1.9～2.8 D：1.8～2.3
周期数	4	9	10
高频腔个数	2	5	15
腔体类型	双间隙	单间隙 Omega 腔	单间隙船形腔
高频频率/MHz	51	51	51
谐波数	6	8	22
峰值电压/kV	500	800～1 000	1 500

10.4.1　设计思路

参考 PSI 分离扇回旋加速器的技术特征和连续束流运行经验数据，设计连续束流运行模式的平均流强达到 3 mA，即束流功率达到 6 MW 的连续束流

FFA 加速器，设计束流功率高于欧洲目前在建世界平均功率最高的 ESS 的设计指标 5 MW。圆型等时性回旋加速器的能量效率高，建造费用和运行功耗低，大约是其他类型回旋加速器的 50%；此外，圆型等时性回旋加速器结构紧凑，易于辐射防护与屏蔽，是高功率回旋加速器研究领域中具有竞争力的解决方案。以美国费米实验室的 Yakovlev 博士为代表的国际合作组，报告了国际上质子束功率最高的 3 台回旋加速器的总运行功耗、束流功率和能量效率，圆型等时性回旋加速器的能量效率大约是其他类型回旋加速器的 3 倍。

高功率质子圆型等时性回旋加速器的主要技术难点为：回旋加速器在于能量低于 1 GeV；同步回旋加速器及 FFA 加速器在于重复频率难以提高。2 GeV 连续束流 FFA 加速器与高质子束流功率圆型回旋加速器组合，可实现 2 GeV 等时性，使 FFA 加速器可固定高频频率，达到连续束流运行模式，不仅提高了平均功率，也提高了 FFA 加速器的稳定性，这是目前 FFA 加速器面临的主要技术困难之一。2 GeV 连续束流 FFA 加速器的关键技术主要体现在以下几个方面。

（1）高能等时性加速原理。

等时性加速的基本条件包括：磁场满足加速过程的等时性条件、稳定区（接收度）满足强流束加速的要求、工作点（共振穿越）路径的规划符合束流动力学要求。

①回旋加速器物理分析。在传统等时性回旋加速器中，结合 FFA 加速器的反向磁铁带来的横向强聚焦和大接受度，考虑到 100 MeV 直边扇回旋加速器变梯度提高轴向聚焦力的工程实践，引入大径向范围高阶梯度和螺旋角边缘聚焦非对称调节，在实现更高能等时性的同时，拥有更多自由度调节工作点路径，以有效应对强流空间电荷效应带来的工作点漂移，避免低阶共振穿越，实现束流稳定加速。

②智能化数值求解。相对于以往的各类圆型回旋加速器，2 GeV 连续束流 FFA 加速器中引入了更多调节变量，各调节变量对设计目标的影响高度耦合，设计还必须考虑磁铁、高频等工程实施的可行性。因此，我们开发了一套连续束流 FFA 加速器大型多目标磁聚焦结构智能化优化设计软件，以磁极结构、空间布局参数和磁场分布作为初始输入变量，把磁感应强度范围、直线节长度等设计要求以及各能量闭轨作为约束条件，目标求解采用遗传算法，程序采用并行化计算，寻求高能等时性的解决方案并精确预期能量、滑相、工作点等性能指标。

（2）大径向范围高阶变梯度磁工艺技术。

FFA 加速器实现高能连续束流加速的挑战之一，在于轨道径向范围变化大，对磁场分布的要求高。通过采用上、下磁极气隙随 FFA 加速器磁极半径的大范围变化而精确调变，即通过磁极气隙 h 与磁极半径 r 满足高次多项式函数的磁铁结构，实现等时性加速的磁场，并调控径向场梯度以辅助调节工作点路径。在此基础上将 FDF 磁铁组成周期性扭摆磁铁，引入角向周期性梯度，产生轨道扭摆，并采用径向变梯度螺旋形磁极，进一步增强聚焦力，调节工作点路径，有效提高束流在轴向与径向的聚焦强度，成功使束流稳定加速到 2 GeV。设计方案的注入能量为 800 MeV，引出能量为 2 GeV，轨道径向跨越范围约 2.2 m，径向场梯度为 3 阶，单台 F 磁铁质量约为 250 t。对比中国原子能科学研究院建成出束的 100 MeV 强流回旋加速器，其整体型磁铁质量为 435 t，轨道径向跨度为 2.0 m，成功采用了 2 阶的径向场梯度垫补，有效提高了直边扇 AVF 回旋加速器的能量限制。可见，2 GeV 等时性加速具有工程可行性。

（3）高圈能量增益和高引出效率的长直线节布局。

PSI 公司的 590 MeV 等时性回旋加速器保持了 20 多年的国际最高质子束流功率的记录，其高功率实践总结了 3 次方比例规律，即空间电荷效应制约流强与圈能量增益的 3 次方成正比，此外，该回旋加速器在 MW 量级束流功率水平的引出效率高于 99.98%，即束流损失控制在 $(1 \sim 2) \times 10^{-4}$ 之内。提高圈能量增益对提高圆型回旋加速器束流功率和引出效率有直接而明显的作用。2 GeV 的连续束流 FFA 加速器设计引入了长直线节，在 10 个周期的布局中，安排 15 个高频腔体（单腔峰值加速电压可达到 1.5 MV），并提出可调耦合结构及相关算法，解决了传统高频系统无法动态补偿到达 6 MW 变化负载带来的问题，根据相关文献中的比例规律推算，空间电荷效应制约流强大于 6 mA，本方案按 3 mA 保守设计。10 个周期中的一个直线节，因轨道径向跨度大于 2 m，与 PSI 公司的等时性回旋加速器相比，有十分充足的空间布置束流注入和引出系统，且由于直线节的轨道形态特征，更便于束流引出，可以预期后续大规模并行计算的数值模拟将得到更优的引出效率。

结合以上设计思路，对 2 GeV 连续束流 FFA 加速器的总体参数进行规划。连续束流圆型回旋加速器设计的 4 项关键物理特性如下。

1. 等时性误差 $\Omega(E) = (\omega_{rf} - \omega_p)/\omega_{rf}$

它反应的是粒子回旋频率 ω_p 和高频频率 ω_{rf} 的相对误差，误差较小时可采用固定高频频率，粒子在每次通过高频腔时均能落在正电压相位内，从而实现连续束流加速。等时性要求加速器平均磁感应强度随粒子能量变化：

$$\bar{B} = B_0 \gamma$$

式中，B_0 为加速器中心磁场，为一常数；γ 为能量相对论因子。

2. 工作路径 [即横向 tune 值（ν_r, ν_z）随能量的变化曲线]

$$\nu_r^2 = \gamma^2 + 径向交变梯度项$$

$$\nu_z^2 = 1 - \gamma^2 + F^2(1 + 2\tan^2\xi) + 轴向交变梯度项$$

式中，ν_r、ν_z 分别为径向和轴向 tune 值；F^2 为磁场调变度，反应的是磁场沿周向的振荡程度；ξ 为磁场的螺旋角。

工作路径稳定有助于粒子在加速过程中不穿越有害共振，需要通过一系列参数调节实现。

3. 引出圈间距

$$\Delta r = R_{ext} \frac{\gamma}{1 + \gamma} \cdot \frac{\Delta E}{E\nu_r^2}$$

式中，R_{ext}、E 分别为粒子的引出半径和能量，Δr、ΔE 分别为圈间距和圈能量增益。

大的引出圈间距有利于降低引出束流损失，需要通过增大加速器尺寸和圈能量增益实现。

4. 径向孔径

$$\Delta R = R_{ext}\left(1 - \frac{p_{inj}}{p_{ext}}\right)$$

式中，p_{inj}、p_{ext} 分别为注入和引出粒子的动量。

径向孔径由加速器整体尺寸以及注入和引出粒子动量的比值决定，这也与平均磁场的选择和引出圈间距有关，径向孔径越大，磁铁和高频腔系统工程上的难度也会增加。

2 GeV FFA 加速器整体布局需要考虑加速器性能参数和工程难度之间的平衡。经过充分计算，给出如下总体设计方案：

（1）为了达到高的能量效率，磁铁采用螺旋扇形高温超导磁铁，磁场为高阶多项式分布，最大磁感应强度在 3.0 T 以内，为高温超导磁铁较易达到的磁场范围。

（2）引入长漂移节的结构，其中一个漂移节用于布置注入、引出元件，剩余每个漂移节均可布置两个高频腔，空间布置使粒子通过每个高频腔时均为峰值电压加速，从而产生最大的引出圈间距，解决当前连续束流圆形加速器的引出困难；

（3）根据圈能量增益的要求，布置18个电压为1.5 MV的高频腔，因而单元周期数选为10；根据强聚焦的要求，聚焦单元选用FDF（正向聚焦磁铁+负向散焦磁铁+正向散焦磁铁）的组合结构。

（4）为了与前端加速器进行纵向匹配，高频频率选为与CYCIAE-100回旋加速器一样的35 MHz，谐波数选为16，空间上满足长漂移节的布置，不同漂移节相同位置的高频腔初始相位也保持一致。

10.4.2　磁聚焦结构设计

2 GeV FFA加速器为了实现高能等时性和强聚焦力，引入了负向磁铁和交变梯度聚焦，磁铁组合单元采用更复杂的FDF结构，磁场形态更是推广到一般意义的高阶多项式：

$$B(r) = \sum_{i=0}^{n} a_i r^i$$

式中，a_i为常数，n为最高阶数。

在固定磁场情况下，不同能量的粒子对应不同的平衡轨道，等时性和工作路径的稳定需要通过磁铁张角、螺旋角和磁场分布随径向的变化调节实现。各项参数对物理特性影响的耦合度极高，计算规模较大，因此，人们开发了一套FFA加速器大型多目标磁聚焦结构优化设计软件。以磁极的结构、空间布局参数和磁场分布参数作为输入变量，把磁感应强度、漂移节长度等设计要求以及各能量轨道闭合作为约束条件，寻找满足等时性和工作路径稳定要求的设计结果。建立多目标优化模型的过程如下：

（1）模型物理假设。束流经过磁铁时半径变化较小，为了解析计算的简便，其运动轨迹按照圆弧处理。

（2）采用传输矩阵的方法求解FFA加速器单个周期单元的束流光学函数。所涉及的元件为直线漂移节、正向偏转磁铁与反向偏转磁铁。在束流在经过正向、反向偏转磁铁时会感受到磁场的偏转力（二极磁场分量）与聚焦或散焦力（四极磁场分量）。各个元件传输矩阵依次相乘，得到单个周期单元的束流传输矩阵。根据单个单元的传输矩阵M，可以求得各个能量下的工作点，如下式所示：

$$\cos\mu = \frac{M_{11} + M_{22}}{2}$$

（3）待优化的可调节参数。解析条件下，磁场随半径的变化采用高阶多项式表示。各个能量下反向偏转角度占总偏转角度的比例以及螺旋角和不同能量时对应的各段漂移节长度，总共有45项优化变量。

（4）必须满足的约束条件。任一能量的平衡轨道在一个周期内必须闭合；漂移节长度为 6~12 m，满足引出要求；高温超导磁铁的磁感应强度必须在 3.0 T 以内。由此建立 21 项约束条件。

（5）优化目标。以各个能量平衡轨道闭合情况、等时性大小、径向 tune 值、横向 tune 值随能量波动合理为优化目标。

通过程序迭代优化计算，最终得到 FFA 加速器的磁聚焦结构，积分滑相曲线和工作路径如图 10-16 所示，滑相保持在 ±15°，实现等时性加速，工作点振荡合理规划，基本稳定在径向 2.10~3.33、轴向 2.53~2.80 附近。在此设计中，采用磁铁变螺旋角的方案，变化的螺旋角可以起到调整工作路径的作用，有利于工作路径的合理规划。

(a)

(b)

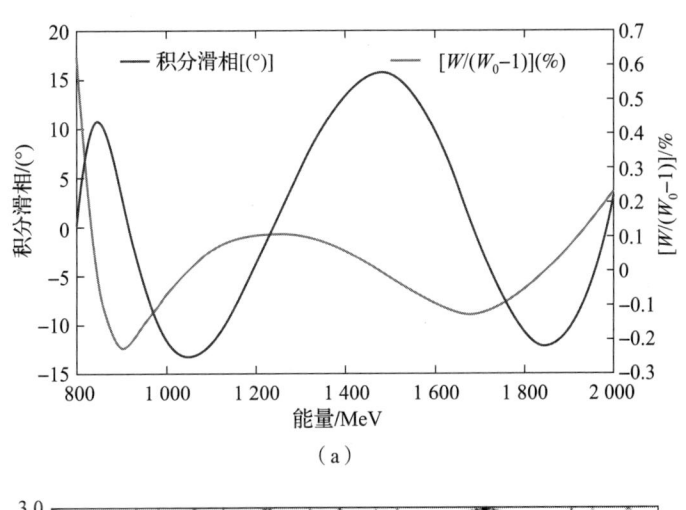

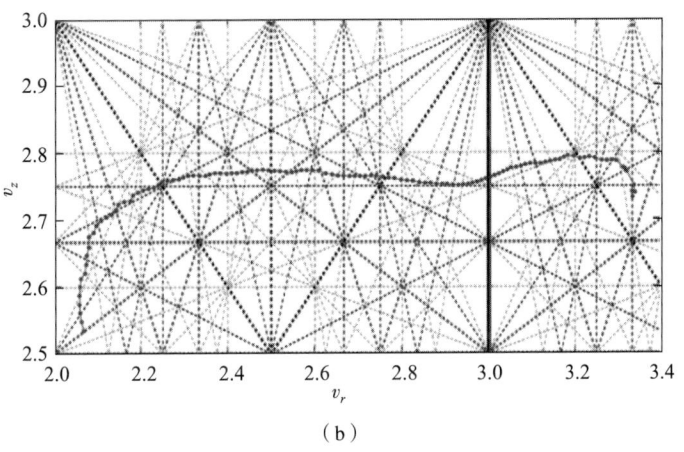

图 10-16　2 GeV FFA 加速器多目标优化设计结果

（a）积分滑相、微分滑相曲线；（b）工作路径

10.4.3 束流动力学模拟

连续束流 FFA 加速器磁场具有梯度大、强非线性等特点，物理设计对粒子轨迹跟踪精度有较高要求，特别是边缘场附近，束流动力学行为对磁感应强度下降的速度敏感，相较于以往的回旋加速器需要更高的磁场插值精度和更合理的跟踪算法。基于已有的回旋加速器束流动力学跟踪程序 CYCLOP 和 CYCLONE，一方面，在数值上生成网格密度更细的磁场数据，并采用更高阶的磁场插值算法，提高数值插值算法精度；另一方面，引入自适应步长龙格库塔算法，在磁场梯度较大的边缘场区域自动选择较细的跟踪步长，在不过分牺牲效率的情况下提高模拟精度。图 10-17 所示为 2 GeV FFA 加速器在引出能量 2 000 MeV 下的径向和轴向相空间稳定区，相椭圆半径为 1 m 左右，体现了 FFA 加速器在束流横向接受度上的巨大优势。

如图 10-17 所示，在 2 GeV FFA 加速器的初步设计方案中，滑相较小，但工作路径穿越了 $v_r = 3$ 整数共振。$v_r = 3$ 共振由三次谐波场驱动，数值模拟结果表明，1 Gs 的三次谐波使束流包络从 6 mm 增长到 20 mm，该共振的穿越对三次谐波误差场的要求非常严格。在初步设计方案的基础上进行了工作路径的合理规划，使工作路径避免穿越 $v_r = 3$ 共振。同时，作如下整体参数调整：高频频率由 44.4 MHz 降低为 35 MHz，谐波数由 26 减小为 16，单个腔体峰值电压由 1.0 MV 增加为 1.5 MV。通过调整磁场的局部径向梯度，牺牲一定的等时性，将径向 v_r 控制在 3 以内，以避免整数共振的穿越。

工作路径的合理规划是通过高阶非线性磁场的消色品作用来实现的。以六极磁场与八极磁场为例，其原理如下。

以动量为 p 的粒子的闭合轨道为中心，设粒子径向偏离闭合轨道的距离为 dr，轴向距离中心平面的距离为 z。

在等时性回旋加速器中，动量 p 与平均半径 r 的关系由等时性磁场决定：

$$r = \frac{cpT}{2\sqrt{c^2 m_0^2 + p^2}\pi}$$

式中，c 为光速，T 为单圈循环时间，m_0 为粒子静止质量。

根据上式色散为：

$$D = \frac{dr}{dp} = \frac{c^3 m_0^2 T}{2(c^2 m_0^2 + p^2)^{3/2}\pi}$$

六极磁场分量可表达为：

$$B_x^{\text{sext}} = 2c_2 xz, \quad B_z^{\text{sext}} = c_2(x^2 - z^2)$$

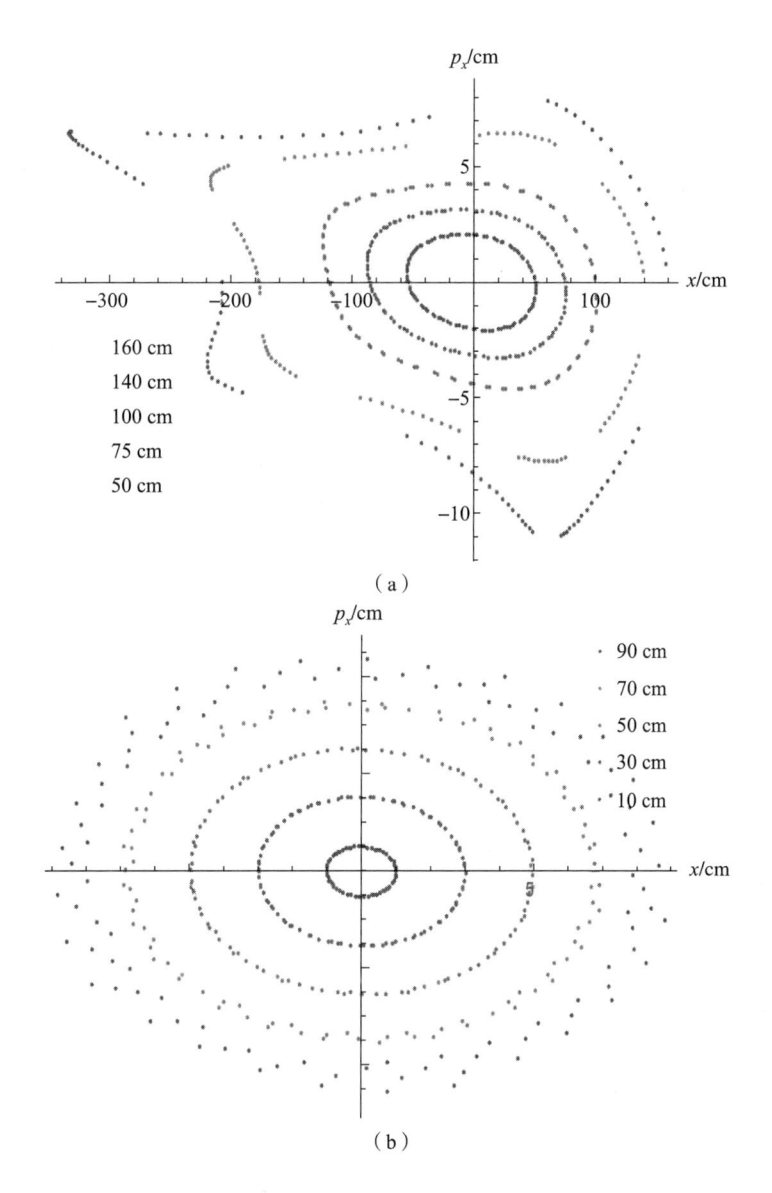

图 10-17 2 000 MeV 能量下的径向和轴向相空间稳定区
(a) 径向；(b) 轴向

以六极磁场为例，在粒子无轴向振荡（$z=0$）、动量增量为 $\mathrm{d}p$ 的情况下，六极磁场 B_z^{sext} 分量可表达为：

$$B_z^{\text{sext}} = c_2 x^2 = c_2(x_0 + \mathrm{d}r)^2 = c_2(\mathrm{d}r^2 + 2\mathrm{d}rx_0 + x_0^2)$$

式中，x_0 为平均半径 r 与高阶磁场分量中心的距离，$\mathrm{d}r = D\mathrm{d}p$。

上式中，dr^2 项为六极磁场分量，$2drx_0$ 项为四极磁场分量，x_0^2 项为二极磁场分量。从上式可以看出，束流偏心穿越六极磁场分量会带来附加的四极磁场与二极磁场分量。

八极磁场分量可表达为：

$$B_x^{oct} = c_3(3x^2z - z^3), \quad B_z^{oct} = c_3(x^3 - 3xz^2)$$

在粒子无轴向振荡（$z=0$）、动量增量为 dp 的情况下，八极磁场 B_z^{oct} 分量可表达为：

$$B_z^{oct} = c_2 x^3 = c_3(x_0 + dr)^3 = c_3(dr^3 + 3dr^2 x_0 + 3drx_0^2 + x_0^3)$$

上式中，dr^3 为八极磁场分量，$3dr^2 x_0$ 项为六极场分量，$3drx_0^2$ 项为四极磁场分量，x_0^3 项为二极磁场分量。束流偏心穿越八极磁场分量会带来附加的六极磁场、四极磁场与二极磁场分量。

从以上分析可以看出，在局部添加高阶非线性磁场分量可以产生附加四极磁场，从而实现局部色品的矫正。但是同时产生的附加二极磁场会在一定程度上破坏等时性条件，需要反复迭代。六极磁场与八极磁场所产生的附加二极磁场分量强度分别与 x_0^2 与 x_0^3 成正比。局部添加高阶磁场分量有以下若干种选择。

（1）添加一种高阶磁场分量；
（2）按照一定的比例添加两种甚至多种高阶磁场分量；
（3）调节高阶磁场分量所在位置。

以上选择均需要通过数值计算的手段进行权衡考虑。需要注意的是，在添加高阶磁场分量时应以工程可实现作为标准。如图 10 - 18 所示，通过调整磁场的局部径向梯度实现了工作路径避免穿越 $v_r = 3$ 整数共振。方案 1 参数见表 10 - 6。

如图 10 - 19 所示，回旋加速器结构优化后，即便回旋加速器中产生 15 Gs 幅值的三次谐波误差场，径向束流包络依然没有明显变化，而这样的磁场误差量级在工程上是容易实现的。

束流引出是连续波高功率圆形回旋加速器面临的另一挑战，关键在于如何在最后一圈达到较大的圈间距和利于引出的轨道形态，从而有效减小引出束流损失。2GeV FFA 加速器采用如下两种方式来增加引出圈间距：①长漂移节布局可以增加高频腔，最大限度地增加束流的引出圈能量增益；②非对中注入可在引出位置产生进动作用，增大最后一圈的圈间距。上述方案虽然避免了穿越 $v_r = 3$ 整数共振的问题，但是在束流引出方面还存在一定挑战。原因是磁场的局部径向梯度的调整导致束流在最后 30 圈处于高频加速场的纵向散焦相位上，进一步导致束流相位宽度增加，从而给束流引出带来较大的困难。如图 10 - 20 所示，初始相位宽度为 5° 的束流经过加速后，相位宽度被拉伸到 10° 左右。

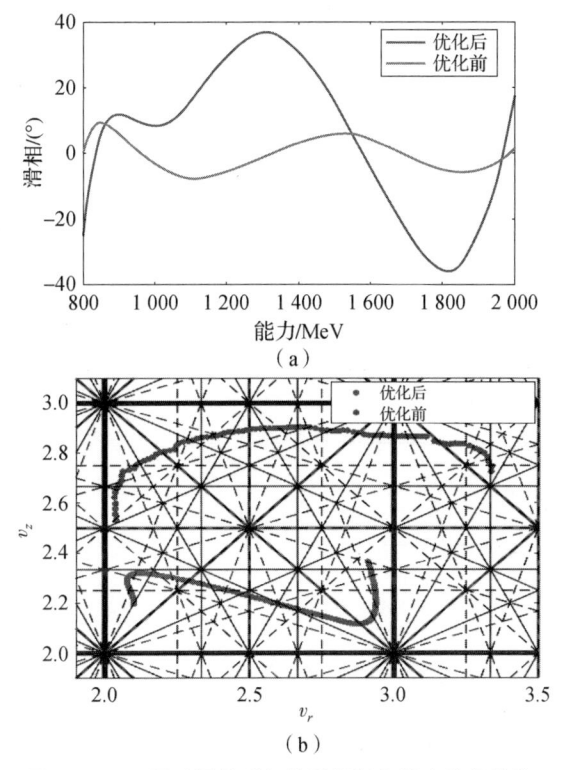

图 10-18 通过调整磁场的局部径向梯度进行优化

（a）优化前、后的滑相曲线；（b）优化前、后的回旋加速器工作路径

表 10-6 方案 1 参数

参数	数值
能量/MeV	800～2 000
F 磁铁最小半径/m	18.38
F 磁铁最大半径/m	20.75
F 磁铁径向长度/m	2.36
D 磁铁最小半径/m	18.25
D 磁铁最大半径/m	20.56
D 磁铁径向长度/m	2.30
聚焦磁铁磁场范围/T	1.56～2.62
散焦磁铁磁场范围/T	-1.53～-2.35

续表

参数	数值
高频频率/MHz	51
高频腔个数	15
轨道径向宽度/m	2.27
单圈峰值腔压/MV	15
谐波数	22
长直线节长度/m	6.4
短直线节长度/m	1.1
加速圈数	约91
引出圈间距/cm	1.2

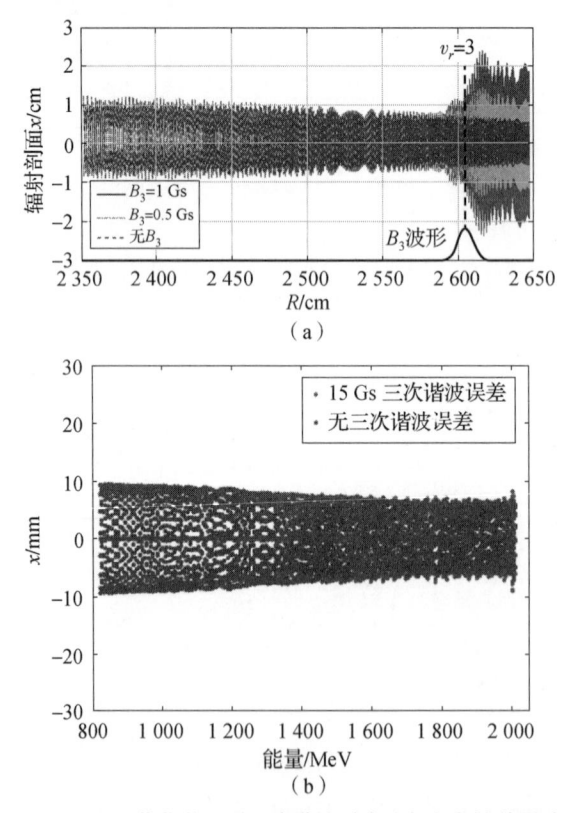

图 10-19　优化前、后三次谐波对束流径向包络的影响

（a）优化前的三次谐波对束流径向包络的影响；（b）优化后的三次谐波对束流径向包络的影响

束流相位宽度的增加会使进动引出的效果变差。如图 10-21（a）所示，进动引出对于不同相位粒子的进动引出效果具有一定的差异。同时，图 10-21（b）显示了束流相位宽度的增大会导致引出束流包络的增长。

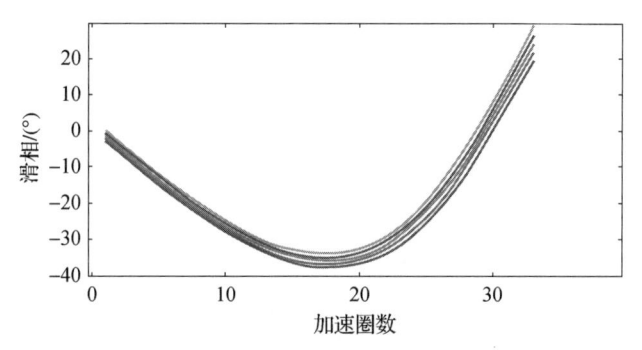

图 10-20　不同相位宽度的束流在最后 30 圈的滑相曲线

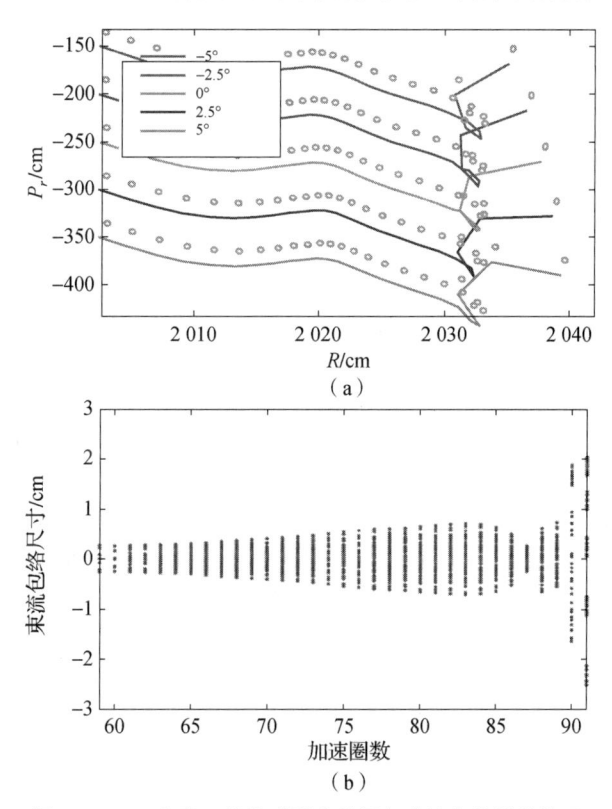

图 10-21　方案 1 的进动引出效果与束流包络增长情况
（a）方案 1 的进动引出效果；（b）方案 1 的束流包络增长情况

为了实现束流的更高效率引出，我们也从抑制整数共振的角度进行了研究。整数共振是一种线性共振，主要会引起束流整体大幅度偏离加速平衡轨道。研究结果表明，通过主动添加三次谐波，激发不同相位的径向振荡，彼此互相抵消，从而实现轨道振荡的抑制，穿越 $v_r = 3$ 整数共振线将成为可能。

下面分析 n 次谐波磁场 B_n 影响静态平衡轨道的物理机制。在静态情况下，粒子在 n 次谐波磁场 B_n 影响下的运动方程可解析表达为：

$$x_e = \gamma + \frac{A}{n^2 - v_r^2} \cdot \cos(n\theta + \varphi)$$

$$px_e = \frac{A \cdot n}{n^2 - v_r^2} \cdot \sin(n\theta + \varphi)$$

式中，θ 为回旋加速器方向角，γ 是静态平均轨道的位置，A 与 φ 是 n 次谐波磁场 B_n 的幅度与相位。

$A/(n^2 - v_r^2)$ 与 φ 共同决定径向振荡的幅度与相位。虽然上式描述的是静态平衡轨道，但加速过程可认为是准静态的，仍可以用上式表示加速平衡轨道的振荡特性。对于相同的谐波磁场相位，n 次谐波磁场在 $v_r < n$ 和 $v_r > n$ 的区域内会激发互相抵消的径向振荡，如图 10-22 所示。此外，在 $v_r < n$ 或 $v_r > n$ 区域内，n 次谐波磁场相位相差 180° 时也会激发互相抵消的径向振荡，如图 10-23 所示。

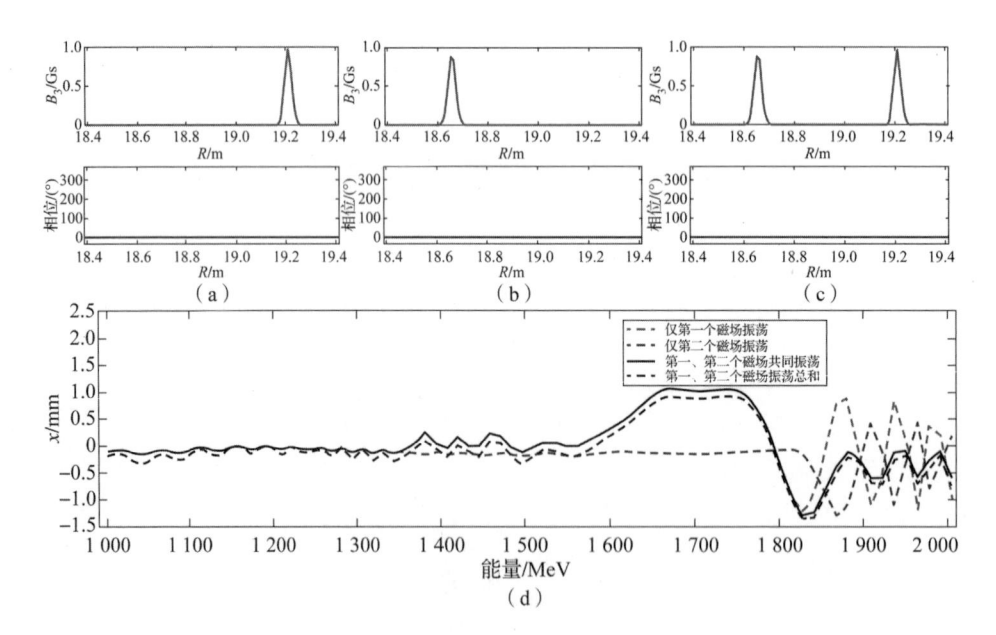

图 10-22 互相抵消的径向振荡（1）（书后附彩插）

(a) 第一个 0° 相位的 B_3 振荡；(b) 第二个 0° 相位的 B_3 振荡；
(c) 第一、第二个磁场振荡的和；(d) 不同的 B_3 振荡引起的径向振荡

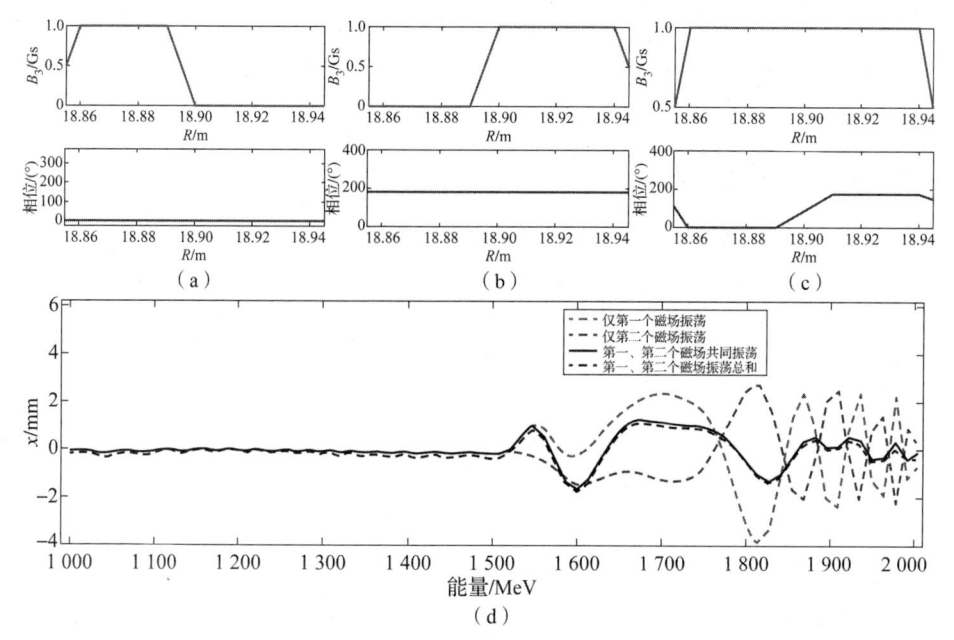

图 10-23　互相抵消的径向振荡（2）（书后附彩插）

(a) 第一个 0°相位的 B_3 振荡；(b) 第二个 180°相位的 B_3 振荡；
(c) 第一、第二个磁场振荡的和；(d) 不同的 B_3 振荡引起的径向振荡

　　图 10-22 与图 10-23 涉及 2 GeV FFA 加速器中不同三次谐波磁场所激发的径向振荡，展示了整数共振线抑制的实现原理。在 2 GeV FFA 加速器磁铁的不同径向位置处加入两个三次谐波（1st 与 2nd）。1st 三次谐波所激发的径向振荡为图 10-22 与图 10-23 中的红色虚线，2nd 三次谐波所激发的径向振荡为图 10-22 与图 10-23 中的蓝色虚线。通过调整 1st 与 2nd 三次谐波磁场的位置或相位，可以使红色、蓝色虚线的相位相反，从而实现轨道振荡的抑制效果。黑色虚线为红色与蓝色虚线的和，黑色实线为 1st 与 2nd 三次谐波磁场同时存在时所激发的径向振荡。通过对比可以发现，黑色实线与黑色虚线吻合较好，数值验证了"激发不同相位的径向振荡，彼此互相抵消，实现轨道振荡的抑制"的思路。由于在高能区磁场有较强的非线性，故黑色实线与黑色虚线之间还存在较小的差异。

　　图 10-24（a）所示为用一个幅值为 10 Gs，相位随机的三次谐波磁场来模拟磁铁制造加工缺陷等原因引起的误差，图 10-24（b）所示为用于轨道振荡抑制的、主动添加的三次谐波磁场。图 10-24（a）与 10-24（b）叠加后，径向振荡曲线被抑制，如图 10-25 所示，经过整数共振线 $v_r=3$ 时，最初束流被激发了振幅接近 40 mm 的径向振荡，由于主动添加的三次谐波磁场的

作用，径向振荡逐渐被抵消，振幅最终被抑制到 10 mm 以下。如图 10 - 25 (b) 所示，经过主动添加的三次谐波磁场的作用，束流包络增长仅为 10% 左右，处于物理设计可接受的范围内。

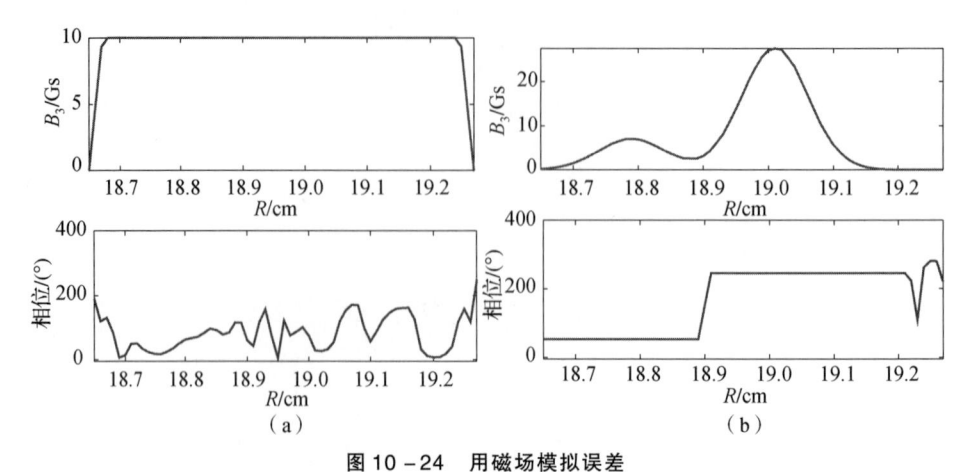

图 10 - 24　用磁场模拟误差
(a) 磁铁中含有的三次谐波磁场；(b) 主动添加的三次谐波磁场

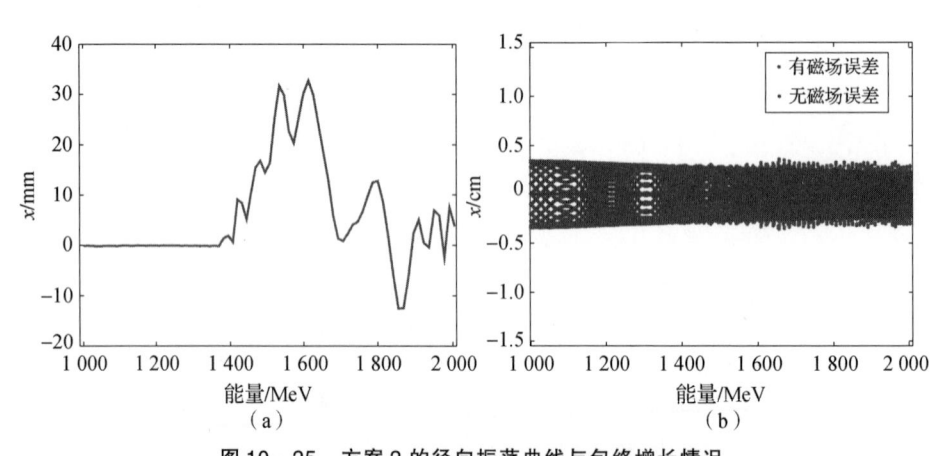

图 10 - 25　方案 2 的径向振荡曲线与包络增长情况
(a) 方案 2 的径向振荡曲线；(b) 方案 2 的束流包络增长情况

共振穿越下不需要大幅度调整磁场的局部径向梯度，束流引出效果较好。如图 10 - 26 (a) 所示，注入束团的发射度选择为 2.2 mm · mrad，相位宽度为 ±3°，束流包络尺寸为 2.5 cm 左右，宏粒子数目为 1 000。图 10 - 26 (b) 展示了加速过程的最后 10 圈的束团位置，最后一圈与倒数第二圈的圈间距接近 3 cm，用于放置引出静电偏转板，满足引出系统的需求。图 10 - 27 所示为径向靶上的粒子密度分布，可以看出将静电偏转板放置于半径为 1 899.5 cm 的位置处有利于束流的高效率引出。

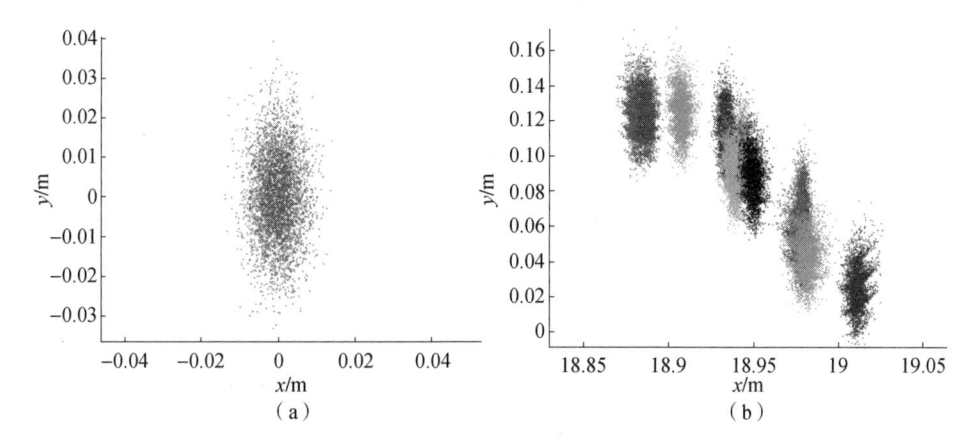

图 10-26　注入束团及其在最后 10 圈的位置

（a）注入束团；（b）最后 10 圈的束团位置

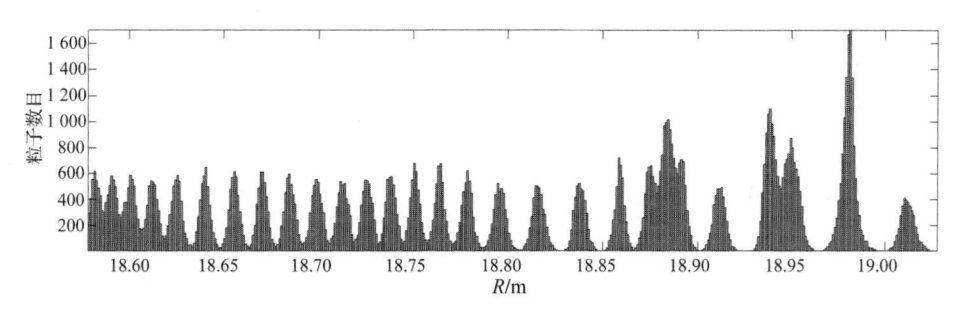

图 10-27　径向靶上的粒子密度分布

10.4.4　高温超导磁铁设计

从提高能量效率、降低建造及运行成本，以及强流高功率束流运行耐强放射性辐照的角度出发，高温超导方案是连续束流 FFA 加速器主磁铁励磁线圈的首选。连续束流 FFA 加速器主磁铁的磁气隙结构、磁极角宽度、螺旋形磁极轮廓结构等参数，对于 FFA 加速器物理特性的影响程度是不同的。因此，首先，需要通过磁铁建模，调节磁铁结构参数，获得满足物理设计要求的径向梯度和边缘场分布；其次，需要结合束流动力学软件研究大半径范围内变气隙磁气隙结构、磁铁角宽度、螺旋形磁极轮廓结构等不同自由度对等时性、工作路径的影响，给出对工作路径影响较小的自由度组合，通过调节该组合进行精细的等时性垫补调节算法研究；最后，需要进行磁铁加工公差、纯铁材料磁性能偏差等非理想因素对束流动力学影响的研究，给出一个可供工程实施的稳定的设计方案。

1. 高温超导材料选择

1986 年，Bednorz 和 Muller 发现铜氧化物可以将超导现象的临界温度提高至 40 K 左右，自此以后，超导材料的临界温度不断提高至 200 K，高温超导的理论研究更是吸引了众多科学家的目光。由于高温超导材料相比低温超导材料在临界电流密度、磁场和温度方面都有显著的性能提升，加之其运行成本更加经济，因此在诸多领域都有着十分广阔的应用前景。经过 30 余年的发展，铜氧化物、铁基超导材料在大型回旋加速器磁铁设计中扮演着越来越重要的角色。目前工业上可实现大规模量产的高温超导材料主要分为第一代和第二代。第一代高温超导材料主要指的是 Bi 系材料。Bi 系材料在低温、低场下的临界电流表现优秀，但是在 77 K 下的不可逆场的磁感应强度只有 0.2 T，而且临界电流受到不同方向的磁场影响，导致在复杂的强场下临界特性不便控制。而且 Bi 系材料普遍使用银作为原料，成本较高。第二代高温超导材料主要指的是 Y 系材料，通过在金属基带外延生长超导层的方式制备，成本相对于第一代高温超导材料大幅降低，上临界磁场和抗辐照性能也大幅提高，更加适合制作大型回旋加速器磁铁，因此选择第二代高温超导带材进行高温超导磁铁设计。

高温超导磁铁设计中需要重点关注如下问题。

（1）高温超导材料采用化学或者物理沉积法生产，如果使用常规的环氧树脂浸渍很可能造成材料性能下降。无绝缘或者金属绝缘的方式不仅能起到匝间绝缘的效果，而且能将运行电流提高到临界电流的 2.5 倍，成为高温超导线圈绕制的主要方式。但由此带来的分流导致磁感应强度下降，也应当纳入设计时的考量因素。

（2）高温超导磁体失超相比低温超导磁体失超主要有以下特点：①失超需要的最小失超能更大，正常运行条件下难以失超；②失超传播速度慢，普通方法对失超信号的检测不能及时地保护整体线圈，往往会诱发局部失超；③失超因素复杂，温度、电流、电磁场、应力等因素均可能诱发失超。目前已有的失超探测方法包括电压阈值法、小功率测量法、瑞利背散射法、声波检测法和热电偶检测法等，需要在工程中评估有效性。

与常规磁铁设计相比，在高温超导磁铁设计过程中应当着重考虑临界参数的选取、无绝缘或者金属绝缘绕制方式导致的磁场滞后性以及可靠的失超保护方法。

2. 磁场计算

智能化设计软件将给出满足物理设计要求的磁聚焦结构和磁场分布，而磁场计算的主要目标是匹配计算磁场与物理设计磁场。为了满足物理上要求的大范围变径向梯度，磁铁采用变气隙结构设计：

$$g_{k(k=d,f)} = a_{k,0} + \sum_{i=1}^{n} a_{k,i} r^i$$

式中，g 为磁气隙，r 为半径，a 为多项式系数。

在最初的物理设计中，磁场随半径的变化为 5 阶多项式，工程中实现难度较大；后期经过优化，多项式变更为 3 阶，依然能够保证等时性和聚焦性能。考虑到 CYCIAE-100 回旋加速器中 2 阶变气隙大型磁铁工程建造的成功经验，3 阶变气隙大型磁铁有很高的工程可行性。

首先对有限元计算磁场与理论要求磁场进行比较，图 10-28 和图 10-29（a）分别给出了两者径向磁场和角向磁场分布的比较，从中可看出，径向磁场分布基本一致，而由于实际磁铁中软边界的存在，角向磁场分布存在一定的差别。因此，对理论计算中的边缘场模型进行修正，使理论计算结果与实际工程更加接近。图 10-29（b）给出了回旋加速器中心平面整体的磁场分布，长漂移节内磁场并不完全为零，因此在回旋加速器物理设计中必须要注意到这一点。

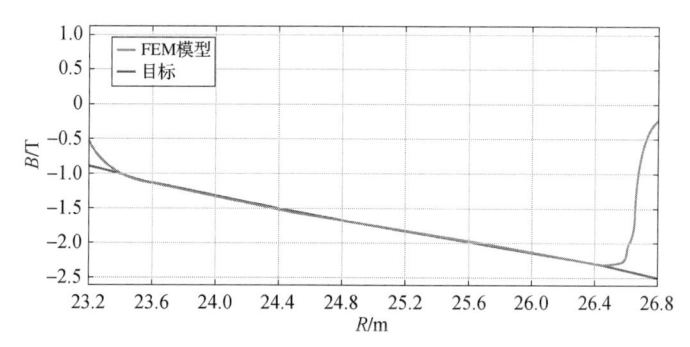

图 10-28 有限元计算磁场和理论要求磁场的径向分布比较

（a）

（b）

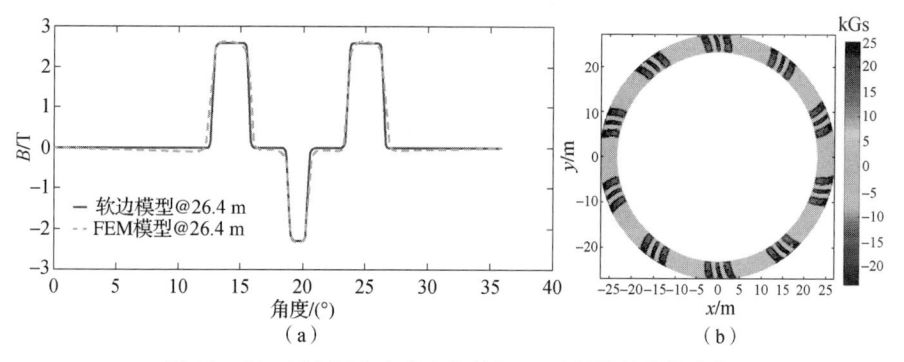

图 10-29 磁场的角向分布比较与 10 个周期的总体分布

（a）有限元计算磁场和理论要求磁场的角向分布比较；（b）10 个周期的总体磁场分布

3. 磁铁设计

表 10-7 给出了 F 磁铁和 D 磁铁的基本参数，两者均为大型 C 形磁铁。大型磁极间的引力带来磁铁的变形，将会引入磁场误差，从表 10-7 中可看出，变形主要发生在 F 磁铁上，因此，机械上考虑在 C 形磁铁开口端设计支撑结构以减小磁铁变形，从而把变形带来的磁场误差控制在合理范围内。

表 10-7　F 磁铁和 D 磁铁的基本参数

参数	D 磁铁	F 磁铁
磁极径向长度/m	3.78	3.78
磁极平均角向长度/m	1.44	1.84
总质量/t	316	486
总安匝数/A·T	264 000	646 000
圈数	660	1 615
超导线总长/km	14	37
最大变形量/mm	0.05	0.68
最大磁场变化/Gs	3	40

D 磁铁和 F 磁铁中的最大磁场的磁感应强度分别为 2.4 T 和 2.7 T，远超过磁铁的饱和磁场（2.14 T），应当采用超导磁铁方案，束流损失带来的辐射剂量是超导线圈设计需要重点考虑的问题。假定回旋加速器引出区域有 0.01% 的束流损失，则最多有 600 W 束流功率打在超导线圈上，这对低温超导线圈的工程可靠性有影响。因此，采用抗辐射性强、热稳定性高的第二代高温超导材料 REBCO 进行线圈绕制可以避免以上问题。超导线圈将安装在磁铁的磁极间，图 10-30 所示为其截面示意。

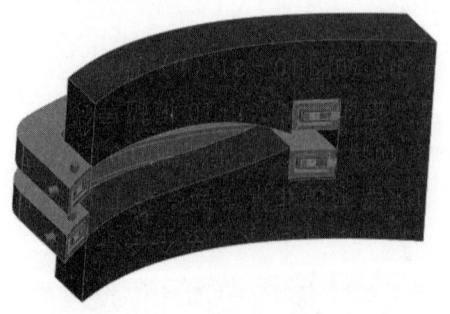

图 10-30　D 磁铁超导线圈的截面示意

D 磁铁的设计工作电流为 400 A(2.6 T, 30 K), 如图 10 - 31（a）所示, 为临界电流的 50%, 工作温度有 20 K 的安全余量, 保证了超导线圈的热稳定性, 这对高功率回旋加速器来说非常重要。对于 D 磁铁来说, 超导线圈截面尺寸为 78 mm × 34 mm, 包含 3 饼, 每饼绕制 100 圈。尽管存在更长的超导线, 从工程实现的角度来看, 每饼导线采用 10 根超导线焊接而成是较合理的。超导线圈通过氦气进行冷却, 如图 10 - 31（b）所示。

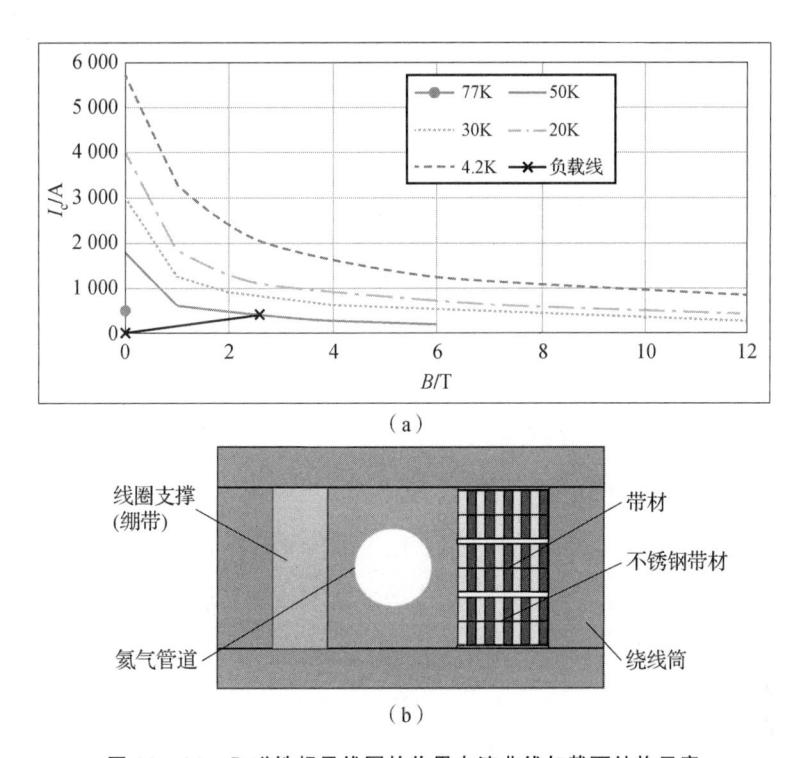

(a)

(b)

图 10 - 31　D 磁铁超导线圈的临界电流曲线与截面结构示意

(a) D 磁铁超导线圈的临界电流曲线；(b) D 磁铁超导线圈截面结构示意

4. 缩比例磁铁样机研制

为了试验高温超导线圈的制造工艺, 人们开展了散焦高温超导磁铁（D 磁铁）的缩比例样机研制, 进行从磁铁设计到相关工艺技术的验证。本节介绍 1/4 超导 D 磁铁的工程设计、制造与测试, 该缩比例磁铁样机磁场分布以及高温超导线圈形状都十分复杂, 且重达 15 吨, 是具有工程验证意义的高温超导大型磁铁, 为 2 GeV 的 FFA 加速器 1∶1 磁铁研制预先研究掌握核心技术、积累必要的工程经验。图 10 - 32 所示为 1/4 缩比例 D 磁铁的有限元模型和超导线圈结构。

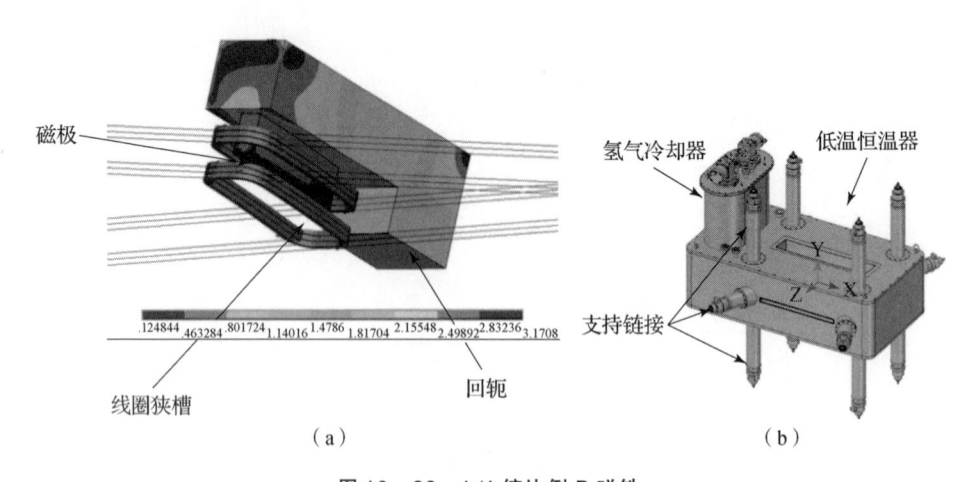

图 10-32 1/4 缩比例 D 磁铁
(a) 磁铁有限元模型；(b) 超导线圈结构

此外，一些高温超导磁铁的工艺技术，如二代超导线焊接、超导线绕制过程中的张紧力控制、不同层间的接触阻抗、超导线形状态固定和径向电流叠加效应等，也已预先通过更小尺寸的高温超导磁体（1/20 比例）的绕制、固定、测试，进行了试验研究。图 10-33 所示为 1/20 缩比例磁体试验过程中的一些示意图，超导磁体工作稳定，达到所需要的磁场要求，表明超导线圈的绕制工艺技术是可行的。

图 10-33 1/20 缩比例磁体线圈的绕制、安装和测试

1/4 缩比例模型高温超导磁铁的主要工程参数见表 10-8，其由上、下各 3 个，共计 6 个双层饼状高温超导线圈组成。

表10-8 1/4缩比例模型高温超导磁铁的主要工程参数

参数	值
单组线圈设计安匝数/A·T	$18\,400 \times 1.1 = 202\,400$
总线圈组数	2
单组线圈双饼数	3
单个双饼层数	125
上线圈组下沿与下线圈组上沿的间距/mm	120
组内相邻双饼距离/mm	10
运行电流/A	$202\,400/(125 \times 2 \times 3) = 270$
中心磁场的磁感应强度/T	约2.3
线圈最大磁场的磁感应强度/T	1.58
系统总储能/MJ	0.087
系统总电感/H	2.38
总计用线量/m	$703 \times 6 = 4\,218$

高温超导磁铁设计的主要流程为：①进行磁场计算，确定励磁工况下高温超导材料的临界性能参数；②进行初步结构设计，确定超导线圈的固定方式，对拉杆结构进行应力校核，确保其能在强磁场下正常工作；③设计低温系统，开展热力学温度场模拟，明确热负载以及保证足够的安全余量，防止失超；④进行失超保护系统设计，并校核设计方案。

1/4缩比例高温超导磁铁的绕制、组装过程如图10-34所示。

(a)　　　　　　　　(b)　　　　　　　　(c)

图10-34 1/4缩比例高温超导磁铁的绕制、组装过程
(a) 单个线圈绕制；(b) 6个双饼线圈组件；(c) 组装完成的低温恒温器

在 1/4 缩比例高温超导磁铁的研制过程中，开展了单个双侧饼状超导线圈的液氮测试以及整个线圈组件的 30 K 降温测试，结果表明超导线圈组件在 25 K 工况下的临界电流大于 270 A，达到设计指标。

在液氮测试下，励磁过程中的典型电流-电压特性曲线如图 10-35 所示，可以明显看到 $R-L$ 等效电路的充放电过程。在 30 K 接触降温下，初步测量得到的中心轴线上的磁场分布的理论值和测量值对比如图 10-36 所示。可以看到，以金属绝缘方式进行绕制会有少部分电流通过不锈钢带材形成径向分流，导致测量得到的磁场分布低于计算值。可改进制造工艺，降低高温超导线圈端电压，以降低径向电流分流；适当提高匝间电阻，以减小电流稳定时间常数。

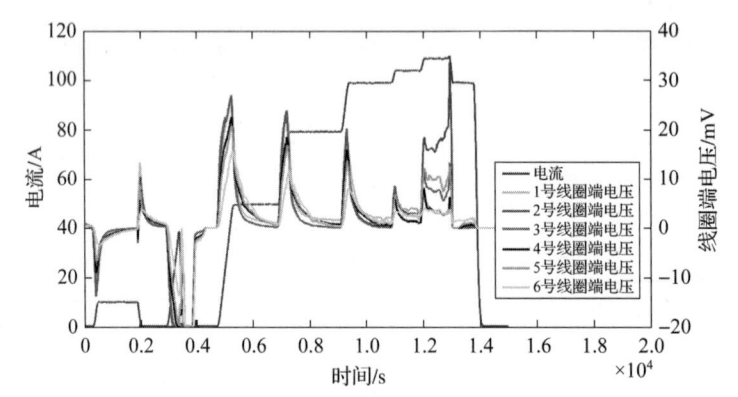

图 10-35　77 K 环境下励磁过程中缩比线圈组件的电流-电压特性曲线

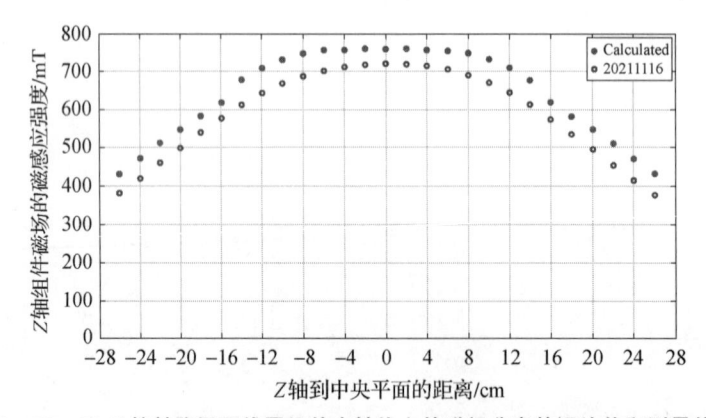

图 10-36　30 K 接触降温下线圈组件中轴线上的磁场分布的理论值和测量值对比

10.4.5　高 Q 值高频腔体的设计

在分圈式等时性回旋加速器中，束流引出区的螺旋轨道圈间距越大，留给引出装置的径向安装空间越大，这可有效降低引出过程中束流轰击到引出装置上所造成的束流损失，从而提高引出效率，实现单圈引出。在回旋加速器引出半径、引出能量等参数一定的情况下，引出区的束流轨道圈间距正比于束流的单圈能量增益。在回旋式等时性回旋加速器中，束流运动方向上的纵向聚焦力比较弱，由纵向空间电荷效应引起的流强阈值正比于束流圈能量增益的 3 次方，较横向空间电荷效应引起的流强阈值低很多。此外，纵向空间电荷力还将导致束流的能散增大，其直接后果是使引出区的束流横向尺寸增大、引出效率降低。因此，在综合考虑各种因素的情况下，为了提高所引出束流的总功率和引出效率，要求回旋加速器高频腔所提供的最高加速电压要尽可能高，以获得较高的圈能量增益。

100 MeV 回旋加速器的高频腔确定采用同轴线型双间隙谐振腔，单腔最高加速电压要求达到 500 kV，该种类型的高频腔已在中国原子能科学研究院 100 MeV 强流回旋加速器 CYCIAE - 100 中成功应用并稳定运行。800 MeV 回旋加速器确定采用波导型高频腔中的欧米伽形腔，单腔最高加速电压要求达到 1 MV，该种腔体比同轴线型腔体的 Q 值和分路阻抗更高，也已在瑞士 PSI 的 590 MeV 分离扇回旋加速器中成功应用并稳定运行。2 GeV 连续束流 FFA 加速器高频腔单腔最高加速电压要求达到 1.5 MV，为了利用相对较少的高频功率获得如此高的加速电压，要求腔体具有更高的 Q 值和分路阻抗，在此种情况下欧米伽形腔已不能满足要求，需要寻找具有更高性能的波导型高频腔。此外，与同步回旋加速器相比，2 GeV 连续束流 FFA 加速器需径向改变轨道的范围达到了 2.8 m 左右，这同时要求高频腔能够在如此大的尺寸范围内为束流提供稳定的加速电场。可以说，在没有成功应用和稳定运行经验可以借鉴的情况下，2 GeV 连续束流 FFA 加速器给高频腔提出了相当高的要求，必须预先开展关键技术研究。

基于此，首先针对 2 GeV 连续束流 FFA 加速器的设计需求对工作在 51 MHz 的矩形、欧米伽形、跑道形及船形等 4 种类型的波导型高频腔进行模拟设计研究，找到了最优的高频腔腔形，之后设计并给出同样腔形的缩比例高频腔样机，以方便利用中国原子能科学研究院现有的硬件条件开展相关试验工作，从而从根本上掌握大尺寸高 Q 值、高分路阻抗波导型高频腔的研制工艺。

1. 波导型高频腔理论基础

常用的波导型高频腔有矩形波导型和圆柱形波导型，两者在电磁场分布和特性参数计算上类似。由于 2 GeV FFA 加速器中所使用的高频腔为矩形波导型，此处只介绍矩形波导型高频腔。图 10 - 37 所示为矩形波导型高频腔示意。此种类型高频腔中的模式可分为 TE_{mnp} 模和 TM_{mnp} 模 2 种，m、n 及 p 分别对应

x、y 及 z 方向上出现电磁场极大值的个数，a、b 及 d 分别对应腔体的长度、高度及宽度。TE_{mnp} 模或 TM_{mnp} 模的谐振频率可表示为：

$$f_{mnp} = \frac{1}{2\sqrt{\mu\varepsilon}}\sqrt{\left(\frac{m}{a}\right)^2 + \left(\frac{n}{b}\right)^2 + \left(\frac{p}{d}\right)^2}$$

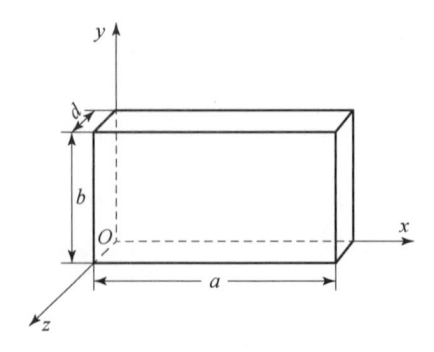

图 10-37　矩形波导型高频腔示意

对于 TE_{mnp} 模，有电场强度 $E_z = 0$；对于 TM_{mnp} 模，有磁场强度 $H_z = 0$。若 $d > a > b$，基模为 TE_{101} 模；若 $b > d > a$，基模为 TE_{011} 模；若 $a > b > d$，基模为 TM_{110} 模。为了使束流穿过高频腔时能获得加速，腔体需能够在其运动方向上提供加速电场。若束流沿 z 轴运动，考虑到高频腔中用于加速的模式通常为基模，则矩形波导型高频腔的工作模式只能选择 TM_{110} 模。图 10-38 所示为矩形波导型高频腔中 TM_{110} 模的场分布形式。

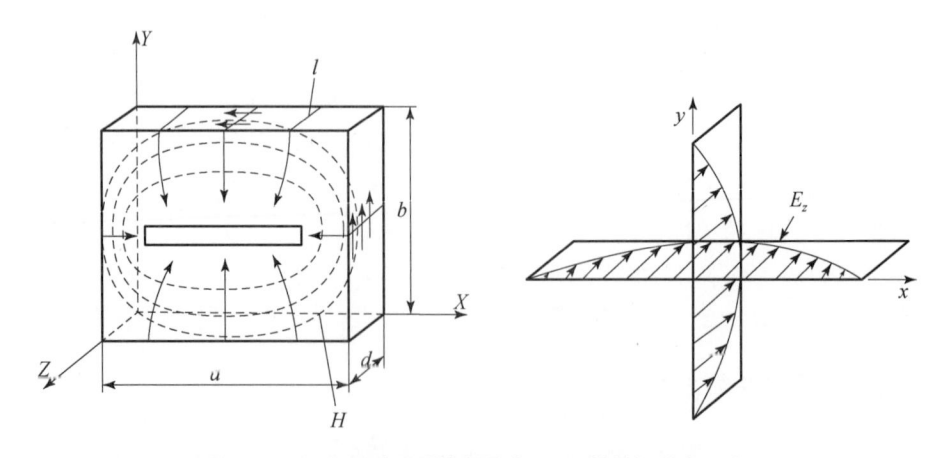

图 10-38　矩形波导型高频腔中 TM_{110} 模的场分布形式

在图 10-38 中，为了使束流能无阻碍地穿过高频腔，在腔体上沿 x 轴（即圆形回旋加速器的半径方向）开设了长条形束流孔道。腔内电场 E_z 沿 x 轴

和 y 轴均呈半正弦分布。在靠近腔体沿 x 轴两端，E_z 太低，不能用于加速，因此长条形束流孔道沿 x 轴方向的长度需在满足设计要求的情况下小于 a。矩形波导型高频腔 TM_{110} 模的频率与 d 无关，因此该种类型的高频腔可设计成窄长形（即 d 比较小），这对于在束流运动方向上受安装空间限制的回旋加速器来讲非常有利。在回旋加速器中，为了满足不同的指标要求，例如获得较高的 Q 值、分路阻抗等，实际的矩形波导型高频腔在形状上相对图 10-38 会有所差别，此时需借助三维计算机软件对其进行计算和优化，但基本工作原理是相同的。

2. 波导型高频腔腔形研究

束流通过每个高频腔的能量增益可表示为：

$$\Delta W = qV(x)T\cos\varphi_0$$

$$T \approx \frac{\sin \Delta\varphi/2}{\Delta\varphi/2} = \frac{\sin\frac{\pi g}{\beta\lambda}}{\frac{\pi g}{\beta\lambda}}$$

式中，q、β 分别为粒子的电荷量和相对论速度；$V(x)$ 为 x 处的峰值腔压，不同能量的粒子穿过高频腔时对应的 x 坐标不同；T 为渡越时间因子；φ_0 为加速相位，一般为粒子穿过加速间隙中心处对应的相位；$\Delta\varphi$ 为粒子穿过加速间隙所经历的相位宽度；g 为腔体中加速间隙长度；λ 为腔体工作模的波长。

图 10-39 所示为渡越时间因子 T 与加速间隙长度 g 的关系曲线。为了使 800 M~2 GeV 全能量区间的渡越时间因子均大于 0.95，需要将加速间隙长度 g 控制在 1 m 以下。在加速电压一定的情况下，加速间隙长度 g 太小又会使加速间隙内和腔体内表面上的最大电场强度过高，腔体高功率运行时易引起打火。此外，考虑到高频腔在束流孔道内存在一定的漏场，最终将加速间隙长度 g 确定为 0.8 m。在保证束流孔道横截面尺寸为 $g_a \times g_b = 2.8 \text{ m} \times 0.15 \text{ m}$、加速间隙长度 g 为 0.8 m 不变的情况下，为了确定能满足 2 GeV FFA 加速器要求的波导型高频腔腔形，对图 10-40 所示的矩形、欧米伽形、跑道形及船形等 4 种形状的高频腔特性进行计算和比较研究。由于束流螺旋轨道圈间距正比于圈能量增益、反比于轨道半径，因此将长条形束流孔道偏心放置，使孔道中心位于半径较小处，这样可使半径大于孔道中心处的加速电压下降速度较半径小于孔道中心处的加速电压下降速度慢一些，有利于增大高能量时的螺旋轨道圈间距，同时使圈间距沿径向的分布较束流孔道中心放置时更均匀。

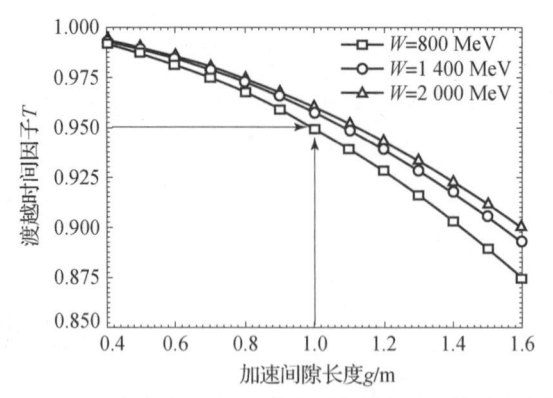

图 10-39 渡越时间因子 T 与加速间隙长度 g 的关系曲线

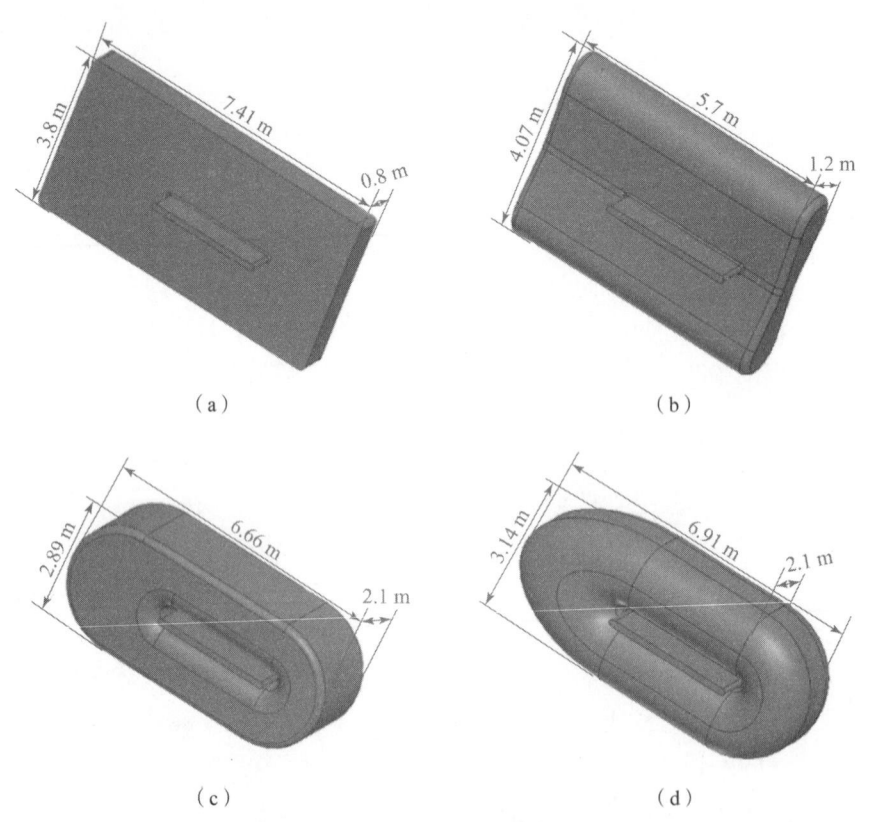

图 10-40 4 种形状的波导型高频腔
（a）矩形；（b）欧米伽形；（c）跑道形；（d）船形

表 10-9 和图 10-41 给出了 4 种形状波导型高频腔的具体性能计算结果。一般地，在谐振频率一定的情况下，高频腔的储能 U 和功率损耗 P_{rf} 分别近似

正比于其体积和表面积。在体积一定的情况下,球形的表面积可以做到最小;在表面积一定的情况下,球形的体积可以做到最大。与其他形状的高频腔相比,船形波导型高频腔更接近球形,因此其 Q 值和分路阻抗也最高。相对于跑道形波导型高频腔,船形波导型高频腔的 Q 值和分路阻抗平均值分别提高 7.3% 和 4.7%,提高量不大且腔体加工略微复杂。频率调谐采用在水平或垂直束流运动方向上利用电动缸压缩或拉伸腔体金属外壳的方式,这更适用于船形高频腔。因此,船形高频腔仍然是 2 GeV FFA 加速器高频腔的较好选择。

表 10-9 4 种形状波导型高频腔的性能参数

性能参数	矩形	欧米伽形	跑道形	船形
工作频率/MHz	44.42	344.41	44.38	44.40
工作模式	TM_{110}	TM_{110}	TM_{110}	TM_{110}
品质因数 Q	58 497	74 673	85 832	92 100
束流孔道内最大分路阻抗 R_{max}/MΩ	5.38	10.08	19.29	20.14
束流孔道内最小分路阻抗 R_{min}/MΩ	2.43	2.15	10.41	10.95
功率损耗 P_{rf} (2 MV)/kW (不计入束流负载)	743	397	207	199

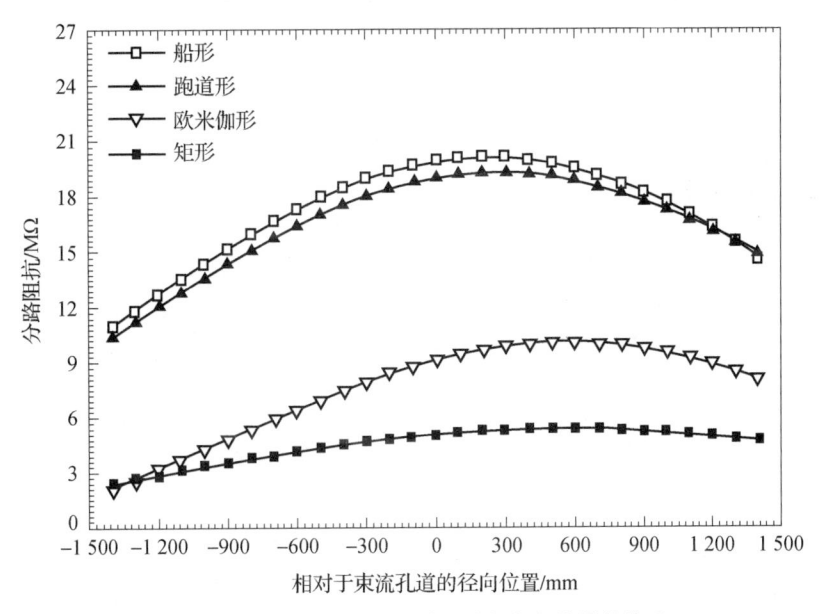

图 10-41 束流孔道内分路阻抗与径向位置的关系

图 10-42 所示为船形波导型高频腔径向对称平面内的电场与磁场分布。加速间隙内最大加速电压为 1.5 MV 时,腔内最大表面电场强度为 4.7 MV/m,小于 44.4 MHz 所对应 Kilpatrick 限值为 8.5 MV/m,在可接受范围之内。

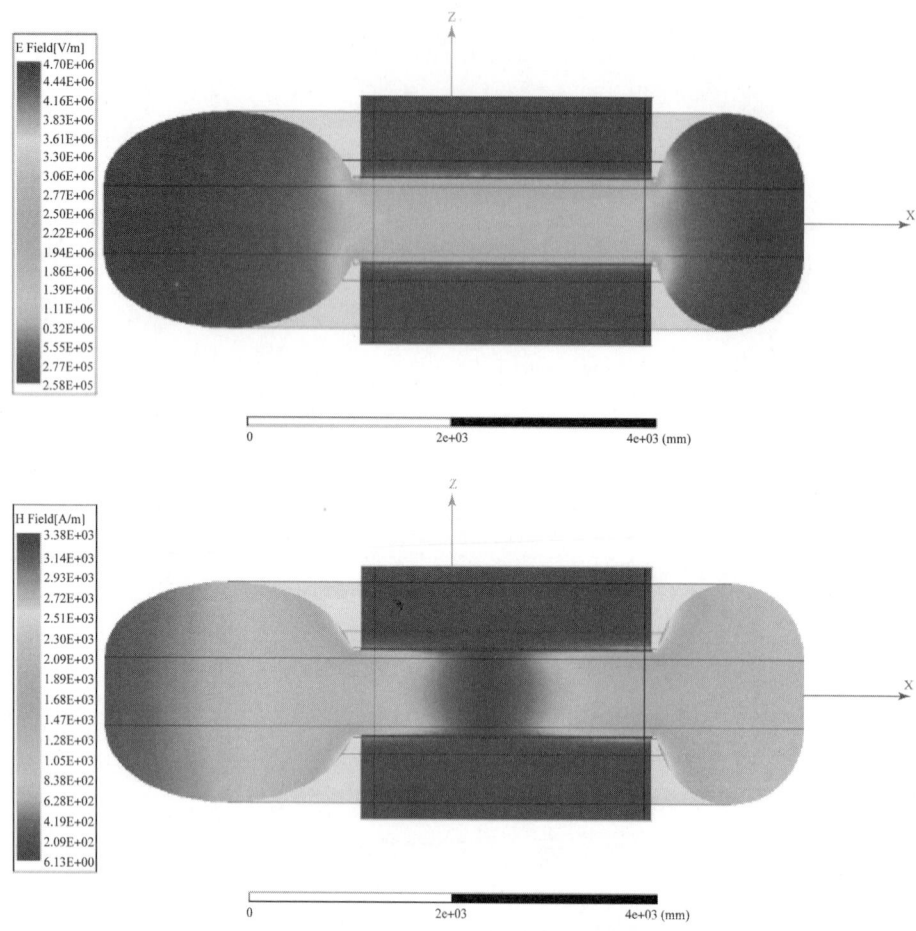

图 10-42 船形波导型高频腔径向对称平面内的电场与磁场分布

3. 缩比例船形波导型高频腔样机研制

44.4 MHz 船形波导型高频腔的尺寸较大,形状也相对复杂,有很多加工工艺需要摸索。在这种情况下,为了掌握船形波导型高频腔的实际加工工艺,同时进行一定的高功率试验研究,人们开展了 1/4 缩比例船形波导型高频腔样机的研制。图 10-43 所示为 1/4 缩比例船形波导型高频腔样机真空部分的基本结构。图中仅显示有 1 套高功率耦合器,实际样机则总共配置 2 套高功率耦合器,对称分布在腔体两侧,1 套用来将功率源提供的功率馈入腔体,另 1 套则用来连接外部负载以模拟回旋加速器实际运行中的束流负载。1/4 缩比例船形波导型高频腔样机优化过程及高功率耦合器的具体结构形式如图 10-44 所示。

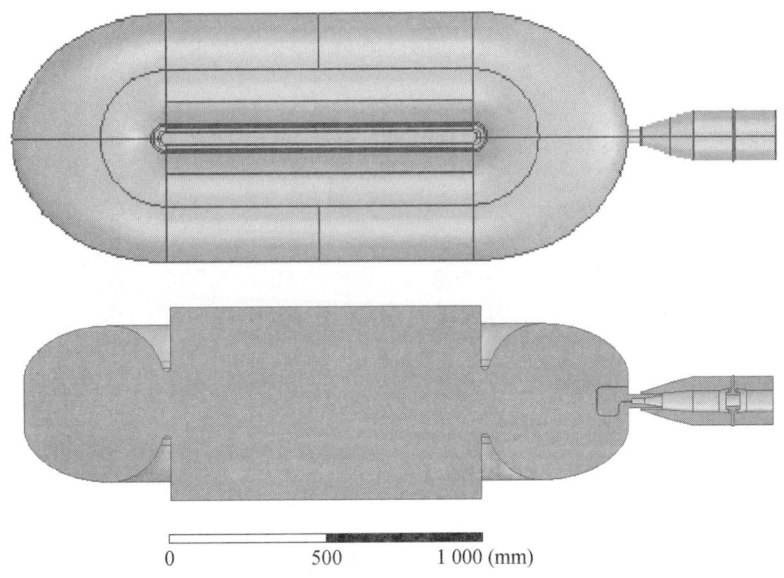

图 10-43 配置 1 套高功率耦合器的 1/4 缩比例船形波导型高频腔样机真空部分的基本结构

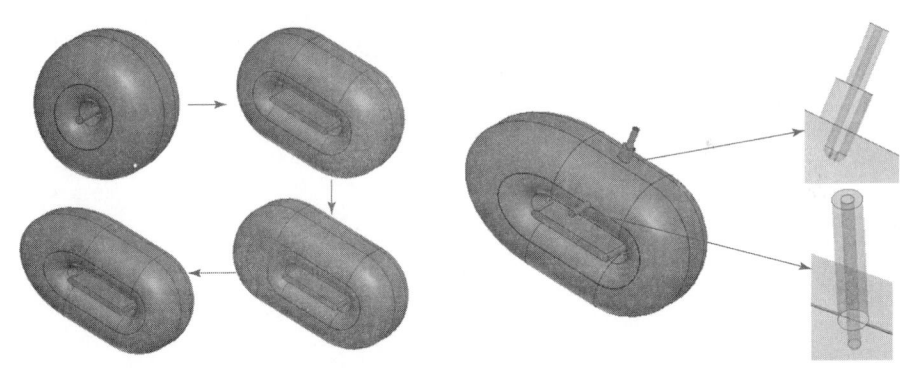

图 10-44 1/4 缩比例船形波导型高频腔样机优化过程及高功率耦合器的具体结构形式
(a) 1/4 缩比例船形波导型高频腔样机优化过程示意;(b) 高功率耦合器的具体结构形式

1/4 缩比例船形波导型高频腔样机的谐振频率为 (177.6±1) MHz,束流孔道内最大分路阻抗 R_{max} 约为 10 MΩ,调谐装置引起的频率调谐范围为 ±170 kHz,理论无载 Q 值约为 45 300,加工完成后的实测无载 Q 值要求 ≥38 500。因此,为了保证高频腔主体的高频性能,高频表面的粗糙度为 Ra0.4 μm,加速间隙形位公差 ≤±1 mm,腔体主体壁厚为 6~8 mm,并配备专用的高频腔体支撑结构。在高频腔主体与支撑结构连接完毕并抽真空后,为了保证主体部分抽真空引起的最大形变≤5 mm，所配备的支撑结构应具有足够的刚度。此外，为了在1/4缩比例船形波导型高频腔样机的使用过程中维护方便，要求高频腔主体与支撑结构为可拆卸式。图10-45所示为1/4缩比例船形波导型高频腔样机及调谐装置的机械设计总装预览及各主要部分拆分情况，各主要部分分别为主腔体、支撑组件及调谐电动缸组件等。

主腔体

调谐电动缸组件

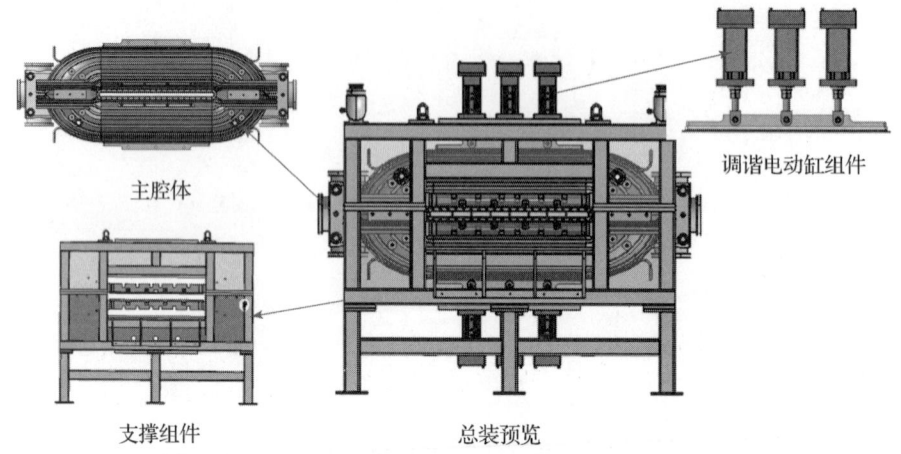

支撑组件　　　总装预览

图10-45　1/4缩比例船形波导型高频腔样机及调谐装置的机械设计总装预览及各主要部分拆分情况

在完成1/4缩比例船形波导型高频腔样机机械设计的过程中，充分利用现有大型有限元多物理场耦合计算技术，使用ANSYS Workbench和ANSYS HFSS针对样机开展了"高频-热-结构-高频"的全自洽耦合分析，在考虑各种机械材料应力极限的情况下通过对样机的高频性能、机械性能进行综合评估形成了最终设计方案。图10-46所示为"高频-热-结构-高频"全自洽耦合分析的ANSYS工作流程示意。图10-47所示为利用调谐装置将腔体频率调谐-164 kHz时得到的机械变形及应力图，腔体最大变形为2.64 mm，最高应力为187.22 MPa。图10-48所示为利用调谐装置将腔体频率调谐+176 kHz时得到的机械变形及应力图，腔体最大变形为2.96 mm，最高应力为187.16 MPa。腔体频率调谐通过利用调谐电动缸使腔体产生变形来实现，故该处变形导致的局部应力最高，为了安全起见，此处在考虑疲劳损伤的情况下采用图10-49所示的不锈钢-铜复合板件，不锈钢材部分与调谐电动缸拉杆相连，铜材部分作为高频腔主体的部分外壳。为了保证机械应力值小于高频腔样机材料的二次许用应力限值，最终确定采用半Y态无氧铜作为高频腔主体的材料，经实际拉压试验得到半Y态无氧铜二次许用应力限值约为204 MPa。图10-50~图10-52所示分别为1/4缩比例船形波导型高频腔样机的机械加工、焊接工艺及装配工艺流程。1/4 缩比例船形波导型高频腔样机的腔体主体部分焊接全部采用电子束焊接工艺，中间多次穿插尺寸测量、形状校核及真空检漏等操作以保证加工质量。

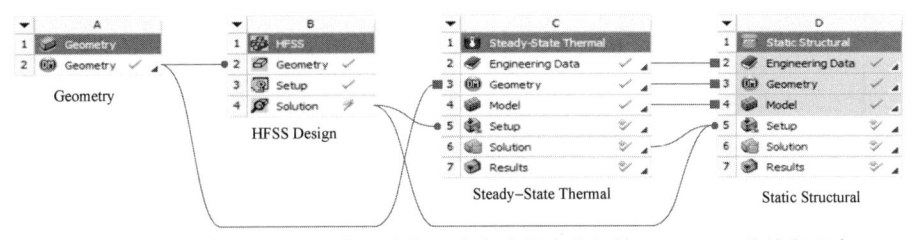

图 10-46 "高频-热-结构-高频"全自洽耦合分析的 ANSYS 工作流程示意

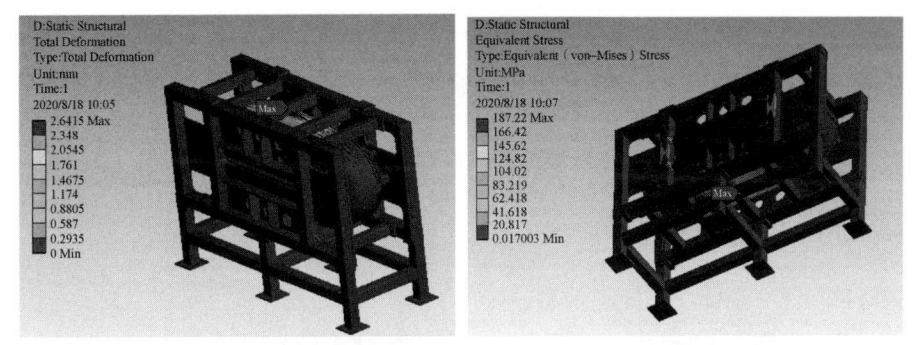

图 10-47 利用调谐装置将腔体频率调谐 -164 kHz 时得到的机械变形及应力图

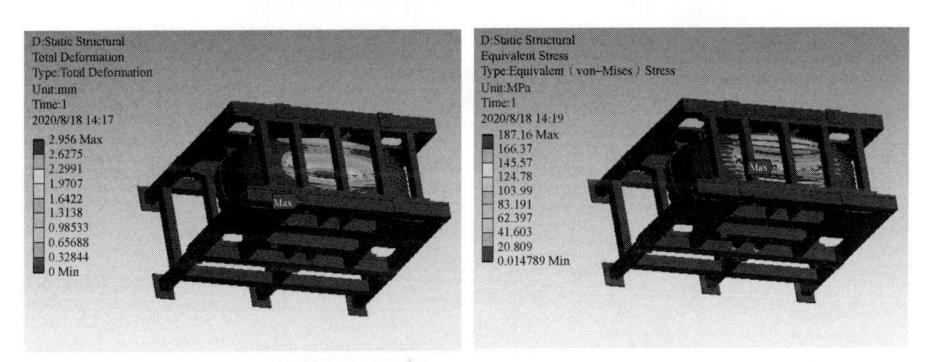

图 10-48 利用调谐装置将腔体频率调谐 +176 kHz 时得到的机械变形及应力图

图 10-49 不锈钢-铜复合板件

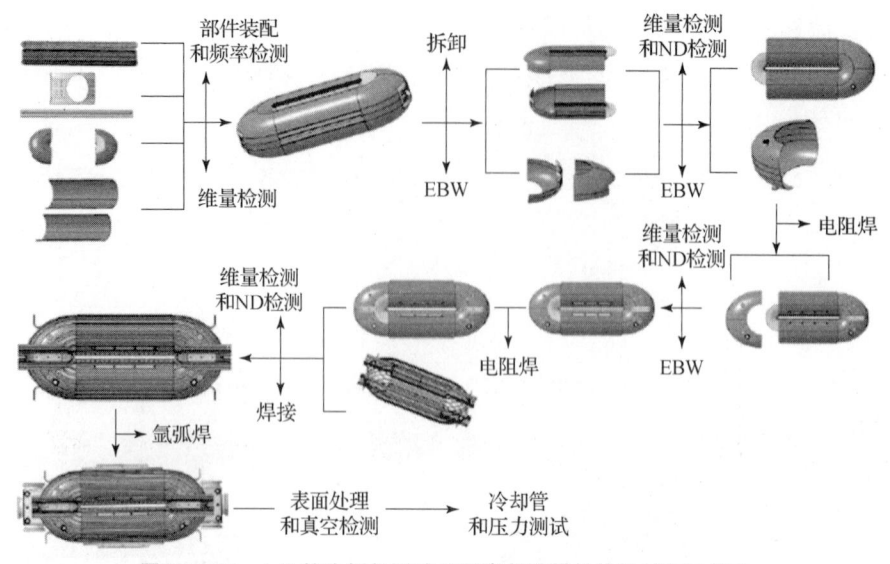

图 10-50　1/4 缩比例船形波导型高频腔样机的机械加工流程

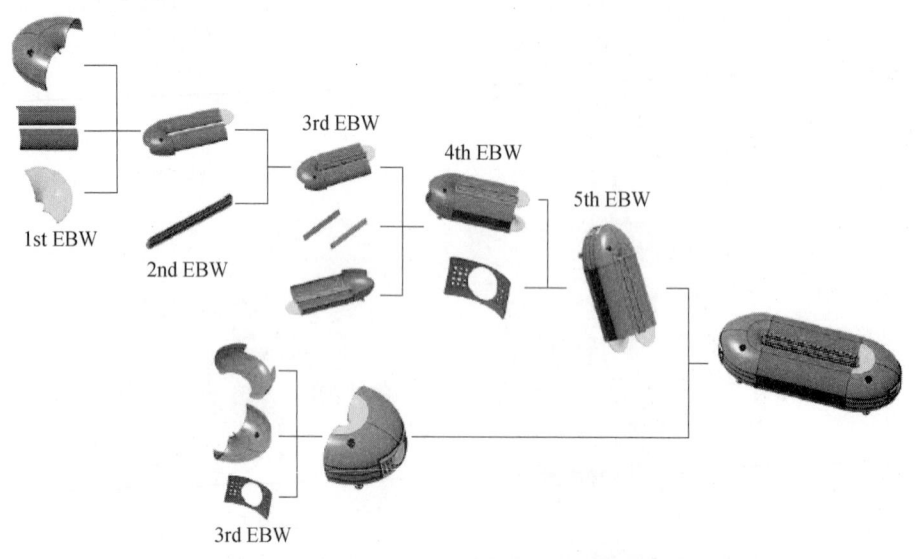

图 10-51　1/4 缩比例船形波导型高频腔样机的焊接工艺流程

目前，1/4 缩比例船形波导型高频腔样机正在加工过程中。腔体主体的各部分外壳均采用冲压技术成型，成型后再进行电子束拼焊，拼焊完成后对腔体内表面及各焊缝进行抛光。图 10-53 所示为冲压成型并抛光后的腔体部分主体外壳，内表面粗糙度可达 $Ra0.4~\mu m$。图 10-54 所示为电子束拼焊完成并抛光后的半个腔体主体外壳。近期将对腔体主体的上、下两个半腔体主体外壳进行合拢，完成频率测试、调整及最后一道焊接工序。

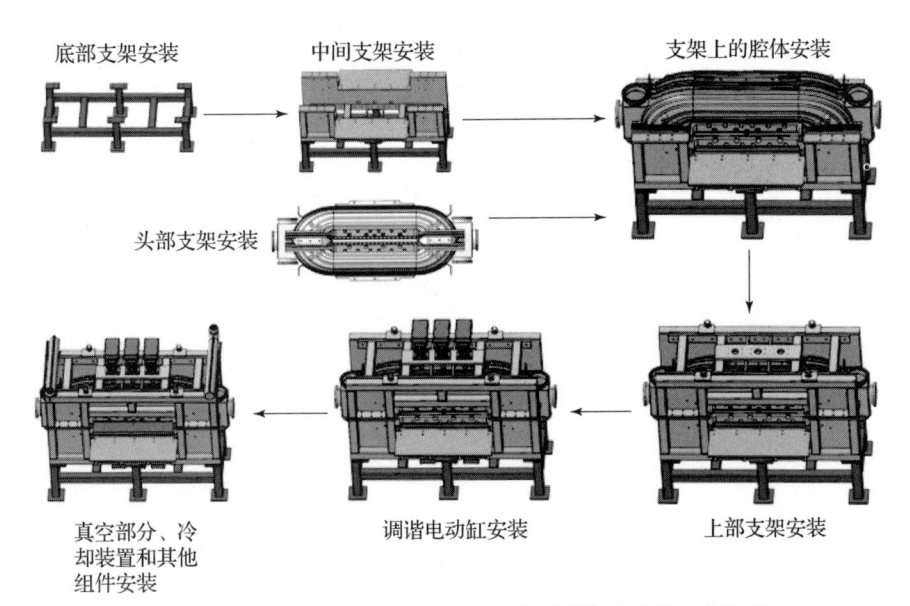

图 10-52　1/4 缩比例船形波导型高频腔样机的装配工艺流程

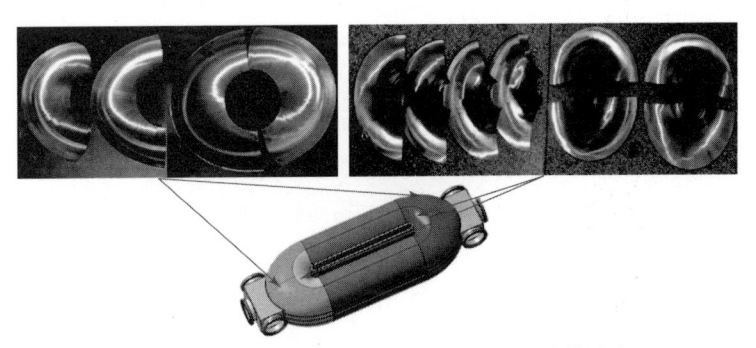

图 10-53　冲压成型并抛光后的腔体部分主体外壳

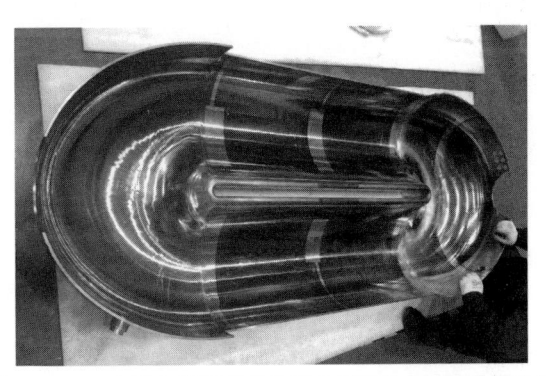

图 10-54　电子束拼焊完成并抛光后的半个腔体主体外壳

参 考 文 献

[1] COURANT E D, SNYDER H S. Theory of the alternating – gradient synchrotron [J]. Annual of Physics, 1958 (3): 1.

[2] LASLETT L J. Fixed – field alternating – gradient accelerators [J]. Science, 1956 (124): 781 – 787.

[3] COLE F T. O CAMELOT! A Memoir of the MURA Years (Section 7.1). Proc. Cycl. Conf [C]. 1994; FFAG Particle Accelerators [J]. Phys. Rev 1956, 1837 – 1859.

[4] CRADDOCK M. The rebirth of the FFAG. CERN Courier 44 – 6 (2004), http://cerncourier.com/main/article/44/6/17.

[5] RUGGIERO A G. Brief history of FFAG accelerators. The Int. Workshop on FFAG Accel., Page 9, Dec. 5 – 9, 2005, KURRI, Osaka, Japan.

[6] AIBA M. Status of 150 MeV proton FFAG. The Int. Workshop on FFAG Accel., Page 3, Dec. 5 – 9, 2005, KURRI, Osaka, Japan.

[7] AIBA M, MÉOT F. Determination of KEK 150 MeV FFAG parameters from ray – tracing in TOSCA field maps. CERN – NUFACT – Note – 140 (2004), http://slap.web.cern.ch/slap/NuFact/NuFact/NFNotes.html.

[8] TANIGAKI M. Status of FFAG complex at KURRI. The Int. Workshop on FFAG Accel., Page 1, Dec. 5 – 9, 2005, KURRI, Osaka, Japan.

[9] ISS – NuFact Acceleration Working Group Web – page, http://www.hep.ph.ic.ac.uk/iss/.

[10] RUGGIERO A G. FFAG – based high – intensity proton drivers. Proceedings of ICFA – HB2004 [C], Bensheim, Germany, 2004: 324.

[11] RUGGIERO A G. FFAG accelerator proton driver for neutrino factory [J]. Nuclear Physics B (proc. Suppl.) 155. 2006: 315 – 317; BNL report CA/AP/219, 2005.

[12] LEMUET F. Collection and muon acceleration in the neutrino factory project [D]. CEA Saclay & CERN, 2007.

[13] REES G H. An isochronous ring for muon acceleration. FFAG04 workshop, KEK (2004), http://hadron.kek.jp/FFAG/FFAG04 HP/menu.html.

[14] KEIL E, SESSLER A M. Muon acceleration in FFAG rings. CERN – AB – 2004 – 033.

[15] MÉOT F. 6 – D transmission in EMMA FFAG electron model. DAPNIA – 06 – 04, CEA Saclay, 2006.

[16] ARIMOTO Y. Development of six – cell PRISM FFAG. Proceedings of FFAG'08 [C]. Manchester, UK, 2008.

[17] MÉOT F. Beam transmission in isochronous FFAG lattices. FFAG Workshop 2005, Fermilab (Apr. 2005), http://bt.pa.msu.edu/ffag/main.html.

[18] JOHNSTONE C. FFAG design. Muon Collaboration Meeting [C]. San Francisco, 1997.

[19] RUGGIERO A G. Design of proton FFAG accelerators. The Int. Workshop on FFAG Accel., Page 31, Dec. 5 – 9, 2005, KURRI, Osaka, Japan.

[20] 唐靖宇,魏宝文. 回旋加速器理论与设计 [M]. 合肥:中国科学技术大学出版社, 2008.

[21] MORI Y. ADSR study in Japan and the first experiment with FFAG accelerator at KURRI. Proceedings of FFAG'10 [C]. Japan, 2010.

[22] BERTOZZI W. Accelerators for homeland security [J]. International Journal of Modern Physics A, 2011 (26): 1713 – 1735.

[23] CRADDOCK M K, RAO Y N. FFAG tracking with cyclotron codes. Proceedings of IPAC'10 [C]. Kyoto, Japan, 2010.

[24] MÉOT F, LEMUET F. A modern answer in matter of precision tracking: stepwise Ray – Tracing. Procs. CARE/HHH workshop [C]. CERN, 2004.

[25] LEMUET F, MÉOT F. Developments in the Ray – Tracing code zgoubi for 6 – D multiturn tracking in FFAG rings [J]. NIM A, 2005.

[26] FOURRIER J, MARTINACHE F, MÉOT F, et al. Spiral FFAG lattice design tools: application to 6 – D tracking in a proton – therapy class lattice. Report IN2P3/LPSC – 07 – 40.

[27] MEOT F. The Ray – Tracing code zgoubi [J]. Nuclear Instruments and Methods A, 1999: 353 – 356.

[28] BERZ M, MAKINO K. Cosy Infinity version 9.0 beam physics manual. Tech. Rep. MSUHEP – 060804, Dept. of Phys. and Ast., Mich. State U., E. Lansing, MI 48824, 2006.

[29] ABELL D T. Space – Charge simulations of non – scaling FFAGs using PTC. Particle Accelerator Conference [C]. Vancouver, BC, 2009.

[30] MACHIDA S. Collective effects in the EMMA non – scaling FFAG. Proceedings of EPAC'08 [C]. Genoa, Italy, 2008.

[31] EDGECOCK R. EMMA – the world's first nonscaling FFAG. Proceedings of PAC'07 [C]. Albuquerque, 2007.

[32] JONES F W. Developments in the accsim multiparticle tracking and simulation code. Proceedings of 1997 Particle Accelerator Conference [C]. Vancouver, 1997.

[33] QIANG J. Strong – strong beam – beam simulation using a green function approach [J]. Phys. Rev. ST Accel. Beams, 2002, 5 (10): 104402.

[34] BAARTMAN R. Summary of group A: beam dynamics in high intensity circular machines. Proceedings of HB08 [C]. Nashville, 2008.

[35] 王少恒. 基于 FFAG 的质子、碳离子癌症治疗 [J]. Medical Equipment, 2009 (22).

[36] ZHANG T J. 2 GeV high power circular accelerator comple, international workshop on fixed field alternating accelerator 2018, Kyoto, Japan, for 10th – 14th September, 2018.

[37] ZHANG T J. A new solution for cost effective, high average power (2 GeV, 6 MW) proton accelerator and its R&D activities. Proc. of 22nd International Conference on Cyclotrons and Their Applications [C]. Cape Town, South Africa, 2019.

[38] ZHANG T J, LI M, LV Y L, et al. 52 kW CW proton beam production by CYCIAE – 100 and general design of high average power circular accelerator [J]. Nuclear Instruments and Methods in Physics Research Section B: Beam Interactions with Materials and Atoms, 2020 (468): 60 – 64.

[39] ZHANG T J. China Institute of Atomic Energy 2 GeV, 6 MW isochronous FFA proposal and R&D status, international workshop on fixed field alternating accelerator 2020, Virtual, November 30 – December 4, 2020.

[40] 张天爵, 吕银龙, 王川, 等. 中国原子能科学研究院回旋加速器创新与发展 60 年 [J]. 原子能科学与技术, 2019 (10): 2023 – 2030.

[41] WANG C, BIAN T J. Preliminary study of the high temperature superconducting solution for 2 GeV CW FFAG magnet [J]. IEEE in Transactions on Applied Superconductivity, 2020.

[42] 裴士伦, 殷治国, 张天爵, 等. 用于 2 GeV 固定场交变梯度加速器的高品质因数、高分路阻抗波导型高频腔设计 [J]. 原子能科学技术, 2020, 54 (8): 1519 – 1524.

第11章
结篇——回旋加速器的发展趋势和应用方向

11.1 国际上回旋加速器领域近年来的新进展

近年来,新建或改造升级的回旋加速器,在技术的先进性和性能的优越性上达到了新的高度,其应用领域也得到不断扩展。其主要发展方向有强流、高平均功率质子回旋加速器和重离子回旋加速器。

(1) 高流强。回旋加速器的束流强度和功率越来越高,功能上的综合性日益增强。瑞士 PSI 的 590 MeV 质子回旋加速器自 20 世纪 90 年代以来保持着所有类型回旋加速器质子束功率最高的世界纪录,2000 年以来一直在 1.2 MW 的平均束流功率上稳定运行[1]。目前,该回旋加速器正在升级改造,束流强度逐步提升,计划近年平均束流功率达到 1.8 MW[2-4]。加拿大 TRIUMF 实验室的 500 MeV 回旋加速器建成 15 年后获得了平均束流强度为 200 μA 的引出束流,目前正在升级到平均束流强度 400 μA[5]。南非 200 MeV 分离扇回旋加速器目前的质子束平均强度达到 150 μA,通常可稳定提供 100 μA 给用户[6]。近年较为活跃、拥有中能重离子回旋加速器的主要研究单位有日本 RIKEN[7]、法国国家大加速器实验室 (GANIL)[8]、美国密歇根州立大学 (MSU)、美国橡树岭国家实验室 (ORNL) 和俄罗斯杜布纳 (JINR, Dubna) 等。法国 GANIL 的碳离子和氩离子束流功率已超过 3 kW[8]。

(2) 多用途。回旋加速器具有平均束流强度高、建造费用少、效率高、运行成本低、故障率低等特点,在基础研究、国防科研、能源领域、生命科学和材料科学等多方面都有着十分广泛的应用。美国密歇根州立大学超导回旋加速器国家实验室(NSCL)的 K500 和 K1200 超导回旋加速器组合[9]是 2000 年以来建设的最先进的回旋加速器之一,主要用于放射性核束等核物理前沿基础研究;日本 RIKEN 已建成世界上能量最高的重离子回旋加速器[7],整个回旋加速器系统是由 5 个回旋加速器组合而成,后 3 台分别是常温 K570、常温 K980 和超导 K2500 回旋加速器[10],K2500 是一台全超导的等时性回旋加速器,已成功加速并引出 345 MeV/u 铀离子束。在能源领域,欧洲 CERN[11]、意大利能源环境研究院(ENEA)[12,13]、瑞士 PSI、比利时 IBA 公司[14]、美国阿贡国家实验室(ANL)[15]等国家实验室和商业公司均提出强流质子回旋加速器驱动次临界装置(ADS)的方案;用高功率束回旋加速器嬗变处理轻水堆核电站等核设施产生的长寿命放射性核废物,有可能为目前我国大量发展核电提供一条解决环保问题的好的技术路径[16]。质子回旋加速器在心、脑疾病的诊断和恶性肿瘤的诊断与治疗[17],新药研制和分子影像学研究等生命科学领域中,已经成为运行稳定、性能可靠的先进设备,每年新建的质子能量在 10~250 MeV 范围内的各种医用回旋加速器达上百台;以加速碳离子为主的回旋加速器在重离子治疗中也在逐步得到广泛的应用[18]。受众多需求的驱动,越来越多的回旋加速器正在朝着单一独特性能的方向发展。

(3)新技术。回旋加速器领域围绕强流这个主题进行研究并正在逐步解决的若干新技术问题主要包括:高亮度离子源技术[19]、强流回旋加速器非线性束流动力学 PIC 模拟新技术[20]、注入匹配[2]和中心区弱聚焦的空间电荷限制与补偿、MW 级大功率高稳定性高频系统[21]、FFAG 等强聚焦大接收度磁铁工艺技术[22]、大抽速低温冷板真空技术[23]、引出过程束流损失的控制[4]和大功率束流收集器技术[24]等。回旋加速器领域除了围绕强流这个主题发展了一系列新技术以外,在回旋加速器总体设计与发展策略上,近年的发展特征主要体现在:强流、高功率回旋加速器均采用分离扇形,提出加速 H_2^+ 剥离引出质子有望挑战现有的高平均束流功率极限[25];中等能量的回旋加速器朝着紧凑型结构、单一独特性能、高性能投资比的方向发展,自从 2004 年中国原子能科学研究院正式确定 100 MeV 强流回旋加速器仍然采用紧凑型结构作为建造方案之后[26],意大利 C. Rubbia 小组认为"到目前为止还没有建造出这种类型的机器",2 个月后其项目建议书中也将 140 MeV 回旋加速器设计为紧凑型结构[12,13],随后,2005 年法国 Nantes[27]、2008 年意大利 INFN - LNL[28]和美国 ORNL[29]的 70 MeV 回旋加速器建造方案,均采用紧凑型结构,更高能量的重离子回旋加速器也在努力采用紧凑型结构[18];低能回旋加速器已经商业化,有大量的回旋加速器广泛应用于核医学和放射医学,主要关键技术是提高回旋加速器的设备可靠性和运行智能化,在北美已构建医用回旋加速器的运行和技术支持网络 PETNET[30]。

11.2 国内发展现状

国内开展重离子回旋加速器研究和应用工作的单位主要是中国科学院兰州分院近代物理研究所。20 世纪 80 年代,该所建成 HIRFL 装置[31],其主加速器是一台 K450 的四分离扇的等时性回旋加速器,可以加速一直到铀的重离子,最高能量可达 100 MeV/u。目前,在原有双等时性回旋加速器组合[32] HIRFL 装置的基础上,已建成了 HIRFL – CSR 工程[33],包括:主环 CSRm、实验环 CSRe、束运线、放射性束(RIB)分离器、试验探测装置和 HIRFL 改进工程。CSRm 周长为 161 m,设计最高加速能量为 900 MeV/u($12C^{6+}$)和 400 MeV/u($238U^{72+}$),CSRe 周长为 129 m,接收能量为 600 MeV/u($12C^{6+}$)和 400 MeV/u($238U^{90+}$)。

1996 年中国原子能科学研究院研制成功的 30 MeV 强流质子回旋加速器的束流功率达到 10.5 kW[34]。在 2009 年年底中国原子能科学研究院已建成一台强流回旋加速器综合试验装置,该装置可用于研究、验证 mA 量级的负氢离子回旋加速器相关技术和 10 MeV 医用 PET 回旋加速器样机技术[35]。该装置内靶平均束流强度高于 430 μA,8 h 运行的束流稳定度高于 0.5%[36]。2014 年,中国原子能科学研究院成功研制了 100 MeV 强流回旋加速器,设计指标为能量 75 ~ 100 MeV 连续可调,束流可双向引出,功率为 20 ~ 50 kW[26];2018 年,外靶束流强度达到 520 μA,获得了国际上紧凑型质子回旋加速器的最高靶上功率 52 kW。2020 年 9 月,中国原子能科学研究院研制的 230 MeV 超导回旋加速器获得了 231 MeV 的质子。

此外,中国原子能科学研究院还建成了平均流强达到 15 mA 以上的负氢离子源[37]和 60 mA 以上的质子 ECR 离子源等强流回旋加速器关键设备。

11.3 未来发展趋势及应用方向

根据瑞士 PSI 和加拿大 TRIUMF 实验室等回旋加速器主要研究机构最近的

研究计划以及最近两届国际回旋加速器及应用会议的主要报告,国际大型质子回旋加速器将继续向高平均束流强度和高稳定性的方向发展;中等能量和小型回旋加速器将面对不同领域的需求,向功能单一、结构简单、设备可靠、运行方便的方向发展。质子回旋加速器面临的挑战性问题是高能强流等时性加速器物理、轻量化全超导技术、高功率高频系统及其稳定性技术和放射性剂量与安全问题。重离子回旋加速器的发展趋势也是实现更高束流强度、更高能量;重离子回旋加速器的更高精密度和小型化技术是重离子治癌等应用项目的迫切要求[38]。

回旋加速器覆盖了数 MeV 至 GeV 能区,所提供的质子束、重离子束及它们产生的中子、介子和放射性核束,在基础研究、国土安全和重大国民经济应用领域有广泛的应用。中国原子能科学研究院提出的基于回旋等时性原理的 2 GeV 高功率等时性 FFAG,以其高达约 30% 的能量效率(束流功率与加速器总功率的比)有望在高亮度前沿物理、先进核能等领域有重大应用。除了上述提到的具体应用之外,回旋加速器还有望用于生产目前主要依靠反应堆生产的、包括 ^{99}Mo-^{99m}Tc 等核医学广泛使用的同位素[39,40]。加拿大鼓励利用低能小型回旋加速器生产 ^{99m}Tc,初步研究结果表明 14 MeV、400 μA 质子束辐照 4 h 的产额达到 5 600 mCi[41],与反应堆相比,回旋加速器具有设施建造、运行费用低,安全灵活的特点。下面再列举几个回旋加速器的若干实际应用或极有可能的发展方向。

(1)5~10 MeV 强流小型回旋加速器(作为中子源,用于核物理基础研究、BNCT 等医学应用);

(2)10~15 MeV 医用小型回旋加速器(用于 PET 与即时药物配送中心);

(3)20 MeV 强流回旋加速器(用于 ^{57}Co、^{103}Pd 等放射性同位素生产及癌症治疗种子源的制备);

(4)30 MeV 医用回旋加速器(用于多种中、短寿命放射性同位素生产);

(5)70 MeV 医用回旋加速器(用于眼睛等部位的恶性肿瘤治疗、多种放射性同位素生产等);

(6)100 MeV 强流回旋加速器(用于国防核科学研究,放射性核束物理、核天体物理等基础研究,放射性同位素生产,眼睛等部位的恶性肿瘤治疗等);

(7)100~250 MeV 轻量化全超导回旋加速器(用于癌症的质子治疗、特殊环境质子束应用);

(8)200~250 MeV 质子回旋加速器(用于癌症的质子治疗、单粒子效应研究等);

（9）400 MeV 碳离子回旋加速器（用于恶性肿瘤治疗等）；

（10）800～2 000 MeV 高功率质子回旋加速器（用于放射性核束物理、超重元素合成、原子核高自旋态、中微子、μ 子、K 介子等核物理与粒子物理前沿基础研究；为核能开发、核废料嬗变、特殊材料检验、生产方法研究、中子照相、质子连续脉冲照相、中子散射等提供综合性的研究设施）。

此外，超导技术与回旋加速器技术相结合，在减小回旋加速器尺寸、质量方面潜力很大。美国的 Ionetics 公司研发了 10 MeV 用于放药生产的超紧凑型超导回旋加速器，美国的 Mevion、欧洲的西门子（收购了美国的 Varian 公司）、IBA 公司，日本的住友重工及国内的中国原子能科学研究院等单位都研制了基于超导回旋加速器、相比基于常温回旋加速器的质子治疗设备更为紧凑的质子治疗系统。随着超导材料工艺一致性、超导复杂线圈的绕制固定工艺、超导多磁元结构的支撑固定工艺、失超保护技术等的提升，未来采用超导线圈代替铁芯磁极与磁轭、全超导磁体作为主磁铁的超轻量化、超紧凑型全超导回旋加速器将使国土安全、可移动检测等一些极端追求减小整机质量的特殊应用成为可能，并有望基于全超导回旋加速器建成更轻、与旋转机架结合更紧密进而结构更紧凑的质子治疗系统，为降低癌症质子治疗系统成本、惠及更多病患做出贡献。

回旋加速器是众多需求的结合点，我国在这方面的自主创新能力与国际上最好水平还有差距，回旋加速器研发的投入也较少。如果国家有关部门进一步给予重视，将强流回旋加速器技术研究纳入长期发展规划，重点研究强流质子束、负氢离子束、重离子束的产生机制和注入技术，高功率高频新技术，高温超导磁工艺技术，强流束诊断技术，新型磁合金材料等，以可持续地提高我国的强流回旋加速器性能，则有望使我国的强流回旋加速器综合技术达到国际领先水平。

参 考 文 献

[1] STAMMBACH T H. The PSI 2mA beam and future applications, Proc. of 16th International Conference on Cyclotrons and Their Applications, 2001, East Lansing, USA.

[2] SCHMELZBACH P A. Current and future developments at the Paul Scherrer Institute, XXXIV European Cyclotron Progress Meeting, 2005, Belgrade, Serbia and Montenegro.

[3] SEIDEL M, SCHMELZBACH P A. Upgrade of the PSI cyclotron facility to 1. 8

MW, Proc. Cycl. and their Appl. 2007, Giardini Naxos, Italy: 157.

[4] SEIDEL M. Production of a 1.3 MW proton beam at PSI. The First International Particle Accelerator Conference, May 23 – 28, 2010, Kyoto.

[5] DUTTO G. TRIUMF high intensity cyclotron development for ISAC. Proc. of 17th International Conference on Cyclotrons and Their Applications, 2004, Tokyo, Japan.

[6] CONRADIE J L. Cyclotrons at Ithemba Labs. Proc. of 17th International Conference on Cyclotrons and Their Applications, 2004, Tokyo, Japan.

[7] KASE M. Present status of the riken ring cyclotron, Proceedings of Cyclotrons 2004, Tokyo, Japan.

[8] JACQUOT B. Ganil Status Report, Proceedings of Cyclotrons 2004, Tokyo, Japan.

[9] Marti F. Commissioning of the coupled cyclotron system at NSCL, Proc. of 16th International Conference on Cyclotrons and Their Applications, 2001, East Lansing, USA.

[10] YANO Y. The riken RI beam factory project: a status report, NIM – B 261, Aug. 2007: 1009 – 1013.

[11] FIETIER N, MANDRILLON P. A three – stage cyclotron for driving the energy amplifier, CERN/AT/95 – 03.

[12] RUBBIA C. Trade: general lay – out of the experimental facility [R]. TRADE Technical Report, 2004.

[13] CIANFARANI C. Preliminary conceptual design of trade cyclotron. ENEA, 2004.

[14] JONGEN Y. New cyclotron developments at IBA. Proc. of 17th International Conference on Cyclotrons and Their Applications, Oct. 18 – 22, 2004, Tokyo.

[15] IMEL G. Experimental techniques for ADS: from muse to trade and future transmutators. TRADE Workshop in the Frame of IP – Eurotrans, 2004.

[16] 赵志祥. 嬗变核废料的加速器驱动次临界系统关键技术研究. 973 计划 2007 年立项项目建议书.

[17] FRANZ J B. Massachusetts general hospital technical team and IBA poton therapy group, operation of a cyclotron based therapy facility. Proc. of the 17th International Conference on Cyclotrons and Their Applications, 2004.

[18] JONGEN Y. IBA C400 cyclotron project for hadron therapy. Proc. of 18th International Conference on Cyclotrons and Their Applications, Oct. 1 – 5,

2007, Giardini Naxos: 151 – 156.

[19] ZHAO H W. World – wide developments of intense ECR ion sources. The First International Particle Accelerator Conference, May 23 – 28, 2010, Kyoto.

[20] YANG J J. Beam dynamics in high intensity cyclotrons including neighboring bunch effects: model, implementation and application [J]. Phys. Rev. ST Accel. Beams 13, 064201, 2010.

[21] BOPP M, FITZE H, SIGG P. Upgrade concepts of the PSI accelerator RF systems for a projected 3 mA operation. Proc. of 16th International Conference on Cyclotrons and Their Applications, 2001, East Lansing, USA.

[22] YOSHIHARU M. FFAG developments in Japan. Proc. of 19th International Conference on Cyclotrons and Their Applications, Sept. 6 – 10, 2010, Lanzhou.

[23] SEKACHEV I. TRIUMF cyclotron vacuum system upgrade and operational experience. Proc of PAC09, Vancouver, 2009.

[24] BAARTMAN R, POIRIER R, DUTTO G. The TRIUMF cyclotron 2005 – 2010. www.triumf.ca/people/baartman/5 ypTownHall, Sept. 21, 2002.

[25] LUCIANO C. A multi megawatt cyclotron complex to search for CP violation in the neutrino sector. Proc. of 19th International Conference on Cyclotrons and Their Applications, Sept. 6 – 10, 2010, Lanzhou.

[26] ZHANG T J. A new project of cyclotron based radioactive ion beam facility. Proc. of 3rd APAC, March 22 – 26, 2004, Gyeongju, Korea: 267 – 269.

[27] ROMAO L M. IBA C70 cyclotron development. Proc. of 18th International Conference on Cyclotrons and Their Applications, Oct. 1 – 5, 2007, Giardini Naxos: 54 – 56.

[28] http://www.lnl.infn.it/~spes/TDR2008/Chapter4_cyclotron.pdf.

[29] Holifield radioactive ion beam facility cyclotron driver white paper. Annual Science and Technology Review of the Holifield Radioactive Ion Beam Facility, Jun. 2 – 3, 2008.

[30] ZIGLER S, TORRES S. Technical support functions in a commercial PET environment: the challenge of a nationwide network. Proc of CAARI' 2006, Aug. 20 – 25, 2006, Fort Worth, USA.

[31] 中国科学院近代物理研究所. 兰州重离子研究装置进展报告（第九卷）[M]. 北京: 科学出版社, 1991.

[32] ZHAO H W. Hirfl operation and upgrade, Proceedings of Cyclotrons 2004,

Tokyo, Japan

[33] XIA J W. Dynamic studies and the initial commissioning of CSRm, Proc. of 40th ICFA Advanced Beam Dynamics Workshop, 2006.

[34] 樊明武, 张兴治, 李振国. 强流质子回旋加速器 CYCIAE-30 建成 [J]. 科学通报, 1995, 40 (20): 1825.

[35] 张天爵, 等. 强流回旋加速器综合试验装置建造 [J]. 中国物理, 2008, 32 (S1): 237-240.

[36] ZHANG T J, JIA X L, LV Y L, et al. Experimental Study for 15-20 mA dc H⁻ Multicusp Source [ ]. Review of Scientific Instruments, 2010.

[37] 中国科学技术协会, 中国核学会. 核科学技术学科发展报告 [M]. 北京: 中国科学技术出版社, 2008.

[38] JONGEN Y. A cyclotron-driven, subcritical neutron source for radioisotope production. BNS-SFEN con-ference in Brussels, 1995.

[39] MANUAL C. Lagunas-solar, cyclotron production of NCA 99mTc and Mo, an alternative non reactor supply source of instant 99mTc and 99Mo => 99mTc generators [J]. Appl. Radiat. Isot., 1991, 42 (7): 643-657.

[40] JOHNSON R R. Direct production of technetium 99m by small cyclotrons, presentation at CIAE, 2009.

习 题

第1章 习题

1. 在回旋加速器中,为了满足加速的等时性,要求回旋加速器磁场的磁感应强度随着半径逐渐增大,而轴向稳定性要求磁场的磁感应强度随半径要逐渐减小,为解决这一矛盾,主要有几种途径,请列出。

答:调制磁场(等时性回旋加速器)、调制射频频率(同步回旋加速器)、调制射频频率+调制磁场(FFAG)。

2. 论述螺旋扇形磁铁结构与径向扇形磁铁结构回旋加速器的共同点和不同点:

答:共同点:沿封闭轨道的平均磁感应强度随半径增大而增大,满足等时性的要求;磁场强度随方位角调变以产生托马斯轴向聚焦力。不同点:粒子经过螺旋扇形磁极时经历一次散焦和一次聚焦,而经过径向扇形磁极时经历两次聚焦;在不同半径上,磁感应强度的峰值不出现在同一个方位角上,或者说磁感应强度峰值形成螺旋形曲线。

3. 回旋加速器的主要部件有哪些?

答:回旋加速器的主要部件有主磁铁系统,高频系统,离子源,对应于外部离子源的束流的注入线系统,引出系统,束流诊断系统,真空系统及水冷、气动、电气、电源等辅助系统。

4. 证明等时性回旋加速器的磁场降落指数 $n = -\dfrac{r}{B} \cdot \dfrac{\partial B}{\partial r}$ 必须小于零。

答:等时性要求 $\dfrac{E}{B(r)} = \dfrac{E_0}{B_0} = $ 常数。

由粒子能量与轨道半径之间的关系,有:

$$E = E_0 \left(1 - \dfrac{v^2}{c^2}\right)^{-\frac{1}{2}} = E_0 \left(1 - \dfrac{\omega_c^2 r^2}{c^2}\right)^{-\frac{1}{2}}$$

(ω_c 是粒子回旋角频率)

故符合等时性条件的磁场满足:

$$B = B_0 \left(1 - \dfrac{\omega_c^2 r^2}{c^2}\right)^{-\frac{1}{2}}$$

$$n = -\frac{r}{B(r)} \cdot \frac{\partial B}{\partial r} = -\frac{rB_0}{B_0\left(1 - \frac{\omega_c^2 r^2}{c^2}\right)^{-\frac{1}{2}}} \frac{\partial}{\partial r}\left(\left(1 - \frac{\omega_c^2 r^2}{c^2}\right)^{-\frac{1}{2}}\right)$$

故磁场降落指数为：

$$n = -\frac{\frac{\omega_c^2 r^2}{c^2}}{\left(1 - \frac{\omega_c^2 r^2}{c^2}\right)} = 1 - \frac{1}{\left(\left(1 - \frac{\omega_c^2 r^2}{c^2}\right)^{\frac{1}{2}}\right)^2} = 1 - \frac{E^2}{E_0^2}$$

由 $E^2 > E_0^2$ 知道 $n < 0$。

5. 对于均匀磁场（沿轴向）中质量 $m = m_0$ 的非相对论粒子（为方便起见，B_0 取为沿 z 轴的负方向，即 $B_z = -B_0$），试根据洛伦兹力和牛顿方程，推导其径向运动方程 $\ddot{x} = \omega^2(r_{eo} - x) - v\omega\left(1 + \frac{kx}{r_{eo}}\right) = -\omega^2(1+k)x$，并由此给出径向自由振荡频率 v_r 的表达式：

$$\boldsymbol{F}_L = q \cdot (\boldsymbol{v} \times \boldsymbol{B})$$

答：由牛顿方程有：

$$\frac{\mathrm{d}(m\boldsymbol{v})}{\mathrm{d}t} = \boldsymbol{F}_L$$

$$\frac{\mathrm{d}(m\dot{r})}{\mathrm{d}t} - mr\dot{\theta}^2 = q[r\dot{\theta}B_z - \dot{z}B_\theta]$$

在柱坐标系中，有：

$$\frac{\mathrm{d}(mr\dot{\theta})}{\mathrm{d}t} + m\dot{r}\dot{\theta} = q(\dot{z}B_r - \dot{r}B_z)$$

根据均匀磁场条件，有：

$$\frac{\mathrm{d}(m\dot{z})}{\mathrm{d}t} = q[\dot{r}B_\theta - r\dot{\theta}B_r],$$

$$m_0(\ddot{r} - r\dot{\theta}^2) = -qr\dot{\theta}B_0$$

$$m_0(r\ddot{\theta} + 2\dot{r}\dot{\theta}) = q\dot{r}B_0$$

$$m_0\ddot{z} = 0$$

结果是在垂直于轴向磁场方向的 $x - y$ 平面中的一个闭合圆轨道，轨道半径为 R，粒子角速度为 ω，

$$R = \frac{p}{qB_0}$$

$$\omega = \frac{q}{m_0} B_0$$

为便于公式表达，引入磁场指数 k，定义为磁场轴向分量 $B_z(r)$ 对位置 r 的导数（其他文献中常定义 $n = -k$），在相对论回旋加速器中，有 $B_z(r) = \gamma B_0$，则 k 与 γ 相关，得到 $k = k(r) = \frac{r}{B_z} \cdot \frac{\mathrm{d}B_z}{\mathrm{d}r} = \frac{r}{\gamma} \cdot \frac{\mathrm{d}\gamma}{\mathrm{d}r} = \gamma^2 - 1$。

在与方位角方向无关的磁场中，已经可以看到非相对论粒子的水平聚焦的基本特性，在这种情况下平衡轨道是一个圆，假定与磁场中心对中，所以轨道半径与径向坐标相符，即 $r = r_{eo} = R$。平衡运动的径向部分简化为：

$$m_0 \ddot{r} = m_0 r \dot{\theta}^2 - qv(r) B_z(r)$$

用 $x = (r - r_{eo})$ 重写方程，x 给出粒子对平衡轨道的偏离情况，绕平衡轨道对磁场 $B_z(r)$ 展开，并考虑到偏离粒子具有相应平衡轨道的速度这个因素，进行下列替代：

$$x = (r - r_{eo})$$

$$\ddot{x} = \ddot{r}$$

$$\dot{\theta} = \omega \,(\text{当 } r = r_{eo} \text{ 时})$$

$$\dot{\theta} = \omega \frac{r_{eo}}{r}$$

当粒子偏离中心轨道，但具有相同速度时，有：

$$r\dot{\theta}^2 = \omega^2 \left(\frac{r_{eo}^2}{r}\right) \cong \omega^2 (r_{eo} - x)$$

$$\omega = \frac{q}{m} B_z(r_{eo}) = \frac{v(r_{eo})}{r_{eo}}$$

$$B_z(r) = B_z(r_{eo}) + \left(\frac{\mathrm{d}B_z}{\mathrm{d}r}\right) x + \text{高阶项}$$

$$= B_z(r_{eo}) \left(1 + \frac{kx}{r_{eo}} + \cdots\right)$$

忽略高阶项，x 的微分方程为：

$$\ddot{x} = \omega^2 (r_{eo} - x) - v\omega \left(1 + \frac{kx}{r_{eo}}\right) = -\omega^2 (1 + k) x$$

这是一个谐振方程，它的一个特解为：

$$x = x_0 \cos(v_r \omega t)$$

其中 $v_r^2 = 1 + k = \gamma^2$，是径向自由振荡频率，x_0 是振幅。

第 2 章 习题

1. 证明经典回旋加速器中保持粒子横向运动稳定的要求是：场指数 $0 < n < 1$。

2. 在经典回旋加速器中，推导回旋加速器完成满足等时性的磁场条件以及此时的径向和轴向 tune 值，说明满足完全等时性的经典回旋加速器轴向运动是不稳定的。

3. 一台 230 MeV 质子等时性回旋加速器，为了对束流的轴向包络进行有效约束，要求轴向 $v_z > 0.2$。（1）若采用直边扇结构，要求的磁场调变度最小是多少？（2）若磁铁工程仅能提供最高 0.08 的调变度，要求磁铁提供的最小螺旋角是多少？

4. 对于紧凑型、小气隙的回旋加速器，最重要的限制是轴向空间电荷力，这样的限制决定了被加速束流的强度。假定一台 100 MeV 回旋加速器的轴向 v_z 约为 0.6，接受相宽为 40°，能量圈增益为 0.2 MeV，高频频率为 44.4 MHz，谐波数为 4，基于完全圈重叠的假定求解回旋加速器的束流强度限值。

5. 从描述共振的哈密顿量推导回旋加速器中一次谐波带来的轨道中心偏移为：

$$\Delta x = \frac{rB_1}{2(v_r - 1)}$$

式中，r、v_r、B_1 分别为粒子轨道半径、径向 tune 值和一次谐波幅值。

6. 在低能等时性回旋加速器中存在哪些主要共振？

答：$v_r = 1$ 共振。由磁场的一次谐波分量引起，会导致循环发射度的快速增长，严重影响束流品质。$2v_r = 2$ 共振，由磁场的二次谐波分量和平均磁场误差引起，二次谐波场会导致相空间变形，径向振荡频率接近 1 时会导致束流不稳定。$v_r = 2v_z$ 共振，又称为 Walkinshow 共振，由磁场的径向导数激发，会导致横向自由振荡和轴向自由振荡的能量交换，如果径向束流品质不好，束流轴向包络会快速增长，损失在 D 形盒或者磁铁上。

7. 假定加速圈数为 500，4 次谐波加速，问：在等时性回旋加速器中，同时被加速的束团最多能有多少个？在同步加速器中，同时被加速的束团最多有多少个？

答：回旋加速器中能同时被加速的束团最多有 $4 \times 500 = 2\,000$（个），同步加速器中能同时加速的束团最多只有 4 个。

8. Tevatron 是美国费米国家实验室的一个圆形质子加速器，它采用磁感应强度很大的超导二极磁铁。它的半径约为 1 km，能够加速质子到 900 GeV（总能量)。求解：使总能量为 900 GeV 的质子在设计的轨道上运动的磁感应强度是多少？该回旋加速器的回旋频率是多少？质子在注入 Tevatron 时的能量为 150 GeV，求质子刚注入时的回旋频率。

答：900 GeV 质子的磁钢度为

$$B_\rho = \frac{[W(W+2\varepsilon_0)]^{1/2}}{qe}$$

能量单位选为 MeV，光速 $c = 3 \times 10^8$ m/s，得到磁钢度为 3 000 T·m，所以磁场强度 $B = 3.0$ T。

回旋频率为

$$f = \frac{v}{2\pi r} = \frac{c}{2\pi r}\beta = \frac{c}{2\pi r}\left[1 - \left(\frac{\varepsilon_0}{\varepsilon_0 + W}\right)^2\right]^{1/2}$$

代入 $W + \varepsilon_0 = 900$ GeV，得到 $f = 47\ 746.5$ Hz。

质子刚注入时，代入 $E = 150$ GeV，得到 $f = 47\ 745.5$ Hz。

9. 推导带电粒子在常梯度磁场中的运动方程，并论述在弱聚焦回旋加速器中的粒子运动的稳定性条件。

答：柱坐标系下粒子在恒定磁场中的运动方程可以写为径向、轴向。

$$\frac{\mathrm{d}}{\mathrm{d}t}\left(m\frac{\mathrm{d}r}{\mathrm{d}t}\right) = mr\left(\frac{\mathrm{d}\theta}{\mathrm{d}t}\right)^2 + qeB_z r\frac{\mathrm{d}\theta}{\mathrm{d}t} - qeB_\theta\frac{\mathrm{d}z}{\mathrm{d}t}$$

$$\frac{\mathrm{d}}{\mathrm{d}t}\left(m\frac{\mathrm{d}z}{\mathrm{d}t}\right) = qeB_\theta\frac{\mathrm{d}r}{\mathrm{d}t} - qeB_r r\frac{\mathrm{d}\theta}{\mathrm{d}t}$$

恒定常梯度轴对称磁场中，$B_\theta = 0$，上式可以化为

$$\frac{\mathrm{d}}{\mathrm{d}t}\left(m\frac{\mathrm{d}r}{\mathrm{d}t}\right) = mr\left(\frac{\mathrm{d}\theta}{\mathrm{d}t}\right)^2 + qeB_z r\frac{\mathrm{d}\theta}{\mathrm{d}t} \qquad (1)$$

$$\frac{\mathrm{d}}{\mathrm{d}t}\left(m\frac{\mathrm{d}z}{\mathrm{d}t}\right) = -qeB_r r\frac{\mathrm{d}\theta}{\mathrm{d}t} \qquad (2)$$

其中，$B_z = Cr^{-n}$，偏离中心平面的 B_r 分量为

$$B_r \approx \left(\frac{\partial B_r}{\partial z}\right)z$$

根据洛伦兹方程

$$\nabla \times B = 0 \Rightarrow \frac{\partial B_r}{\partial z} \approx \frac{\partial B_z}{\partial r}$$

代入式 (2) 得到

$$\frac{\mathrm{d}}{\mathrm{d}t}\left(m\frac{\mathrm{d}z}{\mathrm{d}t}\right) = qe\left(\frac{\partial B_z}{\partial r}\right)zr_c\frac{\mathrm{d}\theta}{\mathrm{d}t}$$

考虑到粒子轴向偏离量较小，可以得到

$$\frac{d}{dt}\left(m\frac{dz}{dt}\right) = m\omega^2 \frac{r_c}{B_c}\left(\frac{\partial B_z}{\partial r}\right)_c z$$

代入 B_z 的表达式可以得到轴向振荡方程：

$$\frac{d}{dt}\left(m\frac{dz}{dt}\right) = -m\omega^2 n z$$

接下来考虑径向运动方程：

$$\frac{d}{dt}\left(m\frac{dr}{dt}\right) = \frac{mv^2}{r} + qeB_z v$$

偏离平衡轨道值 $x = r - r_c$，则

$$\frac{mv^2}{r} = m\frac{v^2}{r_c + x} \approx m\frac{v^2}{r_c}\left(1 - \frac{x}{r_c}\right)$$

偏离位置的磁场为

$$B_z(r) \approx B_c + \left(\frac{\partial B_z}{\partial r}\right)_c x$$

代入径向运动方程可以得到为

$$\frac{d}{dt}\left(m\frac{dx}{dt}\right) = -m\omega^2(1-n)x$$

由此可以得到弱聚焦回旋加速器的稳定性条件为 $0 < n < 1$。

第 3 章 习题

1. 给定紧凑型回旋加速器中心磁场的磁感应强度 B_0，试推导回旋加速器引出能量 W 与对应的理论等时性平均磁场 B 的关系。

答：由等时性有 $T = \frac{2\pi m}{qB(W)} = \frac{2\pi m_0}{qB_0}$。

将 $m = m_0\gamma = m_0\left(1 + \frac{W}{m_0 c^2}\right)$ 代入上式，有 $B(W) = B_0\left(1 + \frac{W}{m_0 c^2}\right)$。

2. 求证在等时性回旋加速器中，平均磁场降落对数梯度满足：$n = 1 - \frac{\varepsilon^2}{\varepsilon_0^2}$。

答：等时性要求：$\omega = \frac{qB}{m} = $ 常数，设 $B_0 = \frac{m_0\omega}{q}$，则 $B = B_0\gamma$。

$$n = -\frac{r}{B}\cdot\frac{\partial B}{\partial r} = -\frac{r}{B_0\gamma}\cdot\frac{\partial(B_0\gamma)}{\partial r} = -\frac{r}{\gamma}\cdot\frac{\partial(\gamma)}{\partial r} = -\frac{r}{\gamma}\beta\gamma^3\frac{\partial\beta}{\partial r}$$

$$\gamma = \frac{1}{\sqrt{1-\beta^2}}, \beta = \frac{v}{c} = \frac{\omega r}{c}, \frac{\partial\beta}{\partial r} = \frac{\omega}{c} = \frac{\beta}{r}$$

$$n = -\frac{r}{\gamma}\cdot\frac{\partial(\gamma)}{\partial r} = -\frac{r}{\gamma}\beta\gamma^3\frac{\partial\beta}{\partial r} = -\beta^2\gamma^2 = 1 - \gamma^2 = 1 - \frac{\varepsilon^2}{\varepsilon_0^2}$$

3. 由基本共振方程 $v_r = \dfrac{N}{2}$，说明为什么没有两片扇叶的回旋加速器，并给出三扇叶回旋加速器和四扇叶回旋加速器加速质子的能量上限。

答：当磁场满足等时性时，知道磁场指数 $k = -n = \gamma^2 - 1$，由振荡频率公式

$$v_z^2 = -k + \frac{N^2}{N^2 - 1} \cdot F \cdot (1 + 2 \cdot \tan^2 \xi)$$

$$v_r^2 = 1 + k + \frac{3 \cdot N^2}{(N^2 - 1) \cdot (N^2 - 4)} \cdot F \cdot (1 + \tan^2 \xi)$$

得到径向自由振荡频率 $v_r = \gamma + \cdots$，其中"$\cdots$"项与 N、F 和 ξ 有关。

在回旋加速器的中心区，$v_r = 1$，所以 $N = 2$ 的回旋加速器在中心区不稳定，因此不存在两扇叶回旋加速器。

对于三扇叶回旋加速器，加速质子所能达到的最大动能限制在 469 MeV $\left(\gamma = \dfrac{3}{2}\right)$，对于四扇叶回旋加速器，加速质子所能达到的最大动能限制在 938 MeV $\left(\gamma = \dfrac{4}{2}\right)$。但实际上粒子能够加速的能量比上述限制值更小，因为与 N、F 和 ξ 有关的项将使径向自由振荡频率 v_r 增加。

4. 在水流速为 2.5 m/s，铜水管载流截面积为 107.383 3 mm²（12×12 方管，倒角）；铜水管通水内径为 6.5 mm 的情况下，试给出通电电流为 179.17 A 时的线圈温升。

5. 当要求最终的积分滑相在 ±10° 以内时，一台引出能量为 100 MeV、引出区磁场的磁感应强度为 7 400 Gs、采用四次谐波加速器、圈能量增益为 0.2 MeV 的回旋加速器允许的每圈磁场测量平均误差为多少？

答：由每圈滑相：

$$\Delta\phi = \frac{\Delta B}{\bar{B}} \times h \times 2\pi$$

总滑相：

$$\Delta\varphi = \frac{\Delta B}{\bar{B}} \times h \times 2\pi \times E_{end}/\Delta E$$

得到：

$$\Delta B = \frac{\bar{B} \times \Delta\varphi \times \Delta E}{(2\pi h E_{end})}$$

代入上述参数可以得到允许测量误差为 ±10 Gs。

6. 回旋加速器通用磁元件磁场测量有哪两种主要方法？说明测磁仪的基本技术要求、设备构成并进行常见问题分析？

答：回旋加速器通用磁元件磁场测量的两种主要方法是电磁感应法和霍尔效应法。测磁仪的技术要求主要包括测量精度和定位精度两方面。一般而言，磁场测量要求径向和角向定位精度分别为 0.2 mm 和 50"，磁场测量对测磁仪系统误差要求也非常严苛，水平对中误差和角向对中误差要求分别好于 0.05 mm 和 0.2 mm，测磁仪水平倾斜则要小于 0.02°。设备构成主要有：测量探头、机械定位设备、电子学设备（包括位置传感器、积分器、ADC 或 V/F 转换器等）。常见问题包括定位误差、测量随机误差的计算等。

第 4 章 习题

1. 并联谐振回路如下图所示。已知通频带 B、电容 C，若回路电导为 G，试证明：$G = 2\pi BC$。若给定 $C = 10$ pF，$B = 6$ MHz，$R_p = 20$ kΩ，$R_g = 6$ kΩ，求 R_L。

答：
（1）证明：

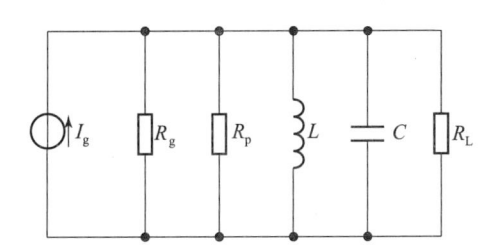

因为电路总电导 $G = \dfrac{1}{R} = \dfrac{1}{R_g} + \dfrac{1}{R_p} + \dfrac{1}{R_L}$，$Q_L = \dfrac{R}{\omega_0 L}$，而 $B = \dfrac{f_0}{Q_L}$，所以

$$B = \dfrac{f_0}{R/(\omega_0 L)} = \dfrac{\omega_0 L f_0}{R}$$

$$G = \dfrac{1}{R} = \dfrac{B}{\omega_0 L f_0}$$

又因为

$$\omega_0 = 2\pi f_0 = \dfrac{1}{\sqrt{LC}}$$

$$\omega_0 f_0 = \dfrac{1}{\sqrt{LC}} \times \dfrac{1}{2\pi\sqrt{LC}} = \dfrac{1}{2\pi LC}$$

所以

$$G = \frac{B}{\frac{L}{2\pi LC}} = 2\pi BC$$

（2） $G = 2\pi BC = 6.28 \times 6 \times 10^6 \times 10 \times 10^{-12}$ S $= 3.77 \times 10^{-4}$ S

$\frac{1}{R_L} = G - \frac{1}{R_g} - \frac{1}{R_p} = \left(3.77 \times 10^{-4} - \frac{1}{20 \times 10^3} - \frac{1}{6 \times 10^3}\right)$ S

$= 1.6 \times 10^{-4}$ S

$R_L = \frac{1}{1.6 \times 10^{-4}}$ Ω $= 6.3$ kΩ

2. 在某放大电路输入端测量到输入正弦信号电流和电压的峰–峰值分别是 5 μA 和 5 mV，输出端接 2 kΩ 电阻负载，测量到正弦信号电压峰–峰值为 1 V。试计算该放大电路的电压增益 A_v、电流增益 A_i、功率增益 A_p，并分别换算成 dB 数表示。

答：电压增益 $A_v = \dfrac{V_o}{V_i} = \dfrac{1 \text{ V}}{0.005 \text{ V}} = 200$

$20\lg|A_v| = 20\lg 200 \approx 46 \text{ (dB)}$

电流增益 $A_i = \dfrac{i_o}{i_i} = \dfrac{1 \text{ V}/2\,000 \text{ Ω}}{5 \times 10^{-6} \text{ A}} = 100$

$20\lg|A_i| = 20\lg 100 \approx 40 \text{ (dB)}$

功率增益 $A_p = \dfrac{p_o}{p_i} = \dfrac{(1 \text{ V})^2/2\,000 \text{ Ω}}{5 \times 10^{-3} \text{ V} \times 5 \times 10^{-6} \text{ A}} = 20\,000$

$10\lg A_p = 10\lg 20\,000 \approx 43 \text{ (dB)}$

3. 空气填充的同轴线，外导体内半径 b 与内导体半径 a 之比分别为 $b/a = 2.3$ 和 $b/a = 3.2$，求同轴线的特性阻抗各是多少。若保持特性阻抗不变，填充介质 $\mu_r = 1$，$\varepsilon_r = 2.25$，此时的 b/a 应为多少？

答：同轴线特性阻抗为 $Z_c = \dfrac{1}{\sqrt{\varepsilon_r}} 60 \ln \dfrac{b}{a}$。

（1）空气填充时，$\varepsilon_r = 1$，故

$Z_{c1} = 60 \ln \dfrac{b}{a} = 60 \ln(2.3) = 50 \text{ (Ω)}$

$Z_{c2} = 60 \ln \dfrac{b}{a} = 60 \ln(3.2) = 70 \text{ (Ω)}$

（2）若特性阻抗保持不变，填充介质 $\mu_r = 1$，$\varepsilon_r = 2.25$ 后的内、外半径比 b/a 应变为：

$$\frac{b}{a} = e^{\frac{Z_c \sqrt{\varepsilon_r}}{60}}$$

当 $Z_c = Z_{c1}$ 时，$\frac{b}{a} = 3.49$；

当 $Z_c = Z_{c2}$ 时，$\frac{b}{a} = 5.75$。

4. 已知调制信号 $v_\Omega(t) = V_\Omega \cos\Omega t$，载波 $v_0(t) = V_0 \cos\omega_0 t (\omega_0 \gg \Omega)$，调制幅度为 m_a，调制指数为 m_f，分别写出载波被抑制的调幅波、单边带信号、调频波的表达式。

答：（1）载波被抑制的调幅波：$v(t) = V_\Omega \cos\Omega t \cdot V_0 \cos\omega_0 t$

（2）单边带信号：$v(t) = \frac{1}{2} V_\Omega \cdot V_0 \cos(\omega_0 + \Omega) t$

（3）调频波：$v(t) = V_0 \cos(\omega_0 t + m_f \sin\Omega t)$

5. 有一个环形谐振腔（空气填充），它的尺寸如下图所示，工作频率 $f = 3$ GHz，尺寸为 $r_0 = 10$ mm，$R = 22$ mm，$l = 7$ mm，$d = 1$ mm，问：若使其工作频率增加 50 MHz，电容应改变多少？

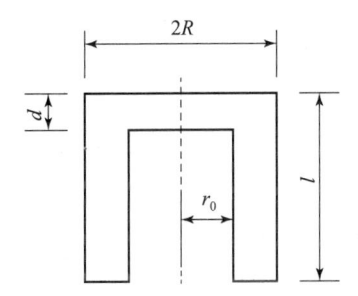

答：

环形腔的谐振频率为：

$$f_r = \frac{1}{2\pi} \frac{1}{\sqrt{LC}} = \frac{1}{2\pi r_0} \sqrt{\frac{2d}{\mu\varepsilon l \ln(R/r_0)}}$$

当 $\mu = 4\pi \times 10^{-7}$ H/m，$\varepsilon = 8.8538 \times 10^{-12}$ F/m，$r_0 = 10$ mm，$R = 22$ mm，$l = 7$ mm，$d = 1$ mm 时，由上式计算得 $f_r = 2.872$ GHz。

环形腔缩短部分在不考虑边缘效应时可近似视为平板电容器，其电容量为

$$C = \frac{\varepsilon s}{d}$$

式中，$s = \pi r_0^2$ 为圆形平板面积。

由谐振频率公式解得：

$$C = \frac{1}{(2\pi f_r)^2 l}$$

当 f_r 增加 $\Delta f_r = 50$ MHz 时，电容量变化为：

$$\Delta C = \frac{1}{[2\pi(f_r + \Delta f_r)]^2 L} - \frac{1}{[2\pi f]^2 L}$$

电感 L 由下式计算：

$$L = \frac{\mu l}{2\pi} \ln\left(\frac{R}{r_0}\right) = 11.0384 \times 10^{-8} \text{ H}$$

因此，电容变化量为：

$\Delta C = 0.0268766 \times 10^{-12} - 0.0278205 \times 10^{-12} = -0.0009439 \times 10^{-12}$ (F/m)

第 5 章 习题

1. 给出束流发射度与亮度的定义。

答：发射度由下式给定：

$$\varepsilon_x = \iint_\Sigma \mathrm{d}x \mathrm{d}x' / \pi$$

式中，Σ 为积分区域的边界，对于轴对称束流，x 方向和 y 方向是一样的。

束流强度、束流横截面和横向散角（即束流发散度）是表征束流品质好坏的重要参数。在设计离子源时，总是希望得到的束流强度尽可能大一些，而同时使束流的横截面和散角尽可能小一些（即束流发射度小一些）。为了对束流品质参数进行综合描述，特引入亮度的概念：亮度定义为单位立体角的束流密度。因此，亮度不只与束流强度有关，而且与粒子的状态有关。它与束流强度和发射度的关系如下：

$$B = 2I/\pi^2 \varepsilon^2$$

式中，I 为束流强度。如果束流非轴对称，则亮度写为：

$$B = 2I/(\pi^2 \varepsilon_x \varepsilon_y)$$

亮度的单位为 A m^2 rad^2 或 mA · mm^{-2} · mrad^{-2}。

2. 热阴极潘宁离子源中，为了得到较多的多电荷态离子，在离子源中必须具备哪 3 个条件？

答：（1）较强的气体电离；（2）离子在放电中心区域须有足够的停留时间；（3）为了减少离子在引出时所经过的路径上由于电荷交换而损失，要求离子迅速逸出离子源并被俘获而加速。

3. 冷阴极潘宁负氢离子源的基本构成是什么？

答：冷阴极潘宁负氢离子源的基本构成包括水冷的 PIG 离子源本体、放电电源、引出电源和氢气流量控制器等。离子源本体通常包含两个位于回旋加速器中心面上下对称的钽材阴极和一个位于两个阴极之间的空心圆柱形阳极。

4．冷阴极潘宁负氢离子源的冷阴极低压（高磁场）弧放电的基本特点是什么？这种离子源的主要特性有哪些？

答：其基本特点为：磁场内电子横越磁场的速率远比离子慢，导致放电空间内形成过剩的电子云，电子云使径向电位下垂，并在阳极附近形成鞘层；阳极电流随气压线性增加，此时并未在整个放电空间形成等离子体。

这种离子源的主要特性为：运行在非常低的气压状态下，离子由体电离产生；离子源寿命比较长，达几百 h。

5．简要解释"体共振型"ECR 离子源的概念及其主要应用。

答：在 ECR 离子源技术中，由于引入了"体共振型"的概念，即在离子源的中心区域，控制磁场在一个大的区域内有均匀的分布，场的大小选为与耦合入的微波共振，使分子离解和原子电离的效率大为提高。这种离子源在两个方面有着重要的用途：产生放射性核束和强流低电荷态的离子核束，如质子束。

6．简述刘维定理的基本内容。

答：带电粒子在保守力场和外磁场中运动时，相空间内粒子代表点的密度在运动过程中将保持不变。换言之，粒子群在相空间中的行为像不可压缩的流体。

7．什么是束流发射度？归一化发射度和均方根发射度是怎样定义的？

答：束流发射度的常见定义为相面积/π。归一化发射度定义为

$$\varepsilon_n = \frac{A}{\pi}\beta\gamma$$

均方根发射度定义为

$$\varepsilon_{RMS} = 4\,(\overline{x^2}\cdot\overline{x'^2} - \overline{x x'}^2)^{1/2}$$

8．什么是束流发射度？什么是束流亮度？请分别用公式表达它们的定义。

答：束流发射度的一种常见定义为相面积 A 除以 π，用公式表示为

$$\varepsilon = \frac{A}{\pi}$$

其常用单位为（m·rad，mm·mrad）。

束流亮度的定义有两种。

（1）通过单位粒子束截面、单位立体角的束流强度称为束流亮度，用公

式表示为

$$dB = \frac{di}{dS \cdot d\Omega}$$

（2）在四维相空间（x, y, x', y'）内的粒子束流密度即束流亮度，用公式表示为

$$B = \frac{I}{V(x, y, x', y')}$$

束流亮度的两种定义方法最终都有表达式：

$$B = \frac{2I}{\pi^2 \varepsilon^2}$$

第 6 章 习题

1．简述轴向注入能够得到广泛的应用的原因。

答：

（1）可采用外部离子源：轴向注入可采用新型的离子源，如 ECR 离子源、极化离子源和产生负离子的多峰离子源。由于没有空间的限制，加速束流的强度得到很大的提高，种类也多样化。

（2）获得好的束流品质：在束流注入回旋加速器之前可以在注入线上安排聚焦元件进行束流匹配，从而到高品质的注入束流。为了回旋加速器加速得到高强度的束流，还需要在注入线上安装工作于回旋加速器频率的聚束器。

（3）提高回旋加速器的可靠性：内部离子源，尤其是负氢离子源的通气量较大，影响回旋加速器的真空度，容易导致打火等故障。采用外部离子源的这种轴向注入方式可使回旋加速器获得更好的真空度，降低维修率，提高机器的可靠性。

2．螺旋形偏转板接收度计算方法主要有哪两种？

答案：螺旋形偏转板接收度计算主要有两种方法，一种方法是采用蒙特卡洛的技术在四维相空间中产生均衡的粒子，跟踪通过螺旋形偏转板的每个粒子，检测粒子和电极的碰撞，这种方法的优点是对非线性光学的情况也适用，其缺点是计算所需的 CPU 时间较多；另一种方法是采用传输矩阵，计算粒子的接收度。

3．多粒子模拟跟踪进行径向相空间匹配的具体步骤是什么？

答：具体步骤如下：（1）基于中心粒子轨道的结果，从注入点附近选取大量的（r, P_r），从注入能量开始加速多圈到一高能量处，将处于该能量处的

静态接收相椭圆内的注入点粒子坐标记录下来；

（2）对中心相位及最大、最小相位进行同样的计算，将注入点处记录不同相位的粒子的重合部分进行椭圆拟合，即可得到接收相宽内的径向接收度。

4. 紧凑型回旋加速器中心区的特点及主要设计研究的内容是什么？

答：紧凑型回旋加速器的中心区处于主磁铁的静磁场、静电偏转板的高压电场以及高频腔的周期性高频场 3 种不同的场共同作用，又相互耦合的一个小区域内，因此粒子在紧凑型回旋加速器中心区内的运动非常复杂。对于紧凑型回旋加速器，中心区的空间非常狭小，设计难度比较大。主要设计研究的内容包括束流对中、径向和轴向相空间匹配、高频相位规划、共振处理等。

5. 分离扇回旋加速器的中心区设计中需要重点考虑的问题包括哪些？

答：

（1）注入器与加速器之间的束流匹配问题。注入束流匹配，是指在匹配点注入束流的横向相空间分布与回旋加速器在此位置的本征相椭圆一致。束流失配会引出束流在加速过程中的非相干振荡，从而使束流的包络增大，导致束流损失、回旋加速器内部部件的活化等问题。

（2）磁极头部的设计。在回旋加速器中心区，束流轨道的圈增益明显比方位角调变场回旋加速器大，加速平衡轨道和静态平衡轨道之间的差异大，因此需要考虑能量增益带来的加速轨道的畸变。可以通过对各个磁极头部的不等宽设计，对加速轨道予以修正。此外，为了将注入的束流传送到第一圈加速轨道，在第一个磁极头部位置通过改变磁极气隙高度或增加辅助的偏转元件，使束流水平方向在短距离内偏转到预定的方位角，与设计的加速轨道重合。

（3）中心区元件的机械安装。在回旋加速器中心区除了要安装束流偏转、聚焦和匹配元件外，还要有相应的束流诊断元件和束流准直元件，因此中心区空间的安排需要综合统筹考虑。

6. 叙述回旋加速器中心区相聚效应出现的原因及限制相聚效应的根本途径。

答：产生相聚现象的物理原因在于，粒子在均匀电场中的瞬时角频率是与相位相关的。

$$\Omega = \frac{qe\bar{B}}{m} - \frac{qe E_n \cos\varphi}{mv}$$

式中，E_n 是电场沿着轨道法线方向的分量。对于 $\varphi_0 < 0$ 的粒子，电场的作用趋

向于使其平均角频率降低；对于 $\varphi_0 > 0$ 的粒子，电场使其平均角频率增高。这导致所有粒子的相位聚集到 φ_0 附近。限制相聚效应的根本途径在于减小粒子在高频电场中运行的轨道长度，这包括减小电场空间分布的有效宽度和增大初始轨道的曲率半径。

第 7 章　习题

1. 回旋加速器通常有哪些引出方法，加速正/负离子的回旋加速器最常用的引出方式是什么？

答：常用引出方法有剥离引出、直接引出、共振进动引出、再生引出、自引出等。加速正离子的回旋加速器最常用的引出方法为共振进动引出；加速负离子的回旋加速器最常用的引出方法为剥离引出。

2. 增加圈间距的方法有哪些？

答：加载非常高的高频 D 电压，提高加速过程中的能量增益，或者在引出区通过磁通道激发整数/半整数共振。

3. 50 MeV 回旋加速器的圈能量增益为 200 keV，引出半径为 1 m，求引出区圈间距。

答：根据下式计算：

$$\frac{\Delta \bar{r}}{r} \cong \frac{1}{2} \frac{\Delta W}{W}$$

4. 采用剥离引出方法的回旋加速器，其引出设计的大概步骤为何？

5. 试述回旋加速器引出的两种主要方法以剥离引出方法的技术要点。

答：回旋加速器引出的两种主要方法为剥离引出方法和偏转引出方法。剥离引出方法主要是合理选取剥离前、后的电荷态之比以及剥离膜的位置，离子经过剥离膜后由于电荷态的改变而使束流轨道远远偏离加速轨道而自动进入引出轨道。剥离引出方法的技术要点包括剥离膜位置和厚度的选取、剥离后引出轨道的计算、剥离引出的束流光学特性分析、剥离引出的能散和经过剥离膜的散射等。

第 8 章　习题

1. 回旋加速器的设计、建造涉及哪些系统？

答：除了离子源与注入、磁铁、高频、引出与束流输运等主要系统以外，通常必须有真空、低温、水冷、气动、液压、电源、配电、控制、束流诊断、放射性辐射防护等相应的辅助系统相配套。

2. 回旋加速器的真空系统中，常采用的低真空泵与高真空泵都有哪些种类？

答：在回旋加速器的真空系统中，采用油封机械泵、干式机械泵和罗茨泵等作为低真空抽气泵；采用扩散泵、涡轮分子泵、低温泵及冷板等作为高真空抽气泵；在束流线上也用到溅射离子泵。

3. 在回旋加速器的真空系统中，低真空和高真空测量规都有哪些种类？各自的原理是什么？

答：在回旋加速器的真空系统中，常用热耦规和电阻规测量低真空，用冷阴极潘宁规和热阴极 B – A 离子规测量高真空。

（1）低真空测量的真空规：

①热耦规由两根不同的金属丝焊接而成的热电耦和一根加热丝组成。热电耦的电动势取决于加热丝上的温度。当加热丝加热功率一定时，加热丝上的平衡温度取决于气体压力，即热电耦的电动势亦取决于气体压强。因此，测量热电动势大小，就相当于测量了真空度。

②电阻规又称皮拉尼真空规。它由一根电阻丝和一个测量电阻值的电桥组成。当电阻丝的加热功率恒定时，电阻丝的温度取决于气体压力，电阻丝的电阻值大小又随温度而变化。因此，测量电阻值的大小，就相当于测量了真空度。

（2）高真空测量的真空规：

①冷阴极潘宁规。

在规管内，两个平行圆板阴极之间有一个圆筒阳极。阴极接地，阳极加约 +2 000 V 电压。在规管外有一对永久磁铁，磁感应强度约为 4×10^{-2} T，磁力线垂直于阴极。阳极和阴极所构成的空间内的自由电子，在电场和磁场的作用下作螺旋线运动，并与气体分子碰撞使气体电离。离子打到阴极上溅射出二次电子。二次电子使阴极和阳极间的气体进一步电离，建立起稳定的自持放电。阳极和阴极分别收集到的离子流和电子流大小，与气体分子密度，即气压有关。因此，收集测量离子流和电子流，就相当于测量了真空度。

②热阴极 B – A 离子规。

热阴极 B – A 离子规由灯丝（阴极）、栅极（加速极）和离子吸收极（阳极）组成。如 3 个电极间电位匹配合适，阴极发射的电子会在栅极内外往复振荡，气体被电子碰撞电离，离子被阳极收集。当阴极发射电子一定时，气体电离的离子流正比于气体分子密度，即正比于气体压力。因此，测量气体电离的离子流，就相当于测量了真空度。

4. 按设计功能来分类，一台典型的回旋加速器电气系统由哪些部分组成？

答：按设计功能来分类，一台典型的回旋加速器电气系统通常由高频系统供电部分、水冷系统供电部分、真空系统供电部分、离子源及注入线供电部分、主磁铁供电部分、束流运输线供电部分等组成。

5. 简述以 EPICS 系统为代表的回旋加速器控制的标准模型结构。

答：标准模型具有两层或者三层结构，逻辑上分为操作员接口层（Operator Interface Layer）、子系统处理层（Sub-process Layer）和设备控制层（Device Control Layer）。标准模型的最高层为操作员接口层，它由若干台计算机组成，提供操作界面，安装数据库管理系统和高层应用软件，供大型计算作业和程序开发使用。标准模型的第二层为分布在设备周边的前端控制计算机，处理子系统级别的实时控制任务。第一层与第二层通过内部局域网连接。标准模型的第三层为设备控制层，使用 PLC、VME 或者微控制器、FPGA、DSP 组成的嵌入式控制器对设备进行现场控制。第二层和第三层通过现场总线或以太网进行数据通信。

6. 简要描述一台小型回旋加速器控制的基本要求、控制系统的主要任务和控制程序的基本结构。

答：小型回旋加速器的控制应能够实现回旋加速器的磁铁、高频、真空、注入及引出等系统的自动化，它最终控制的对象是真空室中高速运行的带电粒子，因此控制系统应具备高的可靠性、控制精度和实时响应速度。

一般来讲，回旋加速器控制的主要任务是建立设备的监控，实现人机操作界面，提供回旋加速器束流调试和运行操作，具备运行数据管理并提供设备及人身安全连锁保护。

现代小型回旋加速器控制程序按结构一般可分为 3 层：设备控制器主要完成连锁保护，输入/输出控制器建立数据记录，操作员界面提供完善的图形人机交互。也有一些商用系统在功能实现时合并了后两层。

第 9 章　习题

1. 相对于常温紧凑型回旋加速器，超导回旋加速器有哪些特点？

答：相对于常温紧凑型回旋加速器，超导回旋加速器利用超导线圈为主磁铁励磁，由于引入了超导线圈、低温系统，整个回旋加速器系统的复杂性增加，而且超导线圈磁场占中心平面磁场的份额很大，导致线圈位置对束流动力学的影响较大。

但采用超导线圈带来的好处也是显而易见的。

首先，超导线圈提供的磁场更强，相同能量的超导回旋加速器可以做得更加紧凑，回旋加速器质量大为减小，整个厂房的规模与造价也可以相应下降。利用超导技术使回旋加速器小型化是降低质子治疗成本、推广质子治疗的关键技术。

此外，从提升回旋加速器性能的角度，由于采用了超导线圈，主磁铁磁极的气隙高度可以做得大一些，这对于设计磁场测量系统，特别是降低引出系统设计难度、提升引出效率非常有好处。

2．国际上现有超导回旋加速器采用的低温制冷方式主要有哪几种？

答：目前国际上现有超导回旋加速器采用的低温制冷方式主要分为如下两种：

（1）无液氦传导冷却系统（住友重工的230 MeV 超导回旋加速器、IBA 的S2C2 超导同步回旋加速器、Mevion 的 250 MeV 超导同步回旋加速器），采用制冷机驱动冷头通过软或硬连接，接触线圈传导冷却，不依赖液氦，只需要保证制冷机的供电与水冷。其经济性和便捷性很好，但应用于大尺寸线圈时的降温周期长，工作时线圈不同位置存在温度不均匀性。

（2）液氦零挥发系统（Varian 的 250 MeV 超导回旋加速器、中国原子能科学研究院的 CYCIAE – 230/CYCIAE – 250 超导回旋加速器、杜普纳 – 合肥等离子体所的 SC200 超导回旋加速器）。其特点是超导线圈浸没在液氦中，液氦蒸发后通过与超导线圈的 4 K 低温容器连接的低温氦气/液氦传输管至由二级 GM 制冷机冷却的再冷凝器，重新冷凝为液氦。其优点在于采用液氦浸泡的方式制冷，线圈热传导均匀，超导线圈的热稳定性比直接冷却好；系统可在停电或制冷机故障下自持一段时间（数小时）；在正常工况下制冷机将蒸发的气氦冷凝，整个系统几乎没有液氦损失。其缺点是液氦不易获得，且失超或停电后补充液氦价格高。

3．已知 CYCIAE – 230 的超导线圈附近磁感应强度为 3.0 T，工作电流为 240 A（4.2 K），所选的超导线的临界电流 I_c = 1198A（4.2 K，3 T），试计算该线圈的温度余量。

答：根据第 9 章的式（9 – 9）可以求出。工作电流对应的温度约为 7.4 K，因此温度余量为 7.4 – 4.2 = 3.2（K）。

第 10 章 习题

1．根据第 10 章表 10 – 3 中所列用于 C 离子治疗的 FFA 加速器的基本参数求解粒子在 FFA 加速器中的回旋频率范围。

2．根据第 10 章表 10 – 5 中的基本参数分别计算 100 MeV、800 MeV 和

2 GeV 三台加速器的引出圈间距。

3. 采用 DFD Lattice 结构设计一台等比 FFA 加速器，要求基本参数如下：注入和引出质子能量分别为 100 MeV、800 MeV，周期数为 6，最大磁感应强度小于 2 T，其他参数可根据需要设计。

4. 尝试设计一台 DFD Lattice 结构的等时性 FFA 加速器，要求基本参数如下：注入和引出质子能量分别为 100 MeV、800 MeV，周期数为 6，最大磁感应强度小于 2 T，其他参数可根据需要设计，比较设计的 FFA 加速器与第 10 章表 10-5 中所列 800 MeV 回旋加速器的规模。

索 引

0~9（数字）

2 GeV FFA 加速器　429
　　多目标优化设计结果（图）　435
　　基本布局（图）　430
　　基本参数（表）　430
　　设计思路　430~434
2 GeV 高能强流等时性加速器的总体布局图　44
$v_r = 2v_z$ 共振　38
$2v_z = 1$ 共振　40
4 阶龙格库塔方法　427
4 种形状波导型高频腔的性能参数（表）　457
10 MeV 强流回旋加速器　45、46、310、332
　　中心区试验装置　45、46
10 MeV 回旋加速器加速轨道特性研究　58
14°相宽的束流相空间加速进动与圈分离（图）　379
18 MeV 回旋加速器（图）　3
30 MeV 回旋加速器技术参数（表）　104
50 MeV 回旋加速器　47
70 MeV 紧凑型负氢回旋加速器谐振腔　156
　　结构和二维计算（图）　156
　　频率计算结果　156（表）
70 MeV 回旋加速器　105、235
　　技术参数（表）　105
　　与 22 MeV 匹配计算结果（表）　235
100 MeV 回旋加速器　57、80、262
　　轨道中心的偏移和循环发射度　57
　　径向自由振荡频率和平均场随半径的变化曲线（图）　262
　　主磁铁45°模型的磁场分布（图）　80
100 MeV 强流回旋加速器　43、47、432、453、469~471

100 MeV 下，H^-、H^0、H^+ 的产额随剥离膜厚度的变化（图）　285
230 MeV 超导回旋加速器　363、365、372~375、383、397、398、403、404、493
　　120 kW 固态功率源（表）　397
　　高频加速系统　373
　　高频腔（图）　398
　　高频系统主要参数（表）　397
　　轨道全程跟踪　372~375
　　引出布局系统及引出束流轨迹（图）　404
　　中心平面磁场（图）　375
　　中心区中心平面电势分布（图）　375
　　主磁铁结构（图）　365
250 MeV 超导回旋加速器　9、363、394、395、404~406
590 MeV 强流回旋加速器　259、260
　　共振图　260

A~Z、λ

ACCEL/Varian 250 MeV 超导回旋加速器　395
　　高频功率源　395（图）
　　离子源及中心区结构　399（图）
ADC 转换器　97
B-A 真空规　304
　　结构图（图）　304
$B-H$ 曲线方程　78
Bi 系材料　446
CYCIAE-30　4、108~112、136、238~242、245、287
　　剥离点的计算　287
　　磁场测量数据计算的调变度随半径的变化规律（图）　110、111
　　磁场计算结果与实测结果比较（图）　108

回旋加速器（图）　4
　　回旋加速器的λ/2类"同轴线"三角形谐振腔（图）　136
　　回旋加速器引出的束流轨迹（图）　279
　　回旋加速器中间平面上的束流引出示意（图）　280
　　回旋加速器的径向自由振荡频率和平均场随半径的变化曲线（图）　262
　　螺旋形偏转板（图）　242
　　螺旋形偏转板的设计与加工　238
　　中心区和螺旋形偏转板（图）　245
　　最终测磁数据计算的相移积分（图）　112
CYCIAE－100　57、85、92、238、239、290、311、315～317
　　不同能量范围的真空度对应的束流损失（表）　311
　　磁极的化学成分（表）　84
　　等高和不等高盖板示意（图）　92
　　盖板和磁轭含碳量实测值示意图　85
　　计算发射度增长　57
　　束流输运管道的真空系统　317
　　引出束流的位置色散和角度色散（图）　290
　　轴向注入线设计　238
　　轴向注线布局（图）　239
　　主磁铁半径 $r = 141 \sim 157$ cm 的有限元网格（图）　81
　　主真空系统的总体布局（图）　317
　　主真空系统构成　315
CYCIAE－100 回旋加速器　288、291、329
　　剥离靶主体设备示意（图）　291
　　剥离引出装置（图）　291
　　控制系统结构（图）　329
　　束流引出的剥离点位置（表）　288
　　引出的束流轨迹（图）　288
CYCIAE－100 高频谐振腔　167、168
　　不同部位的功率损耗（表）　167
　　功率损耗分布情况（图）　167
　　在加速间隙处的泄漏场分布（图）　168
CYCIAE－100 中心区　246～249
　　电极结构（图）　247

　　设计　246
　　在匹配点处40°相位宽度内的径向接收度（图）　248
　　在匹配点处40°相位宽度内的轴向接收度（图）　249
CYCIAE－230 超导回旋加速器　364～369、372～383、389～398、403、404
　　120 kW 固态功率源（图）　397
　　高频腔（图）　398
　　高频系统主要参数（表）　397
　　轨道全程跟踪　372
　　束流动力学规划及共振分析示例　368
　　相位选择器对中心区粒子相位选择的多粒子模拟结果（图）　370
　　液氦零挥发冷却方式示意（图）　383
　　引出布局系统及引出束流轨迹（图）　404
　　引出束流轨迹，静电偏转板、磁通道和高频腔的布局（图）　403
　　中心平面磁场（图）　375
　　中心区束流轨道模拟　373
　　中心区中心平面电势分布（图）　375
　　主磁铁结构（图）　364、365
　　主磁铁设计示例　364～368
CYCLONE　48～52、57、224
　　版本8的输入命令（表）　52
　　循环发射度计算　57
　　软件简介　49
　　输入/输出数据文件　50
D板的变形导致的加速间隙轴向错位　171
DCCT　344、345
　　工作原理　345
　　示例　345
DFD 结构　424
FEC 核心模块　340、341
　　核心数据模块　340
　　控制参数序列化模块　341
　　设备控制模块　340
FEC 通信调度模块　337～339
　　部分类图（图）　339
　　入口假设（图）　338
FFA 加速器 411～463
　　2 GeV FFA 加速器设计　429
　　分类　415

索 引

基本设计参数（表） 425
简要历史 412
设计原理 419
束流动力学模拟的特点 426
数值模拟程序的基本特点（表） 427
数值模拟程序介绍 426
特点及基本参数（表） 415
FFA 加速器 Latice 的设计 420~425
基本参数的确定 420
确定平衡轨道 421、422（图）
束流光学函数求解 423
FFA 加速器初步设计基本流程（图） 420
FO 结构 423
FODO 结构 424
GOBLIN 54~57
应用实例 57
软件简介 54
运行 54
输入/输出数据文件 55~57
H. G. Blosser 团队 9
IBA C235 常温回旋加速器 404
束流流强变化与参考信号的比较（图） 404
IBA 的 14 MeV 自引出回旋加速器 269、270
平面布置示意（图） 269
引出区照片及其磁场分布（图） 270
Ionetics 公司 472
k 次谐波的幅值 30
K1200 回旋加速器 49、96
K500 回旋加速器 49、96
K800 回旋加速器 49
Kick-drift 方法 428
M. Craddock 47
MURA 电子 FFA 加速器模型（图） 414
PET 小型回旋加速器原理样机 46
PLC 控制流程设计 331~336
SIPN 模型（图） 332
代码结果（图） 333
工艺设备构成（图） 332
设备控制模块 334
通信模块 335
总控模块 336
PLC 驱动模块 337
Profibus 连接（图） 337

PLC 输入/输出数据 338
PLC 运行状态参数 338
PLC 上位命令 338
PSI 590 MeV 分离扇形回旋加速器高频腔体的结构示意（图） 139
PSI 590 MeV 回旋加速器 157、158
三维数值计算及模型（图） 158
计算与测量结果比较（表） 158
PSI 590 MeV 质子回旋加速器 4（图）
PSI 的 72 MeV 回旋加速器 Injector-Ⅰ在不同束流强度下自由振荡频率的共振（图） 260
PSI 的两级回旋加速器组合（图） 207
PSI 强流回旋加速器高频系统升级前、后的圈间距比较（图） 258
$R-\varnothing$ 空间可引出和不可引出粒子分布（图） 381
Reviews of Accelerator Science and Technology 47
SSC 273~275
存在 BUMP 场的情况下引出半径附件的圈分离（图） 274
垫铁板及场形改善（图） 274
引出静电偏转板 ESE1 结构示意（图） 274
引出元件的基本参数（表） 275
主体结构及注入、引出元件排布（图） 273
V/F 转换器 96
Vincy 回旋加速器 277
前剥离引出系统（图） 277
离子种类和能量（表） 277
$v_r=1$ 共振 35
$v_r=2v_z$ 共振 38
$x-y$ 导向磁铁 236
结构（图） 236
磁场分布（图） 236
Y-120 回旋加速器 18、134、187、206
单电荷态 PIG 离子源的结构（图） 187
高频谐振腔照片（图） 134
内部离子源和中心区电极结构（图） 206
首台回旋加速器（图） 18
ZGOUBI 427、428
坐标系和粒子轨迹示意（图） 428

λ/2 同轴线空腔谐振器 128
λ/2 同轴线谐振腔 134~137
  GANIL（图） 137
  米兰（图） 135
λ/4 同轴线空腔谐振器 126~128
  场结构线（图） 127
  等效双线（图） 127
λ/4 同轴线谐振腔 133
  结构图 133

A~B

北京大学放药研发平台 46
本地用户界面模块 341
边界条件 160
并联谐振回路 125
波导结构谐振腔 138、145
  基本设计 145
  概述 138
波导空腔谐振器 130
剥离靶装置 290、291
  主体设备示意（图） 291
剥离点的计算 287
  CYCIAE-30 287
  CYCIAE-100 287
剥离膜厚度估算 284
  剥离效率（表） 285
不同半径位置的引出粒子和损失粒子计算
  （图） 381
不同初始条件的粒子在第一圈的轴向运动
  （图） 378
不同相位的引出粒子和损失粒子计算（图）
  381

C

采用 ANSYS 计算三维磁铁的并行效果（图）
  78
参考粒子的径向振荡（图） 377、400
参考文献 20、60、117、175、203、249、
  292、357、408、464、472
测磁数据检查 109
测磁仪 99、386、387
  CYCIAE-230 示意（图） 387
  设计 386
  随机误差计算 99

插板阀 305
差共振 29
超导回旋加速器 8、162、361~407
  发展简介 362
  轨道全程跟踪 372
  腔体可移动短路端（图） 162
  设计原理 363
  新进展 405
  主磁铁设计 363
超导回旋加速器的主磁铁设计 363
  特点 363
  以 CYCIAE-230 为例 366
  主磁铁结构（图） 364、365
超导线圈 382~385、446~452
  1/4 缩比例 D 磁铁（图） 450
  CYCIAE-230 的工作点（图） 384
  D 磁铁截面示意（图） 448
  降温过程（图） 385
  截面结构（图） 385
  临界电流曲线与截面结构示意（图）
  449
传输矩阵 220、221
  螺旋形偏转板 221
  倾斜型螺旋形偏转板 221
传输线近似法 139
传输线有效长度和特性阻抗 142
串联谐振回路 123
  RLC 谐振回路（图） 124
垂直举升及回位精度 90
磁场测量 89~98、109
  K500 回旋加速器示例 96~98
  测量方法 93~96
  多种方法的精度（图） 93
  数据分析的方法及软件 109
  误差计算 99
磁场的调谐精度 12
磁场垫补 109
磁场计算 279
磁场降落指数 71
磁场输入数据 51
磁场一次谐波 261
磁极的螺旋角 45
磁铁设计 448、449
  超导线圈的截面（图） 448

索 引

基本参数（表） 448
　　临界电流曲线与截面结构（图） 449
磁性能退火 86、87
　　过程温度曲线（图） 87
磁导率不同的椭球体内部缺陷数值分析模型
　　（图） 85
磁聚焦结构设计 434
磁铁 91、92
　　材料属性 91
　　机械结构 92
从离子源到引出跟踪过程各位置的粒子数
　　（表） 382

D

挡板阀 305
道尔顿定律 297
灯丝结构 201
等比 FFA 加速器 415、416
　　表达式和平衡轨道特征（图） 416
等时场垫补 116
等时性回旋加速器 4、31、46、210
　　共振描述 31
　　剖面图（图） 210
　　整体结构、每个磁铁扇极的聚焦特性和
径向调变磁场梯度获得聚焦力的原理
　　（图） 46
　　逐年增长情况（图） 4
等时性误差 432
低能强流回旋加速器中的共振分析 33
低温泵 301
　　结构（图） 301
低温系统 382
低真空测量的真空规 303
电场输入数据 50
电场数值计算 226
电磁感应法 93
电感耦合 149
电极曲面 241、244
　　加工数据 244
　　形状构成 241
电容耦合 149
电容负载同轴线空腔谐振器 126、129
　　分布及等效电路（图） 129
　　含义 126

电源的选型与技术指标及接口 325
　　电源控制接口（图） 326
电源调试检测的基本方法 327
电子剥离率（图） 75
电子的磁过滤器 201
电子回旋共振离子源 189
　　基本原理 189
　　结构（图） 190
电阻规 303、491
垫补算法 387
多圈和单圈引出 266

E ~ F

俄罗斯圣彼得堡的同步回旋加速器 6
防强磁场 307
防强放射性辐射场 307
非线性非等比 FFA 加速器 418
　　Lattice 结构（图） 418
　　dFDFd 结构（图） 419
非阻挡式束流剖面监测器（图） 350
分离扇回旋加速器 7、65、230
　　RCNP（图） 144
　　磁铁和线圈（图） 65
　　兰州重离子 SSC 的引出系统示例 273
　　中心区设计 230

G

干式机械泵 299
高 Q 值高频腔体的设计 452
高抽速 306
高能强流等时性加速 43
　　试验验证 45
　　原理 43
高频相位混合 264
高温超导磁铁设计 445
高温超导材料选择 446
高真空测量的真空规 303
高真空 305
给定磁铁尺寸的方法 72
工作真空度 311
　　对应的束流损失（表） 311
功率损耗和 Q 值 144
共振穿越 370
共振进动引出方法 255、256

固定相位选择器　379~382
　　卡束效果（图）　381
固有共振　31
固有品质因数　131
归一化发射度和亮度　183
轨道回旋频率　11
轨道数据　51
国际粒子治疗合作组织　9
国内外典型工业纯铁、低碳钢的磁化曲线（图）　83

H

哈密顿方法　34
哈密顿量　34
哈密顿函数　26
回旋加速器　2、5~9、10、14~17、17~20、23~62、205~252、253~293、273~275、296~317、318~327、342~357、467~472
　　电气系统　318~322
　　电源系统　322~327
　　发展简史　5~9
　　发展趋势和应用方向　467~472
　　共振进动实例　273~275
　　国际进展　468、469
　　国内发展现状　470
　　基本原理　10
　　简要描述　2
　　聚焦和轨道稳定性　14~17
　　控制系统　327~342
　　若干实际应用　471
　　束流动力学　23~62
　　束流诊断技术　342~357
　　引出系统　253~293
　　真空系统　296~317
　　主要部件和子系统　17~20
　　注入系统　205~252
回旋加速器磁铁的 K 值　14
回旋加速器谐振腔　121、132、139、150
　　概述　122
　　模型测试　150
　　设计　139
　　特点　132
回旋加速器主磁铁　63~112

磁场测量　93
　　概述　64
　　计算机辅助工程系统　100
　　主磁铁设计　72
　　主磁铁施工　82
　　作用及其质量控制　66
会切场结构与等离子体腔体的尺寸　199
会切场强流负氢离子源　196
　　负氢离子的产生　196
　　试验研究结果　202
　　需考虑的问题　198
后处理　160
霍尔效应法　93

J

积分滑相（图）　367、377、435
极限压力　298
计算机接口　356
计算线圈的横截面　76
加利福尼亚研究室　5
加拿大 TRIUMF 国家实验室　3、18、41、45、87
加速过程的圈距　257
加速间隙轴向错位　171
《加速器物理基础》　38
加速区　26
间隙穿越共振　229
间隙数据　51
结构变形分析　90
介子工厂　7
紧凑型回旋加速器中心区设计研究的步骤（图）　225
进动引出方法　264
经典回旋加速器　5、28、122
　　共振描述　28
　　剖面示意（图）　122
径向插入探测靶　353
　　结构示意（图）　353
　　内部和外部的结构（图）　354
径向对中与轴向聚焦　376
径向和轴向的振动方程　31
径向机械定位　98
径向调变磁场梯度强聚焦原理　44、45
　　实验验证　45

索 引

径向位置移动的随机误差　100
径向运动　227
静态平衡轨道（图）　368
矩形谐振腔　130
　　示意（图）　130
　　电磁场的分布　130
　　特性参数计算　131
聚束器　238

K

可移动的铁垫片　68
　　等时场（图）　68
可移动盒子　147
空间电荷效应对 v_z 贡献的估计　41
快速阀　305
扩散泵　299
　　基本结构（图）　299
冷板抽气系统结构设计和计算　312
冷板抽气装置　301、313（图）
冷板面积和有效抽速计算　313
冷阴极潘宁负氢离子源　187、188
　　典型结构（图）　188
　　轴向和径向插入结构（图）　187
离子束参数　178
离子源出口 30° 相宽多粒子在第一圈的轨迹（图）　374
离子源电源方案　324
　　线性电源与工频隔离变压器　324、324（图）
　　电源整体位于高压电位　324
离子源到吸极　373
离子源及注入线配套电源　323、324
　　关系图　323
理想气体状态方程　297
粒子的轴向运动（图）　377
粒子的最终状态　52
流导　298
流量　297
流阻　298
罗茨泵　299
螺线管透镜　237、238
　　磁场分布（图）　238
螺旋角输入数据　50
螺旋形偏转板　218、222、223、240

设计　222
设计方法　240
中心粒子轨迹（图）　223
螺旋形偏转板电极　241
洛仑兹力　10

M～Q

麦克斯韦应力张量法　91
美国超导回旋加速器国家实验室　3
内部离子源　184、206
　　结构（图）206
能量　179
能散度　179
耦合　149
潘宁规　303、304
　　工作原理（图）　304
偏离中心面的位置误差　98
偏转板的边缘电场　219
气体量　297
前处理　159
腔体的公差与变形　169
腔体加工和安装误差的允许范围　169
腔体的木模试验　172～174
　　D 电压分布的测量　173
　　腔体 D 电压分布曲线（图）　174
　　腔体频率的测量　172
　　腔体频率随微调电容间距的变化曲线（图）　174
　　试验方法及测量对象（图）　173
腔体的功率损耗及水冷系统设计　167
　　不同部位（表）　167
　　分布情况（图）　167
　　泄漏场分布（图）　168
腔体设计应考虑的一些工程技术问题　161
曲率中心　51
圈间距的一般性描述　257

R～S

热负载计算　314
热阴极潘宁离子源　185
　　工作原理（图）　185
日本 KEK 实验室　413
　　在 FFA 加速器技术上的创新（图）　414
日本住友重工　363、365、383、397、

501

398、403~406
软件结构（图） 336
三圆筒静电透镜 237
 典型的等势线及电场分布（图） 237
 中心轴线上的纵向电场（图） 237
扇形磁极精度控制 89
扇形聚焦回旋加速器 6、16
 概述 6
 平衡轨道（图） 16
扇形叶片 67、74
 形状 67
 数 74
商用回旋加速器 9、275
射频系统 194
设置 CP-5613 的通信参数 337
束流半径 181
束流的横向分布 179
束流动力学分析软件 48、57
 应用实例 57
束流动力学模拟 426、436~445
 模拟结果 436~445
 数值模拟程序介绍 426
 特点 426
束流发射度 181、182、351、352
 测量仪（图） 351
 测量原理（图） 352
 典型图 182
束流光学特性分析 281、289
 特性 289
 色散效应的考虑 289
束流光学函数 423~425
 Lattice（图） 424、425
 求解 423
束流轨道模拟的关键工作 374
束流亮度 181
束流强度 178
束流强度测量装置 343
束流相位靶 354、355
 概述 354
 原理及实物（图） 355
束流信号处理系统及计算机接口 356
束流引出 193、196、271、280、288、372、378、438
 剥离点位置（表） 288

偏转与导向装置 271
 示意（图） 280
束流在相空间中的演变 183
双内杆高频谐振腔 164
双限缝装置 355
 工作原理 356（图）
水平注入 208
缩比例船形波导型高频腔样机研制 458~463
 ANSYS 工作流程示意图 461
 不锈钢-铜复合板件（图） 461
 焊接工艺流程（图） 462
 机械变形及应力（图） 461
 机械加工流程（图） 462
 基本结构（图） 459
 具体结构（图） 459
 装配工艺流程（图） 463
 总装预览及各主要部分拆分情况（图） 460
缩比例磁铁样机研制 449~452
 D 磁铁模型和结构（图） 450
 测试（图） 452
 绕制、组装过程（图） 451
 线圈的绕制、安装和测试（图） 450
 主要工程参数（表） 451

T

泰勒展开截断方法 428
探测线圈法的实现过程 96~98
 ADC 或 V/F 转换器 97
 电子学构成 97
 概述 96
 径向机械定位 98
 偏离中心面的位置误差 98
"体共振型" ECR 离子源 191~196
 磁场设计参数 193（表）
 结构设计 192（图）
 射频系统 194
 性能比较（图） 191
 引出系统 194~196
填充因子 78
调变度 110、112
 调变度随半径的变化规律（图） 112
 计算公式 110

调谐　146、148
　　单加速间隙的波导结构谐振腔（图）　148
　　固定频率腔体　148
　　双加速间隙的同轴线谐振腔　146
调整线圈　69
同步回旋加速器　6、262、263
　　$B(r)$ 随半径 r 的变化曲线（图）　263
　　概述　6
　　引出方法　262、263
同步加速器的总体布局、周期性轨道单元和各类偏转、聚焦磁铁（图）　45
同轴线空腔谐振腔（图）　126
同轴线空腔谐振器的设计要点　129
椭球体的数值分析模型（图）　85

W～X

外部离子源　189
外部载荷　91
网络数据服务模块（图）　341
未来质子治疗系统中应用超导技术的新进展　405
涡轮分子泵　300
　　结构　300（图）
无污染　307
无液氦传导冷却方式　382
无载和有载 Q 值　125
　　接有负载的谐振回路（图）　125
误差共振　31
西门子 Step7 软件组态　337
系统气载　311
系统所需抽速　312
线圈水冷计算　76
线性非等比 FFA 加速器　417、417（图）
相对论情况　12
相空间接收度　222
相位选择　379
相位选择器位置布局与束流相位分布（图）　380
相移　112、113、117
　　随半径的变化规律（图）　112
　　随等时场垫补过程的变化（图）　117
　　总相移结果比较（图）　113
小结　47、174

谐波场垫补　114
谐波分析　109、110
　　结果与测量结果比较（图）　110
谐振方程　16
谐振腔设计　123、152
　　基本理论　123
　　数值分析和计算机软件　152
谢家麟　47
"虚拟过滤"技术　201
虚位移法　91
旋转角度的随机误差　99
旋转角度的系统误差　99
循环发射度　36、57
　　图象（图）　57
　　完全进动混合后（图）　36

Y

液氦零挥发冷却方式　383
　　示意（图）　383
一阶共振　43
　　处理　43
　　整体布局设计　44
引出轨道跟踪　280
引出开关磁铁的作用　288
引出区的真空度　200
引出区四个调节棒引出束流时的调节位置（表）　379
引出束流　13、267、290、402
　　动量和能量　13
　　轨迹（图）　402
　　能量分布（图）　267
　　位置色散和角度色散（图）　290
引出效率　381
引出效率和束流损失分布（图）　382
荧光靶图像测量系统　348
油封机械泵　299
圆柱形谐振腔　132
越隙相位　373、376
运动方程　24、48
　　数值求解　48

Z

再生引出方法　268
针阀　305

真空测量 302
真空阀门 305
真空技术基础 296、297
　　真空区域的划分 296
　　基本定律及常用物理量 297
真空校正 109
真空获得 299
真空室的工作压力 298
真空系统配套电源 325
整机的安装误差 90
直接引出方法 268
制造阶段边缘场非对称垫补 45
质子回旋加速器面临的挑战性问题 471
中国原子能科学研究院 151、199、206、
　　225、280、346、351~353、364
　　CYCIAE-30 束流引出示意图（图）
　　280
　　DCCT（右）（图） 346
　　Y-120 内部离子源和中心区电极结构
（图） 206
　　负氢离子源的永磁铁结构（图） 199
　　回旋加速器综合试验台架中心区的机械
结构（图） 225
　　径向插入探测靶 353
　　冷测模型腔（图） 151
　　强流负氢离子束发射度测量仪（图）
　　352
　　束流发射度测量仪（图） 351
　　主磁铁结构（图） 364
中心粒子运动方程 219
中心区 24、81、246~249、373、397~400
　　参考粒子的径向振荡（图） 400
　　参考粒子的轴向振荡（图） 400
　　磁铁结构调整的平均场结果比较（图）
　　81
　　分离扇回旋加速器 230
　　结构及参考粒子束流轨迹（图） 399
　　设计实例 246~249
　　束流轨道模拟 373
中性束流注入 210
重离子剥离注入 208
　　原理（图） 210
重离子回旋加速器的发展趋势 471
轴向聚焦基本原理（图） 16

轴向和径向聚焦 70
轴向空间电荷效应的束流强度限制（表）
　　42
轴向运动 228
轴向注入法 211、215
　　轴向注入的相空间匹配 215
轴向注入线 213
轴向注入系统通用试验台架的设计 234
　　轴向注入线光学计算 234
　　注入线上元件设计 236
主磁铁及束流运输线配套电源 325
主磁铁气隙公差（表） 89
主磁铁三维磁场计算的网格剖分图（图）
　　108
主磁铁设计 72~82、102
　　初步给定磁铁尺寸的方法 72
　　初步计算 75
　　磁极间磁感应强度 73
　　磁极间气隙 73
　　扇形叶片数 74
　　设计参数（表） 102
　　线圈水冷计算 76
　　详细设计 77
主磁铁施工 82~92
　　材料特性与选择 82
　　加工与装配 87
　　结构变形分析与控制 90
主磁铁智能化 CAD 系统的主要特点 101
住友重工的 230 MeV 超导回旋加速器 365
　　120 kW 固态功率源（图） 397
　　高频腔（图） 398
　　高频系统主要参数（表） 397
　　主磁铁结构（图） 365
　　引出布局系统及引出束流轨迹（图）
　　404
注入偏转板 217、218
　　螺旋形结构（图） 218
自引出方法 269
最大轨道中心偏移 36
最低高频频率 113
最佳高频频率 113
最后两圈的多粒子轨迹和偏转板、磁通道元
　　件布局（图） 38

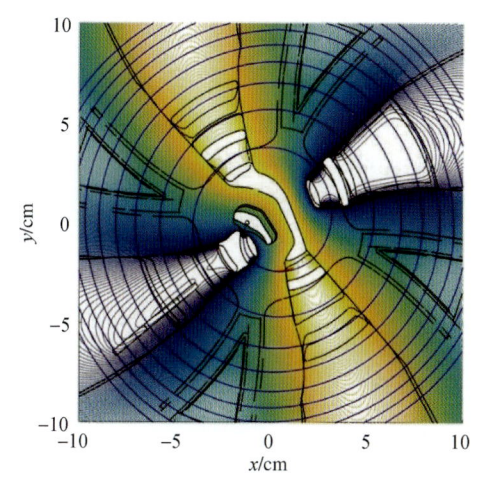

图9-18 参考粒子中心区轨迹（红色轨迹仅在小场区内跟踪）

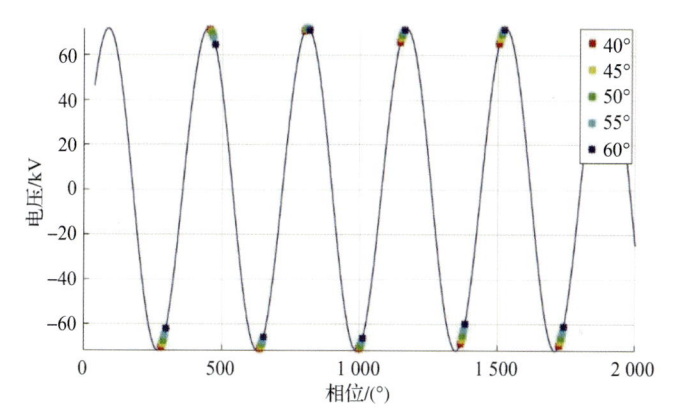

图9-19 不同初始高频相位粒子的越隙相位

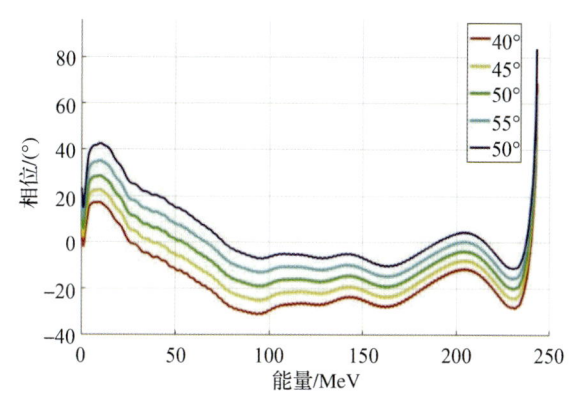

图9-20 不同初始高频相位粒子的积分滑相

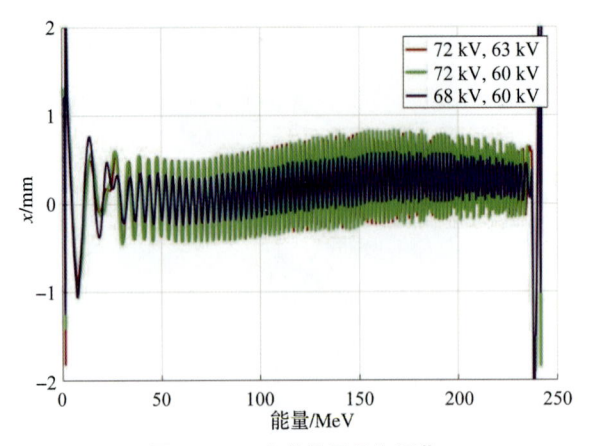

图 9-21　参考粒子径向振荡

(a)

(b)

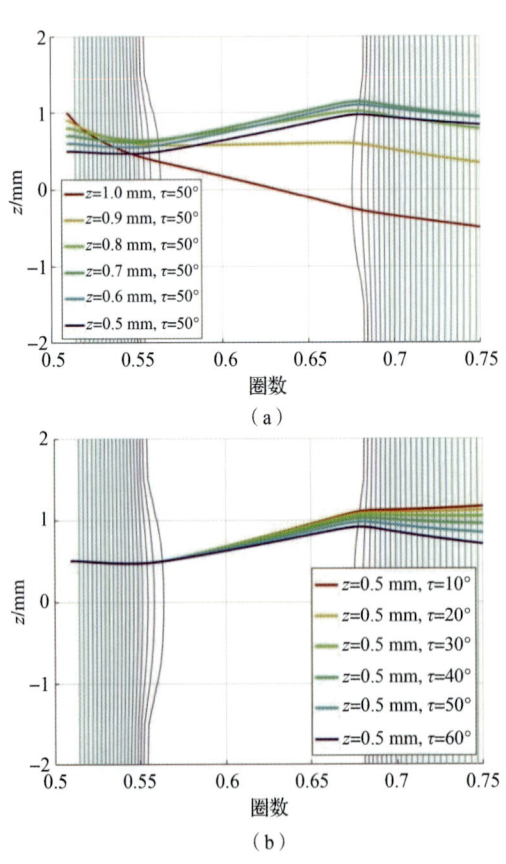

图 9-23　不同初始条件的粒子在第一圈的轴向运动
(a) 不同初始位置；(b) 不同初始相位

(a)

(b)

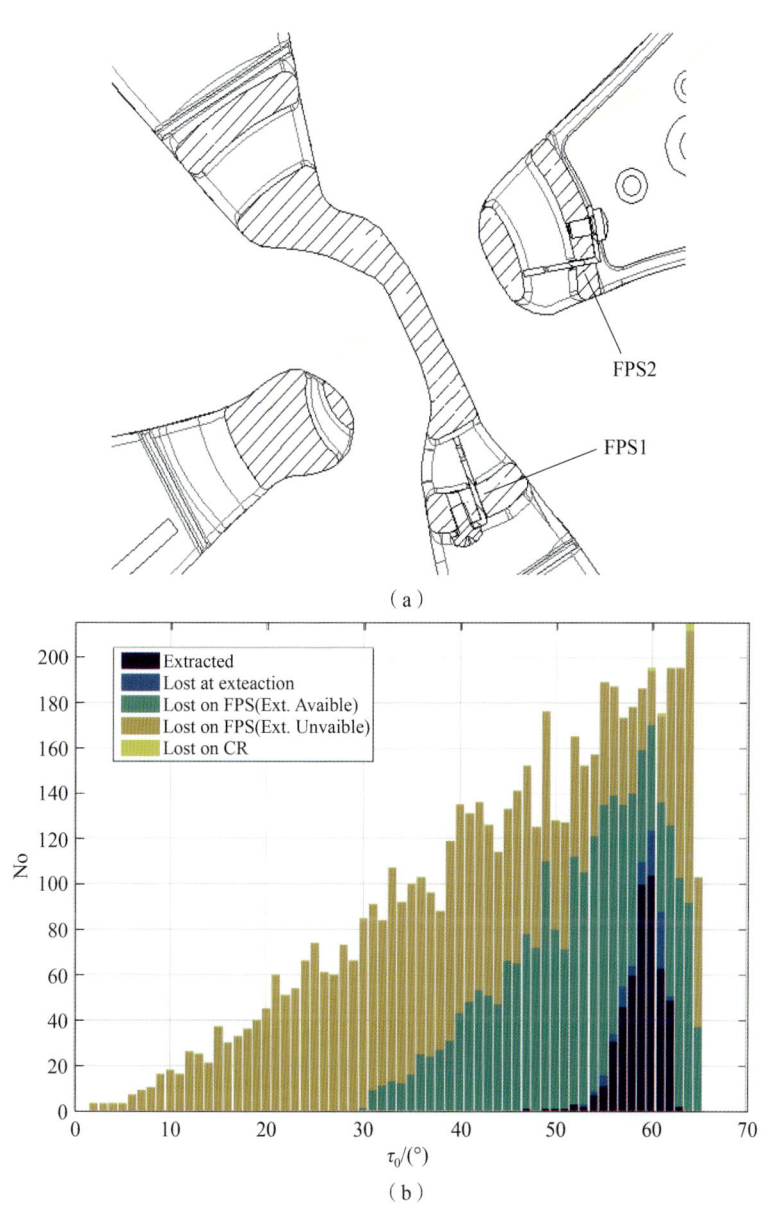

图 9-25　相位选择器位置布局与束流相位分布
(a) 中心区两处固定相位选择器位置布局；
(b) 引出和损失束流在离子源出口处的初始相位分布

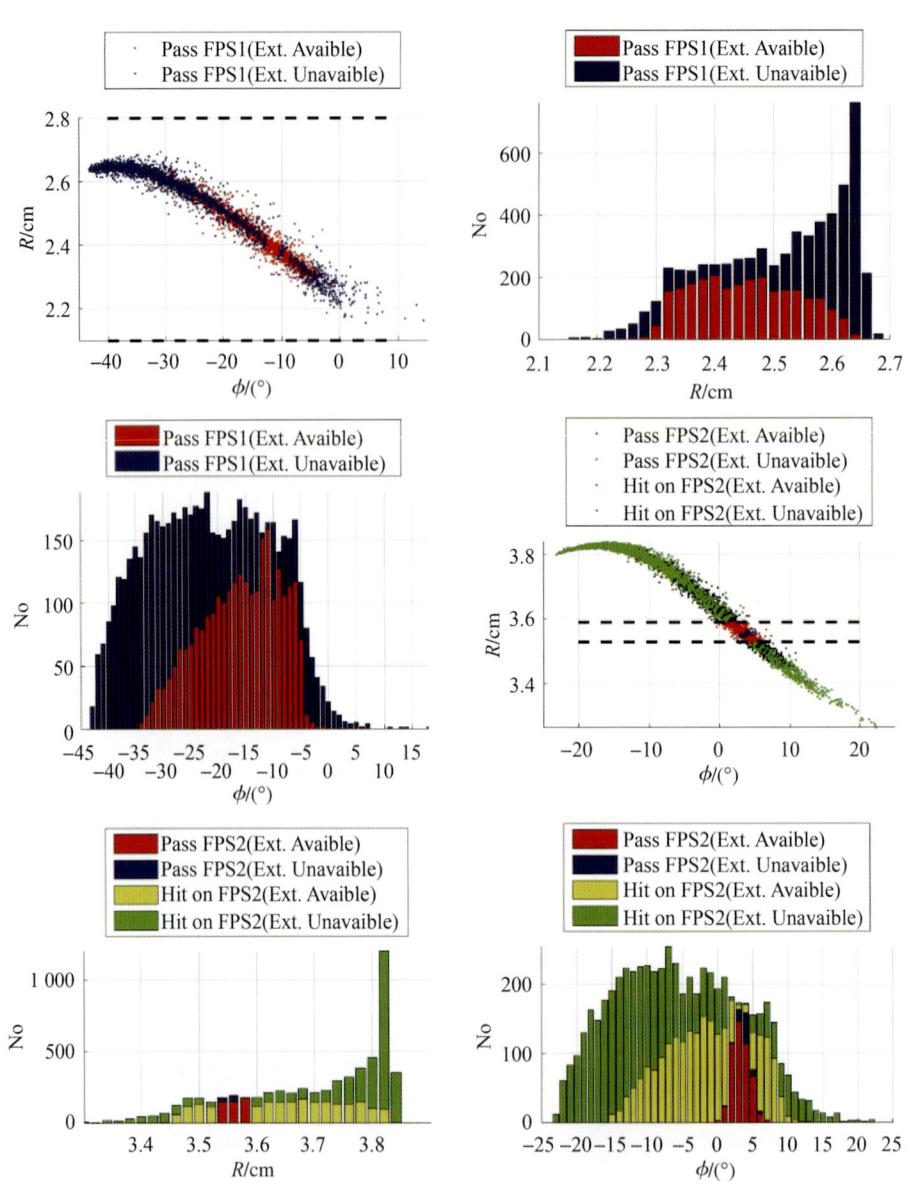

图9-26 固定相位选择器1（上）和固定相位选择器2（下）处卡束效果
[$R-\phi$ 空间可引出和不可引出粒子分布（左）；不同半径位置的引出粒子和损失粒子计算（中）；不同相位的引出粒子和损失粒子计算（右）]

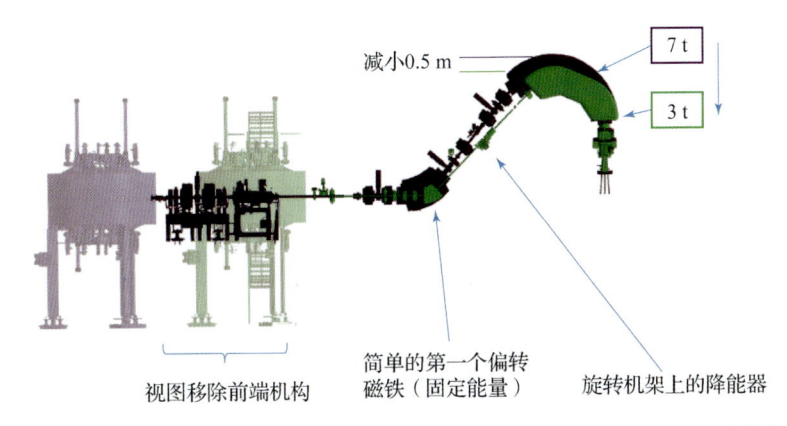

图 9-49 采用基于铌钛低温超导线材的复合功能磁铁的 ProBeam@360°旋转机架系统（绿色）及其与旧系统（蓝色）的尺寸、质量比较[33]

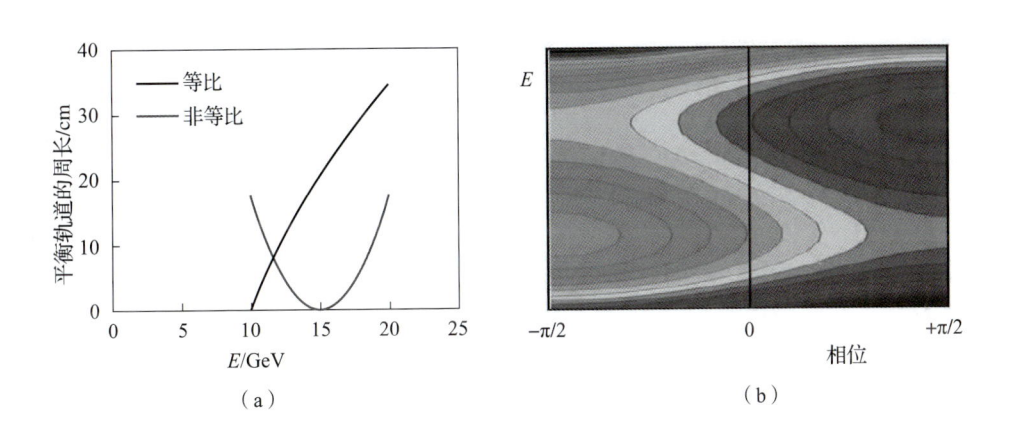

图 10-4 线性非等比 FFA 加速器

（a）平衡轨道的周长随能量的变化；（b）束流在纵向相空间中的加速轨迹（黄色部分）

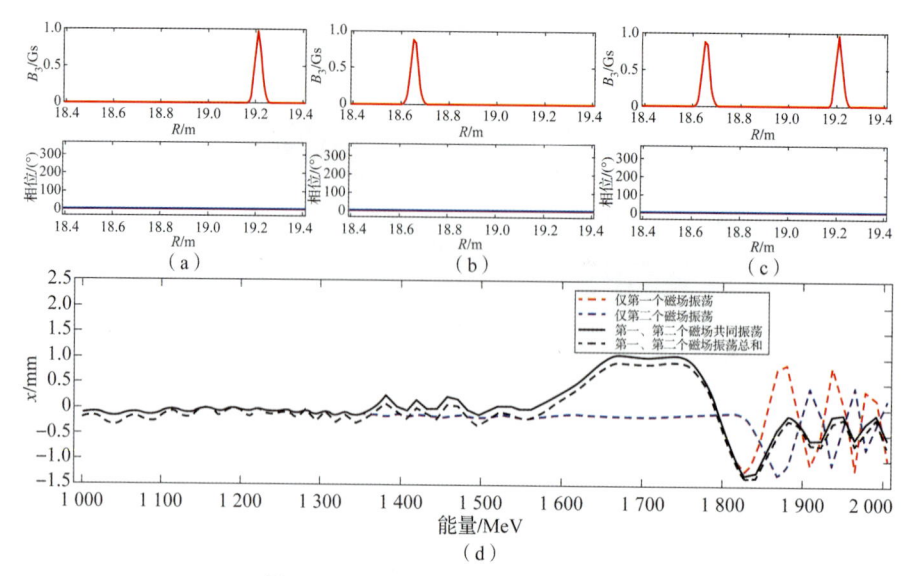

图 10 - 22　互相抵消的径向振荡（1）

（a）第一个 0°相位的 B_3 振荡；（b）第二个 0°相位的 B_3 振荡；
（c）第一、第二个磁场振荡的和；（d）不同的 B_3 振荡引起的径向振荡

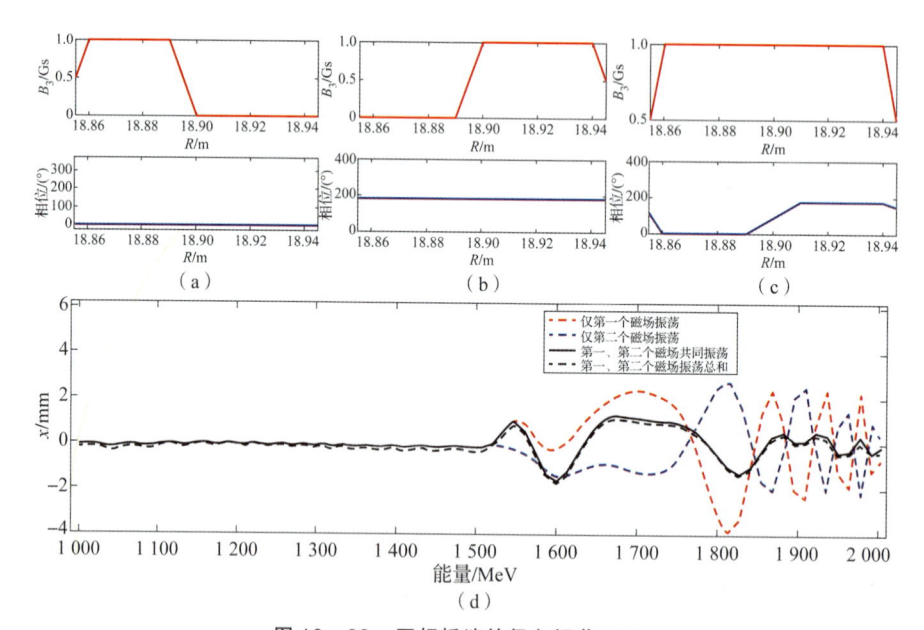

图 10 - 23　互相抵消的径向振荡（2）

（a）第一个 0°相位的 B_3 振荡；（b）第二个 180°相位的 B_3 振荡；
（c）第一、第二个磁场振荡的和；（d）不同的 B_3 振荡引起的径向振荡